音视频会议系统与大屏幕显示技术

梁 华 编著

中国建筑工业出版社

图书在版编目(CIP)数据

音视频会议系统与大屏幕显示技术/梁华编著. —北京:中国
建筑工业出版社,2012.3 (2022.8重印)
ISBN 978-7-112-14079-4

Ⅰ.①音… Ⅱ.①梁… Ⅲ.①电视会议系统②大屏幕显示
Ⅳ.①TN948.63②TN27

中国版本图书馆 CIP 数据核字(2012)第 031384 号

  音视频会议系统与大屏幕显示技术发展迅猛,它们紧密结合,组成绚丽多彩、应用
广泛的 AV 技术,并在数字化、网络化方面不断取得了巨大成就。本书共八章,内容包
括厅堂扩声系统与建筑声学、音频会议系统、音视频会议的配套设备与系统、视频会议
系统、数字电视与大屏幕显示、LED 大屏幕显示技术、投影电视与拼接显示技术、数
字电影与 3D 电影等。书中还列举了大量实例和最新资料。

  本书以科学性、先进性、实用性为指导,在选材上力求新颖实用,在叙述上力求深
入浅出。本书适合于有关音视频技术领域的诸如音响、影视、显示的技术人员和各行业
的会议管理人员、操作人员,以及从事智能建筑与建筑电气的设计人员等参考,也可供
相关院校和培训班的师生及广大的音响、电视、电影爱好者阅读。

＊ ＊ ＊

责任编辑:王玉容
责任设计:陈　旭
责任校对:党　蕾　刘　钰

音视频会议系统与大屏幕显示技术

梁　华　编著

＊

中国建筑工业出版社出版、发行(北京西郊百万庄)
各地新华书店、建筑书店经销
北京科地亚盟排版公司制版
北京盛通印刷股份有限公司印刷

＊

开本:787×1092毫米　1/16　印张:27¼　字数:678千字
2012年5月第一版　2022年8月第五次印刷
定价:**78.00**元
ISBN 978-7-112-14079-4
(22094)

前　言

音视频会议系统与大屏幕显示技术发展迅猛，它们紧密结合，组成绚丽多彩、应用广泛的 AV 技术，并在数字化、网络化方面不断地取得了巨大成就。本书以科学性、先进性、实用性为指导，从应用实际出发，参考国内外大量文献资料，结合最新的国家标准和行业规范，阐述音视频会议系统与大屏幕显示技术的工作原理、设计方法和工程应用。全书共八章，内容包括厅堂扩声系统与建筑声学、音频会议系统、音视频会议的配套设备与系统、视频会议系统、数字电视与大屏幕显示、LED 大屏幕显示技术、投影电视与拼接显示技术、数字电影与 3D 电影等。书中还列举了大量实例和最新资料。

因此，本书适合于有关音视频技术领域的诸如音响、影视、显示的技术人员和各行业的会议管理人员、操作人员，以及从事智能建筑与建筑电气的设计人员等参考，也可供相关院校和培训班的师生阅读。在本书撰写过程中，得到了洪孝诒、郑正华、曾品凝、梁亮、周丹、来阳军、郑德希、周庆东、张正海、吴成彬、冯雪梅、黄君、梁中云、林晓辉、刘欣、叶寿平、梁瑞钦、王胜利、周敏、朱晨等同志的大力支持和帮助，在此一并表示感谢。限于作者水平和时间，书中难免有不足或不当之处，欢迎读者给予批评指正。

梁　华

2012 年春节于上海

目　录

第一章　厅堂扩声系统与建筑声学

第一节　音响系统的基本类型

一、音响系统的种类与特点

建筑物的广播音响系统可分成三类：厅堂扩声系统、公共广播（PA）系统和音频会议系统。表 1-1 列出音响系统的类型与特点。

音响系统的类型与特点　　　　　　　　表 1-1

系统类型	使用场所	系统特点
厅堂扩声系统	（1）礼堂、影剧院、体育场馆、多功能厅等； （2）歌舞厅、宴会厅、卡拉 OK 厅等	（1）服务区域在一个场馆内，传输距离一般较短，故功放与扬声器配接多采用低阻直接输出方式； （2）传声器与扬声器在同一厅堂内，应注意声反馈和啸叫问题； （3）对音质要求高，分音乐扩声和语言扩声等； （4）系统多采用以调音台为控制中心的音响系统
公共广播（PA）系统	（1）商场、餐厅、走廊、教室等； （2）广场、车站、码头、停车库等； （3）宾馆客房（床头柜）	（1）服务区域大、传输距离远，故功放多采用定压式输出方式； （2）传声器与扬声器不在同一房间内，故无声反馈问题； （3）公共广播常与背景音乐广播合用，并常兼有火灾应急广播功能； （4）系统一般采用以前置放大器为中心的广播音响系统
音频会议系统	会议室、报告厅等	（1）为一特殊音响系统，分会议讨论系统、会议表决系统、同声传译系统等几种； （2）常与厅堂扩声系统联用

二、基本音响系统类型

对于所有的厅堂、场馆的音响系统，基本上都可以分成如下两种类型的音响系统。考虑视频显示，则称之为音像系统。

1. 以前置放大器（或 AV 放大器）为中心的音响系统

图 1-1（a）所示是以前置放大器为控制中心的音响系统基本框图，图 1-1（b）所示是以 AV 放大器为控制中心的系统基本框图。这些系统主要应用于家用音像系统、家庭影院系统、KTV 包房音像系统、宾馆等公共广播和背景音乐系统以及一些小型歌舞厅、俱乐部的音像系统中。比较图 1-1（a）和（b）可以看出，两者基本相似，区别仅在于视频接

线不同，亦即，前者音频信号线（A）与视频信号线（V）（若使用电视机）是分开走线的；后者则是音频、视频信号线均汇接入 AV 放大器，并都从 AV 放大器输出。

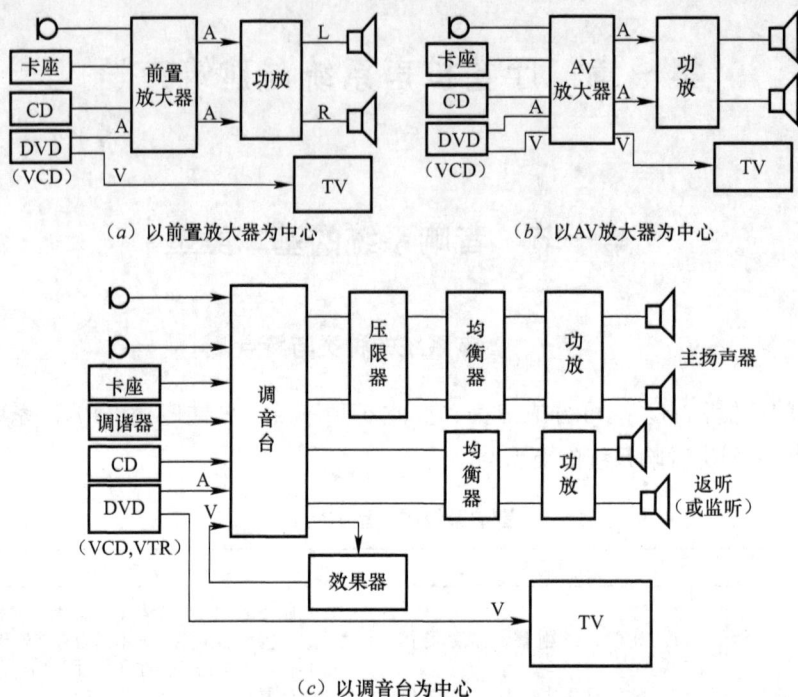

（a）以前置放大器为中心　　　　　　　　（b）以 AV 放大器为中心

（c）以调音台为中心

图 1-1　两种类型的音响系统

2. 以调音台为中心的音响系统

图 1-1（c）所示是其典型系统图，图中设备可增可减，调音台是系统的控制中心。这种系统广泛应用于剧场、会堂、电影院、体育场馆等大、中型厅堂扩声系统。本书着重介绍这种类型的扩声系统。

通常，我们将图 1-1（c）中调音台左边的传声器、卡座、调谐器、激光唱片等称为音源输入设备；将调音台右边的压限器、均衡器、效果器（有的还有噪声门、反馈抑制器、延迟器等）统称为周边设备，或称数字信号处理设备。

第二节　厅堂扩声系统的种类与组成

一、厅堂扩声系统的种类

厅堂亦称大厅，包括音乐厅、影剧院、会场、礼堂、体育馆、多功能厅和大型歌舞厅等。依使用对象大体可将厅堂分为以下几种：

① 语言厅堂——主要供演讲、会议使用。

② 音乐厅堂——主要供演奏交响乐、轻音乐等使用。

③ 多功能厅堂——供歌舞、戏曲、音乐演出用，并供会议和放映电影等使用。

扩声系统有几种分类方法。

（1）按工作环境分类

可分为室外扩声系统和室内扩声系统两大类。室外扩声系统的特点是反射声少，有回声干扰，扩声区域大，条件复杂，干扰声强，音质受气候条件影响比较严重等。室内扩声系统的特点是对音质要求高，有混响干扰，扩声质量受房间的建筑声学条件影响较大。

（2）按声源性质和使用要求分类

① 语言扩声系统，亦称会议类扩声系统。

② 音乐扩声系统，亦称文艺演出类扩声系统。

③ 语言和音乐兼用的扩声系统，亦称多用途类扩声系统。

（3）按系统的声道数目分类

可分为单声道系统、双声道立体声系统、三声道系统、多声道系统等。

（4）按扬声器的布置方式分类

扬声器的布置是厅堂扩声的重要内容之一，对厅堂扩声扬声器布置的要求如下：

① 使全部观众席上的声压分布均匀。

② 多数观众席上的声源方向感良好，即观众听到的扬声器的声音与看到的讲演者、演员在方向上一致，即视听一致性（声像一致性）好。

③ 控制声反馈和避免产生回声干扰。

扬声器的布置方式一般可分为集中式与分散式以及将这两个方式混合并用的三种方式。三种方式的特点如表1-2所示。图1-2表示集中式和分散式的两种布置扬声器方式的示意图。至于在观众厅中，采用集中与分散混合并用方式有以下几种情况：

扬声器各种布置方式的特点和设计考虑　　　　　表 1-2

布置方式	扬声器的指向性	优缺点	适宜使用场合	设计注意点
集中布置	较宽	① 声音清晰度好；② 声音方向感好，且自然；③ 有引起啸叫的可能性	① 设置舞台并要求视听效果一致者；② 受建筑体形限制不宜分散布置者	应使听众区的直达声较均匀，并尽量减少声反馈
分散布置	较尖锐	① 易使声压分布均匀；② 容易防止啸叫；③ 因声干涉，声音清晰度容易变坏；④ 声音从旁边或后面传来，有不自然的感觉	① 大厅净高较低、纵向距离长或大厅可能被分隔成几部分使用时；② 厅内混响时间长，不宜集中布置者	应控制靠近讲台第一排扬声器的功率，尽量减少声反馈；应防止听众区产生双重声现象，必要时采取延时措施
混合布置	主扬声器应较宽，辅助扬声器应较尖锐	① 大部分座位的声音清晰度好；② 声压分布较均匀，没有低声压级的地方；③ 有的座位会同时听到主、辅扬声器两方向来的声音	① 眺台过深或设楼座的剧场等；② 对大型或纵向距离较长的大厅堂；③ 各方向均有观众的视听大厅	应解决控制声程差和限制声级的问题，必要时应加延时措施以避免双重声现象

① 集中式布置时，扬声器在台口上部，由于台口较高，靠近舞台的观众感到声音是来自头顶，方向感不佳。在这种情况下，常在舞台两侧低处或舞台的台唇处布置扬声器，叫做"拉声像扬声器"。

（a）扬声器的集中式布置示意图

（b）扬声器的分散式布置示意图

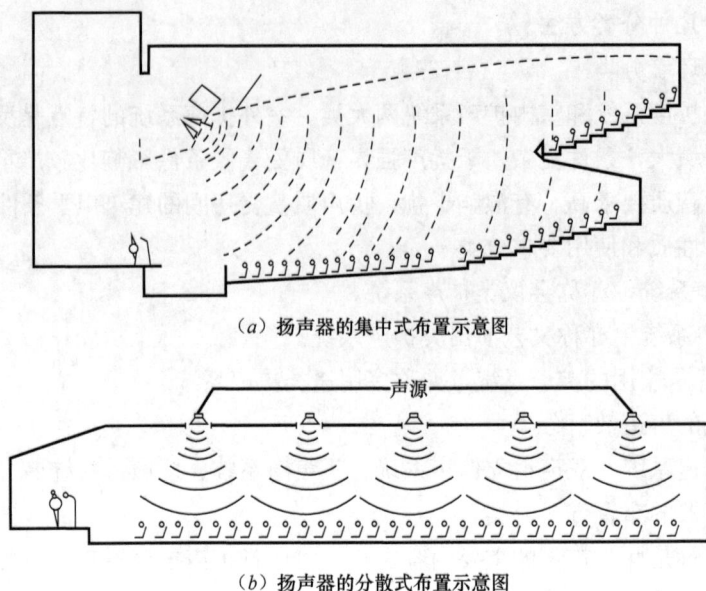

图 1-2　两种扬声器布置方式

② 厅的规模较大，前面的扬声器不能使厅的后部有足够的音量。特别是由于有较深的眺台遮挡，下部得不到台口上部扬声器的直达声。在这种情况下，常在眺台下的顶棚分散布置辅助扬声器。为了维持正常的方向感，应在辅助扬声器前加延迟器。

③ 在集中式布置之外，在观众厅顶棚、侧墙以至地面上分散布置扬声器。这些扬声器用于提供电影、戏剧演出时的效果声，或接混响器，以增加厅内的混响感。

二、厅堂扩声系统的设计步骤

剧场、会堂等的扩声系统设计包括建声设计和电声设计两部分，而且是两者的统一体，本节主要阐述电声设计。

新建项目时，剧场、会堂等的扩声系统设计随着建筑设计不断地深入，可划分为五个阶段，扩声系统设计内容也可大体归纳为以下内容，如表 1-3 所示。

扩声系统设计内容和过程　　　　　　　　　　　　　　　　　　表 1-3

阶　段	建筑设计	扩声系统设计
规划	建筑物使用目的和规模 环境设计 房间形状、建声条件	确认系统的使用目的、规模、估算 预测环境噪声（测量） 预测室内声学环境特性
初步设计	平面布置和平面图 强电设备 空调设备	系统设计、调音室的位置和大小 大型扬声器系统的配置 推算电源容量 推算发热量 设备招标文件中的技术要求
深化设计	工程设计施工图 安装要求和安装详图 预算 技术指标要求	设备的构成、性能指标的确定 对建筑的要求（与其他专业的配合） 确定设备的构成、配管配线图 做成预算表，最终报价 确定技术性能指标

续表

阶　段	建筑设计	扩声系统设计
施工	施工管理 竣工检查 修改 竣工图	施工管理（工程洽商、检查、变更） 竣工检查 声学测量（调整、修改） 竣工报告（使用说明书、保修要点、测试报告）
验收	检查	移交

剧场、会堂等的扩声系统初步设计步骤和内容如图 1-3 所示。

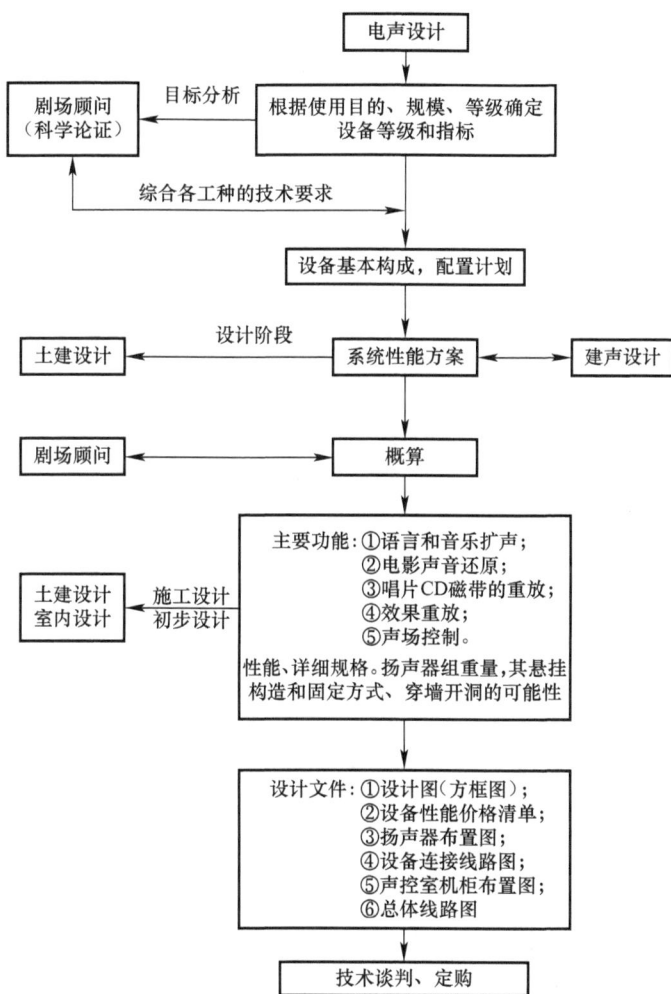

图 1-3　电声设计流程图

三、会堂、剧场扩声系统的组成

1. 基本构成

一般会堂、剧场等扩声系统的音频信号流程见图 1-4（*a*）。扩声系统的基本构成见图 1-4（*b*）。若采用数字调音台，则信号处理器可含在数字调音台内部。

（a）剧场等扩声系统信号流程图

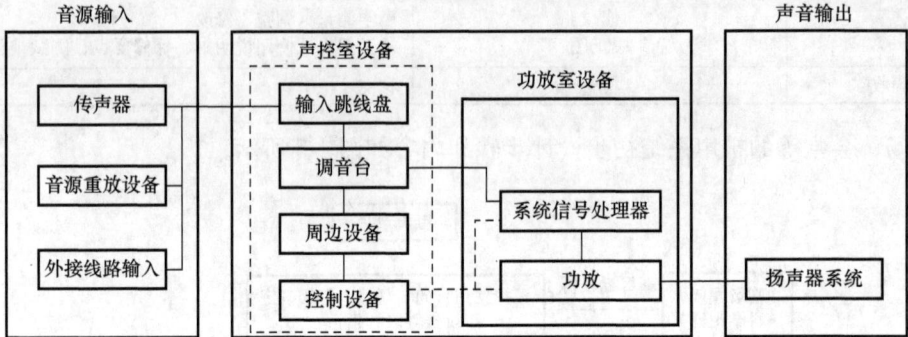

（b）剧场等扩声系统基本构成图

图 1-4 一般剧场等演出场所扩声系统的声频信号流程及基本构成图

2. 声源输入设备

声源输入设备的构成见图 1-5（实线中设备设在舞台和观众厅中，虚线中设备设在声控室中）。

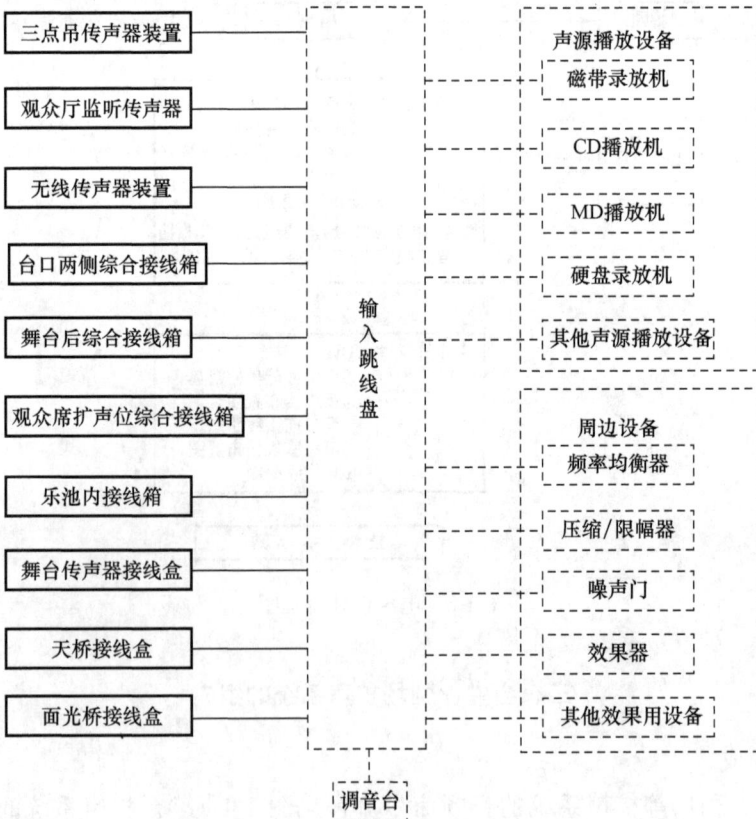

图 1-5 音源输入设备

传声器分为有线传声器和无线传声器。当无线传声器的接收机自带天线不能很好地接收信号时，应在舞台附近设置专用的接收天线，将信号传送到声控室中的接收机上。接收天线一般设置在舞台附近。此外，还要注意如下设备的设置。

（1）观众厅监听传声器

设置于观众席中声音条件最佳的位置，一般安装在一层楼座眺台前或观众席台墙，宜设置于观众席中舞台全景摄像机的两侧。根据安装位置的声音条件，不同指向性的传声器，应使用两只同样特性的传声器进行拾音。

（2）三点吊传声器装置

设置于台口外乐池上方，通过三个吊点控制吊点位置。一般有 1～3 点的使用方法，每点两个通道。除了可以在声控室内控制外，也可以在舞台上控制操作。

（3）传声器接线盒

① 必须在整个舞台区域内尽可能多的位置上设置传声器接线盒，传声器插座盒四周应有隔振措施。

② 传声器接线盒和扬声器系统接线盒必须分别设置，不得与其他插座混装。

③ 舞台台板传声器回路和扬声器回路专用接线盒，除了设置于舞台前部中央、上场、下场、报幕、主持人经常使用的位置以外，在上场、下场两侧，边幕和二道幕、三道幕附近也应设置。根据需要设置乐池接线盒。

④ 舞台表演区内、演员通道上不准设置接线盒。

⑤ 接线盒盖开口必须向着舞台方向，以便于出线。

（4）舞台综合接线箱

台口两侧必须设置综合接线箱。舞台后侧的综合接线箱依据剧场规模和使用情况确定，有乐池时一般在乐池的后墙上也宜设置类似的综合接线箱。

每个综合接线箱内的接口数量由扩声系统设计确定，一般不少于 16 个传声器回路和 4 个扬声器回路，同时设置 2 个以上 27 芯或 37 芯多功能插座。如果观众席中设有流动调音工位，还应再增加必要的回路数。

（5）观众厅综合接线盘

大、中型规模的剧场等演出场所必须在现场调音位的坐席下设置综合接线盘，并与舞台上场台口处的综合接线箱或声控室内跳线盘相连，构成信号传送回路。同时必须在该综合接线盘的附近设置扩声系统专用电源，一般为单相 220V，不小于 5kVA。

3. 声控室及其操作设备

一般声控室最小净面积应大于 15m²，高度和宽度的最小尺寸要大于 2.5m。

观察窗要足够大，使控制人员能看到主席台和 2/3 以上的表演区。观察窗应能开启，以便能直接听到厅内的声音。为了敷线方便，控制室一般采用架空防静电地板。控制室顶、墙宜做吸声结构，以改善监听条件。控制室应有良好的通风，设置独立空调等。图 1-6 所示为声控室一例。

声控室内的音响设备即图 1-5 中的右侧虚线框的设备。它包括调音台、周边设备、录放音的声源设备、无线传声器接收机及监听音箱等。按照剧场和会堂的规模和使用要求，

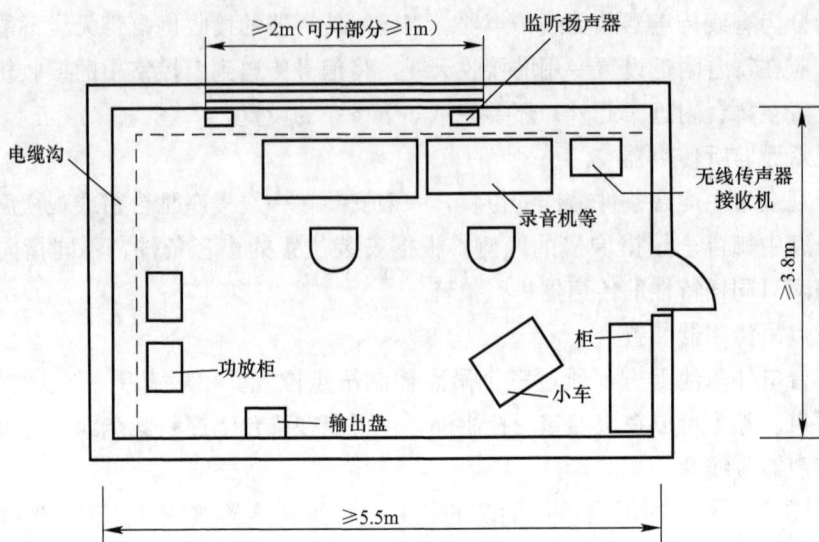

图 1-6　声控室设备布置及尺寸

剧场或大型会堂用的调音台有如下几种：

① 主扩声调音台：剧场扩声系统的控制操作中心。在声控室中必须至少设置一台固定安装的专用调音台。根据剧场规模和使用目的，宜使用 16～48 个输入通道、4～8 个编组通道、4～8 个辅助通道、4～8 个矩阵输出通道。

② 辅助调音台：为补充主扩声调音台通道数的不足，有时也临时设置在舞台附近进行简单的调音操作。有时还用作备份调音台使用。另外，还用于监听返送、录音等。宜配置 16～24 个输入通道、4 个辅助通道、4～8 个编组输出通道等性能的调音台。有时也专用于舞台返送的调音台。

③ 流动调音台：不使用主扩声调音台时，在舞台附近或观众厅中临时设置使用的调音台。新建剧场时宜设置，一般根据投资情况确定。而且，对于中、小型会议室往往只用一台调音台。

放置在声控室的录放音用的声源设备如下：

① 硬盘录音机：扩声系统中最重要的声源设备，通常使用计算机硬盘存储，可在计算机上编辑处理，为多种格式信号输出，选曲方便快捷，即时播放。宜配置两台互相兼容的设备，一主一备。

② CD 播放机：扩声系统中主要的音乐重放方式。应选择可靠性高、具有变调和即时播放功能的专业设备。宜配置两台，一主一备，也可配置 CD-R 刻录机。

③ 盒式磁带录音机：扩声系统中主要的声源设备之一，必须使用坚固耐用和绝对可靠的专业设备。一般录音和重放分开使用，宜配置两台同样的设备互为备份。

④ MD 播放机：应选择音质优良、即时播放的设备。

放置在声控室的设备还有以下几个：

① 输入/输出跳线盘：把来自舞台上的综合接线箱和各种传声器装置，以及效果器、

录音机等的声音信号，通过输入跳线盘接入调音台并进行输入通路的交换。同时，将调音台的输出传送到功放的输入并进行通路交换。

② 接线端子盘：音频信号和控制信号必须分别设置。

③ 功放工作状态监视设备：在声控室中可以确认功放输出及扬声器系统工作状态的监控设备。

④ 监听扬声器：设置在声控室中调音台正前上方，音响师用来确认最终场内播放声音效果的扬声器系统。可以在观众厅内监听传声器收集的场内最终声音与演员正在使用的传声器声音之间进行任意切换。

⑤ 呼叫设备：声控室中设置的对讲和呼叫装置，舞台工作者与化妆室、舞台、观众厅等地进行通信联络用的扩声播入设备。也可以进行实况录音，主要内容是将演职人员之间的工作语言记录在存储器中，以便于检查工作中的失误。

4. 功放机房内的设备

由于剧场或大型会堂的面积大，扬声器系统又设在舞台一侧，距离声控室较远，因此剧场往往在靠近舞台附近设置功放机房。功放机房内除功率大而数量多的功放之外，还配有扬声器处理器（或称扬声器控制器）和输出跳线盘等。扬声器处理器作为扬声器系统的一部分，它含有均衡、限幅、分频、延时等功能，用来调整扬声器系统，使之达到最佳工作状态。输出跳线盘是功放输出和扬声器系统之间连线用的接线盘。

此外，在开会或演出时，在舞台上设置流动返送音箱，故在舞台台板上或综合接线箱上设置有必要的音箱接口。

第三节 厅堂扩声系统的技术要求与特性指标

一、厅堂音质设计的一般要求

厅堂音质的评价包括主观、客观两个方面，但最终要看是否满足使用者的听音要求。这种要求对语言和音乐是不尽相同的，各有侧重点。现在一般认为，良好的音质感受主要有以下几个方面。

1. 合适的响度

响度是厅堂听音的最基本要求。语言和音乐都要求有足够的响度，它们应高于环境噪声，使听众既不费力，又不感到过响而吵闹。对于音乐，比语言的响度要求要高些。

与响度密切相关的客观指标是声压级。对于语言声，一般要求 $60\sim80$ dB，信噪比 $\geqslant$ 10dB，如房间大部分座位处的声压级达不到此要求，就要考虑用扩声系统来弥补声压级的不足或提高信噪比。对于音乐声，一般要求声压级在 $75\sim96$ dB 之间。

2. 视听一致性

亦称声像一致性。就是要求舞台上的演讲者或演员的视觉方向与从扬声器听到的声音方向一致，保持着自然状态。

3. 在混响感（丰满度）和清晰度之间有适当的平衡

语言和音乐都要求声音清晰，但语言要求更高些，音乐则要求有足够的丰满度，而丰满度对于语言则是次要的。

与此密切相关的物理指标是混响时间。如果房间的混响时间过长，则会导致清晰度下降；但混响时间过短，就会影响丰满度。因此，以音乐演出为主的厅堂，丰满度占有重要地位；而会议、报告用的厅堂则以语言清晰度为主。一般来说，对以听语言声为主的房间，如教室、演讲厅、话剧院，混响时间不可过长，以 1s 左右为宜；对听音乐为主的房间，如音乐厅，则希望混响时间长些，如 1.5～2s。最佳混响时间还与音乐的类型和题材有关。

4. 具有一定的空间感

与此有关的物理参量主要是早期侧向声能与早期总声能之比以及双耳听闻的相干性指标。对于音乐厅就是要求观众厅的侧墙距离不要过大，侧墙宜修建成坚硬的声反射面或布置专用反射板。最好使反射声在垂直于听众两耳连线的中间成 55°±20°的角度范围到达听众。对于室内聆听立体声，由于这时立体声的空间感是由扬声器组经立体声效果处理后提供的，故对室内声学的要求有所不同。

5. 具有良好的音色

具有良好的音色，即低、中、高音适度平衡，不失真。

与此有关的物理参量主要是混响时间的频率特性。一般用于语言清晰度为主的厅堂应用较短的混响时间，并采用平（或接近平直）的混响时间频率特性；用于歌剧和音乐演出的厅堂，混响时间应选用较长的值，混响时间频率特性曲线应中、高频平直，而低频高于中频 15%～20%，这样可使演唱和音乐富有低音感，起到美化音色的作用。

6. 低噪声

室外侵入的噪声和建筑内的设备噪声，其中特别是空调制冷设备的噪声，都对听音有妨碍。连续的噪声，尤其是低频噪声会掩蔽语言和音乐；不连续出现的噪声会破坏室内的宁静气氛。因此，必须尽量消除其干扰，并将其控制在允许的范围内。

二、扩声系统特性指标

1. 电气系统特性指标

① 在扩声系统额定带宽及电平工作条件下，从传声器输出端口至功放输出端口通路间的频率响应不劣于−1～0dB。

② 在扩声系统额定带宽及电平工作条件下，从传声器输出端口至功放输出端口通路间的总谐波失真不大于 0.1%。

③ 在扩声系统额定带宽及电平工作条件下，从传声器输出端口至功放输出端口间通路的信噪比应不劣于通路中最差的单机设备信噪比 3dB。

2. 声学特性指标

国家标准《厅堂扩声系统设计规范》（GB 50371—2006）将厅堂扩声系统分为三类：文艺演出类、多用途类和会议类，其声学特性指标和传输频率特性曲线分别如表 1-4 与

图 1-7 所示。

文艺演出类扩声系统声学特性指标 表 1-4 (a)

等级	最大声压级（dB）	传输频率特性	传声增益（dB）	稳态声场不均匀度（dB）	早后期声能比（可选项）（dB）	系统总噪声级
一级	额定通带内：大于或等于106dB	以 80～8000Hz 的平均声压级为 0dB，在此频带内允许范围：－4dB～＋4dB；40～80Hz 和 8000～16000Hz 的允许范围见图 1-7 (a)	100～8000Hz 的平均值大于或等于－8dB	100Hz 时小于或等于 10dB；1000Hz 时小于或等于 6dB；8000Hz 时小于或等于 8dB	500～2000Hz 内 1/1 倍频带分析的平均值大于或等于＋3dB	NR-20
二级	额定通带内：大于或等于103dB	以 100～6300Hz 的平均声压级为 0dB，在此频带内允许范围：－4dB～＋4dB；50～100Hz 和 6300～12500Hz 的允许范围见图 1-7 (b)	125～6300Hz 的平均值大于或等于－8dB	1000Hz、4000Hz 小于或等于＋8dB	500～2000Hz 内 1/1 倍频带分析的平均值大于或等于＋3dB	NR-20

多用途类扩声系统声学特性指标 表 1-4 (b)

等级	最大声压级（dB）	传输频率特性	传声增益（dB）	稳态声场不均匀度（dB）	早后期声能比（可选项）（dB）	系统总噪声级
一级	额定通带内：大于或等于103dB	以 100～6300Hz 的平均声压级为 0dB，在此频带内允许范围：－4dB～＋4dB；50～100Hz 和 6300～12500Hz 的允许范围见图 1-7 (c)	125～6300Hz 的平均值大于或等于－8dB	1000Hz 时小于或等于 6dB；4000Hz 时小于或等于＋8dB	500～2000Hz 内 1/1 倍频带分析的平均值大于或等于＋3dB	NR-20
二级	额定通带内：大于或等于98dB	以 125～4000Hz 的平均声压级为 0dB，在此频带内允许范围：－6dB～＋4dB；63～125Hz 和 4000～8000Hz 的允许范围见图 1-7 (d)	125～4000Hz 的平均值大于或等于－10dB	1000Hz、4000Hz 时小于或等于＋8dB	500～2000Hz 内 1/1 倍频带分析的平均值大于或等于＋3dB	NR-25

会议类扩声系统声学特性指标 表 1-4 (c)

等级	最大声压级（dB）	传输频率特性	传声增益（dB）	稳态声场不均匀度（dB）	早后期声能比（可选项）（dB）	系统总噪声级
一级	额定通带内：大于或等于98dB	以 125～4000Hz 的平均声压级为 0dB，在此频带内允许范围：－6dB～＋4dB；63～125Hz 和 4000～8000Hz 的允许范围见图 1-7 (e)	125～4000Hz 的平均值大于或等于－10dB	1000Hz、4000Hz 时小于或等于＋8dB	500～2000Hz 内 1/1 倍频带分析的平均值大于或等于＋3dB	NR-20
二级	额定通带内：大于或等于95dB	以 125～4000Hz 的平均声压级为 0dB，在此频带内允许范围：－6dB～＋4dB；63～125Hz 和 4000～8000Hz 的允许范围见图 1-7 (f)	125～4000Hz 的平均值大于或等于－12dB	1000Hz、4000Hz 时小于或等于＋10dB	500～2000Hz 内 1/1 倍频带分析的平均值大于或等于＋3dB	NR-25

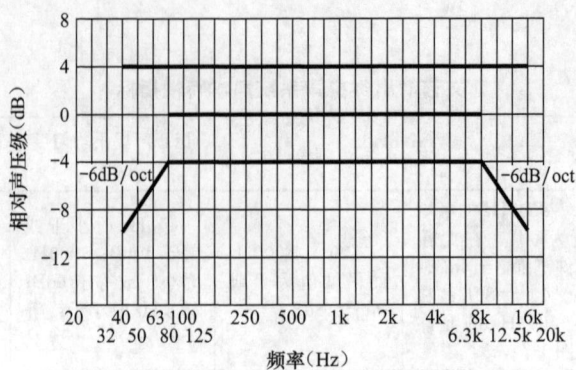

（a）文艺演出类一级传输频率特性范围

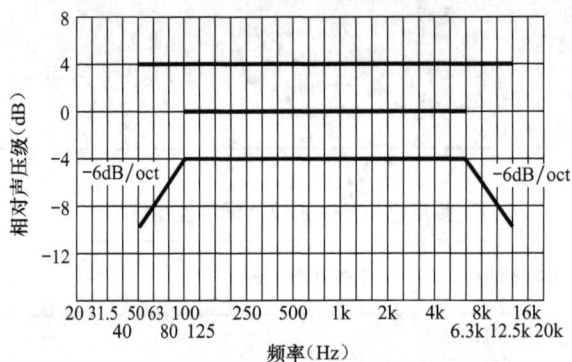

（b）文艺演出类二级传输频率特性范围

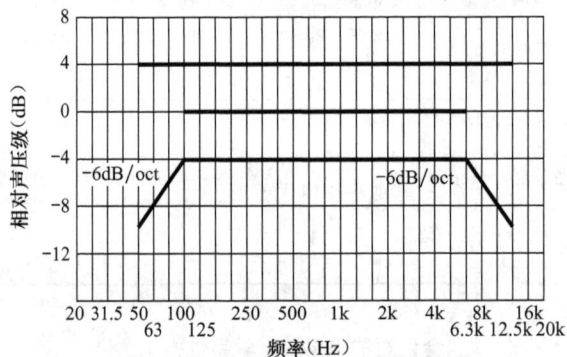

（c）多用途类一级传输频率特性范围

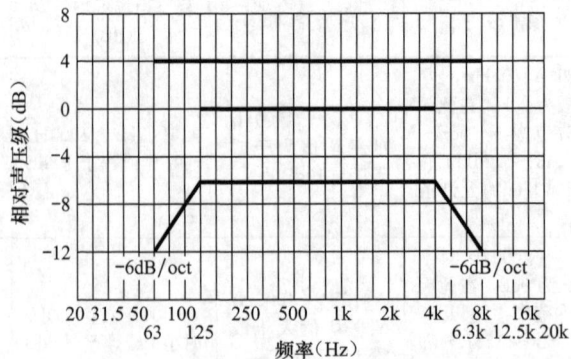

（d）多用途类二级传输频率特性范围

图 1-7 （一）

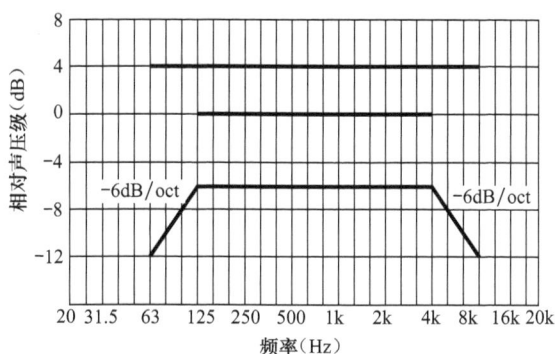

（e）会议类一级传输频率特性范围

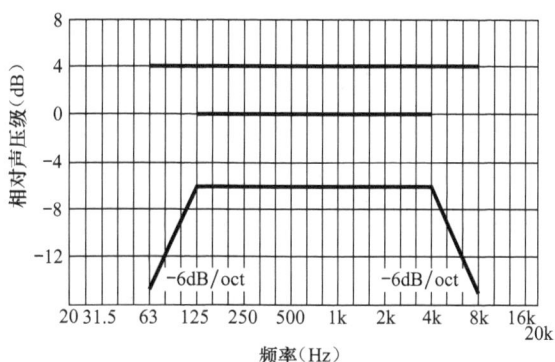

（f）会议类二级传输频率特性范围

图 1-7（二）

三、声学特性指标的说明

（1）最大声压级

最大声压级是指扩声系统完成调试后，在厅堂内各测量点可能的最大峰值声压级的平均值。最大声压级的指标主要是考核厅内扩声系统的扩声能力，并不仅仅反映音量开足时能放多响，它还受到最高可用增益（如系统中有传声器的话）的制约。对于系统不仅要求它有足够的功率放大能力，还要求它配有能承受高功率的宽频带音箱，并且各音响设备之间要有良好的配接。标准中规定了文艺演出类扩声系统一级的最大声压级应≥106dB。提出了系统最大声压级的下限，并不等于说它必须工作在 106dB 以上。考虑到高声压级对人体和环境的影响，建议正常使用应在 90dB 以下为宜，短时间最大声压级应控制在 110dB 以内。

（2）传输频率特性

它是指扩声系统在稳定工作状态下，厅堂内各测量点稳态声压级的平均值相对于扩声设备输入端的电平的幅频响应。该指标是指厅内声音传输的频率特性，它表示声场内各点的平均声压级（某一频带的）与各频带中心频率的关系。它反映了通带内的不均匀性，通带的确定视不同要求而定。该指标主要决定于扩声系统中扬声器系统的电声特性和分布以及厅内声吸收和扩散等设计。对于文艺演出类一级要求 80～8000Hz 内允许声压级的起伏

不大于±4dB，以这一频段的平均值为0dB，向两端扩展，在40～16000Hz范围内起伏在
－10～＋4dB以内。这是考虑到对于大量节目源信号的功率谱的统计平均，其主要能量分
布在这一频段内。要如实地反映原节目信号，则要求在这一频段内的频率特性应该平直，
但考虑到实际情况，如扬声器系统的特性和室内声扩散等因素，提出了起伏的范围，对于
一级厅堂来说，此要求是比较高的，但是经过仔细的选择和调节是能做到的。

（3）传声增益

它是指扩声系统在最大可用增益（即在声反馈临界状态时的增益减去6dB）状态时，
厅堂内各测量点稳态声压级平均值与扩声系统心形传声器处稳态声压级的差值。传声增益
就是声音的放大量，测得的差值越大，说明该厅传声增益越好，亦即使用传声器时音量可
开得较大。影响传声增益的唯一因素是声反馈。具有传声器的扩声系统，它的声输入端传
声器也在扬声系统产生的声场中，扬声器发出的声音经传声器输入，然后放大，又经扬声
器输出。在某些频率点，当传输信号的相位达到正反馈时，扩声系统就会产生啸叫，使系
统无法正常使用。它决定于声源的位置，扬声器系统和传声器的指向特性和频率特性以及
厅内的声学处理。传声增益越高，扩声系统的声音放大量越大。

提高传声增益的办法是抑制声反馈。例如，使音箱的声音不容易传到传声器中（让传声器远离音箱，或利用音箱和传声器的指向性避开）；也可使用抑制声反馈设备，如均衡器、反馈抑制器和限制器（阈值调到反馈临界点上），此外还有建声设计上的考虑等。

（4）声场不均匀度

它是指厅内各点稳态声压级的极大值与极小值的差值。它要求厅内各点的声场分布要均匀，在厅内各位置都能达到同样的聆听效果。这与厅内扬声器的布置、指向特性以及声学设计有关。一般要求中高频（1000Hz和8000Hz）的不均匀度小于8dB，低频（100Hz）放宽一些可到10dB，这是因为低频的不均匀度主要决定于室内的声吸收处理，不易做好，低频声容易发生干涉，造成大的声场起伏，此外，与人耳对低频不甚敏感也有关。

（5）系统总噪声级

它是扩声系统在最大可用增益工作状态，且无有用信号输入时，厅堂内各测量点扩声系统所产生的各频带的噪声声压级（扣除环境背景噪声影响）的平均值，并以NR曲线评价。图1-8所示为NR噪声曲线图。

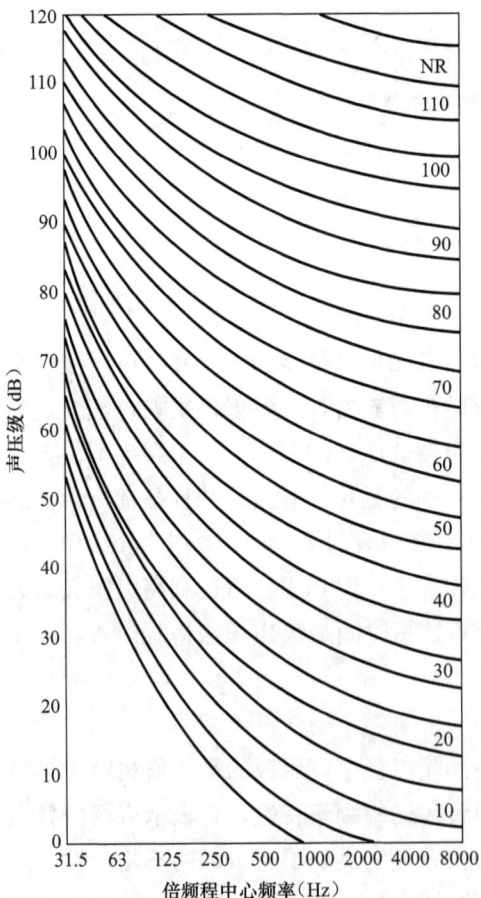

图1-8　NR噪声曲线图

　　噪声是令人感到烦恼的一种声音，剧场等的噪声主要来源于外界的干扰和内部空调器及电器发出的噪声等。剧场大多建在闹市区，外界的交通噪声干扰很大，设计建造时应考虑隔声的要求，对厅内空调和电器发生的噪声则应采取相应的措施，减少对人们的干扰。

　　减小音响系统本身（除空调和外界干扰外）噪声的措施如下：

　　① 在工程施工时要注意抗干扰，例如弱信号线（如传声器线）要屏蔽，采用平衡传输方式，并远离音箱和电源线；为防止晶闸管调光干扰，音响与灯光不共用同一交流电源，音响使用交流稳压电源供电等；此外，接地应良好（包括机柜、机壳）。

　　② 减小音响系统的本底噪声，除选用本底噪声小的设备外，还可使用噪声门或降噪器。噪声门一定要位于功放前，并正确调整。调整方法是在系统无声音信号输入时，将噪声门的阈值调到最小，再慢慢提升阈值，指示灯一亮即停。

　　（6）早后期声能比

　　室内声音是由直达声、早期反射声、混响声组成。早期反射声的一个主要作用是可以提高清晰度。这种作用是以早期与后期声（混响声）的能量之比来表示的，又称早后期声能比，它定义为

$$C_{80} = 10\lg \frac{E_{\text{早期声能}}}{E_{\text{后期声能}}} = 10\lg \left[\frac{\int_0^{80\text{ms}} p^2(t)\,dt}{\int_{80\text{ms}}^{\infty} p^2(t)\,dt} \right] \quad (\text{dB}) \tag{1-1}$$

式中 p 为声压。

　　C_{80} 值越大，清晰度越高。但是对于音乐演出，往往强调混响感，所以 C_{80} 的容忍度可以宽些，有时 C_{80} 的取值低至 -5dB 仍可被接受，但一般不宜低于 -4dB。$C_{80} = 0\text{dB}$ 时，即使是很快节奏的交响乐曲，主观上仍认为有足够明晰度。如果 C_{80} 值太高，例如大于 2dB，则会觉得缺乏混响感了。所以通常 C_{80} 取 $-2 \sim +2\text{dB}$ 为宜，对歌剧院应为 $-2 \sim +0\text{dB}$。顺便指出，国家标准 GB 50371—2006 的文艺演出类扩声系统特性指标中的 C_{80} 值定为大于或等于（亦即不低于）$+3\text{dB}$ 是有问题的。

　　C_{80} 亦称明晰度（Clarity），通常作为音乐信号的一个指标。对于语言信号，又提出一个清晰度（Difinition）指标，简称 D 值。它的定义为

$$D = 10\lg \frac{\int_0^{50\text{ms}} p^2(t)\,dt}{\int_0^{\infty} p^2(t)\,dt} \quad (\text{dB}) \tag{1-2}$$

　　D 值的意义是，直达声及其后 50ms 以内的声能与全部声能之比。D 值越高，对清晰度越有利。

四、声压级的计算

　　为了计算听者在某处听到的声压级大小，可以有几种方法。在扩声系统中常用如下公式进行计算。

　　将扬声器或音箱看作声源（点声源），其直达声压级 L_p 可表示为

$$L_\text{p} = L_\text{o} + 10\lg P_L - 20\lg r \tag{1-3}$$

式中，P_L 为加到扬声器的电功率（W）；r 为扬声器与被测点的听音距离（m）；L_o 为扬声器的灵敏度（dB），即在扬声器加上 1W 电功率时在轴向 1m 处测得的声压级。

由式（1-3）可以得出如下重要结论。

① 若扬声器的电功率加倍，即 $10\lg(2P_L)=3dB+10\lg P_L$，则声压级 L_p 增加 3dB；若电功率增至 10 倍，则声压级 L_p 增加 10dB。

② 若听音距离加倍，则声压级 L_p 减少 6dB。

【例】设在轴向灵敏度为 92dB 的扬声器上加入 200W 电功率，试求距离扬声器 8m 处的声压级。

由式（1-3）可以求得

$$L_p = 92 + 10\lg 200 - 20\lg 8 = 97 \quad (dB)$$

上述的重要结论，在工程中很有用。例如，根据前述的会议类扩声系统一级要求最大声压级为 98dB，若某会议厅的观众厅长度为 16m，试问应选用合适的主扩声音箱的最大声压级为多少？根据上述的结论②可得：音箱的最大声压级 $=98+20\lg r=98+20\lg 16=122dB$。或者利用 $16=2^4$，即四次距离加倍，需要补偿声压级 $4×6dB=24dB$，故得 $98+24=122dB$。同理，若会议厅长度为 $32=2^5$m，则要求音箱最大声压级 $=98+5×6=128dB$。

第四节 厅堂扩声的扬声器布置与系统方式

一、会堂、剧场的扬声器布置

会堂、剧场等的扩声系统，按其声道数分类，可分为单声道系统、双声道系统、三声道系统等。

1. 单声道扩声系统

如图 1-9 (*a*) 所示，一般将主扩声扬声器布置在舞台口上方的中央位置（C）。这种布置方式，语言清晰度高，视听方向感比较一致（又称声像一致性），适用于以语言扩声（开会）为主的厅堂。图中舞台两侧的拉声像音箱，是利用哈斯效应控制延迟时间，将中央声道的声像下拉。台唇音箱也起下拉声像和补声的作用。

2. 双声道系统

如图 1-9 (*b*) 所示，主扬声器布置在舞台两侧上方或舞台口上方两侧，此种布置声音立体感较单声道系统强，但当舞台很宽时，前排两侧距扬声器较近的座位可能会出现回声，因此它适用于以文艺演出为主且体形较窄或中、小型场所的扩声。

3. 三声道系统

如图 1-9 (*c*) 所示，一般将左（L）、中（C）、右（R）三路主扬声器布置在舞台口上方的左、中、右位置上，三声道系统大大增强了声音的空间立体感，因此适用于以文艺演出为主的大、中型厅堂的扩声。三声道系统又分为两种：一种是空间成像系统（SIS），它通常使用具有左、中、右三路主输出的调音台，而且左、中、右三路主扬声声可分别

（a）单声道

（b）双声道

（c）三声道

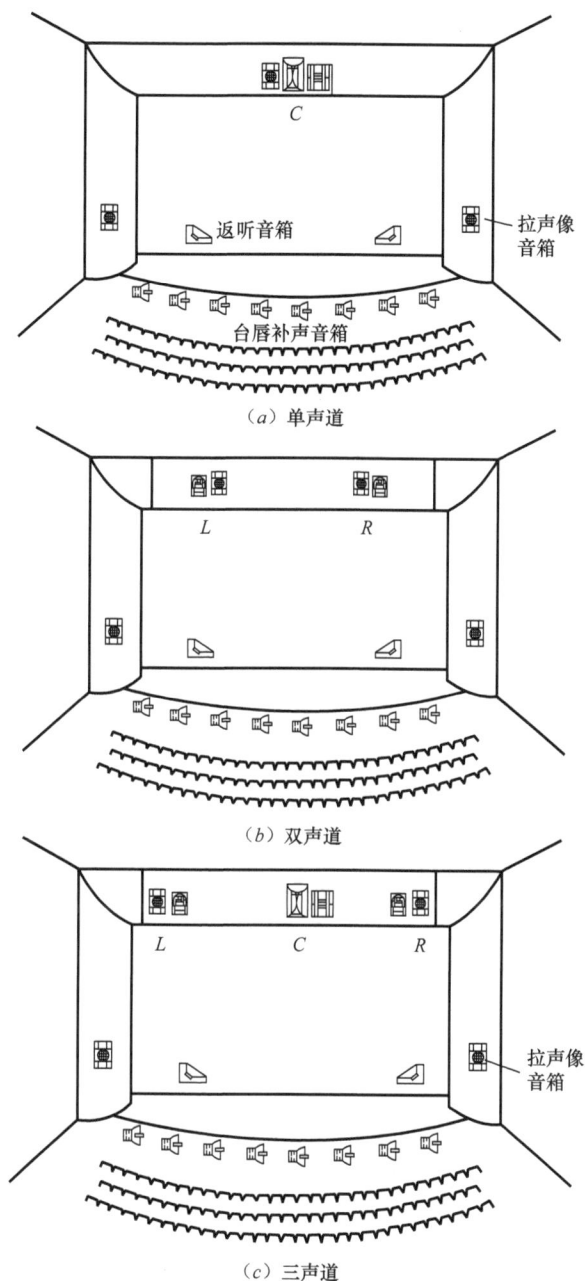

图 1-9　扬声器布局图

独立地覆盖全场；另一种是 $C/(L+R)$ 方式，即中置（C）扬声器可以单独覆盖全场，左（L）和右（R）两路扬声器加起来共同覆盖全场。

三声道系统，尤其是空间成像系统（SIS）既可实现声像在左、中、右方向移动的效果，也可实现声像在左、右之间移动，左、中之间移动和右、中之间移动的效果，所以它进一步改善了声像的空间感，它还利用了人的心理声学的作用，使人们获得更高的主观听觉感受。因此，SIS 扩声系统具有如下优点：

（1）根据需要，可以选择单声道、双声道、三声道三种模式工作。通常，单声道模式适于演讲或会议使用，双声道模式适于立体声音乐放送，三声道模式适于演出。

（2）较好地解决了音乐和人声兼容扩声的问题。可按不同频率均衡，适应音乐和人声的不同要求。而且观众可以根据自己的需要，利用人的心理声学效应——鸡尾酒会效应（即选听效应），从演出中选听人声和音乐声，人声和音乐声兼容放音的问题也就得到了很好的解决。

（3）提高了再现声音的立体感。SIS可以将声音图像在左、中、右不同方向进行群落分布，加强了立体声效果，使得再现声音立体感有所提高，主要表现在以下两个方面：

① 声像具有更好的多声源分布感，听音者听到的早期反射声和混响声更加接近实际情况，临场感、声包围感和声像定位感也得以提高。

② 可以比较好地突出某个独立的声音。由于各个声源的声像具有多方向、多方位的分布感，某些需要得到突出的声源声音能够较好地显示出来，这对于再现如独唱、独奏领唱等声音大有益处。

（4）使声音更加逼真清晰。SIS的噪声感受比纯单声道或普通双声道系统相对要小些，这是因为SIS改善了声音的空间感，使得背景噪声在多个方向分布，即噪声分布更加分散，而声源声音是集中在一个方向上，与噪声相比优势明显，亦即声源声音受噪声影响更小，因此听觉信噪比有所提高，声音听起来会更加清晰。

图1-10所示是某剧场的扬声器布置实例。它采用三声道系统方式。每路主音箱由四箱体组成的线阵列音箱组成，安装在声桥内；舞台两侧安装两个全频音箱，起拉低声像作用；台唇安装4个小音箱，起前排拉声像和补声作用；台上有两个舞台监听（返听）音箱；因有文艺演出，故在台唇两边安装两个超低音音箱，以增强低音震撼效果。图1-11是日本某剧场扬声器布置实例，也是三声道系统方式。图1-11（b）平面图的上半部为二楼，下半部为一楼。

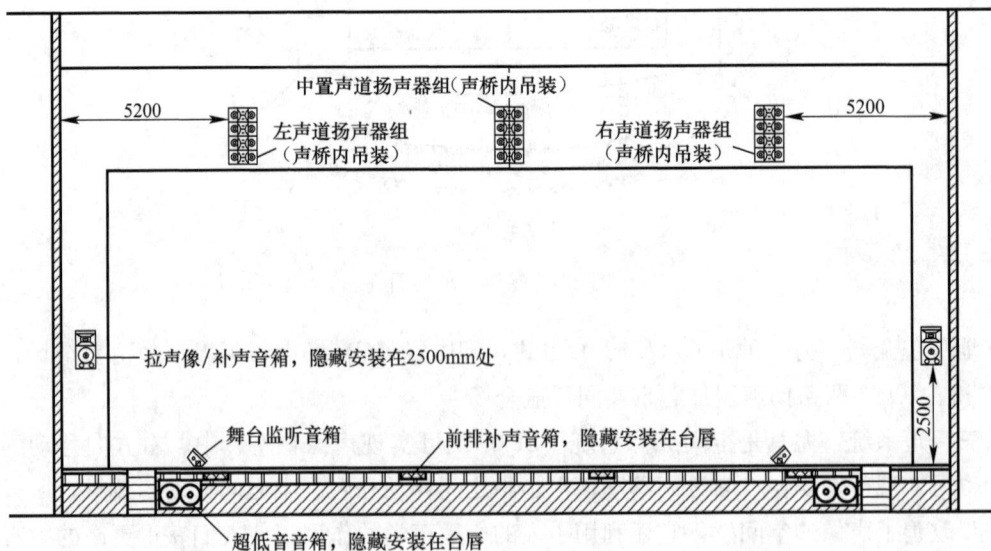

图1-10   剧场扬声器的布置实例

（a）剖面图

（b）平面图

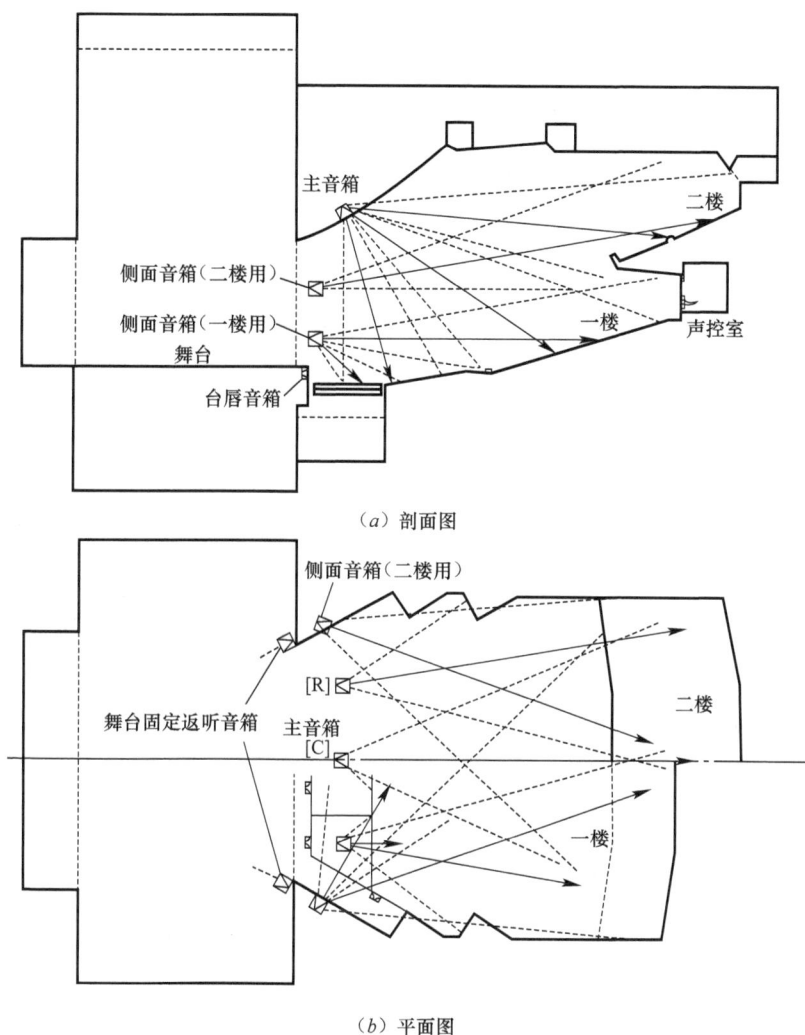

图 1-11　日本某剧场的扬声器布置实例

二、厅堂扩声系统的构成方式

1. 模拟式扩声系统

如图 1-12 所示，它与图 1-1（c）一样，是典型的第一代模拟式扩声系统。

2. 采用数字处理器的扩声系统

如图 1-13 所示，它与图 1-4（a）一样，是第二代扩声系统方式。它将图 1-12 主声道中的延迟器、均衡器、压限器、分频器等功能能集成在数字处理器（DSP）中，加接均衡器主要为调试方便。但调音台还是模拟式。

图 1-13 是 1000 座席的某多功能厅的扩声系统原理图。该厅功能以会议为主，并满足一般的中、小型文艺演出的要求。根据其建筑特点，该多功能厅扩声系统包含左、中、右扩声，同时为提高整个声场均匀度，在观众席的中后部设置了两组延时扬声器组。

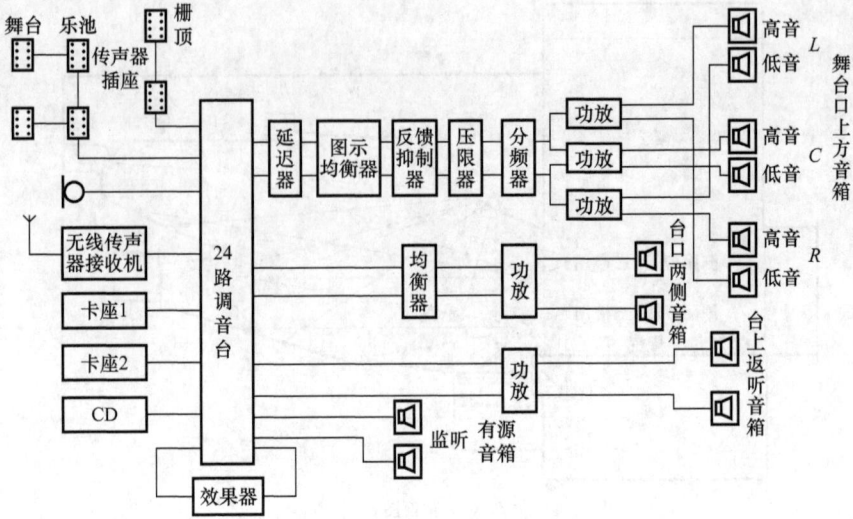

图 1-12 典型模拟式扩声系统图

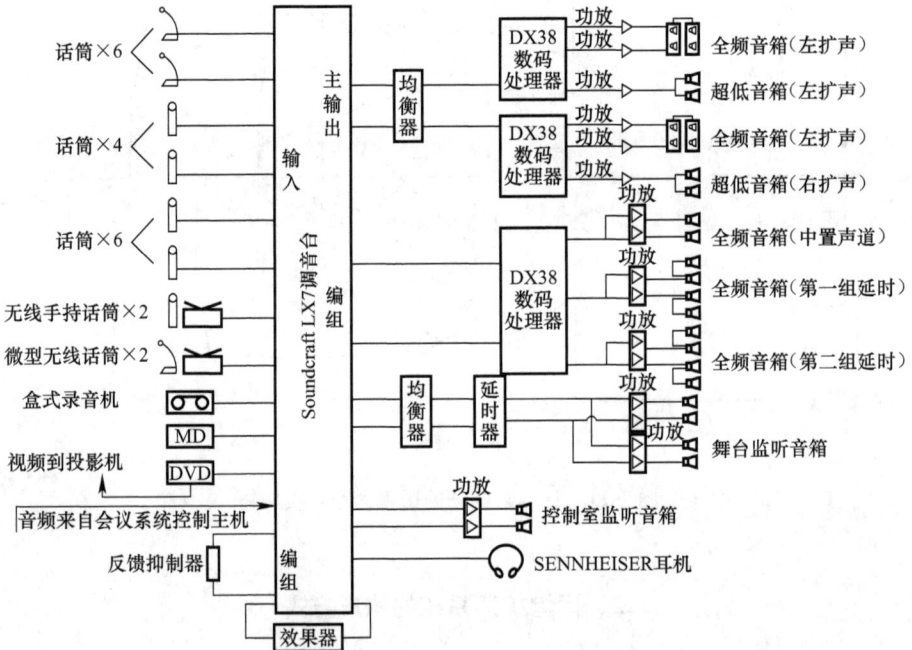

图 1-13 多功能厅扩声系统原理图

左、中、右扬声器组安装在声桥内，左、右扬声器组由全频音箱和超低音扬声器组成。由于多功能厅净空高较小，声桥的高度低，可不设置拉声像音箱。中置扬声器选用宽度小的扬声器横放在声桥内。两组延时扬声器组也选用宽度小的扬声器，放置在观众席的中后场，用以提高整个声场的均匀度。舞台监听扬声器服务于会议时的主席台成员或文艺演出时演员的监听。调音台则选用 24 路调音台。音频处理器采用 3 台数码处理器，它具有滤波、压缩限幅、相位调整、延时、分频、参数均衡、频率补偿、电平控制等功能。

3. 数字式扩声系统

如果将图 1-13 中的模拟式调音台改用数字调音台，则性能和功能都大为改善。但若数字调音台还是以模拟方式输出，则整个系统作了二次 A/D、D/A 转换，给音质造成损害。因此，数字调音台还是以数码方式输出到数字处理器（DSP），这就成了图 1-14（b）的数字扩声系统方式。

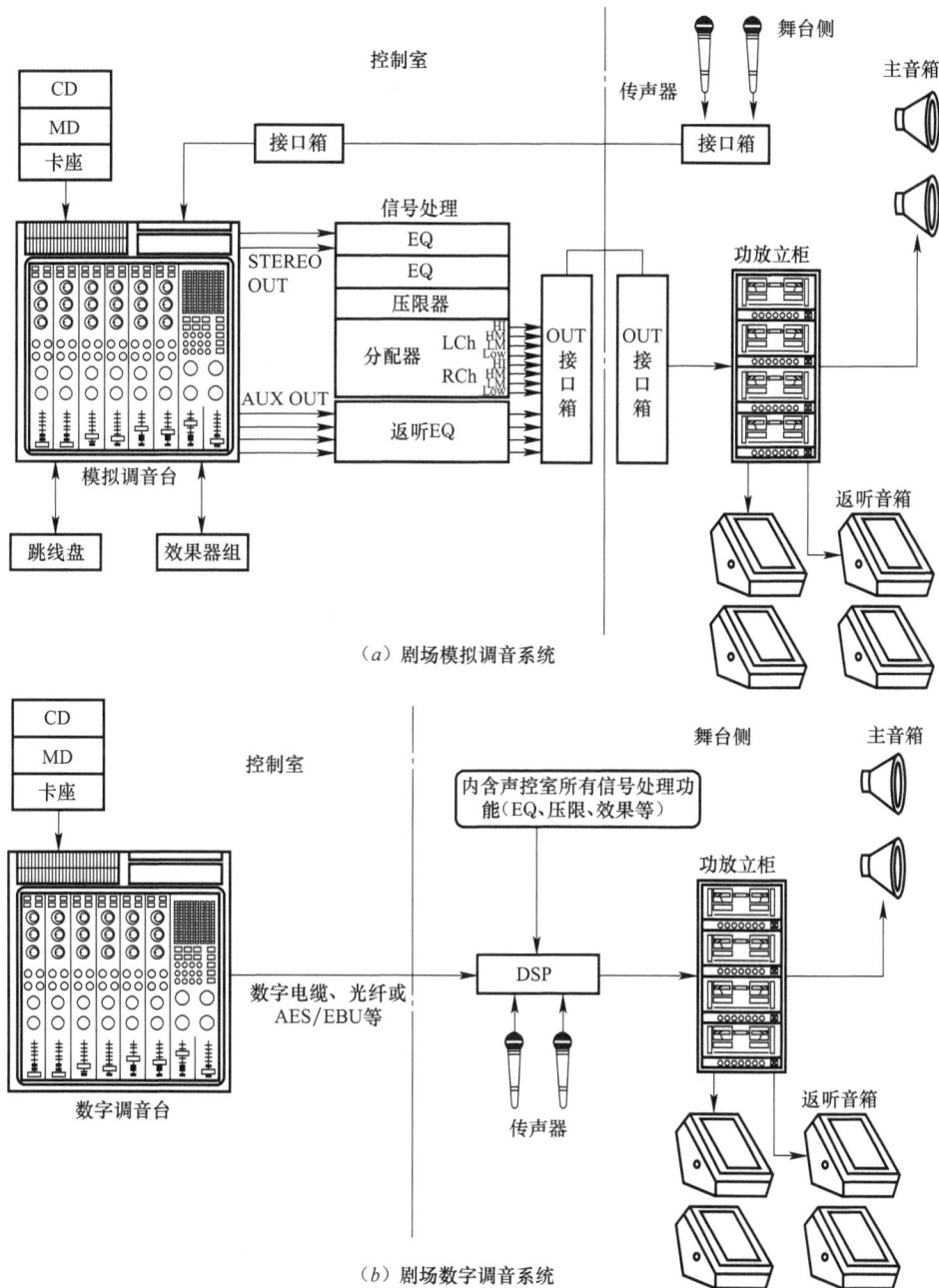

（a）剧场模拟调音系统

（b）剧场数字调音系统

图 1-14　剧场音响系统两种组成方式的对比

目前，对于大多数中、大型剧场或会堂的音响系统，已经实现数字化，亦即除了传声器和扬声器之外，从调音台到数字信号处理设备（DSP），包括从声控室到舞台的信号传输，实现了全数字化，如图 1-14（b）所示。这大大地降低外界噪声干扰的影响，提高了系统的信噪比，并且整个音响系统过程只作一次 A/D、D/A 转换，使音质大为提高。此外，数字的传输线缆也简化，布线、安装施工也大为方便。

图 1-14 是采用模拟调音台和数字调音台的两种剧场舞台音响系统的比较。从图 1-14 (a) 可见，模拟调音台方式使用较多的周边设备［如均衡器（EQ）、压限器、分频器、延迟器等］和输入、输出接线盘等，输入和输出的信号传输线（如多传声器输入线、多路主输出线、返听辅助输出线等）繁多而冗长；而从采用数字调音台的图 1-14 (b) 可见，数字调音台系统方式的结构和配线要简捷得多，这不但提高了系统的音质和性能指标，也简化了布线和施工的复杂性。显然，这代表着现代剧场舞台音响系统和技术的发展方向。目前存在的问题是，数字调音台的价格还较贵，国产数字调音台还在开发中。

图 1-14 (b) 中从声控室到舞台的数字音频传输线可采用数字网线（如 5 类双绞线）、同轴电缆、光缆等。例如，AES/EBU（美国音频工程师协会/欧洲广播联盟）制定的数字音频接口标准，使用的传输线可以是同轴电缆或双绞线，其允许的传输距离可达 100m。超过 100m 的数字传输宜采用数字光纤传输系统，采用光纤传输有以下优点：

① 光纤信号传输比数字传输的距离更远（距离 2km 也没有衰减问题）。

② 光纤是完全绝缘的，抗射频干扰（RFI）和电磁干扰（EMI），还消除了接地环路的干扰问题。

③ 安装简便，它可方便地在天花布线，绕过障碍物、穿过墙壁或在地下布线。

图 1-15 所示是德国 OPTOCORE 公司为剧场提供的光纤数字网络传输系统。它采用

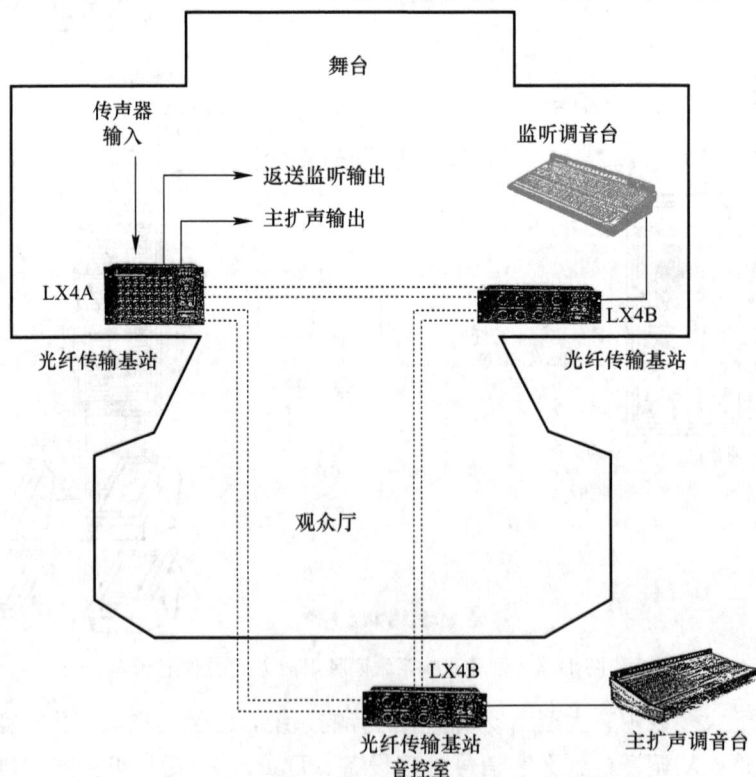

图 1-15　剧场舞台光纤数字网络传输系统（双环）

主辅环双环光纤连接方式和双电源供电冗余（备份）设计技术，因此系统有很高的稳定可靠性。与使用双绞线的 CobraNet 相比（最大容量为 64 路音频通道，有 0.33～5ms 固定延时），OPTOCORE 光纤传输网络标准配置为 192 路音频信号、4 路视频信号和 16 路控制信号，包括 DMX 512、RS-232 或 RS-485 数据通道等，可扩展到 512 路音频信号，传输延时小于 200ns，包括 A/D 和 D/A 转换时间的总延时小于 1.4ms。

图 1-15 中的 LX 4A 为光纤传输基站（舞台单元），有 48 路传声器输入、16 路线路输出、1 路视频输入、2 路串行数据接口等；LX4B 为光纤传输基站（控制室单元），则具有 48 路音频输出、16 路音频输入、1 路视频输出、2 路串行数据接口等。两种基站还都含有 1 路 RS-232 计算机控制接口和 1 路耳机监听接口。

图 1-16 所示是一种使用数字调音台的剧场音响系统的组成方式，图中数字调音台系

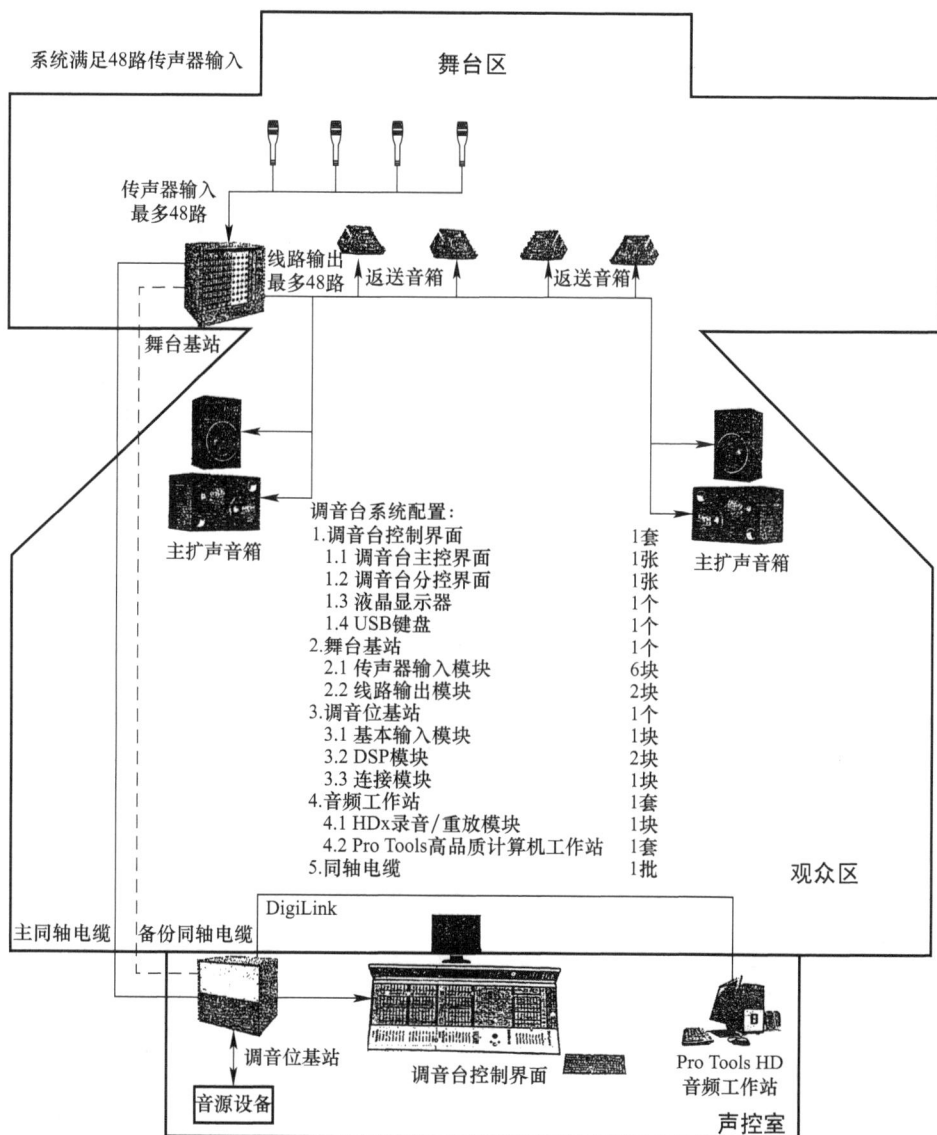

图 1-16　数字调音台的剧场音响系统

统主要包括调音台控制界面、调音位基站和舞台基站三部分，并使用主备同轴电缆进行传输。

第五节　声反馈及其抑制

一、声反馈产生原理

1. 声反馈（声回授）

扩声系统中影响音质的最重要因素是声反馈，亦称声回授，对它的抑制是设计和使用扩声系统应该注意的重要问题。使用扩声系统时，会突然听到一些颤抖声或连续的啸叫声。这是由于扩声系统放大量过高，扬声器辐射的声能反馈到传声器超过一定限度引起的。啸叫现象的存在，轻则使人们听不清声音，重则使扩声系统无法正常工作，只能在降低扩声系统的放大量后才能恢复正常，这种情况表明声反馈限制了系统放大量的利用。实际上，在产生啸叫以前，扩声系统就有失真了。严重的声反馈使扩声系统放大量无法充分利用，扩声设备不能满负载使用，在听众区不能获得需要的声压级，传输响应也产生失真，并能在某些频率上感觉到一种类似房间内的混响感觉，从而降低听众区的语言可懂度和音乐的音质。

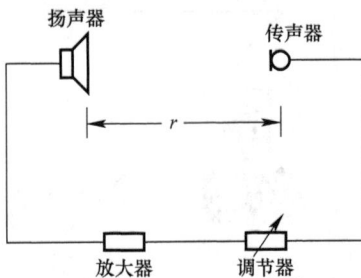

图 1-17　扩声系统的声反馈

当使用扩声时，由于声源和放声的扬声器同处于一个区域内，来自传声器的声音经电声系统再由扬声器辐射，经室内表面反射，再次反馈到传声器，这就是声反馈。最简单的声反馈系统包括传声器、音量调节器、放大器和扬声器，如图 1-17 所示。从扬声器到传声器的声波传播路程构成声反馈回路。如果扩声系统是线性放大通路，声源产生的声压作用到传声器，转换成电信号，经系统放大后由扬声器重发，而扬声器辐射的声波经路程 r 反馈到传声器。在一般情况下，声源作用到传声器的声压 p_0 和扬声器在传声器处产生的声压 p 之间的相位关系可以形成正反馈和负反馈。基本信号和反馈信号同相，振荡的幅度逐渐增大，产生自激振荡的频率就是使 p 和 p_0 同相位的频率。通常扩声系统的使用频率范围很宽，因此，常常是正反馈和负反馈同时存在。如果系统的放大量足够大，总含有一些频率满足正反馈条件，而使扩声系统产生啸叫。实际扩声系统的使用极限不是决定于反馈啸叫点，在扩声系统开始产生自激振荡前，已经会引起频率畸变和再生混响干扰，因此，扩声系统必须远离自振点工作。需要远离自振点的程度用稳定度来描述，它定义为降低通路输出电压比值的分贝数。

在室内声场扩散的条件下，室内声压 p 为

$$p = \frac{\mu p_0}{\sqrt{1-\mu^2}}\left(\text{其中}\ \mu = \frac{K}{\sqrt{\alpha}}\right) \tag{1-4}$$

式中，p 是扬声器发出的直达声和多次反射声作用到传声器的声压；p_0 是声源作用到传声器的声压；μ 是考虑室内传输状态在内的声反馈环路的总声反馈系数；K 为电声系统的增益；α 是室内表面平均吸声系数。电声系统增益及室内平均吸声系数都是频率的函数，这个表达式反映了室内的传输特性。

当 $\mu=1$ 时右边数字为无穷大。表明室内声压 p 无限大，也就是说只要室内有点声音，就会产生无限大的室内声压，将会导致自激振荡，从而产生啸叫。因此 $\mu<1$ 是室内扩声系统稳定工作的条件。即使稳定工作，由于存在一些声反馈，也会使室内频率传输响应发生畸变以及混响时间加长，从而影响音质。为了改善音质，声反馈的抑制对提高音质起着重要的作用。

2. 声反馈的产生原因

声反馈是声音能量的一部分通过声传播的方式传到传声器而引起的啸叫现象。在没有出现啸叫的临界状态，会出现振铃声，此时一般也认为存在声反馈现象。造成声反馈的原因有：

① 场地内的建筑声学特性较差。例如有共振点。

② 传声器与音箱的摆位不正确。例如传声器放在音箱的前面形成对射且距离较近。

③ 过多地提升扩声系统中的输入或输出信号的增益。例如调音台的输入增益、均衡器的输出增益、压限器和电子分频器的输入和输出增益等。

④ 过多地提升调音台音调电路中的某点增益。例如中频增益或低频增益。

⑤ 过多地提升系统均衡器中的某些频点。例如 200Hz～3kHz 中的频点。

⑥ 过多地增加传声器的混响成分。

⑦ 同时使用多种不同频率特性和不同指向性的传声器，尤其是全指向、高灵敏度的电容传声器。

二、抑制声反馈的方法

（1）做好声学设计，尽量避免声学缺陷

音响设备只能通过改善响度、频响特性及加入混响来美化声音等，建筑物的声学缺陷是不能靠电路设计来克服的。房间出现声染色是导致声反馈啸叫的最主要的声学原因。房间建声条件不好，会导致严重的声反馈情况。消除房间声染色的主要方法，就是要尽可能减少简正共振现象的发生。另外，室内存在凹面反射也是导致声反馈的主要原因，凹面反射会引起声聚焦现象的发生，而声聚焦会导致声场内局部音量过强，当传声器在位于声聚焦的区域拾音时，因声音能量的回授量很大，极有可能发生声反馈啸叫现象。因此，在室内设计和装修时，一定要进行声学设计，以减少声学缺陷。例如应尽可能满足长、宽、高的声学比例，适当增设吸声物，保持声场均匀，尽量避免凹面反射等，从而提高系统的传声增益。有关声学设计的问题在这里不再详述，下面主要讨论在工作实践中应注意的问题。

（2）合理布置放音系统是减少声反馈的有效途径

室内传声增益与以下因素有关：扬声器与听音区之间的距离、声源与传声器之间的距离、室内总表面积、室内平均吸声系数、室内传输响应、扬声器的指向性、传声器指向性、传声器指向与扬声器轴向的夹角等。在工作中要注意如下几点：

① 合理使用传声器，将传声器尽量靠近声源拾音，缩短声源和传声器之间的距离，能提高听众区的声压级。虽然这样不影响系统的反馈量，但由于听众区声压级提高了，也就等效于系统功率增益的提高。

② 利用指向性扬声器和指向性传声器，并合理布置它们，使来自扬声器的声音在传声器的不灵敏方向，或者使传声器向着扬声器不灵敏的方向，或方向性强的传声器放至扬声器后面。同时要选用频率特性较为平坦的单指向性或双指向性传声器。实践证明，对于室内扩声，使用心形或八字形传声器和全指向性传声器相比，可以使系统稳定度提高约5dB。对于室外扩声，使用心形指向性传声器和全指向性传声器相比，可使扩声系统稳定度提高约 6dB。但有一点要注意，传声器指向特性指向角度太小会造成拾音区域也相应减小，所以在选择传声器指向性时要综合考虑，不要顾此失彼。

③ 在同一场合使用同一型号的传声器时，同时使用的数量越少越好，这样便于控制反馈点的数量。

④ 合理控制传声器的混响比例，不仅可提高声音的清晰度，还可减少反馈机会。

⑤ 合理使用调音台的传声器输入增益及调音台各通道中的音调增益（3dB 为 1 倍），不要过多地提升某一频点，否则会破坏音色的平衡，导致声反馈。

⑥ 减小传声器通路的音量。这样做虽然会带来演唱或乐队拾音量的损失，使传声器通路音量受到限制，演出效果受到影响，但有时我们不得不采取减小音量的下策，根据演出情况实时控制音量的大小。比如当有振铃现象发生时，要及时将音量拉下来，以避免出现啸叫。演员手持或佩戴传声器经过音箱前时也要注意控制音量，否则可能会造成严重声反馈啸叫。

（3）利用移频法降低声反馈

利用移频法降低声反馈的基本思路是：采用偏移频率的方法去破坏反馈声与原始信号的同相条件，抑制系统的自激振荡。在扩声系统中，插入移频器，使音箱的输出信号相对于传声器信号的所有频率都偏移一个量，这种方法可以有效地抑制声反馈并降低频率畸变和再生混响干扰。

当扩声系统没有频移时，回路增益极大值超过 0dB 系统就会产生自激。因此系统增益的最大允许值取决于传输响应的极大值，相应于回路增益的极大值必须低于 0dB，否则系统不稳定。插入移频器后，系统的稳定性不再取决于回路增益的极大值，而决定于传输响应的平均增益，只要平均增益低于 0dB，系统就是稳定的。因此，移频法允许扩声系统增加的增益等于频响上极大增益与平均增益的差值。最佳频移量等于传输响应上各波峰和相邻波谷之间的平均距离，因为此时增益峰值所产生的多余能量会迅速地在谷值处被"吸收"。实践证明，最佳频移量与厅堂的混响时间 T_{60} 有关，约为 $1/T_{60}$。更大的频移虽然也能增加扩声系统的增益，但是，当频移量超过 7Hz 后，将会影响音质。

移频器的使用具有一定的局限性，在语言扩声时使用起来效果很好，对声音破坏很小，但是在演唱和乐器中使用就会有明显的声音变调感。这是因为语言的频率范围是在

130～350Hz 之间，仅仅 5Hz 频率的变化不会使人们有明显的变调感觉，但是在声乐和器乐扩声时就会有变调的感觉了，因为声乐和器乐的下限频率为 20Hz 左右，5Hz 的音调变化人耳已经能明显地感觉出来了。

（4）利用反馈抑制器

20 世纪 90 年代初，美国佛罗里达州中北部的赛宾音乐中心（Sabine Music Center）的工程师们开始研制一种全新的自动反馈抑制器。这种新装置中采用了带宽更窄（1/10倍频程）、中心频率可调而且非常精确、吸收深度可调的数字滤波器技术。运用 DSP（数字信号处理）技术可在 1s 内自动测定和精确设置到反馈频率，不需任何专业人员操作，效果明显。

自动反馈抑制器有如下几大优点：

① 吸收滤波器的带宽不仅极窄，而且可根据节目源的内容变更，大大减少了有用信号频谱成分的损失，它比任何其他的反馈抑制方法具有更小的信号失真。

② 吸收滤波器的中心频率可精确地自动调节到反馈频点上，提高了反馈抑制的效果。

③ 吸收滤波器的吸收深度可根据需要自行设定，最大吸收深度可达 -50dB。

④ 可快速（1s 之内）自动精确测定反馈频点，并能把滤波器自动锁定到反馈频点上。

⑤ 锁定在固定反馈频点上的滤波器称为固定滤波器，连续自动跟踪间隙反馈频点的滤波器称动态滤波器。两种滤波器的数量可视现场的需要自行设定。

反馈抑制器可使任何扩声系统的传声增益提高 6～9dB，这意味着功放的输出功率可增大 2～3 倍，或者说扬声器输出的声压级可提高 6～9dB。

自动反馈抑制器在有效抑制扩声系统的声反馈和尽量减小音色损失这两方面的确有明显进步，但如何在扩声系统中正确连接才能发挥最佳效果呢？反馈抑制器毕竟是以处理幅频特性来工作的，因此将它直接串接在扩声系统的主输出通道中使用是不可取的，否则必然会破坏整个系统的频率特性。反馈抑制器应该针对传声器使用，合理的连接方式是将它以插入方式单独连接在调音台某编组通道输出母线的插入口中，并以该编组作为传声器的专用通道，然后再利用其通道输出混合键将其编组终端信号并入主输出通道。这样既可明确使用声反馈抑制器的针对性，又可避免对其他声源信号和系统的整体频率特性产生影响。

第六节　扩声控制室（机房）

一、扩声控制室的设置

扩声控制室的设置应根据工程实际情况具体确定。一般说来，剧院礼堂类建筑宜设在观众厅的后部。过去往往将声控室设在舞台上台侧的耳光室位置，但总觉得不理想。这是因为它不能全面观察到舞台，对调音控制不利；对观众区的观察受限制，控制室的灯光及人员活动都会对观众有影响；不能听到场内的扩声实际效果，而且还往往与灯光位置矛盾，控制室面积受限制等。控制室面积一般应大于 15m²，且室内作吸声处理。当控制室设在观众厅后面时，观察用的玻璃窗宜为 1.5～2m（宽）×1m（高），且窗底边应比最后一排地面高 1.7m 以上，以免被观众遮挡视线。

二、机房设备布置

扩声机房内布置的设备主要有调音台、周边设备，例如均衡器、延时器、混响器、压缩限幅器，以及末级功率放大器和监听音箱等，所有设备均可置于同一房间内。

机房内须设置输入转换插口装置，以连接厅堂内所有传声器馈线，设置输出控制盘，以分路控制所有供声扬声器。扬声器连接馈线也由控制盘输出端引出。输入转换插口装置与输出控制盘均须暗设，嵌装在机房相应位置平面内，距地为 0.5～1m。

设备在机房内的布置可根据信号传输规律，由低至高依次排列。调音台应尽量靠近输入转换插口装置，功率放大器机柜应尽量靠近输出控制盘。功率放大器机柜可稍远离调音台，机房内所配备的稳定电源更要远离弱信号处理设备。

落地安装的设备或设备机柜，机面与墙的距离不应小于 1.5m，机背与墙、机侧与墙的净距不应小于 1m。并列布置时，若设备两侧需检修，其间距不应小于 0.8m。

调音系统中调音台的位置应靠近观察窗台，便于调音师观察与监听。

由于机房的面积，机房的体形不完全一致，因此机房内设备的布置只要符合上述布置要求，可因地制宜，灵活变动。

三、机房设备线路敷设

机房内各设备间的线路连接，可采用地下电缆槽形式。地下电缆槽可在机房地板下部设置，其上部采用可拆下的活动地板，如图 1-18 和前述图 1-6 所示。

交流电源线在地槽中须远离低电平信号线敷设，否则需单独敷设在专用钢管内，以隔离其对低电平信号线的干扰。

传声器输入线，低电平信号传输线与功率放大器的输出线应分开敷设，不得将这些线同位置敷设，或同线捆扎与穿管，消除高电平信号对低电平信号的干扰。

所有低电平信号传输线都应采用金属屏蔽线，其传输馈接方式可视信号强弱，采用平衡式或非平衡式。

四、机房的电源要求

（1）大型扩声系统，宜从交流低压配电盘上引两路专用电源作主用、备用供电回路。主用、备用供电回路在机房内可采用手动切换。

（2）为了防止舞台灯光或观众厅照明用可控硅调压器对声频设备的干扰，有条件时交流供电回路须和可控硅调压器的配电回路分开，各从不同变压器低压配电盘上引电；否则须配置隔离变压器隔离可控硅调压器的干扰。

（3）须根据机房内所有设备消耗功率值，选用相应功率的交流稳压器。

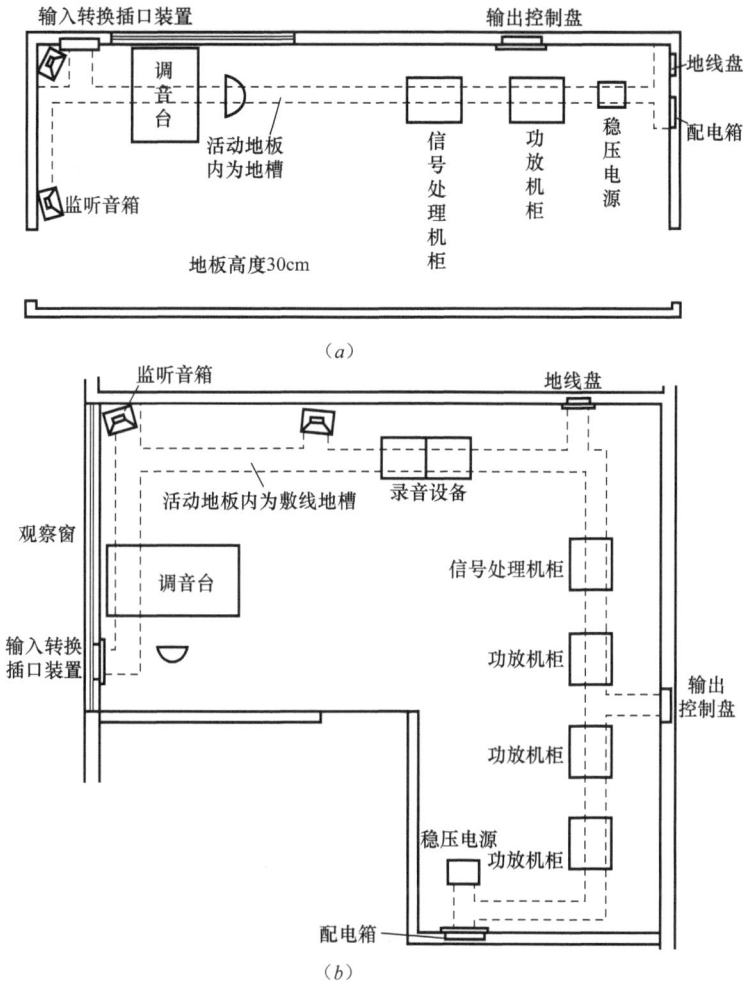

图 1-18　另两种控制室布置示例

（a）中型扩声机房设备布置示例；（b）大型扩声机房设备布置示例

五、机房的接地要求

（1）所有声频设备均要与信号地线作可靠的星地连接，保证整个系统处于良好的工作状态。

（2）传声器信号输入线及其他低电平信号传输线的屏蔽层均应和调音台、信号处理设备或功率放大器的输入端通地点进行一点接地。

（3）控制室应设置保护接地和工作接地。单独专用接地时，接地电阻≤4Ω，共同接地网接地时，接地电阻≤1Ω。

六、机　　柜

1. 标准机架

国际上最通用的专业音响器材的尺寸力 19 英寸宽，高度不统一。用占几个"U"（基本单位为 1 个 "U"）来表示，深度不等。由此 19 英寸的机架称为安装电声设备的标准机架，机架两边按统一的规格（以 1 个 U 为基准）攻成若干丝孔，可直接用螺钉将设备固定在机架上，可以随意调整上下位置。机架设有专门的接地螺栓，应用 4mm^2 截面的铜线将该点与音控室的接地处连接，并与调音台的音频信号参考电位（地）相连。供音频信号参考电位（地）的接地端子位置不能与电源 220V 的接地端共用，应分为一定距离的两点。

2. 设备排列

设备在机柜中排列，有条件情况下，应使低电平的信号处理设备与高电平输出的功率放大器分机柜放置，两类设备完全分开，可消除对低电平信号的干扰。如果放置在同一个机柜内，原则上应做到低电平信号处理设备在机柜上部、高电平信号输出设备在机柜下部。

图 1-19 示出了扩声音响声频设备在机柜上放置方式实例。由图可以看出，设备在机柜上的排列是按照设备工作电平的高低，即设备的用电梯度，由低至高，从上往下排列。

3. 结线捆扎

机柜上各种接线必须分类捆扎，通过导线槽通向所要连接的设备端子。同类线可捆扎在一道，不同类线要分开排列。输入信号线（例如光电池信号输入线）与输出信号线或电源线，一定要分开捆扎，而且不能平行走向，最好垂直成某一角度（通常在 45°～90°），功率输出线要单独引出。所有接线要捆扎整齐，在机柜内位置明确，并做出相应标志，便于维修时查找。

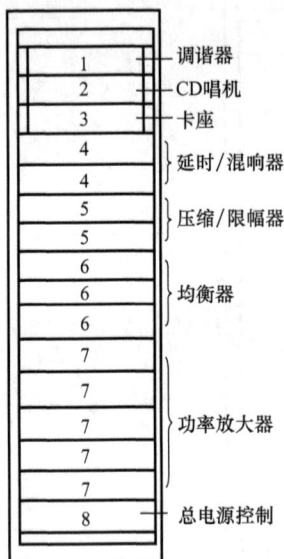

图 1-19　扩声用声频设备排列

4. 通风

机柜底部应安装排风设备，使机柜内部处于良好通风状态，保证声频设备与环境温度保持在一个稳定的热平衡状态，避免设备温度持续上升，造成设备损坏。

第七节　厅堂建筑声学设计

一、厅堂建筑声学设计步骤

厅堂建筑声学的设计流程如图 1-20 所示。

二、厅堂的体形设计

1. 厅堂体形设计原则

剧场的建筑声学设计主要体现在观众厅的体形设计和混响设计。体形设计包括平面和剖面的形式，它关系到大厅的音量、声强分布、声扩散、早期反射声的分布和消除音质缺

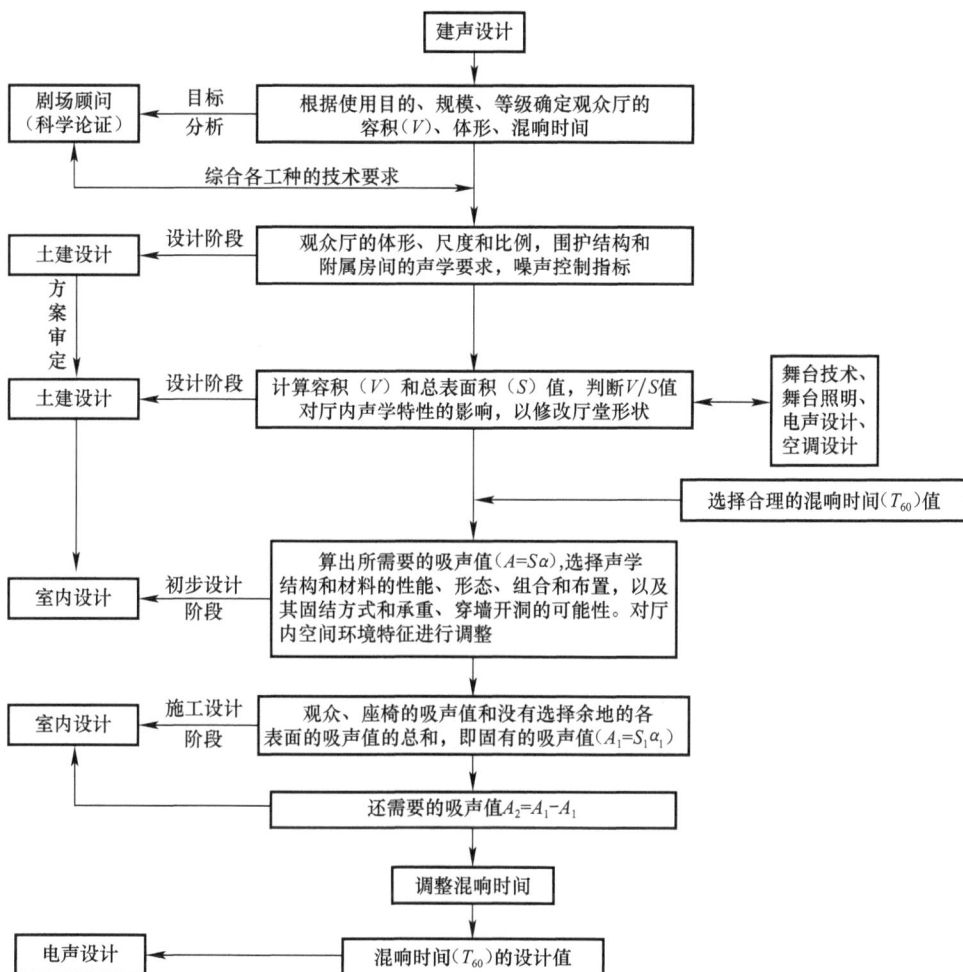

图 1-20　厅堂建筑声学设计流程图

陷一系列的声学问题。因此，体形设计对大厅的音质起到重要作用。体形设计主要由建筑师负责，建声设计必须从方案阶段就介入，目的是把声学要求渗入到体形设计中去，才能为大厅获得良好的音质奠定基础。

对于一个体积一定的大厅，大厅体形直接决定反射声的时间和空间分布，甚至影响直达声的传播。因此，体形设计是音质设计的重要内容。大厅体形设计原则如下：

① 充分利用声源的直达声。

② 争取和控制早期反射声，使其具有合理的时间和空间分布。

③ 适当的扩散处理，使声场达到一定的扩散程度。

④ 防止出现声学缺陷，如回声、多重回声、声聚焦、声影以及在小房间中可能出现的低频染色现象等。

图 1-21 所示为常用的几种观众厅平面形式，并分析了其对室内音质可能产生的影响。

2. 扩散设计

观众厅的声场要求有一定的扩散性。声场扩散对录音室尤其重要。观众厅中的包厢、

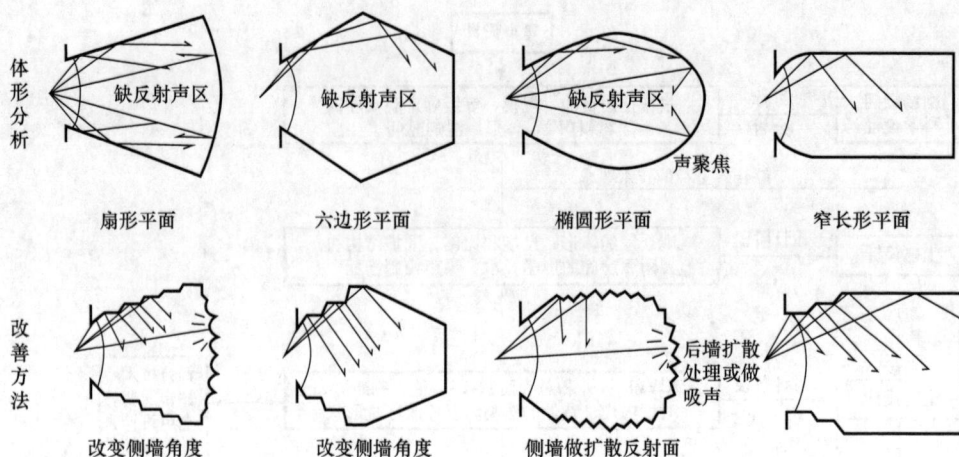

图 1-21　平面形式与反射声分布

挑台、各种装饰等，对声音都有扩散作用。必要时，还可将墙面和顶棚设计成扩散面，尤其在可能产生声聚焦及回声等的表面需要做扩散处理，图 1-22 所示为几种扩散体的尺寸要求。欲取得良好的扩散效果，它们的尺寸应满足如下关系：

$$a \geqslant \frac{2}{\pi}\lambda \tag{1-5}$$

$$b \geqslant 0.15a \tag{1-6}$$

式中，a 为扩散体宽度（m）；b 为扩散体凸出高度（m）；λ 为能有效扩散的最低频率声波波长（m）。

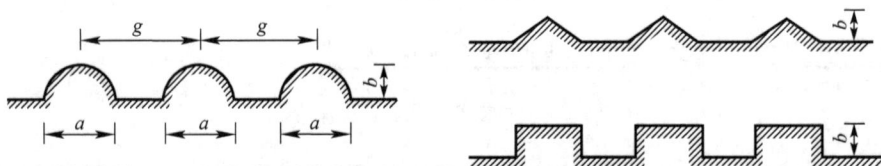

图 1-22　几种扩散体尺寸要求

如果对下限为 125Hz 的声波起有效扩散作用，a 必须在 1.8m 以上，b 须大于 0.27m。扩散体尺寸与声波波长相当时扩散效果最好，太大又会引起定向反射。

3. 声学缺陷的防止

体形设计不当，会出现聚焦、回声、颤动回声、声影等音质缺陷。图 1-23 所示为音质设计有问题的厅堂存在的声学缺陷。对于后墙，因形状呈圆弧形，会产生声聚焦缺陷。为此可采取图 1-21 下半部改善方法，如果后墙不呈弧形，也可采用图 1-24 所示的方法消除后墙回声。

三、混响时间与混响设计

混响时间与音质清晰度密切相关。混响时间短，声音清晰便不丰满；混响时间长，声音丰满但不清晰。对于一般要求高的大厅，控制好混响时间，保证良好的语言清晰度，

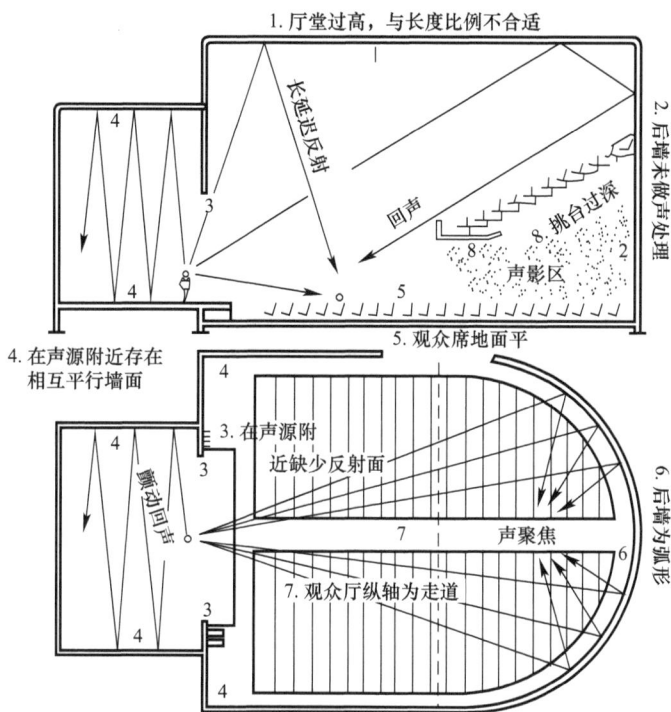

图 1-23 厅堂存在的声学缺陷

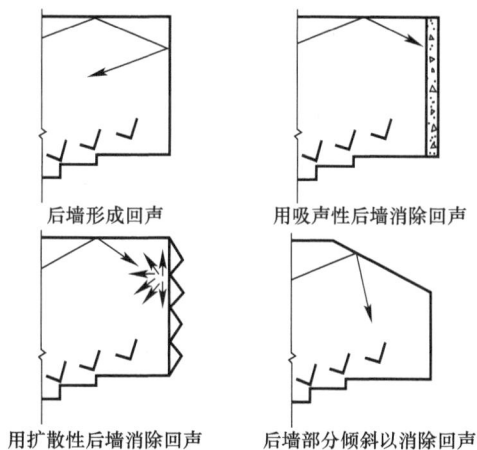

后墙形成回声　　　　　用吸声性后墙消除回声

用扩散性后墙消除回声　　后墙部分倾斜以消除回声

图 1-24 消除后墙回声的方法

就可以在使用时获得很好的满意度。

混响设计具体内容如下:

(1) 最佳混响时间及其频率特性的确定。

(2) 混响时间计算。

(3) 吸声材料选择、吸声结构的确定及布置

混响时间及其频率特性:

当声源发出脉冲声时,在室内任一点听到的声音按照它们到达的先后可分为直达声、

早期反射声（又称近次反射声）和多次反射声（混响声）三部分，如图 1-25 所示。

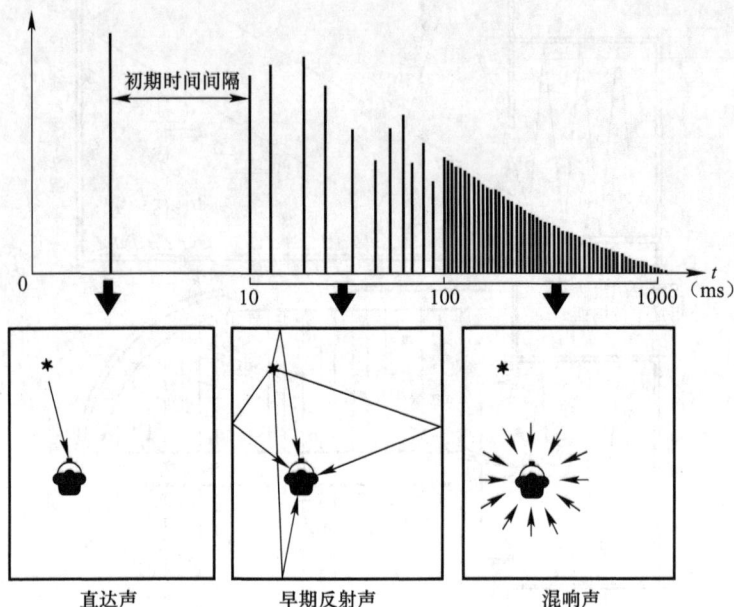

图 1-25　直达声、早期反射声和混响声

① 直达声：是由声源直接到达听音点的声音，它是声音的最主要信息。在传播过程中，这部分的声音不受室内界面的影响，直达声的声强基本上按照与声源距离的平方成反比而衰减。

② 早期反射声：一般是指在直达声之后相对延迟时间为 50ms 内到达的反射声。这些短延时的反射声主要是由室内界面一次、二次以及少数三次等反射后到达接收点的声音。由于人耳对于延时在 50ms 内的反射声难以和直达声分开，故这些反射声会对直达声起到加强作用。特别是大厅内来自侧墙的反射声，对声音的空间感和声音洪亮感起着重要作用。

③ 混响声：在早期反射声后陆续到达的、经过多次反射的声音统称为混响声。由于声波每入射、反射一次，界面要吸收一部分声功率，故混响声强度是逐渐衰减的。在远扬，混响声的声强对于接收点的声音强度起决定作用，而且其衰减率的大小对音质有着重要影响。

混响时间定义为：在达到稳态声场后停止发声，声音衰减 60dB（即百万分之一）所经历的时间，记作 T_{60}，单位为秒（s）。混响时间是衡量厅堂音质的一个重要参数。它的长短对厅堂的听音有很大的影响。

房间的混响时间可以通过测量得到，也可以通过计算求得。赛宾（W. C. Sabine）通过研究提出混响时间 T_{60} 计算公式（赛宾公式）：

$$T_{60} = \frac{0.161V}{S\bar{\alpha}} \quad (\text{s}) \tag{1-7}$$

式中，V 为房间容积（m^3）；S 为室内总表面积（m^2）；$\bar{\alpha}$ 为平均吸声系数。$A = S\bar{\alpha}$ 称为室

内总吸声量，且有：

$$\bar{\alpha} = \frac{\alpha_1 S_1 + \alpha_2 S_2 + \cdots + \alpha_n S_n}{S_1 + S_2 + \cdots + S_n} \tag{1-8}$$

式中，$S_1 \cdots S_n$ 为室内不同材料的表面积（m^2）；$\alpha_1 \cdots \alpha_n$ 为不同材料的吸声系数。

赛宾公式在吸声量不大（$\bar{\alpha} < 0.2$）时还是近似正确的，但对平均吸声系数 $\bar{\alpha} > 0.2$ 的房间，其误差较大。这时宜采用如下修正公式计算：

$$T_{60} = \frac{0.161V}{[-Sln(1-\bar{\alpha}) + 4mV]} \tag{1-9}$$

式中，V、S、$\bar{\alpha}$ 含义同上；m 为空气吸收系数，它不但与频率有关，还与温度和湿度有关。空气的吸收（$4mV$）这一项在低频时是很小的，但在 100Hz 以上，尤其在 4000Hz 时，对大容积的房间是很重要的一项。在低频时，式（1-9）可简化为伊林（Egring）公式：

$$T_{60} = \frac{0.161V}{-Sln(1-\bar{\alpha})} \tag{1-10}$$

一般来说，对于上述有关混响时间的三个公式［式（1-7）、式（1-9）、式（1-10）］，赛宾公式［式（1-7）］用于一般近似计算和混响室测吸声系数时使用，伊林公式［式（1-10）］用于如试听室、AV 视听室、演播室等小空间场合，而式（1-9）用于如音乐厅、礼堂、体育馆、影剧院等大空间场合。式中的空气吸声系数 $4m$ 值如表 1-5 所示（在 1000Hz 以下时可省略）。

空气吸声系数 4m 值（室温 20℃）　　　　　　　　　　　　表 1-5

频率（Hz）	室内相对湿度				
	30%	40%	50%	60%	70%
1000	0.005	0.004	0.004	0.004	0.003
2000	0.012	0.010	0.010	0.009	0.009
4000	0.038	0.029	0.024	0.022	0.021
6300	0.084	0.062	0.050	0.043	0.040
8000	0.120	0.095	0.077	0.065	0.057

在计算混响时间时，通常要计算 125Hz，250Hz、500Hz、1000Hz、2000Hz、和 40000Hz 六个频率的值。对于音质要求较高的厅堂还应计算 63Hz（或 80Hz）和 6300Hz（或 8000Hz）的混响时间。

不同用途的大厅有不同的最佳混响时间值。图 1-26 所示是国家标准《剧场、电影院和多用途厅堂建筑声学设计规范》（GB/T 50356—2005）推荐的歌剧院、戏曲/话剧院、电影院、会堂、礼堂、多功能厅等的中频混响时间值范围。丰满度要求较高的大厅（如音乐厅）需要较长的混响时间，清晰度要求较高的房间（如会堂等）的混响时间要短一些，录音、放音用房间（如录音室、电影院）应有更短的混响时间。最佳混响时间根据房间容积大小可适当调整。房间容积大，混响时间可适当延长；房间容积小，混响时间可适当缩短。对多功能厅，可以做可调混响。

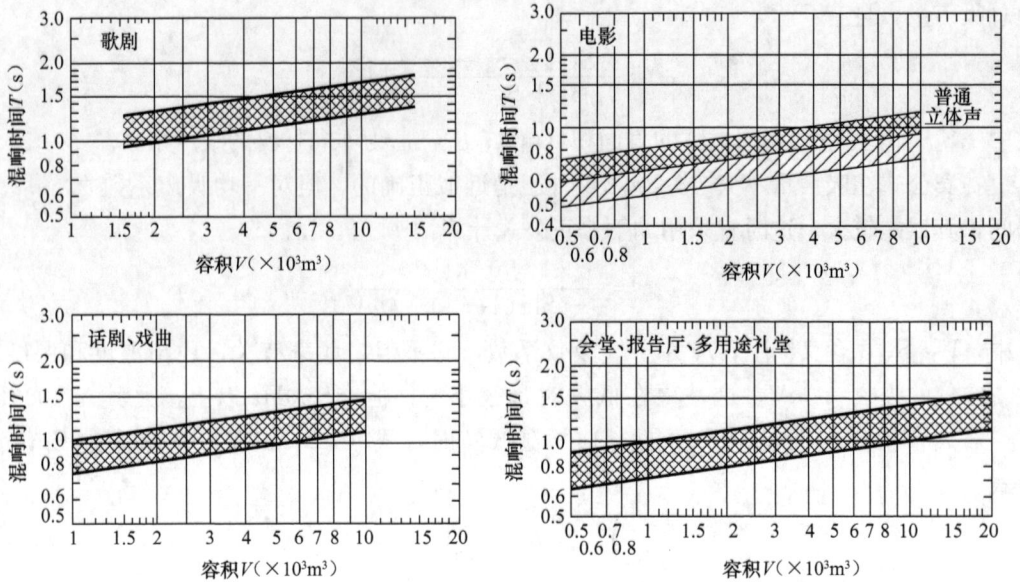

图 1-26　各种厅堂对不同容积 V 的观众厅在频率 $500\sim1000\mathrm{Hz}$ 时满场的合适混响时间 T 的范围

　　图 1-27 给出各种房间的最佳混响时间取值的推荐曲线。图 1-28 则是各类录演播室的最佳混响时间推荐曲线。

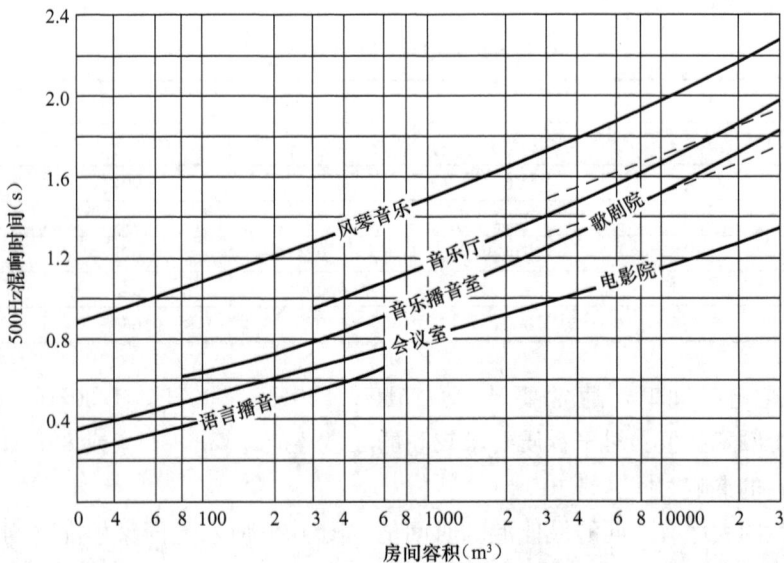

图 1-27　最佳混响时间推荐值

　　在得到中频最佳混响时间值以后，还要以此为基础，根据房间使用性质确定各倍频程中心频率的混响时间，即混响时间频率特性。图 1-29 所示是推荐的混响时间频率特性曲线。

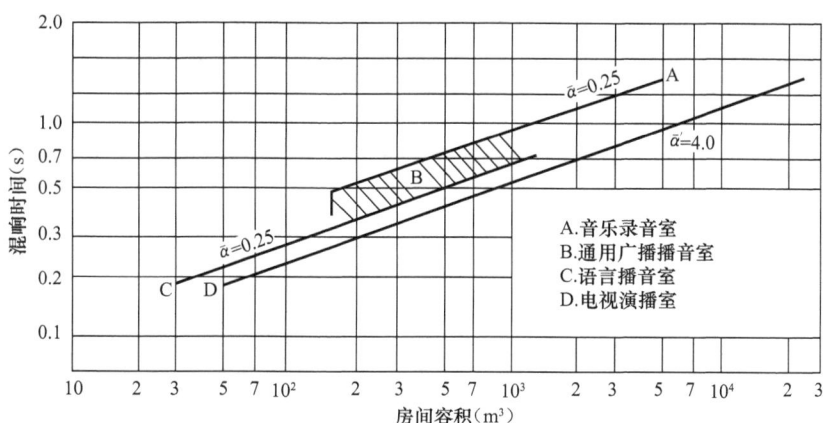

图 1-28　各类录演播室中频混响时间最佳值

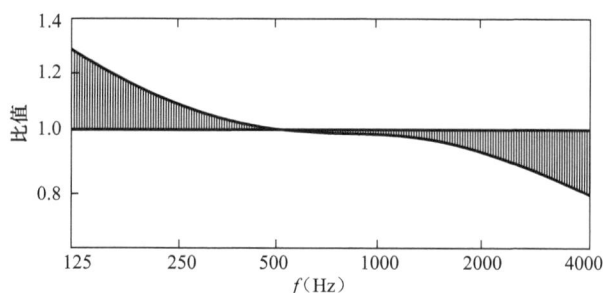

图 1-29　混响时间频率特性曲线

图中横坐标是频率，纵坐标是与中频混响时间的比率。表 1-6 给出了各种厅堂的混响时间频率特性的比值，即高频混响时间尽可能与中频一致，而中频以下可以保持与中频一致，或者随着频率的降低而适当延长，这取决于房间用途。音乐厅低频混响时间需要比中频长，以获得温暖感，在 125Hz 附近宜为中频的 1.3～1.6 倍。用于语言的大厅，应有较平直的混响时间频率特性。

混响时间频率特性比值（R）　　　　表 1-6

频率（Hz）	歌剧院	戏曲、话剧院	电影院	会场、礼堂、多用途厅等
125	1.00～1.30	1.00～1.10	1.10～1.20	1.00～1.20
250	1.00～11.15	1.00～1.10	1.10～1.10	1.00～1.10
2000	0.90～1.00	0.9～1.00	0.9～1.00	0.90～1.00
4000	0.80～1.00	0.8～1.00	0.8～1.00	0.80～1.00

空气对高频声有较强的吸收，特别是房间容积很大时，高频混响时间通常会比中频短。但由于人们已经习惯，故允许高频混响时间稍短些。

四、吸声材料和吸声结构

在室内音质设计中，吸声材料和吸声结构用途广泛，主要用途有：用于控制房间的混响时间，使房间具有良好的音质；消除回声、颤动回声、声聚焦等声学缺陷；室内吸声降噪；管道消声。材料和结构吸声能力的大小通常用吸声系数 α 表示，一般把吸声材料 $\alpha \geqslant$ 0.2 的材料称为吸声材料，表 1-7 所示为吸声材料和结构的种类及特性。虽然吸声材料和结构的种类很多，但按照吸声机理，常用吸声材料和结构可分为两大类，即多孔性吸声材料和共振吸声结构。依其吸声机理可分为三大类，即多孔吸声材料、共振吸声结构和兼有两者特点的复合吸声结构，如矿棉板吊顶结构等。

主要吸声材料种类及其吸声特性　　　　　　　　　　　　　　　　　　表 1-7

类　型	基本构造	吸声特性	材料举例	备　注
多孔吸声材料			超细玻璃棉，岩棉，珍珠岩，陶粒，聚氨酯泡沫塑料	背后附加空腔，可吸低频
穿孔板结构			穿孔石膏板，穿孔 FC 板，穿孔胶合板，空孔钢板，穿孔铝合金板	板后加多孔材料，使吸声范围展宽，吸声系数增大
薄板吸声结构			胶合板，石膏板，FC 板，铝合金板等	
薄膜吸声结构			塑料薄膜，帆布，人造革等	
多孔材料吊顶板			矿棉板，珍珠岩板，软质纤维板	
特殊吸声结构			空间吸声体，吸声屏障，吸声尖劈	一般吸声系数大，不同结构形式吸声特性不同

注：吸声特性栏中，纵坐标为吸声系数 α，横坐标为倍频程中心频率（单位 Hz）。

　　1. 多孔吸声材料

　　（1）吸声机理及吸声特性

　　多孔吸声材料的构造特点是具有大量内外连通的孔隙和气泡，当声波入射其中时，可引起空隙中的空气振动。由于空气的黏滞阻力，空气与孔壁的摩擦，相当一部分声能转化成热能而被损耗。此外，当空气绝热压缩时，空气与孔壁之间不断发生热交换，由于热传导作用，也会使一部分声能转化为热能。

　　某些保温材料，如聚苯和部分聚氯乙烯泡沫塑料，内部也有大量气泡，但大部分为单个闭合，互不连通，因此，吸声效果不好。使墙体表面粗糙，如水泥拉毛的做法，并没有改善其透气性，因此并不能提高其吸声系数。

　　影响多孔吸声材料吸声性能的因素主要有材料的空气流阻、孔隙率、表观密度和结构因子。其中结构因子是由多孔材料结构特性所决定的物理量。此外，材料厚度、背后条件、面层情况以及环境条件等因素也会影响其吸声特性。

　　（2）多孔吸声材料特性

　　多孔吸声材料包括纤维材料和颗粒材料。纤维材料有：玻璃棉、超细玻璃棉、矿棉等无机纤维及其毡、板制品，棉、毛、麻等有机纤维织物。颗粒材料有膨胀珍珠岩、微孔砖等板块制品。

　　多孔吸声材料一般有良好的中高频吸声性能，其吸声机理不是因为表面的粗糙，而是因为多孔材料具有大量内外连通的微小空隙或气泡。通常，多孔材料的吸声能力与其厚度、密度有关。如图 1-30 所示，随着厚度增加，中低频吸声系数显著增加，高频变化不大。厚度不变，增加密度也可以提高中低频吸声系数，不过比增加厚度的效果小。在同样用料的情况下，当厚度不受限制时，多孔材料以松散为宜。

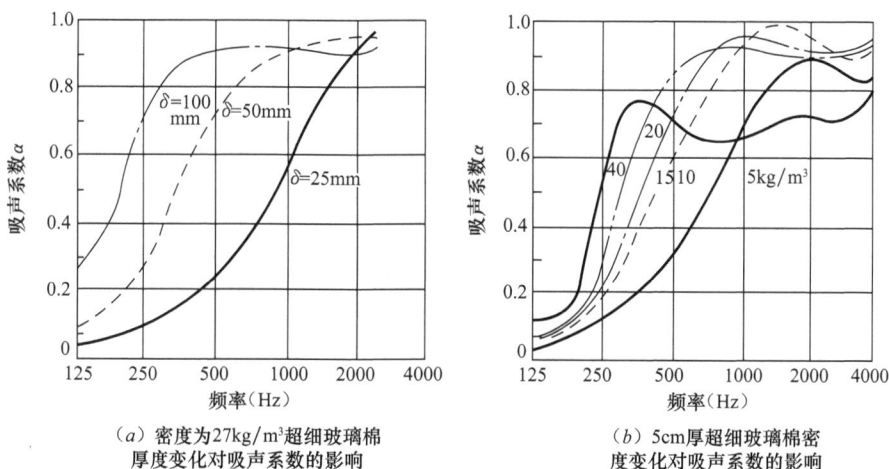

（a）密度为27kg/m³超细玻璃棉　　　（b）5cm厚超细玻璃棉密
厚度变化对吸声系数的影响　　　　　度变化对吸声系数的影响

图 1-30　不同厚度和密度的超细玻璃棉的吸声系数

　　多孔材料背后有无空气层，对吸声性能有重要影响。一般说来，其吸声性能随着空气层厚度的增加而提高，如图 1-31 所示。因此，大部分纤维板状多孔材料都是周边固定在木龙骨上，离墙 5～15cm 安装。

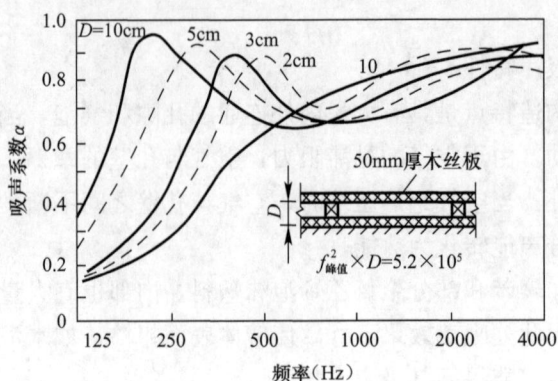

图 1-31   背后空气层厚度对吸声性能影响的实例

　　多孔材料如超细玻璃棉、矿棉等使用时需加防护面层，以满足施工和装饰的要求。如面层采用钢板网、织物等完全透气材料时，吸声性能基本不受影响。用穿孔薄板作面层，穿孔率大至 30% 以上时，吸声性能也基本不受影响；穿孔率降低，中高频尤其是高频吸声性能将降低；穿孔率更小时就成为共振型吸声材料。在多孔吸声材料表面喷刷油漆或涂料，将使材料表面气孔受堵，降低中高频吸声性能。

　　帘幕也是一种很好的多孔吸声材料。就吸声效果而言，丝绒最好，平绒次之，棉麻织品再次之，化纤类帘幕吸声系数较低。用帘幕调节吸声效果：一是控制它与墙面或玻璃的间距（即空气层厚度），如图 1-32 所示；二是调节帘幕的褶裥（褶皱程度），如图 1-33 所示。由图 1-33 可见，使帘幕与墙面或玻璃距离 10cm 以上和利用较深的褶裥（相当于增加帘幕有效厚度），有利于提高吸声性能。

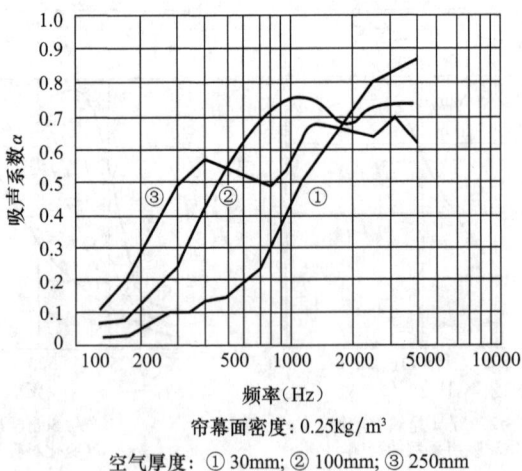

帘幕面密度：0.25kg/m³

空气厚度：① 30mm；② 100mm；③ 250mm

图 1-32   帘幕的吸声性能

　　地毯也是一种很好的多孔吸声材料，而且它还有隔绝撞击声的效果。剪切绒毛地毯的绒毛越长、越密，吸声性能越好。纤维形的地毯吸声效果较差。

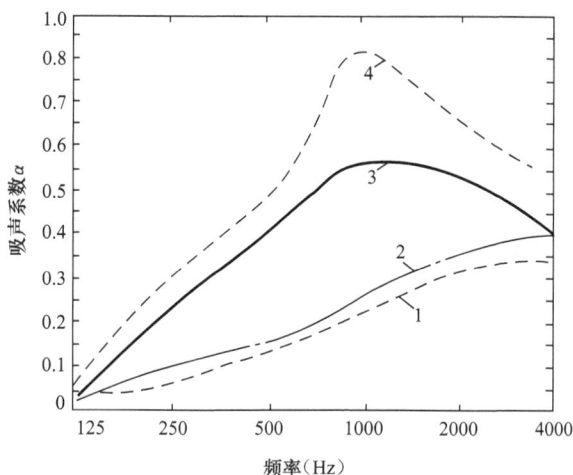

图 1-33　帘幕吸声性能与褶裥的关系

2. 共振吸声结构

穿孔板吸声结构和薄板、薄膜吸声结构都可看作利用共振吸声原理的吸声结构。

穿孔板吸声结构具有适合于中频的吸声特性。它是由金属板、薄木板、石膏板等穿以一定密度的小孔或缝后，周边固定在龙骨上，背后留有空气层而构成的共振吸声系统。因此它可视为由许多并联的亥姆霍兹共振器组成。穿孔板共振吸声结构的共振频率可用下式计算：

$$f_0 = \frac{c}{2\pi} \sqrt{\frac{p}{(\delta + 0.8d)D}} \quad (\text{Hz}) \tag{1-11}$$

式中，c 为声速，一般取 34000cm/s；p 为穿孔率，即穿孔面积与总面积之比；D 为板后空气层厚度（cm）；δ 为板厚（cm）；d 为穿孔直径（cm）。

穿孔板的吸声特性如图 1-34 所示，在共振频率附近有最大的吸声系数。为了在较宽的频率范围内有较高的吸声系数，一种办法是在穿孔板后铺设多孔吸声材料，如图 1-34 中③所示。多孔吸声材料离开穿孔板放置，吸声效果要差一些，如图 1-34 中②所示。另一种办法是穿孔的孔径很小，小于 1mm（穿孔率为 1%～3%），称为微穿孔板。微穿孔板

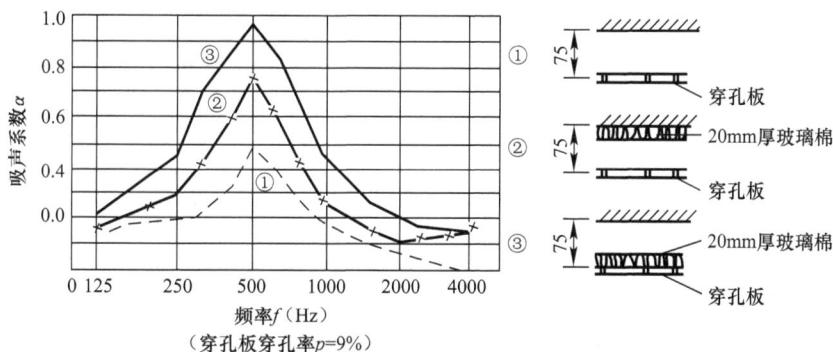

图 1-34　穿孔板的吸声特性

常用薄金属板制成，一般不再铺设多孔吸声材料，可在较宽频带内获得较好的吸声效果，做成双层微穿孔结构，吸声性能更好。

吸声结构可根据建筑要求做成各种形式。图 1-35 所示是吸声结构的基本做法。吸声结构龙骨间距一般为 400～600mm。多孔吸声材料可固定于龙骨之间，并靠近面层（或面板）。表 1-8 列出了部分最常用的吸声材料、吸声结构等的吸声系数值，供参考选用。

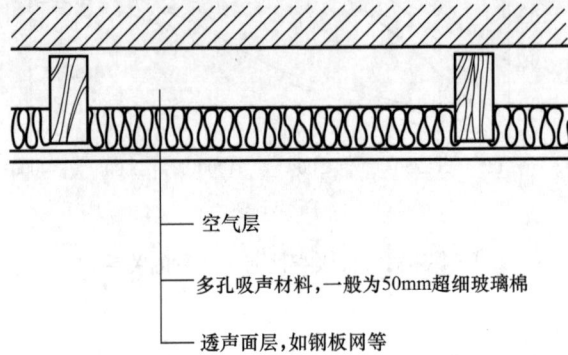

- 空气层
- 多孔吸声材料，一般为50mm超细玻璃棉
- 透声面层，如钢板网等

图 1-35　吸声结构基本做法

常用吸声材料和吸声结构的吸声系数　　　　　　　　　　　　　　　　表 1-8

序　号	吸声材料及其安装情况	吸声系数 α					
		125Hz	250Hz	500Hz	1000Hz	2000Hz	4000Hz
1	50mm 厚超细玻璃棉，表观密度 20kg/m³，实贴	0.20	0.65	0.80	0.92	0.80	0.85
2	50mm 厚超细玻璃棉，表观密度 20kg/m³，离墙 50mm	0.28	0.80	0.85	0.95	0.82	0.84
3	50mm 厚尿醛泡沫塑料，表现密度 14kg/m³，实贴	0.11	0.30	0.52	0.86	0.91	0.96
4	矿棉吸声板；厚 12mm；离墙 100mm	0.54	0.51	0.38	0.41	0.51	0.60
5	4mm 厚穿孔 FC 板，穿孔率 20%，后空 100mm，填 50mm 厚超细玻璃棉	0.36	0.78	0.90	0.83	0.79	0.64
6	其他同上，穿孔率改为 4.5%	0.50	0.37	0.34	0.25	0.14	0.07
7	穿孔钢板，孔径 2.5mm，穿孔率 15%，后空 30mm，填 30mm 厚超细玻璃棉	0.18	0.57	0.76	0.88	0.87	0.71
8	9.5mm 厚穿孔石膏板，穿孔率 8%，板后贴桑皮纸，后空 50mm	0.17	0.48	0.92	0.75	0.31	0.13
9	其他同上，后空改为 360mm	0.58	0.91	0.75	0.64	0.52	0.46
10	三夹板，后空 50mm，龙骨间距 450mm×450mm	0.21	0.73	0.21	0.19	0.08	0.12
11	其他同上，后空改为 100mm	0.60	0.38	0.18	0.05	0.05	0.08

续表

序号	吸声材料及其安装情况	吸声系数 α					
		125Hz	250Hz	500Hz	1000Hz	2000Hz	4000Hz
12	五夹板，后空 50mm，龙骨间距 450mm×450mm	0.09	0.52	0.17	0.06	0.10	0.12
13	其他同上，后空改为 100mm	0.41	0.30	0.14	0.05	0.10	0.16
14	12.5mm 厚石膏板，后空 400mm	0.29	0.10	0.05	0.04	0.07	0.09
15	4mm 厚 FC 板，后空 100mm	0.25	0.10	0.05	0.05	0.06	0.07
16	3mm 厚玻璃窗，分格 125mm×350mm	0.35	0.25	0.18	0.12	0.07	0.04
17	坚实表面，如水泥地面、大理石面、砖墙水泥浆砂抹灰等	0.02	0.02	0.02	0.03	0.03	0.04
18	木格栅地板	0.15	0.10	0.10	0.07	0.06	0.07
19	10mm 厚毛地毯实铺	0.10	0.10	0.20	0.25	0.30	0.35
20	纺织品丝绒密度 0.13kg/m³，直接挂墙上	0.03	0.04	0.11	0.17	0.24	0.35
21	木门	0.16	0.15	0.10	0.10	0.10	0.10
22	舞台口	0.30	0.35	0.40	0.45	0.50	0.50
23	通风口（送、回风口）	0.80	0.80	0.80	0.80	0.80	0.80
24	人造革沙发椅（剧场用），每个座椅吸声量	0.10	0.15	0.24	0.32	0.28	0.29
25	观众坐在人造革沙发椅上，人与座椅单个吸声量	0.19	0.23	0.32	0.35	0.44	0.42
26	观众坐在织物沙发椅上，单个吸声量	0.15	0.16	0.30	0.43	0.50	0.48

3. 吸声材料的选择与布置

吸声材料的作用是控制混响时间，消除音质缺陷。吸声材料从性能上可划分为以下三类。

（1）多孔吸声材料。对高频声吸声效果较好。

（2）薄膜或薄板共振吸声结构。用于中低频声的吸收。

（3）穿孔板共振吸声结构。吸声频率随需要调节。

吸声材料选择、吸声结构构造确定，应注意低频、中频、高频吸声的平衡，保证所需的音色，同时兼顾建筑装饰效果。

布置的原则如下：

（1）要使吸声材料充分发挥作用，应将其布置在最容易接触声波和反射次数最多的表面上，通常顶棚和地面反射次数要比侧墙多 1 倍，因此许多厅堂把吸声材料布置在顶棚上。如果要利用顶棚反射，就要把吸声材料放在其他易于声波接触的表面上。

（2）舞台附近的顶棚及侧墙均采用吸声系数小的材料来布置，以便把有用的前几次反射声（35～50ms）反射到观众厅的后部。

（3）为了不使后墙反射回来的声音（超过 50ms 的）影响观众听觉，常需在护墙板以上部分布置较高吸声值的材料（α 在 0.7 以上），减弱回声强度，使它不被发觉。过高的顶棚、过大的跨度有可能产生回声时，也应布置吸声材料来解决。

一般而言，舞台口周围的墙面、顶棚、侧墙下部应当布置反射性能好的材料，以便向观众席提供早期反射声。观众厅的后墙宜布置吸声材料或结构，以消除回声干扰。如所需要吸声量较多时，可以在大厅中后部顶棚、侧墙上部布置吸声材料和结构。

对于有高大舞台空间的演出大厅来说，观众厅和舞台空间通过舞台开口成为"耦合空间"。当舞台空间吸声较少时，它就会将较多的混响声返回给观众厅，使大厅清晰度降低。因此，应该注意舞台上应有适当的吸声。吸声材料的用量应以舞台空间的混响时间与观众厅基本相同为宜。至于耳光、面光室，内部也应适当布置一些吸声结构，使耳光口、面光口成为一个吸声口。

室内音质设计中，并不是所有的声环境都要增加吸声材料。有时为了获得较长的混响时间，必须控制吸声总量，尤其对音乐厅和歌剧院更是如此，而且，除建筑装修中应减少吸声外，对座椅的吸声也必须加以控制，如沙发椅软面靠背不宜过高过宽，以减少吸声。

五、混响时间的设计计算

混响时间 T_{60} 计算可按如下步骤进行：

（1）根据观众厅设计图，计算房间的体积 V 和总内表面积 S。

（2）根据混响时间设计值，采用前述的伊林修正公式（1-9）计算，求出房间平均吸声系数 $\bar{\alpha}$。

求出的平均吸声系数乘以总内表面积 S，即为房间所需总吸声量。一般计算频率取 $125\sim4000\mathrm{Hz}$，共 6 个倍频程中心频率。

（3）计算房间内固有吸声量，包括室内家具、观众、舞台口、耳面光口等吸声量。房间所需总吸声量减去固有吸声量即为需要增加的吸声量。

（4）查阅材料及结构的吸声系数（表1-8中列有部分吸声材料和吸声结构的吸声系数），从中选择适当的材料及结构，确定各自的面积，以满足所需增加的吸声量及频率特性。一般常需反复选择、调整，才能达到要求。

混响设计也可在确定房间混响时间设计值及体积后，先根据声学设计的经验及建筑装修效果要求确定一个初步方案，然后验算其混响时间，通过反复修改、调整设计方案，直到混响时间满足设计要求为止，通常是各频带混响时间计算值应在设计值的 $\pm10\%$ 范围内。表1-9为一观众厅混响时间计算实例。

观众厅混响时间计算表（$V=5400\mathrm{m^3}$，$\Sigma S=2480\mathrm{m^2}$）   表 1-9

序号	项目	材料及做法	面积 (m²)	吸声系数和吸声结构（m²）											
				125Hz		250Hz		500Hz		1000Hz		2000Hz		4000Hz	
				α	$S\alpha$	α	$S\alpha$	α	$S\alpha$	α	$S\alpha$	α	$S\alpha$	α	$S\alpha$
1	观众及座椅	观众席及周边0.5m宽走道	550	0.54	297	0.66	363	0.75	412.5	0.85	467.5	0.83	456.5	0.75	412.5
2	吊顶	5mm厚FC板，大空腔	900	0.20	180	0.07	63	0.05	45	0.05	45	0.06	54	0.07	63

续表

序号	项目	材料及做法	面积 (m²)	125Hz		250Hz		500Hz		1000Hz		2000Hz		4000Hz	
				α	$S\alpha$	α	$S\alpha$	α	$S\alpha$	α	$S\alpha$	α	$S\alpha$	α	$S\alpha$
3	墙面1	三夹板，后空50mm	150	0.21	31.5	0.73	109.5	0.21	31.5	0.19	28.5	0.08	12	0.12	18
4	墙面2	9.5mm厚穿孔石膏板，穿孔率 $p=8\%$，板后贴桑皮纸，空腔50mm	100	0.17	17	0.48	48	0.92	92	0.75	75	0.31	31	0.13	13
5	墙面3	水泥抹面	376	0.02	7.5	0.02	7.5	0.02	7.5	0.03	11.3	0.03	11.3	0.03	11.3
6	走道、乐池	混凝土面	240	0.02	4.8	0.02	4.8	0.02	4.8	0.03	7.2	0.03	7.2	0.03	7.2
7	门	木板门	28	0.16	4.5	0.15	4.2	0.10	2.8	0.10	2.8	0.10	2.8	0.10	2.8
8	开口	舞台口、耳光口、面光口	130	0.30	39	0.35	45.5	0.40	52	0.45	58.5	0.50	65	0.50	65
9	通风口	送、回风口	6	0.8	4.8	0.8	4.8	0.8	4.8	0.8	4.8	0.8	4.8	0.8	4.8
	$4mV$											48.6		118.8	
	$\Sigma S\alpha$			586.1		650.3		652.4		700.6		644.1		597.6	
	$\bar{\alpha}$			0.236		0.262		0.263		0.285		0.260		0.240	
	$\ln(1-\bar{\alpha})$			0.269		0.304		0.305		0.333		0.301		0.276	
	T_{60}			1.30		1.15		1.15		1.05		1.09		1.08	

第八节　EASE软件在声场设计分析中的应用

从前面的叙述可以看出，扬声器的选型和布置是剧场、会堂等的扩声系统设计的关键问题之一。但是，您的选型和布置好不好？是否满足国家标准规定的特性指标和用户的要求？例如，厅堂的全场声压级均匀度、听到的声音响度是否满足要求？以往这些问题是靠经验或手工计算来解决的，这不仅烦琐、工作量大，而且也难以考虑全面，无法计算全场的声压级情况。计算机辅助设计在厅堂扩声中的应用解决了上述问题。它不仅能够说明所作的扬声器的选型和布置是否满足规定的特性指标要求，还为扬声器系统的安装（扬声器的位置、角度等）和方案的优化指明了方向，它在扩声设计中发挥着越来越大的作用。

目前，用于扩声设计的计算机辅助设计软件（包括各专业音响公司开发的软件）很多，但是最具通用性的计算机声学辅助设计软件是EASE，这是因为它所模拟设计的各项指标参数与我国国家标准规定的指标参数相吻合，并有良好的用户界面和较强的图形编辑功能，而且它的软件还具有开放性，例如它允许不同公司的扬声器性能参数输入数据库使用。

一、概　　述

EASE是由德国学者Rainer Feistel&Rostock主持开发、德国ADA公司发行的、最具通用性的、优秀的音响工程辅助设计软件。它于 1990 年推出 EASE1.0 版软件，1994 年推出 EASE 2.0 版，并于 1995 年升级到 EASE 2.13 版，这些都是 DOS 版本。1999 年推出了 Windows 版本 EASE 3.0，使 EASE 的功能和分析能力明显提高，通过建立数学模型，EASE 3.0 可以在计算机中以图形方式完全模拟音响系统在实际场所安装后的效果，甚至可以播放模拟听音效果。

EASE 原为 Electro Acoustic Simula tor for Engineers 的缩写，意为工程师用的电声工程模拟（仿真）软件。从 3.0 版开始，EASE 改称为 Enhanced Acoustic Simulator for Engineers，意为高性能声学工程模拟软件，说明其性能和分析能力有了显著提高。

2002 年德国 ADA 公司推出了用于 Windows 98/2000/NT/XP 环境下的 EASE 4.0 版软件，2003 年升级到 EASE 4.1 版。与 EASE 3.0 相比，EASE 4.1 主要增加了如下功能。

① 界面和操作更加直观、方便。

② 分析数据彻底改变 EASE 3.0 的单一频率计算，而是改为自定义的频段分析，即分析绘制的图形是 10Hz～10kHz 的全频分析，更加符合实际和更加准确。

③ 所有分析的数据既可以用图形表示，也可以用数据图表表示。

④ 三维图形显示和分析更加逼真，并增加了灯光效果，更接近实物。

⑤ 增设线阵列音箱模拟计算功能，扩大了使用范围。

二、EASE 软件的应用要点

EASE 软件用处很多，但在扩声工程设计中应用的目的主要有两点：一是验证一下设计的扬声器选型与布置是否达到国家标准与行业标准规定的特性指标和功能要求，二是为扬声器的施工安装提供必要的数据（如扬声器安装位置和角度等）。

在扩声设计中，使用 EASE 软件进行分析的过程主要是建立房间模型（建模）和声场分析。使用 EASE 建立房间模型的整个过程是由一系列操作步骤完成的，可以把它们归结为如图 1-36 所示的建模流程图。

（1）建模开始。就是从新建一个项目开始，填写项目名称。此时在项目编辑器窗口产生一个（x，y，z）的三维坐标系统。

（2）项目数据设置。在项目编辑器窗口的（x，y，z）三维坐标系统中，单击鼠标右键弹出鼠标菜单，用鼠标单击 Room Data，屏幕弹出 EditRoom Data 选项卡。在 Data 卡中 Town（城市名称）一栏填写项目所在城市名称；在 Room Open（房间开放）一栏打勾；如果房间左右对称，则在 Room Symmetric

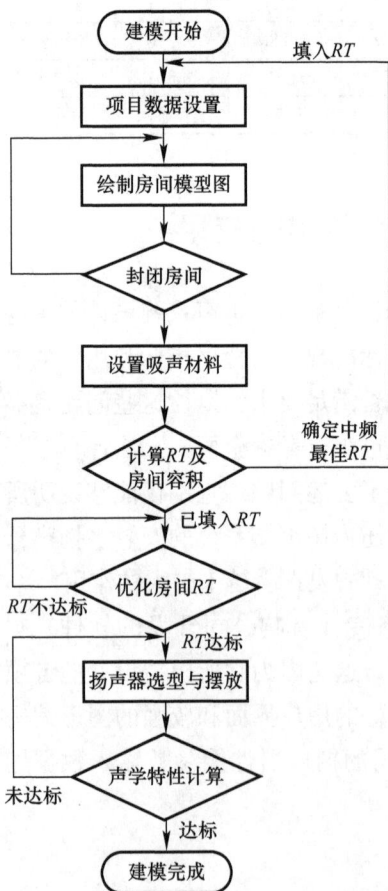

图 1-36　建模流程图

（房间对称）一栏打勾；如果是不规则的房间，就取消勾选。

（3）绘制房间模型图。根据房间图纸确定模型顶点坐标，绘制房间模型图。EASE 4.1 软件中提供了若干绘制房间模型图的方法。

（4）封闭房间。封闭房间就是完成房间模型图的绘制后，在"项目数据设置"的 Data 卡中 Room Open（房间开放）一栏取消勾选。进行数据检查，并消除建模过程中产生的全部孔洞，即完全房间封闭。

（5）设置吸声材料。对房间模型图各个吸声面的吸声材料进行设置。除了听众座位区可以在几种有限的坐有听众的椅子中选择外，其他面都可以根据常规装修材料选择原则，以满足房间混响时间曲线总体要求为设计目标。

（6）计算 RT（混响时间）及房间容积。计算混响时间 RT 是初步的，计算房间容积是为了根据房间用途和容积确定房间中频最佳混响时间。把这一时间作为设计目标值 RT_{desired}（期望值）。在"项目数据设置"→Edit Room Data 选项卡→Room RT 卡中 RT Formula 栏填 Eyring，在 RT_{desired}（s）栏填入查得的房间中频最佳混响时间值。

（7）优化房间 RT。在项目编辑器窗口，执行 View→Room RT 命令打开 Draw Reverberation Time（混响时间）显示窗口，执行 Tolerance（公差）→Standard（标准公差）命令，出现一个以 RT desired 值为横线，具有一定公差范围的黑线。把上面初步计算的 RT 曲线与 RT_{desired} 值横线对比，找出它们之间的差别。比如低频段超出公差范围很大，就在表 1-8 中查找在这一频段吸声系数较大的材料（多孔板类）以取代部分侧墙下部材料。再重新计算 RT，再对比，用这样的试探法得出符合公差范围的混响时间 RT 曲线。也可以使用 EASE 4.1 软件中提供的优化 RT 功能。

（8）扬声器选型与摆放。扬声器选型要考虑该扬声器的主要功能。如对近区场供声的主扬声器与对远区场供声的主扬声器在功率考虑和指向性考虑上会有所不同，返听音箱与补声音箱也不会一样，而摆放位置要服从下列要求：

① 满足声场覆盖均匀度要求。

② 满足声场最大声压级要求。

③ 满足语言清晰度要求。

（9）声学特性计算。这里的"声学特性计算"主要是为扬声器选型和摆放服务。计算声场覆盖均匀度和声场最大声压级是否符合要求，厅堂语言清晰度是否符合要求。

（10）完成建模。从上面的介绍可以看出，厅堂内表面吸声材料的设置和扬声器的选型和摆放都经过一个反复调整的过程而趋于完善，最后才能完成建模工作。

在完成建模后，EASE 软件可以给出如下的图形和参数：

① 显示建声特性中 125～8000Hz 间 7 个频率对应的混响时间。

② 显示电声特性中 125～8000Hz 间 7 个频率对应的早、后期声能比 C_{50}（语言清晰度）。

③ 显示电声特性中 125～8000Hz 间 7 个频率对应的早、后期声能比 C_{80}（音乐明晰度）。

④ 显示扩声系统直达声场的最大声压级和声场分布（不均匀度）。

⑤ 显示扩声系统混响声场的最大声压级和声场分布（不均匀度）。

⑥ 显示辅音损失率（辅音清晰度，AL_{cons}）计算结果。

⑦ 显示语言可懂度（快速语音传输指数，*RASTI*）计算结果。

⑧ 显示扬声器至其声场覆盖区的直达声声线以及多次反射声的"声域"路径。

⑨ 显示扬声器−3dB/−6dB/−9dB 覆盖范围的声线图。

应该指出⑥辅音损失率（清晰度）与⑦语言可懂度（*RASTI*）之间有一定的关系，语言清晰度如表 1-10 所示。

AL_{cons}%和 *RASTI*　　　　　　　　　表 1-10

等　级	AL_{cons}值	*RASTI* 值
优秀	0%～7%	0.6～1.0
良好	7%～11%	0.45～0.6
一般	11%～15%	0.3～0.45
劣质	15%～18%	0.25～0.3
极差	18%以上	0～0.25

在设计阶段，利用 EASE 软件的上述功能，在提供一定建声条件（在厅堂几何尺寸确定的前提下，根据经验设定厅堂内表面的吸声材料）和一定电声条件（设定扬声器的型号、数量、摆位、角度等）的前提下可以得到厅堂的建声、电声模拟效果。经简单的分析，承接系统的设计工程师就可以给装修提出材料选用的建议，也可以为扩声系统工程的音箱安装、调测提出指导性建议。

图 1-37 所示是使用 EASE 4.1 的剧场三声道的三维声线图示例，图 1-38 所示是该剧场建模后的中频（500Hz）混响声场的声压级分布图示例。

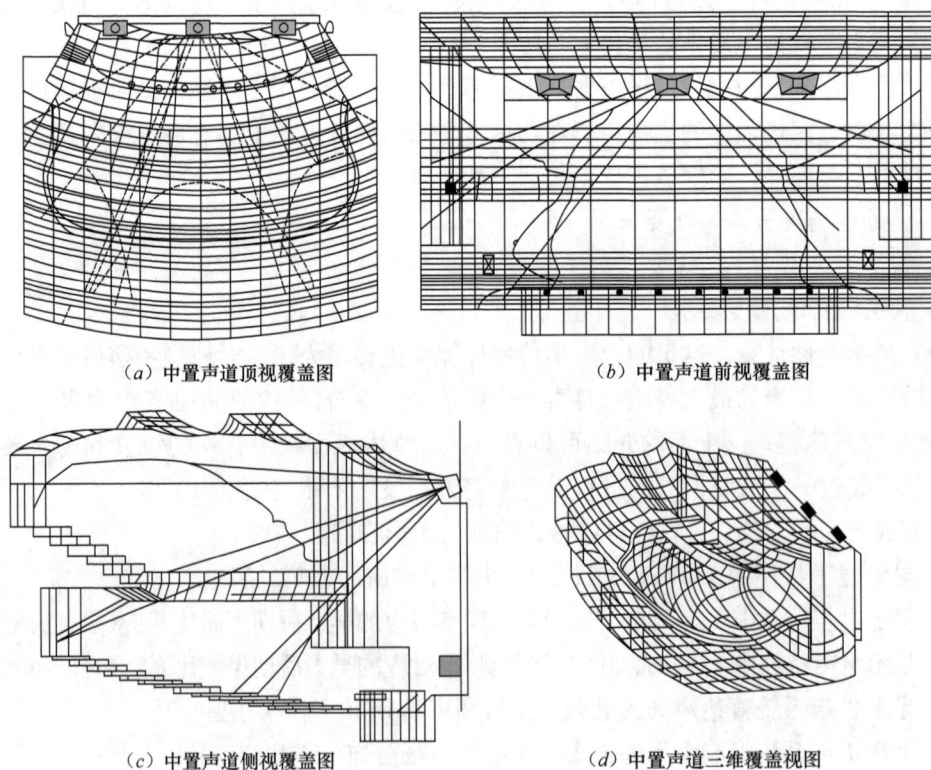

（*a*）中置声道顶视覆盖图　　　　　　　　　　　（*b*）中置声道前视覆盖图

（*c*）中置声道侧视覆盖图　　　　　　　　　　　（*d*）中置声道三维覆盖视图

图 1-37　剧场三声道的三维声线图示例

Ver:22° Hor:30°
Lspk:CC、RR、LL、RC、LC、RL、LR、CR、CL、SR、SL、SR3、SR3″、SR6、SR6″、SR5、SR5″、SR4、SR4″
Project:3
Map:Total SPL
Freq:500Hz
[Third Octave Average]
Shadow Cast:No
Resolution1.00m

Total SPL（dB）
Max 113.31

114
113
112
111
110
109
108
107
106
105
104
103
102
101
100
99
98
97
96
95

Min 111.85

500Hz左、中、右声道（演出模式）总声压图

Distribution of Values for Total SPL[dB]500Hz[Third Octave]

Considered:100.0%
0.0＜110.90dB
0.0＞114.10dB

Avg=112.60dB
Min=111.85dB
Max=113.31dB
Data points:696

500Hz左、中、右声道（演出模式）总声压百分比图

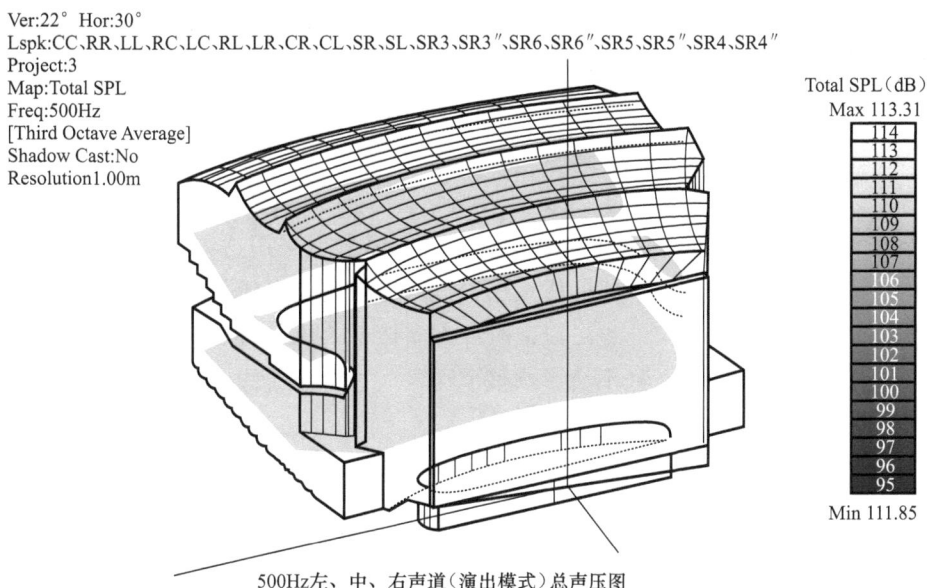

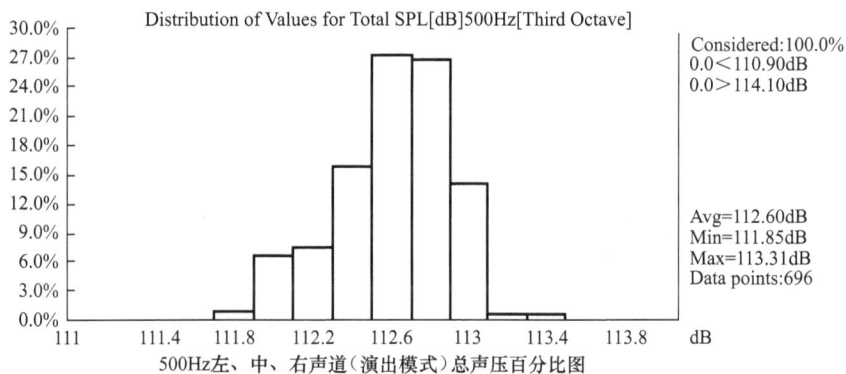

图 1-38　剧场中频混响声场声压级分布图示例

第九节　网络技术在音响系统中的应用

如今，大型剧场舞台音响系统不仅实现了数字化，而且正在向网络化方向发展。数字调音台和数字信号处理技术的广泛使用，使系统不仅具备原来模拟设备的性能和功能，而且通过数字化技术与网络的结合，使音响系统发生了质的变化，系统的处理能力和管理能力大为增强。

一、音频网络的典型拓扑形式

目前，用于音频网络的典型拓扑形式主要有如下几种：

① 点对点网络。如图 1-39（a）所示，这种网络只有两个网络设备，并通过简单网络连接。这种网络是最简单的网络形式。

② 星形网络。如图 1-39（b）所示，目前常用的 CobraNet 等就是采用星形网络结构。

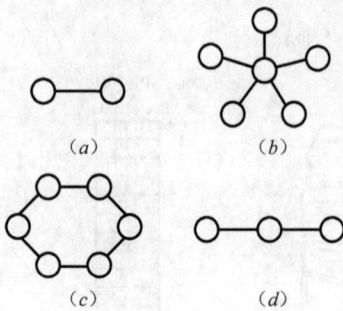

图 1-39　音频网络拓扑类型

现在计算机网络广泛利用这种形式的网络。它的优点是，网络设备呈分布式配置，且便于添加设备和去掉设备。它的缺点是，处于网络中心的以太网交换机一旦出现故障，将影响所有设备。

③ 环形网络。如图 1-39（c）所示，前述的 OPTO-CORE 和 EtherSound 等就采用这种形式的网络。环形网络的优点在于，网络中的信息流可以在环中顺时针方向，也可以逆时针方向传送，因此环中的某个设备出现故障，不会影响整个网络。它的缺点是，添加设备或去除设备比较麻烦，必须重新接线。

④ 菊花链形（级联式）网络。如图 1-39（d）所示，EthreSound 也可采用这种网络形式，还有 AVIOM 等也采用这种网络。这种网络形式的优点是，设备之间就是简单的级联（串接），网络容易连接。它的缺点是，除了两端设备之外，任一设备发生故障，都将使级联式网络一分为二。

二、CobraNet 和 EtherSound 网络技术

1. CobraNet

网络音频系统的核心技术是能满足声频信号在网络中传输和分配的专用音频网络，该网络应该由一个为业内厂商公认的音频网络协议、支持该协议的硬件和软件所组成。

在网络音频系统中，各种音频设备，如声源设备、音频处理器、调音台、功放等均应能适用上述专业音频网络。

美国 Peak Audio 公司的 CobraNet 正是为满足上述要求而开发的专用音频网络技术。由于它具有良好的支持音频传输的能力，所以被越来越多的音频设备厂商和机构认可，正在上升为新的、公认的国际标准之一。CobraNet 完全兼容以太网，网络音频的数据流可以通过双绞线按以太网 100Base-T 标准格式的方式入网传输。

（1）CobraNct 数据是不压缩的音频数据流，CobraNet 在音频取样速率上支持 48kHz 和 96kHz，分辨率支持 16bit、20bit 和 24bit 三种，默认是 48kHz、20bit，音质可以达到广播级。

CobraNet 协议把音频信号打成数据包，以便在以太网上传输，这种数据包被称为 Bundle。一个 Bundle 的数据量可以包含 8 路 20bit 的音频信号，如表 1-11 所示。采用这种配置形式的 Bundle 数据包，可以最有效地利用网络带宽。在数据包中也可以装入 16bit 或 24bit 的音频信号，但这种做法非常少见。采用 16bit 的信号，一个数据包能容纳 8 个音频通道。采用 24bit 的信号，一个数据包只能容纳 7 个音频通道。

音频数据包的结构　　　　　　　　　　　　　　　　　　表 1-11

以太网包头（协议 8819）	CobraNet 包头（声频数据）	Bundel 号码和当前时间	第一通道数据格式和 PCM 声频数据	第二通道数据格式和 PCM 声频数据	以太网包尾（CRC）

　　当传送机的传送请求得到批准后，开始向目的地址发送同步音频数据。这个目的地址可以是一个（单播），也可以是多个（组播），区分的依据就是按 Bundle（包）号码，1～255 是组播地址，256～65279 是单播地址。

　　音频数据包在整个 CobraNet 数据中占据了绝大多数，一个包大约包含了 1280 个字节的数据，加上其他包头和包尾数据，一个 Bundle（在 48kHz、20bit 采样率下，每个 Bundle 包含 8 个 PCM 音频数据通道）大约要消耗 8M（$8 \times 20 \times 48000 = 7.68M$）的带宽。在 100Mbit/s 的以太网中，可以传输 64 路 20bit/48kHz 无压缩的 PCM 音频数据通道，数据指标远远高于 CD 唱片，能满足广播电台节目传送的甲级指标要求。

　　（2）在 100Mbit/s 快速以太网上，CobraNet 可以支持 64 路音频信号。也就是说在 100MB 以太网上能传输 8 个 Bundle，如果需要传输更多音频信号，只需要提高网络带宽。如果工作在千兆以太网上，CobraNet 可搭载 640 路音频数据。

　　（3）许多 CobraNet 设备具有两个以太网接口。尽管这些接口不能同时工作来增加有效带宽，但却是提高系统冗余和容错性的好方法。如果主用的以太网接口出现问题，比如网线故障，或者是交换机上的相应端口出了故障，备用的以太网接口就能自动启用，保证网络传输不会中断。

　　（4）所有遵循 CobraNet 协议制造的设备都能接入 CobraNet，它们之间可以互连传递信息，具有很好的互操作性。因此，工程设计人员可以自由地选择各个厂家生产的 CobraNet 设备，组成一个完整的系统。但生产这些设备必须首先取得美国 Peak Audio 公司认证。目前有多家公司能提供多种 CobraNet 声频设备，如美国的 QSC、CROWN、PEAVEY、RANE、EAW、SYMETRIX、IVIE、EV 和日本的 YAMAHA 和 TOA 等。

　　（5）CorraNet 数据包并不遵循以太网 CSMA/CD 机制，所以不宜与计算机网络混合使用。

　　（6）CobraNet 采用的是将数据封装在帧中进行传输，每一次的封装、解封装都会产生延时问题，这一问题主要是由以太网的特性所决定的。

　　为了解决延时问题，Peak Audio 公司制定了三个不同延迟时间的封装传输、解封装过程，分别是 1.33ms、3.66ms、5.33ms。延时问题是由于数据同步而产生的。延迟的时间在 CobraNet 中是固定的，也就是说，当从一个发送设备开始，中间不管经过多少个接收端，它的延时都是在这三个数值之间。默认状态下，CobraNet 给出的延迟时间是 5.33ms。对于大部分的音频系统而言 5.33ms 的延时用人耳是听不出来的，在这一延时状态下的 CobraNet 是最为稳定的，数据的误码率可以降到最低。受环境及网络内其他数据的影响，误码是必然存在的，而一旦采用另外两种延时的话，对网络数据的要求就会提高，在一些大型网络中相对的误码产生概率也会增大。

　　（7）CobraNet 允许数据从一个端口通过 5 类双绞线/100Base-Tx 网络传输到另一台设备上的传输距离达 100m，若通过光纤传输达 2km。CobraNet 支持各类以太网设备，它可以与一般常见又不昂贵的控制器、交换机、开关、布线等兼容。CobraNet 可以提供清晰的数字音频传输，不会降低音频信号的质量，在传输过程中不会发生数字失真。当传输 24bit 的音频时，动态范围是 146.24dB，失真度是 0.000049%，频响是 0～24kHz±0dB。所以，CobraNet 的性能远远好于如今的 A/D 和 A/D 转换技术。

总之，CobraNet 技术以其优良的性能、良好的互通性、低成本的造价、可靠稳定的测试等，已被越来越多的音响设备厂商和机构认可，正在成为音响业界公认的国际标准之一。

作为示例，图 1-40 表示由 YAMAHA 数字调音台（M7CL、LS9、01V96）、数字系统处理器 DME（DME64N、DME24N）、音频 I/O（DME4io-C、DME8i-C、DME8o-C）、网络功放（TX6n）构成的 CobraNet 星形网络，它们都接至网络交换机上。其中数字调音台和网络功放必须插装上 CobraNet I/O 网卡 MYl6-CⅡ才能接入 CobraNet，而数字系统处理 DME、DME 音频 I/O 则可直接接入网络。在 DME 音频 I/O 上接上传声器、声源设备，在功放上接上扬声器，那就成为完整的音响系统了。

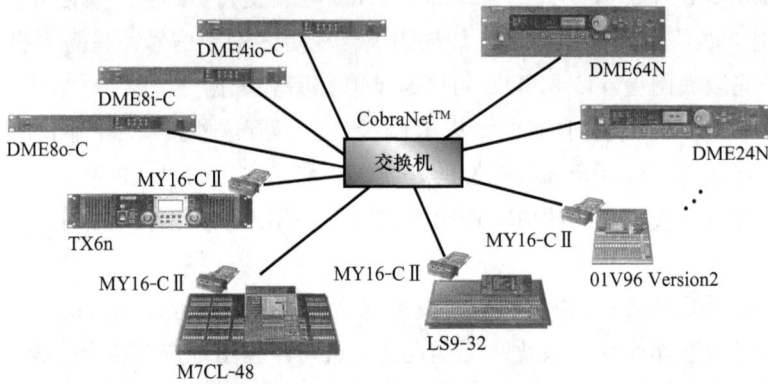

图 1-40 CobraNet 网络

2. EtherSound

EtherSound 是由法国 Digigram 公司开发的同样基于以太网传输音频信号的技术，传输能力为单方向 64 个 24bit、48kHz（或 44.1kHz）取样频率的音频通道，不支持传递串口信号以及其他 IP 数据。相比较而言，EtherSound 虽然在功能性上无法满足多种应用的需求，但它最为突出的特点是延时极短，因此目前 EtherSound 的主要应用领域是现场演出行业。

EtherSound 也是架构在以太网标准下的音频信号传输协议，能够采用菊花链的形式进行网络组建，也可以采用环形网络的方式进行组建。与 CobraNet 不同的是，Ether-Sound 中不允许存在其他非 EtherSound 设备，整个网络环境中除了交换机就不能再添加其他任何设备了。如此一来网络的多功能性相对就受到了制约。

EtherSound 网络技术更适于带有直接连接的相对简单的音频系统，可以实现多通道数字音频以极低的延迟时间通过标准以太网布线传输。这种高级的、易于管理的协议设计可以处理高达 64 个通道的数字音频，可以轻松在 100m 的距离内用高性能的恰当电缆双向传输 48 通道 24bit、48kHz 的音频，对于 EtherSound，用户可以使用标准以太网交换机和路由器创建适合自己要求的任何网络配置。

YAMAHA 公司不仅支持 CobraNet 的协议，也支持 EtherSound 协议。若要接入 EtherSound，只要在 YAMAHA 的数字调音台和 DME 等设备的扩展槽上插装 MYl6-ES64 网卡即可。

表 1-12 所示为 CobraNet 与 EtherSound 两种网络的对比。

CobraNet 与 EtherSound 的对比　　　　　　　　　　　　　　表 1-12

网络 项目	EtherSound	CobraNet	网络 项目	EtherSound	CobraNet
拓扑类型	菊花链，环形	星形、环形	设备数量	无限制	一个 VLAN 下<120 个传送器
路由方式	总线访问	MAC 地址访问	传送长度	无限制	同步范围内
同步方式	自同步（不精确）	同步数据（精确）	音频通道	128～1024	交换网络中无上限
传送方式	总线+广播	点对点+广播+多播	网络带宽	固定带宽	依据通道带宽可变
网络延时	最小 125μs	最小 1.33ms（固定延时）	适用范围	现场演出/录音	工程应用
网络冗余	环形冗余(ES100/Giga)	环形冗余/多交换机			

3. 音频网络技术的特点

网络音频技术是指扩声系统和公共广播系统利用网络（以太网）及其相关设备（硬件和软件）对音频信号进行数字化处理、数字传输和数字控制的技术。与传统方式相比，网络音频技术具有以下特点：

① 以太网在传输音频信号的同时，还可传输控制信号，从而对系统的分组模式和重复信息、文本信息、邮件信息等进行智能化管理。

② 基于网络传输的扩声系统作为一种网络终端设备，可方便地嵌入到现有的网络系统中，从而省去线缆敷设和传输设备的安装。另外，由于系统采用双向传输式，可方便地确定故障设备位置，维护简便。

③ 以太网系统的综合布线技术、传输模式和传输协议均有可遵循的国际标准，从而保证了系统的可靠性、灵活性、兼容性和可扩展性。

④ 低成本。目前局域网和广域网都基于以太网构建，以太网设备大量应用于生产和生活，价格很低。将其引入到扩声系统，则很多原有的网络设备可直接使用，不存在兼容问题，使扩声、广播系统的造价降低。

三、音频网络技术的应用示例

图 1-41 是 CobraNet 网络技术在剧场中的应用示例。图中使用 PM5D 数字调音台，通过 MY16-C 扩展卡将音频信号通过 5 类线和 CobraNet 传送到远在舞台侧的功放室内的数字系统处理器 DME64N 进行扬声器处理，并将各 ACU16-C 功放控制单元的 D/A 转换信号送往功放及扬声器。PM5D 经 CobraNet 直接控制 DME64N，控制室内的计算机可对功放室内功放的运行状态进行监控。

图 1-42 是 CobraNet 网络技术在公共广播中的应用示例。

网络技术在会议系统中也有广泛的应用。图 1-43 是音频网络技术在多间会议室应用的典型网络结构图。图 1-44 是某会议中心的会议音频网络系统图，它采用 CobraNet 网络技术，在局域网 LAN 中装有网络交换机，使各会议系统构成星形网络结构。音频处理主机采用 Peavey（百威）NION3，NION3 是功能强大的百威媒体矩阵。图中右框的大型报告厅的功能除了一般大型会议功能之外，还可以播放 7.1 声道的立体声电影。图 1-45 是图 1-44 中的左上方框图的 7 间会议室的网络音响系统图，图中还具体地标出 Peavey（百威）媒体矩阵的输入接口和输出接口，以及所用的声源设备、功放和扬声器系统。

网络技术在音视频会议系统、视频显示系统以及数字电影系统中都有应用，这将在后面几章中述及。

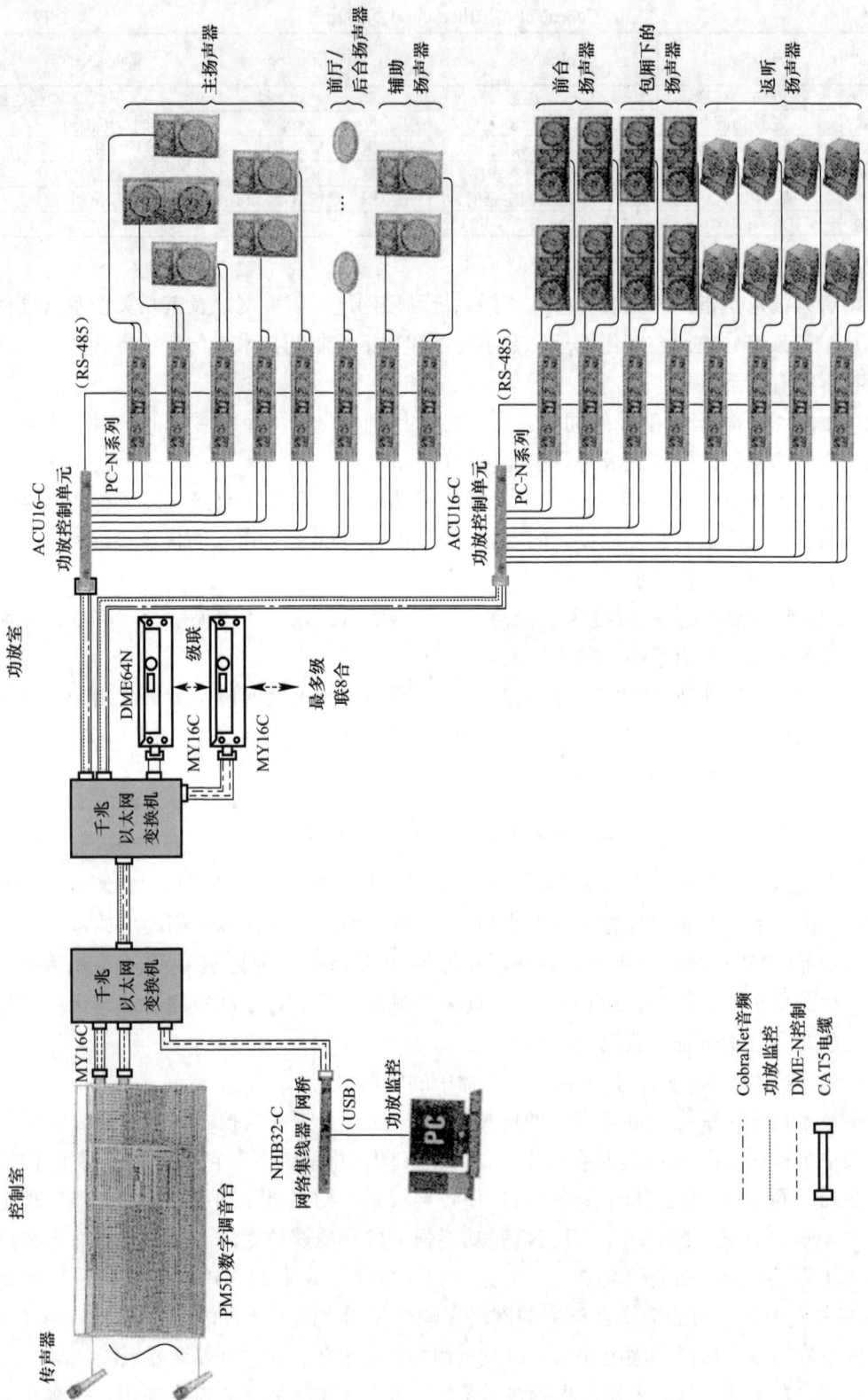

图 1-41 CobraNet 网络在 YAMAHA 数字扩声系统中的应用

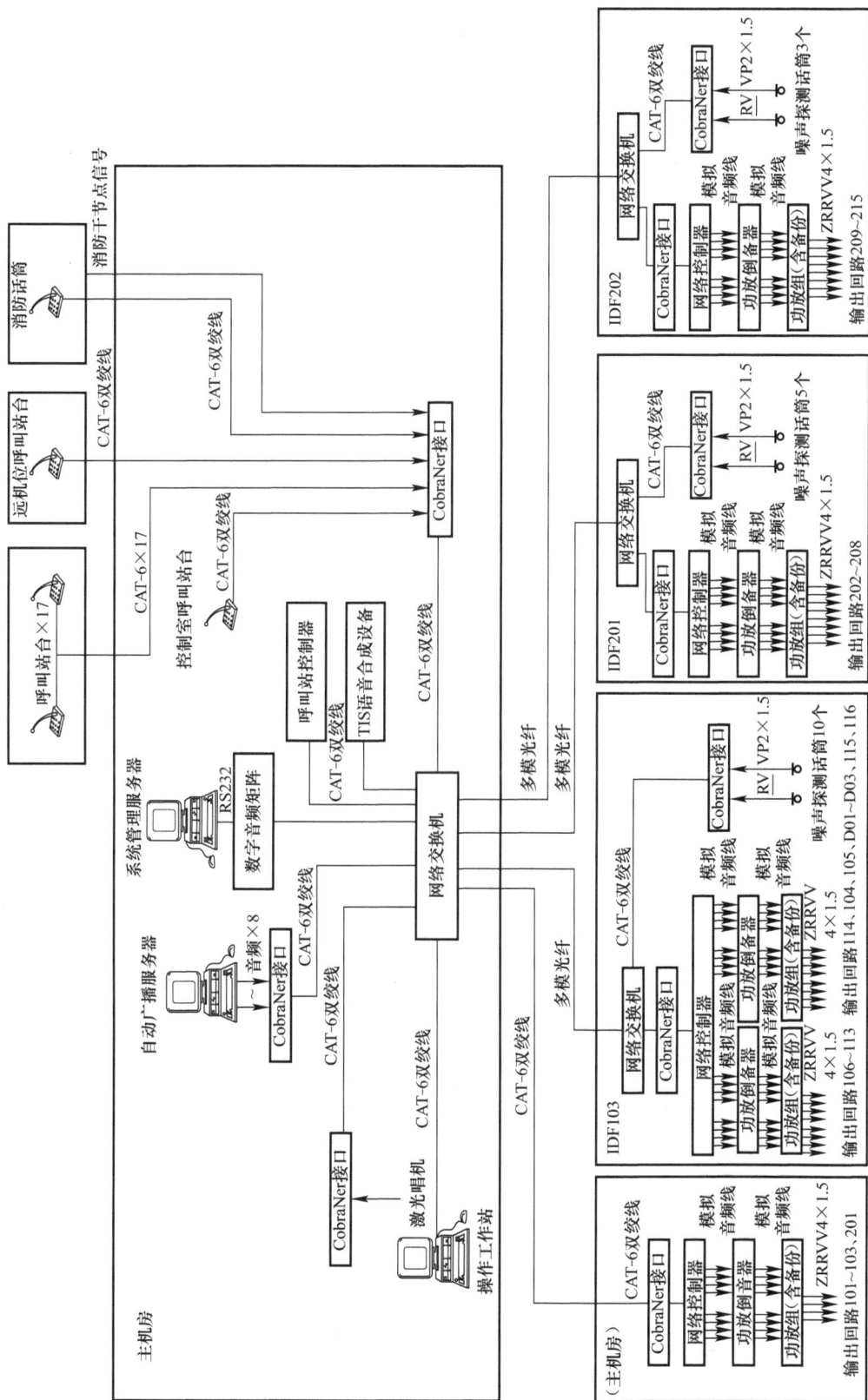

图 1-42 CorbraNet 网络技术在公共广播中的应用示例

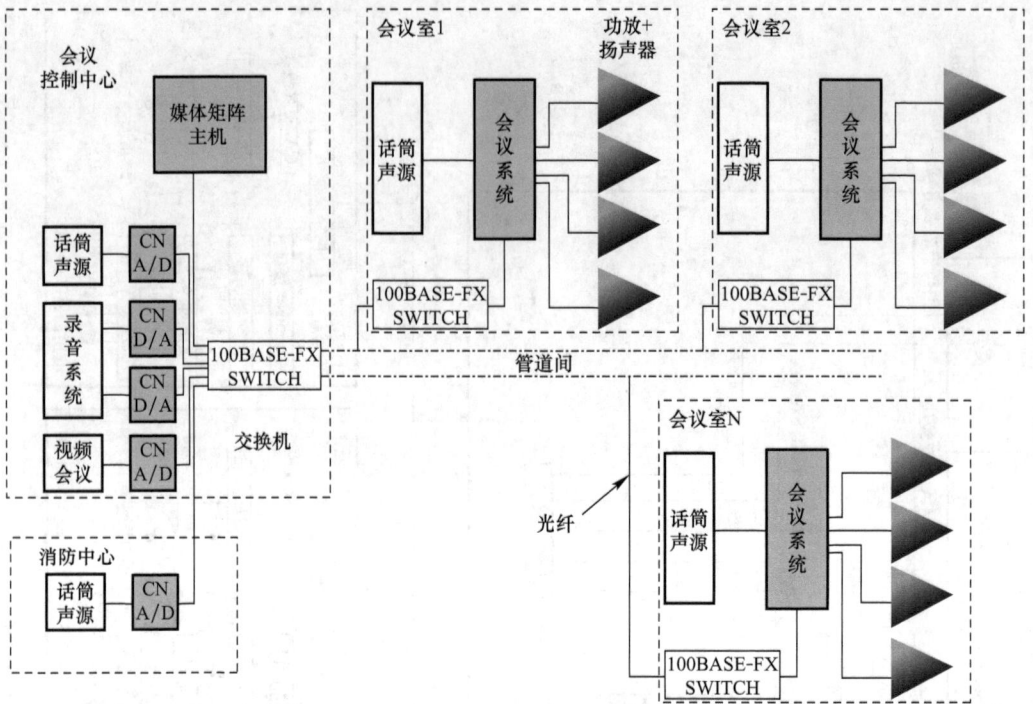

图 1-43 多间会议室的网络音响系统

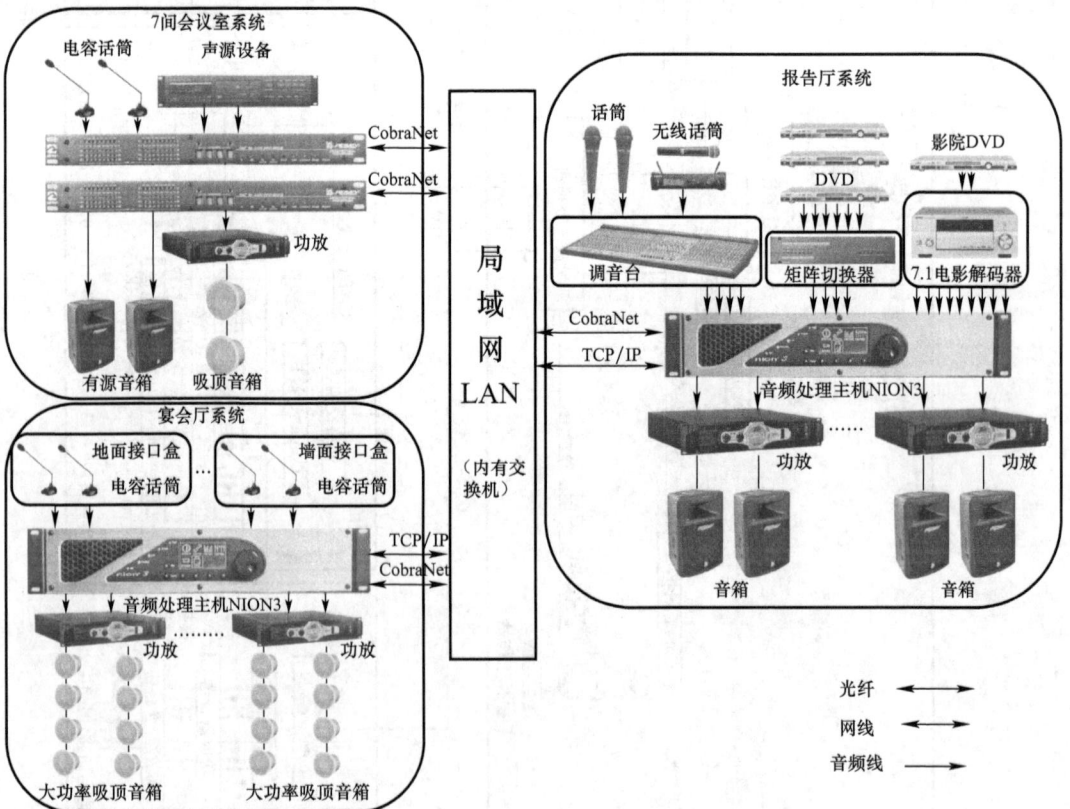

图 1-44 某会议中心会议扩声网络系统结构图

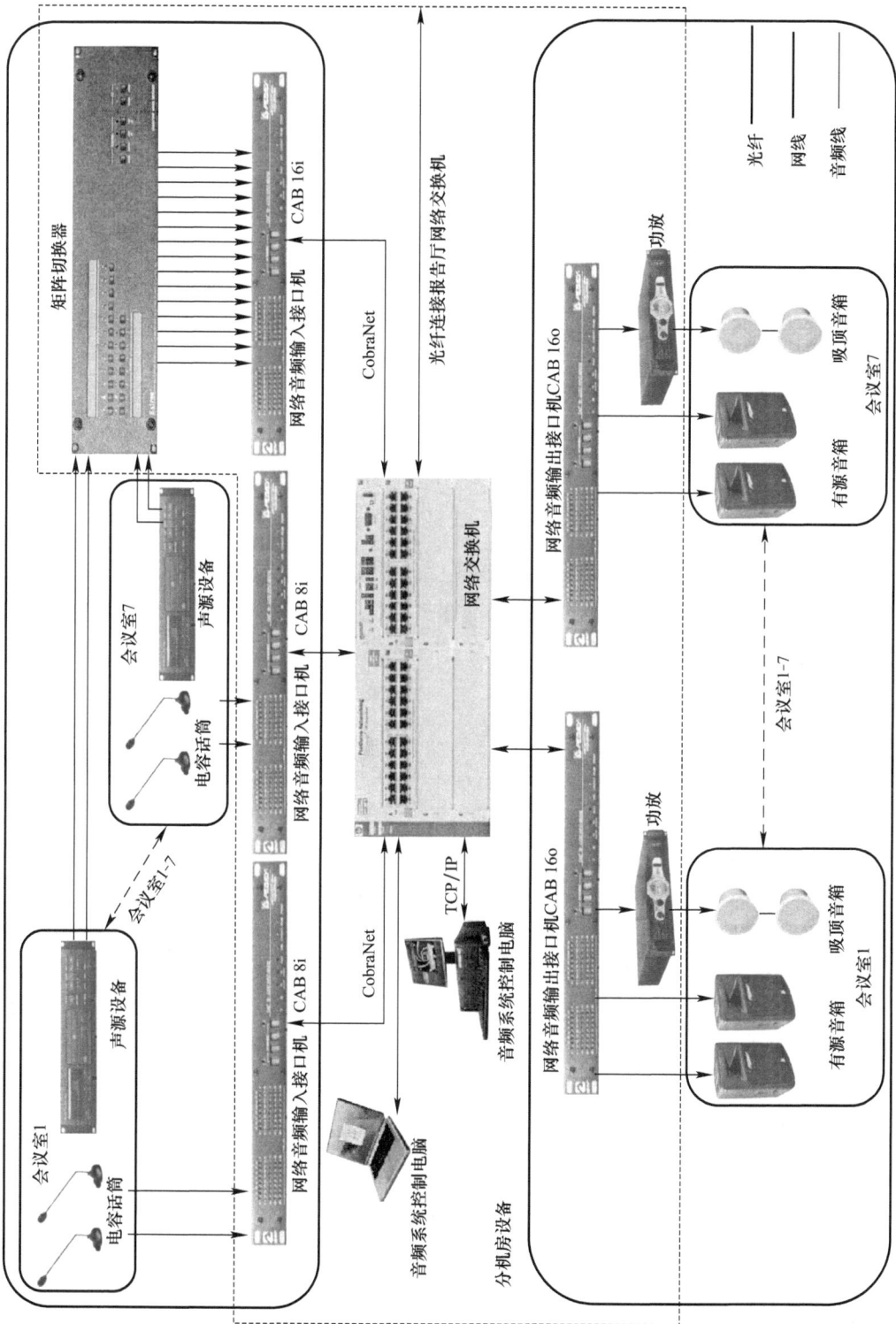

图 1-45 多间（7 间）会议室网络响系统图

第二章　音频会议系统

会议系统大致可分为音频会议系统和视频会议系统两类，前者是以语音为主的会议系统，有时也辅以视频设备；后者是以图像通信为主的会议系统，也常辅以声音作为伴音。

下面先从音频会议系统讲起。音频会议系统主要有三种：会议讨论系统，会议表决系统，同声传译系统。

第一节　会议讨论系统

一、会议讨论系统的分类与组成

会议讨论系统是一个可供主席和代表分散自动或集中手动控制传声器的单通路声系统。在这个系统中，所有参加讨论的人，都能在其座位上方便地使用传声器。通常是分散扩声的，由一些发出低声级的扬声器组成，置于距代表不大于 1m 处，也可以使用集中的扩声，同时应为旁听者提供扩声。

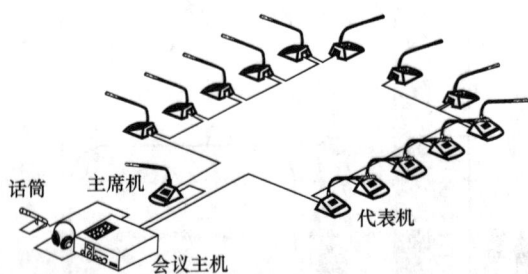

图 2-1　基本会议讨论系统

图 2-1 是最简单的会议讨论系统。它由主席机（含话筒和控制器）、控制主机和若干部代表机（含话筒和登记申请发言按键）组成。主席机和代表机采用链式连接后接到控制主机上（又称之为手拉手会议讨论系统）。在基本会议系统的基础上，在主席机、代表机和控制器上增加相应功能及显示器，就可以实现带有表决功能会议系统。主席机上的 LCD 显示发言人的资料、表决结果，代表机上可以登记请求发言、听发言和通过表决按键进行会议式表决，并把表决结果由控制主机输出给大厅大屏幕显示装置。

（1）每位正式代表面前都有一个代表机，通过自己面前的话筒发言，通过操作代表机面板上的按键来控制自己的话筒开关状态，实现申请发言、表决、选择收听语种等功能。

（2）主席台位置设置主席机，会议主席有优先权，可以管理和控制会议进程。会议主席的话筒可随时通过自己控制面板上的开关键打开和关闭，不受其他发言代表的影响。此外，主席机可通过主席优先面板上的优先键随时中断其他代表发言的话筒，同时主席话筒自己打开。通过控制主机可以设置会议发言模式。

（3）一人轮流发言方式：代表席如需要发言，先按代表机上的请求发言键，如此时无其他人发言，控制面板的指示灯变为红色，代表可发言；如此时有其他代表发言，挂制面板上的指示灯变为闪动的绿色，控制主机会根据现有请求进行排队，在其余代表先发言完毕后，申请发言代表即可发言，此时控制面盘上的指示灯为红色。

（4）多人轮流发言模式：这种模式基本与一人发言轮流发言模式功能相同，但可同时允许多名代表同时开启话筒。

（5）主席机和代表机集发言功能、投票表决乃至同声传译功能于一体，具有内置平板扬声器及耳机插口，音质清晰，并可自由调节音量。具有抑制啸叫功能，当话筒打开时，内置的扬声器会自动关闭，防止声音回输而产生啸叫。主席机单元带液晶显示屏，可以查看译员机的操作信息，以及本机监听的语种信息、投票表决的操作信息和结果等。

（6）一般控制主机可连接128台发言单元，通过扩展口接入扩展主机（多个扩展主机之间"手拉手"连接方式），最多可接入4096台发言单元，且相互无干扰。除了起系统的控制作用外，控制主机一般还提供电源和内置均衡器，可以对系统输出的音频信号进行高、低音调节，以适应不同的听觉要求。内置移频器，可以有效抑制啸叫。如有需要，这种系统也可以通过话筒耦合器与外地的话筒相联，实现远程电话会议的功能。

1. 会议讨论系统根据设备的连接方式可分为有线会议讨论系统和无线会议讨论系统；其中有线会议讨论系统又可分为手拉手式会议讨论系统和点对点式会议讨论系统。根据音频传输方式的不同，会议讨论系统可分为模拟会议讨论系统和数字会议论系统。会议讨论系统的分类见表2-1。

会议讨论系统的分类　　　　　　　　　　　　　　　　　表 2-1

设备连接方式		有线（手拉手式/点对点式）	无线（红外线式/射频式）
音频传输方式	模拟	模拟有线会议讨论系统	模拟无线会议讨论系统
	数字	数字有线会议讨论系统	数字无线会议讨论系统

2. 手拉手式会议讨论系统可由会议系统控制主机或自动混音台、有线会议单元、连接线缆和会议管理软件系统组成，见图2-2和图2-3。图2-4是台电手拉手会议讨论系统示例，表2-2是其设备配置示例。

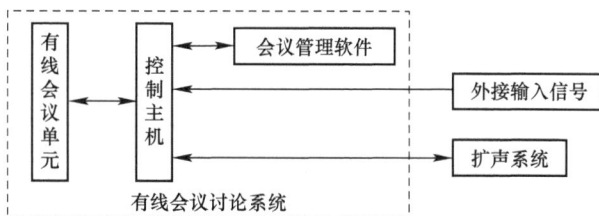

图 2-2　有线会议讨论系统的组成方框图

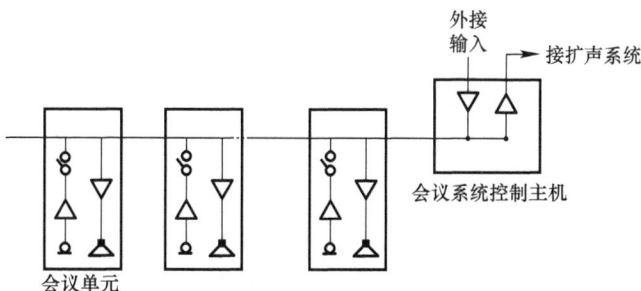

图 2-3　手拉手式会议讨论系统原理图

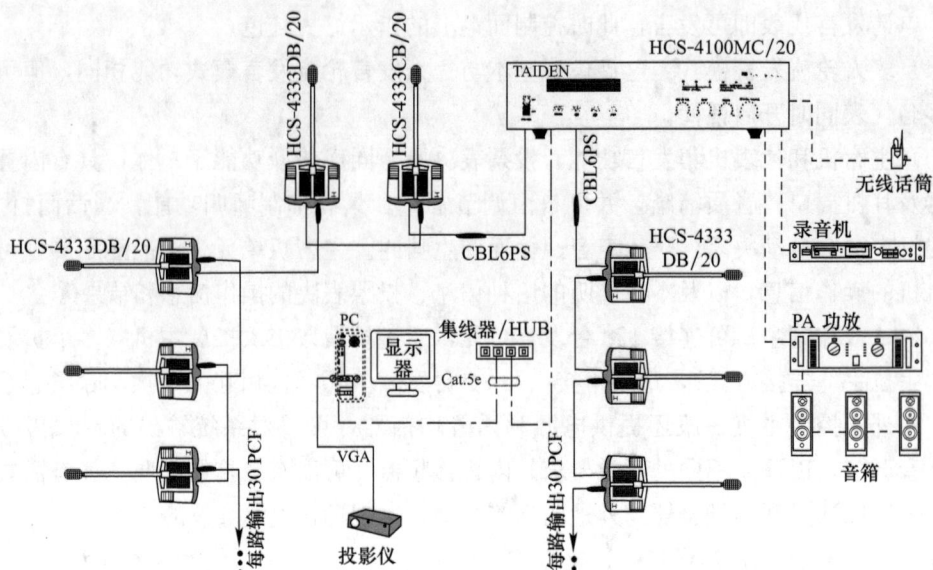

图 2-4 会议讨论系统（台电）

设备配置表   表 2-2

台面式单元			嵌入式单元		
型　号	设备名称	数量	型　号	设备名称	数量
HCS～4100MC/20	控制主机	1	HCS～4100MC/20	控制主机	1
HCS～4333CB/20	主席单元	1	HCS～4360C/20	主席单元	1
HCS～4333DB/20	代表单元	71	HCS～4363D/20	代表单元	71
HCS～4210/20	基础设置软件模块	1	HCS～4210/20	基础设置软件模块	1
HCS～4213/20	话筒控制软件模块	1	HCS～4213/20	话筒控制软件模块	1
＊CBL6PS-05/10/20/30/40/50	6 芯延长电缆	6	＊CBL6PS-05/10/20/30/40/50	6 芯延长电缆	6
公共部分					
型　号	设备名称	数量	型　号	设备名称	数量
	操作电脑	1	＃	会场扩声系统	1
＃	投影仪或其他显示设备	2	＃	无线话筒	1

注：＃根据用户需要而定，＊根据会场布局而定。

　　图 2-5 是一个会议室的音视频系统实例。图中采用博世（BOSCH）会议讨论系统（1个主席机，20 个代表机），接入控制主机，其输出经 BEYER 自动混音台（也可用调音台）、SABINE 数字音频处理器和 CROWN 功放输出。图中下半部为视频系统部分。

　　3. 点对点式会议系统可由传声器控制装置（混音台或媒体矩阵）、会议传声器和连接线缆组成，如图 2-6 所示。

　　图 2-7 是点对点式会议系统的示例，6 个代表机直接接入混音台（或调音台），然后经带反馈抑制功能的赛宾数字处理器，再经功放推动音箱发声。图中还画出远程视频会议终端以及包括视频矩阵、投影机的视频系统。

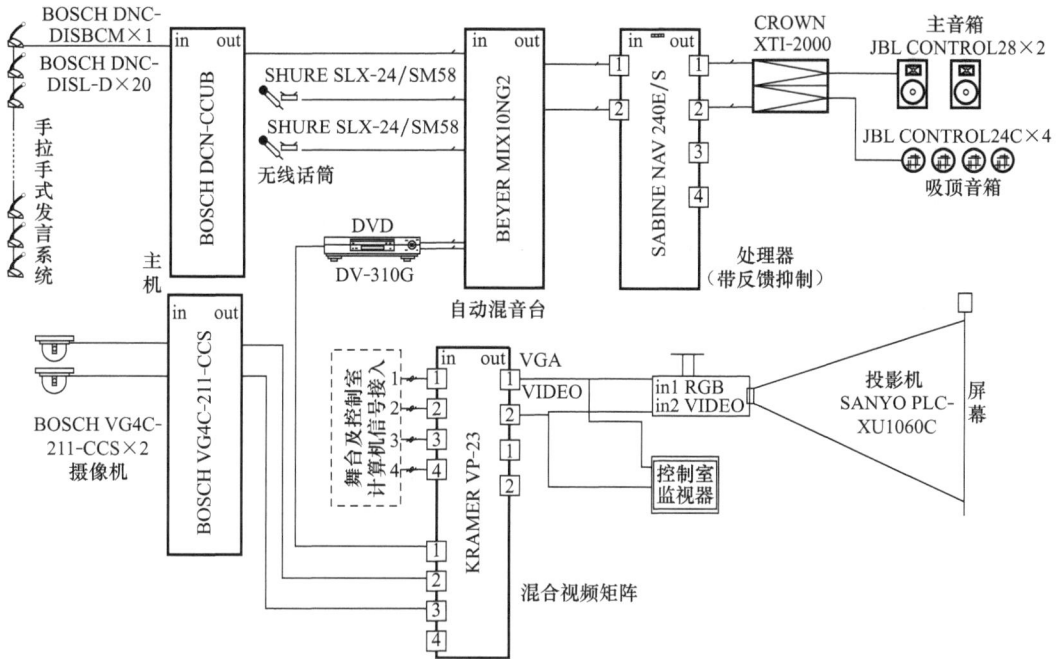

图 2-5 一个会议室的音视频会议系统实例

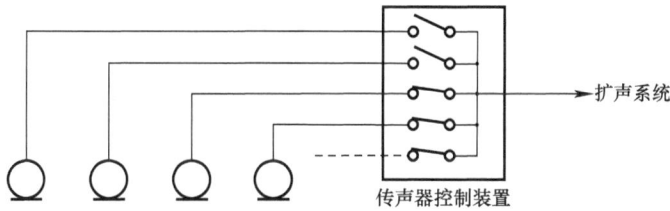

图 2-6 点对点式会议讨论系统原理图

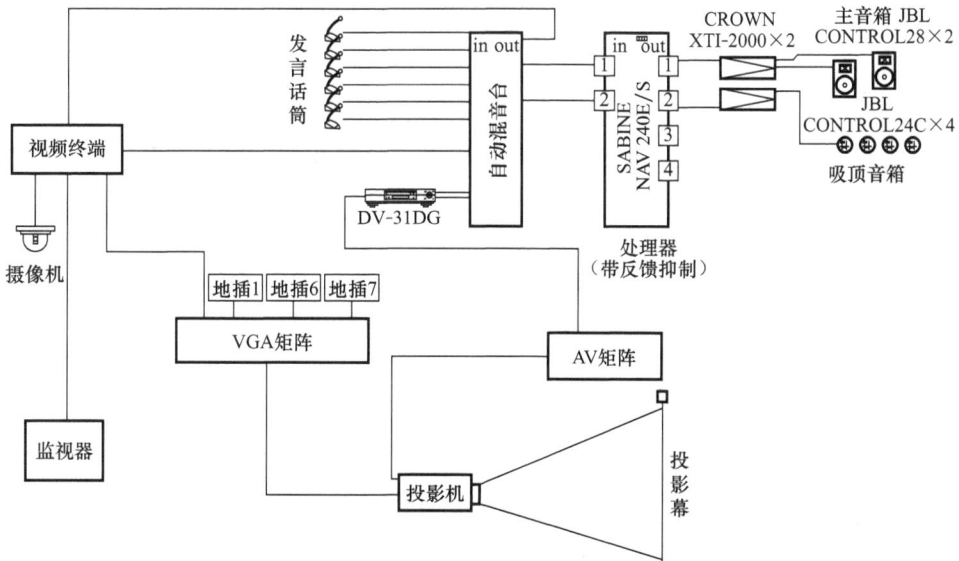

图 2-7 点对点式会议系统实例

应该指出，图 2-3、图 2-5 的手拉手方式和图 2-6、图 2-7 的点对点方式在会议系统都很常用。两者各有优缺点。手拉手方式发言者可控，代表单元数量多，增减容易，而且管理方便，主席可决定哪个代表发言，接线简便，输出对调音台只占一络。其缺点是音质不是很好。点对点方式则相反，音质好，特别是在中、大型会议，它通过调音台（或混音台）及厅堂扩声系统获得很好音质，但接线较复杂，且不便管理。

4. 无线会议讨论系统可由会议系统控制主机、无线会议单元、信号收发器、连接主机与信号收发器的线缆和会议管理软件系统组成，见图 2-8。

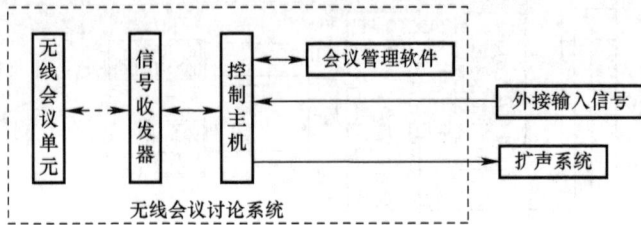

图 2-8 无线会议讨论系统的组成

无线会议系统以其易于安装和移动，便于使用和维护，不会对建筑物有影响等优点而逐渐成为会议系统技术的一个重要发展方向。目前，无线会议系统主要有两种，一是基于射频（无线电波）技术的无线会议系统，另一个是红外线无线会议系统。基于射频技术采用模拟音频传输的无线会议系统易受外来恶意干扰及窃听，并且需要无线电频率使用许可；而模拟红外无线会议系统则在音质表现上不尽如人意，其频率响应一般为 100Hz～4kHz，只相当于普通电话机的音质水平。为此，最近还发展出数字红外无线会议系统。

具有会议讨论功能的红外会议单元通常包括一个话筒、一个话筒开关按键，及扬声器、电池等部件。红外会议讨论单元接收来自红外会议系统主机以红外光形式广播的音频信号和控制信号，并以红外光形式向红外会议系统主机发送控制信号。话筒打开时，红外会议讨论单元同时以红外光形式向红外会议系统主机发送数字音频信号。整个系统可以使用任意数量的红外会议讨论单元，但是在同一时刻最多只有 4 支红外会议讨论单元的话筒能打开。图 2-9 为红外无线数字会议讨论系统示例（台电）。图中 HCS-5300MC 为数字红外会议主机，4311M 为视频切换器（可实现摄像自动跟踪），5300TA 为红外收发器（吸顶式），5302 为主席机或代表机。

二、会议讨论系统的功能设计要求

1. 会议讨论系统应具有以下功能：

（1）宜采用单指向性传声器。

（2）大型会场宜具有内部通话功能。

（3）系统可支持同步录音录像功能，可具备发言者独立录音功能。

（4）必须具备消防报警联动功能。

（5）技术人员的设备应具有以下功能：

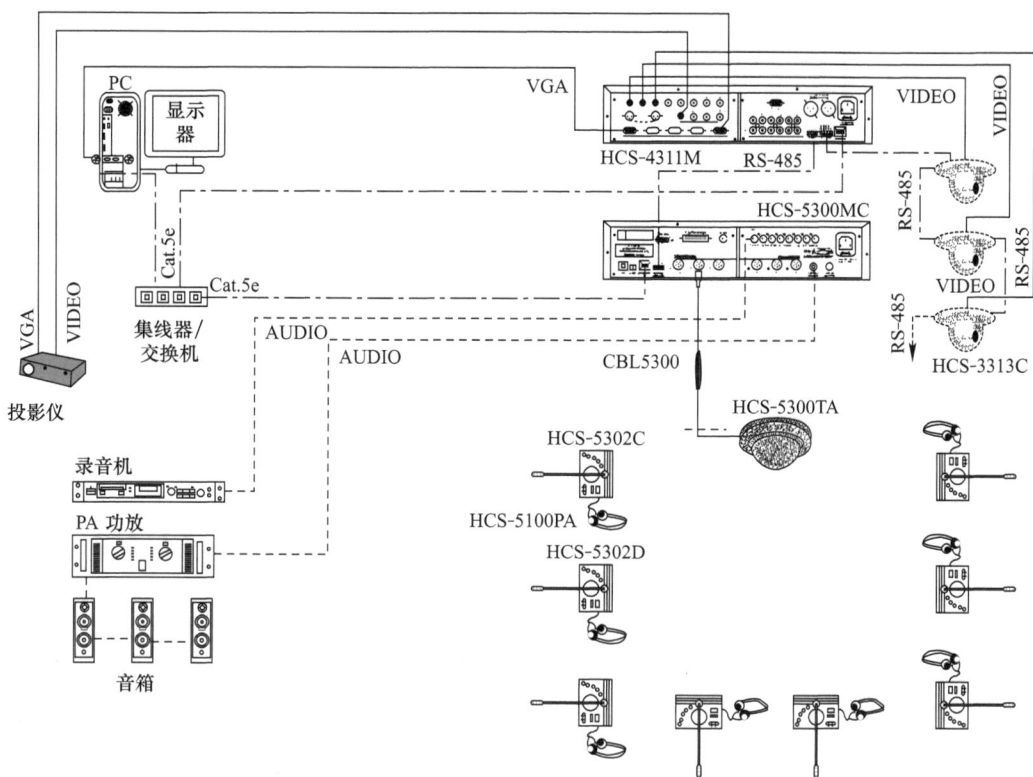

图 2-9　红外无线数字会议讨论系统示例（台电）

① 应具有头戴耳机，应能进行音频监听。

② 应能用节目电平指示器，连续指示原声通路的电平（自动控制系统为可选）。

③ 应具有音量控制功能（自动音量控制的系统为可选）。

④ 宜具有内部通话用的传声器。

⑤ 对附加信号源可提供辅助输入装置。

⑥ 可提供辅助输出装置把原声通路接到扩声系统。

⑦ 可配备带地线隔离的音频分配器供记者录音。

2. 手拉手式会议讨论系统应具有以下功能：

（1）会议单元上应有传声器工作按钮开关和传声器状态指示器，主席会议单元应设有优先按钮开关，会议单元可内置扬声器。

（2）对会议单元传声器的控制可采用以下方式：

① 传声器可由代表会议单元上的按钮或操作人员的控制设备开启；

② 会议单元上有一个"请求发言"按钮，供代表发信号给操作人员，由操作人员决定是否开启传声器；

③ 只有操作人员或会议组织人员能够控制传声器；

④ 自动排队和按顺序接通的系统；

⑤ 主席的传声器能优先或不优先工作；

⑥ 代表声控启动传声器；

⑦ 主席的传声器始终保持常开状态。

（3）可配置定时发言功能。

（4）会议单元可配置显示屏。

（5）可配置操作人员显示屏、主席台显示屏等，由操作人员和/或主席集中控制传声器。

（6）可配置所需功能的会议管理软件。

（7）技术人员的设备应具有以下功能：

① 应能使技术人员按会议程序及主席的指令监听和控制会议室中所有的会议单元。

② 应能监视各个请求和已开启的代表传声器。

3. 点对点式会议讨论系统应具有以下功能：

（1）会议传声器可设有静音或开关按钮，并具有相应指示灯。

（2）传声器控制装置应能支持所需会议传声器的数量。

说明：在点对点式会议讨论系统中，每一台会议传声器都需要接入传声器控制装置进行混音。因此，在系统中需要配备多少台会议传声器，传声器控制装置就需要多少路的混音。

三、会议讨论系统性能要求

1. 会议讨论系统中从会议单元传声器输入到会议系统控制主机或传声器控制装置输出端口的系统传输电性能要求应符合表 2-3 中的规定。

会议讨论系统电性能要求

表 2-3

特　性	模拟有线会议讨论系统	数字有线会议讨论系统	模拟无线会议讨论系统	数字无线会议讨论系统
频率响应	125Hz～12.5kHz（±3dB）	80Hz～15.0kHz（±3dB）	125Hz～12.5kHz（±3dB）	80Hz～15.0kHz（±3dB）
总谐波失真（正常工作状态下）	≤1%（125Hz～12.50kHz）	≤0.5%（80Hz～15.0kHz）	≤1%（125Hz～12.5kHz）	≤0.5%（80Hz～15.0kHz）
串音衰减	≥60dB（250Hz～4.0kHz）	≥70dB（250Hz～4.0kHz）	≥60dB（250Hz～4.0kHz）	≥70dB（250Hz～4.0kHz）
计权信号噪声比	≥60dB（A 计权）	≥80dB（A 计权）	≥60dB（A 计权）	≥80dB（A 计权）

注：频率响应、总谐波失真、串音衰减、计权信号噪声比的测量方法应按《声频放大器测量方法》GB 9001 中相关条款执行。

2. 传声器数量大于 100 只时不宜用模拟会议讨论系统。

3. 当会议单元到会议系统控制主机的最远距离大于 50m 时，不宜用模拟有线会议讨论系统。

4. 会议单元和会议传声器应具有抗射频干扰能力。采用射频无线会议讨论系统时，需确保会场附近没有与本系统相同或相近频段的射频设备工作。

5. 对会议有保密性和防恶意干扰要求时，宜采用有线会议讨论系统，或采用红外无线会议讨论系统，一般地说，有线会议讨论系统具有较好的保密性，并能防止恶意干扰。

在红外无线会议讨论系统中，信号是通过红外光进行传输的，在开会时采取关闭门窗和在透明的门窗上加挂遮光窗帘等措施，将会场的光线与外界隔离，即可起到会议保密和防止恶意干扰的效果。

对于射频无线会议讨论系统，信号可以穿透墙壁。因此，为防止有人用与本系统相同的设备在会场外窃听，需要对设备和相关技术人员严格管理。其次要避免在会场附近有与本系统相同或相近频段的射频设备工作，或用与本系统相同或相近频段的射频设备进行恶意干扰。

6. 设计无线会议讨论系统时，应考虑信号收发器和会议单元的接收距离。信号收发器可采用吊装、壁装或流动方式安装。

7. 设计红外线会议讨论系统时，会场不宜使用等离子显示器。若必须使用等离子显示器，应避免在距离等离子显示器 3m 范围内使用红外线会议单元和安装信号红外线收发器，或在等离子显示器屏幕上加装红外线过滤装置。

四、会议讨论系统主要设备要求

1. 固定座席的场所，可采用有线会议讨论系统或无线会议讨论系统；临时搭建的场所或对会场安装布线有限制的场所，宜采用无线会议讨论系统；也可有线/无线两者混合使用。

2. 进行会议讨论系统设备选择，应考虑不同类型会议讨论系统能够支持的最大传声器数量。

3. 手拉手式会议讨论系统中，会议系统控制主机的选择应符合下列规定：

(1) 应能支持所需的会议单元传声器控制方式。

(2) 对于有线会议讨论系统，会议系统控制主机宜支持会议单元的带电热插拔。

(3) 应具备发言单元检测功能。

(4) 必须具备消防报警联动触发接口。

4. 会议系统控制主机提供消防报警联动触发接口，一旦消防中心有联动信号发送过来，系统立即自动终止会议，同时会议讨论系统的会议单元及翻译单元显示报警提示，并自动切换到报警信号，让与会人员通过耳机、会议单元扬声器或会场扩声系统聆听紧急广播；或者立即自动终止会议，同时会议讨论系统的会议单元及翻译单元显示报警提示．让与会人员通过会场扩声系统聆听紧急广播。

5. 可具有连接视像跟踪系统的接口和通信协议。

6. 可具有实现同步录音录像功能的接口，可提供传声器独立输出。

7. 大型会议和重要会议，宜备份 1 台会议系统控制主机，会议系统控制主机宜只有主机双机"热备份"功能。主机双机"热备份"功能是指当主控的会议系统控制主机出现故障时，备份的会议系统控制主机可自动进行工作，而不中断会议进程。如果需要由人工来启用备份主机，即称为"冷备份"方式。

8. 有线会议讨论系统应满足会议单元的供电要求。当系统中会议单元的数量超过单台会议系统控制主机的负载能力时，需要配置适当数量的扩展主机（供电单元）来为会议单元供电。

9. 宜具有网络控制接口，实现远端集中控制。

10. 可具备主/从工作模式，实现多会议室扩展功能。亦即，可以将多台会议系统控制主机通过电缆连接起来，将其中一台设置为主工作模式，其余控制主机设置为从工作模式（此时，这些控制主机相当于供电单元），从而组成一个更大的会议系统。主要用于多房间配置、会议设备租赁，以及会议规模经常变化的场合。

第二节 会议表决系统

许多会议特别是各级政府和企业董事局等会议迫切需要对会议讨论的议程进行管理并对议项进行投票表决。因此，各种类型和不同结构的表决系统被整合到会议系统中。

表决系统显然要求与会代表必须用手按动表决器的按键进行投票，既可秘密投票也可公开投票。经表决系统精确计算和统计后，将投票结果显示在屏幕上，并使代表们清晰地看到投票结果。快捷、简便、精确性和实时性是对表决系统的根本要求。

一、会议表决系统的分类与组成

1. 会议表决系统宜由表决系统主机、表决器、表决管理软件及配套计算机组成，见图 2-10 和图 2-11。

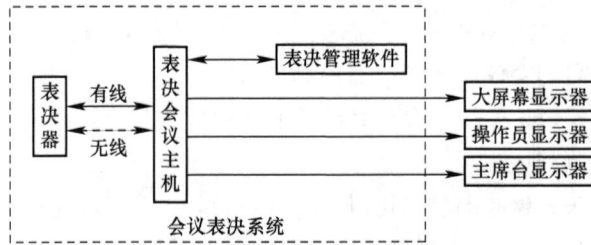

图 2-10 会议表决系统的组成

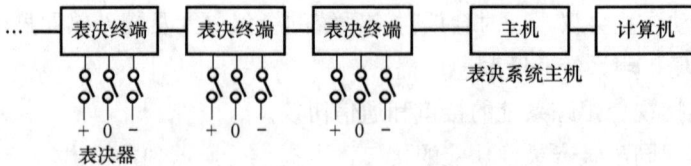

图 2-11 会议表决系统

2. 会议表决系统根据设备的连接方式可分为有线会议表决系统和无线会议表决系统。其中有线会议表决系统根据表决速度的不同可分为普通有线会议表决系统和高速（表决速度＜1ms/单元）有线会议表决系统两类。图 2-12 是台电数字有线会议表决系统示例。无线会议表决系统可分为射频式无线会议表决系统和红外线式无线会议表决系统两类。

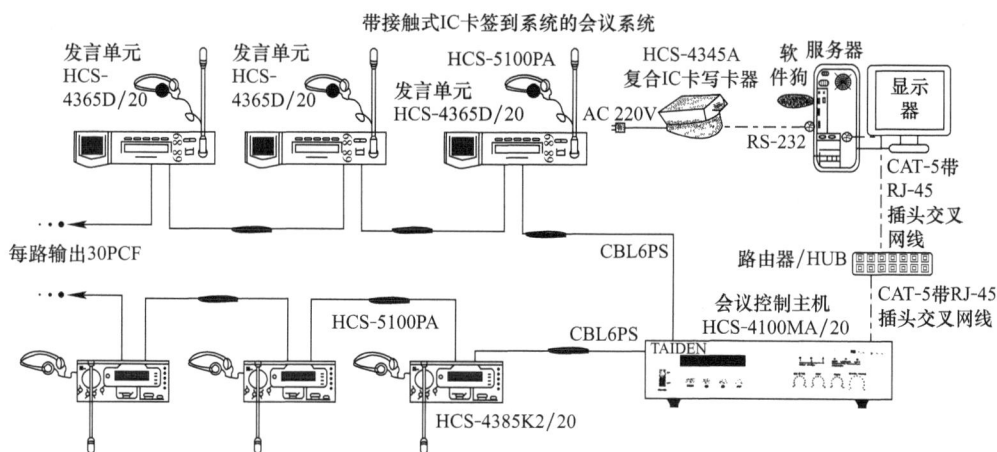

图 2-12 数字有线会议表决系统（台电）

图中 HCS-4100MA/20 会议控制主机（带表决功能，64 通道），4365 为带

表决功能的发言单元（面板有 IC 卡签到插口），4345A 为 IC 卡发卡器。

无线表决系统由主机、代表单元、投票表决软件、电脑和显示屏（如有需要可辅以视频矩阵——执行与会议系统的视频之间的切换）构成。分立于会议系统之外的无线表决系统可以在任何会议系统中独立使用。表决设备安装简便，表决器单元可在会议室中任意摆放，只需要主机和电脑连接一根 RS-232 电缆。

无线表决系统由于采用了诸如载波检测、寻址检测和双主机冗余等技术，从而保证了计算结果的高准确性和可靠性。同时，系统具有动态在线巡检功能，故而确保了系统运行的稳定性，再加上在无线通信中采用数据编解码、数据校验、寻址定向通信、频率拦截以及数据 12 位五重加密技术，使系统具有高安全性、高保密性，同时还具有强大的抗干扰能力。系统具有定时投票功能，定时范围可设为 10 秒至 1 小时，可根据需要设置适当的时间，允许在设定的投票时间内改变投票意向，并以最后一投作为计算的基准依据。

无线表决的工作频率多为 400～600MHz，GFSK 调制方式；通信速率 20bit/s；取样频率 9600bit/s；表决器和主机的通信距离 30～45m，可选 60～90m；目前的模拟系统最多可使用 250 个表决器单元。由于系统有 200 多个工作频道，在超大型会议或多个会议系统中可同时使用多个表决系统进行拓展。

二、会议表决系统的性能要求

1. 会议表决系统的表决速度应符合表 2-4 中的规定：

会议表决系统的表决速度   表 2-4

	普通有线会议表决系统	高速有线会议表决系统	红外线式无线会议表决系统	射频式无线会议表决系统
表决速度	<10ms/单元	<1ms/单元	<100ms/单元	<50ms/单元

2. 表决器数量大于 500 台时宜采用高速有线会议表决系统。高速有线会议表决系统的表决系统主机与表决器之间通常采用以太网或 CAN 总线等协议，并采用"主动报告"方

式进行表决结果统计，代表按键表决后，表决器立即将表决结果主动传输给表决系统主机。

而普通有线会议表决系统的表决系统主机与表决器之间通常采用 RS-485、RS-422 等协议连接方式，并采用"轮询"方式进行表决结果统计，其表决程序如下：

① 代表在各自的表决器上进行按键表决，表决结果暂存在表决器中；

② 由表决系统主机对各表决器进行逐个查询，并统计结果；

③ 表决结束时，表决系统主机需要对系统的全部表决器再重新查询一次。

3. 表决器宜采用防水设计。以防止因代表不小心将水洒入会议单元造成整个系统失效。

三、会议表决系统的功能要求

1. 表决器可具有如下多种投票表决形式；

（1）"赞成"/"反对"；

（2）"赞成"/"反对"/"弃权"；

（3）多选式：1/2/3/4/5 从多个候选议案/候选人中选一个；

（4）评分式：－－/－/0/＋/＋＋。即为候选议案/候选人进行评分（打分）。"－－"表示最差（很不满意），"＋＋"表示最优（非常满意），可根据实际需要选择评分的级数，例如 3 级：满意、一般、不满意，4 级：优、良、中、差，5 级：非常满意、满意、一般、不满意、很不满意。

2. 会议表决系统可具有以下功能：

（1）可以选择秘密表决或公开表决方式。秘密表决，或称不记名表决，不能鉴别出每个表决者及其表决结果；公开表决，或称记名表决，能鉴别出每个表决者及其表决结果。

（2）可选择第一次按键有效或最后一次按键有效的表决方式。

（3）可选择由主席或操作人员启动表决程序。

（4）可预先选定表决的持续时间，或者由主席决定表决的终止。根据需要，可以把表决的持续时间限定在 30s、60s、90s 等，或用户自定义的时间值。

（5）表决结果的显示可以选择直接显示或延时显示。直接显示：在表决进行中，显示各个中间结果，在预先选定的表决时间终止时，显示最后的结果；延时显示：不显示中间结果，只在预先确定的表决时间终止时，显示表决的最后结果。

（6）在表决结束时，最后的统计结果可以直方图/饼状图/数字文本显示等方式显示给主席、操作人员和代表。

（7）可满足会场大屏幕显示和主席显示屏显示内容不同的要求。

3. 在进行电子表决之前，应先进行电子签到（详见第四节）。电子签到可有以下方式：

（1）利用会议单元上的签到按键进行签到；

（2）利用会议单元上的 IC 卡读卡器进行签到；

（3）与会代表佩带内置有非接触式 IC 卡的代表证通过签到门便可自动签到。

（4）可实时显示代表签到情况。

（5）表决器可配置显示屏，在线显示表决结果、签到信息等。

4. 会议表决系统的控制方式如下：

系统按安装方式有三种形式，根据会场大小、功能、系统构成形式和管理要求酌情确定。

（1）固定式：设备和电缆的敷设是固定的，系统的单机是组合成整体的。

（2）半固定式：设备是可移动的或固定的，电缆是固定安装的，系统中的某些设备可固定安装或放在桌子上。

（3）移动式：系统所有设备，包括电缆的敷设都是可插接的和可移动的，这种方式在实践中很少应用。

第三节　同声传译系统

同声传译特别适合那些操持不同语言（不同的国家或民族）的与会人员发言（基本语言）或讨论的会议场合。系统首先将话筒拾取的发言人的语言信号，传送到控制主机，译员们使用各自的译员单元上的耳机收听主机送来的基本语言，必须同时由多位译员使用各自的话筒翻译成不同的语言传送到主机，再传送到有线或无线旁听设备供与会者选择收听各自的最熟悉语言。

一、同声传译系统的组成与分类

同声传译系统是在使用不同国家语言的会议等场合，将发言者的语言（原语）同时由译员翻译，并传送给听众的设备系统。

1. 会议同声传译系统由翻译单元、语言分配系统、耳机，以及同声传译室组成，如图 2-13 和图 2-14 所示。

将发言者的原声经翻译单元（戴耳机和话筒，由翻译员进行）同声翻译成其他语言，并通过语言分配系统把发言者的原声和译音语言分配给代表的声系统（图 2-13）。

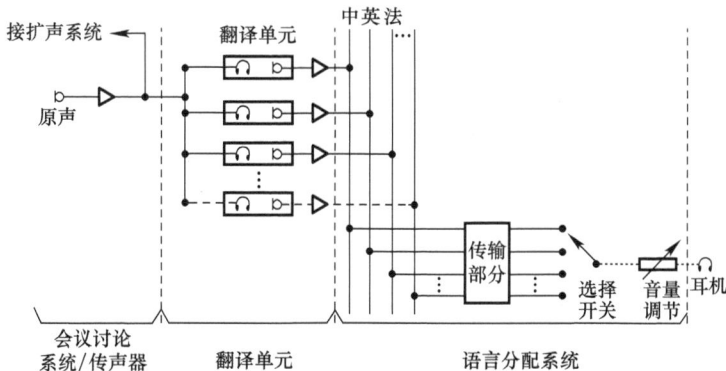

图 2-13　同声传译系统原理图

2. 语言分配系统根据设备的连接方式可分为有线语言分配系统和无线语言分配系统；根据音频传输方式的不同，语言分配系统可分为模拟语言分配系统和数字语言分配系统。

语言分配系统的分类见表 2-5。

语言分配系统的分类　　　　　　　　　　　　　　　　　　　　表 2-5

设备连接方式		有　线	无线（红外线式）	无线（射频式）
音频传输方式	模拟	模拟有线语言分配系统	模拟红外语言分配系统	模拟射频语言分配系统
	数字	数字有线语言分配系统	数字红外语言分配系统	数字射频语言分配系统

有线语言分配系统可由会议系统控制主机和通道选择器组成（图 2-14）。无线语言分配系统可由发射主机、辐射单元和接收单元组成，见图 2-15，而无线式又可分为感应天线式和红外线式两种，其中以红外线式较为先进。各种类型的特点如表 2-6 所示。

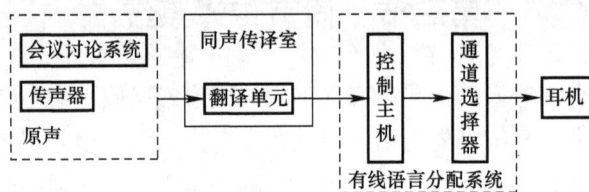

图 2-14　有线会议同声传译系统的组成

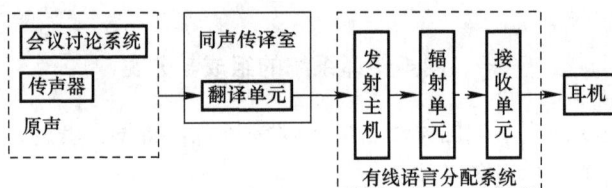

图 2-15　无线会议同声传译系统的组成

译语收发方式及其特点　　　　　　　　　　　　　　　　　　　　表 2-6

方　式	特　点
有线式	（1）由通道选择放大器将译语信号放大，然后每路分别通过管线送至各接收点（耳机） （2）根据通道数需配有多芯电缆线 （3）音质好 （4）可避免信息外部泄漏，保密度高
无线式	（1）分为使用电磁波的感应环形天线方式和使用红外线的红外无线方式两种 （2）通过设置环形天线或红外辐射器发送，施工方便 （3）红外无线式的音质较好，感应天线式的音质稍差 （4）感应天线式有信息泄漏到外部的可能，但红外无线式保密度高

3. 按翻译过程来分：

同声传译系统又分直接翻译和二次翻译两种形式。图 2-14 和图 2-15 实际上就是直接翻译系统，在使用多种语言的会议系统中，直接翻译要求译音员懂多种语言。例如，在会议使用汉语、英语、法语、俄语四种语言时，要求译员能听懂四国语言，这对译员要求太严格了。

二次翻译的同声传译系统如图 2-16 所示。会议发言人的讲话先经第一译音员翻译成各个译音员（二次译音员）都熟悉的一种语言，然后由二次译音员再转译成一种语言。由此可见，二次翻译系统对译音员要求低一些，仅需要懂两种语言即可，而且二次翻译系统所需的译员室的数量比会议使用语言少一个。但是，它与直接翻译相比，译出时间稍迟，并且翻译质量会有所降低。

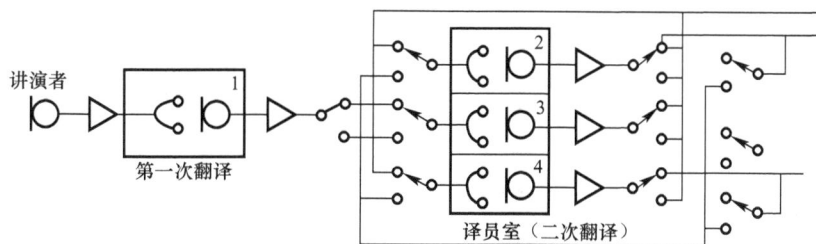

图 2-16 二次翻译的同声传译系统

在使用很多种语言（例如 8 种以上）的多通路同声传译系统时，采用混合方式较为合理，即一部分语言直接翻译，另一部分语言作二次翻译。

4. 同声传译系统若干示例：

（1）有线式同声传译系统（四种语言），见图 2-17。图中会议桌旁的每位代表都设有一套话筒和耳机（或扬声器），如将两者做成一体，就成为代表机。对于主席机和译员机也与之类似。旁听席只有耳机，没有发言权。

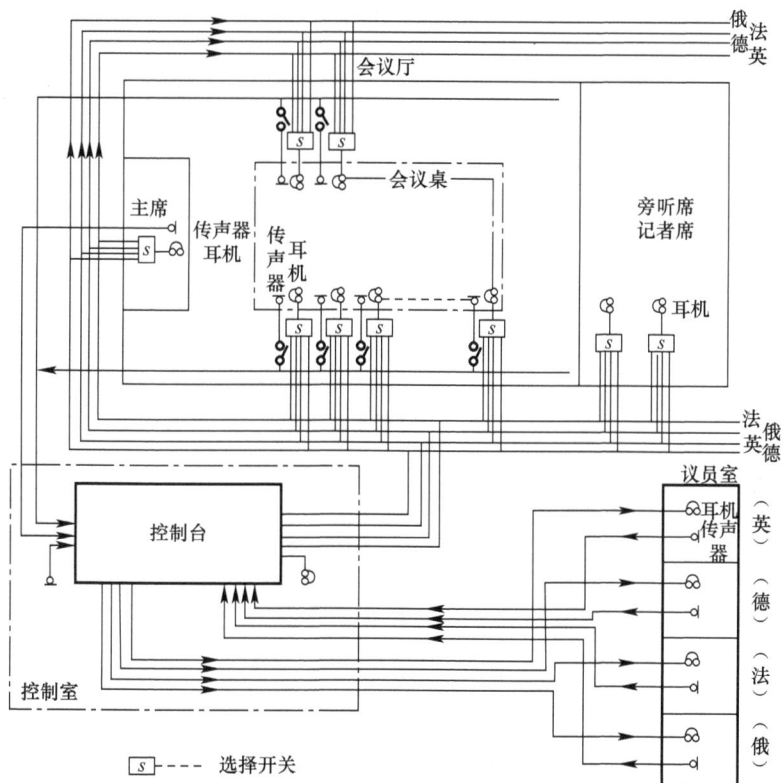

图 2-17 有线式同声传译系统（四种语言）

（2）图 2-18 是台电有线同声传译系统。这是一个可进行多语言会议的工程配置，可实现以下功能：

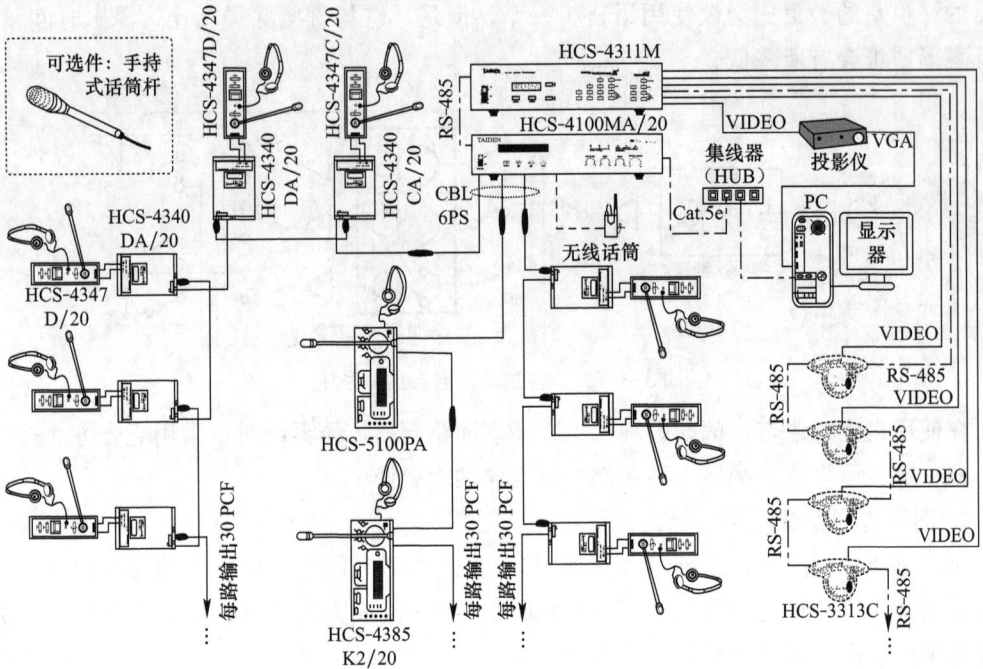

图 2-18 有线同声传译系统（台电）

① 会议讨论发言功能。

② 同声传译功能，最多可实现 63＋1 种语言的同声传译。

③ 与会代表可以调节通道选择器，采用监听耳机可以收听多种语种，单元具有通道号 LCD 显示屏。

④ 摄像机自动跟踪功能。

增加扩展主机：系统最多可连接 4096 台会议单元。代表机有台式和座椅扶手式，本例采用扶手式嵌入单元还具有手持式传声器可供选择。表 2-7 是图 2-18 设备清单示例。

有线同声传译系统清单 　　　　　　　　　　　　　　　　　　表 2-7

型　　号	设备名称	数　量	型　　号	设备名称	数　量
HCS-4100MA/20	控制主机	1	HCS-4213/20	话筒控制软件模块	1
HCS-4347C/20	主席单元	1	HCS-4215/20	视频控制软件模块	1
HCS-4347D/20	代表单元	66	HCS-4216/20	同声传译软件模块	1
HCS-4340CA/20	多功能连接器（连接主席单元）	1	＊CBL6PS-05/10/20/30/40/50	6 芯延长电缆	6
HCS-4340DA/20	多功能连接器（连接代表单元）	66		控制电脑	1
HCS-4385K2/20	翻译单元	5		以太网交换机	1
HCS-5100PA	头戴式立体声耳机	72	＃	投影仪若其他显示设备	2
HCS-4311M	会议专用混合矩阵	1	＃	会场扩声系统	1
HCS-3313C	高速云台摄像机	4	＃	无线话筒	1
HCS-4210/20	基础设置软件模块	1			

注：＃根据用户需要而定。

＊根据会场布局而定。

（3）感应天线式同声传译系统。这是一种无线式系统，如图 2-19 所示。它是利用电磁感应原理，先在地板上或围着四周墙壁，装设一个环形天线，通常使用长波（约140kHz）作载波，听众使用位于环形天线圈定的工作区域内的接收机，接收发射机发送的载有译语的电磁波信号。例如，日本 SONY 公司的 SX-1310A/B 发射机，可以利用译员传声器的信号调制成三个单独频道的载波，因此可传译三种语言。

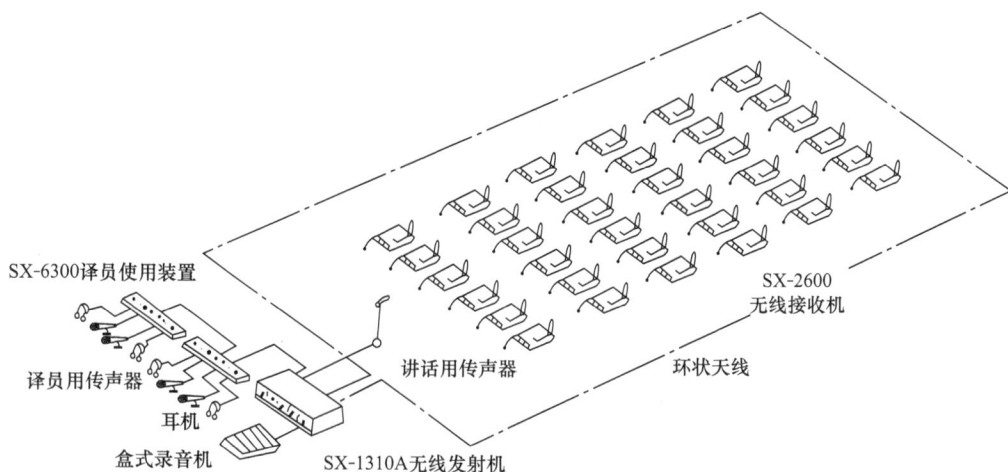

图 2-19　感应天线式同声传译系统

感应天线式同声传译系统的优点是不需要连接电缆，安装较简便，可以实现天线圈定区域内稳定、可靠的信号传输（接收）。而在圈定区域外，信号则随距离的加大而迅速衰减，但仍有泄漏到外部的可能，故有保密性差的缺点。近来，感应天线式已被后述的性能更优的红外线式所取代。

关于环形天线的装设，可采用如下方法：

① 铺在会场四周地毯下（无抗静电措施的地毯）；

② 在混凝土地面上控细沟槽布在其中；

③ 在混凝土地面上埋设塑料管布在其中；

④ 与装修配合，沿吊顶四周敷设；

⑤ 在四周装修的墙中敷设。

二、红外同声传译系统的发送与接收

红外线式同声传译系统的基本组成原理图如图 2-20 所示，主要由调制器、辐射器、接收机、电源等组成。

红外光的产生一般都采用砷化镓发光二极管，频谱接近红外光谱，其波长约为 880～1000nm 由于人眼能感受到的可见光波长范围约为 400～700nm 所以这类光人们看不到，且对人体健康无害。红外辐射光的强弱是由砷化镓二极管内流过的正向电流大小决定的，利用这一点就很容易达到对红外光的幅度调制。在红外同声传译设备中，为了抑制噪声，

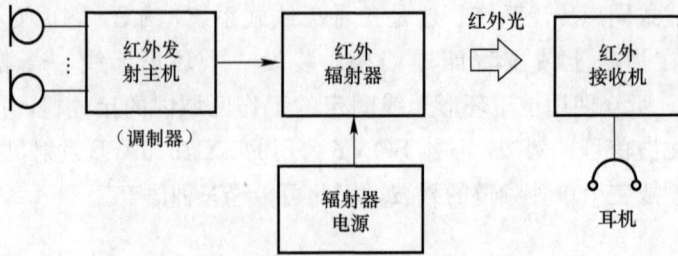

图 2-20　红外同声传译系统的基本组成原理图

音频不直接调制光束，而是先让不同的音频调制不同的副载频，由于副载波信号的频率不够高，无法在空间发射传输，因此它还需依附（调制）在可在空间发送传输的更高频率的射频或红外光波段载波上进行无线传送。

红外光的接收通常采用 PIN 硅二极管进行光电转换，从已调红外光中检出不同副载频的混合信号。为了增大红外接收面积，二极管的外形做成半球形，使各个方向来的光线向球心折射，并且在球面与管芯之间夹有黑色滤光片，以滤掉可见光。

图 2-20 的工作过程如下：会议代表的发言通过话筒传输到各个翻译室，由各翻译人员译成各种语言，用电缆送到调制器（又称发射主机）。调制器内设有多个通道，每个通道设有一个副载频，完成对一路语言（即一种语言）的调频。调制器内的合成器将这些多路已调频波合成，并放大到一定幅度，由电缆输送给辐射器，在辐射器里完成功率放大和对红外光进行光幅度调制，再由红外发光二极管阵列向室内辐射已被调制的红外光。电源用于辐射器的供电。

红外接收机位于听众席上，其作用是从接收到的已调红外光中解调出音频信号。它的组成除了前端的光电转换部分以外，红外接收机还设有波道选择，以选择各路语言，由光电转换器检出调频信号，再经混频、中放、鉴频，还原成音频信号，由耳机传给听众。

关于副载波频率，国际标准 IEC61603-1：1997 年推荐了可用于音频信号传输的红外辐射调制频段 BANDⅡ（45kHz～1MHz）和 BAND IV（2MHz～6MHz），如图 2-20 所示。其中：

波段（BAND）Ⅱ（45kHz～1MHz）：会议用音频传输系统及类似系统；

波段（BAND）Ⅳ（2MHz～6MHz）：宽带音频及相关信号传输系统。

波段Ⅱ频段的红外线同声传译系统很容易受新兴的高频驱动光源（如节能灯）的干扰，因为高频驱动光源会产生被调制的红外信号，这些被调制的红外信号主要集中在 1MHz 范围以内，正好落在波段Ⅱ（45kHz～1MHz）副载波的频段，影响到红外通信系统的声音质量和通信距离（参见 IEC 61603-1，IEC 61603-7）。工作在波段Ⅳ频段的红外线同声传译系统的传输频段在 2MHz 以上，高频驱动的光源产生的干扰谐波的能量已经衰减接近为零。所以在这个频段进行传输的红外线同声传译系统可以很好地避开高频驱动光源产生的干扰，如图 2-21 所示。

我国对模拟红外线同声传译系统与数字红外线同声传译系统规定如下：

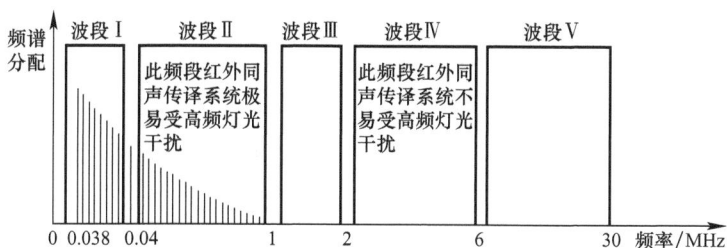

图 2-21 副载波频段划分和高频光源的干扰频谱

1. 模拟红外线同声传译系统使用的调频副载波频率（中心频率）范围宜为 2MHz～6MHz，并应符合表 2-8 的规定，相邻通道副载波中心频率的间隔应为 200kHz，最大频率偏差应为±22.5kHz。

通道编号及副载波频率   表 2-8

通道编号	CH0	CH1	CH2	CH3	CH4	CH5	CH6	CH7	CH8	CH9	CH10
频率（MHz）	2.05	2.25	2.45	2.65	2.85	3.05	3.25	3.45	3.65	3.85	4.05
通道编号	CH11	CH12	CH13	CH14	CH15	CH16	CH17	CH18	CH19	...	
频率（MHz）	4.25	4.45	4.65	4.85	5.05	5.25	5.45	5.65	5.85	...	

2. 数字红外线同声传译系统使用的调频副载波频率（中心频率）范围宜为 2MHz～6MHz，并应符合表 2-9 中的规定。

副载波编号及副载波频率   表 2-9

副载波编号	CC1	CC2	CC3	CC4	CC5	CC6	...
频率（MHz）	2.333333	3.000000	3.666667	4.333333	5.000000	5.666667	...

数字红外线同声传译系统每个调频载波可传输四路频率响应为 125Hz～10kHz（-3dB）的单声道音频信号，或一路频率响应为 125Hz～20kHz（-3dB）的双声道音频信号。

3. 红外接收机

在使用中也要注意红外接收机灵敏度具有指向性，如图 2-22 所示。图中右边说明在水平转动+45°至-45°，接收灵敏度衰减不大。但若超过这个范围，灵敏度会急剧下降，显著影响收听效果。

不过，目前也有公司生产接收角度更宽的红外接收机。

红外接收单元应符合下列规定：

（1）红外接收单元的重量不应大于 200g。

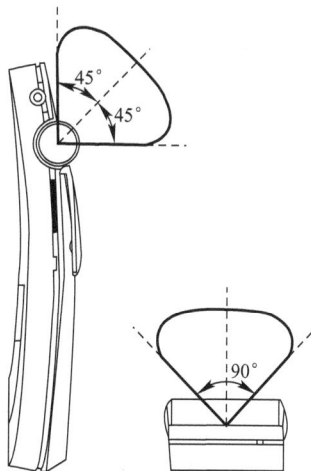

图 2-22 某接收机灵敏度的指向性

（2）一次充电或电池支持的连续工作时间不应小于15h。

（3）应具有通道选择器、音量控制器和通道号的显示功能，并宜具有相应通道的语种名称、信号接收强度和内置电池电量的显示功能。

（4）室内使用红外接收单元时，应采取避免太阳光直射措施；在室外或在太阳光直射的环境下使用红外接收单元时，应选用可以在太阳光直射环境下工作的红外接收单元。

4. 翻译员和代表的耳机应符合下列规定：

（1）翻译员应使用由两个贴耳式耳机组成的头戴耳机。头戴耳机应具有隔离环境噪声的作用。

（2）代表的耳机可选择使用头戴耳机、听诊式耳机或耳挂式耳机等。

5. 翻译单元应符合下列规定：

（1）应为每个翻译员配备一个可单独控制听说的控制器及相关的指示器。两个翻译员共用一个翻译单元时，每个翻译员的控制器都应有完整的控制功能。指示器应能够立即显示正在使用的功能。

（2）输入通道选择器的通道选择动作应平滑，不应产生机械或电噪声；通道间不应短路。

（3）音量控制器应使用对数式电位器。音调控制器应设置连续可调降低低音电平的控制器，125Hz的电平比1kHz的电平应至少降低12dB。也可设置连续可调提升高音电平的控制器，8kHz的电平比1kHz的电平提升不应小于12dB。

（4）应为每个翻译员配备一个头戴耳机或带传声器的头戴耳机的连接器插口，翻译单元耳机输出端应有防短路保护。

（5）监听扬声器应设有音量控制器。当同一同声传译室内的任一个传声器工作时，监听扬声器应立即静音。

（6）每个翻译单元的输出通道选择器应有不少于两个输出通道可供选择，并应具有输出通道占用指示功能和互锁功能，语种的符号应紧靠通道选择键。应设置用于翻译员提示会议主持、演讲人和操作员的专用音频通道。

（7）传声器接通键应具有把接入一个通道的所有翻译员传声器都断开时，原声自动进入该通道的功能。供两位翻译员使用的翻译单元上的传声器控制器可由一个开关控制。

（8）暂停键应能切断翻译员的传声器信号，而不接回到原声通道，在切断传声器信号时必须同时关闭传声器状态指示器。

（9）每一个传声器应设置一个"接通"状态指示器。

三、红外同声传译系统的性能指标与设备要求

（一）系统性能指标

1. 红外线同声传译系统从红外发射主机到红外接收单元输出端口的系统传输特性指标如表2-10和图2-23～图2-25所示。

系统传输特性指标　　　　　　　　　　　　　　　　　　　表 2-10

特　性	模拟红外线同声传译系统	数字红外线同声传译系统
调制方式	FM	DQPSK
副载波频率范围（—3dB）	2MHz～6MHz	
频率响应	250Hz～4kHz 的允许范围 （图 2-23）	标准品质：125Hz～10kHz 的允许范围（图 2-24） 高品质：125Hz～20kHz 的允许范围（图 2-25）
总谐波失真 （正常工作状态下）	≤4%（250Hz～4kHz）	≤1%（200Hz～8kHz）
串音衰减	≥40dB（250Hz～4kHz）	≥75dB（200Hz～8kHz）
计权信号噪声比（红外辐射 单元工作覆盖范围内）	≥40dB（A）	≥75dB（A）

注：频率响应、总谐波失真、串音衰减、计权信号噪声比的测量方法应按现行国家标准《声频放大器测量方法》GB 9001 的有关规定执行。

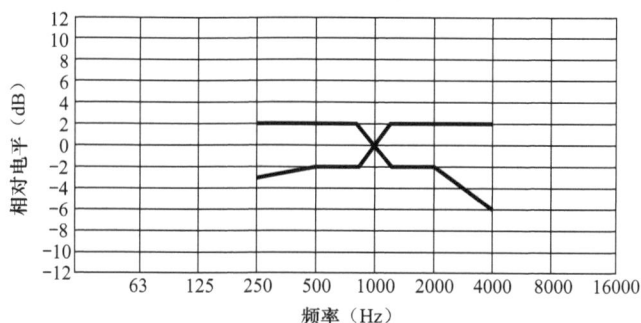

图 2-23　模拟红外线同声传译系统的传输频率响应的允许范围

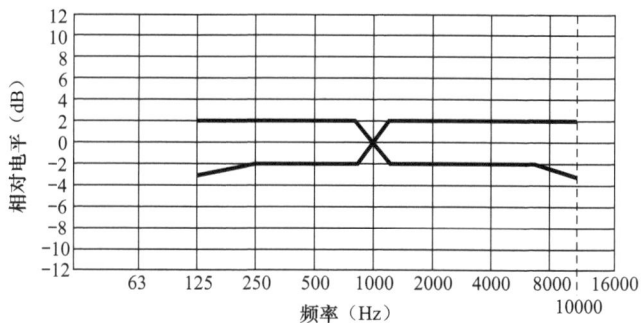

图 2-24　标准品质数字红外线同声传译系统的传输频率响应的允许范围

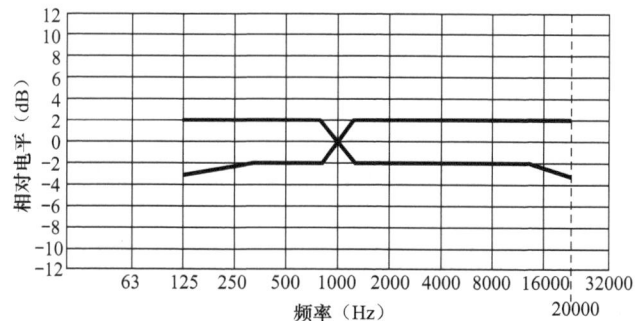

图 2-25　高品质数字红外线同声传译系统的传输频率响应的允许范围

2. 翻译单元的特性指标如表 2-11 和图 2-26 所示。

翻译单元的特性指标 　　　　　　　　　　　　　　　　　　　表 2-11

特　性	要　求
频率响应	125Hz～12.5kHz 的允许范围（图 2-26）
总谐波失真（正常工作状态下）	≤1%（200Hz～8kHz）
串音衰减	≥60dB（200Hz～8kHz）
计权信号噪声比	≥60dB（A）

注：频率响应、总谐波失真、串音衰减、计权信号噪声比的测量方法应按现行国家标准《声频放大器测量方法》GB 9001 的有关规定执行。

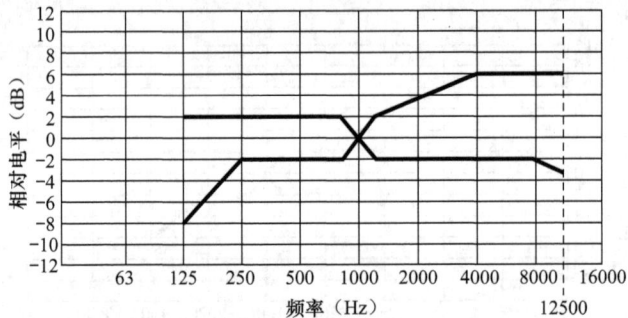

图 2-26　翻译单元频率响应的允许范围

（二）红外同声传译系统的设备要求

1. 红外发射主机应符合下列规定：

（1）多组语音输入通道应满足同声传译语种数量的需要。

（2）应具有自动或手动电平控制。

（3）宜具有多路红外信号输出接口。

（4）宜能产生多种频率音频测试信号。

（5）应具有输入通道接入指示功能。

（6）必须具备消防报警联动触发接口。

（7）宜具有在会议休息期间向所有通道播放音乐的功能。

2. 红外辐射单元应符合下列规定：

（1）副载波通道数应满足同声传译语种数量的需要。

（2）应具有工作状态指示灯。

（3）在安装红外辐射单元的附近应配置电源插座，红外辐射单元与红外发射主机的电源宜共用一组接地装置。

（4）应具有与红外发射主机同步开关机功能。

（5）应具有自动增益控制功能，增益控制范围不宜小于 10dB。

（6）可串行连接多台，链路的最后一台红外辐射单元必须进行终端处理。

（7）红外辐射单元与红外发射主机之间、红外辐射单元与红外辐射单元之间应采用带有 BNC 接头的同轴电缆连接。连接电缆线路衰减不宜大于 10dB。当连接电缆线路衰减超过 10dB 时，红外辐射单元的工作覆盖面积会缩小到 1/3 以下。使用线路衰减常数为 0.057dB/m 的 RG-5 型同轴电缆，线路衰减 10dB 对应约 175m 的线缆长度。如红外辐射单元具有自动增益控制（AGC）功能，则可以将衰减的信号"提升"回来，从而保证其工作覆盖面积。将具有自动增益控制（AGC）功能的红外辐射单元串行连接，可以实现信号的远距离传输。常用的同轴电缆线路衰减常数见表 2-12。

同轴电缆线路衰减常数

表 2-12

型　　号	衰减常数（dB/m）	型　　号	衰减常数（dB/m）
RG-3	≤0.086	RG-7	≤0.044
RG-5	≤0.057	RG-9	≤0.036

四、红外辐射器的特性与布置

红外辐射器，亦称红外辐射板，它由大量红外发光二极管（砷化镓二极管）按一定排列结构组成。它的作用相当于发射天线，因此它的特性与安装方式对同声传译系统的作用重大。

下面首先对红外辐射器的辐射特性进行阐述。

1. 红外辐射器的辐射特性

红外辐射单元的空间覆盖范围为近似椭球形，实际工作覆盖范围为该椭球形与红外接收单元所在平面（收听平面）相切而成的近似椭圆形的面积。红外辐射单元安装位置过低时，会场中前排的人会遮挡后排人的收听。因此，实际工程中红外辐射单元需要有一定的安装高度和投射角度，不同的安装高度和投射角度以及频道数目对应不同的工作覆盖面积（如图 2-27～图 2-29 所示）。显然，红外辐射单元的安装高度应小于所选用红外辐射单元的最大辐射距离。

房间内物体、墙壁和顶棚的表面状况和颜色对红外辐射也公产生影响，平滑、光洁的表面对红外线反射性能良好，暗而粗糙的表面对红外线吸收较大。红外辐射单元也不宜正对窗户。

红外辐射器可以按装在墙上或顶棚上。图 2-28（a）表示装在墙上的辐射特性，图中黑色矩形区域（$L \times W$）为会议室内的红外辐射的覆盖面积。显然，辐射器的覆盖面积（$L \times W$）大小及其水平间距（X）与辐射器的安装高度、安装角度有关。一般来说，在一定安装高度（例如 7.5m）下，安装角度越大（即越向下倾斜），则覆盖区域面积越小，而且水平间距 X 也随之减小，如表 2-13 和表 2-14 所示。

表 2-13 和表 2-14 是 LBB 3411/00 和 LBB 3412/00 红外辐射器在信噪比为 40dB 的红外辐射覆盖区域大小。室内灯光要影响信噪比，表 2-13 表示室内灯光为荧光灯（800lx）时的覆盖区域面积，表 2-14 表示室内灯光为卤素灯和白炽灯（800lx）时覆盖区域面积大小。可以看出，后者灯光对覆盖面积的不利影响比前者灯光大。

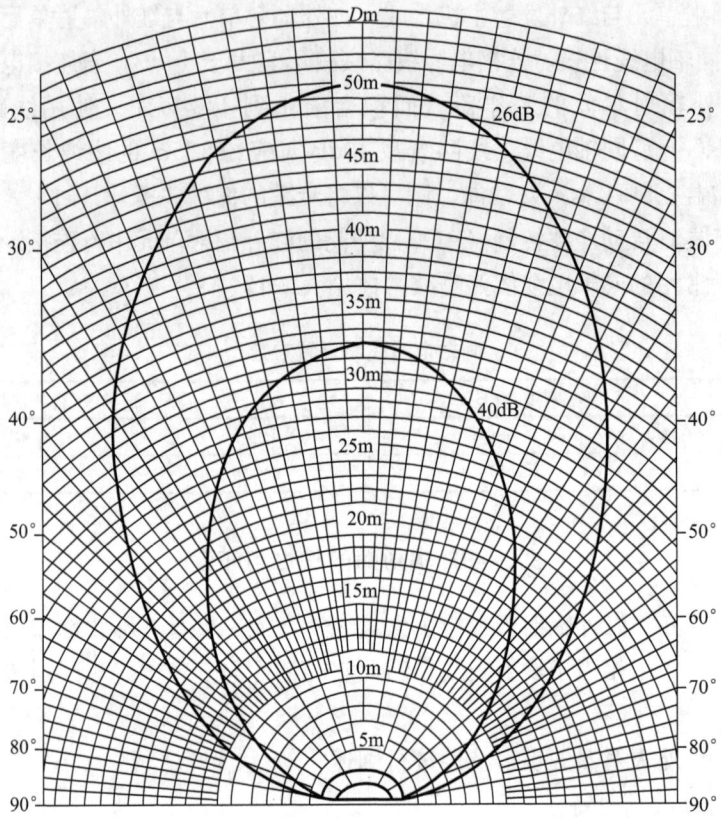

图 2-27　某红外辐射单元水平安装的工作覆盖范围

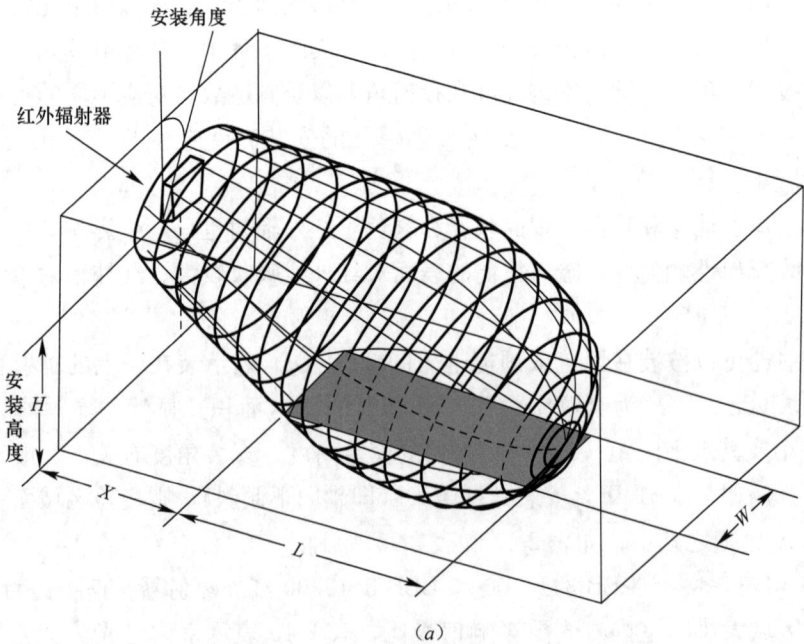

(a)

图 2-28　红外辐射器的辐射特性（一）

(a) 立体图

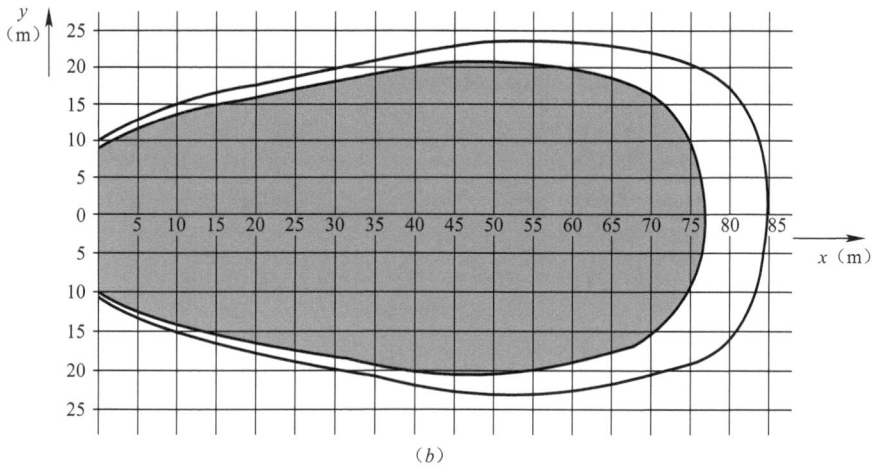

图 2-28 红外辐射器的辐射特性（二）

（*b*）平面图（阴影区为强信号）

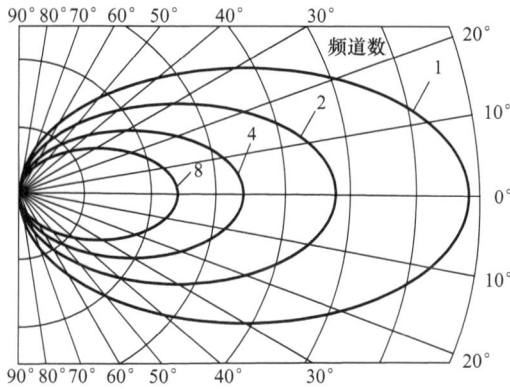

图 2-29 1、2、4 和 8 个频道的辐射覆盖范围

LBB 3411/00（12.5W）的覆盖面积（*A*＝*L*×*W*）　　　　表 2-13

频道数		2	4	8	12	16
安装高度(m)	安装角度(度)	*A*(*L*×*W*),*X*	*A*(*L*×*W*),*X*	*A*(*L*×*W*),*X*	*A*(*L*×*W*),*X*	*A*(*L*×*W*),*X*
2.5	0	966(42×23),4.7	630(35×18),3.5	420(30×14),0.6	351(27×13),0.8	325(25×13),1.7
7.5	15	836(38×22),8.5	510(30×17),7.6	322(23×14),7.5	240(20×12),7.9	198(18×11),8.2
	30	680(34×20),2.1	459(27×17),2.5	354(23×15),3.2	285(19×15),4.4	228(19×12),3.8
	45	456(24×19),−0.6	320(20×16),0.0	266(19×14),0.0	216(18×12),0.0	204(17×12),0.6
	60	323(19×17),−4.1	238(17×14),−3.1	210(15×14),−2.4	168(14×12),−1.5	168(14×12),−1.2
	90	289(17×17),−8.5	196(14×14),−7.0	144(12×12),−6.0	144(12×12),−6.0	121(11×11),−5.5
15	30	660(30×22),11.0	396(22×18),11.6	210(15×14),12.7	121(11×11),13.1	64(8×8),13.7
	45	550(25×22),5.6	414(23×18),5.9	255(17×15),6.8	182(14×13),7.4	144(12×12),7.6
	60	414(23×18),−1.2	315(21×15),0	216(18×12),0.6	198(18×11),0.6	150(15×10),1.2

续表

频道数		2	4	8	12	16
安装高度(m)	安装角度(度)	$A(L\times W)$,X	$A(L\times W)$,X	$A(L\times W)$,X	$A(L\times W)$,X	$A(L\times W)$,X
	90	324(18×18),−9.0	225(15×15),−7.5	196(14×14),−7.0	169(13×13),−6.5	144(12×12),−6.0
30	45	494(26×19),14.1	42(6×7),18.2	—	—	—
	60	475(25×19),4.7	210(15×14),7.1	—	—	—
	90	441(21×21),−10.5	256(16×16),−8.0	81(9×9),−4.5	—	—

LBB 3412/00（25W）的覆盖区域（$A=L\times W$） 表 2-14

频道数		2	4	8	12	16
安装高度(m)	安装角度(度)	$A(L\times W)$,X	$A(L\times W)$,X	$A(L\times W)$,X	$A(L\times W)$,X	$A(L\times W)$,X
2.5	0	1728(64×27),6.5	1078(49×22),5.3	738(41×18),4.4	646(38×17),2.4	576(36×16),2.4
7.5	15	1593(59×27),6.2	980(49×20),5.3	624(39×16),4.7	490(35×14),5.3	434(31×14),6.5
	30	1056(44×24),2.1	798(38×21),2.1	595(35×17),1.8	434(31×14),1.8	406(29×14),1.8
	45	580(29×20),−2.9	504(28×18),−1.8	336(24×14),−1.5	308(22×1.4),−0.6	294(21×14),0
	60	420(21×20),−4.1	306(18×17),−3.6	238(17×14),−3.2	208(16×13),−2.8	192(16×12),−2.5
	90	400(20×20),−10.0	289(17×17),−8.5	196(14×14),−7.0	169(13×13),−6.5	144(12×12),−6.0
15	30	1200(48×25),9.0	782(34×23),11.5	550(25×22),13.1	460(23×20),12.5	360(20×18),13.1
	45	918(34×27),4.8	588(28×21),6.0	462(22×21),7.1	399(21×19),7.1	357(21×17),6.5
	60	600(30×20),−4.1	460(28×20),−0.7	357(21×17),0.7	300(20×15),1.0	285(19×15),1.0
	90	400(20×20),−10.0	324(18×18),−9.0	256(16×16),−8.0	256(16×16),−8.0	255(15×15),−7.5
30	45	1050(35×30),13.1	644(28×23),13.1	342(18×19),14.8	195(13×15),15.9	70(7×10),16.6
	60	896(32×28),3.5	572(26×22),4.0	418(22×19),5.9	306(18×17),6.5	240(16×15),7.2
	90	729(27×27),−13.5	576(24×24),−12.0	400(20×20),−10.0	324(18×18),−9.0	256(16×16),−8.0

在表 2-13 和表 2-14 中，X 值如图 2-18 所示为水平间距，如果出现负值，说明覆盖区域的起始线在辐射器垂直面的后面（即墙后）。辐射器也可安装在顶棚上，安装角度为 90°就相当辐射器正面朝向地面垂直辐射。如果辐射器安装高度不高，而且安装角度又小，则辐射的红外光束容易被人或物体遮挡，这会影响接收器的正常接收。

总之，通过图 2-27～图 2-29 的分析和比较，可以看出以下带有普遍意义的重要结论：

① 在一定安装高度下，安装的倾斜角度 θ 越大，覆盖区域 A 越大；

② 在一定安装角度下，安装高度 H 越高，则覆盖区域 A 越小；

③ 在一定条件下，辐射器的输出功率越大，覆盖区域 A 也越大；

④ 辐射器的使用通道数越多，则覆盖区域 A 越小，如图 2-28 所示。因此，当语种增多时，要适当增加辐射器 1～2 只。

⑤ 应该指出，辐射器辐射区域的大小还与信噪比 S/N 有关，以上辐射区域的大小一般指信噪比为 40dB（A），若信噪比减小，则辐射区域将增大。

2. 需要在会场红外服务区内安装多个红外辐射单元时，覆盖同一区域的各个红外辐射单元间的信号延时差不宜超过载波周期的 1/4。从红外发射主机到红外辐射单元经过同轴线缆进行传输，线缆传输会产生时延（延时常数为 5.6ns/m）。由于多个红外辐射单元与红外发射主机之间的线缆长度不等，导致红外辐射单元之间的信号相位会产生差别，从而导致信号重叠区的接收信号变差，甚至出现红外信号接收盲区。实际工程中，覆盖同一区域的两个红外辐射单元间的信号延时差不超过载波周期的 1/4 时，信号重叠区的接收信号变差状况不明显，两个红外辐射单元到红外发射主机的连接线缆总长度差允许的最大值可通过以下公式计算：

$$L = 1/(4 \cdot f \cdot t)$$

式中：f——载波频率；

  t——线缆传输延时常数，为 5.6ns/m。

【例】对于调频副载波频率为 2MHz 的信号通道，两个红外辐射单元到红外发射主机的连接线缆总长度差不宜超过 $1/(4 \times 2 \times 10^6 \times 5.6 \times 10^{-9}) \approx 22\text{m}$。

解决信号干涉问题有两种途径：一是尽可能使各红外辐射单元到红外发射主机的连接线缆总长度接近等长。二是调节各个红外辐射单元的延迟时间，使各红外辐射单元的信号相位接近一致。当用串行连接方式连接红外发射主机和各红外辐射单元时，应尽可能使从红外发射主机引出的线路对称。为使各红外辐射单元到红外发射主机的连接线缆总长度等长，也可以将各红外辐射单元与红外发射主机采用等长的线缆进行星形连接。这种方式通常会造成连接线缆很大的浪费，因此一般不推荐采用。如红外辐射单元具有延时补偿功能，可以在系统安装调度时，调节各个红外辐射单元的延迟时间，使各红外辐射单元的信号相位接近一致。

3. 红外接收单元要求

（1）红外接收单元的重量不应大于 200g。一次充电或电池支持的连续工作时间不应小于 15h。

（2）应具有通道选择器、音量控制器和通道号的显示功能，并宜具有相应通道的语种名称、信号接收强度和内置电池电量的显示功能。

（3）室内使用红接接收单元时，应采取避免太阳光直射措施；在室外或在太阳光直射的环境下使用红外接收单元时，应选用可以在太阳光直射环境下工作的红外接收单元。

（4）安装红外辐射器的数量，除了上述与会议厅面积大小、形式以及环境照明有关系，还与同声传译的语种数有关。当语种数增多时，由于每个语种占用功率减少，故也应增加辐射器数量，通常应适当增加 1~2 只。

（5）辐射器安装时不宜面对大玻璃门或窗。因为透明的玻璃表面不能反射红外光，而且还有可能因红外光泄漏室外而产生泄密。当然，此时也可用厚窗帘等不透光物体进行遮挡。

（6）若室内使用如电子镇流器等的节能型荧光灯，其会产生振荡频率约为 28kHz 的谐波干扰，这要影响低频道（即 0~3 频道）的信号接收。同样，在这种背景干扰电平较高的会议厅中，也有必要增设辐射器。

（7）红外接收机也有一定指向性，即接收灵敏度随方向而改变。通常，接收机竖放时其最大灵敏方向在正面斜上方 45° 方向上。在此轴上下左右 45° 范围内，灵敏度变化不大，其余方向的接收效果则明显降低。

4. 时延差引起的干涉效应

当两个辐射器的落地面积部分重叠，总的覆盖面积可能大于两个分开的辐射落地面积之和。如图 2-30 所示，因接线长度相等，延时相同，故在重叠区中的两个辐射器的信号同相相加，使得辐射覆盖面积加大。但是，接收机从两个或多个辐射器接收到的信号，由于延时差异，也可能形成互相抵消（干涉效应）。在最坏的情况下，在某些点可能完全收不到信号（盲点），如图 2-31 所示。载波频率越低，易受延时差影响的机会越少。

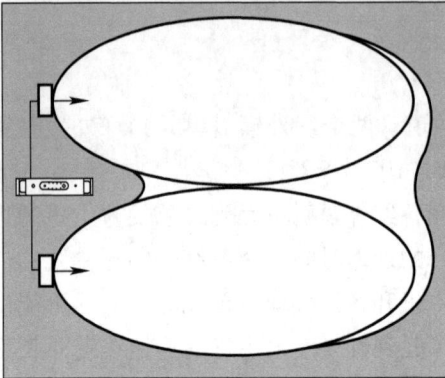

图 2-30 辐射能量相加造成覆盖面积加大

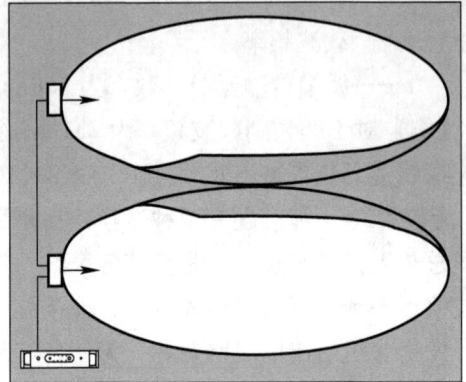

图 2-31 信号延时不同造成覆盖面积变小

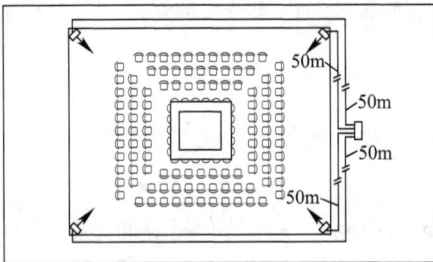

图 2-32 等长电缆连接的辐射器

信号延时可以用辐射器的延时补偿开关补偿。信号延时差由发射机到各个辐射器的距离不同或电缆接线长度不同引起的，为了最大程度避免产生"盲点"，尽可能使用同样长的电缆连接发射机和各辐射器（见图 2-32）。

当用串接的方式连接发射机和各辐射器时，线路应该尽量对称（图 2-33 和图 2-34），电缆信号延时也可以用辐射器内部的信号延时开关补偿。

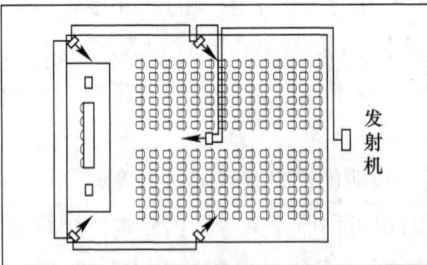

图 2-33 辐射器线路的不对称连接（应避免）

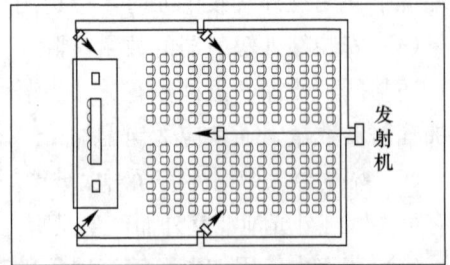

图 2-34 辐射器线路的对称连接（推荐）

五、红外语言分配系统

红外线式语言分配系统又称红外旁听系统，它是红外同声传译系统的一个组成部分。图 2-35 是同声传译系统与红外语言分配系统结合的系统图，图中上半部就是红外线语言分配系统（旁听系统），它是由红外发射机、红外辐射器、红外接收机（含耳机）三部分组成。

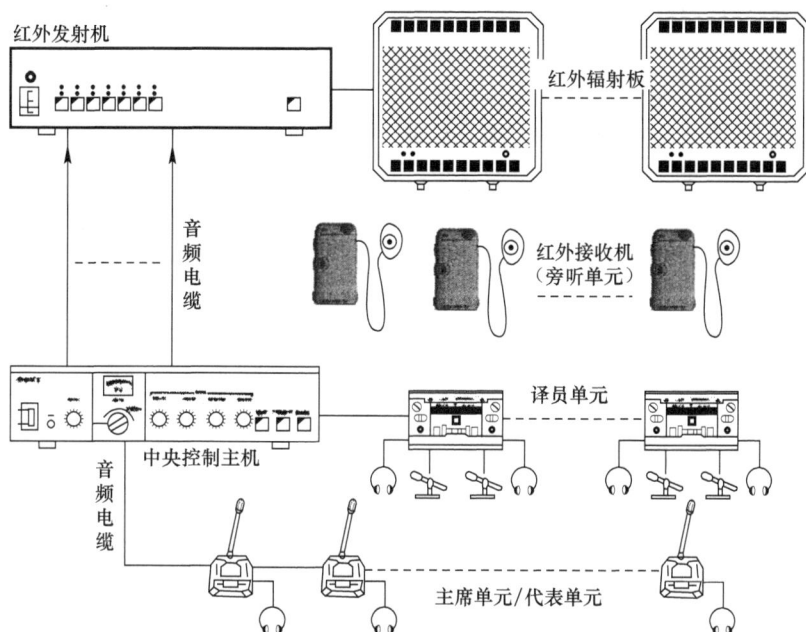

图 2-35 有线同传与红外线旁听系统相结合的应用配置

应该指出，红外同传旁听系统（即语言分配系统）与前述红外会议讨论系统（图 2-9）是不同的。主要不同之处在于有无译员单元，此外在信号传输与系统连接、发射与接收以及辐射功率等方面也有一定的区别，参见表 2-15。

红外线同传旁听系统与红外线会议讨论系统的对比   表 2-15

设备单元	红外线旁听系统	红外线会议系统
辐射器（板）	仅发射不接收；LED 数量达数百只	发射器/接收器集成为一个独立单元，收/发器内置于发言单元，既能发射又能接收，双向通信
红外接收机	仅接收不发射；单向通信	
辐射功率	较大，覆盖范围大	较小，覆盖范围较小
信号传输与系统连接	信号通过发射机传输到辐射器，辐射器可多台级连	信号经主控机或内置发言单元经分配器中继与辐射器连接，不能直接相连
尺寸	更大	较小

六、同声传译室

1. 一般要求

（1）同声传译室应位于会议厅的后部或侧面。

（2）同声传译室与同声传译室、同声传译室与控制室之间应有良好的可视性，翻译员宜能清楚地观察到会议厅内所有参会人员、演讲者、主席以及相关的辅助设施等。不能满足时，应在同声传译室设置显示发言者影像的显示屏。

（3）在同声传译室内，应为每个工作的翻译员配置独自的收听和发言控制器，并联动相应的指示器。

（4）红外线同声传译系统与扩声系统的音量控制应相互独立，宜布置在同一房间，并由同一个操作员监控。

2. 固定式同声传译室

（1）同声传译室内装修材料应采用防静电、无反射、无味和难燃的吸声材料。

（2）同声传译室的内部三维尺寸应互不相同，墙不宜完全平行，并应符合下列规定（图 2-36）：

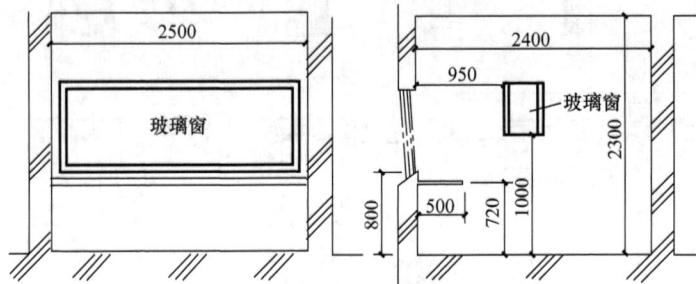

图 2-36　译员室规格（ISO 2603）

① 两个翻译员室的宽度应大于或等于 2.50m，三个翻译员室的宽度应大于或等于 3.20m。

② 深度应大于或等于 2.40m。

③ 高度应大于或等于 2.30m。

（3）倍频程带宽为 125～4000Hz 时，同声传译室的混响时间宜为 0.3～0.5s。

（4）同声传译室墙壁的计权隔声量宜大于 40dB。

（5）同声传译室的门应隔声，隔声量宜大于 38dB。门上宜留不小于 0.20m×0.22m 的观察口，也可在门外配指示灯。

（6）同声传译室的前面和侧面应设有观察窗。前面观察窗应与同声传译室等宽，观察窗中间不应有垂直支撑物。侧面观察窗由前面观察窗向侧墙延伸不应小于 1.10m。观察窗的高度应大于 1.20m，观察窗下沿应与翻译员工作台面平齐或稍低。

（7）同声传译室的温度应保持在 18～22℃，相对湿度应在 45％～60％，通风系统每小时换气不应少于 7 次。通风系统应选用低噪声产品，室内背景噪声不宜大于 35dB（A）。

（8）翻译员工作台长度应与同声传译室等宽，宽度不宜小于 0.66m，高度宜为 0.74m±0.01m；腿部放置空间高度不宜小于 0.45m。工作台面宜铺放减振材料。

（9）同声传译室照明应配置冷光源的定向灯，灯光应覆盖整个工作面。灯具亮度可为高低两档调节；低档亮度应为 100～200lx，高档亮度不应小于 300lx；也可为 100～300lx 连续可调。

3. 移动式同声传译室

（1）移动式同声传译室应采用防静电、无味和难燃的材料，内表面应吸声。

（2）移动式同声传译室空间应满足规定数量的翻译员并坐、进出不互相干扰的要求，并应符合下列规定：

① 空间宽敞时宜采用标准尺寸。一个或两个翻译员时的宽度应大于或等于 1.60m，三个翻译员时的宽度应大于或等于 2.40m；深度应大于或等于 1.60m；高度应大于或等于 2.00m。

② 因空间限制不能应用标准尺寸时，一个或两个翻译员使用的移动式同声传译室的宽度应大于或等于 1.50m，深度应大于或等于 1.50m，高度应大于或等于 1.90m。

（3）移动式同声传译室的混响时间应符合前述的固定式的规定。

（4）移动式同声传译室墙壁计权隔声量宜大于 18dB（1kHz）。

（5）移动式同声传译室的门应朝外开、带铰链，不得用推拉门或门帘；开关时应无噪声，并且门上不应有上锁装置。

（6）移动式同声传译室的前面和侧面应高有观察窗。前面观察窗应与同声传译室等宽；中间垂直支撑宽度宜小，并不应位于翻译员的视野中间。侧面观察窗由前面观察窗向侧面延伸不应小于 0.60m，并超出翻译员工作台宽度 0.10m 以上。观察窗的高度应大于 0.80m，观察窗下沿距翻译员工作台面不应大于 0.10m。

（7）移动式同声传译室的通风系统每小时换气不应小于 7 次。通风系统应选用低噪声产品，室内背景噪声不宜大于 40dB（A）。

（8）翻译员工作台的长度应与移动式同声传译室等宽，宽度不宜小于 0.50m，高度宜为 0.73m±0.01m；腿部放置空间高度不宜小于 0.45m。工作台面宜铺放减振材料。

（9）移动式同声传译室照明应符合前述的固定式规定。

第四节　数字会议系统设计举例

一、BOSCH 数字网络会议（DCN）系统

（一）系统组成

BOSCH（博世）的数字会议网络（DCN）系统（顺便指出，本系统原为 Philips 公司产品，现已被博世 BOSCH 公司收购）是在我国广泛应用的一种会议系统，是全数字化的会议系统。其中央控制器（主机）LBB 3500 系列集会议讨论、表决和同声传译于一体，配以相应的主席机、代表机和译员机等，即可满足各种功能的会议要求。

DCN（Digital Conference Network）数字会议网络技术是 BOSCH 在其数字会议网络（DCN）中应用的信号传送和处理技术。从系统的前端话筒单元中就采用了高性能的"Bit Stream"，专门开发了单片 A/D 和 D/A 变换器，绝大多数 DCN 都是以这种单片 IC 作为基础构件。专门开发的 IC 电路还有专用的协议转换其芯片，系统将最高级的功能和性能整合于一体，使结构十分紧凑，它的基本原理如图 2-37 所示。

图 2-37 中的 ACN（音频通信网路）是由协议转换器 IC 芯片构成的，被直接用来与传输数字信号的 CAT5 电缆连接。除了发言单元和中央控制主机使用的是双向协议转换器外，还有一种用在通道器上的单向协议转换器，只能用于分配。

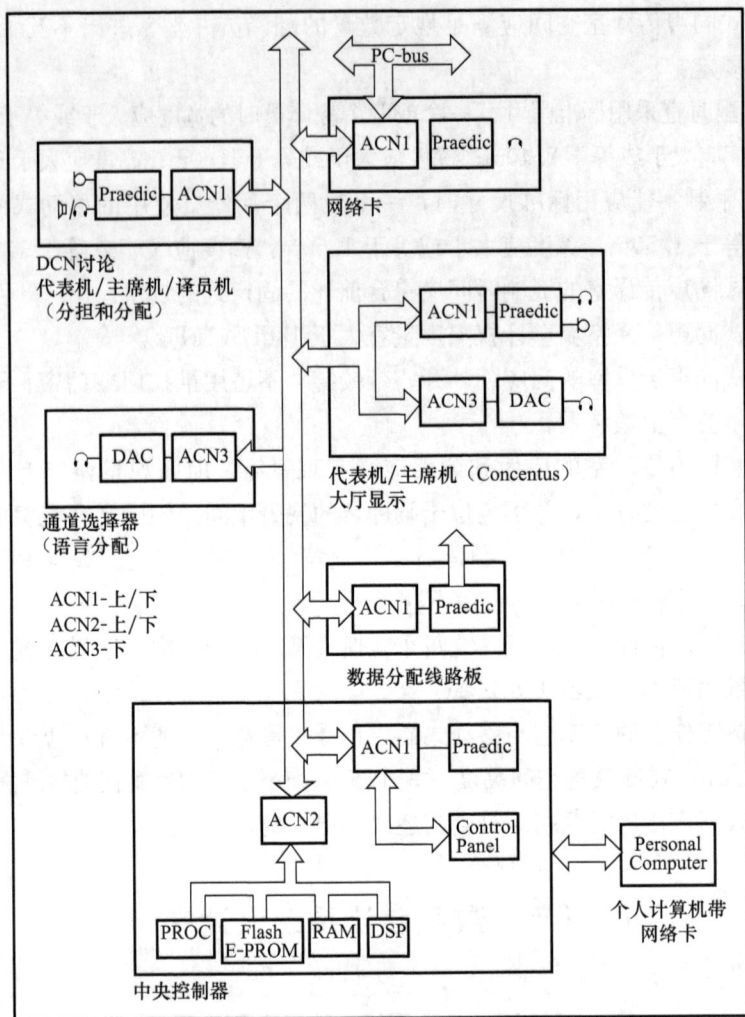

图 2-37 DCN基本原理示意

Praedics（专业音频编解码 IC 电路）是一块集 A/D 和 D/A 变换器为一体的芯片，将
DCN 的数字信号变换为模拟音频信号，并把发言单元的音频信号变换成数字信号，为
ACN 进行协议转换准备好条件。整个系统都是用同样的专用六芯单根电缆同时传送 16 路
语音通道，另加 10 路传送资料的数据通道，这些通道可用于话筒管理、同声传译、内部
通信、投票表决、资料产生和分配等。

图 2-38 是 DCN 会议系统的典型系统组成。BOSCH 的 DCN 数字会议系统的主要设备
如表 2-16 所示。

（二）设计示例

某会议厅要求具有发言讨论、表决和同声传译的会议功能，其中要求有表决、发言权
的代表机为 45 个，同声传译要求六种语言，即包括母语为 1＋6 同声传译，并要求对代表
具有身份卡认证功能。旁听席约 100 个。此外，还要求对与会代表发言进行摄像自动
跟踪。

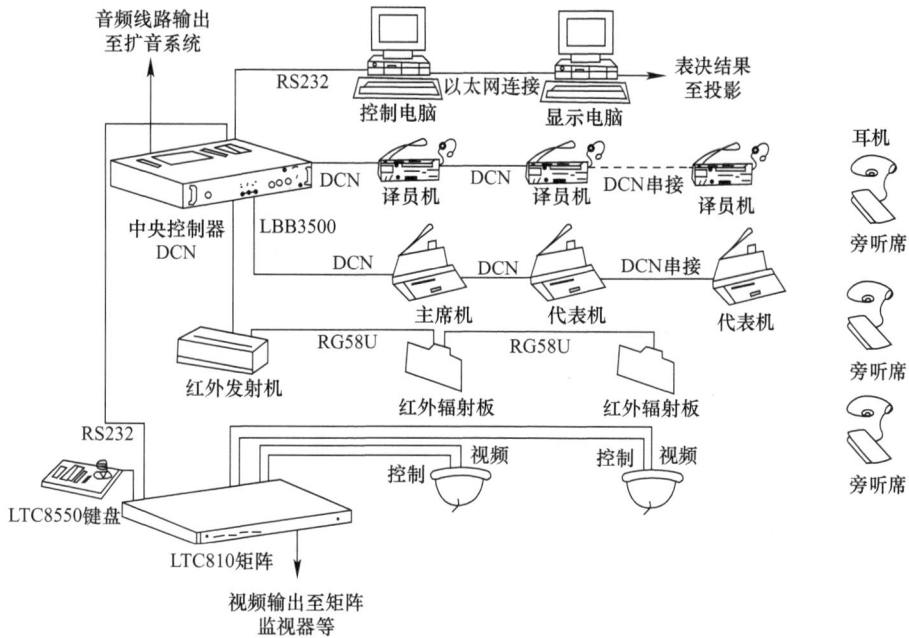

图 2-38 博世 DCN 会议系统图

BOSCH 的 DCN 数字会议系统主要设备 表 2-16

型 号	品 名	说 明
LBB 3500/05	标准型中央控制器	无机务员的会议控制，可向≤90 台发言单元提供电源
LBB 3500/15	增强型中央控制器	由机务员控制会议，可配 PC 机控制，可向≤180 台发言单元供电
LBB 3500/35	多中央控制器	用于 240 台以上发言单元
LBB 3506/00	增容电源	与中央控制器配合，可增加 180 台发言单元供电
LBB 3544/00	标准表决代表机	表决机，配话筒可增加发言、讨论功能
LBB 3545/00	表决＋传译代表机	带通道选择器，可供同声传译用
LBB 3546/00	表决＋传译代表机	加带 LCD 显示和身份卡读出器
LBB 3547/00	表决＋传译主席机	加带 LCD 显示和身份卡读出器
LBB 3530/00	标准讨论代表机	讨论式会议用
LBB 3530/50	标准讨论代表机	同上，话筒为加长杆
LBB 3531/00	讨论＋传译代表机	加带通道选择器，可供讨论＋同声传译用
LBB 3531/50	讨论＋传译代表机	同上，话筒为加长杆
LBB 3533/00	标准讨论主席机	讨论式会议用
LBB 3533/00	标准讨论主席机	同上，话筒为加长杆
LBB 3534/00	讨论＋传译主席机	加带通道选择器
LBB 3534/00	讨论＋传译主席机	同上，话筒为加长杆
LBB 3520/10	译员机	带 LCD 显示，可适配 15 个语种
LBB 9095/30	译员耳机	与译员机配接
LBB 3440/00	轻型耳机	
LBB 3442/00	挂耳单耳机	
LBB 3410/05	红外接收器	宽束，2W
LBB 3410/15	红外接收器	窄束，2W
LBB 3411/00	红外辐射器	12.5W
LBB 3412/00	红外辐射器	25W

　　设计如下：系统的组成仍如图 2-38 所示，只是要确定所用设备的型号和数量。设备清单如表 2-17 所示。由于要求代表机和主席机具备发言讨论、表决和同声传译等功能，故选用具有这些功能的代表机为 LBB 3546/00（配 LBB 3549/00 标准话筒）和主席机为 LBB 3547/00（配以 LBB 3540/50 长颈话筒）。所用的主席机和代表机型号是高档的多功能机，除具备一般的主席机和代表机的发言讨论、表决和同声传译功能（其中带通道选择器用于同声传译，机内平板扬声器的声音清晰，当话筒发言时自动静音，避免啸叫等）外，还增设身份认证卡读卡器和带背景照明的图形 LCD 显示屏。读卡器可用以识别代表身份和情况，并可在 LCD 显示屏上显示出个人情况、表决结果等信息。

系统示例的设备清单　　　　　　　　　　　　　表 2-17

设备型号	数　量	说　明
会议控制主机		
（1）LBB 3500/15	1	增强型中央控制器（180 PCF）
会议发言/表决单元		
（2）LBB 3547/00 LBB 3549/50	1 1	主席机带 LCD 屏幕 长话筒
（3）LBB 3546/00 LBB 3549/00	45 45	代表机带 LCD 屏幕标准话筒
（4）LBB 3516/00		100km DCN 安装电缆
同声翻译单元		
（5）LBB 3520/10 LBB 3015/04	6 6	译员台带背照光 动圈式耳机
（6）LBB 3420/00 LBB 3421/00 LBB 3423/00 LBB 3424/00	1 2 1 1	红外线发射机箱 频道模块（4 通道/模块） 接门器模块（DCN 用） 基本模块
（7）LBB 3433/00 LBB 3440/00	50 50	七路红外线接收机 轻型耳机
（8）LBB 3412/00	2	红外辐射板，25W
（9）RG58U		50Ω 同轴电缆（200m，辐射板用）
（10）LBB 3404/0	1	接收机储存箱（可装 100 个接收器）
摄像联动系统		
（11）LTC 8100/50	1	ALLEGIANT 8100 系统，8 路视频输入/2 路视频输出
（12）LTC 8555/00	1	视频控制矩阵键盘
（13）G3ACS5C	2	G3 室内天花式彩色摄像机模块，数码遥控， 室内吊顶用，透明球罩，$24V_{ac}$，50Hz
身份卡认证		
（14）LBB 3557/00	1	晶片型身份编码器
（15）LBB 3559/05	100	晶片型身份认证卡（100 张）

　　注：表中尚未包括相应软件和附件。

由于所用的主席机、代表机、译员机的耗电系数（PCF）为 2.5，其总数为 52 个，故总 PCF＝52×2.5＝130（未包括电缆分路器等）。有关 DCN 设备的电源耗电系数（PCF）见表 2-18。

DCN 设备的电源耗电系数（PCF） 表 2-18

DCN 设备型号	设备名称	PCF	DCN 设备型号	设备名称	PCF
LBB 3510/00	个人电脑网络卡	1	LBB 3533/××	主席讨论机	1
LBB 3512/00	数据分配卡	1	LBB 3534/××	主席讨论带通道选择器	1
LBB 3513/00	模拟音频输入/输出模块	1	LBB 3535/00	双音频接口器	1.5
LBB 3514/00	干线电缆分路器	1	LBB 3540/15	多用连接器带芯片卡读出器	2
LBB 3515/00	分配器	1	LBB 3544/00	代表机	2.5
LBB 3520/10	译员机	2.5	LBB 3545/00	代表机带通道选择器	2.5
LBB 3524/00	电子通道选择面盘	0.5	LBB 3546/00	代表机带 LCD 图形显示及芯片卡读出器	2.5
LBB 3524/10	电子通道选择面盘带背照光	0.5			
LBB 3526/10	电子通道选择面盘带背照光	0.5			
LBB 3530/××	代表讨论机	1	LBB 3547/00	主席机带 LCD 图形显示及芯片卡读出器	2.5
LBB 3531/××	代表讨论带通道选择器	1			

至于主席机、代表机和译员机的安装，很简单，如图 2-38 所示的那样呈串接形式即可。

（三）红外辐射器特性及其布置

在同声传译会议系统的工程设计中，一个重要问题是红外辐射器的布置。辐射器是辐射红外光的装置，做成扁平矩形结构，其辐射面是由数百只红外发光二极管排列成矩阵形式，从而产生如图 2-28 所示的具有椭圆球体形的辐射特性。

（1）首先，应保证会议厅全部处于红外信号的覆盖区域内，并有足够强度的红外信号。图 2-39～图 2-41 是红外辐射器布置的三个示例。图 2-40 中若用两只辐射器即可覆盖全场，则这两只辐射器以对角相对布置比安装同一边两角为好。

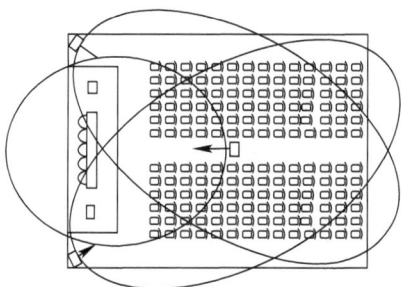

图 2-39　红外辐射器布置示例之一

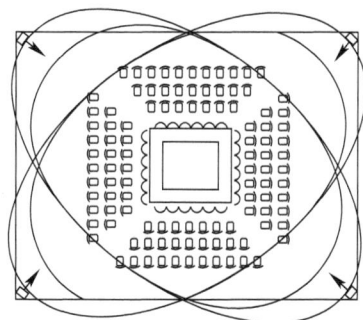

图 2-40　红外辐射器布置示例之二

（2）红外光的辐射类似可见光，大的和不透明的障碍物会产生阴影，使得信号的接

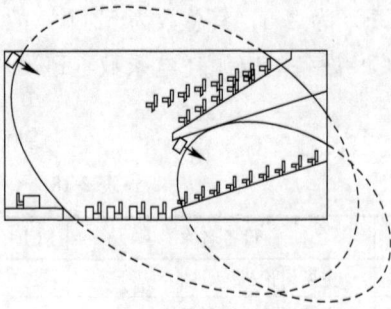

图 2-41 红外辐射器布置示例之三

收有所减弱，而且移动的人和物体也会产生类似问题。为此，辐射器要安装在足够高的高度，使得移动的人也无法遮挡红外光。此外，红外光也会被淡色光滑表面所反射，被暗色粗糙表面所吸收。因此，在布置辐射器时，首先要保证对准听众区的直射红外光畅通无阻，其次要尽量多地利用漫反射光（主要是早期反射光），以使室内有充足的红外光强。

（3）会议厅要尽可能避免太阳光照射，否则日光将导致红外信号接收的信噪比下降，为此可用不透光的浅窗帘遮挡。同样，白炽灯和暖气散热器也会辐射高强度的红外光，因此在这些环境中就必须安装多一些红外辐射器。同理，若会议在室外明亮的日光下举行，则也要增加辐射器数量。

（4）安装红外辐射器的数量，除了上述与会议厅面积大小、形式以及环境照明有关系，还与同声传译的语种数有关。当语种数增多时，由于每个语种占用功率减少，故也应增加辐射器数量。通常应适当增加 1～2 只。

（5）辐射器安装时不宜面对大玻璃门或窗。因为透明的玻璃表面不能反射红外光，而且还有可能因红外光泄漏室外而产生泄密。当然，此时也可用厚窗帘等不透光物体进行遮挡。

（6）若室内使用如电子镇流器等的节能型荧光灯，其会产生振荡频率约为 28kHz 的谐波干扰，这要影响低频道（即 0～3 频道）的信号接收。同样，在这种背景干扰电平较高的会议厅中，也有必要增设辐射器。

（7）红外接收机也有一定指向性，即接收灵敏度随方向而改变。通常，接收机竖放时其最大灵敏方向在正面斜上方 45°方向上。在此轴上下左右 45°范围内，灵敏度变化不大，其余方向的接收效果则明显降低。

（8）在接线上，尤其要注意译员控制盒与调制器（发送机）的配接，通常宜采用平衡输入形式。辐射器往往采用有线遥控，遥控电源由发送机供给。此外，应考虑输出线的配接问题，防止接地不当造成自激。在飞利浦公司的同声传译设备中，上述接线一般都使用专用的配线电缆。

（四）辐射器布置的工程实例

图 2-42 是上海某艺术中心具有 300 座位的豪华型电影与会议两用厅，面积约为 370m²，要求有四种语言的同声传译系统。该厅使用两个辐射器，安装在前方左右两侧高约 8m 的顶棚上，朝向观众席。另外，还设有备用出线盒。顺便指出，图 2-42 的译员室设在后面，这主要是建筑上的考虑，但从同声传译角度来看并不理想。因为译员距离主席台较远，看不清发言者的口形变化，亦即翻译时不能跟着发言者节奏变化。所以，译员室最好设在主席台附近的两侧。此外，若考虑主席台上坐着多位代表，则如图 2-39 所示，宜在厅中央吊顶再配一个辐射器。

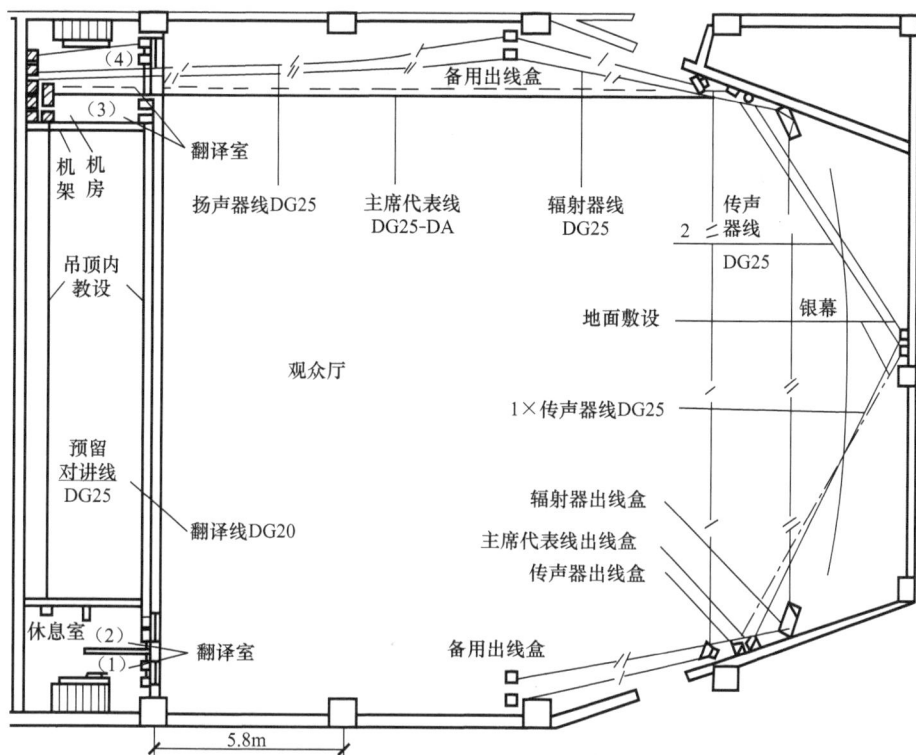

图 2-42　红外同声传译设计示例

二、台电（TAIDEN）全数字会议系统

1. 台电 MCA-STREAM 多通道音频网络传输技术

2004 年，深圳台电公司自主开发出 MCA-STREAM 多通道音频数字传输技术，将数字音频技术和综合网络技术全面地引入到会议系统中，推出一套 64 通道的全数字会议系统。

MCA-STREAM（Multi-channel Audio Stream）多通道数字音频传输技术是我国台电公司独立开发的，具有自主知识产权的数字音频技术，它采用"模/数"转化技术，直接应用这种技术专门开发了 Praedics（专业音频编码解码集成电路）和数据协议转换芯片，用 1 根双同轴电缆可以同时传送 16 路语音通道，另加 10 路传送资料的数据通道，这些通道可用于话筒管理、同声传译、内部通信、投票表决、资料产生和分配等。将拾取到的发言人的语音转换成数字信号，并应用网络技术和 TDM（时分复用）技术，在一根专用六芯线上（2 根数字信号上行传输线、2 根数字信号下行传输线、1 根电源线和 1 根地线）同时传输 64 路音频数据及控制数据，传输带宽达 100Mbps。

MCA-STREAM 的专用数字网络通信芯片采用时分复用多通道传输技术。其基本原理即 MCA-STREAM 数据流格式如图 2-43 所示。

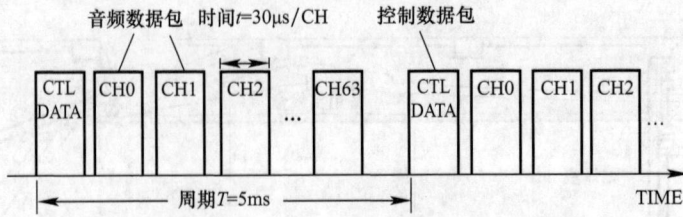

图 2-43   MCA-STREAM 数据流格式

图 2-44 是 MCA-STREAM 的基本组成与硬件架构，从图中可知：MCA-STREAM 像其他数字会议系统一样，由会议控制主机、发言单元、推动选择器（语言分配单元）和翻译单元组成的。其中：

Audio CODEC：发言单元和翻译单元专用的音频信号编/解码 IC。

TDN：TAIDEN 数字会议系统的专用数字网络通信 IC。

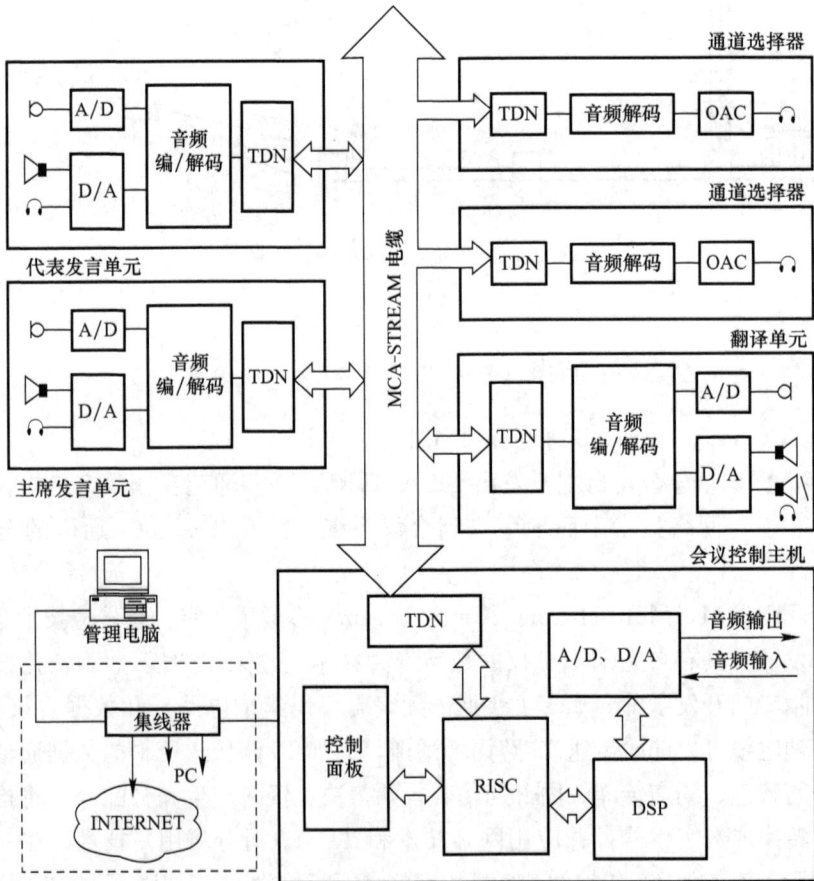

图 2-44   MCA-STREAM 的系统组成与结构原理

DAC：数模转换 IC。

RISC：会议控制主机采用高性能双 CPU 架构的核心处理 IC，控制 DSP。

A/D 和 D/A 转换 IC 提供两路音频线路输入/输出和录音输入/输出功能。

除了通道选择器之外，无论是主席单元、代表单元还是译员单元与主机控制单元之间的通信全部是双向通信。系统以高性能双 CPU 为处理核心的嵌入式硬件架构，使独立方式下的 HCS-4100 系统就足以完成对各种规模会议的基本控制，如基本的话筒管理、电子表决、多语种的同声传译、自动视频跟踪等。

数字音频多通道传输技术毫无例外都是建立在 IP 技术的基础之上，显然，全数字会议系统肯定是应用 IP 技术的具体产物，因为会议系统主要就是用来传输多通道语音信号的设备。

应用台电开发的 MCA-STREAM 音频网络技术的 HCS-4100 全数字会议系统，实现了如下技术突破：

（1）一条专用的六芯电缆（兼容通用的带屏蔽超五类线）可传输多达 64 路的原声和译音信号，避免采用复杂的多芯电缆，大大方便了施工布线，增强了系统的可靠性；

（2）在传输过程中信号的质量和幅度都不会衰减，彻底地解决了音响工程中地线带来的噪声和其他设备（如舞台灯光、电视录像设备等）引起的干扰，信号的信噪比达到 96dB，串音小于 85dB，频响达到 40Hz～16kHz，音质接近 CD 品质；

（3）长距离传输同样能提供接近 CD 的高保真完美音质，适用于从中小型会议室到大型会议场馆、体育场等多种场合；

（4）利用全数字技术平台实现了双机热备份、发言者独立录音功能、集成的内部通话功能等多项创新功能。

2. HCS-4100 全数字会议系统

HCS-4100 全数字会议系统由会议控制主机、会议单元和应用软件组成，并采用模块化的系统结构。只需把 HCS-4100 全数字会议系统的会议单元手拉手连接起来，就可以组成各种形式的会议系统。

图 2-45 是使用台电 HCS-4100 主机构成具有发言管理、投票表决、同声传译及摄像自动跟踪功能的全数字会议系统示例。它可实现如下功能：

（1）会议发言管理功能（会议讨论功能）；

（2）有线及无线投票表决功能；

（3）同声传译功能，最多可实现 63＋1 种语种的有线同声传译；

（4）摄像机自动跟踪功能；

（5）大屏幕投影显示功能；

（6）IC 卡签到功能。

此外，会议最多可连接 4096 台会议单元及 10000 台无线表决单元。配置数字红外线语言分配系统可实现更多的代表加入会议（数量不受限制）。

作为示例，假设会议代表有 3500 人，会场面积 4000m²，其中需要发言的人数为 100人，其余代表都要求具有投票表决及同声传译功能，参与会议的代表分别来自 12 个不同语种的国家，设备配置如表 2-19 所示。

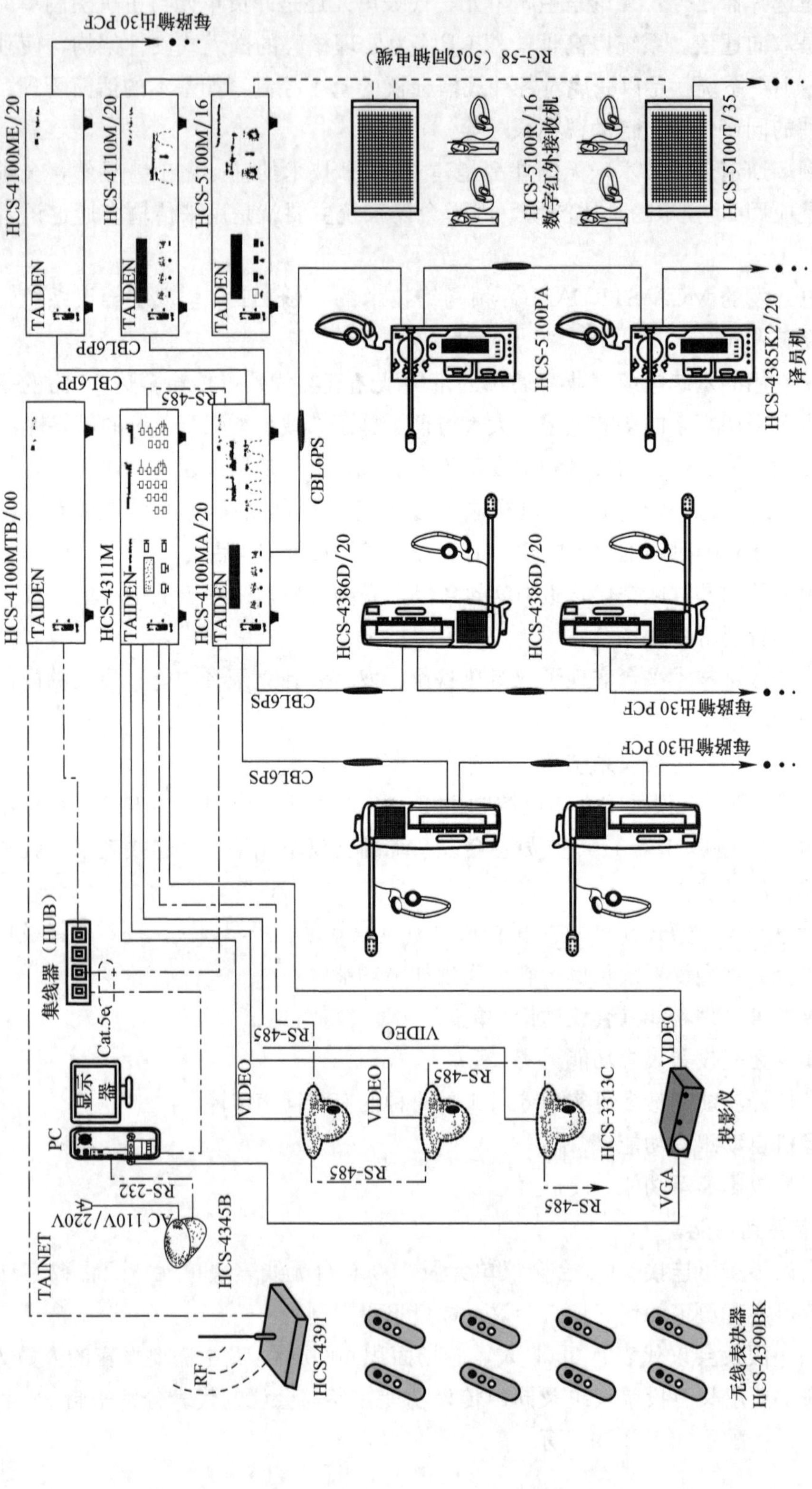

图 2-45　具有发言管理、投票表决、同声传译、投影显示和自动跟踪摄像等功能的智能会议系统

系统设备清单　　　　　　　　　　　　　　　　　　**表 2-19**

型　　号	设备名称	数　量	型　　号	设备名称	数　量
HCS-4100MA/20	控制主机	1	HCS-3922	接触式 IC 卡	3500
HCS－4386C/20	主席单元	1	HCS-5100M/16	16 通道红外线发射主机	1
HCS-4386D/20	代表单元	99	HCS-5100T/35	红外线发射单元	30
HCS-4100ME/20	扩展主机	1	HCS-5100R/16	16 通道红外线接收单元	3400
HCS-4100MTB/00	投票表决系统主机	6	HCS-5100PA	头戴式立体声耳机	3524
HCS-4390BK	无线表决单元	3400	HCS-5100KS	红外线接收单元运输箱	34
HCS-4391	RF 收发器	1	HCS-4311M	会议专用混合矩阵	1
HCS-4385K2/20	翻译单元	24	＊HCS-3313C	高速云台摄像机	5
HCS-4110M/20	8 通道模拟音频输出器	2	HCS-4215/20	视频控制软件模块	1
HCS-4210/20	基础设置软件模块	1	＊CBL6PS-05/10/20/30/40/50	6 芯延长电缆	9
HCS-4213/20	话筒控制软件模块	1	♯	控制电脑	5
HCS-4214/20	表决管理软件模块	1	♯	投影仪或其他显示设备	2
HCS-4216/20	同声传译软件模块	1	♯	会场扩声系统	1
HCS-4345B	发卡器	1			

注：♯根据用户需要而定，＊根据会场布局而定。

3. 系统设备

（1）HCS-4100MA/20 会议控制主机

会议控制主机是数字会议系统的核心设备，它为所有会议单元供电，也是系统硬件与系统应用软件间的连接及控制的桥梁。

①　与控制计算机通过局域网连接，可实现会议系统远程控制、远程诊断和系统升级。

②　可实现双机热备份，备份机自动切换。

③　多个独立会议系统扩展成为更大的会议系统。

④　可设置 IP 地址，在一条 6 芯网线上最多可双向传送 64 个语种或计算机信息。

⑤　实施会议发言管理功能、投票表决功能（有线）和同声传译（有线）功能。

⑥　6 路会议单元输出端口，每路最多可连接 30 台会议单元（代表机和主席机），每台控制主机最多可支持 6×30 台＝180 台会议单元（HCS-4386D）。

（2）HCS-4110M 8 通道模拟音频输出器

D/A 转换，8 通道模拟音频输出，供扩声系统、模拟录音、无线同声传译和监听耳机使用。

（3）HCS-4100MTB/00 无线投票表决控制机

①　与主控计算机通过 TCP/IP 网络协议连接控制，内设 IP 地址。

②　与 HCS-4391 表决发射机和 HCS-4390AK 无线投票表决单元连用，最多可使用 10000 个无线投票表决单元。

（4）HCS-5100M/16 16 通道红外发射主机

①　有 4 通道/8 通道/16 通道模拟音频输入。两台发射机级联，最多可传送 32 种语言。

②　采用 2~6MHz 频分（FDM）多路副载频调制技术。

③　与 HCS-5100T 红外线发射板连接，产生 15W/25W/35W 多种红外线发射功率。

④ 15W 的最大有效作用距离为 30m；25W 的最大有效作用距离为 50m；35W 的最大有效作用距离为 97m。（发射角水平±40°，垂直±22°）。

⑤ 与 HCS-5100R（4～32 通道）红外线接收机配套使用。

（5）摄像机自动跟踪拍摄系统

自动拍摄系统由摄像机（HCS-3313C）HCS-4311M 音视频/VGA 混合矩阵切换台组成。

① HCS-4310M：16×8 视频切换矩阵，可与计算机及智能中央集中控制系统连接，实现摄像机自动跟踪。

② HCS-4311M：8×4 视频矩阵、4×1VGA 矩阵和 6×1 音频矩阵，可与计算机及智能中央集中控制系统连接，实现摄像机自动跟踪拍摄。

（6）HCS-4100ME 会议扩展主控机

每台 HCS-4100MA 会议控制主机最多可连接 180 台会议单元，需连接更多会议单元时采用 HCS-4100ME 扩展主控机。每台扩展主控机最多可连接 180 台会议单元。

4. 台电全数字会议系统若干新功能

（1）高速大型会议表决系统

目前，国际上大型会议表决系统的普遍做法是表决系统主机与表决器间通过 RS-485（半双工传输协议）接口连接，表决系统主机与电脑通过 RS-232 串口连接。RS-485 接口的数据传输速率较低，一般小于 20kb/s，表决系统主机对一个表决器查询的时间一般在 10ms 以上。对于一个 1000 席的大型会议表决系统、进行一轮表决结果查询就需要近 10s 时间，显得太长。

台电表决系统的 TAIDEN 高速有线表决器内置高性能 CPU，并与表决系统主机通过专用 6 芯线进行连接，数据传输速率达到全双工 100Mb/s，表决系统主机与电脑也通过高速以太网连接。代表按键表决后，TAIDEN 表决器立即将表决结果以 100Mb/s 的速率主动传输给表决系统主机，传输时间仅需不到 1ms。对于 1000 席的大型会议表决系统，其表决结果的统计时间不到 1ms，表决统计速度提高了约 1 万倍！在这个系统中，任何位置的代表按三个表决键的任何一个时，都可以实时地看到对应按键的表决结果自动加 1，这种实时响应的速度是其他大型表决系统难以做到的，避免了以往等待表决结果的尴尬，也令代表非常容易地感受到系统的准确性而毫无悬念。

（2）会议系统主机双机热备份

会议系统主机双机备份是重大会议场合必备的功能，在会议系统中会议系统主机起着给会议单元供电和控制整个会议系统过程的作用。当会议系统主机的 CPU 死机或者出现故障就会导致整个会议系统的瘫痪。以往的做法是另行配备一套一样的主机，一旦出现意外，就换主机。采用这种方式，会议发言、同声传译等工作都难免要中断，影响了会议的顺利进行。

TAIDEN 全数字会议系统，可以实现会议系统主机的双机热备份。TAIDEN 全数字会议系统主机有主/从两种工作模式。对于重大会议场合，可以将一台备用的会议系统主机设置为从模式，连接到工作于主模式下的系统主机，当工作于主模式下系统主机出现"死机"等意外时，工作于从模式下系统主机会自动检测到这一意外情况，并自动启动，接替原主模式系统主机的工作，这一过程完全不会影响到与会者的发言和同声传译等工作，从而保证整个会议没有间断地顺利进行。

（3）发言者独立录音功能

在手拉手会议系统中，有多支会议话筒可以同时开启。目前国际上的会议系统主机都仅有混音输出，即：输出由多支开启的会议话筒的音频信号的混音信号（有时还包括外部音频输入信号）。然而会议发言人的声音有大有小、音调有高有低，目前这种仅有混音输出的会议系统主机不能对各支开启的话筒的音频特性进行单独修饰，对各支开启的会议话筒单独录音的功能也无法实现。

TAIDEN 全数字会议系统在混音器的输入端给每一输入增设带音频输出的旁路音频输出电路，使含该音频输出装置的会议系统主机不仅可以输出所有开启的会议话筒混音后的音频信号，还可以对各支开启的话筒的音频特性进行单独修饰或单独录音，适合各发言人以及组织者着重处理的需要。

（4）集成的内部通话与远程控制功能

在大型会议系统工程，特别是有同声传译功能的系统需要具有内部通话功能，即必须有一个从翻译员到主席、发言者到操作员处，或从操作员到主席或发言者处传输信息的音频通路。在会议过程中出现异常时（例如代表不用话筒就开始发言或其他紧急情况），翻译员就能通过内部通话功能，小心地通知主席和/或发言人。

TAIDEN 全数字会议系统采用独创 MCA-STREAM 多通道数字音频传输技术，可以在一根六芯线缆上同时传输 64 路音频数据及控制数据。当同声传译用不了 64 通道时，就可以把多余的通道用做内部通话的音频通道，而 TAIDEN 的一些会议单元也配备 LCD 菜单和相应的按键，配合操作员机和 TAIDEN 内部通信软件模块，即可为主席、与会代表、翻译员和操作员之间提供双向通话功能。这样集成的内部通话功能，无需另配设备。而早先的会议系统为实现内部通信功能需要另行配置内部通信电话，增加了成本，安装和使用也不方便。此外，还可以实现会议系统的远程控制、远程诊断、远程升级。

（5）会议签到功能

MCA-STREAM 全数字会议系统具有门禁签到和坐席签到功能。

门禁签到功能：系统使用了复合 IC 卡会议签到技术，即代表可以使用同一 IC 卡进行接触式和非接触式签到。这一项台电专利技术不仅方便了与会代表的认证和签到，也方便了操作人员的管理。

坐席签到功能（按键签到/接触式 IC 卡签到）。

（6）实时的资料显示功能

MCA-STREAM 全数字会议系统可以在大型显示器（或投影仪）上显示会议名称、会议内容等与会议相关的信息；可自动显示正在发言人的相关信息。带 LCD（256×32 图形）显示屏的会议单元可在线显示发言人数、申请发言人数、表决结果、签到人数等信息以及各种短消息（系统管理员可以给所有或某个会议单元发送短消息）。

（7）视频跟踪系统与全方位的会议管理

MCA-STREAM 全数字会议系统具有办公自动化和视频摄像系统，可以实现视频自动跟踪功能，将常规和繁琐的工作安排得井井有条，及时地处理和发布各种信息数，提供对会场环境、会议进程、代表安排等全面的控制功能。

（8）多房间配置与多路独立录音输出

多台系统主机可以分别作为独立的会议系统，也可以方便地扩展组成一个大型的会议系统，实现灵活的多房间配置功能。

6路独立的 MIC 输出接口，配合会议系统专用数字硬盘录像机，可对同时开启的 6 只话筒分别进行录音。

第五节 会议签到系统

一、会议签到系统的组成与功能

1. 类型

会议签到系统是数字会议系统的重要组成部分，它有如下几种类型：

（1）按键签到：与会代表按下具有表决功能的会议单元上的签到键进行签到；

（2）接触式 IC 卡签到：与会代表在入场就座后将（接触式）IC 卡插入会议单元内置的 IC 卡读卡器，即可进行接触式的 IC 卡签到，适于中小型会议使用。

（3）1.2m 远距离会议签到系统（通常设在出入口）。

代表只需佩戴签到证依次通过签到门便可自动签到，大大提高了签到速度。代表经过签到门时，显示屏立即显示代表的相关信息，包括代表姓名、照片、所属代表团和代表座位安排等信息。签到门口的摄像机拍摄代表相片并与代表信息中的相片进行自动比对，获得认可后闸机自动放行。它适合大型的、重要的国际会议签到。

（4）10cm 近距离感应式 IC 卡会议签到系统（通常设在出入口）。

会议代表只要把代表证（IC 卡）靠近签到机，即可完成签到程序。该系统组成简单，造价不高，易于维护，适用于各种会场签到。

2. 会场出入口签到管理系统宜由会议签到机（含签到主机及门禁天线）、非接触式 IC 卡发卡器、非接触式 IC 卡、会议签到管理软件（包括服务器端模块和客户端模块）、计算机及双屏显卡组成，见图 2-46。

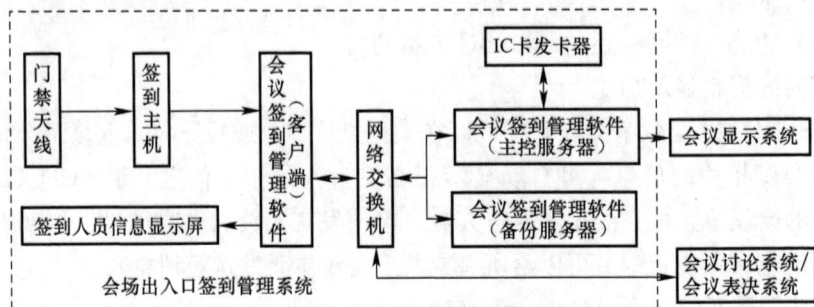

图 2-46 会场出入口签到管理系统的组成

会场出入口签到管理系统可分为远距离会场出入口签到管理系统和近距离会场出入口签到管理系统，如图 2-47 和图 2-48 所示。

3. 会议签到系统的功能要求

（1）应为会议提供可靠、高效、便捷的会议签到解决方案；会议的组织者应能够方便地实时统计出席大会的人员情况，包括应到会议人数、实到人数及与会代表的座位位置。

（2）宜具有对与会人员的进出授权、记录、查询及统计等多种功能，在代表进入会场的同时完成签到工作。

（3）非接触式 IC 卡应符合以下要求：

① IC 卡宜采用数码技术，密钥算法，授权发行。

② 宜由会务管理中心统一进行 IC 卡的发卡、取消、挂失、授权等操作。

③ IC 卡宜进行密码保护。

（4）宜配置签到人员信息显示屏，显示签到人员的头像、姓名、职务、座位等信息。

（5）应能够设置报到开始/结束时间，并应具有手动补签到的功能。

（6）可自行生成各种报表，并提供友好、人性化的全中文视窗界面，支持打印功能。

（7）可生成多种符合大会要求的实时签到状态显示图，并可由会议显示系统显示。

（8）可分别为会议签到机、会场内大屏幕、操作人员、主席等提供不同形式和内容的签到信息显示。

（9）代表签到时，可自动开启其席位的表决器，未签到的代表其席位的表决器应不能使用。

（10）应具备中途退场统计功能。

（11）各会议签到机宜采用以太网连接方式，并应保证与其他网络系统设备进行连接和扩展的安全性。

（12）某个会议签到机发生故障时，不应影响系统内其他会议签到机和设备的正常使用。若网络出现故障，应保证数据能即时备份，网络故障恢复后应能自动上传数据。

二、设计示例（台电会议签到系统）

【例1】台电近距离会议签到系统（HCS-4393A）（见图 2-47）

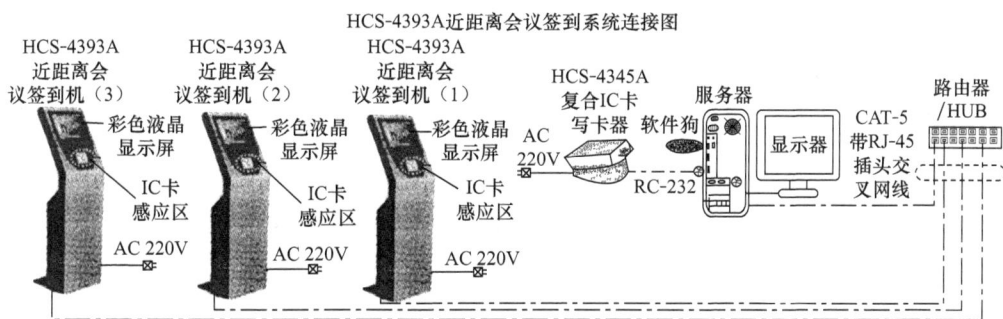

图 2-47　台电近距离会议签到系统

【例2】台电远距离会议签到系统（HCS-4393G）（图 2-48）

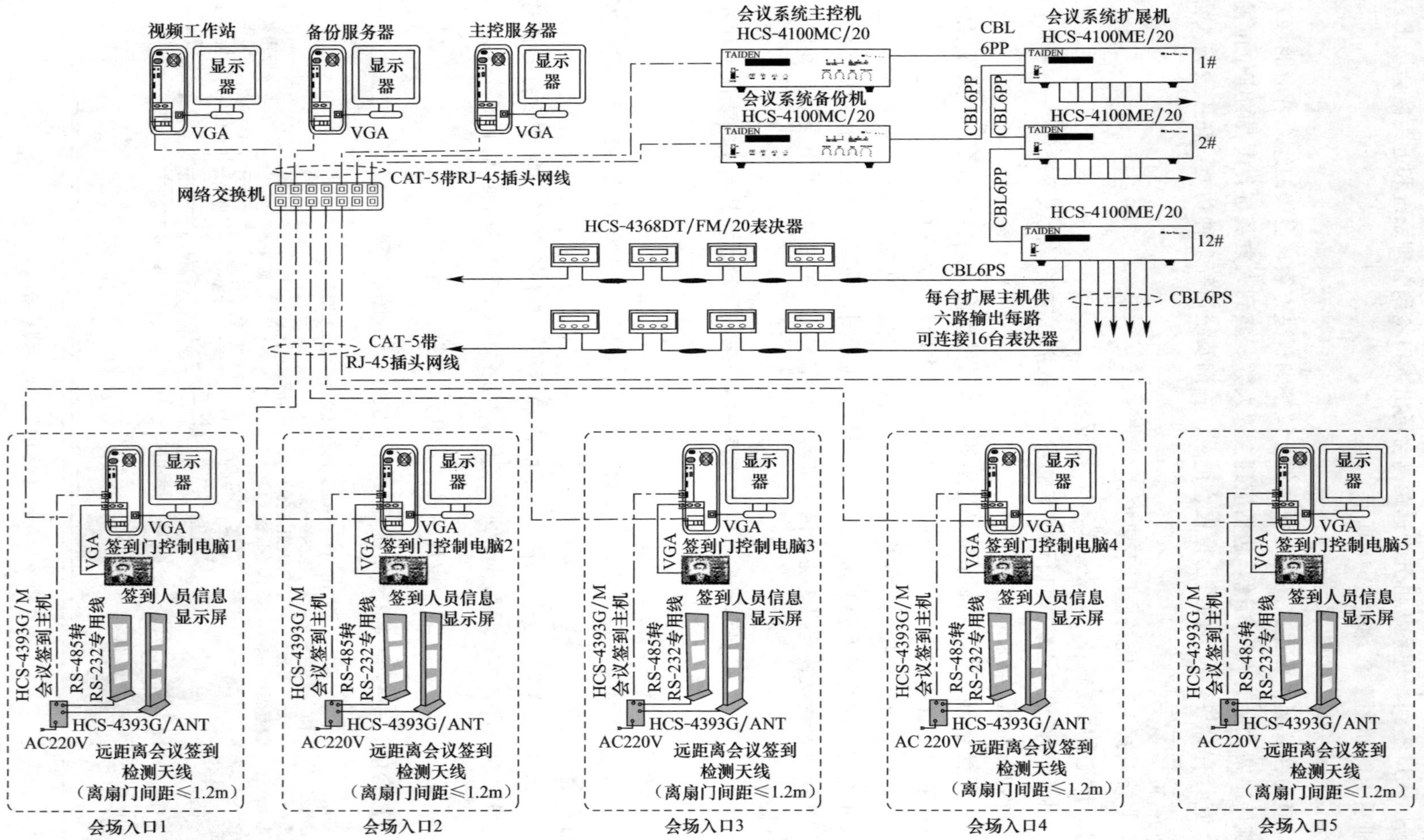

图 2-48 远距离会议签到管理系统

第六节　会议室与控制室

一、会议室的布置与环境要求

1. 会议室的桌椅排列

作为会议室的排列，常见形式如图 2-49 和图 2-50 所示。

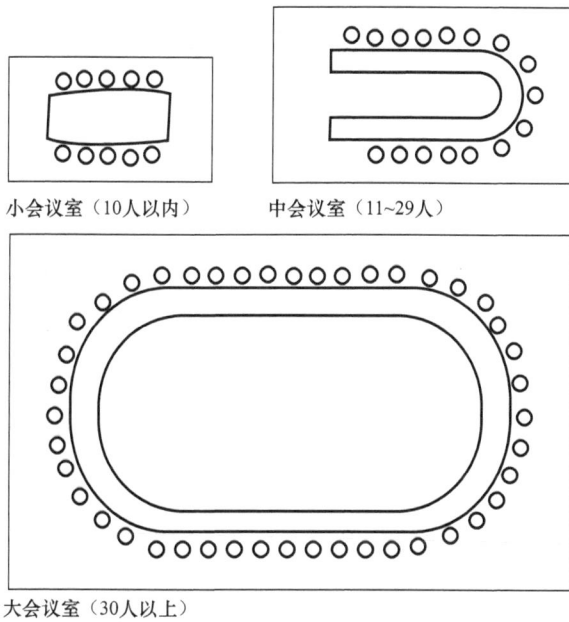

小会议室（10人以内）　　　　中会议室（11~29人）

大会议室（30人以上）

图 2-49　会议室的分类与布置

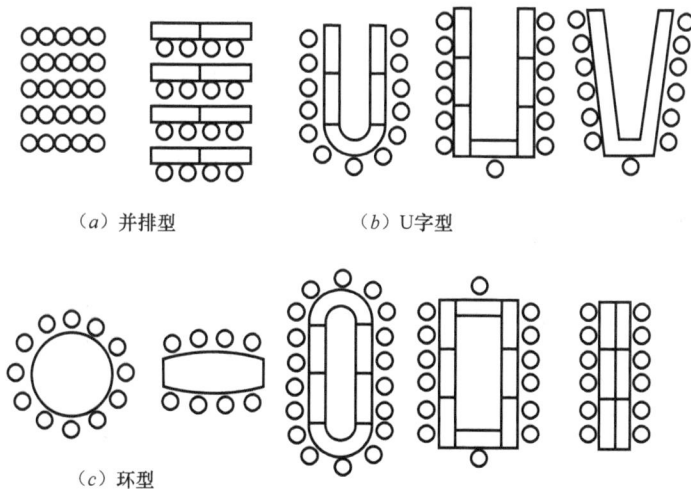

（*a*）并排型　　　　　　　（*b*）U字型

（*c*）环型

图 2-50　会议室的桌椅配置方案

（1）圆桌会议形式 代表们围着一张桌子或一组桌子就座，全体代表都能参加会议。

（2）讲台讲演形式 演讲者在房间前面的一个讲台或桌子前讲话，那里通常还有一张为主席而设的桌子或操纵台，代表或听众面向讲台就座。发言者与在座的主席、委员及代表能连续地参加讨论，听众能在一定限度内提问和讨论。

除了上述两种形式的会议座位排列之外，还有许多座位形式，如图 2-51 所示，应保证每个参会者有适当的空间。

会议室桌椅宜采用与墙面颜色协调的颜色，以浅色为主，简洁明亮。翻转座椅宜带有阻尼装置。

会议室的面积宜根据每人平均 2.2m² 计算，其体形宜为长方体（例如高：宽：长为 1：1.26：141），长宽高尺寸比例宜避免整数倍，否则容易产生驻波现象。

2. 会议室的环境应符合下列要求：

（1）温度宜为 18～26℃；相对湿度宜为 30%～80%。

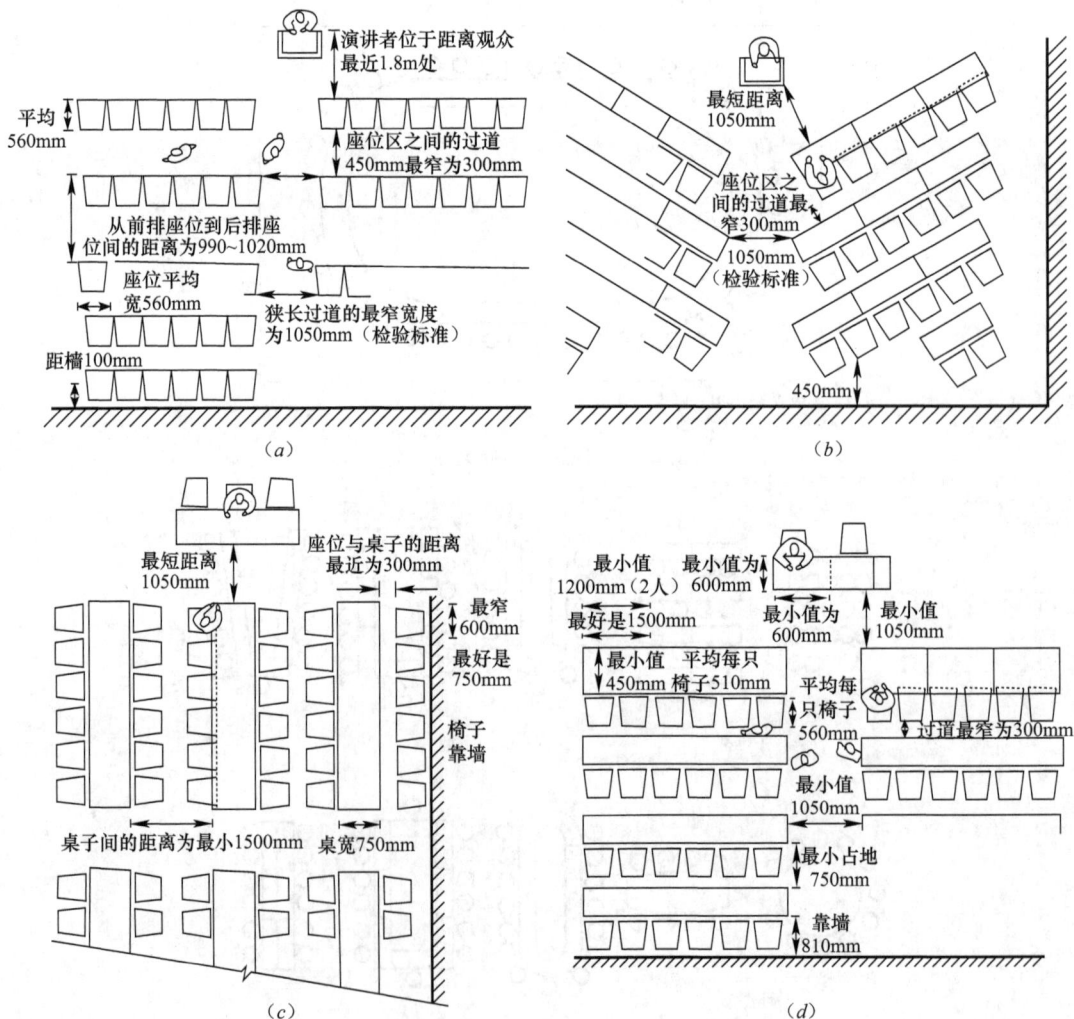

图 2-51 会议室桌椅的多种布置方式（一）

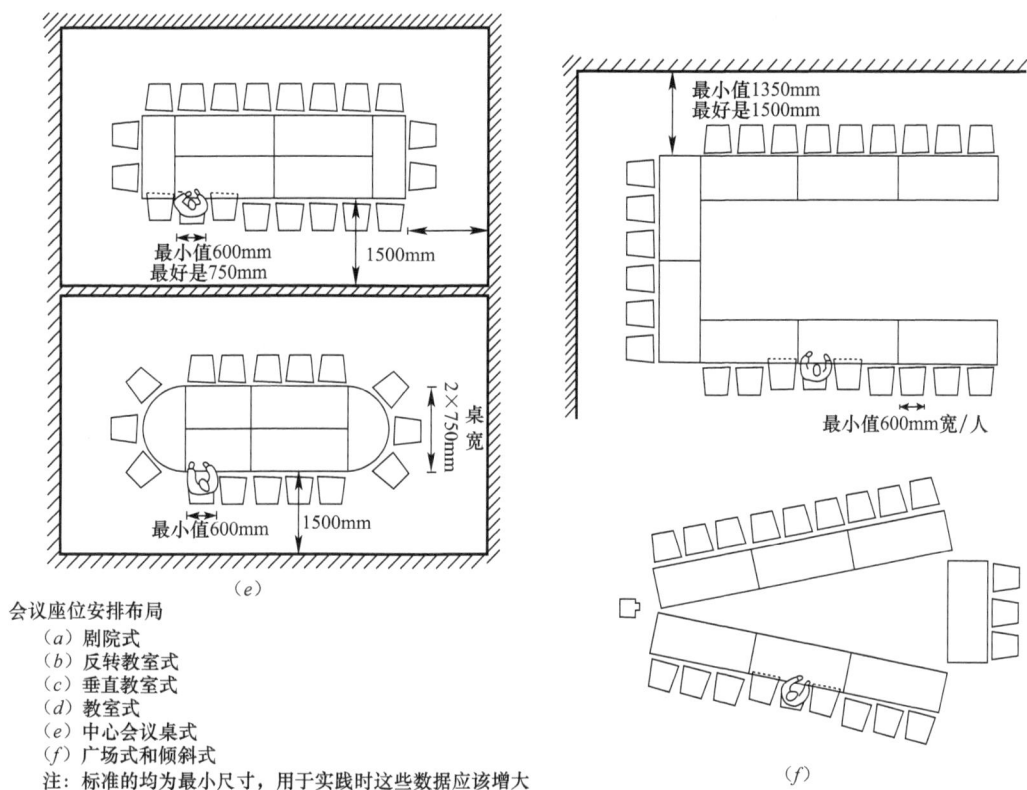

会议座位安排布局
（a）剧院式
（b）反转教室式
（c）垂直教室式
（d）教室式
（e）中心会议桌式
（f）广场式和倾斜式
注：标准的均为最小尺寸，用于实践时这些数据应该增大

图 2-51　会议室桌椅的多种布置方式（二）

（2）室内新鲜空气换气量每人每时不应小于 30m³/h。

（3）对于有摄像要求的会议室装修的色彩应避免对人物摄像产生光吸收及光反射等不良效应。

（4）会议室照明应分为日常照明和会议照明。会议室的照度宜为 300lx；主席台照度宜为 500lx；舞台照度宜为 800lx；灯光亮度宜能控制调节。

3. 控制室、设备间的环境应符合下列要求：

控制室宜设置在便于观察舞台（主席台）及观众席的位置。会议室应选址在远离环境噪声干扰、便于使用的位置，不应与产生噪声源的房间相邻。如无法避免时，应采取必要的隔声和隔振措施，保证本底噪声指标。

（1）温度宜为 18～26℃；相对湿度 30%～80%。

（2）机房消防设施不宜采用水剂喷淋装置。

（3）控制室宜设置双层单向透明玻璃观察窗。观察窗高宜为 800mm；宽宜大于等于 1200mm；窗底距地面宜为 900mm。

（4）具有演出功能的会议场所，应面向舞台及观众席开设观察窗，窗的位置及尺寸应确保调音人员正常工作时对舞台的大部分区域和部分观众席有良好的视野。观察窗可开启，操作人员在正常工作时应能够获得现场的声音。

（5）控制室和机房的面积、地板敷设、噪声、电磁干扰、振动、接地及检修需要应符合现行国家标准《电子信息系统机房设计规范》GB 50174 中的有关规定。

（6）控制室内正常工作时，若有发出干扰噪声的设备，宜设置设备间；设备间不应对控制室造成噪声干扰。

二、会议室的建筑声学设计

1. 会议室建筑声学设计应以获取较好的语言清晰度和最佳的听觉效果。

2. 会议室应根据房间的体形、容积等因素选取合理的混响时间，当会议室体积在 500m³ 以内时，宜取 0.6～0.8s。控制室和同声传译室的混响时间宜为 0.3～0.5s。

国外有专家推荐会议室、会堂的最佳混响时间曲线，如图 2-52 的实线所示，也有人推荐取用图中虚线。在会场空间较大的场合，建议采用第一章国标推荐的会堂、报告厅的混响时间曲线参见图 1-26 和图 1-27。

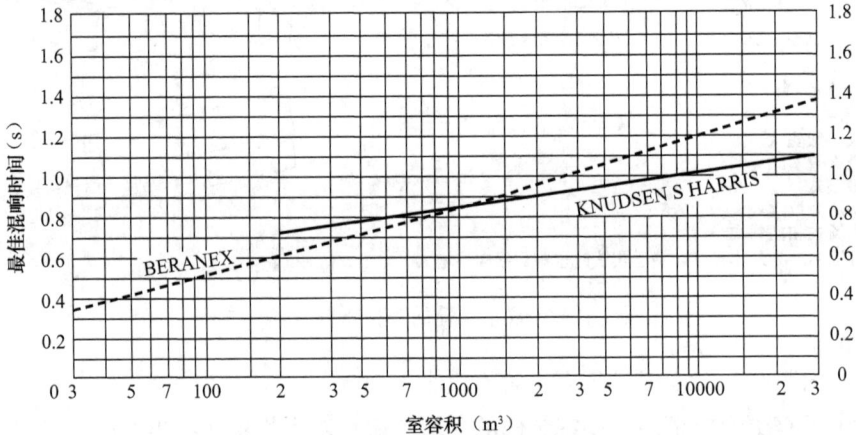

图 2-52　会议室、会场的最佳混响时间曲线（500Hz）

3. 会议室应进行必要的建筑声学装修处理，选用阻燃型吸声材料，满足混响时间要求。

4. 会议室声场环境应采取一定的声扩散措施，避免产生声聚焦和共振、回声、多重回声、颤动回声等缺陷。

5. 会议室应采取有效的隔声措施，控制和降低本底噪声（包括空调系统送回风和电器噪声等建筑物内部设备噪声的控制）。本底噪声主要来源于空调系统，因此对空调系统送回风的噪声必须严格控制。会议室允许的本底噪声级按噪声评价曲线规定，自然声时不应大于 NR-30，采用扩声系统时不应大于 NR-35。空调系统在上述各室内所产生的噪声不宜超过 NR-35。

6. 控制室观察窗关闭时的中频（500～1000Hz）隔声量宜大于或等于 25dB。同声传译室的中频（500～1000Hz）隔声量宜大于或等于 45dB。

三、线　路　敷　设

1. 线路设计应符合现行国家标准《综合布线系统工程设计规范》GB/T 50311、《视频显示系统工程技术规范》的有关规定。

2. 室内线缆的敷设应符合下列规定：

（1）宜采用低烟、无卤、阻燃线缆。

（2）会议系统控制主机至会议单元之间信号电缆应采用金属管、槽敷设。

（3）信号电缆和电力线平行时，其间距应大于等于 0.3m；信号电缆与电力线交叉敷设时，宜相互垂直。

（4）建筑物内信号电缆暗管敷设与防雷引下线最小净距应符合表 2-20 的规定。

信号电缆暗管敷设与防雷引下线最小净距（mm）　　　　　　表 2-20

管线种类	平行净距	垂直交叉净距
防雷引下线	1000	300

3. 室外线缆的敷设应符合下列规定：

（1）信号电缆在通信管内敷设时，不宜与通信电缆共用管孔。

（2）线缆在沟道内敷设时，应敷设在支架上或线槽内。当线缆进入建筑物应进行防水处理。

（3）当传输线缆与其他线路共沟敷设时，最小间距应符合表 2-21 的规定。

电缆与其他线路共沟的最小间距（m）　　　　　　表 2-21

种　类	最小间距
220V 交流供电线	0.5
通信电缆	0.1

4. 信号线路与具有强磁场、强电场的电气设备之间的净距应大于 1.5m；当采用屏蔽线缆或穿金属保护管或在金属封闭线槽内敷设时，宜大于 0.8m。

5. 敷设电缆时，多芯电缆的最小弯曲半径应大于其外径的 6 倍；同轴电缆的最小弯曲半径应大于其外径的 15 倍；光缆的最小弯曲半径不应小于其外径的 15 倍。

6. 线缆槽敷设截面利用率不应大于 60%；线缆穿管敷设截面利用率不应大于 40%。

7. 线缆组件防护层应符合"人身安全和防止火灾蔓延"要求。

8. 会议扩声系统模拟信号的传输，其电气互连的优选配接值应符合现行国家标准《声系统设备互连优选配接值》GB/T 14197 和《会议系统电及音频的性能要求》GB/T 15381 的规定，系统设备之间宜采用平衡传输方式；数字信号的传输和接口应符合国家现行行业标准《多通路音频数字串行接口》GY/T 187 的规定。

9. 音视频传输电缆距离超过选用端口支持的标准长度时应使用信号放大设备、线路补偿设备，或选用光缆传输。

10. 模拟音频信号线缆宜采用优质的物理发泡立体音频屏蔽电缆。

11. 模拟系统传声器应选用屏蔽传输线缆。

12. 数字音频传输采用超 5 类对绞电缆时，传输距离不应超过 100 米。

13. 模拟视频信号宜采用 RGB 同轴屏蔽电缆传输。

14. IP 视频信号宜采用超 5 类或以上 4 对双绞电缆。

15. USB（通用串行总线）接口宜采用 USB2.0 及以上版本的屏蔽电缆。

16. 数字视频信号宜采用 DVI 屏蔽电缆或光缆。

17. 高清晰度多媒体信号宜采用 HDMI 1.3 及以上版本的屏蔽电缆或 DisplayPort 屏蔽电缆。

18. 电源线应符合国家标准《电器附件 电线组件和互连电线组件》GB 15934 的要求，无护套多股线应符合国家标准《额定电压 450/750V 及以下聚氯乙烯绝缘电缆第 3 部分：固定布线用无护套电缆》GB 5023.3 的要求。

19. 传输方式与布线应根据信号分辨率与传输距离确定，并宜符合表 2-22 的规定。

传输方式与布线要求　　　　　　　　　　　　　　　　　表 2-22

信号分辨率	传输距离	传输方式	传输线缆
XGA 及以下	≤15m	模拟或数字传输方式	RGB 同轴屏蔽电缆或 DVI 屏蔽电缆
	>15m	数字传输方式	DVI 屏蔽电缆或光缆＋均衡器
SXGA 及以上	≤10m	模拟或数字传输方式	RGB 同轴屏蔽电缆或 DVI 屏蔽电缆
	>10m	数字传输方式	DVI 屏蔽电缆或光缆＋均衡器
HDTV	≤5m	模拟或数字传输方式	RGB 同轴屏蔽电缆或 DVI 屏蔽电缆
	>5m	数字传输方式	HDMI、DisplayPort 屏蔽电缆或 DVI 屏蔽电缆或光缆＋均衡器
IP 视频	≤100m	网络传输方式	超 5 类及以上类别对绞电缆
	>100m	网络传输方式	超 5 类及以上类别对绞电缆＋均衡器

四、会议系统的供电与接地

1. 供电系统

（1）大型和重要会议系统控制室交流电源应按一级负荷供电，中、小型会议系统控制室可按二级负荷供电。电压波动超过交流用电设备正常工作范围时，应采用交流稳压电源设备。交流电源的杂音干扰电压不应大于 100mV。

（2）使用流动设备的会议室内，应在摄像机、监视器等设备附近设置专用电源插座，并应与会场音频、视频系统设备采用同一相电源。

（3）大型和重要会议室的照明，会场音频和视频系统设备供电，宜采用不间断电源系统（UPS）分路供电方式。其空调设备供电宜采用双回路电源供电。

（4）大、中型会议系统应设置专用配电箱，在配电箱内每个分支回路的容量应根据实际负荷确定，并预留一定的余量。空调系统供电不由其供电。

（5）宜根据会议室的位置和重要性，设置浪涌保护器。由于在建筑中会议室的位置经常靠近外墙，或设置在建筑的最高层，容易遭受雷电感应，导致设备损坏，因此有必要设置浪涌保护器。但有的会议室设置在建筑物的内区或者地下室，相对来说，受到雷电感应的程度要小得多。因此应根据实际情况来考虑是否设置浪涌保护器。

（6）在有的建筑中有多个会议室，例如会议中心等，从管理层面上需要进行集中管理，此时每个会议室的专用配电箱宜提供远程通信端口，便于管理人员对各会场供电情况进行实时监视。

2. 接地要求

（1）控制室或机房内的所有设备的金属外壳、金属管道、金属线槽、建筑物金属结构等应进行等电位联结并接地。保护性接地、工作接地和功能性接地宜共用一组接地装置，接地电阻应按其中最小值确定。

（2）单独设置接地的电子会议系统工作接地，宜采用一点接地方式，接地电阻不应大于 4Ω；

（3）对功能性接地有特殊要求的需单独设置接地的电子设备，接地线应与其他接地线绝缘，接地线路与供电线路宜同路径敷设。

（4）保护地线应符合下列要求：

① 在 TN-S 供电系统中保护（PE 线）必须与交流电源的中性线（N 线）严格分开，并应防止中性线不平衡电流对会议系统产生严重的干扰和影响。

② 保护地线的杂音干扰电压不应大于 25mV。

（5）控制室宜采取防静电措施。防静电接地与系统的工作接地可合用，但其接地电阻值应满足最小者的要求。

第三章 音视频会议的配套设备与系统

第一节 会议摄像与视像跟踪系统

一、摄像机的组成

摄像机是一种把景物光像转变为电信号的装置。从能量的转变来看，摄像机是一个能够进行光、电、磁转换的设备。

彩色摄像机自 20 世纪产生以来，摄像器件不断发展，经历了电子管、晶体管、摄像管及固体摄像器件时代，整机也经历了从黑白到彩色、从模拟到数字的转变。目前使用的摄像机大多为数字摄像机。但是由于摄像器件输出的信号为模拟信号，因此所有的数字摄像机从严格意义上讲都应称为"数字处理摄像机"。而一般将数字信号处理电路占 70％以上的摄像机称为数字摄像机。

彩色摄像机的主要功能是将外界的光学景物图像通过光学系统分解为 R、G、B 三基色图像，经固体摄像器件转换为电信号，并放大处理、最终编码形成符合标准的电视信号。摄像机就其结构来说可以分成光学系统（包括光学镜头和分色棱镜）、光电转换系统（主要指固体摄像器件）以及处理电路系统，如图 3-1 所示。

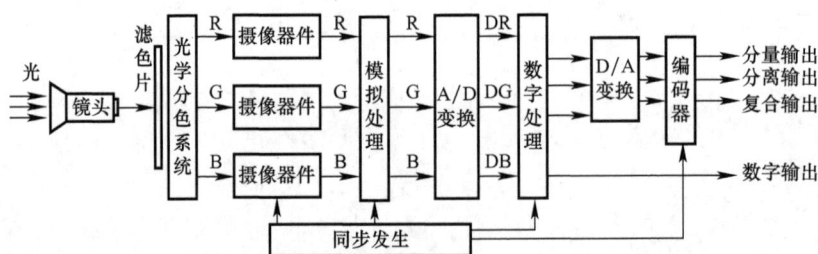

图 3-1 摄像机的组成结构

1. 光学系统

（1）光学镜头

光学系统的主要部件是光学镜头，电视画面的清晰程度和影像层次是否丰富等表现能力，受光学镜头的内在质量所制约。光学镜头是精密的器件，由透镜系统组合而成，而透镜系统又包含着许多片凸凹不同的透镜，其中凸透镜的中心比边缘厚。当被摄对象经过光学系统透镜的折射后，在光电转换系统的摄像管或固体摄像器件的成像面上成像。

镜头有固定焦距镜头和可变焦距镜头两种，固定镜头可划分为标准镜头、长焦距镜头和广角镜头。标准镜头的焦距和人眼正常的水平视角相似。在使用标准镜头拍摄时，被摄对象的空间和透视关系与摄像者在寻像器中所见到的相同。焦距50mm以上称为长焦距镜头，16mm以下的称为广角镜头。

在摄像机中使用的主要是变焦距镜头。变焦距镜头具有在一定范围内连续改变焦距而成像面位置不变的性质，即一个透镜系统能实现从"广角镜头"到"标准镜头"、"长焦距镜头"的连续转换。该镜头已成为摄像机上运用最广泛的镜头，其作用是将景物聚焦成像在固体摄像器件的感光面上。通常在专业级以上的摄像机中，多采用手动方式调节聚焦。在多数家用摄像机中采用自动聚焦系统，自动聚集装置有四种工作方式，即红外线方式、超声波方式、海耐乌艾方式和佳能 SST 方式。它们都有较高的测量精度，分别被应用在不同类型的摄像机之中。

（2）滤色片

滤色片包括中性滤色片和色温滤色片。

中性滤色片主要是对强太阳光进行衰减，它可以对波长在 400nm～700nm 之间的光进行等比例衰减，用于晴朗的室外阳光强烈但又不能通过减小光圈（景深也会发生变化）来达到减少进光量的环境。也可以通过使用中性滤色片而达到增大光圈产生一定艺术效果的拍摄。中性滤色片用 ND 表示，如 1/4ND 表示光的透射率为 0.25，1/8ND 表示光的透射率为 0.125。

色温滤色片用于调节白平衡，安装在镜头的后面，用来改变不同频率光的入射比例。常用的色温滤色片有 0K、3200K、5600K、5600K＋1/8ND 几种。

（3）分光棱镜

分光棱镜用于将入射光线分解为 R、G、B 三路成像于摄像器件的三个面上。

2. 光电转换系统

光电转换系统是摄像机的核心，用于将光信号变为电信号，但其输出的电信号仍为模拟信号，如在数字摄像机中使用还需进行模数转换才能形成数字信号。目前，常用的 CCD 固体摄像器件有单片式和三片式。

3. 处理电路

当光学系统把被摄对象的光学图像转变成相应的电信号后，便形成了被记录的信号源。但是这时的信号很微弱，如果不进行后期处理直接记录的话，很容易会被噪波信号所淹没。处理电路就是用于将摄像器件输出的微弱电信号进行放大、处理、校正、最终编码输出符合标准的电视信号，主要指视频处理及编码电路，系统控制电路等。

图 3-2 是某摄像机内部结构示例。

二、摄像机分类

摄像机处于 CCTV 系统的最前端，它将被摄物体的光图像转变为电信号——视频信号，为系统提供信号源，因此它是 CCTV 系统中最重要的设备之一。

摄像机按摄像器件类型分为电真空摄像管的摄像机和 CCD（固体摄像器件）摄像机，目前一般都采用 CCD 摄像机。

1. 按颜色划分

有黑白摄像机和彩色摄像机。由于目前彩色摄像机的价格与黑白摄像机相差不多，故

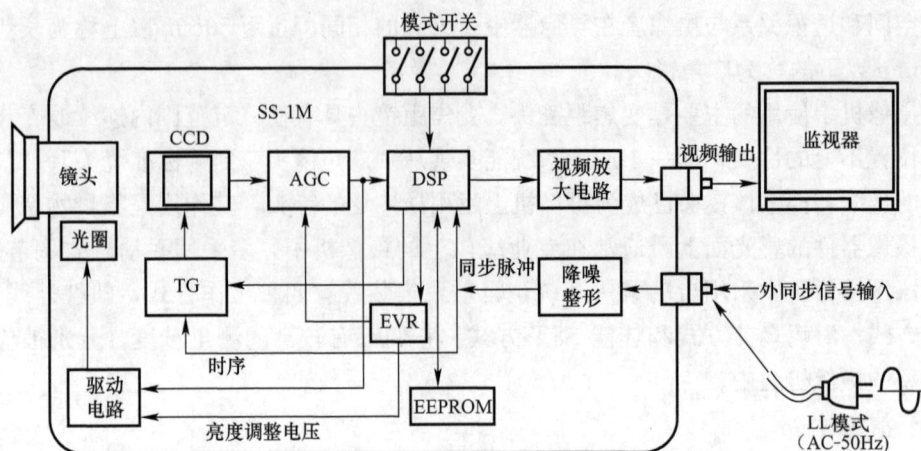

图 3-2 某模拟摄像机内部结构

大多采用彩色摄像机。

2. 按图像信号处理方式划分

(1) 数字式摄像机（网络摄像机）。

(2) 带数字信号处理（DSP）功能的摄像机。

(3) 模拟式摄像机。

3. 按摄像机结构区分

(1) 普通单机型，镜头需另配。

(2) 机板型（board type）：摄像机部件和镜头全部在一块印刷电路板上。

(3) 针孔型（pinhole type）：带针孔镜头的微型化摄像机。

(4) 球型（dome type）：如图 3-3 所示，是将摄像机、镜头、防护装置或者还包括云台和解码器组合在一起的球形或半球形摄像前端系统，使用方便。

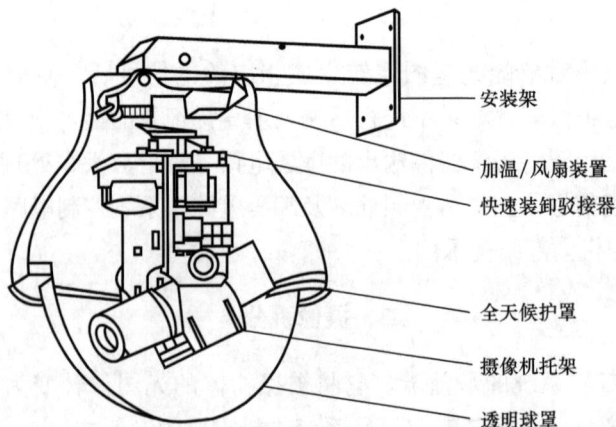

图 3-3 球型云台的结构及安装

4. 按摄像机分辨率划分

(1) 影像像素在 25 万像素（pixel）左右、彩色分辨率为 330 线、黑白分辨率 400 线左右的低档型。

（2）影像像素在 25～38 万之间、彩色分辨率为 420 线、黑白分辨率 500 线上下的中档型。

（3）影像像素在 38 万点以上、彩色分辨率大于或等于 480 线、黑白分辨率 600 线以上的高分辨率型。

5. 按摄像机灵敏度划分

（1）普通型：正常工作所需照度为 1～31x。

（2）月光型：正常工作所需照度为 0.1lx 左右。

（3）星光型：正常工作所需照度为 0.01lx 以下。

（4）红外照明型：原则上可以为零照度，采用红外光源成像。

6. 按摄像元件的 CCD 靶面大小划分

有 1 英寸、$\frac{2}{3}$ 英寸、$\frac{1}{2}$ 英寸、$\frac{1}{3}$ 英寸、$\frac{1}{4}$ 英寸等几种。目前是 $\frac{1}{2}$ 英寸摄像机所占比例急剧下降，$\frac{1}{3}$ 英寸摄像机占据主导地位，$\frac{1}{4}$ 英寸摄像机将会迅速上升。各种英寸靶面的高、宽尺寸和表 3-1 所示。

CCD 摄像机靶面像场 a、b 值　　　　　　　　　　　　　　表 3-1

摄像机管径/in（mm） CCD 靶面尺寸	1 （25.4）	$\frac{2}{3}$ （17）	$\frac{1}{2}$ （13）	$\frac{1}{3}$ （8.5）	$\frac{1}{4}$ （6.5）
垂直高度 a/mm	9.6	6.6	4.6	3.6	2.4
水平宽度 b/mm	12.8	8.8	6.4	4.8	3.2

三、摄像机的镜头

（一）摄像机镜头的分类

1. 按摄像机镜头规格分：

有 1 英寸……$\frac{1}{4}$ 英寸等规格，镜头规格应与 CCD 靶面尺寸相对应，即摄像机靶面大小为 $\frac{1}{3}$ 英寸时，镜头同样应选 $\frac{1}{3}$ 英寸的。

2. 按镜头安装分：

C 安装座和 CS 安装（特种 C 安装）座。两者之螺纹相同，但两者到感光表面的距离不同。前者从镜头安装基准面到焦点的距离为 17.526mm，后者为 12.5mm。

3. 按镜头光圈分

手动光圈和自动光圈。自动光圈镜头有二类：

① 视频输入型——将视频信号及电源从摄像机输送到镜头来控制光圈；

② DC 输入型——利用摄像机上的直流电压直接控制光圈。

4. 按镜头的现场大小分：

（1）标准镜头：视角 30°左右，在 $\frac{1}{2}$ 英寸 CCD 摄像机中，标准镜头焦距定为 12mm；

在 $\frac{1}{3}$ 英寸 CCD 摄像机中标准镜头焦距定为 8mm。

（2）广角镜头：视角在 90° 以上，可提供较宽广的视景。1/2 和 1/3 英寸 CCD 摄像机的广角镜头标准焦距分别为 6mm 和 4mm。

（3）远摄镜头：视角在 20° 以内，此镜头可在远距离情况下将拍摄的物体影像放大，但使观察范围变小。1/2 英寸和 1/3 英寸 CCD 摄像机远摄镜头焦距分别为大于 12mm 和大于 8mm。

（4）变焦镜头：（zoom lens）也称为伸缩镜头，有手动变焦镜头（manual zoom lens）和电动变焦镜头（motorized zoom lens）两类。其输入电压多为直流 8~16V，最大电流为 30mA。

（5）手动可变焦点镜头：（vari-focus lens）它介于标准镜头与广角镜头之间，焦距连续可变，既可将远距离物体放大，同时又可提供一个宽广视景，使监视宽度增加。这种变焦镜头可通过设置自动聚焦于最小焦距和最大焦距两个位置，但是从最小焦距到最大焦距之间的聚焦，则必须通过手动聚焦实现。

（6）针孔镜头：镜头端头直径几毫米，可隐蔽安装。

5. 按镜头焦距分：

（1）短焦距镜头：因入射角较宽，故可提供较宽广的视景。

（2）中焦距镜头：标准镜头，焦距长度视 CCD 尺寸而定。

（3）长焦距镜头：因入射角较窄，故仅能提供狭窄视景，适用于长距离监视。

（4）变焦距镜头：通常为电动式，可作广角、标准或远望镜头用。表 3-3 和表 3-4 列出定焦和变焦镜头的参数。

对于镜头焦距的选择，相同的成像尺寸，不同焦距长度的镜头的视场角也不同。焦距越短，视场角越大，所以短焦距镜头又称广角镜头。根据视场角的大小可以划分为以下五种焦距的镜头：长焦镜头视场角小于 45°；标准镜头视场角为 45°~50°；广角镜头视场角在 50° 以上；超广角镜头视场角可接近 180°；大于 180° 的镜头称为鱼眼镜头。在 CCTV 系统中常用的是广角镜头、标准镜头、长焦镜头。表 3-2 列出了长焦镜头与广角镜头各项性能之对比，供选择镜头焦距时参考。标准镜头的各项性能是广角镜头与长焦镜头的折中效果。

长焦镜头和广角镜头的性能比较　　　　　　　　　　　　　表 3-2

类别 性能	广角镜头	长焦镜头
景深	深	浅
取景显像	小	大
聚焦要求	低	高
远近感	有夸张效果，甚至变形	画面压缩，深度感小，变形小
使用效果	适应全景	应用于特写
画调	硬调	软调
适合场合	（1）实况全景场面 （2）拍摄小场所 （3）显示被摄体为主，又要交待其背景	（1）被摄体离镜头较远 （2）被摄体清楚，而其他距离的物体模糊 （3）适用于不变形的展现近景的摄制

常用定焦距镜头参数表　　表 3-3

焦距（mm）	最大相对孔径	像场角度		分辨能力（线数/mm）		透射系数	边缘与中心照度比（%）
		水平	垂直	中心	边缘		
15	1∶1.3	48°	36°	—	—	—	—
25	1∶0.95	32°	24°	—	—	—	—
50	1∶2	27°	20°	38	20	—	48
75	1∶2	16°	12°	35	17	0.75	40
100	1∶2.5	14°	10°	38	18	0.78	70
135	1∶2.8	10°	7.7°	30	18	0.85	55
150	1∶2.7	8°	6°	40	20	—	—
200	1∶4	6°	4.5°	38	30	0.82	80
300	1∶4.5	4.5°	3.5°	35	26	0.87	87
500	1∶5	2.7°	2°	32	15	0.84	90
750	1∶5.6	2°	1.4°	32	16	0.58	95
1000	1∶6.3	1.4°	1°	30	20	0.58	95

常用变焦距镜头参数表　　表 3-4

焦距（mm）	相对孔径	视场角			最近距离（m）
		对角线	水平	垂直	
12～120	1∶2	5°14′ 49°16′	4°12′ 40°16′	3°10′ 30°1′	1.3
12.5～50	1∶1.8	12°33′ 47°28′	10°03′ 38°48′	7°33′ 92°35′	1.2
12.5～80	1∶1.8	8°58′ 47°28′	6°18′ 38°18′	4°44′ 29°34′	1.5
14～70	1∶1.8	8°58′ 42°26′	7°12′ 35°54′	5°24′ 26°32′	1.2
15～150	1∶2.5	6°04′ 55°50′	4°58′ 45°54′	30°38′ 35°08′	1.7
16～64	1∶2	9°48′ 37°55′	7°52′ 30°45′	5°54′ 23°18′	1.2
18～108	1∶2.5	8°24′ 47°36′	6°44′ 38°48′	5°02′ 29°34′	1.5
20～80	1∶2.5	11°20′ 43°18′	9°04′ 35°14′	6°48′ 26°44′	1.2
20～100	1∶1.8	9°04′ 35°14′	7°16′ 28°30′	5°26′ 21°34′	1.3
25～100	1∶1.8	9°04′ 35°14′	7°16′ 28°30′	5°26′ 21°34′	2

（二）镜头特性参数

镜头的特性参数很多，主要有焦距、光圈、视场角、镜头安装接口、景深等。

所有的镜头都是按照焦距和光圈来确定的，这两项参数不仅决定了镜头的聚光能力和放大倍数，而且决定了它的外形尺寸。

焦距一般用毫米表示，它是从镜头中心到主焦点的距离。光圈即是光圈指数 F，它被

定义为镜头的焦距（f）和镜头有效直径（D）的比值，即

$$F = \frac{f}{D} \tag{3-1}$$

也即光圈 F 是相对孔径 D/f 的倒数，在使用时可以通过调整光阑口径的大小来改变相对孔径。

光圈值决定了镜头的聚光质量，镜头的光通量与光圈的平方值成反比（$1/F^2$）。具有自动可变光圈的镜头可依据景物的亮度来自动调节光圈。光圈 F 值越大，相对孔径越小。不过，在选择镜头时要结合工程的实际需要，一般不应选用相对孔径过大的镜头，因为相对孔径越大，由边缘光量选成的像差就大，如要去校正像差，就得加大镜头的重量和体积，成本也相应增加。

视场是指被摄物体的大小。视场的大小应根据镜头至被摄物体的距离、镜头焦距及所要求的成像大小来确定，如图 3-4 所示。其关系可按下式计算：

$$H = \frac{aL}{f} \tag{3-2}$$

$$W = \frac{bL}{f} \tag{3-3}$$

式中　H——现场高度（m）；

W——现场宽度（m），通常 $W = \frac{4}{3}H$；

L——镜头到被摄物体的距离（视距 m）；

f——焦距（mm）；

a——靶面高度（mm）；

b——靶面宽度（mm）。

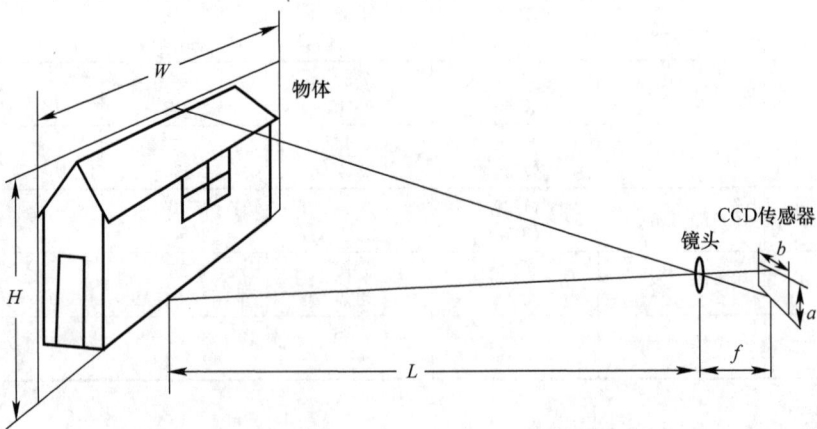

图 3-4　被摄物体在 CCD 靶面上成像的示意图

例如，已知被摄物体距镜头中心的距离为 3m，物体的高度为 1.8m，所用摄像机 CCD 靶面为 $\frac{1}{2}$ 英寸，由表 3-1 查得其靶面垂直尺寸 a 为 4.6mm，则由上式可求得镜头的焦距为：

$$f = \frac{aL}{H} = \frac{4.6 \times 3000}{1800} \approx 8\text{mm}$$

可见，焦距 f 越长，视场角越小，监视的目标也小。

作为例子，对于银行柜员所使用的监控摄像机，其覆盖的景物范围有着严格的要求，因此景物视场的高度（或垂直尺寸）H 和宽度（或水平尺寸）W 是能确定的。例如摄取一张办公桌及部分周边范围，假定 $H=1500\text{mm}$，$W=2000\text{mm}$，并设定摄像机的安装位置至景物的距离 $L=4000\text{mm}$。现选用 1/3 英寸 CCD 摄像机，则由表 3-1 查得：$a=3.6\text{mm}$，$b=4.8\text{mm}$，将它代入式（3-2）和式（3-3）可得：

$$f = \frac{aL}{H} = \frac{3.6 \times 4000}{1500} = 9.6\text{mm}$$

$$f = \frac{bL}{W} = \frac{4.8 \times 4000}{2000} = 9.6\text{mm}$$

故选用焦距为 9.6mm 的镜头，便可在摄像机上摄取最佳的、范围一定的景物图像。

以上是指定焦距镜头的选择方法，可知长焦距镜头可以得到较大的目标图像，适合于展现近景和特写画面，而短焦距镜头适合于展现全景和远景画面。在 CCTV 系统中，有时需要先找寻被摄目标，此时需要短焦距镜头，而当找寻到被摄目标后又需看清目标的一部分细节。例如防盗监视系统，首先要监视防盗现场，此时要把视野放大而用短焦距镜头；图 3-5 为不同焦距镜头所对应的视场角图（设所用镜头配接 $\frac{2}{3}$ 英寸 CCD 摄像机）。

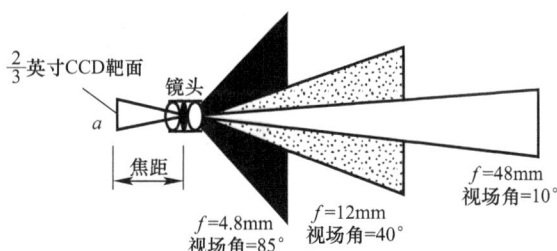

图 3-5 不同焦距镜头所对应的视场角

景深是指焦距范围内的景物的最近和最远点之间的距离。改变景深有三种方法：

① 使用长焦距镜头；

② 增大摄像机和被摄物体的实际距离；

③ 缩小镜头的焦距。第③种是最常用的改变景深的方法。

（三）镜头的选择

合适镜头的选择由下列因素决定：

① 再现景物的图像尺寸；

② 处于焦距内的摄像机与被摄体之间的距离；

③ 景物的亮度。

因素①和②决定了所用镜头的规格，而③对于摄像机的选择有一定影响。在一定的意义上，②和③具有相互依赖的关系，景深在很大程度上决定于镜头最大的光圈值，它也决定于光通量的获得。

四、摄像机的主要技术指标

总的来说，影响摄像机使用的主要方面是成像清晰度、硬件质量和云台运动方式等，其主要技术指标有清晰度、照度（灵敏度）、信噪比（S/N）、制式、供电方式等。

（1）清晰度（分辨率）

清晰度表示摄像机分辨图像细节的能力，通常用电视线（TVL）表示。它取决于CCD芯片的像素数、镜头的分解力和摄像系统的带宽。

黑白摄像机水平清晰度应能满足我国行业标准GB/T16676—1996中规定的380TVL。彩色摄像机水平清晰度一般要满足GB/T16676—1996中对彩色监视系统270TVL的要求。

（2）照度（灵敏度）

单位被照面积上接收到的光通量称为照度，摄像机的灵敏度以在镜头光圈大小一定的情况下，获取规定信号电平所需要的最低靶面照度来表示，是CCD对环境光线的敏感程度，或者说是CCD正常成像时所需要的最暗光线。

照度的单位是勒克斯（Lux），数值越小，表示需要的光线越少，摄像头也越灵敏，例如：某摄像机使用F1.2的镜头，被摄物体表面所需照度为0.04Lux时，则称此摄像机的灵敏度为0.04Lux/F1.2。1～3Lux属一般照度。月光级和星光级等高增感度摄像机可工作在很暗条件，月光级正常工作所需照度为0.1Lux左右，星光级正常工作所需照度为0.01Lux以下。如果被摄物体表面照度再低，监视器屏幕上将是一幅很难分辨层次的灰暗图像。红外型则采用红外灯照明，在没有光线的情况下也可以成像（黑白）。

（3）信噪比

信噪比即信号电压与噪声电压的比值。CCD摄像机信噪比的典型值在45～55dB之间。一般的电视监控系统中要选50dB左右的，图像有少量噪声，但图像质量良好，这样不仅能满足行业标准中规定系统信噪比不小于38dB的要求，更重要的是当环境照度不足时，信噪比越高的摄像机图像就越清晰，若达到60dB，则图像质量优良，不出现噪声。

（4）同步

要求摄像机具有电源同步、外同步信号接口。对电源同步而言，摄像机由监控中心的交流同相电源供电，以使摄像机场同步信号与市电的相位锁定，从而达到摄像机同步信号相位一致的同步方式。

（5）电源与工作温度

国外摄像机交流电压适应范围一般是198～264V，抗电源电压变化能力较强。国内摄像机交流电压适应范围一般是200～240V，抗电源电压变化能力较弱，在系统中使用时一般需稳压电源。

—10～+50℃是绝大多数摄像机生产厂家的温度指标，视使用地区的温度变化加防护或特别防护。

（6）自动增益控制（AGC）

在低亮度的情况下，自动增益功能可以提高图像信号的强度以获得清晰的图像。摄像机输出的视频信号必须达到电视传输规定的标准电平，即为了能在不同的景物照度条件下都能输出标准视频信号，必须使放大器的增益能够在较大的范围内进行调节。这种增益调节通常都是通过检测视频信号的平均电平而自动完成的，实现此功能的电路称为自动增益控制电路，简称 AGC 电路。具有 AGC 功能的摄像机，在低照度时灵敏度会有所提高，但此时的噪点也会比较明显。这是由于信号和噪声被同时放大的缘故。现在各大厂家的摄像机基本都能支持 AGC 功能。

（7）自动白平衡（ATW）

当彩色摄像机的白平衡正常时，才能真实地还原被摄物体的色彩。彩色摄像机的自动白平衡就是实现自动调整。自动白平衡解决摄像机对物体白色部分或白色物体在人工光照条件下（非自然阳光）真实色彩还原，以及监看目标在自然光照条件下颜色的还原。

（8）自动亮度控制/电子亮度控制（ALC/ELC）

有些 CCD 摄像机可以根据射入光线的亮度，利用电子快门来调节 CCD 图像传感器的曝光时间，从而在光线变化较大时可以不用自动光圈镜头。

（9）逆光补偿（BLC）

在只能逆光安装的情况下，采用普通摄像机时，被摄物体的图像会发黑，应选用具有逆光补偿的摄像机才能获得较为清晰的图像。

（10）强光抑制功能

具有强光抑制功能的摄像机能够把迎面车辆的前灯强光屏蔽，以便能够得到强光笼罩下物体的最佳影像质量。

（11）宽动态技术

宽动态技术可解决监看目标处于相对较弱的光照环境，但其附近或后面有相对较强光源。比如：位于室内的监看目标，但其位于室内的窗口/门口、建筑物的出入口；银行的现金柜台，监看目标和工作人员分处玻璃两侧，相对两者处于强弱明显的光照环境。在一些明暗反差过大的场合，一般的摄像机由于 CCD 的感光特性所限制，摄取的图像往往出现背景过亮或前景太暗的情况。针对这种情况，宽动态技术应运而生，较好地解决了这一问题。而在此之前，传统的摄像机一般会采取背光补偿功能来适应光线反差大的场合。目前第三代宽动态的摄像机动态范围已经达到了 128 倍，可以满足各种光线条件下的拍摄要求。

（12）超低照度

一般的超低照度摄像机大都采用 Exview HAD 技术，采用 Exview HAD CCD 的摄像机，对外界光线的敏感程度会大大提高，在近红外区域，其敏感度可以提高到普通摄像机的 4 倍。因此，即使在非常暗的环境下，这种摄像机通常可以看到人眼看不到的物体，这一技术的出现受到了监控市场的欢迎，对各种光照环境下均可表现出最佳的效果。

最低照度是人们评价摄像机对亮度灵敏程度的一个指标。该数字越低，说明摄像机灵敏度越高，性能越好。但最低照度值是在一定的条件下测定的，必须结合相应的测量条件和标准来比较和衡量，仅凭给出的最低照度值，不能简单地得出两种摄像机亮度灵敏度孰优孰劣的结论。

（13）多码流技术

摄像机的多码流输出是指并发采用两路视频码流传输，其中一路或几路视频数字码流采用高码率的编码方式适用于在大屏幕与监视器上观看，另外一路或几路视频数字码流采用较低码率的编码方式，可以直接在存储设备上实现数字化存储以及调用。现在部分摄像机已能支持三码流输出。

（14）光学变焦

变焦主要有光学变焦和数字变焦两种。在摄像机中，要改变视角有两种办法，一种是改变镜头的焦距，即光学变焦，通过改变变焦镜头中各镜片的相对位置来改变镜头的焦距；另一种就是改变成像面的大小，即成像面的对角线长短，在目前的数码摄影中，这叫做数字变焦。实际上数字变焦并没有改变镜头的焦距，只是通过改变成像面对角线的角度来改变视角，从而产生了"相当于"镜头焦距变化的效果。一般来说，摄像机的总变焦倍数等于光学变焦乘以数字变焦，现在 IP 摄像机已有 35X 光学变焦的能力。

表 3-5 列出摄像机的技术要求。

摄像机的技术要求   表 3-5

项　目	标清摄像机	高清摄像机
成像器件	优于 1/4″CCD	优于 1/3″HD CMOS
有效感光像素	优于 752×582	优于 2 百万（16：9）
分辨率	704×576	优于 720P
镜头	18 倍光学变焦	18 倍光学变焦
最低照度	1～3lx	3～5lx
白平衡	自动	AWB A，AWB B，ATW
信噪比	50dB	超过 54dB
PAN 水平转动范围	±170°	±175°
TILT 垂直转动范围	−30°～90°	−30°～90°
预置位	不小于 6 个	不小于 6 个
视频输出	BNC	模拟分量、高清数字接口
控制端口	RS-232C 或 RS-422	IP，RS-422 或 VISCA

作为示例，台电生产的 HCS-3313C 或 D 型高速云台摄像机可作会议摄像和视像跟踪使用。该摄像机的特性为：

① 内置超级背光补偿，超低照度彩色摄像机

② 内置高速预置云台及解码器

③ 采用直流电机，定位准确

④ 64 个预置点及自动巡航监视

⑤ 彩色信号输出，信号为 PALTV 信号

⑥ 水平 360°连续旋转，垂直 100°旋转

⑦ 安装方式：吸顶式（C 型），台面式（D 型）

台电 HCS-3313C/D 摄像机的技术参数如表 3-6 所示。

HCS-3313C/D 摄像机技术参数　　　　　　　表 3-6

供电电压	DC 12±3V
消耗功率	5W
分辨率	480 线
光学变焦	22 倍（4mm-64mm）
电子变焦	10 倍
最低照度	0.5Lux
信噪比	50dB 以上（AGC 关）
水平旋转角度	360 度
垂直旋转角度	100 度，并可自动翻转 180 度
水平最高旋转速度	260 度/s
垂直最高旋转速度	100 度/s
预置点	64 个
安装方式	C 型吸顶式/D 型台面式
重量	1.1kg

　　视像跟踪系统就是采用自动跟踪摄像机内置 360°水平旋转、90°～180°垂直旋转的高速云台，可以在短时间内以较高的精度到达预先设置的位置上，通过中央处理器内置的软件设定麦克风 ID 地址，设置和保存麦克风-摄像机联动预置位。当与会代表开启话筒时，摄像机会自动调整到发言者所在的位置，并在视频显示设备显示摄像机所摄制到的图像，当话筒关闭时，摄像机可摄影任一预设目标（例如会场环境或主席台等）。视频跟踪系统主要应用于圆桌会议、大型论坛等场合。下面对会议摄像及其自动跟踪作进一步的阐述：

五、会议摄像与自动跟踪系统

1. 分类与组成

　　会议摄像系统分为会场摄像和跟踪摄像。通常由图像采集、图像传输、图像处理和图像显示部分组成，如图 3-6 所示。

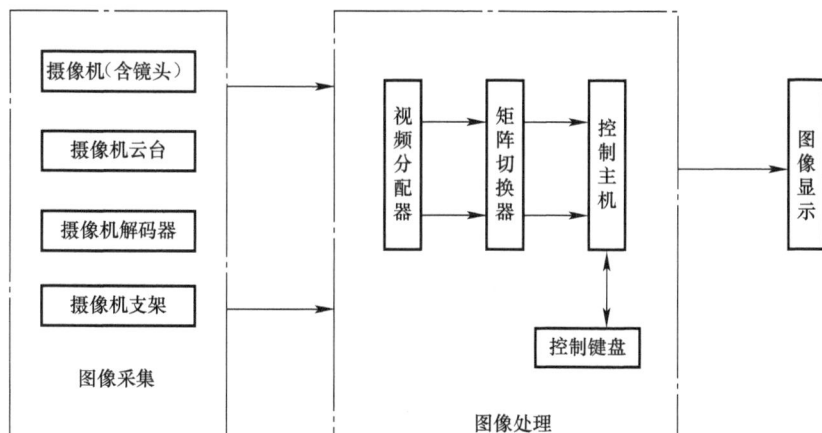

图 3-6

图像采集部分可由摄像机、摄像机云台、解码器、支架等组成。图像传输部分可由传输线缆组成。图像处理部分可由视频分配器、视频切换器、控制主机（含软件）、控制键盘等组成。图像显示部分可由各种显示设备组成。

2. 会议摄像跟踪摄像机的要求

（1）跟踪摄像机应具有预置位功能，预置位数量应大于发言者数量。

预置位少于发言者数时，可以由外部控制器进行扩展；如；操作键盘，摄像联动控制器。一般每一个具有发言功能的会议单元都需要一个预置位，即预存的云台摄像机定位信息。也可以只对部分会议单元，譬如主席台上的会议单元，设立预置位。如果是无人发言或多个人发言者一起发言，会议摄像机应给全景图像。

（2）摄像机镜头应根据摄像机监视区域大小设计使用定焦镜头或变焦镜头。

（3）摄像机镜头应具有光圈自动调节功能。

（4）模拟黑白摄像机水平清晰度不应低于 570 线，彩色摄像机水平清晰度不应低于 480 线。

（5）标准清晰度数字摄像机水平和垂直清晰度水平不应低于 450 线，高清晰度数字摄像机水平和垂直清晰度不应低于 720 线。

用于会议跟踪摄像机云台水平最高旋转速度不宜低于 260 度/秒，垂直最高旋转速度不宜低于 100 度/秒。

（6）摄像机云台应选择低噪声产品。

（7）摄像机云台信噪比不应小于 50dB。

（8）摄像机最低照度不宜大于 1.0LUX。

（9）云台摄像机调用预置位偏差不应大于 0.1°。

（10）当发言者开启传声器时，会议摄像跟踪摄像机应自动跟踪发言者，并自动对焦放大、联动视频显示设备，显示发言者图像。

（11）系统应具有断电自动记忆功能。

（12）会议摄像系统使用视频控制软件可对摄像机预置位与会议单元之间的对应关系进行设置。

3. 系统对设备的要求

（1）视频切换器的选择应符合以下规定：

① 视频输入/输出通道数量应满足系统需要，并应预留 20% 的冗余，并可实现逻辑矩阵功能。

② 应支持通用通讯协议，以连接控制高速云台摄像机。

③ 宜具有视频信号倍线功能，可将复合视频、S-VIDEO 信号转换成高质量的 VGA 信号。

④ 宜具有画面静止、冻结和同步切换功能。

⑤ 宜具有屏幕字符显示功能，可在预置位显示代表姓名等信息。

⑥ 视频切换器的幅频特性、随机信噪比、微分增益和微分相位应符合本规范第 8.4.8 条中的相关规定。

（2）云台摄像机的选择应符合以下规定：

① 摄像机分辨率应高于系统要求显示分辨率。

② 宜具有预置位功能。

③ 宜具有光学变焦和电子变焦。

④ 应具有光圈自动调节功能。

⑤ 应支持 PAL 制和 NTSC 制视频信号。

第二节　触　摸　屏

随着计算机技术的普及，在 20 世纪 90 年代初，出现了一种新的人机交互技术——触摸屏技术。利用这种技术，使用者只要用手指轻轻地触碰计算机显示屏上的图形或文字，就能对主机讲行操作或查询，这样就摆脱了键盘和鼠标操作．大大地提高了计算机的可操作性。

触摸屏是一种透明的绝对定位系统，首先它必须是透明的，透明问题是通过材料科技来解决的。其次是它能给出手指触摸处的绝对坐标，而鼠标属于相对定位系统。绝对坐标系统的特点是每一次定位的坐标与上一次定位的坐标没有关系，触摸屏在物理上是一套独立的坐标定位系统，每次触摸的位置转换为屏幕上的坐标。要求不管在什么情况下，同一点输出的坐标数据是稳定的，坐标值的漂移值应在允许范围内。

触摸屏的基本原理如下：用户用手指或其他物体触摸安装在显示器上的触摸屏时，被触摸位置的坐标被触摸屏控制器检测，并通过通信接口（例如 RS-232C 或 RS-485 串行口）将触摸信息传送到 CPU，从而得到输入的信息。

触摸屏系统一般包括两个部分：触摸检测装置和触摸屏控制器。触摸检测装置安装在显示器的显示表面，用于检测用户的触摸位置，再将该处的信息传送给触摸屏控制器。触摸屏控制器的主要作用是接收来自触摸点检测装置的触摸信息，并将它转换成触点坐标，判断出触摸的意义后送给 CPU。它同时能接收 CPU 发来的命令并加以执行，例如动态地显示开关量和模拟量。

按照触摸屏的工作原理和传输信息的介质，触摸屏主要有 4 种：电阻式、表面声波式、红外线式以及电容式，每一类触摸屏都有其各自的优缺点。

一、电阻式触摸屏

1. 四线电阻触摸屏

电阻触摸屏的屏体部分是一块与显示器表面非常配合的多层复合薄膜，由一层玻璃或有机玻璃作为基层，表面涂一层称为 ITO 的透明的导电层（如氧化铟），上面再盖一层外表面硬化处理、光滑防刮的塑料层，它的内表面也涂有一层透明导电层，在两层导电层之间有许多细小（小于 10^{-3} in①）的透明隔离点把它们隔开绝缘。电阻式触摸屏剖面结构如图 3-7 所示。

———————

① 1in＝25.4mm。

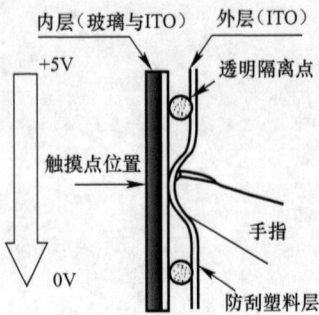

图 3-7　电阻式触摸屏工作原理

触摸屏的两个金属导电层是工作面，在每个工作面的两端各涂有一条银胶，作为该工作面的一对电极。分别在两个工作面的竖直方向和水平方向上施加直流电压，在工作面上就会形成均匀连续平行分布的电场。

当手指触摸屏幕时，平常相互绝缘的两层导电层在触摸点处接触，使得侦测层的电压由零变为非零，这种状态被控制器侦测到后，进行 A/D 转换，并将得到的电压值与 5V 相比，就能计算出触摸点的 Y 轴坐标，同理可以得出 X 轴的坐标。这就是电阻式触摸屏的基本原理。

根据引出线数的多少，电阻式触摸屏分为四线式和五线式两种，四线式触摸屏的 X 工作面和 Y 工作面分别加在两个导电层上，共有四根引出线，分别连到触摸屏的 X 电极对和 Y 电极对上。从实用和经济两方面考虑，当前市场应用最多的是模拟式四线电阻触摸屏。

2. 五线电阻触摸屏

四线电阻触摸屏的基层大多数是有机玻璃，存在透光率低和易老化的问题，而且 ITO 是无机物，有机玻璃是有机物，它们不能很好地结合，时间一长容易剥落。

第二代电阻式触摸屏——五线电阻触摸屏的基层使用 ITO 与玻璃复合的导电玻璃，通过精密电阻网络，把两个方向的电压场都加在玻璃的导电工作面上，可以理解为两个方向的电压场分时加在同一工作面上，而延展性好的外层镍金导电层仅仅用来作纯导体，触摸后用既检测内层 ITO 接触点的电压叉检测导通电流的方法，测得触摸点的位置。五线电阻触摸屏的内层 ITO 需要 4 条引线，外层作为导体仅需一条线，因此总共需要 5 条引线。

五线电阻触摸屏的使用寿命比四线电阻触摸屏提高了十多倍，并且没有安装风险，同时五线电阻触摸屏的 ITO 层能做得更薄，因此透光率和清晰度更高，几乎没有色彩失真。

不管是四线电阻触摸屏还是五线电阻触摸屏，它们都不怕灰尘、水汽和油污，可以用各种物体来触摸它，或者在它的表面上写字画画，比较适合工业控制领域及办公室内有限的人使用。因为复合薄膜的外层采用塑胶材料，其缺点是太用力或使用锐器触摸可能划伤触摸屏。在一定限度内，划伤只会伤及外导电层，对于五线电阻触摸屏来说没有关系，但是对四线电阻触摸屏来说却是致命的。

二、表面声波触摸屏

表面声波是超声波的一种，它是在介质（例如玻璃）表面进行浅层传播的机械能量波。表面声波触摸屏的触摸屏部分可以是一块平面、球面或是柱面的玻璃平板，安装在CRT。

其工作原理如下：以 Y 轴为例，发射器把由控制器产生的 5MHz 的电信号转换为超声波能量发出。发射器保证其按照一定的小角度向下面反射条纹发送超声波，发送的超声波被底边的 45° 反射条纹向上反射，呈屏幕表面竖直方向的均匀面传播，然后又被上边的反射条纹向右聚成线传播至 Y 轴接收换能器，并最终转为电信号回传给控制器。如图 3-8 所示。

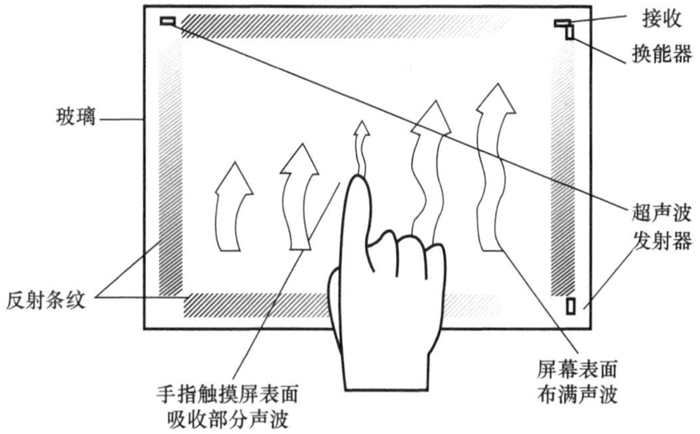

图 3-8 表面声波触摸屏结构示意图

在没有触摸的时候，接收信号的波形与参照波形完全一样。当手指触摸屏幕时，手指吸收了一部分声波能量，而控制器则检测到接收信号在某一时刻上的衰减，由此可计算出触摸点在 Y 轴上的位置，同样的原理可以得到触摸点在 X 轴的位置。除了一般触摸屏都能响应的 X、Y 坐标外，表面声波触摸屏还响应其独有的第三轴 Z 轴坐标，也就是能感知用户触摸压力大小值。其原理是由接收信号衰减处的衰减量计算得到。三轴值一旦确定，控制器就传给主机，表面声波触摸屏的控制器就是靠测量衰减时刻在时间轴上的位置来计算触摸位置。

表面声波触摸屏第一个特点是抗暴力，因为它的工作面是一层看不见、打不坏的声波能量，触摸屏的基层玻璃没有任何夹层和结构应力（表面声波触摸屏可以发展到直接做在 CRT 表面，从而没有任何"屏幕"），因此非常耐暴力使用，适合用于公共场所。表面声波触摸屏第二个特点是反应速度快，它是所有触摸屏中反应速度最快的，使用时感觉很顺畅。表面声波第三个特点是性能稳定，因为表面声波技术原理稳定，而表面声波触摸屏的控制器靠测量衰减时刻在时间轴上的位置来计算触摸位置，所以它非常稳定，精度也非常高，目前表面声波技术触摸屏的精度通常是 $4096 \times 4096 \times 256$ 级力度。表面声波触摸屏的第四个特点是控制卡能知道什么是尘土和水滴，什么是手指。因为我们的手指触摸在 $4096 \times 4096 \times 256$ 级力度的精度下，每秒 48 次的触摸数据不可能是一点也不变的，而尘土或水滴就一点都不变，控制器发现一个"触摸"出现后一点也不变超过 3s，即自动识别为干扰物。表面声波触摸屏第五个特点是它具有第三轴 Z 轴，也就是压力轴响应，这是因为用户触摸屏幕的力量越大，接收信号波形上的衰减缺口也就越宽越深。目前在所有触摸屏中只有声波触摸屏具有能感知触摸压力这个功能，有了这个功能，每个触摸点就不仅仅是有触摸和无触摸的两个简单状态，而是成为能感知力的一个模拟量值的开关了。这个功能非常有用，比如在多媒体信息查询软件中，一个按钮就能控制动画或者影像的播放速度。

表面声波触摸屏的缺点是触摸屏表面的灰尘和水滴会阻挡表面声波的传递，虽然智能的控制卡能分辨出来，但尘土积累到一定程度，信号会衰减得非常厉害，此时表面声波触摸屏变得迟钝甚至不工作，因此，厂家一方面推出防尘型表面声波触摸屏，一方面建议用户别忘了每年定期清洁触摸屏。

三、红外线触摸屏

红外线触摸屏安装简单，只需在显示器上加上光电距架框，无需在屏幕表面加上涂层或接驳控制器。光电距架框的四边排列了红外线发射管及接收管（图 3-9），在屏幕表面形成一个红外线网。用户以手指触摸屏幕某一点，便会挡住经过该位置的横竖两条红外线，计算机便可即时算出触摸点的位置。任何触摸物体都可改变触点上的红外线而实现触摸屏操作。早期红外线触摸屏存在分辨率低、触摸方式受限制和易受环境干扰而误动作等技术上的局限，因而一度淡出过市场。此后第二代红外线触摸屏部分解决了抗光干扰的问题，第三代和第四代在提升分辨率和稳定性能上亦有所改进。而且，红外线触摸屏不受电流、电压和静电干扰，适宜用于恶劣的环境条件。红外线触摸屏只要实现了高稳定性能和高分辨率，就可能替代其他技术产品而成为触摸屏市场主流。过去的红外线触摸屏的分辨率由框架中的红外对管数目决定，因此分辨率较低，市场上主要国内产品为 32×32 像素、40×32 像素。而采用最新技术的第五代红外线触摸屏的分辨率取决于红外对管数目、扫描频率以及差值算法，分辨率已经达到了 1000×720 像素，至于说红外线触摸屏在光照条件下不稳定，从第二代红外线触摸屏开始，就已经较好地克服了抗光干扰这个弱点。第五代红外线触摸屏是全新一代的智能技术产品，它实现了 1000×720 像素高分辨率、多层次自调节和自恢复的硬件适应能力和高度智能化的判别、识别能力，可长时间在各种恶劣环境下任意使用，并且可针对用户定制扩充功能，如网络控制等。

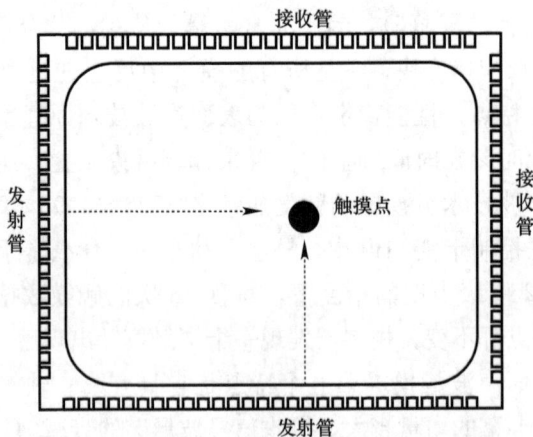

图 3-9　红外线触摸屏的原理

红外线触摸屏价格便宜，安装容易，能较好地感应轻微触摸与快速触摸。但是由于红外线触摸屏依靠红外线感应动作，外界光线变化，如阳光、室内射灯等均会影响其准确度，而且红外线触摸屏不防水，怕污垢，任何细小的外来物都会引起误差，影响其性能，不适宜置于户外和公共场所使用。

四、电容式触摸屏

电容式触摸屏的构造主要是在玻璃屏幕上镀一层透明的薄膜导体层，再在导体层外加上一块保护玻璃，双玻璃设计能彻底保护导体层及感应器。此外，在附加的触摸屏四边均镀上狭长的电极，在导电体内形成一个低电压交流电场。用户触摸屏幕时，由于人体电场、手指与导体层间会形成一个耦合电容，四边电极发出的电流会流向触点，而其强弱与手指及电极的距离成正比，位于触摸屏幕后的控制器便会计算电流的比例及强弱，准确算出触摸点的位置。电容式触摸屏的双玻璃不但能保护导体及感应器，更能有效地防止外在环境因素给触摸屏造成的影响，就算屏幕沾有污秽、尘埃或油渍，电容式触摸屏依然能准确算出触摸位置。电容式触摸屏的结构原理如图 3-10 所示。

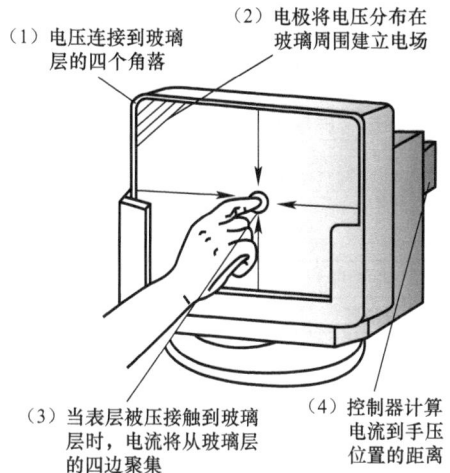

图 3-10　电容式触摸屏结构原理图

电容式触摸屏的透光率和清晰度优于四线电阻式触摸屏，当然还不能和表面声波屏和五线电阻式触摸屏相比。电容式触摸屏反光严重，而且电容技术的四层复合触摸屏对各波长光的透光率不均匀，存在色彩失真的问题。由于光线在各层间的反射，还造成图像字符的模糊。电容式触摸屏在原理上把人体当作一个电容器元件的一个电极使用，当有导体靠近与夹层 ITO 工作面之间耦合出足够容量值的电容时，流走的电流就足够引起电容式触摸屏的误动作。我们知道，电容值虽然与极间距离成反比，却与相对面积成正比，并且还与介质的绝缘系数有关，因此，当较大面积的手掌或手持的导体靠近电容式触摸屏而不是触摸时，就能引起电容式触摸屏的误动作，在潮湿的天气，这种情况尤为严重，手扶住显示器、手掌靠近显示器 7cm 以内或身体靠近显示器 15cm 以内就能引起电容式触摸屏的误动作。电容式触摸屏的另一个缺点是用戴手套的手或手持不导电的物体触摸时没有反应，这是因为增加了更为绝缘的介质。电容式触摸屏更主要的缺点是漂移：当环境温度、湿度改变时，环境电场发生改变时，都会引起电容式触摸屏的漂移，造成测定不准确。例如：开机后显示器温度上升会造成漂移，用户触摸屏幕的同时，另一只手或身体一侧靠近显示器会产生漂移，电容式触摸屏附近较大的物体搬移后会引起漂移，触摸时如果有人围过来观看也会引起漂移。电容式触摸屏的漂移原因属于技术上的先天不足，环境电势面（包括用户的身体）虽然与电容式触摸屏离得较远，却比手指头面积大得多，它们直接影响了触摸位置的测定。

五、各种触摸屏的性能比较与产品示例

各种类型触摸屏的性能进行比较见表 3-7 和表 3-8。

各种类型触摸屏的性能比较 表 3-7

类别特性	电阻式触摸屏	表面声波触摸屏	红外线触摸屏	电容式触摸屏
清晰度	较好	很好	一般	较差
透光率	75%	92%	100%	85%
分辨率	4096×4096 像素	4096×4096 像素	40×32 像素	1024×1024 像素
响应时间	10ms	10ms	50~300ms	15~24ms
防刮擦	一般	非常好	好	一般
漂移	无	无	无	有
防尘	不怕	不怕	不能挡住透光部分	不怕
触摸屏寿命	大于 3500 万次	大于 5000 万次	红外管寿命	大于 2000 万次
价格	中	高	低	中

各类触摸屏的特性比较 表 3-8

类别/性能	表面声波式	电容式	红外式	五线电阻式	四线电阻式
清晰度	很好	字符图像模糊		较好	字符图像模糊
反光性	很少	严重		有	较少
透光率	95%（极限）	85%		85%	70%
色彩失真	无	有		无	有
分辨率	4096×4096	4096×4096	1000×720	4096×4096	4096×4096
压力轴响应	有	无	有	有	有
漂移	无	漂移	无	无	无
防刮擦	非常好且不怕硬物	一般，怕硬物敲击		一般，怕锐器	主要缺陷
野蛮使用	不怕	一般	外框易碎	好，但怕锐器	差
反应速度（ms）	10	15~24	50~300	10	10~20
材料	纯玻璃	四层复合膜	透光外壳	镀于玻璃	镀于有机玻璃
多点触摸	智能判断	中心点	左上角	中心点	中心点
光干扰	没有此问题	没有此问题	不能超范围	没有此问题	没有此问题
电磁场干扰	没有此问题	有	没有此问题	没有此问题	没有此问题
防尘	好	好	不能挡住透光部分	好	好

下面以台电中控系统用的 HCS-6107 和 HCS-6115 触摸屏为例进行说明：

1. 台电 HCS-6107 触摸屏

HCS-6107 系列宽屏触摸屏是采用高分辨率、高对比度、高亮度及宽可视角度的真彩 TFT-LCD 显示屏。该系列触摸屏具有音视频功能及 USB 接口，支持 SD 卡、无线控制及有线以太网控制。其特性如下：

① 16∶9 彩色宽屏显示

② 800×480（16∶9）分辨率，18 位真彩

③ 亮度 300cd/m² 、对比度 500∶1、左右可视角度 70°

④ 全新的图形界面

⑤ Mini-USB 接口及 A 型 USB 接口

⑥ 支持 SD 卡（最高到 4GB）

⑦ 6 个可编程触摸式功能键

⑧ 复合视频接口，支持多种多媒体视频格式及画中画功能

⑨ 内置扬声器

⑩ 可移动底座，内置可充电锂离子电池可供 8 小时持续工作

HCS-6107 触摸屏的技术参数如表 3-9 所示。

HCS-6107 触摸屏技术参数　　　　　　　　　　　　　　　表 3-9

LCD 参数	屏幕类型	TFT 真彩 LCD，7 寸
	宽高比	16∶9
	显示颜色	26 万色
	视频制式	PAL/NTSC
电源	电源适配器	输入：110V～240V　50Hz～60Hz 交流电源 输出：电压：直流＋15V　最大电流：2.2A 输出接口：φ5.5mm 插头
	电池	规格：可充电锂离子电池 电压：11.1V 容量：2400mAh 充电电流：1000mA～1200mA 充电时间：2.5～3 小时 连续工作时间：约 6 小时（显示屏持续亮） 正常工作时间：约 7 天（与电源管理设置和亮度设置有关） 待机时间：约 80 天
	电流	正常工作电流：350mA～400mA 待机电流：100mA～120mA 关机电流：1mA～1.5mA
无线发射参数		频率：2.4GHz 距离：＞25m
RS-232 接口参数		RS-232 波特率：115200bps
其他参数		64MB SDRAM，64MB Flash 数字按钮≤4000，模拟按钮≤1000 RF ID 范围：0～7 按钮 ID 号：0001～4000

2. 台电 HCS-6115 触摸屏

HCS-6115 触摸屏的特性与 HCS-6107 触摸屏一样，只是屏大小和技术参数不同，如表 3-10 所示。

HCS-6115 触摸屏技术参数　　　　　　　　　　　　　　　表 3-10

LCD 参数	屏幕类型	TFT 真彩 LCD，15.4 寸
	宽高比	16∶9
	显示颜色	26 万色
	视频制式	PAL/NTSC
电源	电源适配器	输入：110V-240V　50Hz～60Hz 交流电源 输出：电压：直流＋15V　最大电流：2.2A 输出接口：φ5.5mm 插头
	电池	规格：可充电锂离子电池 电压：16V/19V 容量：48.8Wh 充电电流：约 1300mA 充电时间：3.5～4 小时
	电流	正常工作电流：970mA～1020mA 待机电流：约 380mA 关机电流：1mA～1.5mA

续表

无线发射参数	频率：2.4GHz 距离：>25m
RS-232 接口参数	RS-232 波特率：115200bps
其他参数	64MB SDRAM，64MB Flash 数字按钮≤4000，模拟按钮≤1000 RF ID 范围：0～7 按钮 ID 号：0001～4000

第三节　智能集中控制系统

智能化中央控制系统是具有某种程度自治性的控制系统。它有两层含义：其一是集中控制，用户可通过按钮式控制面板、计算机显示器、触摸屏和无线遥控等手段，对声、光、电（投影机、展示台、影碟机、录像机、卡座、功放、话筒、计算机、笔记本、电动屏幕、电动窗帘、灯光等）等各种设备进行本地和异地控制；其二是智能化，智能化控制的定义是指将设备操作中一些繁琐和没有必要的程序屏蔽掉，也就是我们常说的"自动化"和"人性化"，具体体现为"One-touch"和"应用界面友好"。

在国内多媒体中央控制系统产品，主要是以美国 CRESTRON 和 AMX、法国 VITY 和国产 Creator 等为代表的智能化中央控制系统，性价比优越、标准化程度高、稳定可靠、可拓展性强。美国的 CRESTRON（快思聪）智能化中央控制系统，是目前世界上最先进的中央控制系统设备之一，AMX、VITY 和 Creator 与 CRESTRON 大同小异。这类智能化控制系统多适用于会展中心、国际会议中心、会议厅、剧院、影视厅堂等多功能多媒体综合应用环境；此外，还有一类专用的多媒体中央控制系统，功能繁多，价格便宜，但标准化程度低，系统集成复杂，稳定性、可靠性相对要差，多应用于多媒体教室等教学环境。

一、系统组成与功能要求

1. 组成

集中控制系统可由中央控制主机、触摸屏、电源控制器、灯光控制器、挂墙控制开关以及相关软件等设备组成，如图 3-11 所示。根据控制及信号传输方式的不同，集中控制系统可分为无线单向控制、无线双向控制、有线控制等形式。

2. 功能要求

（1）集中控制系统宜具有开放式的可编程控制平台和控制逻辑，以及人性化的中文控制界面。

（2）宜具有音量控制功能。

（3）可具有混音控制功能。

（4）宜能够与会议讨论系统进行连接通讯。

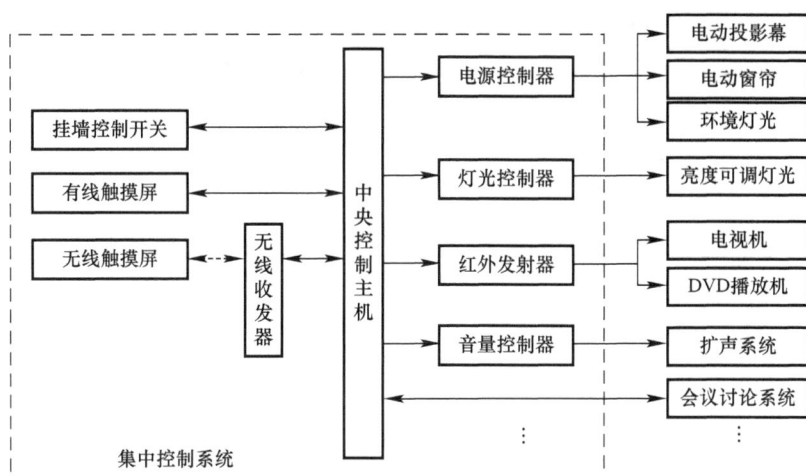

图 3-11　集中控制系统的组成

（5）可控制音视频切换和分配。

（6）可控制 RS-232 协议设备。

（7）可控制 RS-485 协议设备。

（8）可控制 RS-422 协议设备。

（9）可对需要通过红外线遥控方式进行控制和操作的设备进行集中控制。

（10）可集中控制电动投影幕、电动窗帘、投影机升降台等会场电动设备。

（11）可对安防感应信号联动反应。

（12）可扩展连接多台电源控制器、灯光控制器、无线收发器、挂墙控制开关等外围控制设备。

（13）宜具有场景存贮及场景调用功能。

（14）宜能够配合各种有线和/或无线触摸屏，实现遥控功能。

二、控制设备与部件

1. 中央控制主机

中央控制主机是执行及接收指令的核心设备，它实际上是一台综合处理器，主要任务是接收指令、处理信息、执行信令和转换格式，它以网络和专用线路与各个设备相连接，接受操控者发出的控制信令，然后向各个延伸控制设备及被控设备发出控制指令。所有控制功能通过专用系统软件编程而实现。根据需求可叠加许多模块，其外部接口一般包括多个 IR、RS-232/RS-485、I/O、RELAY、专用 NET、Network 等，可参见图 3-12。

2. 红外（IR）控制

主要用于对带红外遥控器的设备进行控制，连接在主机的红外端口与被控设备之间。只要电气设备本身带有红外遥控器即可控制，通过专用红外码学习器把该遥控器的代码输入到控制主机中，即把控制主机当做已经学习好代码的遥控器。常用来控制的设备包括 DVD、录像机、展示台、MD 机、带遥控的 AV 功放、带遥控的电动窗帘、投影机、等离子显示器、带遥控的电视接收器等。如果主机接口不够，可增加红外端口扩展卡进行拓展。

（1）红外输出口（IR Out）及连接

在系统配置时，每个受控设备都配置一根红外发射棒。将红外发射棒粘贴在受控设备的红外接收端口并与主机红外输出口（IR Out）连接起来（最长距离为 150 米）即可以控制具有红外遥控器的红外设备。

（2）红外输入口（IR In）及连接

与系统的红外发射装置连接以接收控制信号，也可以使用任何与系统红外协议互通的红外遥控器作为主机的遥控器。

3. RS-232/RS-422/RS-485 串口控制

几乎所有的具有 CPU 单元的设备均带有 RS-232 控制方式，这是用来管理及调试设备的常用方式。但是必须注意，有很多厂家并不公开其控制代码协议，所以在选择该类型设备时一定要注意，只有公开其控制协议，并且受控设备带 RS-232/RS-422/RS-485 控制方式，即可通过中央集成控制系统对其进行控制。常用 RS-232/RS-422/RS-485 控制的设备包括音视频矩阵切换器、RGB 矩阵切换器、监控主机、多画面分割器、部分投影机等。在配置时，每个设备配置 1 个 RS-232/RS-422/RS-485 接口，通常控制主机会带有若干个接口，如若不够，可通过配置 RS-232/RS-422/RS-485 模块来增加 RS-232/RS-422/RS-485 接口。

4. RELAY I/O 触点控制

RELAY I/O 只有开和关两种状态，常用此种方式控制的设备为该设备既无红外又无 RS-232/RS-485，其控制方式相当于按键的开与关，主要用于控制强电设备，如时序电源、电动窗帘、幕布及灯光等。

（1）输入口（Input）

输入口可以用做检测开关状态，也可以用做检测电压的变化（0～10VDC），但在系统中往往用于检测门磁开关、移动探测、房间隔离、电机位置、传感器等。

（2）I/O 口

I/O 口可用于监测任何模拟或者数字的输入，在系统中常用于 LED、TTL 电路，以控制高电流继电器、湿接点继电器等。

5. 控制模块

系统为了实现各种功能，除了主机带有部分常用模块外，另外可以选配各种各样的模块以实现各种不同的功能。一般控制模块有音量控制模块、电源控制与调光模块、温度感应模块、电话控制模块、网络控制模块、视频模块和电脑模块等。具体又可分为音视频切换模块、VGA 信号切换模块、红外学习及发射模块、设备电源管理模块、电动屏幕控制模块、音色和音量处理模块、控制接口处理模块和电源模块等。通过这些模块被控设备可以调整音频系统总音量，音视频信号和数据信号之间的任意切换，可实现摄像机的镜头旋转、变焦、光圈等调节，窗帘的开启和闭合，电动投影幕的下降和上升等。除可以完成以上各模块特定的功能外，还可以通过编程方式，增加其他控制或通信功能。

6. 无线接收器

智能化中央控制系统可通过有线/无线形式和界面对几乎所有的电气设备进行控制，无线接收器是无线触摸屏或面板和控制主机之间进行通信的桥梁。每个无线触摸屏或面板必须有相应的接收器，确保能够与主机进行正常的通信。一个接收器最多能够同时与 10～15 个无线触摸屏或面板保持通信。

7. 专用 NET

各个厂家都有自己的专用 NET（如 Crestron 的 Cresnet、AMX 的 AXLink 等），主要用来连接其自身设备的总线，一般不能与其他厂商的设备相兼容，常用的专用 NET 控制模块有音量控制模块、电源控制模块、调光模块、温度感应模块、电话控制模块、网络控制模块、视频模块、电脑模块等。但它们一般多采用 RS-232 方式控制。

8. Network（网络）

随着网络技术的飞速发展及普遍应用，基于 web 的方式越来越多地被应用到各种场合，中央集成控制系统的主机也可以通过增加相应模块或内嵌模块即 Web 服务器的形式，提供通过 IE 浏览器访问 Web 服务器的方式实现网上控制，厂家的中高端产品一般均提供或通过增加模块实现此功能，但部分低端产品为了减少成本是不具备该功能的。

三、用户界面与控制系统

中央控制系统的用户操作界面和控制形式有多种，常见的有触摸屏、控制面板（掌上遥控面板和墙上面板）和 PC 界面等。

用户操作界面一般有单向和双向两种形式。单向界面只发送指令，信令传输的形式有红外（IR）、射频（RF）和有线（Wired）三种；双向界面有接收和回馈指令，信令传输的形式有射频和有线两种。

1. 触摸屏

触摸屏实际上是媒体中心，常见的触摸屏分黑白和彩色两种，但以有源或无线矩阵彩色触摸屏居多，以 Crestron Isys i/O™ 系列触摸屏为例，其主要技术特点如下：

（1）触摸屏尺寸：5～6 英寸、10～12 英寸和 14～17 英寸 LCD 显示屏，64～256 色（320×240～640×480 像素）。

（2）内置处理器，内存：32～64MB RAM/64～128MB SDRAM 和各种 PC 软件。

（3）内置 Web 服务器，可实时网上冲浪。

（4）内置流媒体重放器，能够重放音频，实时视频支持 NTSC/PAL/S-Video 功能。

（5）高分辨率的彩色显示，视频可全屏幕显示或缩放显示；电脑的 VGA 图像经过扫描转换器也可显示；支持标准 DOS、VGA、SVGA、XVGA 及 Mac 格式输入，解像度为 640×480 到 1024×768；可单独做扫描转换使用。

（6）包含有多媒体输入、音视频分配、可编程控制键，适合繁多的设备控制。

2. 控制面板

常见的中央控制系统的控制面板有掌上遥控面板和镶嵌式（墙上、桌面）面板两种，根据指令的接收和回馈形式可分为有线和无线控制面板。以 Crestron™ Cameo 镶嵌式（墙上、桌面）系列控制面板为例，其主要特点如下：

（1）流畅轮廓和多种装饰色彩与装修风格完全融合。

（2）多种按键面板可任意组合安装，并有多种安装形式可以选择。

（3）有 2、4、6、8 或 12 键的面板可供选择，最多有 12 个按键，并且每个按键都带有可书写功能的按键帽。

（4）所有面板上的按键都有背光指示灯，多种按键配置，每个按键都具有 LED 反馈指示灯，LED 指示灯和按键背光亮度可独立编程。

（5）内置温度传感器、扬声器，闪烁振荡器和 4 芯 Cresnet 通信和供电，简化了编程，降低了网络流量。

3. 继电器箱

中央控制系统能通过 RS-232、485 或专用的系统网络对继电器箱内的每个继电器单独控制。常见的中央控制系统可通过分配地址，同时控制 16 台 8 通道或 8 台 16 通道继电器箱。

4. 快思聪（CRESTRON）控制系统

智能集中控制系统常见品牌是美国的 CRESTRON 和 AMX，本节主要介绍 CRE-STRON（快思聪），至于 AMX 将在本节之五述及。

图 3-12 是快思聪（CRESTRON）控制系统的组成。它由控制主机、控制器（用户界

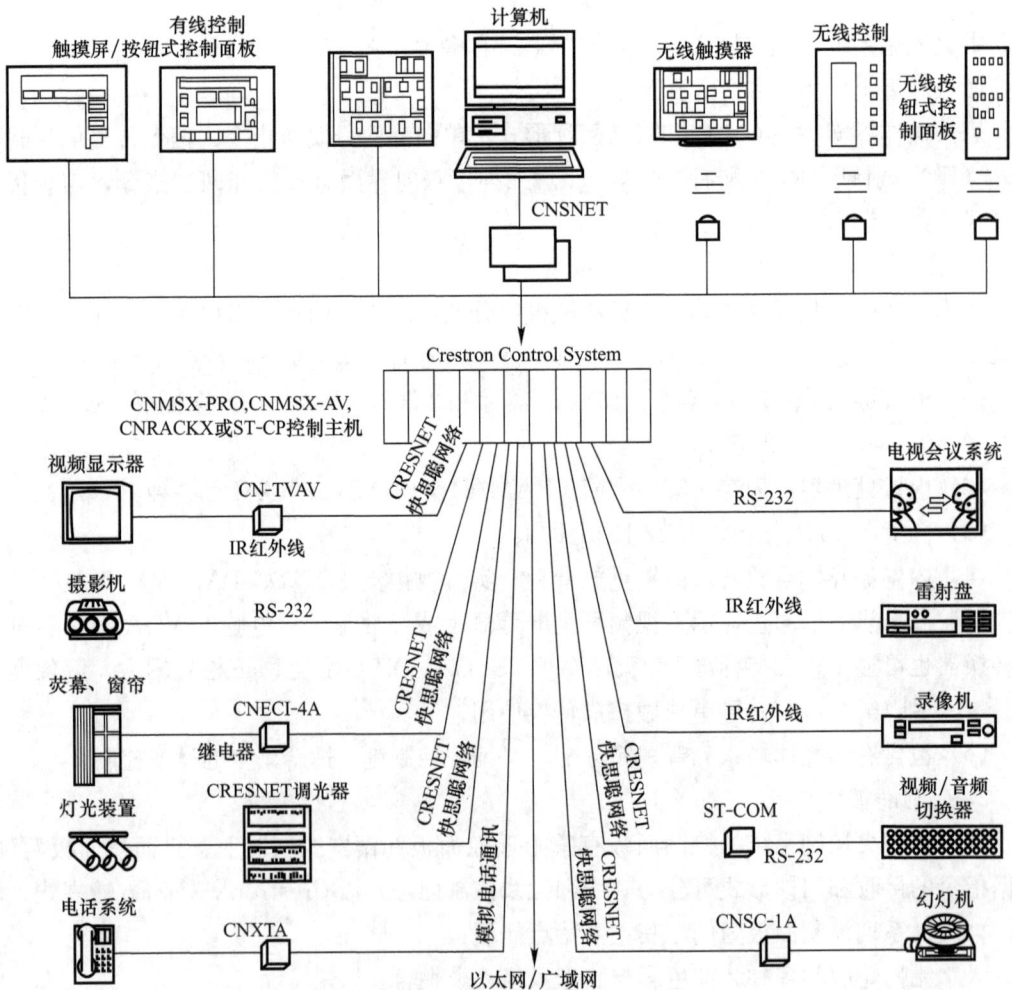

图 3-12　集中控制系统示意图

面）、控制卡、接口和软件等组成。控制主机是 CRESTRON 控制系统的核心，按档次依次有 CNRACKX、CNMSX-PRO、CNMSX-AV、STS（STS-CP）等型号。

四、智能集中控制系统的设计与举例

（一）设计步骤

智能集中控制系统的设计步骤大致如下：

（1）确定系统中哪些设备需要控制；

（2）确定控制这些设备的控制方式；

（3）确定受控设备每一部分所需的控制功能；

（4）确定所需的 CRESTRON 控制设备；

（5）根据用户要求和系统的复杂性来选择控制器（用户界面）；

（6）画出控制系统图，明确布线和接口方式；

（7）控制系统的设备安装、编程和调试。

（二）设计举例

【例 1】某大厦会议室集控系统

图 3-13 表示利用快思聪（CRESIRON）进行集控的会议室系统。该会议室具有会议发言和讨论管理功能，根据需要，要求设置 2 台主席机和 60 个代表机，并具有录音功能。采用 Philips 公司的产品。还要求设置投影机（正投）和视频展示台（实物投影仪）。根据用户要求和会议功能需要，要求受控的设备有：投影机、电动投影幕、实物投影仪、录像机、矩阵切换器、室内灯光、电动窗帘以及会议讨论扩声系统的扩声音量。这些受控设备及其控制方式如表 3-11 所示。

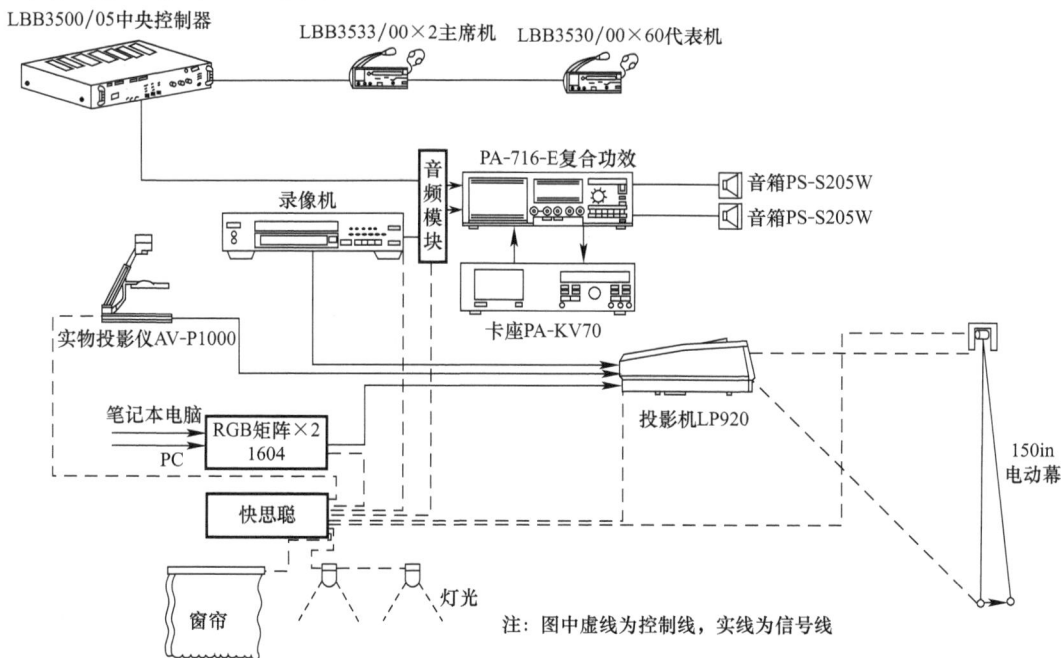

图 3-13　会议室集控系统

受控设备与控制方式   表 3-11

设　备	型　号	控制方式
投影机	LP920	红外或 RS-232
电动屏幕	帝屏 150in	继电器
实物投影仪	JVC AV-P1000	红外或 RS-232
矩阵切换器	RGB-1604	红外或 RS-232
录像机	JVC S7600	红外
灯光		RS-232
电动窗帘		继电器
音量控制模块		音量（RVVP线传输）

【例 2】某大型多功能会议厅集控系统

该多功能厅具有会议演讲、讨论、家庭影院式播放和一般开会扩声等功能。根据会议厅的功能要求，要求利用快思聪（CRESTRON）集控系统能对会议讨论系统、节目源设备（DVD、录像机、录放式 MD）、功放、投影机、实物投影仪（视频展示台）、电动投影屏幕、自动跟踪用球形摄像机、音视频矩阵以及电动窗帘和灯光照明等众多设备进行智能集控。

整个会议厅的系统构成如图 3-14 所示。图中虚线为控制线，集控主机采用快思聪的 CNMS-AV，配以无线触摸屏（STC-1550C）进行无线遥控。系统主要受控设备及功能如下：

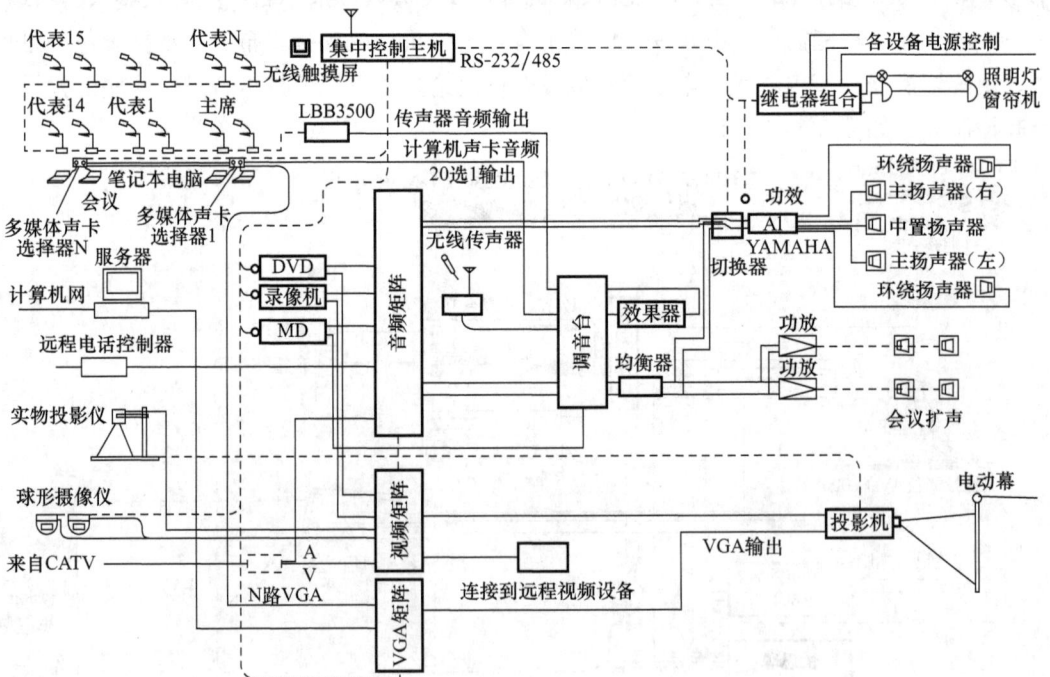

图 3-14　多功能会议厅集控系统

（1）多媒体声卡选择器（PCA-3）

它用以接驳笔记本电脑，可每个带一台，进行地址编码，并受集控主机控制。当选择某代表发言时，该代表的笔记本电脑声卡输出信号通过扩声系统放音，而其他未被选中的笔记本电脑可自由工作，不受影响。

（2）远程电话控制器（DHYK-02）

它可在任何地方利用手机或电话，对会议厅的设备进行控制，并可通过扩声设备进行遥控发言。

（3）音视频矩阵（AVS-804）

可以利用手动和集控两种方法进行控制选择音视频节目源设备，由 RS232 和红外控制。该矩阵具有 8 路视频、音频输入，4 路视频、音频输出，并可全矩阵同步联动，任意切换。

（4）VGA 矩阵（VGAS-1804）

该矩阵具有多达 18 个笔记本电脑的接口，可通过无线触摸屏，任意选择一个笔记本电脑信号进行投影显示。该机切换快捷，一次接入，提高了会议效率。

上述四种设备系台湾鼎电公司生产，其性能介绍如表 3-12 所示。

台湾鼎电公司智能产品的性能介绍　　　　　　　　　表 3-12

设备名称	型　号	主要性能、功能
多媒体声卡选择器	PCA-3	每个单元可设置地址码。2 路音频输入，1 路音频输出，通过 RS-485 接口控制切换
远程电话控制器	DHYK-01	用电话键控制，含 8 路继电器触点，1 路语音输出
	DHYK-02	同上功能，另带有语音提示，便于操作
音视频矩阵切换器	AVS-804	可集控或手动控制，8 路立体声输入，8 路视频输入，4 路立体声输出，4 路视频输出，含 RS-485 接口，可同步切换
	AVS-808	同上功能，不同是立体声、视频输出均 8 路
VGA 矩阵切换器	VGAS-1804	18 路 VGA 信号输入，4 路 VCA 信号输出，含标准 D 型 15 芯接口，并带有液晶状态显示
	RGBS-1804	18 路 RGBHV 信号输入，4 路 RGBHV 信号输出，BNC 接口，并带液晶状态显示，具有长线补偿

（5）球形摄像机（SMD-12）

可用作自动跟踪发言者摄像使用，具有 64 个预置点。当代表发言时，摄像机能自动高速定位在该代表方位上，将发言图像及时播出。

（6）实物投影仪（视频展示台）

这里采用日本 JVC AV-P850CE，它具有 460 线清晰度，具有 RS-232C 接口、15 芯数字接口，12 倍变焦功能，拍摄镜头可灵活转动，并具有 5 方位臂杆，能实现多角度拍摄，另外还备有 35mm 幻灯片夹具。

图 3-14 系统中的主要设备清单如表 3-13 所示。

主要设备清单   表 3-13

序　号	名　称	品　牌	型　号	产　地	单　位	数　量
	音视频部分					
1	DCN 会议主机	飞利浦	LBB 3500/05	荷兰	台	1
2	代表机（含主席机一台）	飞利浦		荷兰	台	18
3	无线话筒（双收双发含主机）	思雅	LX88-Ⅱ	美国	套	1
4	DVD	松下	RV-660	日本	台	1
5	SVHS 录像机	JVC	S7600	日本	台	1
6	MD 录音机	SONY	MDS-JE640	日本	台	1
7	远程电话控制器	鼎电	DHYK-02	台湾	台	1
8	输入切换器	鼎电	ASW-02	台湾	台	1
9	调音台	YAMAHA	MX200	日本	台	1
10	AV 音视频矩阵	鼎电	AVS-804	台湾	台	1
11	VGA 矩阵	鼎电	VGAS-1804	台湾	台	1
12	数字效果器	YAMAHA	REV100	日本	台	1
13	均衡器	DOD	DOD231	美国	台	1
14	AV 功效	YAMAHA	YAMAHA A1	日本	台	1
15	主音箱	BOSE	BOSE 402	美国	只	2
16	环绕音箱	JVC	SP-T325	日本	只	2
17	中置音箱	BOSE	BOSE VCS-10	美国	只	1
18	多媒体声卡选择器	鼎电	PCA-3	台湾	台	18

五、中控系统与网络通信

传统的 AV 系统标准都不统一，但现在 AV 网络都在借用 IP 网络标准，同 IP 融合。许多 AV 音频和视频产品正在走向网络化，例如投影机就具有了网络功能。AV 系统不仅具有了网络功能，还促进了中控系统的网络化，通过中控系统对 AV 系统进行网络控制，实现远程访问。

现在 AV 产品已经走向与 IP 的融合，中控是为 AV 系统服务的，所以中控不仅要跟着 AV 系统的发展，中控产品更是超前地与 IP 融合。现在的中控系统是用一对超 5 类线实现音频、视频的传输和控制的，系统信号的传输、分配、切换全部由超 5 类连接完成。其意义是：布线非常容易，一根线就行了；整合容易，革新了 AV 系统的观念，把过去 A、V 分开的系统全部揉合在一起，形成一个非常简单、容易使用、维护的系统。因此中控已经超出传统的控制功能，进入到系统的领域，把 AV 作为一个系统进行整合、控制。

中控与 IP 的融合使得系统硬件接口统一于 RJ45 网络接口。过去中控系统接口方面很复杂，如 RGB 采用 BNC 接口，控制方面采用工业用视频、音频接头。但是现在，中控的各种接口统一成 RJ45 网络接口，这在工程施工方面带来了很大的便利，不需要焊接，计算机网络系统接口比较规范，只需一夹就可以了，从而减少了系统隐患，整个系统更加可行、稳定。

有些网络中控器配有 10/100 兆标准以太网接口，使用五类线及 EIA/TIA568B 的接线方式，RJ45连接头等，完全是目前IP网络最通用的标准，可与企业或学校内的局域网完全兼容及共存，无需为连接触摸屏或系统扩展而重新布线。

图 3-15 是中控与 IP 网络的连接图，图中中控采用美国著名的 AMX 系统，通过 RJ45 网络接口接至以太网或局域网 LAN，可实现远程控制。

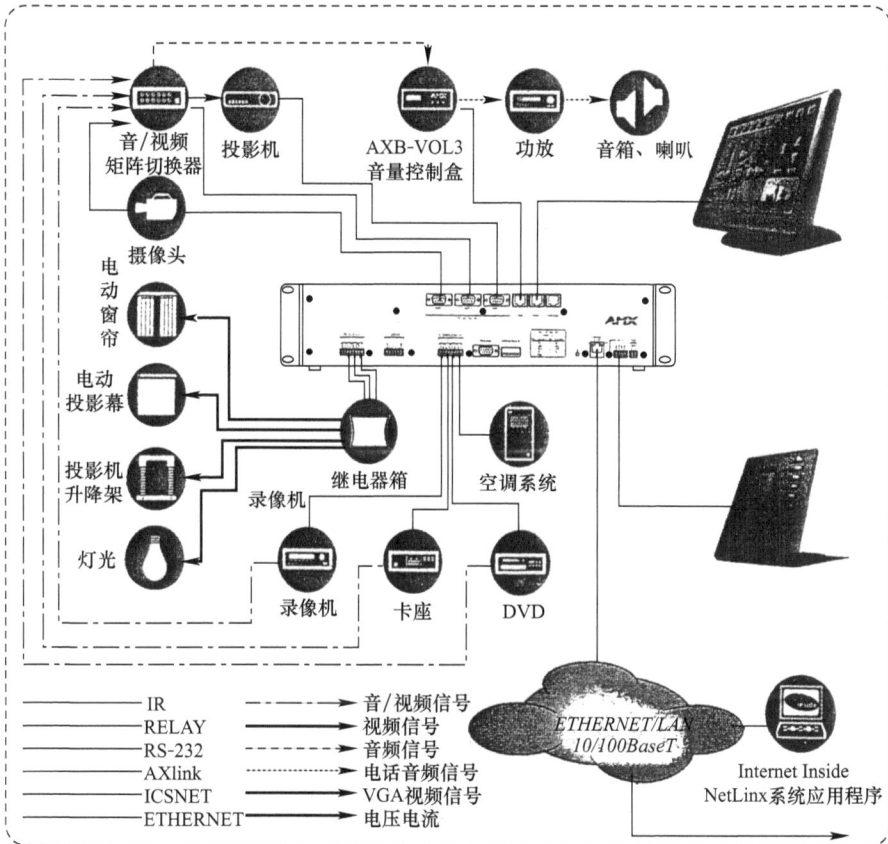

图 3-15　中控系统与 IP 网络的连结

第四节　电子白板

一、电子白板的作用

早期的电子白板是一种单纯的视频输入设备，它使用专门的"笔"在上面写字或画图，通过与之连接的投影机即能在大屏幕上将内容显示出来。现代的交互式电子白板（Interactive Digital Board，IDB）；亦称为交互式数字平台或互动式数字黑板则是一种集投影、触摸屏、遥控、计算机和无线通信技术于一身的新型视频输入兼视频输出和视频显示设备。IDB 的出现，给传统的会议交流、教学培训和媒体传播等行业带来重大变革，将成为现代化电子会议、多媒体教学、远程视频会议、交互电子商务直至广播电视和展览促销等领域的一种重要设备。

电子白板是视频会议系统中重要的辅助信息处理设备。从表面上看，它就像通常会议室中的白板一样，所不同的是在电子白板上书写的内容可以通过视频会议系统传到远端会场，使与会者都能看到。在远程教学中，电子白板不仅可以代替原有黑板的功能，而且师生之间还可以通过它进行"笔谈"，实施交互式教学。电子白板属于视频会议系统的外围设备，它和视频会议终端之间一般通过 RS-232 串口线相连，或通过 USB 线缆，将计算机与电子白板连接好。

老师在白板上书写的内容经过白板处理后变为数据信号送入视频会议终端，终端通过视频会议系统的数据通道发送到远端的会场，经过当地会场的终端设备处理后投影到电子白板上。如果视频会议终端支持双显示器系统，则可以在一个显示器上显示老师的视音频图像，同时在另一个显示器上显示老师在电子白板书写的内容，这样就能真实地再现课堂授课的情形，使学生有身临其境的感觉。

因此，交互式电子白板是一种具备人机交互功能的白板，要实现其交互功能，必须满足下列条件：

（1）通过投影机把计算机的操作界面投影到交互式电子白板的有效感应区内，实现智能屏的交互功能。

（2）利用计算机的处理能力，实现书写、绘图、教学课件演示、编辑、打印、存储等功能。

（3）利用计算机网络通信平台和传输能力实现远程交互等功能。

二、交互式电子白板类型与技术规格

1. 交互式电子白板按工作原理划分为红外式、电磁式、压感式、光电式、影像式和超声波式等类型。

2. 各类交互式电子白板基本技术规格应符合表 3-14 规定的要求。

交互式电子白板的主要技术规格参数要求　　　　　　　　　　　　　　表 3-14

技术规格 ＼ 类型	红外式电子白板	电磁式电子白板	压感式电子白板	光电式电子白板	影像式电子白板	超声波式电子白板
手写高度（cm）	小于 0.5	0	0			
感应高度（cm）	小于 1.7	小于 1.5	小于 1.5			
触摸压力（g）	无	10		无		
定位精度（mm）	≤2	≤0.05				
书写精度（mm）	≤2	≤0.05				
信号跟踪速度	≥5m（或 200in）/s，连续极速书写，无断笔和无延迟感					
处理速率	≥480 点/秒（首点 25ms，连续点 8ms）					
刷新率	无			≥60 帧/秒		无
波特率	19200 波特（baud）					
屏幕宽高比	支持 4∶3，16∶9，16∶10					
抗干扰能力	应防备电磁性干扰	无干扰	应防备电磁性和光干扰		应防备电磁性干扰	

3. 具有交互式电子白板功能的显示系统，其触摸定位性能应符合以下规定：

（1）可采用专用手写笔和手触摸方式进行书写定位操作。

（2）触摸分辨率不应小于显示屏的物理分辨率。

（3）触摸响应速度不应大于 20ms。

（4）手触摸操作定位误差不应大于±2mm；毫米触摸定位误差不应大于 0.5mm。

（5）屏幕表面应具有耐磨、抗冲击性能。屏幕抗冲击压力不应小于 90MPa。

（6）有会议摄像的场合，显示屏图像色温宜为 3200K。

4. 交互式电子白板应符合下列要求：

（1）应提供 USB 接口。

（2）可通过无线方式，实现计算机与系统的图像接入和控制连接。

（3）触摸定位系统应至少提供针对操作系统的驱动软件。

（4）除支持手触摸外，应提供配套的专用手写笔、板擦等。

（5）宜智能识别不同颜色的手写笔和板擦的操作，符合日常习惯。

（6）宜具有方便实用的快捷键面板，提供可订制、一键式功能调用。

（7）应提供配套的电子白板软件。该软件宜具有以下功能：

① 可实现电子白板的手写、保存、打印等功能。

② 可在当前显示的任意视频画面上手写、标注。

③ 书写定位应精确，响应速度快，笔迹流畅，无盲区，无断笔。

④ 可选各种颜色、粗细的笔迹效果。

⑤ 可显示系统接入的各类视频图像，并进行控制和标注。

⑥ 可实现在常用计算机文档上的手写标注。

⑦ 手写标注的结果，可以保存、打印和分发。

⑧ 可录制屏幕信息的动态变化过程，并保存为通用视频文件格式。

三、交互式电子白板的功能要求

（1）能打开 Office 文档及 PDF 文档，并对文档直接进行注解和修改，并可保存为 Word、PowerPoint 或 btx 格式。

（2）可以随意将选定区域进行放大或缩小，对需要突出的内容做重点显示，同时屏蔽其他内容。

（3）（电子笔与白板组合）集手写屏、触摸屏功能于一体，实现书写、绘图、教学课件演示、编辑、打印、存储等功能。

（4）智能画笔功能：手画的直线、折线、椭圆、圆等几何图形，并能自动识别成标准图形。

（5）对象编辑功能：可以对每一个对象进行编辑，包括复制、粘贴、删除、组合、锁定、图层调整、平移、缩放、旋转等。还具有橡皮擦功能。

（6）可以对页面上任何不规则封闭区域进行填充，填充颜色作为一个独立对象。

（7）链接功能：支持文本的超链接，以便链接到其他页面或应用程序，可以使用超链接添加声音和视频文件。

（8）照相机功能：可以随意捕捉计算机屏幕显示的全部或局部画面，并且可复制到当前操作页面、图库或剪贴板，可随时调用。

（9）文件导出功能：可以将记录内容导出为常用的图片和网页，可将页面上的各个对象存储到图库，并随时提取出来；可将图库导出为一个文件，并可以在其他位置导入图库。

（10）屏幕幕布：实现上下、左右拉幕，对屏幕上的内容进行遮蔽，留出有针对性的信息供演示，方便教学课件的演示。

（11）个性化设置功能：可以根据个人喜好设置浮动工具条按钮、书写背景、常用画笔、常用插入文本、屏幕幕布的默认图片等。

（12）打印功能：可以打印电子白板上选定的内容。

（13）通信接口：应能通过 RS 232 或 USB 建立电子白板与电脑的连接。

四、交互式电子白板的分类

IDB 的种类很多，可以按其功能特点进行分类，通常分为投影机类、平板显示器类、书写板类和便携式四种，见表 3-15。投影类和书写板类的显示载体都是白板，需要专门配置一台投影机将显示内容投影到白板上，再在白板上进行内容交互；平板显示器类则无须投影机，将其与 PC 或其他媒体源连接，即可在大型平板显示器上直接显示和书写内容。另外，根据白板系统的大小，还有一类被称为便携式电子白板，其主要特点是，通过一套便携式电子白板装置，可将任何普通白板变成数字白板。此外，还有电子白板软件，它是电子白板系统的重要组成部分，互动式电子白板要由软件来驱动，提供支持。

IDB 的分类　　　　　　　　　　　　　　　　　　表 3-15

大类	投影机类		平板显示器类	书写板类	便携式
小类	正投式	背投式	大型 LCD、PDP 覆盖层，PDP 模块	LCD、CRT	一般包括：接收器、信号笔、板擦及配件
系统组成需求	投影机、PC		PC	投影机、PC	投影机、PC

下面进一步讲述投影机类的正投式和背投式 IDB 的功能特点。

1. 正投式 IDB

正投式 IDB 系统主要由电子白板、计算机和数字投影机组成。三者互连，投影机将 IDB 画面投影到白板上，用户在白板上的操作（如控制、访问计算机程序和书写等）转换为定位电信号传给 IDB，以达到对 IDB 程序控制和书写的间接操作。下面简介两个正投式品牌产品的特点。

（1）Poly Vision：Poly Vision 的正投产品有触摸屏（TS）系列和 Walk-and-Talk 系列等。Walk-and-Talk IDB 配有无线遥控器，使用者在演示时，可以在房间内边走边说，与听众或学生更好地进行交流，同时使用遥控器来控制白板的功能，如投影、书写、擦除、保存、打印、访问网络等。这两大系列产品的一个重要特色在于配有 Lightning 技术，使用户在使用 IDB 前，不用进行费时而又枯燥的手动校准。Poly Vision 的 IDB 可进行手写、马克笔输入或遥控操作；可抓取板书，并对其进行实时保存、打印，或用邮件发送出去。

Lightning 校准技术采用的是图像阵列技术（Photonic Array Technology），在每台 TS 和 Walk-and-Talk IDB 书写表面的背后都装有光学传感器，用来检测投影机的光线变化。用户只需按下 Walk-and-Talk 遥控器或 TS 白板上的投影按钮，传感器便可接收到投影光信息，然后根据这些信息生成一张地图，校准工作也就完成了。采用 Lightning 技术的 Walk-and-Talk 和 TS 系列 IDB 的尺寸范围有：3 英尺×4 英尺、4 英尺×6 英尺、4 英尺×8 英尺等多种；适用于 12 人以内的教室、政府、公司的办公室和会议室等。

（2）Smart Technologies：Smart Technologies 采用的是模拟阻抗压感技术，连接 PC 和数字投影机后，就可显示 PC 图像，适于笔和手写输入。配上 Smart Board 软件后，用户可以在应用软件上进行书写、编辑、保存、打印或将书写内容贴到网上以供日后参考。其最新的正投系列产品的尺寸范围为 47～72 英寸。

2. 背投式 IDB

背投式 IDB 的系统组成与正投相同，只是计算机图像从白板背后显示，这样用户可以非常自然地操作，不会挡住投影光线而产生任何阴影。背投式 IDB 系统一般将投影机集成进去，并预留出 PC 的放置空间。背投式按安装方式不同又分为柜式和镶墙式两种。镶墙式需要打造暗室放置投影机，并将背投幕嵌入到墙体中；镶墙式可最大限度地节省屏幕正面的空间，并营造一个开放、专业的工作环境。柜式背投 IDB 的优点则是便于将整个设备从一个房间移动到另一个房间，并通过调节机柜脚轮牢固地置于某个位置。下面简介两个背投式品牌产品的特点。

（1）mimio Xi：mimio Xi 的白板面积为 60cm×90cm～120cm×240cm。书写时不需要特殊的白板笔，只需将普通白板笔放入信号笔套中即可。信号笔套将笔画信息传递给接收器，该信息处理成电子信息存储在自带的存储器或计算机中。板擦用同样的信号跟踪方式擦去所获取的数据。将 mimio Xi 与投影机相连，就可将普通白板或背投电视变成交互式触摸屏，运行其软件的"鼠标功能"，信号笔就被当作无线鼠标使用。mimio Xi 以矢量格式保存的文件，分辨率达 300dpi。可将板书文件保存为其他格式，包括超文本格式或通用的图片格式。mimio Xi 可动态回放整个板书过程，板书内容可粘贴到任何一个 Windows 应用程序中；文件可用于打印、电子邮件或发布到网站；可通过视频会议系统（如 Net-Meeting）实时共享板书内容。

（2）eBeam：eBeam（易演通）采用超声波和红外双向扫描技术，其系统包括 1 个 eBeam 接收器、2 支不同色环标志的笔套、4 支不同颜色的白板笔、1 个电子板擦、1 张快捷贴纸、1 根 USB 连接线、1 张 eBeam 系统软件光盘。

表 3-16 列出了交互式电子白板产品的技术参数。

背投交互式白板主要技术参数　　　　　　　　　　表 3-16

项目＼型号	2000i	3000i	1710	1810 (2865)	1910 (2965)
屏幕有效面积对角线（in）	66 (167.6cm)	66 (167.6cm)	66 (167.6cm)	72 (182.9cm)	84 (213.4cm)
分辨率	XGA (1024×768)	XGA (1024×768)	XGA (1024×768)		
外形尺寸：宽×厚×高（cm）	168.8×74×(167.6～210.8)（可调）	145.8×74×200.7	厚度 76.2		
重量（kg）	127.8	218	—	—	—
安装方式	落地带滚轴移动式		墙壁安装或落地带滚轴式		

五、电子白板系统的应用

（1）信息交流：通过电子白板进行信息交流，各种信息（注释、说明、图解）都可写在电子白板上，还可用板擦修改注释内容，并实时传给对方。配合手写板的使用，让会议中的每个人感到更灵活、方便。

（2）即时标注讲解功能：只需按工具条中的颜色笔按钮，即可在各种文件或应用软件上进行标注，轻松便捷。标注内容自动回放到书写软件中，可轻松形成文档。

（3）智能板：智能板通过串口或 USB 接口和计算机连接，在智能板上书写文字或绘图的过程中可立即存入电脑，在电脑中的资料可进行编辑、打印或直接发传真、E-mail 等。

（4）召开网络会议：通过电子白板、网络、视频会议系统召开网络会议，共享应用软件功能，与会人员能看到对方逼真影像并可进行亲切交谈。

（5）高质量视讯会议：随时调用会议的文档、图片等资料，通过电子白板清楚、方便、直观传达信息，一目了然，尤其对使用双方人多的视讯会议。

（6）实现远程教学：电子白板可与流媒体结合，实现远程教学、远程会议等。

（7）可操作计算机：智能板与投影机公用可组成大型触摸屏，用智能白板配件中的专用书写笔或手指可代替鼠标控制计算机的操作。

（8）电子白板的回放功能：可将书写笔画一步一步回放，满足教学等特殊功能的需要。

第五节　视频展示台

一、概　　述

视频展示台，又称为视频实物投影机或图文摄像机，是会议系统的一种视频输入设备。视频展示台的外形如图 3-16 所示。它由一台小型近距彩色摄像机、活动支持臂、底座（兼平台）和荧光照明灯等部件组成。只要把需要投影放大的实物或文件、图片等放于平台上，通过摄像机和视频电缆与外接的电视机、视频监视器或投影电视机相连接，即可把实物、文件、图片甚至将可活动的实物画面显示在电视机（或监视器）的屏幕上或投影到大屏幕上，供多人观看。

视频展示台的结构紧凑，使用灵活方便，因而较广泛地应用于电化教学以及各种现代化的会议厅中，通常就把它摆放在讲台上，由发言者直接操作使用。

表 3-17 列出了 Sony、Panasonic 和 JVC 三家公司生产的四种型号视频展示台的技术指标，供选用时参考。

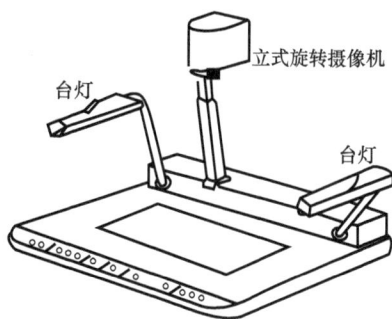

图 3-16 视频展示台

几种视频展示台的技术指标　　　　　　　　　　　表 3-17

技术指标 ＼ 型号	Sony VPH-P100	Panasonic PT-180M	JVC AV-P700E	JVC AV-P20C/T
耗电（W）	30	28	31	6
拍摄区域（mm）	310×235	393×295	393×295	296×222
镜头	全电动变焦			
对焦	自动/电动	自动	自动/电动	自动/电动
光圈	自动/微调	自动	自动/（带微调）	自动
视频制式	PAL			
水平清晰度（TV线）	420	450	450	320
侧灯照明	9W×2	6W×1	6W×1	
背灯照明	8W×2	6W×2	6W×2	
黑白/彩色选择	可选	不可选	可选	不可选
白色平衡	自动/手动/10 倍变焦	自动/特备 2.9 英寸液晶监视屏	自动/单独设定/手动	全自动/设定

二、视频展示台的工作原理

视频展示台实际上是一个图像采集设备，它的作用是将摄像头拍下来的景物，通过与外部输入、输出设备的配套使用，如通过多媒体投影机、大屏幕背投电视、普通电视机、液晶监视器等设备演示出来。当外设为计算机时，可通过配置或内置的图像采集卡和标准并行通信接口，利用相关程序软件，将视频展示台输出的视频信号输入计算机，进行各种处理，实现扫描仪和数码相机的部分功能。另外，有的视频展示台还安装了小液晶显示器，便于用户检查被投物图像，从而展示过程中不用另外准备监视器，也不用一直看着屏幕来摆放被投影物。

视频展示台的关键部件是一台 CCD（Charge Coupled Device，电荷耦合设备）视频摄像机。一般 CCD 分辨率相当于 450 线的电视清晰度。有一些视频展示台采用 3CCD 技术（采用 3 片 CCD 分别感应 R、G、B 三原色，提高分辨率和色彩表现）以达到更高的清晰度，能达到 700 多线，但这种数字视频展示台的价格也颇为昂贵。视频展示台的镜头变焦倍数是 6~16 倍，变焦的作用是将图片实物大小调整成合适的图像。有的视频展示台还有更多功能，例如摄像头可以 360°旋转，看到平台以外的景物。还有的可以直接将 135 型的照相底片负片显示出来。

三、视频展示台的应用

数字视频展示台具有广泛的应用范围。

1. 展示实物

视频展示台不但能将胶片上的内容投影到屏幕上，更主要的是可以直接将各种实物，甚至可活动的图像投影到屏幕上。例如展示一张照片、一篇文章、一本计划书等。它的优点在于非常适合对细节部位展示，也可用于立体实物或运动画面的展示，根据实物摆放位置及使用方法（如普通纸、透明胶片、照片底片等）的不同，通过调整侧面、底面光源可达到良好的视觉效果。

2. 电视会议（视频会议）

视频实物展示台可有效应用于电视会议内容的准备工作。并且可在本机或外接的遥控监视器屏幕上展示会议材料、数据、图片和手中的实物，充分发挥投影不同角度的静止图片或投影生动图像的功能。这种声、形、情兼备，视、听、说相融的电视会议，可消除传统会议的沉默乏味，使会议变得更加生动灵活。

3. 教育教学

视频展示台是配备多媒体教室不可缺少的设备。视频展示台有 RGB 和 VIDEO 两 种输出方式，可通过连接投影机、电视、计算机等输出设备，实现多路视频切换，大大增强教学演示效果。利用镜头旋转功能进行特殊场合的调节，可将资料、讲义、实物、幻灯片等都显示出来，使用极为方便。它可以优化教学过程、增大课堂容量、提高课堂教学效率，而且不受时间和空间的限制，令传统教学望尘莫及。有些视频展示台可接包括生物解剖等在内的绝大多数通用显微镜，使显微镜投影功能在展示台上实现，将微观世界尽现眼前。

第六节　会议录播系统

一、会议录播系统的类型与组成

会议录播系统是会议录制及播放系统的简称。它是将会议信息或教学课堂信息以音视频的形式记录与发布的系统。录播系统主要有三部分组成：

（1）信源部分：摄像机、传声器、计算机视频等；

（2）控制部分：摄像机控制系统、自动信号切换控制系统等；

（3）录播部分：视频切换器、音频处理器、录播编码主机、录播服务器、录播软件等。

会议录制及播放系统由信号采集设备和信号处理设备组成，如图 3-17 所示。会议录制及播放系统可分为分布式录播系统和一体机录播系统。

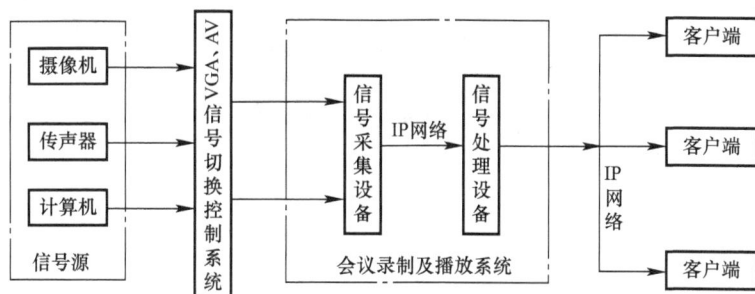

图 3-17 会议录播系统

分布式录播系统中信号采集设备通常为各种信号编码器,如音视频编码器、VGA 编码器等,信号处理模块通常为录播服务器,信号采集模块和信号处理模块之间通过 IP 网络进行通信。一体机录播系统集成信号采集设备和信号处理设备于一体。

1. 一体机录播系统

简易型会议室在中小企业事业单位比较常见,往往简易型会议室一般只具备简单的会议桌椅,能满足 10 人左右开会使用,墙壁也只布置简单的强电插座和网络接口,不具备音视频设备;简易型会议室在开会需要使用音视频设备时,一般都采用移动接入的方式完成,一台投影机,一台电脑,一个摄像头,一个麦克风即可完成整个会议使用要求。针对该类型会议室会议录制需求,例如可采用操作简单,体积小巧的锐取公司(桌面)多媒体录播一体机(CL210/CL1210 系列)。该一体机能完成实现对一路标清/高清视频信号和一路计算机 VGA 信号的录制,同时可进行小容量的直播。如图 3-18 所示。

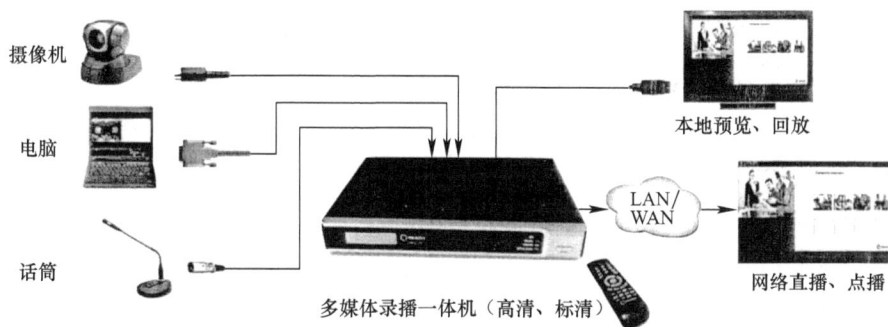

图 3-18 一体机录播系统

一体机录播系统的特点是:携带方便,操作简单,经济实用。一体机也可以通过网络进行传输和录播,如图 3-19 所示。

2. 分布式录播系统

对多间会议室可以采用分布式录播系统进行录制,如图 3-20 所示。在每间会议室根据信号的类型和数量,配置不同类型的编码器,在控制机房布置多媒体录播服务器,编码器对视频信号进行编码,通过网络把数据码流发送录播服务器上,录播服务器完成对数据

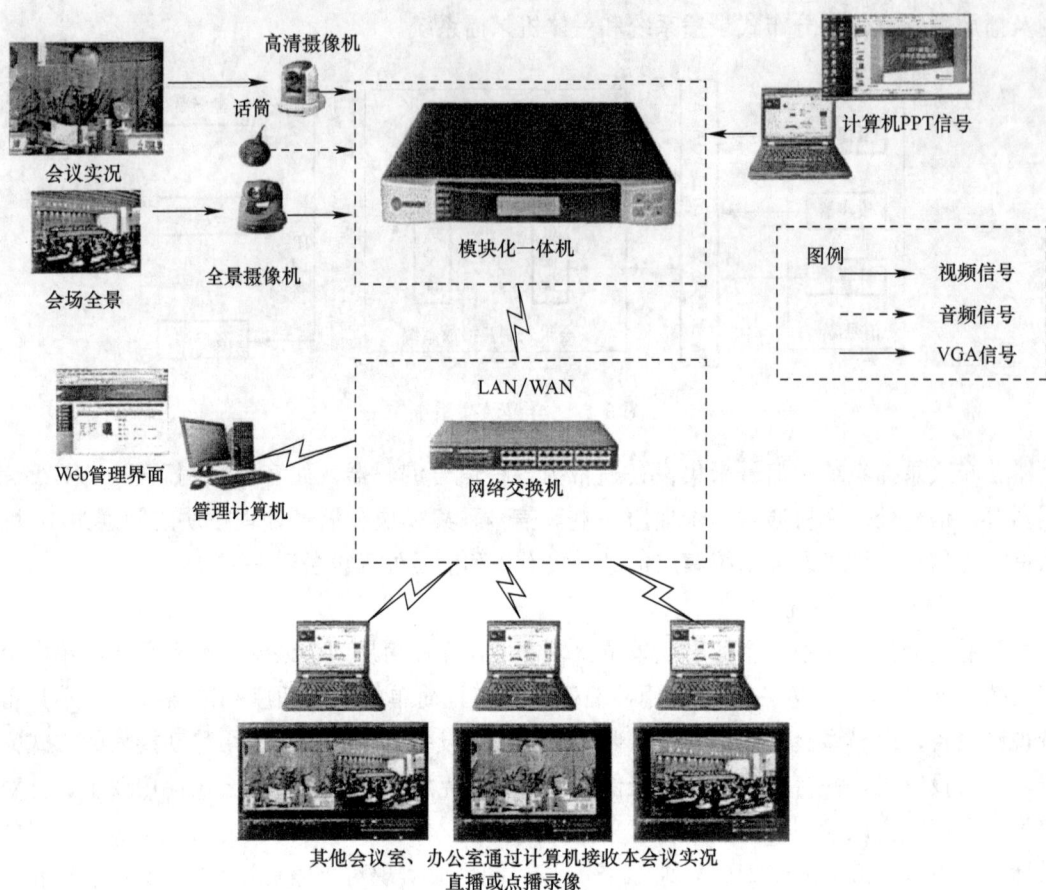

图 3-19　一体机通过网络进行录播

的录制保存，整个系统分工明确，各司其职，维护简单；同时在中心机房安装多媒体录播系统综合管理平台，该平台为用户管理和访问分散设备及资源提供了统一的入口，方便了管理人员对多台录播服务器的集中管理以及大容量直播、点播业务的开展。

分布式录播系统具有如下特点：

① 分布式架构，扩展灵活；

② 便于录制内容的集中管理；

③ 大规模应用时更具性价比。

3. 大型多媒体会议室系统

此类会议室设备及功能都比较新颖，会议室装修和软硬件配套设施档次高，面积都在100 平方米以上，集中控制程度高，能容纳更多的与会人员。大多数为专用会议室，如报告厅、多功能厅、指挥调度中心、展示中心等。由于大型多媒体会议室的面积较大，与会人员众多，展示手段丰富，需要记录与传播的可视信号种类和数量较多。

针对该类型会议室的特点，如图 3-21 所示，采用锐取公司的分布式多媒体录播系统最多可对会议室中的任意 6 路可视信号及声音进行采集。分布式系统采用编码器和服务器架构方式进行会议录制并通过网络进行现场直播，6 路信号的画面在同一界面中显示，每

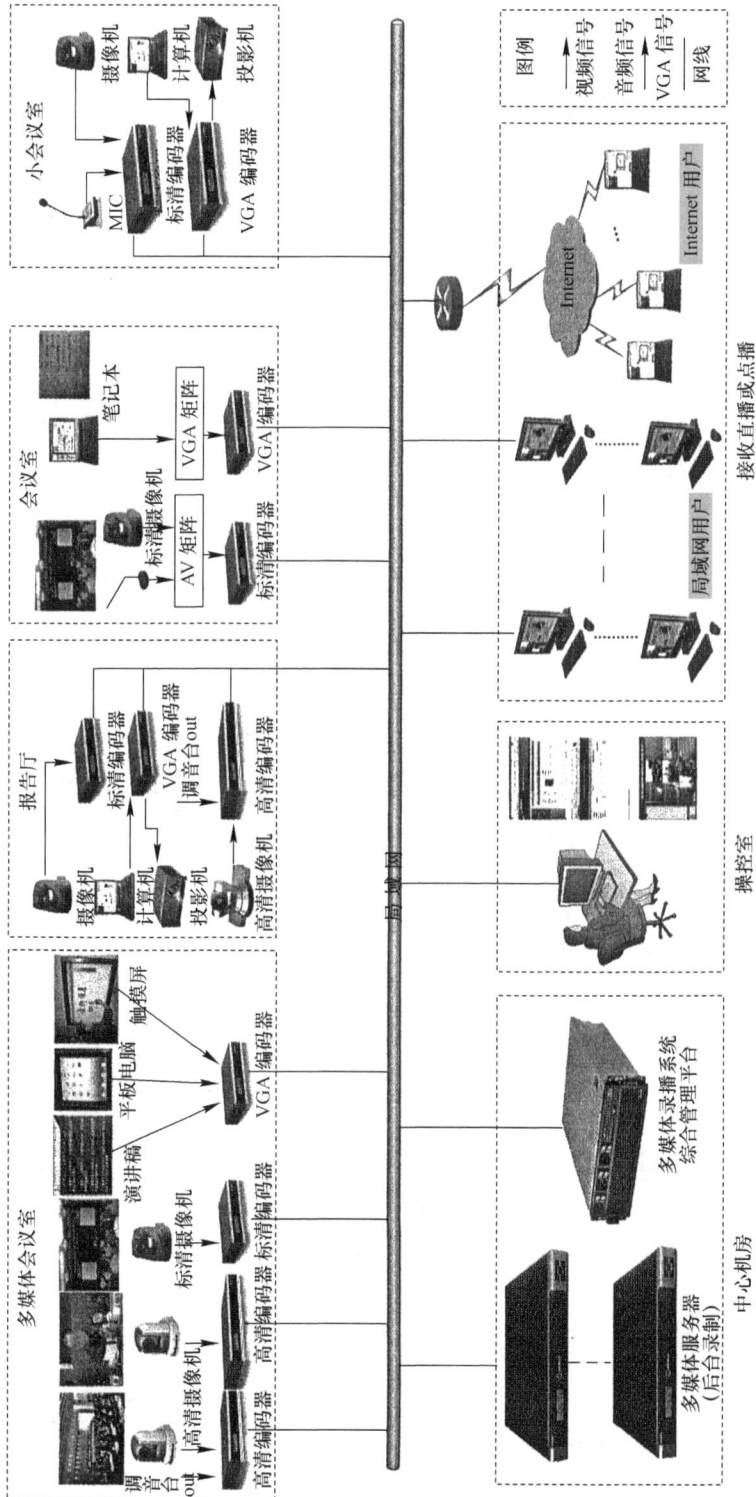

图 3-20 多间会议的分布式录播系统

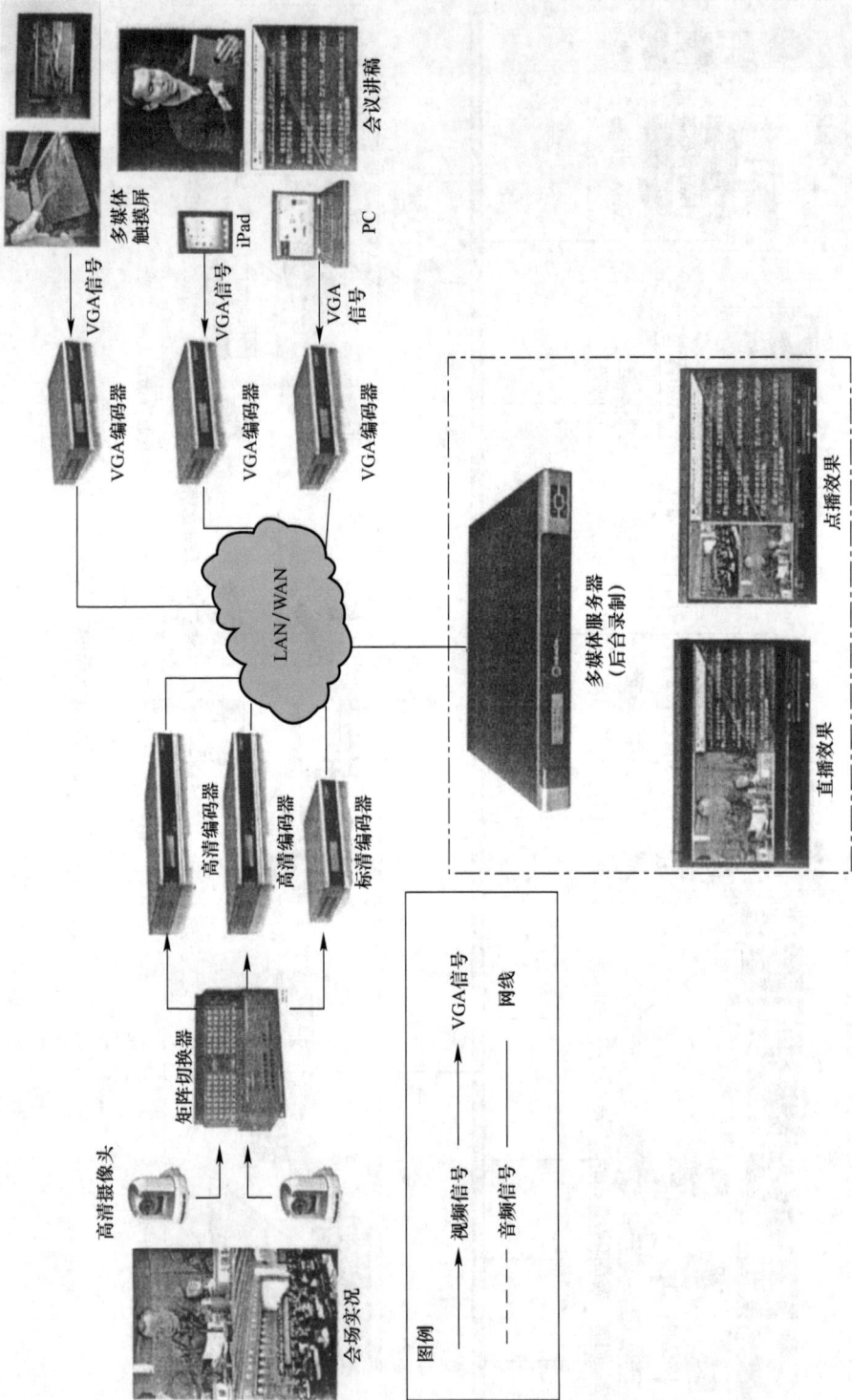

图 3-21　大型多媒体会议室的录播系统

个画面均可根据原始分辨率全屏显示，每个画面窗口可根据客户需要进随意拖拉组合。

这种系统的特点是：分布式架构，功能强大，扩展灵活，适用于各类大型多媒体会议室。

二、会议录播系统的功能与性能要求

1. 会议录制及播放系统的功能要求

（1）系统应具有对音频、视频和计算机信号录制、直播、点播的功能。

（2）系统应具有对会议室内的各种信号（AV、RGB、VGA 等）进行采集、编码、传输、混合、存储的能力。

（3）系统应具有多种控制方式及人机访问界面，方便管理者及用户的管理和使用。

（4）播放系统宜具有可视、交互、协同功能。

2. 会议录制及播放系统的性能要求

（1）设计 AV、VGA 等信号切换控制系统及 IP 网络通信系统时，应为会议录制播放系统的接入预留适当的接口。

（2）系统宜支持 2 路音视频信号和 1 路 VGA 信号的同步录制，并宜具备扩展能力。

（3）计算机信号的采集宜支持软件和硬件等多种方式。

（4）系统宜能配合远程视频会议功能使用，并不宜占用任何视频会议系统资源。

（5）系统宜采用基于 IE 浏览器的系统管理和使用界面的 B/S 架构。

（6）系统应支持集中控制系统对设备进行管理和操作。

（7）系统应支持遥控器对设备进行管理和操作。

（8）系统应具有监控功能，可以在控制室内对所有会议室的 AV、VGA、RGB 信号进行监听监看功能。

（9）系统应支持双机热备份方式。

（10）系统宜具有存储空间的扩展能力。

（11）系统在录制文件时宜支持 PPT 自动索引及手动索引功能。

（12）系统应支持视频字幕添加功能，即可在视频窗口的任意指定位置添加文字作为会议或备注。

（13）系统宜支持摄像机远程遥控功能，即在后台通过网络即可远程控制摄像机的动作。

（14）系统宜支持多级用户访问权限。

（15）视频图像采集编码能力应与前端摄像机采集能力相匹配，清晰度至少应能达到 CIF 或 4CIF 标准，支持 720P、1080i 或 1080P 格式。

（16）VGA 信号采集编码能力应支持 1280×1024、1280×960、1280×768、1280×720、1024×768、800×600、640×480 等显示格式，帧率宜为 1-30 帧可调。

（17）局域网环境下直播延时应小于 500ms。

（18）系统的连续录制时间应大于 24h，并宜支持更长时间的录制。

（19）录制文件应采用通用标准格式。

（20）单套系统可扩展支持多组并发会议的同步录制直播。

（21）系统具备在线用户的管理功能：如点名、统计等。

（22）系统具备文件编辑功能，可对录制好的文件进行编辑剪辑，删减合并等操作。

（23）系统宜具备远程网络升级能力。

3. 录播系统对设备的要求

（1）系统设备宜采用基于 IP 网络的分布式架构。在不具备网络通信条件的场所，可考虑一体机架构。

（2）系统中的信号采集和信号处理等硬件设备应采用非 PC 架构的专用硬件设备或嵌入式操作系统，应具备抗网络病毒攻击能力。

（3）信号采集设备宜安装在控制室内。

（4）信号处理设备宜安装在能够保障连续和可靠供电的（网络）机房内。

（5）系统宜具备液晶屏控制面板等控制方式。

录播系统除了在会议、医疗等应用之外，在教育、培训等领域也有广泛应用。下面对教育方面的应用进行阐述。

三、教学课程录播系统的功能设计要求

1. 总体要求

录播系统应尽可能完整地记录和直播有效的课堂信息，包括：

（1）教师的音视频信息：包括教师画面、授课语音和板书；

（2）教学设备的音视频信息：包括授课计算机和各种 AV 设备的音视频信号；

（3）学生的音视频信息：包括问答学生画面和问答学生声音。

2. 扩展要求

建立远程监控、与其他数字化信息系统的安全共享是对录播系统的扩展要求。

3. 基本功能

（1）系统应具有对音频、视频和计算机信号等多路音视频信号同步（声画同步、行场同步）录制、直播、点播的功能。

（2）系统应具备对各种信号进行采集、编码、传输、混合、存储的能力。

（3）系统应具备对录制内容自动上传、分类存储、发布、检索的功能。

（4）系统应具备在线用户的管理功能。

（5）系统应具备第三方系统接口，可与其他系统对接实现文件发布、共享。

（6）系统应支持集中控制，能对设备进行集中管理、控制和操作。

（7）摄像机控制系统应具备变焦控制、聚焦控制、光圈控制、白平衡控制、黑平衡控制、云台可变速旋转控制和预置记忆功能。自动跟踪系统在讲台区域内应平稳、准确地控制摄像机对授课教师的跟踪，且拍摄的画面构图合理。

（8）跟踪和定位应采用成熟、稳定的技术，且跟踪和定位参数可调。

（9）自动导播策略应提供修改和自定义功能。

（10）系统应提供对录制内容的编辑方案。

（11）系统应具有预览监看功能。

（12）高清录播系统应兼容标清录播。

4．扩展功能

（1）系统应具备远程监控模块，监控模块应具备对录播系统的完全实时监控能力。包括录播操作（开始、停止、暂停、画面切换），录音电平的实时监控，摄像机的实时监控，录播模式的选择，录制媒体格式和参数的设置，录播分类管理，录制内容网络存储位置设置等。

（2）系统应支持校园用户信息导入、课表关联功能。

（3）系统应支持多级用户访问权限。

（4）系统应具备存储空间的扩展能力。

（5）系统应具备远程网络升级能力。

（6）系统应具备自动添加片头、片尾能力。

（7）系统应具备叠加字幕和图片能力，可生成水印效果。

（8）系统录制模式应支持单画面电影单流模式、多画面单流模式、多画面多流模式的选择。

（9）系统应具备对录制视频添加元数据的能力。

（10）系统应具备对录制的视频添加章节索引能力，支持 PPT 自动索引及手动索引功能，索引应采用文字索引、图片索引方式。

（11）系统应具备生成 SCORM 资源格式。

（12）系统应支持单播、组播两种直播方式。

5．录播系统按系统架构分为分布式录播系统和一体机录播系统

（1）一体机录播系统是将录播主机与录播服务器合成为一体的系统。在不具备网络通信条件的教学场所，应采用一体机架构。

（2）分布式录播系统是将录播主机与录播服务器分离，录播主机采集的音视频信号通过网络传递给录播服务器。分布式录播系统在系统部署上更加灵活，系统的可扩展性更强。网络系统完善的场所宜采用基于 IP 网络的分布式架构。

6．录播系统按图像分辨率分为标清录播系统和高清录播系统

（1）标清录播系统的技术标准应符合标准清晰度电视标准。标清录播系统应能清晰地录制标清视频信号。具体规格参数按表 3-18 中的相应规定执行。

标清录播系统应支持 D1 视频标准　　　　　　　　　　　　表 **3-18**

技术规格	参数指标
分辨率	720×576
帧频（Hz）	25
场频（Hz）	50
画面宽高比	4∶3

（2）高清录播系统的技术标准应符合高清晰度电视标准。高清录播系统应能清晰地录

制高清视频信号。具体规格参数按表 3-19 中的相应规定执行。

高清录播系统应支持高清视频标准　　　　　　　表 3-19

技术规格		参数指标 1	参数指标 2	参数指标 3
		720p	1080i	1080p
画面分 辨率	水平	1280	1920	1920
	垂直	720	1080	1080
画面宽高比		16：9	16：9	16：9
帧频（Hz）		50	25	50
场频（Hz）			50	

四、课程录播系统的技术指标

1. 摄像机选型与技术指标：

（1）录播系统中的标清摄像机应遵循表 3-20 中的相应规定，系统必须保持行、场同步。

标清摄像机要求　　　　　　　表 3-20

视频标准	576/50i，576/25p	
成像装置	CCD 尺寸≥1/3in 41 万有效像素	CMOS 尺寸≥1/3in 41 万有效像素
最小信噪比	≥60dB	≥50dB
最低照度	≤5lx，0dB 增益	≤15lx，0dB 增益
视频输出	SDI、IEEE1394a、光纤、DVI、S-Video、 BNC 复合视频接口	SDI、IEEE1394a、光纤、DVI、S-Video、 BNC 复合视频接口
控制接口	RS-232、RS-422、RJ-45 可选	
云台水平转角	不小于±150°	
云台垂直转角	仰角≥30°，俯角≥80°	
云台旋转速度	0.25～60°/s	
预置位存储	≥12	
工作温度	0～40℃	

（2）录播系统中的高清摄像机应遵循表 3-21 中的相应规定，系统必须保持行、场同步。

高清摄像机要求　　　　　　　表 3-21

视频标准	1080/50i，1080/25p，720/50p，720/25p，576/50i，576/25p
成像装置	CMOS 尺寸≥1/3in，207 万有效像素
最小信噪比	≥50dB
最低照度	≤15lx，0dB 增益
视频输出	HD-SDI、HDMI、DVI、光纤、BNC 复合视频接口可选配
控制接口	RS-232、RS-422、RJ-45 可选
水平转角	不小于±150°
垂直转角	仰角≥30°，俯角≥80°
旋转速度	0.25～60°/s
预置位存储	≥12
工作温度	0～40℃

2. 视频切换器：各路视频画面必须同步切换。

3. 音频处理器拾音器要求按相关规定执行。

4. 录播编码主机：

（1）录播编码主机采用 DSP 处理芯片、模块化设计和采用嵌入式结构。

（2）视频输入端口应不少于 2 路（复合视频、S-Video、模拟分量、SDI/HD-SDI、HDMI、DV 可选），应采用数字输入方式。

（3）计算机输入端口应不少于 1 路，（D-sub 或 RGB、DP 或 DVI、HDMI、RJ45 以太网接入可选），计算机视频帧率≥15fps。

（4）音频线路输入端口≥2，平衡、非平衡可选。

（5）音频话筒输入端口≥2，平衡式输入。

5. 录播服务器要求：

录播服务器应采用服务器架构。

6. 录播视频格式：

（1）视频格式兼容性：录制格式在 Windows 系统未安装任何扩展解码器的情况下至少兼容以下播放器中的一种。

① Windows Media Player 12.0 及以后版本。

② Quick Time Player 7.6 及以后版本。

③ Adobe Flash Player 10.0 及以后版本。

④ Real Player 14.0 及以后版本。

（2）视频格式采用能支持更多操作系统的视频格式。具体要求按表 3-22 中的相应规定执行。

操作系统与视频格式的支持情况 　　　　　　　　　表 3-22

操作系统 ＼ 视频格式	Windows Media wmv/asf	Quick Time mov	Flash flv/f4v/swf	MPEG4 和 H.264 mp4
Windows	√	•	√	√
Mac OS	•	√	√	√
iOS	•	√	×	√
Android	√	√	√	√
Windows Phone	√	•	√	√

注：1. √表示能较好支持；•表示安装播放器后支持；×表示不支持。Flash 播放器在桌面平台通常以插件形式嵌入到网页中，插件的获取与安装十分便利，因此把 Flash 格式归类于能较好支持。

2. 用 Web 浏览器观看的媒体必须支持 Internet Explorer 8.0 及以后版本。建议媒体能支持更多的 web 浏览器。

3. 系统音频编码宜采用 WMA/AAC/MP3 编码方式。

7. 视频压缩编码：图像采集编码能力应与前端摄像机相匹配，高清系统应能兼容标清标准。

（1）标清系统视频压缩编码：

① 视频分辨率支持 768×576 并兼容 720×576、512×384、480×360、352×288、320×240。

② 计算机视频分辨率支持 1024×768，并兼容 800×600、640×480。

③ 帧率 15～25fps 可调。

④ 码率 256Kbps～2Mbps 可调。

⑤ 关键帧间隔 1～10s 可调。

⑥ 缓存时间 1～20s 可调。

（2）高清系统视频压缩编码：

① 录制视频分辨率支持 1920×1080，并兼容 1280×720、1024×576、640×360、512×288。

② 计算机视频分辨率支持 1280×800，并兼容 1024×768。

③ 帧率 15～60fps 可调。

④ 码率 384Kbps～8Mbps 可调。

⑤ 关键帧间隔 1～10s 可调。

⑥ 缓存时间 1～20s 可调。

8. 音频压缩编码：

（1）音频采样率：48kHz、44.1kHz、32kHz、22.05kHz 可调。

（2）音频量化：16bit。

（3）音频码率支持 32Kbps、64Kbps、128Kbps、256Kbps。

（4）音频单通道和立体声可选。

9. 声画同步要求：

视频画面与声音必须同步，声音与画面的时间差≤0.2s。

10. 录播监控：

（1）系统具有视频波形监视器功能，视频输出电平应为 1V±0.1V。

（2）远程监控视频延时≤0.5s。

11. 其他规定：

（1）通常情况下，录播系统宜采用基于 IP 网络的分布式架构；在不具备网络通信条件的教学场所，宜采用一体机架构。

（2）录播系统信号采集和信号处理等硬件设备建议采用非 PC 架构的专用硬件设备和嵌入式操作系统，以便具备更好的抗网络病毒攻击能力。

（3）信号传输宜采用 SDI 或 HD-SDI 等数字传输形式。

（4）嵌入式系统宜具备液晶屏、web 页面、第三方中控、专用软件、遥控器等多种控制方式。

（5）录播系统以采用模块化设计为宜。

五、录播系统设计举例

【例1】医院手术示教

图3-22是某大学牙科医院利用锐取公司录播系统进行手术示教的案例。该系统通过医院内部局域网（LAN）进行传输与观摩。

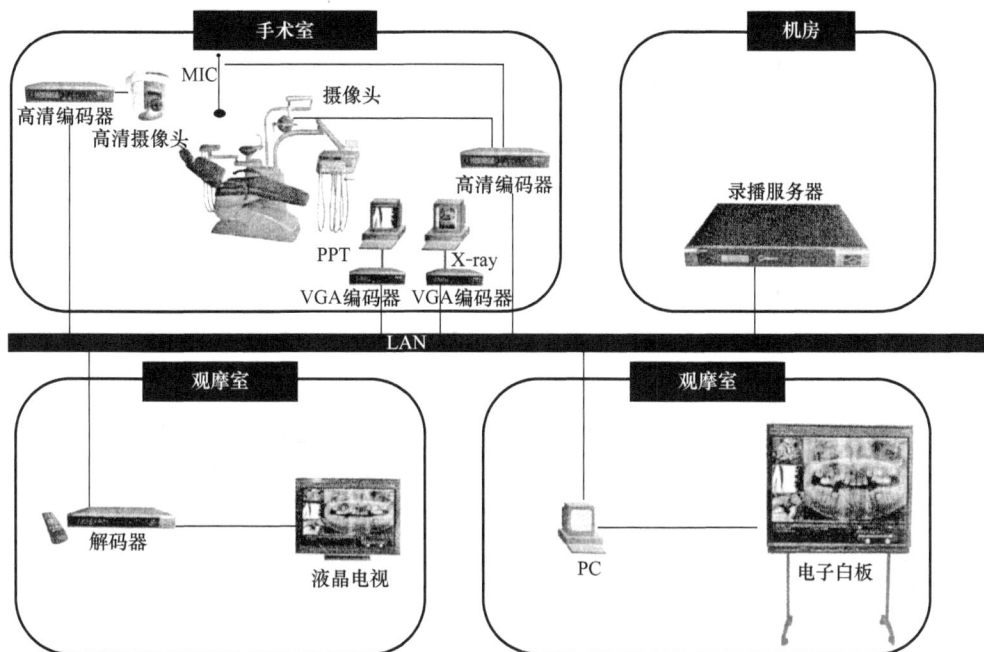

图3-22 某医院手术示教系统图

图中在手术室的旁边设置了一间观摩室，用于院内牙科学生的手术示教。手术室内的高清全景摄像机、术野摄像机、PACS影像均通过锐取手术示教系统传输到观摩室，学生可以多角度、多画面看到手术室内的牙科手术全过程。整个手术的过程均被完整录制下来，学生可通过个人电脑点播回放。

【例2】某银行培训学院的分布式录播系统

本例是某银行培训学院，总部设在北京，深圳设有分部，另在银行各支行办公室设有在线学习点。为此，采用分布式录播系统，如图3-23所示。

该分布式录播系统用1台多媒体录播服务器实现了分布在北京和深圳的6间多媒体教室的并发录播，成本低、扩展灵活、同时方便了设备和文件资源的集中管理，这是分布式架构录播系统在大规模应用中的优势所在。

在该项目中不仅为用户提供了稳定可靠的多媒体录播系统，还提供了丰富的外围支撑管理平台，如教室可视信号管理平台、后期媒体编辑软件等产品，方便了录播系统与用户现有的E-Learning平台的无缝融合，为用户提供了一种低成本、高效率的课件制作手段，也使E-Learning平台获得了更为丰富的内容支撑。

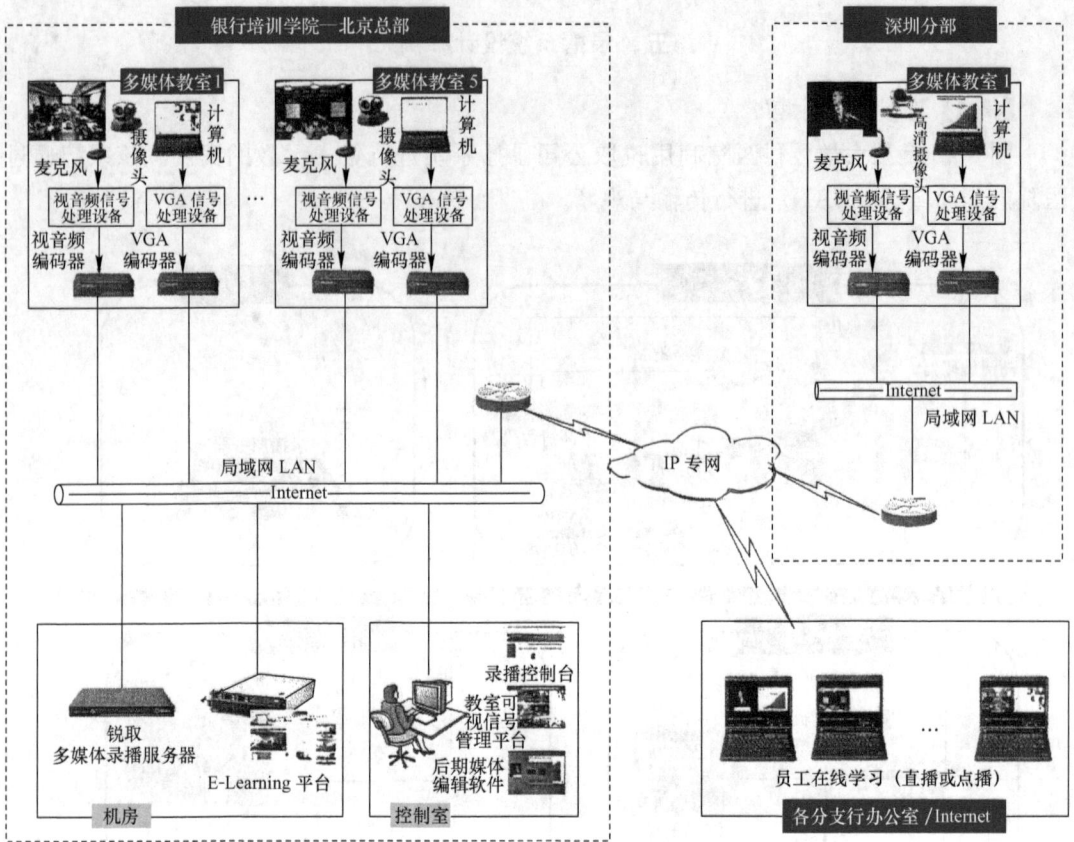

图 3-23 某银行培训学院的分布式录播系统

第七节 硬盘录像机和硬盘录音机

一、硬盘录像机

硬盘录像机是采用数字视频记录技术，并以硬盘作为存储介质的视频记录/重放设备。全称为数字硬盘录像机（Digital Hard Disk Recorder，DHDR 或 HDR），也称为数字视频录像机（Digital Video Recorder，DVR）。硬盘录像机的主要功能特点如下。

（1）硬盘记录装置可同时进行多路图像信号记录，可单路回放或多路同时回放。

（2）采用动态码流技术录制图像和声音。由于采用实时记录，录制图像为 25 帧/秒，不会丢失每帧图像，记录和重放效果比较好，图像的清晰度高，类似 VCD 效果。

（3）根据硬盘的容量，可以录制几天到几十天的图像和声音信号，而不用更换硬盘。由于采用循环覆盖技术和动态码流技术录制图像和声音信号，存储的视频图像信号可以自动循环删除，不存在传统模拟录像机所具有的磨损和录像磁带信号衰减等问题。

（4）长时间工作的稳定性和高可靠性。

硬盘录像机一般都配置了 UPS（不间断电源），可以保证硬盘记录系统长时间工作的连续性、稳定性和可靠性，防止因电源电压波动或停电造成的记录中断。硬盘记录系统的容错和纠错能力可避免或减少因不可预见的意外错误导致的资料、数据丢失，报警信号前后的图像和声音都可录制在案。

（5）根据日期、时间、报警内容、地点等，可以立即方便地检索到录制的图像与声音信号，即时进行回放。

（6）可与其他计算机系统或报警系统联网，实现远距离传送和查看录像资料。

（7）可采用智能化管理方式，进行预先设置，这样硬盘记录系统就可以按照设定的时间自动进行记录、停止等，实现无人值守。

（8）可设定安全密码，没有权限的人不能对计算机硬盘记录系统进行查询、设置或删除录制的图像和声音。

计算机硬盘记录系统的关键技术是图像压缩和数字化处理技术，其核心是图像压缩算法。就目前的水平而言，在保证记录与重放图像清晰、声音无失真、图像活动性好的情况下，压缩比最高可做到 200：1～1000：1，分辨率为 96×64～640×480 像素。

根据硬盘安装模式，硬盘录像机可分为固定硬盘录像机和移动硬盘录像机两种。固定硬盘录像机即硬盘记录器，是计算机中的一种内置硬盘记录器。对于具有 Pentium 性能的 PC 或多媒体计算机而言，只要在机器中装入视频压缩卡等，并编制相应的程序就可使其具有数字存储功能，相当于一台固定硬盘记录器，不需另外再配置其他记录装置。移动硬盘录像装置则是自成一体、可以独立使用的硬盘录像机，它可方便携带。

下面以台电生产的 HCS-4130M 型会议专用的硬盘录像机为例进行说明。该机的技术特性如下：

①与台电会议系统集成，实时记录会议过程的音视频信号；

②可自动对会场全景及发言人的发言过程进行录音和录像，并以数字格式存储；

③录音录像索引、排序功能（按会议名称、发言人、开始时间、发言时间等进行索引和排序）；

④录音录像回放、快速播放、后退、暂停、停止等功能；

⑤支持录音录像文件回放时的剪辑功能；

⑥具有抓图功能；

⑦录音录像文件存储在硬盘录像机中，支持下载；

⑧录音录像文件存储在硬盘录像机中，客户端只控制录音录像的开始、结束，故录音录像信息不会由于客户端断电而丢失；

⑨在录音录像的同时可以用耳机选择监听各个通道的声音；

⑩网路监控功能；

▌系统软件运行环境：Pentium4-2.0G 以上，内存 1G 以上，Windows2000/WindowsXP/Vista。

该机的技术参数如表 3-23 所示。

HCS-4130M 硬盘录像机技术参数 表 3-23

视频压缩标准	H. 264
硬盘容量	300GB
实时监视图像分辨率	PAL：704×576/NTSC：704×480
回放分辨率	QCIF/CIF/2CIF/DCIF/4CIF
视频输入接口	BNC（电平：1.0Vp-p，阻抗：75Ω），支持 PAL、NTSC 制
视频输出	1 路，BNC（电平：1.0Vp-p，阻抗：75Ω）
音频输入接口	BNC（线性电平，2.0Vp-p，阻抗：1kΩ）
音频输出	1 路，BNC（线性电平，阻抗：1kΩ）
音频压缩标准	OggVorbis
通讯接口	1 个 RJ-45 10M/100M 自适应以太网口，1 个 RS-232 口，1 个 RS-485 口
键盘接口	有
USB 接口	1 个，协议：USB1.1。支持 U 盘，USB 硬盘，USB 刻录机
VGA 接口	1 个，分辨率：800×600@60Hz，800×600@75Hz，1024×768@60Hz
电源	90～135VAC 或者 180～265VAC，47～63Hz
功耗（不含硬盘）	20～50W
工作温度	−10℃～+55℃
工作湿度	10%～90%
机箱	19 英寸标准机箱

二、硬盘录音机

硬盘录音机（Hard Disk Recorder，HDR，简称硬盘机）的工作原理是先将声音模拟信号进行 A/D 转换后，经数字信号处理（DSP）器将数字音频信号记录在硬盘上。放音时，将硬盘上已记录的数据读出，经数字信号处理后进行 D/A 转换恢复模拟音频信号。

硬盘机是采用饱和磁记录方式将数字音频信号记录在磁性盘片上，然后利用峰值检测的方法拾取磁介质磁化方向翻转时产生的电动势，从而重新获取到数字音频信号。硬盘机的读、写磁头均由高磁导率的软磁材料和绕组构成。由于磁盘的结构与磁带不同，考虑到磁头长期接触会磨损磁盘，损坏后又不像磁带可任意取出更换那样方便，因此采用磁导率很高的磁头，使磁头与盘片之间可以保持有一定间距 d，称为浮动间隙或磁头飞行高度。由此可见，磁盘机的磁头与磁盘属非接触式，而磁带机的磁头与磁带为接触式。

从外形看，硬盘机有两大类：基于台式计算机的硬盘机，其外形更像一台计算机；另一类是基于嵌入式计算机的硬盘机，其外形更像一台音频设备。

硬盘机一般有 8、16 轨形式。硬盘机读取时间快，除了具备与 MO-MD 光盘相同的剪（Cut 或 Devide）、移（Move）、合并（Combine 或 Paste）、删除（Delete）和消除（Erase）等编辑功能外，还增加了复制（Copy）、撤销（Undo）等功能。比如有些硬盘机除有 8 条实际音轨外，每条音轨里还可以有若干条虚拟轨。硬盘机的另一个优点是具有准确、方便的同步功能，既可以与视频设备同步，也可与 MIDI 设备同步，还可以与其他的硬盘机同步，其同步码有 SMPTE 码、MIDI 的 MTC 码等多种类型。硬盘机一般都是 16bit 线性量化，取样频率有 48kHz、44.1kHz、44.05kHz 等多种选择，因此，对硬盘的存储量要求较大，540MB 的硬盘 8 轨可录取 2min；如果换上 2GB 的硬盘，8 轨可以录到 50min 左右。

第四章 视频会议（会议电视）系统

第一节 视频会议的通信网络与国际标准

一、概 述

视频会议系统，又称会议电视系统，或称远程视频会议系统。它是一种使用专门的音频/视频设备，通过传输网络系统，实现远距离点与点、点与多点间的现代会议系统。也就是说，利用相关的通信网络建立链路实现在两地（或多个地点之间）进行会议的一种多媒体通信方式。它可以实时地传送声音、图像和文件，与会人员可以通过电视发表意见、观察对方表情和有关信息，并能展示实物、图纸、文件和实拍的电视图像，增加临场感。还可以通过传真、电子白板等现代化的办公手段传递文件、图表，用以讨论问题。在效果上可以替代现场会议，图像、语言和数据等信息可以通过一条信道进行传递。除此之外，还应用于远程教育、远程医疗等实时传送音频、视频和数据的业务。支持远程电视会议的通信网络一般有 LAN、DDN专线、ISDN、ADSL、ATM、INTERNET、INTRANET 等，并遵循各自的通信协议。

视频会议系统的历史可追溯到 20 世纪 60 年代初，当时美国电报电话公司（AT&T）曾推出过模拟视频会议系统 Picturephone。

进入 20 世纪 70 年代以后，视频会议开始采用数字信号处理技术和数字传输方式。

到 20 世纪 80 年代中期，通信技术发展迅猛，信息编解码技术的成熟，使得视频会议设备的实用性大为提高。但此时的视频会议系统由于价格和技术的因素，仍只限于高档会议室的视频会议应用，从而限制了视频会议的进一步普及。

在 20 世纪 90 年代初期，第一套国际标准 H.320 获得通过，不同品牌产品之间的兼容性问题得到解决。配合 H.261 视频压缩集成电路技术的开发，视频会议系统呈现小型化发展的趋势。在 1992～1995 年期间，中小型视频会议系统成为视频会议应用中的主要产品。视频会议系统在 90 年代中期的另一个发展趋势是桌面型产品开始成熟。

在 20 世纪 90 年代后期，随着 IP 网络的迅速发展和普及，人们对视频业务的需求量急剧增加，这促进了基于 TCP/IP 协议的视频会议标准的形成和视频会议产品的发展。目前基于 IP 网络的 H.323 标准的视频会议已经成为视频会议产品的主流。从大型会议室型视频会议系统到桌面型视频会议系统，从嵌入式产品到计算机机上的软件产品，应有尽有。

新兴的高清视频会议是下一代视频会议技术，将为整个视频会议市场的改变带来变革性的作用。其垂直和水平图像分辨率几乎等于传统系统的两倍，这是彩色代替黑白显示系统后最为重大的变革。高清视频分辨率为 1280×720 像素，帧速率为 30 帧/秒，传统视频会议图像一般为 352×288 像素，高清会议系统传输的视频图像质量几乎是传统视频会议质量的 10 倍。而且，在同样的带宽条件下，提供的图像质量都会更加真实，1Mbit/s 的带宽速率就能支持高清会议，768Kbit/s 速率下达到的图像效果是有线电视的 2 倍，512Kbit/s 速率下就能达到 DVD 级效果，384Kbit/s 速率下就能达到有线电视效果。有的企业需要同时进行几场视频会议，往往却不能保证每条线路都能提供 1Mbit/s 的带宽，高清视频会议对带宽的这种要求给有这种需要的企业提供了更多的选择方案。即便是在带宽较低的情况下，用户仍然可以发现，高清系统比传统会议系统提供的视频质量高出了许多。384Kbit/s 的带宽速率下，高清会议系统所能达到的效果就是传统 FCIF 系统的 2.5 倍。

同时，高清视频会议系统在任何带宽条件下都能传输 30 帧/秒的速率，这对于动态图像捕捉是非常关键的，因为与会者在会议过程中总是会不定地移动，高性能的动态图像处理就显得至关重要，高清视频提供了高保真、CD 级的音频质量和 30 度视觉角度，更好地满足了人体视觉角度需求，给用户带来身临其境的与会体验。

二、视频会议的通信网络

承载视频信息流实时传输的通信网络是影响媒体网络服务的关键部分。通信网络通常包括骨干网络和接入网络两部分。骨干网络是指与视频前端系统连接的公共网络，如计算机网络、ATM 电信网络等；接入网络是指视频用户所拥有的局域网络，如 ISDN、xDSL、HFC、以太网、无线网等。

就视频传输信息来讲，目前骨干通信网络主要依托有线通信网络作为骨干承载网络，辅以无线通信网络作为网络延伸。有线通信网络大体上可以分为电信网络、计算机网络和电视传送网络等；无线通信网络大体上可以分为卫星通信、移动通信、短波通信和微波通信等。

1. 电信网络

电信网络通常是指公共电话交换网（PSTN）、分组交换网（PSDN）、数字数据网（DDN）、窄带综合业务数字网（N-ISDN）、异步传输模式（ATM）。电信网络主要采用电路交换、分组交换技术，具有完善的服务质量及保证和认证、计费等网络管控机制，但基本上是点对点的交互通信模式，存在着信令比较复杂，建立连接的灵活性较差等缺点，通常传输带宽为 64Kbps～622Mbps。

2. 计算机网络

计算机网络通常是指采用 TCP/IP 协议实现异构网络连接，从网络规模来看，可以分为局域网（LAN）、城域网（MAN）和广域网（WAN）。它具有组网方便、灵活的优点，信令协议简便，可以承载数据、图像、语音业务传输，但缺乏完善的质量保证、认证和计费等机制。对于视频业务传输，需要网络提供必要的服务质量保证，通常传输带宽为 10Mbps～10Gbps。

3. 电视传送网络

电视传送网络通常是指有线电视网（CATV）、混合光纤同轴网（HFC）、卫星电视网等用于广播视频和语音的网络，适于被动式接收广播信息，覆盖范围广、信道频带宽，但不适于交互式通信（改造成双向 HFC 系统后，反向信道噪声尚未能妥善解决），缺乏完善的认证和计费机制，通常传输带宽在 2～8Mbps。

三、视频会议对网络性能的要求

反映网络性能的指标很多，其中与数字图声信息传输关系密切的有：

1. 信道传输速率

数字图声信息传输的一个特点是持续和数据量大，在有的数字视音频应用场合所产生的数据率是恒定的（如 VCD），称恒比特率 CBR（Constant Bit Rate）；而有的则是变化的（如 DVD），称变化比特率 VBR（Variable Bit Rate）。

按照图像质量我们可将数字视频分为如下 5 个等级：

① 高清晰度电视（HDTV）：分辨率为 1920×1080，帧率为 60 帧/s，当每个像素以 20bit 量化时，总数据率在 2Gbps 数量级，经 MPEG-2 压缩后约为 20～40Mbps。

② 演播室质量的视频：其分辨率采用 CCIR601 格式，PAL 为 720×576、25 帧/s（隔行扫描）、166Mbps（每个像素以 16bit 量化），经 MPEG-2 压缩后约为 6～8Mbps。

③ 广播质量的视频：相当于模拟电视接收机所显示的图像质量，对应经 MPEG-2 压缩后的数据率为 3～6Mbps。

④ VHS 录像质量的视频：分辨率为广播质量电视的 1/2，经 MPEG-1 压缩后的数据率为 1.4Mbps（其中伴音为 200kbps）。

⑤ 视频会议：视频会议有采用不同的分辨率，如果采用 CIF 格式，即 352×288、25 帧/s，经 H.261 压缩后为 128kbps。

数字音频可分为如下 4 个质量等级：

① 话音：带宽≤3.4 kHz、8kHz 取样、8bit 量化、数据率为 64kbps，经不同方法压缩后为 32kbps、16kbps，甚至更低（如 4kbps）。

② 高质量话音：相当于 FM 广播质量，其带宽≤50Hz～15kHz，经压缩后数据为 48～64kbps。

③ CD-DA：双声道立体声，带宽≤20kHz 取样频率为 22.1kHz、16bit 量化、每声道数据率 705.6kbps，经 MUSICAM（MPEG-1 层Ⅰ）压缩后，两个声道总数据率为 192kbps，经 MPEG-1 高层压缩后为 128kbps。

常见的几种视频编码标准比较，如表 4-1 所示。

视频编码标准比较　　　　　　　　　　　　　　　　　表 4-1

标准简称	H.261	MPEG-1	MPEG-2	H.263	MPEG-4	H.264/AVC	CCIR 601
标准正式名称	ITU-T H.261	ISO/IEC 11172-2	ITU-TH.262|ISO /IEC13818-2	ITU-TH.263	ISO/IEC 14496-2	ITU-T H.264| ISO/IEC 14496-10	ITU-R BT.601
最佳比特率范围（bps）	64K	1～2M	4～20M	≥10K	≥10K	≥10K	216M，288M
主要应用	会议电视	VCD 视频	电视，DVD 视频	会议电视，可视电话，流媒体，移动视频	流媒体，无线局域网，移动视频	会议电视，可视电话，电视，DVD 视频，无线局域网，移动视频	电视

续表

标准简称	H.261	MPEG-1	MPEG-2	H.263	MPEG-4	H.264/AVC	CCIR 601
首次批准日期	1988.11	1993	1994.11	1996.3	1999	2003.5	1982
最新批准日期	1993.3	1999	2000	2005.1	2001	2010.3	1995
最小图像尺寸（像素）	172×144	16×16	16×16	16×16	16×16	16×16	720×480
最大图像尺寸（像素）	352×288	4096×4096	65536×65536	2048×1152	65536×65536	4096×2048	720×576
运动补偿技术	是	是	是	是	是	是	否
编码转换	是	是	是	是	是	是	否
编码性能	2	3	3	4	4	5	0
支持的比特率	任意	任意	任意	任意	任意	任意	否

④ AC-3：5.1声道环绕立体声：带宽为3Hz～20kHz、取样频率为48kHz、22bit量化，经AC-3压缩后总数据率为320kbps。

2. 传输延迟

对于实时会话应用，ITU-T规定：当网络的单程传输延迟大于24ms时，应该采取措施消除可听见的回声干扰。有回声抑制设备的情况下，从人们进行对话时自然应答的时间考虑，网络的单程传输延时应在100ms～500ms之间，一般为250ms。在查询等交互式多媒体应用中，系统对用户指令的响应时间也不应太长。一般应小于1～2s。若终端是存储设备则对传输延时就没有严格要求了。

3. 延时抖动

产生延时抖动的原因主要有：传输系统引起的延时抖动，如符号的相互干扰、振荡器的相位噪声、金属导体中传播延时随温度的变化等，所引起的抖动称物理抖动，其幅度一般在μs级，甚至更小；对诸如以太、令牌环、FDDI等电路交换的网络，只存在物理抖动，在本地网内抖动在ns级，而网际抖动在μs级；对诸如X.25、IP、帧中继等广域分组网，延时抖动主要源于流量控制的等待时间和存储转发机制中由于节点拥塞而产生的排队延时变化，一般长达数秒级。

在数字音视频传输中，延时抖动是破坏同步关系劣化演示质量的主要因素。例如，音频样值间隔的变化会使声音产生断续或变调，图像各帧显示时间的不同也会使人感到图像的停顿或跳动。人耳对声音的变化比较敏感，若从熟识的音乐中删去很短（如40ms）的一段就会感觉出来。人眼对图像的变化则没有那么敏感，在熟识的视频片段中删去1s的一段（无伴音）则未必能感觉出来。因此，音频实时传输对延时抖动的要求比较苛刻。尽管可以用一定的方法在终端对网络延时抖动给予补偿，但补偿需要使用大容量缓存，因而会增加端到端延时时间。在考虑实际应用对缓存大小和延时时间所能承受的限制，下述定量指标（补偿前）可供参考：CD质量的音频，网络延时抖动一般不应超过100ms；对电话质量的语音，抖动不应超过400ms；对诸如虚拟现实等传输延时有严格要求的应用，抖动不应超过20ms～30ms，由于电视图像总是和伴音一起传送，我们可从对伴音的要求推导出对视频的要求：对已压缩的HDTV，网络延时抖动不应超过50ms；对已压缩的广播质量的电视，不超过100ms；对视频会议，不超过400ms。

4. 错误率

在数字视音频应用中，将接收到的视音频信号直接播放给人观看时，由于显示的活动图像和播送的伴音不断更新，错误很快便被覆盖，因而观众可在一定程度上容忍错误的发生。从另一方面看，已压缩的视音频数据中存在误码对播放质量的破坏显然比未压缩的数据中的误码要大，特别是发生在关键地方（如运动矢量）的误码要影响到前、后一段范围内的数据的正确性。此外，误码对人的主观接收质量的影响程度还与压缩算法和压缩倍数有关。一般情况下获得"好"等级的质量所要求误码率（BER）为：对于话音，BER 一般要求低于 10^{-2}；对未压缩的 CD-DA，BER 要求低于 10^{-3}；对经压缩的 CD-DA，BER 要求低于 10^{-4}；对经压缩的视频会议，BER 要求低于 10^{-8}；对经压缩的广播质量的电视，BER 低于 10^{-9}；对经压缩的 HDTV，BER 低于 10^{-10}。

四、视频会议对网络功能的要求

多媒体通信的难点在于数字音视频传输，因此，多媒体通信实际上就是数字音视频应用对网络功能的要求，主要表现在以下两个方面：

1. 对网络的传输方向性的要求

按信息传输的方向性不同，网络可分为：单向和双向两大类。单向网络的信息传输只能沿一个方向进行，如传统的有线电视网络，信息只能从电视中心向用户传输，因此，它只能支持广播式数字电视；双向有线电视网络，支持电视中心与用户之间的双向信息传输，因此它能支持 VOD 一类数字电视应用。

2. 对网络的传输协议的要求

按传输协议的不同，网络传输可分为单播、组播和广播三大类。单播（Unicast）是指点到点之间的通信；组播（Multicast，或称多播）是指网上一点对多个指定点传送信息；广播（Broadcast）则是指网上一点向网上所有其他点传送信息。不同的数字视音频应用要求不同的网络传输协议的支持，例如，可视电话只要求网络具有点对点的单播功能；数字电视广播则只要求广播型网络的支持。

五、网络视频的传送方式

网络视频的传送方式分为四种：单播、广播、组播和点播。

1. 单播

网络视频单播是指在每个客户端与视频服务器之间建立一个单独的数据通道，并且从一台服务器送出的每个数据包只能传送给一个客户端的传输方式。单播的传输原理本质上属于点对点传输。在单播过程中，视频源和目的地是一一对应关系，即视频媒体从一个源（服务端）发出信息后，只能到达一个目的地（客户端）。

2. 广播

网络视频广播是指服务端将数据包的一个拷贝发送到网络上所有客户端，用户被动地接收视频流，而不管其是否需要该拷贝的一种传输方式。广播的传输原理本质上是一对多的关系。在广播过程中，客户端被动接收视频流，而不能对视频流播放进行控制。广播方式虽然能够传送一个数据流到整个网络，但很容易引发广播风暴，大量无用信息淹没整个网络，从而消耗网络带宽和资源。因此，要限制广播消息的发送，通过设置路由器来阻止广播的传播，从而将广播限制在一个物理或逻辑网段内。

3. 组播

网络视频组播是指多址广播或多播，是一种基于"组"的广播。组播的源和目的地是一对多的关系，并且这种一对多的关系只能在同一个组内建立。视频媒体从一个源（服务端）发送出去后，任何一个与视频源同一组号的目的地（客户端）均可以接收到视频信息，而该组以外的其他目的地均不能接收到。采用组播方式，允许路由器一次将数据包复制到多个通道，服务端只须发送一个信息包，即可让所有发出请求的客户端共享该信息包，因此，单个服务端就可对几十万台客户端同时发送连续数据流而无时延。组播信息可以发送到组内任意地址的客户端，减少了网络传输的信息总量，网络利用率高。

4. 点播

网络视频点播是一种基于用户需求的播放方式，是单播或组播的特殊应用。在点播过程中，网络用户在客户端发出播放请求，传送给视频服务器。经过请求验证后，服务器把存储系统中可访问的节目单准备好，使用户可以浏览到所喜爱的节目单。用户选择节目后，服务器从存储系统中取出节目内容，并传送到指定客户端播放。在点播播放过程中，根据网络状况和全网点播内容情况可以采用单播或组播方式进行播放。相对于其他方式，用户自主性较强，可根据喜好选择播放内容并能自主控制视频信息的播放，而不是被动接收视频信息。视频点播分为互动点播和预约点播两种。互动点播即用户通过申请，服务器自动安排其所需节目。预约点播即用户通过申请播放内容和时间，管理人员进行相关配置，按其要求定时播出节目。

六、会议电视的国际标准

1. 几种会议电视的标准（建议）

自 1990 年国际电信联盟（ITU）颁布数字会议电视标准 H.320 之后，又相继出台了许多新的标准，如 H.321、H.323、H.324 和 H.310 等。这些标适用在不同传输网络中，传送着不同质量级别的会议电视信息，其概况如图 4-1 所示。

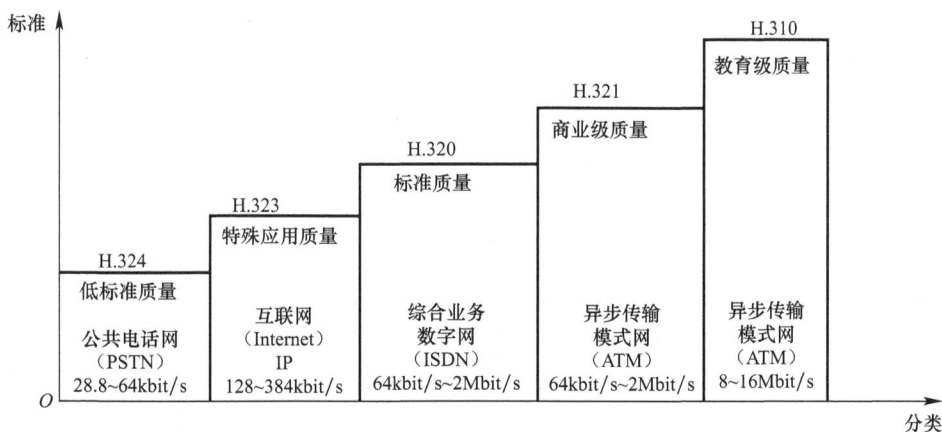

图 4-1 会议电视标准的质量级别

国际电信联盟（ITU）主要协调全球电信网及其业务，其活动包括电信的协调、开发规范和标准化，以及地区和世界电信事件的组织工作。ITU 电信标准分部 ITU-T（原来的 CCITT）是 ITU 的一个固定组织，致力于制定国际电信标准。表 4-2 列出 ITU-T 有关会议系统的常用建议及其名称。

ITU-T 制定的数字会议电视系统的技术标准　　　　　　　　　　表 4-2

分　类	标准号	名　　称
视听业务的系统和终端设备	H.320	窄带（ISDN）可视电话系统和终端设备
	H.323	无服务质量保障的局域网上，可视电话系统和终端设备
	H.324	低比特率多媒体通信终端
	H.324/M	无线移动网上，超低比特率可视电话系统和终端设备
	H.310	宽带 ISDN 可视电话系统和终端设备
	H.321	H.320 可视电话终端到 B-ISDN 环境的匹配
	H.322	有服务质量保障的局域网上，可视电话系统和终端设备
视频编解码	H.261	P×64kb/s 视听业务的视频编码
	H.263	用于低比特率通信的视频编码
音频编解码	G.711	3.4kHz 语音防冲编码调制（PCM）
	G.722	64kb/s 以内的 7kHz 音频编码
	G.723	用于多媒体通信传送的双速率（5.3kb/s 和 6.3kb/s）语音编码
	G.722	低延迟码激励线性预测的语音编码
数据协议	T.120	多媒体会议的数据协议
	T.121	通用应用模板
	T.122	音频图形和视听会议的多点通信服务
	T.123	音频图形和视听会议应用的协议栈
	T.124	视听和音频图形会议终端的通用会议控制
	T.125	多点通信服务的协议规范
	T.126	静止图像协议规范
	T.127	多点二进制文件传送的协议规范
成帧多路复用	H.221	视听业务中，64～1920kb/s 信道的帧结构
	H.223	低比特率多媒体通信的多路复用协议
	H.224	使用 H.221 LSD/HSD/MLP 信道的单体应用实时控制协议
	H.225	在无服务质量保障的 LAN 上进行媒体流分组和同步
通信控制	H.230	视听系统的帧同步控制和（C&I）信号
	H.242	使用 2Mb/s 以内数字信道，在视听终端之间建立通信的规程
	H.243	使用 2Mb/s 以内数字信道，在三个和多个视听终端之间建立通信的规程
	H.245	多媒体通信控制协议
安全	H.231	视听业务保密系统
	H.233	视听业务的密钥管理和认证系统
其他	H.221	使用 H.224 的视频会议远程摄像机控制协议
	H.234	使用 1920kb/s 以内信道的视听系统的多点控制设备

H.320 是最先提出的一种关于会议系统及其终端的建议，用于基于电路交换的带宽为 64kb/s～2Mb/s 的窄带 ISDN 及相似特性的非拨号（专用）网。它的视频编解码使用 H.261，视频压缩后的数据率为 $p×64$kb/s，即使用 64kb/s 整数倍速率的信道，最高达 1920kb/s。为了使 NTSC 和 PAL 制式之间兼容，它定义了公共中间格式 CIF。音频编解

码使用 G.711、G.722 或 G.728。其中 G.711（PCM 编码，64kb/s）和 G.728（码激励线性预测 CELP，16kb/s）规定了 3.4kHz 电话质量的语音压缩标准；G.722 是 7kHz 调频广播质量的语音编码，速率在 64kb/s 以内。H.320 会议的信道使用 H.221 帧格式，呼叫控制在 H.242 和 H.243 中规定。系统控制单元通过端到网络信令进行网络存取，通过端到端信令进行端到端的控制，H.230 建议定义了系统中使用的控制和指示 C&I 信号。多点会议控制设备在 H.231 中描述，以组成多点会议。H.224 为那些需要实时控制的业务提供开销低、招待时间和延迟短的简单可行的协议，它不需要可靠的流控制连接。H.281 是建立在 H.224 之上的实现点到点、点到多点的单向远端摄像机控制。另外，H.233 为会议系统提供了信息加密的方法，H.234 确定了在不同点之间传送密钥以及其他与管理有关的事项。

　　H.323 是针对无服务质量（QoS）保障 LAN 的会议系统而制定的，无 QoS 保障 LAN 包括以下类型：以太网（IEEE 802.3）、快速以太网（IEEE 802.10）、FDDI（无保障的服务质量模式）、令牌环状网（IEEE 802.5）等。会议终端和设备可以承载实时语音、数据和视频，或者是它们的任意组合。LAN 可以是单段或单环的，或是复杂拓扑的多段结构，但是在多段 LAN 上的会议终端的操作性较差。H.323 采用了 IETF 的实时传输协议（RTP），为了可靠的 UDP 传输和不稳定的 LAN 提供了一种补偿方法，使得位流能够持续地播放。这样，凡符合 H.323 的会议系统都可以在 Internet 上应用。视频编解码器是可选的，所有提供视频通信的会议终端应该提供按照 H.261 QCIF 编解码的能力。终端也可以有选择地采用按 H.261 CIF 或 H.263 SQCIF、QCIF、CIF、4CIF、16CIF 编解码的能力。表 4-3 所示为常用的 CIF 格式。所有标准的 LAN 会议终端应该有音频编解码器，并具有 G.711 进行编解码语音的能力和具有发送和接收 A 律和 μ 律的音频能力。使用 G.722、G.728、G.729、MPEG1 音频和 G.723 的能力是可选的，编解码器使用的音频算法应在能力协商讨程中确定。另外，会议终端可以具有非对称操作能力，例如它能够发送 G.711 音频，而接收的是 G.728 音频。会议终端可以有选择地同时改善和接收多个音频通道，例如在一个会议中，允许传送两种语言的音频信号。在这种情况下，终端也需要执行音频混合功能，向用户提交复合的音频信号。在 H.323 中，用 H.225 代替 H.221 成帧功能，而通信呼叫、能力交换、命令和指示信令、逻辑通道控制等由 H.245 定义。相应地，H.322 建议描述 QoS 有保障的 LAN 会议系统，QoS 有保障的 LAN 的一个例子的综合业务 LAN（IEEE 802.9A），它采用载波监听多路存取/冲突检测（CSMA/CD）的介质访问控制（MAC），提供等时传送服务。

会议系统中视频终端的图像格式 表 4-3

图像格式	SQCIF	QCIF	CIF	4CIF	16CIF
像素（亮度）	128×96	176×144	352×288	704×576	1408×1152
像素（色差）	64×48	88×72	176×144	352×288	704×576
H.261		√	√		
H.263	√	√	√	√	√

H.324 是公众交换电话网（PSTN）上的会议系统标准。PSTN 上的低比特率多媒体通信终端可用调制解调器上网，用于 H.324 的调制解调器应在全双工、同频模式下操作，并遵循 ITU-T V.34 和 V.8（用于启动 PSTN 上的数据传输会话的规程）。终端可以承载实时语音、数据和视频，或者是它们的任意组合。PSTN 上的终端可以集成在个人计算机上，以 PC 扩展板的形式插在计算机内，或以独立的设备（如可视电话）来实现。通过多点控制单元（MCU），PSTN 上的会议系统也可以进行多点配置。H.324 的视频编码支持 H.263 和 H.261，可以使用 5 种标准的图像格式，即 16CIF、4CIF、CIF、QCIF 和 SQCIF（其中 CIF 和 QCIF 定义在 H.261，SQCIF、4CIF 和 16CIF 定义在 H.263），但是编解码主要满足 QCIF 和 SQCIF 格式。音频标准用支持双速率的 G.723.1.1。多路复用/分接 H.223 把音频、视频和数据集中于一个流中，按逻辑通道传输，多路复用的输出直接加到 V.34 的同步数据端，而逻辑通道用 H.245 协议控制。另外，H.324/M 对应的是无线网络环境下的会议标准；在 B-ISDN 和 ATM 网的会议系统由 H.310 描述；H.321 定义了 H.320 终端对 B-ISDN 环境的适配，使 B-ISDN/ATM 访问一旦可以获取，H.320 终端就可以利用这些宽带网络设施召开会议。

上述会议电视系统中，H.321 和 H.322 实质上是将 H.320 系统的位流分别重新组装为 ATM 网和 LAN 可接收的位流，起着一种网间适配的作用，本质上仍然是 H.320 系统。因此，在现有的通信网上传输多媒体视听信息的主要有 H.320（基于 ISDN）、H.324（基于 PSDN）、H.310（基于 ATM）和 H.323（基于 LAN）这四类系统，它们各自所包括的有关国际标准见表 4-4。

视频会议国际标准　　　　　　　　　　　　　　　　表 4-4

标　准	H.320	H.324	H.323	H.310
应用网络	ISDN	PSTN	LAN	ATM
视频编码	H.261	H.261/263	H.261/H.263	H.262/261
音频编码	G.711/722/728	G.723/729	G.711/722/728/723/729	MPEG-1/G.711/722/728
多路复用	H.221	H.223	H.225	H.222/H.222.1
通信控制	H.242	H.245	H.245	H.245
数据传输	T.120	T.120	T.120	T.120
数据传输速率	64kbit/s～2Mbit/s	28.8～64kbit/s	128～384kbit/s	8～16Mbit/s
适用网络	综合业务数字网（ISDN）	公共电话网（PSTN）	互联网、局域网（Internet、LAN）	异步传输模式网（ATM）

2003 年 7 月国际电信联盟（ITU）又批准了 H.264 标准。H.264 的编码效率比 MPEG-2 和 H.263 基本配置提高了 49.2%，即提高了 1 倍。因数据的压缩比大大提高了，故通常也称 H.264 标准为高级视频编码标准（用 AVC 表示之）。

人肉眼能够察觉的时间间隔是 20ms 左右，而对于 30 帧/秒的 720p 两帧之间的时间间隔为 33ms，肉眼可以明显察觉到图像的跳动感，会感觉眼睛疲劳。所以，720p 的分辨率不能作为一个行业的发展方向，而只能是很快被淘汰的过渡产品，真正的发展方向应该是 1080p。

目前大部分视频产品采用的分辨率是 4CIF 或 720p，未来视频会议的技术发展趋势是采用 1080p 的分辨率加 H.264 的视频编解码技术；在图像质量和真人效果方面将会有本质的提升。另一趋势是基于 IP 的视频会议与办公协同、指挥调度的融合；在培训、汇报、交流中方便地传送和显示计算机文档；视频会议与集中指挥、远程调度集成，统揽全局，实现远程指挥。

2. 会议电视的音频编码标准

在音频方面，相继出现了 G.711、G.722、G.723.1、G.728、G.729、G.729A 等建议。G.711、G.722 为早时期的标准。

1）G.723.1 的特点是数据传输速率低（5.3kbit/s，6.3kbit/s），它是 Internet 视频会议系统所推荐的音频编码标准；缺点是时延太大，也可用在公共电话网和移动网中。

2）G.728 的优点是时延小，它是 ISDN 视频会议系统所推荐的音频编码标准。

3）G.729 标准的时延和数据传输速率都较低，很适合在多媒体会议系统中应用，很有前途。

上述几种会议电视的音频编码标准，如表 4-5 所例。

会议电视的几种音频编码标准（建议）　　表 4-5

标　准	核心编码技术	传输速率/ kbit·s^{-1}	延时/ms	算法复杂度 （MIPS）	备　注
G.711	PCM	64	0/0	0	早期标准，数据传输速率高
G.722	ADPCM	48，56，64	0.125/1.5	5	早期标准，数据传输速率高
G.723.1	MP-MLQ*/ACELP	5.3，6.3	30/7.5	16	数据传输速率最低，但时延最大
G.728	LD-CELP	16	0.625/0	30	延时小，但算法复杂
G.729	CS-ACELP	8	10/5	20	延时与数据传输速率均较低
G.729A	CS-ACELP	8	10/5	11	延时与数据传输速率均较低

第二节　视频会议系统的类型

一、视频会议系统的基本类型

可从通信网络（或传输介质）、传输内容、终端配置以及媒体选择等角度对视频会议系统进行分类。

1. 按通信网络不同对视频会议系统进行分类

若从所运行的通信网络上分，目前，视频会议系统主要包括如下类型：

（1）基于专网或 DDN 网的视频会议系统。这类视频会议系统的主要特点是，一般运行在 128kb/s～384kb/s 速率下，提供中等质量服务，可以召开点对点视频会议。

（2）基于局域网或广域网（LAN/WAN）的视频会议系统。这类视频会议系统的主要特点是，运行在局域网或广域网上，可提供 15 帧/s～20 帧/s 的 CIF 或 QCIF 图像。

（3）基于公用电话网（PSTN）的视频会议系统。这类视频会议系统的主要特点是，运行在公共电话网上，可提供 5 帧/s～15 帧/s 的 QCIF 图像。

此外，还有基于因特网（Internet）的视频会议系统、基于综合业务数字网（ISDN）的视频会议系统和基于异步传输网（ATM）的视频会议系统等。

2. 按终端配置不同对视频会议系统进行分类

从视频会议终端（包括其外围设备）类型上分，由于应用的目的不同和应用的场合不同而有所区别，大体上可分为会议室型、桌面型和可视电话三大类。

（1）会议室视频会议系统（Meeting Rom Video Conference System）。又可按会议的性质分为：

① 通用会议室：适用于规模较大、对公众开放的视频会议业务，如行政工作会议、商务会议等，对图像质量、音响效果要求较高。目前，国内的各级公众视频会议系统都属于这一类。它在一个固定的会议室内安装了摄像机、编码器与通信设备等，与会者在会议室中参加会议。这类视频会议以常设于会议室中的高质量编解码器、高档摄像器材、显示设备为主要特征，主要以满意的音频和视频质量服务于行政部门、大型企业的领导及技术人员。会场面积一般要求可以容纳主要与会者近 10 人，收看会议者数十人左右。在这样的会议室里，会场的布置，光线的设置，室内音响系统的性能，背景颜色的选择，与会者和摄像机的距离、角度等都是经过周密考虑和设计的，可以获得较好的图像质量和音响效果。

② 专业性会议室：主要用于学术研讨会、远程教学、医疗会诊等，它与通用会议室型视频会议系统的最大区别在于会议室的配置上，专业会议室除配置上述通用会议室的设备外，还必须根据实际需要增加供教学、学术用的设备，如电子白板、录像机、打印机等。会议室型视频会议系统为了取得良好的会议效果，编解码器的传输速率最好为 2Mb/s（E1 速率），至少也得 384kb/s，再低速率的图像质量在这里一般难以接受。

（2）桌面视频会议系统（Decktop Video Conference System）。这类视频会议系统比会议室型简单得多，它实际上是一个桌面型计算机系统，它又可分为高档和低档两种。高档台式系统配置较好的摄像、音响器材，编解码器需要 128kb/s～768kb/s 的传输带宽，从而可提供 25～30 帧/s 的 CIF 或 QCIF 图像，可供小型会议室使用；低档系统一般可运行在 128kb/s 以下速率，提供 15～20 帧/s 的 QCIF 图像，一般有数据共享功能，可用于一般办公室人员。最简单的桌面系统就是一台个人计算机，加上插入计算机总线槽内的编解码板和通信控制板，就形成了视频会议编解码器。然后外接一台摄像机（或小摄像头）、一个话筒和两个小音箱作为图像输入和语音的输入、输出。解码图像可以利用计算机的显示器来显示，也可再外接一台监视器来显示。这样的系统一般适于几个人之间的讨论、商谈，对图像和音响的要求不高。桌面型视频会议系统通常是接在 ISDN 网上，以 2B+D 或 1B 的速率工作。也可以接在 LAN 或 Internet 上，当然此时的通信协议要和网络相匹配。这一类桌面视频会议系统造价低廉，使用方便，通信费用低，虽然目前还没有占据市场主流，但将来最有发展前途的是这一类系统。

3. 按软硬件分类

IP 视频会议自发展以来，就分为硬件和软件两个类别，而且各自都有着自己固定的用户群体，硬件代表厂商有科达、华为、中兴、宝利通等，软件代表厂商有网动、V2、华平、视高等。下面对其软、硬件视频会议模式进行简单对比。

（1）硬件视频会议系统

特点：硬件平台和专业的操作系统提供专业的会议系统（基于嵌入式硬件平台、嵌入式操作系统开发的会议系统）。

优势：操作简单；易于维护。

劣势：相对于软件，功能和性能发展缓慢；价格昂贵，远远高出软件；硬件系统升级更新能力低；对网络要求高，一般都需要专网支持。

（2）软件视频会议系统

特点：纯软件；或是工控式，外表看是硬件，但内部是通用的 CPU、内存、硬盘和会议软件。

以上两种都是 PC＋会议软件的形式，通过键盘或鼠标等实现操作和管理。

优势：系统具有较高的升级空间，系统能够保持较高的先进性；具有硬件不可比拟的丰富的数据协作功能；建设成本较低；对网络适应能力强。

劣势：系统维护操作相对复杂。

通过上述对比可以看出，硬件视频会议系统不仅可以实现高品质的会议效果，而且可以通过高集成度的一体化终端设备完成所有功能，无需另配其他硬件和软件设施，即插即用、使用简单、易于维护。但是硬件的发展和更新相对于软件来说，功能和性能的发展是相对缓慢的，硬件在价格方面也是远远的高出软件，而且系统硬件如果有损坏就造成了整个系统的崩溃，需更换价格昂贵的硬件。

基于 PC 的软件视频会议系统，会议终端软件费用较低，数据操作方面优于硬件会议系统。但是在音、视频的稳定性上可能与硬件系统存在一定的差别。

与软件视频会议系统相比，基于硬件的视频会议系统投入较大，建设复杂，灵活性不够，但对用户来说，硬件视频会议系统具有更高的品质和更好的稳定性。而软件视频会议系统相对于硬件系统具有更强的灵活性、更高的性价比，同时也拥有更丰富的销售模式。另外，近年来，国内互联网带宽瓶颈的日益突破也成了软件视频会议产品迅速发展的重要原因。

总体来看，软件系统更适合个人办公部署（基于现有办公 PC），硬件则适合会议室部署，当然，它们也各有各的优势和劣势，可以根据实际情况来进行选择。

近年来，软件视频会议系统与硬件视频会议系统在某些应用上形成互补态势。在高端应用上，硬件系统的性能优势，尤其是专网背景下的远程硬件视频会议系统的性能优势是普通软件视频会议系统无法比拟的。但是，软件视频会议系统则可以依靠成本优势形成"到达每个桌面"的系统部署规模和深度，通常，硬件系统的会议产品只能到达专门的会议场所，而不能形成到达每位人员的办公桌面的要求。

4. 按支持 H. 320、H. 323、H. 324、SIP 标准协议分类：

① 基于 H. 320 标准协议的大中型视频会议系统，应支持传输速率 64kbit/s～2Mbit/s；

② 基于 H. 323 标准协议的桌面型视频会议系统，应支持传输速率不小于 64kbit/s；

③ 基于 H. 320 和 H. 323 小型会议视频系统，应支持传输速率 128kbit/s；

④ 基于 H. 324 标准协议的可视电话系统，应支持小于 64kbit/s 的传输速率；

⑤ 基于 SIP 标准协议的会议视频系统，应符合支持传输速率小于 128kbit/s。

还有其他类型的视频会议系统。以上以 H. 320、H. 323、SIP 标准协议为主，近年来随着 IP 网络技术的迅速发展，H. 323 标准协议的视频会议系统的应用为最多。

二、基于 H. 320 标准的会议电视系统

会议电视系统由多点控制单元 MCU、会议终端、网关等主要部件构成（图 4-2）。在多点会议情况下，会议终端之间的交互通过 MCU 来进行控制与切换；会议终端由摄像机及麦克风等设备组成，可对视、音频媒体信号进行数字编码，终端之间可实现双向媒体互动；通过模拟互接和 H. 320 视频终端（或 MPEG 视频终端）进行视频互通。H. 320 标准框架各部分主要协议如表 4-6 所示。

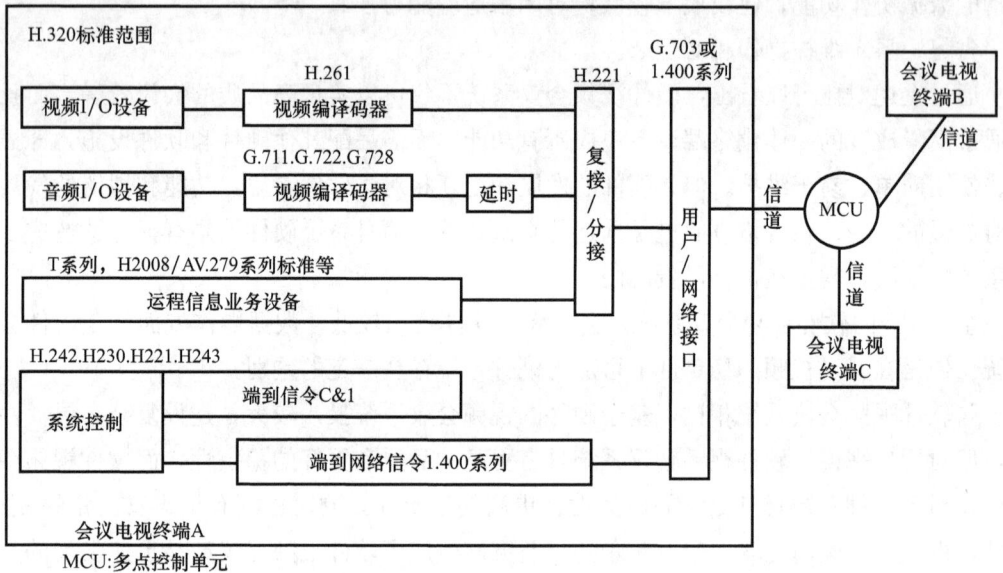

图 4-2 多点会议电视通信系统

H. 320 标准框架协议列表   表 4-6

组成部分	标准号	标准名称
帧结构	ITU-T H. 221	视听电信业务中 64～1920Kbps 信道的帧结构
系统控制	ITU-T H. 230	视听系统的帧同步控制和指示信号
	ITU-T H. 242	使用 2Mbps 以上数字信道的视听终端之间建立通信的系统
视频	ITU-T H. 261	使用 $p \times 64$Kbps 速率通信的视讯业务的视频编解码器
	ITU-T H. 263	低速率通信的视讯业务的视频编码
多点会议	ITU-T H. 231	使用 2Mbps 以上数字信道的视听系统的多点控制单元
	ITU-T H. 243	使用 2Mbps 以上数字信道在 3 个或更多视听终端之间建立通信的过程
远端控制	ITU-T H. 224	使用 H. 221 的 LSD/HSD/MLP 信道的单工应用实时控制规程
	ITU-T H. 281	电视会议系统基于 H. 224 的远端摄像机的控制规程
加密	ITU-T H. 233	视听业务的加密系统
	ITU-T H. 234	视听业务的加密密钥管理和认证系统
广播	ITU-T H. 331	广播类型的视听多点系统和终端设备

续表

组成部分	标准号	标准名称
音频	ITU-T G.711	音频的脉冲编码调制方式，码率为 48~64kb/s
	ITU-T G.722	自适应差分脉冲编码调制（ADPCM）的宽带语音编码，码率为 48~64kb/s
	ITU-T G.728	低时延码的自激励线性预测（LD-CELP）的 16Kbps 语音编码
	ITU-T G.723	5.3Kbps 和 6.3Kbps 双速率多媒体通信的语音编码
	ITU-T G.729	使用共轭结构的算术码激励线性预测（CS-ACELP）的 8Kbps 语音编码
应用	ITU-T T.120	多媒体会议的数据规程

1. 会议电视系统的组网

（1）多点会议电视系统主要由通信链路、会议电视终端设备、多点控制设备 MCU 或音、视频切换矩阵实现组网，两种组网方式可由用户根据不同的需求选择使用。

（2）涉及地域较广，用户终端较多的会议电视专网采用 MCU 组网方式时，根据需要可设置中央多点管理系统（CMMS）和监控管理工作站。

（3）MCU 组网方式是各会场会议电视系统终端设备通过传输信道连接到 MCU，通过 MCU 实现切换。

（4）音、视频切换矩阵组网方式是会场会议电视系统终端设备通过传输信道连接到音、视频切换矩阵，通过音、视频切换矩阵进行切换。

基于 MCU 组网可采用级联方式，MCU 级联数通常为 3 级以下，当为 3 级以上时可采用模拟转接方式。

2. 会议电视系统设备组成

（1）专用终端设备

专用终端设备是组成会议电视系统的基本部件，如图 4-3 所示。它包括提供视频/音频的输入/输出，会议管理功能等的外围设备，其配置应结合会议的规模合理的设置。

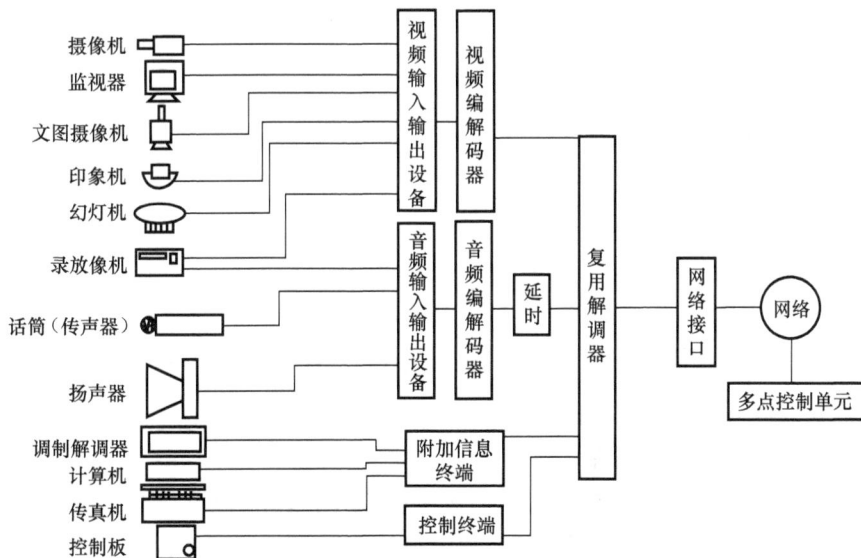

图 4-3 会议电视终端系统

每一会场应配置一台会议电视终端设备（CODEC 编码解码器），特别重要会场应备用一台，并满足下列基本要求：

① 视频编解码器宜以全公共中间格式（CIF）或 1/4 公共中间格式（QCIF）的方式处理图像；根据需要也可以采用 4CIF 或其他格式的编解码方式。

② 音频编解码器应具备对音频信号进行 PCM、ADPCM 或 LDCEIPP 编解码的能力。

③ 视频、音频输入、输出设备应满足多路输入和输出以及分画面和消除回声等功能要求。

④ 多路复用和信号分离设备，应能将视频、音频、数据、信令等各种数字信号组合到 64～1920kbit/s 或更高比特率的数字码流内，或从码流中分离出相应的各种信号，成为与用户和网路接门兼容的信号格式，该格式应符合相关规定。

⑤ 用户和网路的接口应符合 V.35，G.703，ISDN 等接口标准，并应符合国家相关标准。

⑥ 会场的操作控制和显示应采用菜单式操作界面和汉化显示终端。全部会场的终端设备，MCU 和级联端口的状态信息，应在工作站的显示屏幕上一次全部显出。菜单操作界面的会场地址表格中，应只对完好的会场信息做出操作响应，用以保证播送的画面质量。

（2）多点控制设备

多点控制设备（MCU）的配置数量和容量应根据组网方式确定，并符合下列基本要求：

① 在三个或三个以上的会议电视终端进行会议通信时，必须设置一台或多台 MCU。在点对点的会议电视系统中只涉及两个会议终端系统，可不经过 MCU 或音、视频切换矩阵。

② 多点控制设备应能组织多个终端设备的全体或分组会议，对某一终端设备送来的视频、音频、数据、信令等多种数字信号，广播或转送至相关的终端设备的混合和切换（分配）而不得影响音频/视频等信号的质量。

③ 多点控制设备与传输信道的接口、应能进行 2～3 级级联组网和控制。

④ 多点控制设备的传输信道端口数量，在 2048kbit/s 的速率时，一般不应少于12 个。

⑤ 同一个多点控制设备应能同时召开不同传输速率的电视会议。

⑥ 在一个 MCU 的系统中，可采取单个星形组网，同时组织互相独立的几组会议室（终端）；在多个 MCU 的系统中，可采取多个 MCU 连接的星形、星形树状或线形结构。

⑦ 多点控制设备支持会议召集和支持主席控制，会议主持人控制，语音控制和支持 Web 界面远程控制等多种控制功能。

3. 摄像机和传声器的配置原则

① 会议电视的每一会场应配备带云台的受控摄像机。面积较大的会议室，还宜按照需要增加辅助摄像机和一台图文摄像机，以满足功能需求和保证从各个角度摄取会场全景或局部特写镜头。

② 会议电视会场应根据参与发言的人数确定传声器的配置数量,其数量不宜超过10个。

③ 根据会议室的大小和照度,选择适宜的显示、扩声设备和投影机。

4. 编辑导演、调音台等设备的配置原则

① 由多个摄像机组成的会场,应采用编辑导演设备对数个画面进行预处理。该设备应能与摄像机操作人员进行电话联系,以便及时调整所摄取的画面。

② 单一摄像机的会场可不设编辑导演设备,由会议操作人员直接操作控制摄取所需的画面。

③ 声音系统的质量取决于参与电视会议的全部会场的声音质量。每一会场必须按规定的声音电平进行调整。由多个传声器组成的会场应采用多路调音台对发言传声器进行音质和音量控制,保证话音清晰,防止回声干扰。设置单个传声器的会场不设调音台。

5. 时钟同步

(1) 在一个会议电视系统中,必须设立一个(唯一)主 MCU、以此 MCU 上的时钟为主(为基准),其他各从 MCU 和终端设备均从中提取时钟同步信号,即全网采用主从同步方式。

(2) 外接时钟接口可采用 2048kHz 模拟接口或 2048kbit/s 数字接口。

6. 会议电视系统主要功能

(1) 系统内任意节点都可设置为主会场,便于用户召开现场会议,全部会场应可以显示同一画面,亦可显示本地画面。

(2) 主会场可遥控操作参加会议的全部受控摄像机的动作。全部会场的画面可依次显示或任选其主会场可任选以下几种切换控制方式:

① 声控模式:是一种全自动工作模式,按照谁发言显示谁的原则,由声音信号控制图像的自动切换。当无人发言时,输出会场全景或其他图像。

② 发言者控制模式:通常与声控模式混合使用,仅适合于参加会议的会场较少的情况。要发言的人通过编码译码器向主会场 MCU 请求,如果被认可便自动将图像、声音信号播放到所有与 MCU 相连的终端,并告知发言者他的图像和声音已被其他会场收到。

③ 主席控制模式:由主会场主席(或组织者)行使控制权,会议主席根据会议进行情况和分会场发言情况,决定在某个时刻人们应看到哪个会场,由主席点名谁发言(申请发言者需经主席认可)。

④ 广播/自动扫描模式:按照预先设定好的扫描间隔自动切换广播机构的画面,可将画面设置在某个特定会场(这个会场被称为广播机构),而这个会场中的代表则可定时、轮流地看到其他各个分会场。

⑤ 连续模式:将大屏幕分割成若干窗口,使与会者可同时看到多个分会场。

控制模式都是应用程序驱动器工作的,当有新的需求时,可用新的控制模式。

7. 会议电视音频、视频质量定性评定应达到表 4-7 指标。

会议电视效果的质量评定指标   表 4-7

视频质量定性评定	音频质量定性评定
1. 图像质量：近似 VCD 图像质量； 2. 图像清晰度：送至本端的固定物体的图像清晰可辨； 3. 图像连续性：送至本端的运动图像连续性良好，无严重拖尾现象； 4. 图像色调及色饱和度：本端观察到的图像与被摄实体对照，色调及色饱和度良好	1. 回声抑制：主观评定由本地和对方传输造成的回声量值，应无明显回声； 2. 唇音同步：动作和声音无明显时间间隔； 3. 声音质量：主观评定系统音质，应清晰可辨，自然圆润

三、基于 H. 323 标准的会议电视系统

1. 基于 H. 323 的 IP 视频会议系统涵盖了音频/视频及数据在以 IP 包为基础的信息互通，并基于≤10/100Mbit/s 的 LAN 网络，实现不同厂商的产品能够互连互操作。H. 323 标准框架各部分协议如表 4-8 所示。

H. 323 标准框架协议列表   表 4-8

分 类	标准号	标准名称
帧结构	ITU-T H. 221	视听电信业务中 64～1920Kbps 信道的帧结构
系统控制	ITU-T H. 225	基于分组的多媒体通信系统的呼叫信令和媒体流封装规程
	ITU-T H. 230	视听系统的帧同步控制和指示信号
	ITU-T H. 242	使用 2Mbps 以上数字信道的视听终端之间建立通信的系统
	ITU-T H. 245	多媒体通信的控制规程
视频	ITU-T H. 261	使用 $p \times 64$Kbps 速率通信的视讯业务的视频编解码器
	ITU-T H. 263	低速率通信的视讯业务的视频编码
	ITU-T H. 264	通用视频服务的先进视频编码
多点会议	ITU-T H. 231	使用 2Mbps 以上数字信道的视听系统的多点控制单元
	ITU-T H. 243	使用 2Mbps 以上数字信道在 3 个或更多视听终端之间建立通信的过程
网关	ITU-T H. 248	网关控制规程
远端控制	ITU-T H. 224	使用 H. 221 的 LSD/HSD/MLP 信道的单工应用实时控制规程
	ITU-T H. 281	电视会议系统基于 H. 224 的远端摄像机的控制规程
加密	ITU-T H. 235	H. 323 安全：H 系列（基于 H. 323 和 H. 245）多媒体系统的安全框架
音频	ITU-T G. 711	音频的脉冲编码调制
	ITU-T G. 722	自适应差分脉冲编码调制（ADPCM）的宽带语音编码
	ITU-T G. 728	低时延码的自激励线性预测（LD-CELP）的 16Kbps 语音编码
	ITU-T G. 723	53Kbps 和 6.4Kbps 双速率多媒体通信的语音编码
	ITU-T G. 729	使用共轭结构的算术码激励线性预测（CS-ACELP）的 8Kbps 语音编码
应用	ITU-T T. 120	多媒体会议的数据规程

2. IP 视频会议系统的组成：

根据 H. 323 建议，IP 视频会议系统由会议终端（Termial）、网关（Gateway）、网闸（网守）（Gatekeeper）、IP 网络以及多点控制单元（MCU）组成。图 4-4 所示为总线型网络结构。

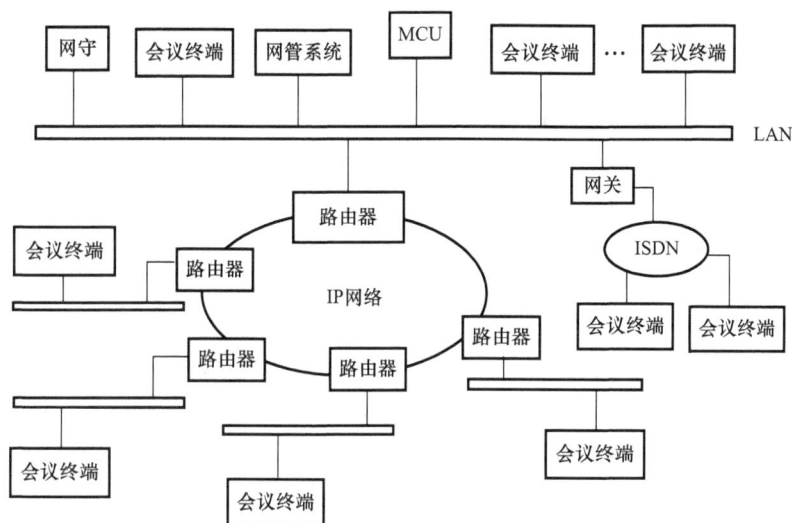

图 4-4　H. 323 视频会议系统组成

（1）终端：

终端在基于 IP 的网络上是一个客户端点。它需要支持下面 3 项功能：支持信令和控制；支持实时通信；支持编码，即传前压缩，收后进行解压缩。

终端是视频会议系统的基本功能实体，为会场提供基本的视频会议业务。它在接入网守的控制下完成呼叫的建立与释放，接收对端发送的音视频编码信号，并在必要时将本地（近端）的多媒体会议信号编码后经由视频会议业务网络进行交换。终端可以有选择地支持数据会议。

终端属于用户数字通信设备，在视频会议系统中处在会场的图像、音频、数据输入/输出设备和通信网络之间。由于终端设备的核心是编解码器，所以终端设备常常又称为编解码器。来自摄像机、麦克风、数据输入设备的多媒体会议信息，经编解码器编码后通过网络接口传输到网络；来自网络的多媒体会议信息经编解码器解码后通过各种输出接口连接显示器、扬声器和数据输出设备。

（2）网守：

网守是视频会议系统的呼叫控制实体。在 H. 323 标准中，网守（GateKeeper，有时又称网闸）提供对端点和呼叫的管理功能，它是一个任选部件，但是对于公用网上的视频会议系统来说，网守是一个不可缺少的组件。在逻辑上，网守是一个独立于端点的功能单元，然而在物理实现时，它可以装备在终端、MCU 或网关中。

网守相当于 H. 323 网络中的虚拟交换中心，其功能是向 H. 323 节点提供呼叫控制服务，主要包括呼收控制、地址翻译、带宽管理、拨号计划管理。

（3）MCU：

MCU 是多点视频会议系统的媒体控制实体。在进行多点会议时，除视频会议终端外，还需要设置一台中央交换设备，用来实现视频图像及语音信号的合成、分配及切换。

MCU 是多点视频会议的核心设备，其作用类似于普通电话网中的交换机，但本质不同。多点控制单元对视频图像、语音和数据信号进行交换和处理，即对宽带数据流（384～1920kb/s）进行交换，而不对模拟话音信号或 64kb/s 数字话音信号进行切换。

MCU 可以由单个多点控制器（Mulipoint Controller，MC）组成，也可以由一个 MC 和多个多点处理器（Multipoint Processor，MP）组成。MCU 可以是独立的设备，也可以集成在终端、网关或网守中。MC 和 MP 只是功能实体，而并非物理实体，都没有单独的 IP 地址。

（4）网关：

网关是不同会议系统间互通的连接实体。例如要实现一个 H.323 标准的视频会议系统与一个 H.320 标准的视频会议系统之间的数字连接，就需要设置一个 H.323/H.320 网关。

（5）高速 IP 网络：

随着用户对 Internet 的需求增加以及对于信息交流的更高要求，高速 IP 网络将会得到快速发展，目前通过重新铺设 5 类线，用户可以获得 10MB 甚至 100MB 的接入带宽，可以充分支持会议电视业务。利用 VLAN 交换机代替集线器、支持 IGMP 路由器、通过帧中继和 ATM 网络传输图像、保证带宽等措施可以较好地保证会议电视的传输质量。

3. H.323 的终端设备。

图 4-5 给出了 H.323 终端设备的结构框图。H.323 标准规定了终端采用的编码标准、包格式、流量控制等内容，包含了视频、音频、数据控制等模块。

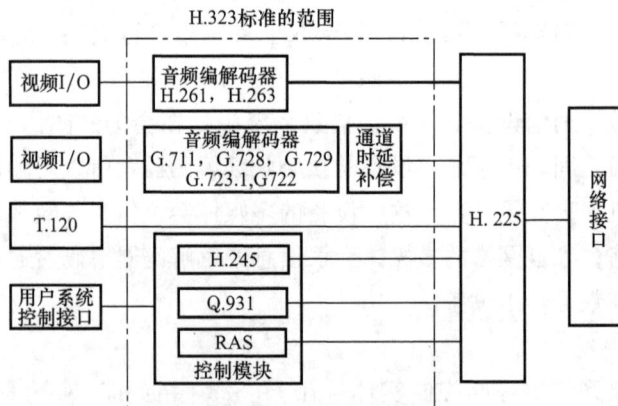

图 4-5　H.323 终端设备及接口

视频模块负责对视频源（如摄像机）获取的视频信号进行编码以便于传输，同时对接收到的数据进行解码，将其还原成视频信号以便显示。视频通道至少应支持 H.261，QCIF 标准，它可以提供分辨率为 176×144 的画面。该通道还可以支持其他质量更高的编码标准（如 H.263）和画面尺寸（如 CIF 为 352×288）。

音频模块负责对音频源（如话筒）获取的音频信号进行编码以便于传输，同时对接收到的数据进行解码，将其还原成音频信号以便播放。

数据通道支持的服务有电子白板、文件交换、数据库访问等。

控制模块为终端设备的操作提供信令和流量控制。用 H.245 标准来完成终端设备的功能交换、通道协商等。

H.225 层将编码生成的视频、音频、数据、控制流组成标准格式的 IP 包发送出去，同时从接收的信包中检出视频、音频、数据和控制数据转给相应模块。收发 IP 包均使用标准的实时传输协议 RTP（Reai Time Protocol）和 RTCP（Real Time Control Protocol）来进行。

4. H.323 的多点控制单元 MCU 与会议模式。

H.323 建议规定 MCU 由多点控制（Multipoint Control，MC）和多点处理（Multipoint Proccess-ing，MP）两个部分组成。

所谓的会议模式规定了根据参加会议的终端数目而确定的会议开始方式以及信息的收发方式。H.323 规定了三种会议模式：

① 点到点模式。这是一种两点之间的会议模式。两个端点可以都在 LAN 上，也可以一个在 LAN 上，另一个在电路交换网上，会议开始时为点到点模式，会议开始后可以随时加入多个点，从而实现多点会议。

② 多点模式。这是三个或三个以上端点之间的会议模式。在这种模式中必须要有 MC 设备对各端点的通信能力进行协商，以便选择公共的参数启动会议。

③ 广播模式。这是一种一点对多点的会议模式。在会议过程中一个端点向其他端点发送信息，而其他端点只能接收，不能发送。

四、视频会议系统的构建方式

用于构建视频会议系统的设备主要有视频会议终端、关守、网关、多点控制单元（MCU）及会议管理系统等，这些设备在构建视频会议系统时，起着不同的作用。

视频会议终端是视频会议系统中最基本的设备，它是视频会议系统的信息源及终结点。目前，用于将视频会议终端接入传输网的接口主要有 IP、ATM 和 ISDN。两个具有相同类型接口的视频会议终端实施点对点通信的视频会议系统是一种最简单的拓扑结构，对于这种拓扑结构，只须用相应的传输网络将两个视频会议终端连接在一起，如 4-6 所示。

如果用于互联两个视频会议终端的传输网络是 IP 数据网络，两个终端之间用于建立呼叫连接的信令协议为 H.323。在这种情况下，连接两个终端的网络拓扑结构有两种选择，一种是仍然采用如图 4-6 所示的点对点互联结构，但某个 H.323 终端呼叫另一个 H.323 终端时必须直接给出它的 IP 地址；另一种是选择增加一个设备——关守，用关守完成地址解析和许可控制，如图 4-7 所示。

图 4-6 点对点通信的视频会议系统结构　　　　　　图 4-7 H.323 网络结构

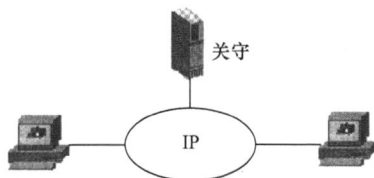

在如图 4-7 所示的网络结构中，H.323 终端在呼叫另一个 H.323 终端前，先向关守发送许可请求消息。许可请求消息的作用有二：一是解析地址，二是确定现有带宽是否允许建立新的呼叫连接。由于有了关守的地址解析功能，某个 H.323 终端可以用别名、H.323 标识符或 E.164 地址标识另一个 H.323 终端，而不用直接给出它的 IP 地址。如果要求两个具有不同类型接口的视频会议终端进行通信，如一个为 H.323 终端，另一个为 ISDN 终端，视频议系统中必须引入网关设备，如图 4-8 所示。

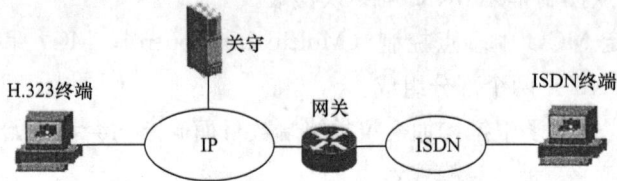

图 4-8　不同接口的视频会议终端连接过程

网关的作用有二：一是进行信令转换；二是进行媒体数据格式转换。由于视频数据格式转换的计算量很大，网关必须具有专用的处理单元——流媒体处理单元（MPU），用于进行媒体数据格式的转换。

对于多点通信网络结构如图 4-9 所示，某个视频会议的所有参与者都多点控制单元（MCU）建立呼叫连接，而且都把各自摄到的图像数据传输给它。MCU 对所有来自视频会议终端的图像数据进行综合处理后，形成一路图像数据，这一路图像数据可能是来自其中一个视频会议终端（会议主持者）的图像数据，或是集成了若干个视频会议终端图像数据的综合图像数据（如集成了 4 个视频终端图像数据，每个视频终端图像数据压缩到原来图像大小 1/4）。MCU 只将综合后生成一路图像数据传输给所有参与视频会议的视频终端，传输方式如图 12.6 所示。

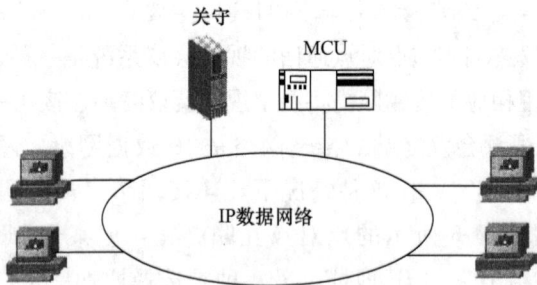

图 4-9　引入 MCU 后的网络结构

有些多点控制单元（MCU）具有多种接口模块，可同时连接 IP、ATM 和 ISDN 网络。如果用这种 MCU 来构建视频会议系统，无需网关设备就可将多种具有不同类型接口的视频会议终端互联在一起，如图 4-10 所示。这种 MCU 实际上同时集成了网关和多点控制器的功能，成本很高。多数视频会议系统还是采用只有一种 IP 接口的 MCU 和网关来互联具有不同类型接口的视频终端，如图 4-11 所示。

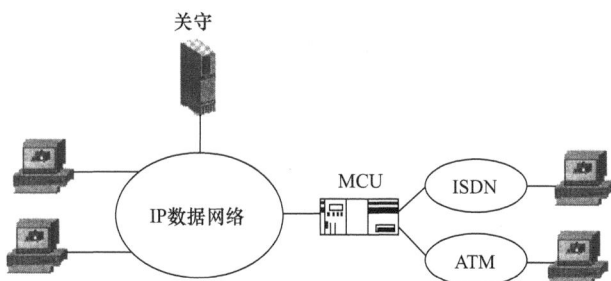

图 4-10 MCU 互联不同类型的传输网络

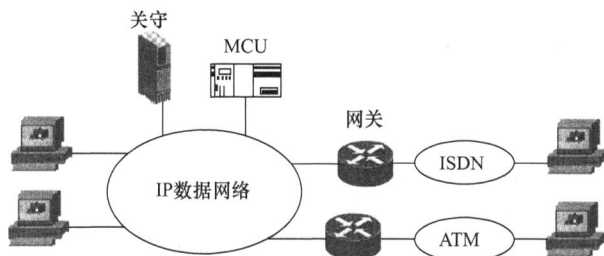

图 4-11 用网关互联不同类型的传输网络

如图 4-11 所示的网络结构已经是一个相当完整的视频会议系统，但缺少用于对视频会议进行控制和调度的设备。这种设备就是视频会议管理系统（CMS）。利用这种设备，会议管理者可以方便地调度、控制会议。因此，一个便于管理、调度和控制的视频会议系统如图 4-12 所示。

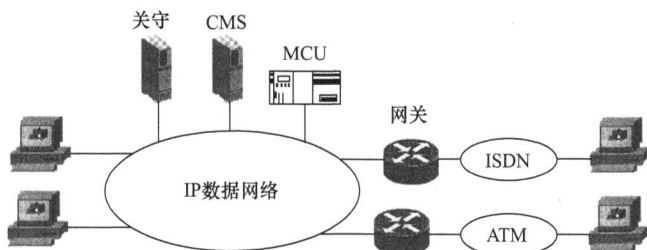

图 4-12 视频会议系统

五、H. 323 典型组网方式

基于 H. 323 协议的会议电视系统通常通过局域网络经 IP 网络进行通信，因此除上述支持 H. 320 协议的网络可以使用外，还可以使用帧中继和 ATM 网络。图 4-13 为 H. 323 典型的组网方式。

IP 视频会议系统的特点

IP 视频会议系统有以下优点：

（1）组网灵活。用户可以自己组织会议，不需要系统操作员来控制，减少了操作人员

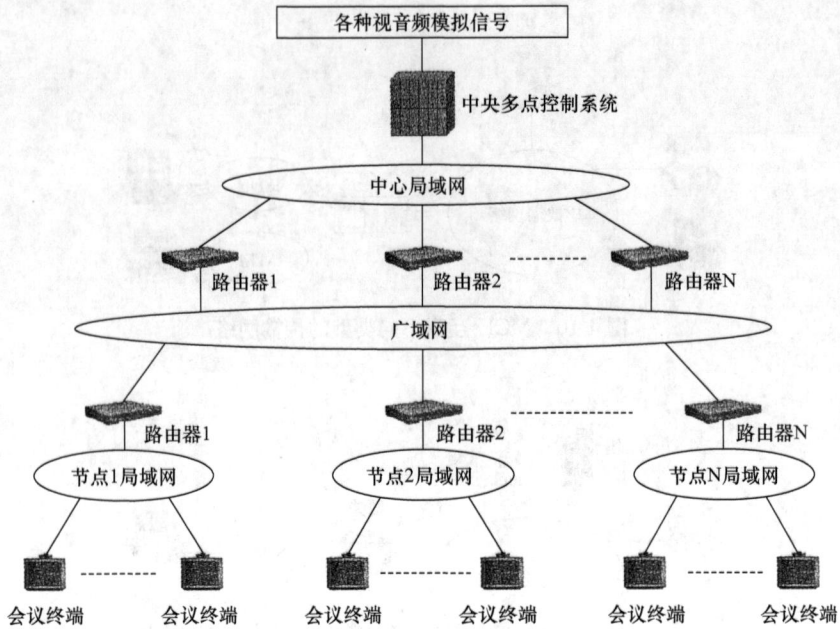

图 4-13   H.323 典型组网

的参与，便于业务的开展。

（2）节省带宽。采用 H.323 组网，不召开会议时不占用带宽，与其他业务共享带宽，速率可调，可以是 128Kb/s、384Kb/s、768Kb/s 或 2Mb/s 等。而 H.320 组网是专线专用，造成线路的极大浪费。

（3）终端设备投资少。随着城市信息化建设的逐渐完善，接入网带宽的不断提高，将会给 IP 视频会议系统带来大量的用户。对于普通用户，IP 视频会议系统终端只需要在已有的多媒体计算机上添加摄像头、视频采集卡和传声器即可构成。

（4）接入方便。因 IP 接入极为方便，目前，部队、政府机关、大型企业用户基本都建成了自己的 LAN，有对视频会议接入的巨大需求，通过 LAN 接入到视频会议系统比采用 H.320 专线方式要方便得多。

（5）代表了会议电视系统的发展方向。IP 视频会议系统具有灵活的多媒体通信功能，它能在各种计算机网络（如 Internet、Intranet 及各种 LAN）下运行，并能和其他广域网（WAN）互通。作为 IP 网的主体协议，H.323 代表了视频会议系统的发展方向。

六、桌面交互式会议电视系统

桌面型视频会议系统将视频会议与个人计算机融为一体，一般由一台个人计算机配备相应的软硬件构成（摄像头、麦克风、用于编解码的硬件或软件），在多个地点进行多方会议时还应设置一台多点控制设备，进行对图像语音的切换、控制。这样的系统可在公共交换电话网（PSTN）、综合业务数字网（ISDN）、局域网（LAN）上实现其功能。与会者在办公室桌前或家中就可以通过自己的终端设备或计算机参与电视会议，他们可以发表意见，观察对方的形象和有关信息。同时双方（多方）还可以共享应用程序，利用电子白板

（软件）进行书面交流。

基于 H.323 标准的桌面会议系统，将多媒体计算机与通信网络技术相结合，使用灵活、广泛，在局域网上运行非常方便。系统构成如图 4-14 所示。桌面终端如图 4-15 所示。

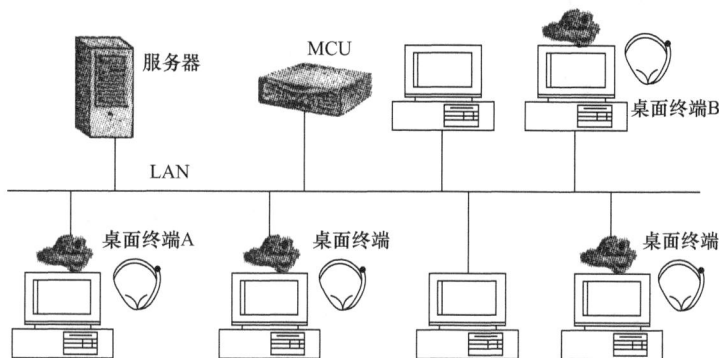

图 4-14　基于局域网桌面会议系统框图

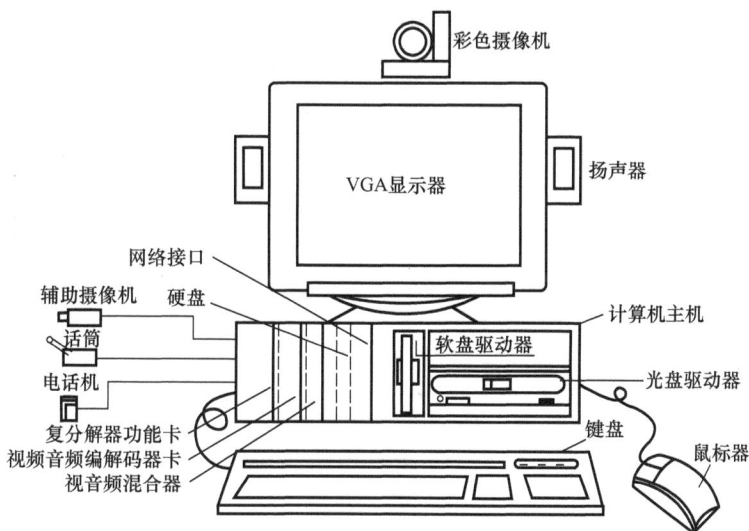

图 4-15　桌面型会议电视终端

七、基于 SIP 协议的视频会议系统

1999 年由 IETF 发布了第一个 SIP 规范，即 RFC2543，随后又发布了几个 RFC 增补版本，充实了安全性和身份验证等的内容。

SIP 是一个基于 IP、纯文本的应用层信令控制规范，用于创建、修改和释放一个或多个参与者的会话。而所谓的会话，就是指终端设备之间任何类型的通信。在基于 SIP 协议的应用中，每一个会话可以支持不同类型的数据，如普通的文本数据、经过数字化处理的音视与视频数据、游戏数据等应用数据，具有很强的灵活性。

早在 2001 年，供应商就已开始推出基于 SIP 的服务。近年来，人们热衷研究该协议，并开发基于 SIP 体系框架的通用应用程序接口，SIP 正在成为自 HTTP 和 SMTP 以来最为重要的应用协议之一，并且实现了 H.323 与 SIP 两种协议之间的互通性。

1. 系统组成

SIP 是基于客户/服务器的系统结构，网络组件基本分为用户代理（即 SIP 用户终端设备）和网络服务器。

（1）用户代理（SIP 终端）

用户代理（User Agent，UA）：终端用户设备，又称为 SIP 终端，是 SIP 系统中的最终用户，在 RFC3261 中将其定义为一个应用，用于创建和管理 SIP 会话的移动电话、多媒体手持设备、PC、PDA 等。根据它们在会话中扮演角色的不同分为两个部分：用户代理客户端（User Agent Client，UAC），负责发起呼叫；用户代理服务器（User Agent Server，UAS），负责接收呼叫并做出接收、拒绝和转接响应。二者组成用户代理存在于用户终端中。UA 按照是否保存状态可分为有状态用户代理、有部分状态用户代理和无状态用户代理，其体系结构如图 4-16 所示。

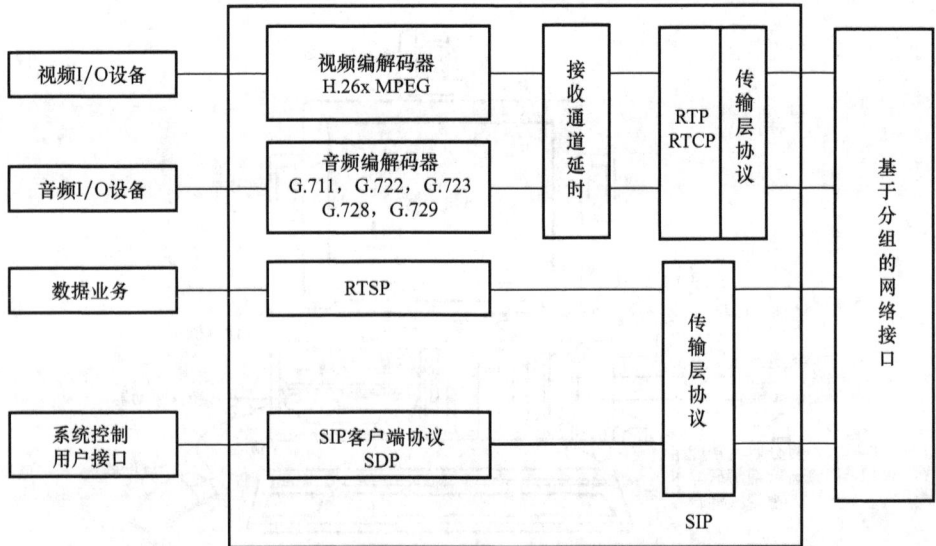

图 4-16　SIP 终端体系结构

（2）网络服务器

网络服务器可以看做一个应用服务，主要包括 SIP 代理服务器、重定向服务器、注册服务器和定位服务器。

① SIP 代理服务器

SIP 代理服务器（Proxy Server）是一个 SIP 系统中间元素，代表用户客户机发起请求，既充当服务器又充当客户机的媒介程序，具有解析名字的能力，负责接收 SIP UA 的会话请求并查询 SIP 注册服务器，获取收件方 UA 的地址信息。然后，根据网络策略将会话邀请信息直接转发给收件方 UA（如果它位于同一域中）或代理服务器（如果 UA 位于另一域中），并根据收到的应答对用户做出响应。代理服务器在转发请求之前，根据需要对收到的消息进行解释、改写和翻译后再发出，主要功能是路由、认证鉴权、计费监控、呼叫控制和业务提供等。

② 重定向服务器

重定向服务器（Redirect Server）在接收 SIP 代理服务器请求后，将 SIP 会话申请信息定向到外部域，并返回给 SIP 代理服务器。SIP 重定向服务器可以与 SIP 注册服务器和 SIP 代理服务器安装于一台设备中，用于在需要时将用户新的位置返回给呼叫方。呼叫方可根据得到的新位置重新呼叫，重定向服务器主要完成路由功能，并不发起请求，也不会发起和终止呼叫，与注册过程配合可以支持 SIP 终端的移动性。

③ 注册服务器

注册服务器（Register Server）用于接收和处理用户客户机的注册请求，检索其 IP 地址和其他相关信息，完成用户地址的注册和鉴权，并将注册结果信息回送 SIP 代理服务器。注册服务器包含本域中所有 UA 位置的数据库。注册服务器一般配置在 SIP 代理服务器和重定向服务器之中，并且一般都具有定位服务器的功能。用户每次开机都需要向注册服务器注册，当用户客户机地址发生变化时需要重新注册，注册信息必须定期刷新，通常将注册信息保存在定位服务器中。

④ 定位服务器

定位服务器（Locafion Server）可以不使用 SIP 协议，其他 SIP 服务器可以通过非 SIP 协议（如 SQL、LDAP 和 CORBA 等）来连接定位服务器。定位服务器的主要功能是提供位置查询服务，主要由代理服务器或重定向服务器查询被叫可能的地址信息。

以上几种服务器可共存于一个设备，也可以分布在不同的物理实体中。SIP 服务器完全是纯软件实现，可以根据需要运行于各种工作站或专用设备中。

UAC、UAS、Proxy Server、Redirect Server 是在一个具体呼叫事件中扮演的不同角色，而这样的角色不是固定不变的。一个用户终端在会话建立时扮演 UAS，而在主动发起拆除连接时，则扮演 UAC。一个服务器在正常呼叫时的作用为 Proxv Server，而如果其所管理的用户移动到了别处，或者网络对被呼叫地址有特别策略，则它将扮演 Redirect Server，告知呼叫发起者该用户新的位置。

理论上，SIP 呼叫可以只有双方的 UA 参与，而不需要网络服务器。设置管理服务器，主要用于维护管理，可以实现用户认证、管理和计费等功能，并根据策略对用户呼叫进行有效的控制，同时可以引入一系列应用服务器，提供丰富的智能业务。

2. 组网模式

SIP 组网很灵活，可根据情况定制。在网络中的服务器的分工有别，位于网络核心的服务器，处理大量请求，负责重定向等工作，对每一个会话是无状态记录的，只处理个别消息，而不必跟踪每个会话的全过程；网络边缘的服务器，处理局部有限数量的用户呼叫，对于会话是有状态记录的，负责对每个会话进行管理和计费，需要跟踪每个会话的全过程。这样的协调工作，既保证了对用户和会话的可管理性，又使网络核心负担大大减轻，实现可伸缩性，基本可以接入无限量用户。SIP 网络具有很强的重路由选择能力，具有很好的弹性和健壮性。

SIP 协议通信组网模式随与会者召开和参加会议方式的不同有所差异，大体分为点对点、代理服务和重定向服务三种组网模式。

SIP 具有以下优点：

（1）稳定性。该协议已经使用了多年，现在十分稳定。

（2）效率高。基于 UDP 的小型协议效率特别高。

（3）灵活性。SIP 基于文本的协议十分容易扩展。

（4）安全性。SIP 提供如加密（SSL、S/MIME）和身份验证等功能，对 SIP 的扩展还提供其他安全性功能。

（5）标准化。随着整个通信行业都在支持 SIP，SIP 已经迅速成为一种标准。虽然其他技术可能具有 SIP 所没有的优势，但是没有得到全球范围内的采用。

3. SIP 协议与 H.323 协议的比较

H.323 沿用传统的电话信令模式，其最大优势在于符合通信领域传统的设计思想，进行集中、层次式控制，便于计费和与传统的电话网相连。SIP 协议借鉴了互联网标准和协议的设计思想，遵循简练、开放、兼容和可扩展的原则。结构比较简单，在大型组网和计费方面还不很成熟。H.323 和 SIP 各有利弊，如表 4-9 所示。目前，在视频通信领域中采用 H.323 协议已被广泛接受，但是也应该看到，SIP 的简单、灵活等特点正吸引着越来越多的设备厂商的关注和支持，并逐渐成为未来发展的方向。

SIP 和 H.323 的比较　　　　表 4-9

SIP	H.323
IETF 的标准	ITU-T 的标准
定义一个协议	定义一个协议集
用于 IP 广域网络，向所有 IP 用户开放	面向 LAN 设计
基于文本（ASCII）协议	基于 ASN.1 的协议
参照 HTTP 和 SMTP 设计	参照 Q.931 设计
通过 URL 寻址	通过 E.164 或邮件地址寻址
定义了 SIP 服务器（相当于网守）和终端，不需要网关	定义了编码方式、终端、网关和网守
通过 TCP/UDP 传递	通过 TCP/UDP 传递
呼叫控制在终端完成	呼叫控制在网守完成
呼叫建立简单	呼叫建立复杂
代理服务器可以无状态工作，也可以基于状态工作	网守需要基于状态工作
代理服务器只参与呼叫的建立	网守参与呼叫过程
多媒体协商简单	多媒体协商复杂
移动性是 SIP 一部分功能	没有考虑用户的移动性
容易集成在 IP 网络中	容易与 PSTN 协调工作
没有涉及计费功能	考虑到计费的概念
标准正在完善过程中	已经比较成熟

第三节 会议电视会场系统的工程设计

一、会议电视会场系统的内容与要求

能对本会场进行声拾取、扩声和图像摄取、显示,并能实时向远端会场发送本会场信息,以及播放和显示远端会场传送的声音、图像、数据等多媒体信息的系统。

会议电视会场系统的工程设计应满足与远端会场的交互功能。

会议电视会场系统应包括音频系统、视频系统和灯光系统。会议电视会场系统工程设计应符合以列规定:

(1) 音频系统应保证会场有足够大的声压级,声音应清晰、声场应均匀。

(2) 视频系统应保证会场图像清晰。

(3) 灯光系统应保证会场照度、色温。

二、音 频 系 统

音频系统应由传声器、音源、扬声器、调音台、周边音频设备、功率放大器、监听、录音设备和编解码器等组成。

1. 传声器及音源的配置应符合下列规定:

(1) 应配置会议用指向性声器,传声器数量宜以会议主持人和发言者的人数确定,并应有备份。

(2) 传声器的指向性、频率响应、等效噪声级和过载声压级等要求,应符合现行国家标准《传声器通用技术条件》GB/T 14198 的有关规定。

(3) 传声器应采用平衡输出方式,并应使用音频屏蔽电缆连接。

(4) 宜配置录音机、激光唱机等音源设备。

2. 扬声器系统的设置应符合下列规定:

(1) 扬声器系统应根据会场的体形结构、容积、装饰装修进行语言清晰度和声场分布设计,确定扬声器系统的数量、参数、方位。

(2) 扬声器系统可设置主扬声器和辅助扬声器。

(3) 主扬声器应设置在会场主席台或主屏幕显示器附近,并应满足系统声像一致要求。

(4) 辅助扬声器宜设置在会场顶棚或侧墙上,并在其传输通路中宜配备电子延时设备。

(5) 当会场设置主席台时,宜设置主席台返听扬声器系统。

(6) 扬声器采用流动方式时,支架应稳重结实。

(7) 扬声器系统宜采用计算机辅助设计。

3. 调音台、周边音频设备的配置应符合下列规定:

(1) 调音台应根据功能要求配置带分组输出的设备,输入、输出通道应有备用端口。

（2）调音台周边应按需要配置分配器、均衡器、反馈抑制器、延时器等设备。

（3）周边音频设备可采用数字音频处理设备，应注意数模接口的匹配。

（4）根据功能要求，应配置音频矩阵切换器，并应有备用端口。

（5）音频矩阵切换器与视频矩阵切换器应具同步切换功能。

4. 功率放大器的配置应符合下列规定：

（1）功率放大器应根据扬声器系统的数量、功率等因素配置。

（2）功率放大器额定输出功率不应小于所驱动扬声器额定功率的 1.50 倍。

（3）功率放大器输出阻抗及性能参数应与被驱动的扬声器相匹配。

（4）功率放大器与扬声器之间连结的功率损耗应小于扬声器功率的 10%。

5. 监听、录音设备的配置应符合下列规定：

（1）在控制室内应配置有源监听音箱，并应与会场的声音变化量相一致。

（2）在编解码器的输入端口，宜配置单独的音量电平表。主会场的总控室宜配置多路音量电平表。

（3）系统宜配置录音设备。

6. 编解码器应符合下列规定：

（1）编解码器应具有回声抑制功能。当其不具备回声抑制功能时，应单独配置回声抑制器。

（2）编解码器的音频端口为非平衡端口时，宜将非平衡转换至平衡。

（3）编解码器与音频电路接口之间，应电平匹配。

（4）应根据编解码器的音频端口类型，配置性能相匹配的传输电缆。

三、视 频 系 统

视频系统应由摄像机、信号源、屏幕显示器、切换控制、监视、录像编辑和编解码器组成。

1. 摄像机及信号源的设置应符合下列规定：

（1）会场应设置至少 2 台摄像机，并应分别用于摄取发言者图像和会场全景，摄像机宜选用清晰度高的产品。

（2）摄像机应根据会场的大小和安装位置配置变焦镜头。

（3）摄像机宜配置云台及摄像机控制设备。云台支承装置应牢固、平衡。

（4）摄像机传输电缆在 5.50MHz 衰减大于 3dB 时，应配置电缆补偿器。

（5）宜配置放像机、播放器、图文摄像机等视频信号源设备，其性能指标应符合系统整体技术指标要求。

（6）当会场需要显示计算机图像信号时，应设置计算机图像信号输入接口，接口数量、位置应根据系统功能确定。

2. 屏幕显示器的设置应符合下列规定：

（1）在会场应设置至少 2 台屏幕显示器，并应分别用于显示本端会场和远端会场的图像或数据信息。

（2）屏幕显示器的设置应根据会场的形状、大小、高度等具体条件，使参会者处在屏幕显示器视角范围之内，屏幕显示器大小应按下式计算：

$$h = d/k \tag{4-1}$$

式中：h——屏幕显示器高度（m）；

　　　d——最佳视距（m）；

　　　k——系数，宜取 6。

（3）屏幕显示器与参会者之间应无遮挡，应使参会者能清晰地观看到屏幕内容。

（4）在正常海拔高度时，可采用 PDP、LCD、CRT、投影等显示器；当海拔高度大于 2200m 时，不得采用 PDP 显示器。

（5）当采用前投影时，投影机应低噪声。

（6）会场不宜采用有缝的视频拼接显示墙。

（7）为主席台人员设置的显示器，应采用 PDP、LCD、CRT，并宜落地安装，高度不应遮挡参会者的视线。

3. 切换控制设备的配置应符合下列规定：

（1）会场摄像机为 2 台及以上时，宜配置同步切换设备，并应选择最佳画面同步播出。

（2）当一路视频信号需要同时分送至几个接收点时，应配置视频分配器。

（3）当几路视频信号需要选送至一个接收点时，应配置视频切换器。

（4）当同时输入输出多路视频信号，并对视频信号进行切换选择时，应配置视频矩阵切换器，并应有备用端口。

（5）视频切换控制设备的输入输出端口应与编解码器、屏幕显示器等接口相匹配。

（6）当系统具有计算机图像信号传输功能时，应根据图像信号的分辨率配置性能相符的分配器、切换器或矩阵切换器。

4. 监视、录像编辑设备的配置应符合下列规定：

（1）在摄像机、信号源、切换设备输出等端口处，宜配置监视器，其性能指标应符合系统整体指标要求。

（2）当监视多路图像信号时，宜采用大屏幕多画面显示设备。

（3）系统宜配置录像机、刻录机等录像编辑设备，其性能指标应符合系统整体指标要求，并应符合不间断录像的要求。

5. 编解码器的配置应符合下列规定：

（1）应根据编码器的视频端口类型，选配性能相匹配的传输电缆。

（2）当在会议电视系统传输带宽以内设置网络管理系统时，其控制信号宜采用分级控制方式，并应由网络管理系统统一管理。

（3）当在会议电视系统传输带宽以外设置网络管理、数据传输等内容时，应根据功能需要单独设计。

四、灯 光 系 统

1. 灯光系统由光源、灯具、调光、控制系统等组成。

2. 会场灯光照明平均照度应符合表 4-10 的规定。

会场灯光照明平均照度值表　　　　　　　　　　　　　　　　表 4-10

照明区域	垂直照度（lx）	参考平面	水平照度（lx）	参考平面
主席台座席区	≥400	1.40m 垂直面	≥600	0.75m 水平面
听众摄像区	≥300	1.40m 垂直面	≥500	0.75m 水平面

3. 光源、灯具的设计应符合下列规定：

（1）光源的显色指数 Ra 应大于等于 85。

（2）光源的色温应为 3200K、4000K 或 5600K，并应使所有的光源色温一致。

（3）光源应采用发光效能高、寿命长的产品。

（4）灯具应配置效率高的产品，亮度宜具有连续可调功能。

（5）在主席台座席区和会场第一排座席区宜设置面光灯。

（6）灯具的外壳应可靠接地。

（7）灯具及其附件应采取防坠落措施。

（8）当灯具需要使用悬吊装置时，其悬吊装置的安全系数不应小于 9。

（9）灯具的电气、机械、防火性能应符合现行国家标准《灯具一般安全要求与试验》GB 7000.1、《舞台灯光、电视、电影及摄影场所（室内外）用灯具安全要求》GB 7000.15 的有关规定。

4. 调光、控制系统的设计应符合下列规定：

（1）系统应能实现分区控制，并宜将部分分区设置具有调光功能。

（2）灯具应根据光源的不同配置相应的调光设备。

（3）当调控设备较多时，宜设置单独灯光控制室或机房。

（4）采用可控硅调光设备的电源时，应与会场音频、视频系统中的设备电源分开设计，并必须采取必要的防止干扰视音频设备的措施。

（5）调光设备的金属外壳应可靠接地。

（6）灯光电缆必须采用阻燃型铜芯电缆。

五、设 备 布 置

1. 摄像机的布置应符合下列规定：

（1）摄像机的安装高度宜按下列公式确定：

$$H = H_1 + H_2 + H_3 \tag{4-2}$$

$$H_1 = D\tan\theta \tag{4-3}$$

式中：H——摄像机的安装高度（m）；

　　　D——摄像机与被摄对象之间的水平距离（m）；

　　　H_1——摄像机与被摄对象坐姿水平视线之间的垂直距离（m）；

　　　H_2——被摄对象坐姿平均身高（m），宜取 1.40；

H_3——主席台高度（m），取 0.20～0.40，当无主席台时，取 0；

θ——摄像机的垂直摄像角（°）。

（2）摄取发言者图像的主摄像机垂直摄像角宜小于等 10°，水平左摄角或水平右摄角宜小于等于 45°。

（3）摄取会场全景或局部场景的辅助摄像机宜根据会场的规模和布置设置。

（4）摄影机的图像画面内不应有灯具、前投影等遮挡画面的物体，并应避免强光直射干扰。

（5）摄像机可采用固定安装或流动安装方式。

（6）当摄像机在墙面固定安装时，摄像机的安装高度宜小于等于 2.50m；当摄像机吊挂安装时，摄像机底部高度宜大于等于 2.20m。

2. PDP、LCD、CRT 显示器的布置应符合下列规定：

（1）会场主显示器的墙装高度宜按下列分式计算确定：

$$H' = H_1' + H_2' + H_3' \tag{4-4}$$

$$H_1' = D'\tan\theta' \tag{4-5}$$

式中：H'——显示屏的安装高度（m）；

D'——参会者与显示器之间的水平距离（m）；

H_1'——参会者坐姿水平视线与显示器中心水平线之间的垂直距离（m）；

H_2'——参会者坐姿平均身高（m），宜取 1.40；

H_3'——主席台高度（m），取 0.20～0.40，当无主席台时，取 0；

θ'——参会者与显示器中心法线的垂直视角。

（2）参会者与会场主显示器屏幕的垂直摄像角宜小于等于 20°，与会场主显示器屏幕水平观看角应小于主屏幕显示器的水平视角参数。

（3）主显示器的底边离地面高度宜大于等于参会者坐姿平均身高和主席台高度之和。

（4）会场辅助显示器宜根据会场的规模和布置设置；当显示器吊挂安装时，显示器底部距地面宜大于等于 2.20m。落地显示器宜配置垂直观看角可调节的活动支架，并应使其法线方向对准观看者。

（5）显示器屏幕前应避免直射光、眩光的影响。

3. 投影机的布置应符合下列规定：

（1）会场投影机屏幕的布置宜符合本规范第 3.5.2 条的规定。

（2）投影机与屏幕的投射距离应根据屏幕尺寸、投影机和镜头参数确定。

（3）当投影机吊挂安装时，机架底部距地面宜大于等于 2.20m。

4. 扬声器的布置应符合下列规定：

（1）扬声器系统应按声场设计的位置、高度、角度布置。

（2）扬声器系统的布置和传声器位置应避免产生反馈啸叫，并应使传声器指向性的正向主轴置于扬声器主轴辐射角之外。

（3）固定墙面安装的扬声器与墙面、侧墙的距离宜大于 200mm。当吊挂安装时，扬声器底部距地面宜大于等于 2.20m。

5. 灯光的布置应符合下列规定：

（1）主席台面光灯的布置应投射座席处，投射夹角与主席台座席处的 1.40m 水平面的角度宜为 45°～50°。

（2）主席台背景墙的垂直照度宜为主席台垂直照度的 40%～60%；会场墙面的垂直照度应小于会场垂直照度的 50%。

（3）前投影屏幕中心区的垂直照度应小于主席台垂直照度的 20%。

6. 桌椅的布置应符合下列规定：

（1）会场桌椅布置宜采用排桌式，并宜按主席台每人不小于 1500mm×900mm、参会席每人不小于 1500mm×700mm 的使用空间布放。

（2）在主席台、发言席、参会第一排座席附近应根据功能需要分别设置接线盒和电源插座。

（3）控制台正面与墙面的净距离不应小于 1500mm，背面与墙面的净距不宜小于 800mm。机柜背面或侧面与墙面的净距不宜小于 800mm。控制室内主要走道宽度不应小于 1500mm，次要走道宽度不应小于 800mm。

六、电缆敷设

1. 会场内传输电缆宜采用金属管道暗敷的方式布放；在控制室、机房内应采用金属线槽或设置桥架的方式布放。

2. 传输电缆与具有强电磁场的电气设备之间应保持必要的间距。当采用金属线槽或管道敷设时，线槽或管道应保持连续的电气连接，并在两端应有良好的接地。

3. 传输电缆与电力电缆的最小净距应符合表 4-11 的规定。

传输电缆与电力电缆的最小净距　　　　　　　　　　　表 4-11

类　别	与传输电缆接近情况	最小净距（mm）
380V 电力电缆 <2KVA	与缆线平行敷设	130
	有一方在接地的金属线槽或钢管中	70
	双方都在接地的金属线槽或钢管中	10
380V 电力电缆 （2～5）KVA	与缆线平行敷设	300
	有一方在接地的金属线槽或钢管中	150
	双方都在接地的金属线槽或钢管中	80
380V 电力电缆 >5KVA	与缆线平行敷设	600
	有一方在接地的金属线槽或钢管中	300
	双方都在接地的金属线槽或钢管中	150

注：1. 平行长度不大于 10m 时，380V 电力电缆与缆线平行敷设的最小净距可为 10mm。
　　2. 双方都在接地的线槽中，指两个不同的线槽，也可在同一线槽中用金属板隔开。线槽应整体带盖板。

4. 传输电缆管线与其他管线的最小净距应符合表 4-12 的规定。

传输电缆管线与其他管线的最小净距   表 **4-12**

其他管线	最小平行净距（mm）	最小交叉净距（mm）
	传输电缆管线	传输电缆管线
避雷引下线	1000	300
保护地线	50	20
给水管	150	20
压缩空气管	150	20
热力管（不包封）	500	500
热力管（包封）	300	300
煤气管	300	20

5. 管线路由应短捷、安全可靠、施工维护方便。

6. 管道内穿放电缆的截面利用率应为 25％～30％，线槽布放电缆的截面利用率不应超过 50％。

七、音频系统的性能指标

1. 音频系统声学特性指标应符合表 4-13 的规定。应该指出，它与第一章第二节的会议类扩声系统特性的要求有所不同。

音频系统声学特性指标   表 **4-13**

项 目	一 级	二 级
最大声压级	额定通带内的有效值≥93dB	额定通带内的有效值≥90dB
传输频率特性	以 125Hz～6300Hz 的有效值算术平均声压级为 0dB，在此频带内允许偏移±4dB，80Hz～125Hz 和 6300Hz～12500Hz 允许偏移见图 4-17	以 125Hz～4000Hz 的有效值算术平均声压级为 0dB，在此频带内允许偏移＋4dB、－6dB，80Hz～125Hz 和 4000Hz～8000Hz 允许偏移见图 4-18
传声增益	125Hz～6300Hz 的平均值≥－10dB	125Hz～4000Hz 的平均值≥－12dB
声场不均匀度	1000Hz、2000Hz、4000Hz 时≤8dB	1000Hz、2000Hz、4000Hz 时≤10dB
扩声系统语言传输指数	≥0.60	≥0.50
总噪声级	NR30	NR35

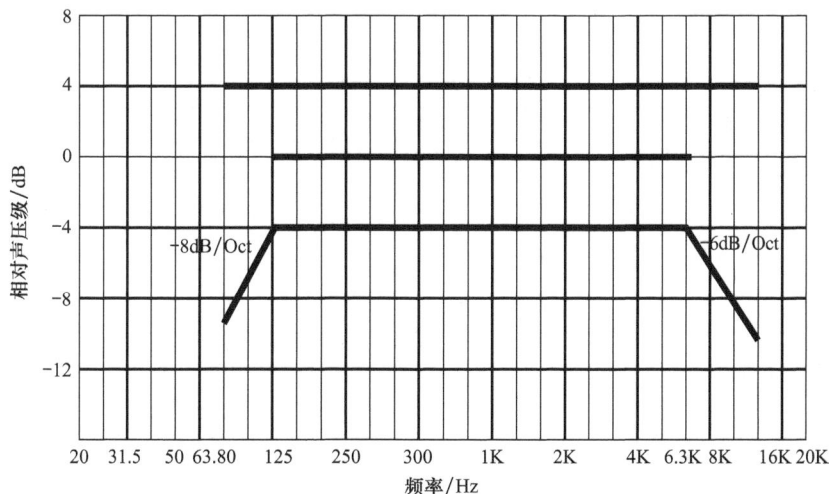

图 4-17 音频系统传输频率特性一级指标

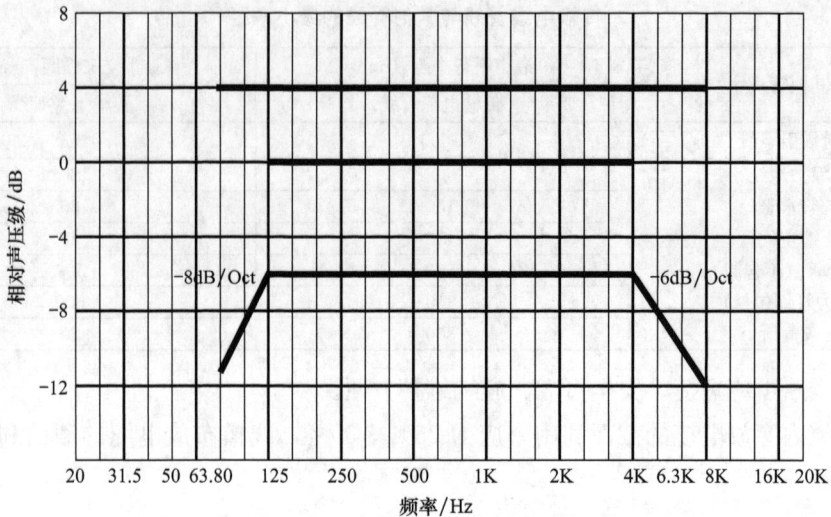

图 4-18　音频系统传输频率特性二级指标

2. 音频系统电性能主要指标应符合表 4-14 的规定。

音频系统电性能主要指标　　　　　　　　　　　　表 4-14

项　目		单　位	一　级	二　级
信噪比（不加权）		dB	≥70	≥70
幅频特性	频率范围	Hz	80～12500	80～8000
	幅值允差	dB	±0.50	±0.50
总谐波失真		%	≤1.00	≤1.40
额定输入/输出电平和允许差值		dBu	4±0.50 或0±0.50	4±0.50 或0±0.50

注：1. 表中额定输入/输出电平，指编解码器的输入/输出电平。
　　2. 系统电性能指标指从会议传声器接入端口经一次编解码通路至功放输入端口所经过的全部音频设备的运行指标。

八、视频系统的性能指标

1. 视频系统显示特性指标应符合表 4-15 的规定。

视频系统显示特性指标　　　　　　　　　　　　表 4-15

项　目		单　位	一　级	二　级
显示屏亮度	背投影	cd/m²	≥200	≥150
	LCD		≥350	≥300
	PDP		≥60	≥40
	CRT		≥80	≥60
图像对比度		倍	≥200∶1	≥150∶1
亮度均匀性		%	≥75	≥60
图像清晰度（水平）		电视线	≥450	≥380
色域覆盖率		%	≥30	≥26
视角（L/2）	水平	(°)	≥90	≥70
	垂直		≥50	≥45

注：1. 测量时环境照度应小于 100lx。
　　2. 显示屏亮度在测量时采用"有用平均亮度"，即用平场信号得到的最大亮度值。
　　3. 图像清晰度指从摄像机经一次编解码通路至屏幕显示器所经过的全部视频设备的运行指标。

2. 视频系统电性能指标应符合表 4-16 的规定。

视频系统电性能主要指标

表 4-16

项　目		单　位	一　级	二　级
信噪比（加权）		dB	≥56	≥56
微分增益		%	±3	±5
微分相位		(°)	±3	±5
K 系数		%	≤3	≤5
色、亮延时差		ns	±30	±50
色、亮增益差		%	±5	±8
幅频特性	≤4.80MHz	dB	±0.50	±0.50
	>4.80MHz，≤5MHz	dB	−10.50	−10.50
	>50MHz，≤5.50MHz	dB	−30.50	−40.50
视频信号的输出幅度		mV	700±20	700±20
外同步信号幅度		mV	300±9	300±9
行同步前沿抖动		mV	≤20	≤20

注：系统电性能指标指从摄像机接入端口经一次编解码通路至屏幕显示器输入端口所经过的全部视频设备的运行指标。

九、房屋建筑平面布置

1. 房屋建筑宜由会场、控制室、机房等组成，并应符合下列规定：

（1）会场面积应根据容纳参会的总人数确定，并可按每人平均 2.20m² 计算，其体形宜为长方体，应避免在座席中间存在结构立柱。

（2）控制室面积不宜小于 30m²，当会场功能较多时，可按实际需要增加面积或增加调光控制室。

（3）当系统需要设置单独机房时，其面积不宜小于 20m²。

2. 建筑平面布置应符合下列规定：

（1）控制室应与会场相邻，控制室与会场之间的隔墙可设置单向透明玻璃观察窗。观察窗高度宜为 800mm，宽度宜为 1200mm，观察窗底边距地面宜为 900mm。

（2）在会场附近宜设置参会者休息、饮水场所和卫生间等公共用房，并宜设置室外停车场地。

（3）会场的位置应远离噪声源。当无法避免时，应采取隔声和隔振措施。

十、建筑和装修

1. 建筑和装修要求应符合表 4-17 的规定：

建筑和装修要求

表 4-17

项　目	会　场	控制室	机　房
最低净高（m）	3.50	3	3
楼、地面等效均布活荷载	3000	6000	6000
地面	防静电地毯	防静电地板	防静电地板

续表

项 目	会 场	控制室	机 房
墙面	符合声学要求	吸声、防尘	隔声、防尘
顶棚	吸声	吸声	—
门	双扇外开隔声门，宽度不应小于1.50m	单扇外开门，宽度不应小于1m	单扇外开门，宽度不应小于1m
外窗	隔声、遮光	隔声	防尘
温度（℃）	18～26	18～26	15～30
湿度（%）	45～70	45～70	小于60
照度（lx）	符合照度要求	100	100

注：垂直工作面距地面高度应为1.20m；水平工作面距地面高度应为0.75m。

2. 装修总体设计应符合下列规定：

（1）会场装修总体设计应满足获取最佳图像效果的要求，宜庄重、简洁、朴素、大方。

（2）墙面装饰应统一色调，宜浅中色为主、双色搭配。严禁采用黑色或白色作为背景色，避免对人物摄像产生光吸收或光反射等不良效应。

（3）桌椅、地毯的颜色宜与墙面颜色相协调，且涂漆表面应采用亚光处理。

十一、建 筑 声 学

1. 建筑声学设计应符合下列规定：

（1）建筑声学设计应满足语言清晰和声场均匀的要求，并应避免出现声聚焦、共振、回声、多重回声和颤动回声等缺陷。

（2）会场的混响时间应符合现行国家标准《剧场、电影院和多用途厅堂建筑声学设计规范》GB/T 50356中对多用途厅堂的有关规定（参见第一章第七节的图1-26）。

（3）会场墙面、吊顶应进行声学设计，并应选用阻燃型吸声材料，同时应满足混响时间要求。

（4）会场窗户应采用具有吸声效果的隔光窗帘，窗帘材料应选用阻燃型。

（5）控制室内应做吸声处理，中频混响时间宜小于0.50s。

2. 噪声控制应符合下列规定：

（1）会场、控制室的噪声控制设计，应按现行国家标准《剧场、电影院和多用途厅堂建筑声学设计规范》GB/T 50356的有关规定执行。

（2）会场背景噪声级的大小应按噪声评价曲线表示。当音频系统按一级标准设计时，背景噪声级应小于NR30；当音频系统按二级标准设计时，背景噪声级应小于NR35。

（3）会场门、窗的结构应结实，不易变形，并应具有密封措施。

（4）空调设备及通风机应采取控制噪声措施。

（5）会场内的电器设备应采用低噪声产品。

十二、电 源 与 接 地

1. 电源系统应按一级负荷供电。当电压波动超过−10%～5%时，应设置交流稳压电源装置。

2. 音频、视频设备宜采用不间断电源供电，供电容量应满足系统全部开通时的容量。

3. 在控制室、机房应配置专用配电箱。并应在周围墙上均匀安装 200V 三芯电源插座。

4. 交流电源的杂音干扰电压不应大于 100mV。

5. 保护地线应符合下列规定：

（1）保护地线应采用三相五线制中的地线，与交流电源的零线应严格分开。

（2）保护地线的接地电阻值，当设置单独接地体时不应大于 4Ω；当采用联合接地体时，不应大于 1Ω。

（3）保护地线的杂音干扰电压不应大于 25mV。

6. 接地系统应采用单点接地的方式。信号地、机壳地等均应分别采用铜质导线经接地排，并应一点接至接地体。

第四节　会议电视系统的安装

一、会议电视的建筑要求

会议电视的建筑要求如表 4-18 所示，也可参考上节表 4-17。

建筑要求表 表 4-18

序号	房间名称	室内最低净高（m）	楼、地面等效均布活荷载（N/m²）	地面类型	室内墙面处理	室内顶棚处理	窗地面积比	门	外窗
1	会议室	3.5（注）	3000	水泥地，加防静电地毯	结合吸音材料选用和布置	同左		双扇外开门，宽度不小于 1.5m，满足隔音要求	满足隔音要求
2	控制室	3.0	6000	防静电地板	水泥石灰砂浆粉，表面涂白色或浅色油漆	同左	1/6	单扇外开门，宽度不小于 1m	良好防尘
3	传输室	3.0	6000	同上	同上	同上	1/6	同上	良好防尘

注：会议室最低净高一般为 3.5m，当会议室较大时，应按最佳的容积比来确定。

二、会议电视系统对会议室的要求

1. 会议室的布局与照度

（1）会议电视系统会议室的大小与参加人数有关，在扣除第一排到监视器的距离外，按每人 2～2.5m² 的占用空间来考虑，顶棚板高度应大于 3m。

（2）会议室的桌椅布置应保证每位与会者有适当的空间，一般应不小于 150cm×70cm，主席台还要适当加宽到 150cm×90cm。

（3）从观看效果来看，监视器的布局常放置在相对于与会者中心的位置，距地高度大约 1m 左右。人与监视器的距离大约为 4～6 倍屏幕高度，大约 2～3m。各与会者至监视器的水平视角不大于 60°。最好将电视机置于会议室最前面正对人的地方。

（4）摄像机的布置应使被摄入人物都收入视角范围内，并宜从几个方位摄取画面，方便获得会场全景或局部特写镜头。

（5）麦克风和扬声器的布置应尽量使麦克风置于各扬声器的辐射角之外，扬声器宜分散布置。扩声系统的功率放大器应采用数个小容量功率放大器集中设置在同一机房的方式，用合理的布线和切换系统，保证会议室在损坏一台功放时，不造成会场声音中断。声音信号输入功率放大器之前，应采用均衡器和反馈抑制器进行处理，以提高声音信号的质量。

（6）影响画面质量的一个重要因素，是会场四周的景物和颜色，以及桌椅的色调。一般忌用"白色""黑色"之类的色调，这两种颜色对人物摄像将产生反光及"夺光"的不良效应。所以墙壁四周、桌椅均采用米黄色、浅绿、浅咖啡色等；南方宜用冷色；北方宜用暖色，建议用米黄色。摄像背景（被摄人物背后的墙）不适挂有山水等景物画，否则将增加摄像对象的信息量，不利于图像质量的提高。可以考虑在室内摆放花卉盆景等清雅物品，增加会议室整体高雅、活泼、融洽气氛，对促进会议效果很有帮助。

（7）为了保证声绝缘与吸声效果，室内应铺有地毯；顶棚板最好采用泡沫或纤维材料；四周墙壁内应装有隔音毯；墙面应装有吸音毯；窗帘外层：纱帘；中间层：银灰色隔光窗帘；内层：浅米黄色装饰窗帘；门采用木门并软包。

（8）灯光照度是会议室的基本必要条件。从窗户射入的光比日光灯或三基色灯偏高，如室内有这两种光源（自然及人工光源），就会产生有蓝色投射和红色阴影区域的视频图像；另一方面是召开会议的时间是随机的，上午、下午的自然光源照度与色温均不一样。因此会议室应避免采用自然光源，而采用人工光源，所有窗户都应用深色窗帘遮挡。在使用人工光源时，应选择冷光源，以包温为 3200K 的"三基色灯"（RGB）效果最佳。避免使用热光源，如高照度的碘钨灯等。图 4-19 为会议室的剖面图。

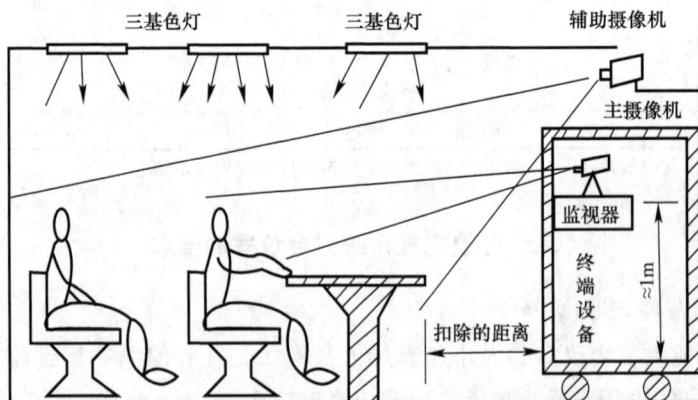

图 4-19 会议室剖面图

（9）会议室的照度，主席区平均照度不应低于 800lx，一般区的平均照度不应低于 500lx，水平工作面计算距地高度为 0.8m。为防止脸部光线不均匀（眼部鼻子和全面下阴影）三基色灯应旋转适当的位置，这在会议电视安装时调试确定。对于监视器及投影电视机，它们周围的照度不能高于 80lx，应在 50～80lx 之间，否则将影响观看效果。为了确保文件、图表的字迹清晰，对文件图表区域的照度应不大于 700lx。

2. 会议室的布线

会议电视应采用暗敷方式布放缆线，会议室距机房应预先埋设地槽或管子，布设时，在不影响美观的情况下尽可能走最短路线。为保证电视会议室供电系统的安全可靠，减少通过电源的接触而带来的串扰，会议室音视频及计算机控制系统的设备供电应与照明、空调及其他相关设施的供电电缆应分别进行铺设，并分别配置专用的配电箱，用以对相应的设备分别进行开关控制，即照明、空调等配电箱及音视频配电箱。会议室供电系统所需线缆均应走金属电线管，如改造工程不具备铺设金属管时应走金属线槽或金属环绕管（蛇皮管）。

三、会议电视系统的机房布置

对于采用大型会议室型的高清晰会议电视系统，一般都配有专用的会议电视设备机房（也称会议控制室），用于放置会议设备、视音频设备、传输接口设备、控制设备等。为便于实时观察会议室情况，会议机房最好建在会议室隔壁，并在与会议室之间的墙壁上设置观察窗。

（1）机房的大小随设备多少和会场的重要性而定。

1）非主会场单位，一般在 20m² 左右，顶棚板高度 3m 以上即可。

2）主会场单位，会议机房应有 30～40m² 大小；一般主会场机房都设有监视各分会场图像的多画面电视墙，所以顶棚板高度要在 4m 以上。

（2）作为主会场机房，一般要放置 4 类设备：

1）第一类是会议设备、传输接口设备及不需控制的视音频设备，放在 19 英寸标准机柜或机架上；

2）第二类是用于显示各分会场图像和主会场各视频源的电视墙，一般靠一面墙放置；

3）第三类是用于放置会议控制设备和视音频设备控制器的操作台，放在电视墙的前方便于观察电视墙画面；

4）第四类则是 UPS 电源部分。

（3）非主会场单位由于设备较少，则只有第三部分和第四部分，而第一部分的会议设备等就放在操作台下方，用于监视远端图像和本地视频源的监视器则可放在操作台上前方的位置。

（4）机房设备的布置应保证适当的维护距离，机面与墙的净距离不应小于 150cm，机背和机侧（需维护时）与墙的净距离不应小于 80cm。

（5）机房应铺设防火防静电地板，下设走线槽，走传输线、视音频线、控制线及电源线等，电源线要和其他信号线分开走，避免电源信号干扰。

（6）集中放置设备的机柜内要做好通风、散热措施，机房温度要求 18～25℃，相对湿度 60%～80%。

（7）保持机房内的空气新鲜，每人每小时的换气量不小于 18m³，室内空调气体的流速不宜大于 1.5m/s。设备和操作台区域光线要良好，宜采用日光灯。安全消防方面要配备通信设备专用的灭火器。

（8）控制室的机架设备区平均照度不低于 100lx，垂直工作面计算距地高度为 1.2m。

四、会议电视系统的供电与接地

（1）系统采用的交流电源应按一级负荷供电，其电压允许变化范围为 220V＋20％至 220V－15％，电压波动超过范围的，应采用交流稳压或调压设备。电源系统要按三相五线制设计，即系统的交流电源的零线与交流电源的保护地线不共用且应严格分开。

（2）为保证会议室供电系统的安全可靠，以减少经电源途径带来的电气串扰，应采用三套供电系统。第一套供电系统作为会议室照明供；第二套供电系统作为整个机房设备的供电，并采用不间断电源系统（UPS）；第三套供电系统用于空调等设备的供电。

（3）摄像机、监视器、编辑导演设备等视频设备应采用同相电源，确保这些设备间传送的视频信号，不因电源相位的差异而影响质量。功放、混音器、调音台及其他音频转接设备应与会议终端设备采用同相电源，并且采用同一套地线接地屏蔽，确保音频信号在转接的过程中不会因屏蔽接地不良或电源相位的差异产生杂音，交流电源的杂音干扰电压不应大于 100mV。

（4）会议室周围墙上隔 3～5m 装一个 220V 的三芯电源插座。每个插座容量不低于 2kW，地线接触可靠。供电系统总容量应大于实际容量的 1～1.5 倍。

（5）供电系统线缆截面积应符合用电容量要求。选用主线为 4mm²；辅线为 1.5mm²；供电电缆主会场用线 16mm²、分会场用线为 10mm² 的多股聚氯乙烯绝缘阻燃软导线。

（6）接地是电源系统中比较重要的问题。控制室或机房、会议室所需的地线，宜在控制室或机房设置的接地汇流排上引接。如果是单独设置接地体，接地电阻不应大于 4Ω；设置单独接地体有困难时，也可与其他接地系统合用接地体。接地电阻不应大于 0.5Ω。必须强调的是，采用联合接地的方式，保护地线必须采用三相五线制中的第五根线，与交流电源的零线必须严格分开，否则零线不平衡电源将会对图像产生严重的干扰。

（7）电视会议室、控制室、传输室等房间的周围墙上或地面上应每隔 3～5m 安装一个 220V 三芯电源插座。

五、会议室的声学要求与系统检查

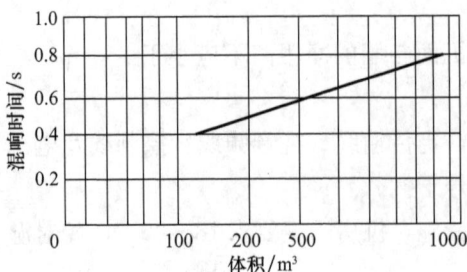

图 4-20　会议室混响时间曲线

为保证隔声和吸声效果，室内铺有地毯，窗户宜采用双层玻璃，进出门应考虑隔声装置。会议室的混响时间要求如图 4-20 所示，即会议室容积＜200m³ 时，混响时间取 0.3～0.5s；200～500m³ 时取 0.5～0.6s；500～1000m³ 时取 0.6～0.8s。

会议室的环境噪声级要求不应大于 40dB（A），护围结构的隔声量不应低于 50dB，以形成良好的开会环境。若室内噪声大，如空调机的噪声过大，就会大大影响音频系统的性能，其他会场就很难听清该会场的发言，甚至在多点会议采用"语音控制模式"时，MCU 将会发生持续切换到该会场的现象。

下面将会议电视系统的会场条件汇总于表 4-19，以便检查和做好设备安装前的准备。

会议电视系统会场环境条件检查表　　　　表 4-19

项　目	技术要求		完成情况及备注
会议室基本条件	温度条件	18~25℃	
	湿度条件	60%~80%	
	环境噪声	小于 40dB	
	清洁度	优良	
会议室照明情况	灯光效果良好	使用三基色灯，每排灯开关单独控制	
	第一排前上方安装射灯，增加主席区照度		
	平均照度	大于 500lx	
	主席区照度	大于 800lx	
	电视屏幕周围	小于 80lx	
会议室装修情况	窗帘要求	能有效隔绝自然光	
	门窗要求	能有效隔音	
会议室装修情况	墙壁装修	有吸音材料	
	顶棚板装修	增加吸音面积	
	地板装修	有防静电、防火地毯	
	桌椅色调	浅色为主，忌用白色	
	摄像背景	浅色为主，柔和不花哨，背景不复杂	
机房基本条件	与会议室走线距离	小平 40m	
	温度条件	18~25℃	
	湿度条件	60%~80%	
	空余面积	大于 10m²	
	清洁度	优良	
机房装修情况	走线槽位已经预留		
	室内走线槽位已经预留		
	地板装修	有防静电、防火地板	
会议室及机房电源供电情况	照明、系统设备、空调分别是三套供电系统		
	电源电压及波动范围	220V（±10%）	
	会议室第一排或前两排灯采用 UPS 供电		
	UPS 电源	2000W 以上	
会议室及机房设备接地情况	设备放置处墙上或地插配备足够的三相插座，每隔 1~2m 一个，分布合理		
	保护地与交流零线严格分开		
	□单独接地	保护地电阻小于 4Ω	
	□联合接地	保护地电阻小于 0.5Ω	
	UPS 输出接保护地线		
	三相电源插座接地良好		

续表

项　目	技术要求		完成情况及备注
传输情况	传输机房与会议室走线距离小于 150m		
	传输机房与会议室走线距离介于 150m 与 5000m 之间		
	传输机房是否有－48V 电源		
	走线槽位已经预留		
	传输类型传输 2M		
	电缆传输线规格型号	75Ω 单股同轴电缆（或 120Ω 的对称电缆），主备用各一对	
	传输线进入会议室或控制间		
	电缆传输线实际长度不超过 150m		
其他建议	墙面为米黄色，墙群线咖啡色，地毯驼色		
	桌子米黄色，椅子咖啡色，墙面不挂画幅		
备注			

六、会议电视系统的设备安装

设备安装包括会议设备（多点控制机和终端机）的安装以及与外部配套设备和传输设备的连接三部分，步骤如下：

（一）会议设备安装

1. 多点控制机（MCU）和终端机的上架固定

一般高清晰会议电视系统的 MCU 和终端机都是标准 19 英寸宽，MCU 服务器可视用户情况放在传输机房或者视频会议机房。前者便于和传输设备连接，后者和终端放在一起，便于日常使用和维护。如果 MCU 放在视频会议机房，由于 MCU 服务器一般要用直流 48V 供电，而视频会议机房一般只有交流 220V 电源，则还要增加一台 220V 转 48V 的电源模块，该电源模块也是标准 19 英寸宽，可放在 MCU 上方。

终端放在视频会议机房，放在标准 19 英寸机柜上或操作台前上方的 19 英寸槽中，一般和矩阵、DVD、录像机、功放等放在一起。

2. MCU 网管控制台和终端控制台的安装

MCU 网管控制台采用个人计算机（PC）服务器，随 MCU 服务器放在传输机房的操作室或视频会议机房，位置就放在操作台中，和 MCU 服务器之间通过以太网口连接，可通过集线器（Hub）连接，也可用交叉网线直接点对点连接。网管控制台服务器上须安装用于会议管理和诊断的网管控制台软件，有 T.120 数据会议应用的还要安装数据会议服务器软件。

终端控制台一般采用个人计算机（PC），放在视频会议机房的操作台中，与高清终端之间也是用以太网线连接，可用集线器或用交叉网线直接连接。终端控制台 PC 上要安装高清晰会议系统终端软件，有 T.120 数据会议的还要安装 T.120 数据会议网关。

（二）会议设备与配套设备的连接

1. MCU 和终端机与电源连接及接保护地

为保证会议系统的供电安全可靠，减少电源途径带来的串扰整个会议设备和机房设备的供电，应该和会议室照明供电、空调等动力设备的供电隔离，并配备不间断电源系统（UPS）供电。一套满配置的高清 MCU 和终端（含控制台）功率在 1500V・A 之内，其他配套设备的功耗可查其使用手册，考虑后期扩容会增加设备，UPS 余量按 50%～100% 考虑。为避免电源波动对信号干扰，电源走线要和信号线隔离，机柜（或机架）内的电源线和信号线也应分边走。

设备接电源时应注意所有设备火线（L）、零线（N）接入时要一致，零线千万不要和工作地线（G）混接。

接地保护是会议电视设备安装中比较重要的问题，会议电视设备一般在后背板左下部提供了接地螺钉，用带接线端子的铜导线接到机房的通信设备保护地排上。

2. MCU 和多画面解码阵列的连接

由于会议终端在同一时间只能收看一个远端会场的图像，而 MCU 是所有下挂终端的视频码流的汇接点。所以，为了实时观察各分会场的图像，可以在 MCU 处配置多画面系统（即解码阵列），解出各分会场的图像输出到电视墙或经画面分割器到大屏幕显示。由于高清晰会议电视系统是采用 MPEG-2 编码，所以 MCU 处的码流是同步数据流（TS），与解码阵列的接口则是异步串行接口（ASI）。ASI 接口所用电缆也是 75Ω 同轴电缆，不过由于传送的码流高达 270M，所以长度不能超过 20m。一般一个 ASI 接口可以传递 4 个端口的码流，所以满配置 24 端口的 MCU 也只用 6 个多画面 ASI 输出接口。为了能将多画面（用画面分割器混合的）传送到各分会场，MCU 还设立了一个多画面回传的 ASI 输入接口。

3. 终端机视频输入输出接口的连接

终端机的输入视频接口一般有 4 个，分别为复合视频（CVBS）1-4。如果会场没配视频切换矩阵，则 4 个视频源分别接主、辅摄像机及 DVD、录像机等视频输入设备。有视频切换矩阵，则只将 CVBSI 接到矩阵 1 路输出，视频输入设备经过矩阵切换送给终端。

摄像机的转动、镜头聚焦等操作可由终端控制台软件控制或外置云台控制器控制，一般一体化单 CCD 摄像机都由终端软件控制，外置云台的 3CCD 等高级摄像机用外置控制器控制。终端控制摄像机的串口可用控制台 PC 机的串口或终端上的串口。

终端的视频输出分两种，一是本地图像监控输出，接会场本地图像显示电视和机房本地监控电视；二是远端图像输出，接会场远端图像显示电视和机房远端监控电视。同样若是有视频切换矩阵，则全接到矩阵以进行切换。

视频线缆采用 75Ω 同轴电缆，带屏蔽层电缆最大有效长度为 100m，超过范围的要加分配器等中继设备延长，终端、矩阵和监视器的视频接头端子一般为 BNC，电视机、投影等显示输出设备的接口为莲花头。

4. 终端音频输入输出接口的连接

终端的音频输入接口类型分两种，一是 MIC（麦克风）输入，接有源 MIC；二是 LINE IN（线路输入），接调音台、DVD、录像机等设备。选择 MIC 还是 LINE 输入都要在终端控制台上进行设置。

终端音频输出为 LINE 信号输出，有调音台等音频系统的，接调音台输入，送到会场扩音系统。没有调音台的直接接扩音设备或会场电视音频输入口。终端音频输入输出和音频外设一样都是非平衡接口，音频线缆采用 2 芯带屏蔽电缆，最大有效长度 100m。接头端子终端和调音台都是 ϕ6.3mm 标准单声道插头，DVD、录像机、电视、扩音等设备是莲花头。

（三）会议电视设备布置的要求

（1）话筒和扬声器的布置应尽量使话筒置于各扬声器的辐射角之外。

（2）摄像机的布置应使被摄人物都收入视角范围之内，并宜从几个方位摄取画面，方便地获得会场全景或局部特写镜头。

（3）监视器或大屏幕背投影机的布置，应尽量使与会者处在较好的视距和视角范围之内。

（4）机房设备布置应保证适当的维护间距，机面与墙的净距不应小于 1500mm；机背和机侧（需维护时）与墙的净距不应小于 800mm。当设备按列布置时，列间净距不应小于 1000mm；若列间有座席时，列间净距不应小于 1500mm。

（5）会议室桌椅布置应保证每个与会者有适当的空间，一般不应小于 1500mm × 700mm。主席台还宜适当加宽至 1500mm × 900mm。

（6）会议电视的相关房间应采用暗敷的方式布放缆线，在建造或改建房屋时，应事先埋设管子、安置桥架、预留地槽和孔洞、安装防静电地板等，以便穿线。

（7）安装设备应符合下列要求：

1）机架应平直，其垂直偏差度不应大于 2mm。

2）机架应排列整齐，有利于通风散热，相邻机架的架面和主走道机架侧面均应成直线，误差不应大于 2mm。

3）缆线布放应整齐合理，在电缆走道或槽道中布放电缆，以及机架内布放电缆均应绑扎，松紧适度。

4）电缆走道或槽道的布置均应水平或直角相交，其偏差不应大于 2mm。

5）任何缆线与设备采用插接件连接时，必须使插接件免受外力的影响，保持良好的接触。

6）设备或机架的抗震加固应符合设计要求。

7）布放缆线不应扭曲或护套破损，并不应使缆线降低绝缘或其他特性。

（四）会议设备与传输设备的连接

1. MCU 与传输 2Mbit/s 接口（E1）的连接

MCU 是终端的线路汇接点，是传输接口集中点，尤其是高清晰会议系统，每个会场要 4 对 E1 线路，如 FOCUS8000MCU 满配置 24 个端口共 96 对 E1 接口，所以线缆比较多。为了走线方便整洁，MCU 到传输 E1 接口的线缆都采用 8 股 75Ω 同轴电缆，每根电缆接 1 个会场。采用细缆最大有效长度为 100m，粗缆最大有效长度可到 120m。MCU 的 E1 接头端子采用的是 BNC 接头，传输 DDF 配线架采用的是 L9 头。

2. MCU 与会场终端的 E1 接口连接

同上为了走线方便整洁，也采用 8 股 75Ω 同轴电缆，如果 MCU 和终端不在同一机房，最大走线长度不能超过 150m，电缆两端接头均为 BNC 头。

3. 分会场终端与传输 E1 接口的连接

同样建议采用 8 股 75Ω 同轴电缆，最大走线长度不能超过 120m，终端是 BNC 接头，传输 DDF 配线架是 L9 头。

第五节 视频会议室设计举例

1. 某电视会议室的平面布置示例参见图 4-21，图上设备名称参见表 4-20。

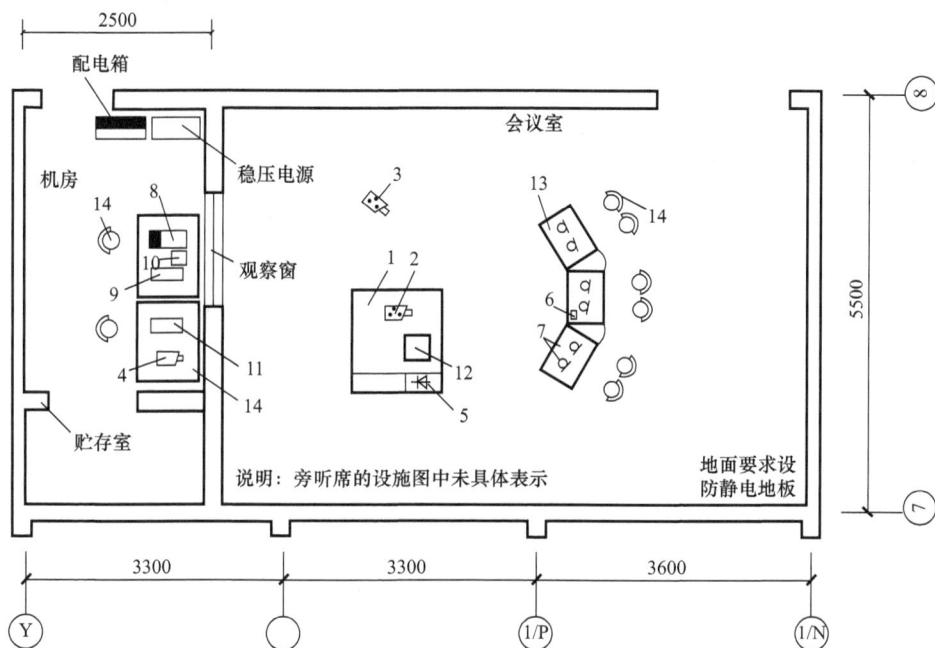

图 4-21 电视会议室的图像显示设备平面布置模式

电视会议设备一览表
表 4-20

编 号	名 称	单 位	数 量	编 号	名 称	单 位	数 量
1	会议终端处理器	套	1	8	终端管理系统	套	1
2	主摄像机	台	1	9	打印机	台	1
3	辅助摄像机	台	1	10	录像机	台	1
4	图文摄像机	台	1	11	多点控制单元	台	1
5	音箱	台	1	12	监视器	台	1
6	会议控制盒	台	1	13	会议桌	个	3
7	传声器（桌式）	个	6	14	转椅、工作台	个	按需要

2. 图 4-22 是某大型专业会议室的视频会议系统。

大型会议电视主会场系统有下列系统功能：

（1）全部会场显示统一画面，可用双监视器或画中画方式显示画面。

（2）主会场可遥控操作参加会议的全部受控摄像机的动作，调整画面的内容和清晰度，保证摄像机摇摆、倾斜、焦距调整和聚焦等动作要求。

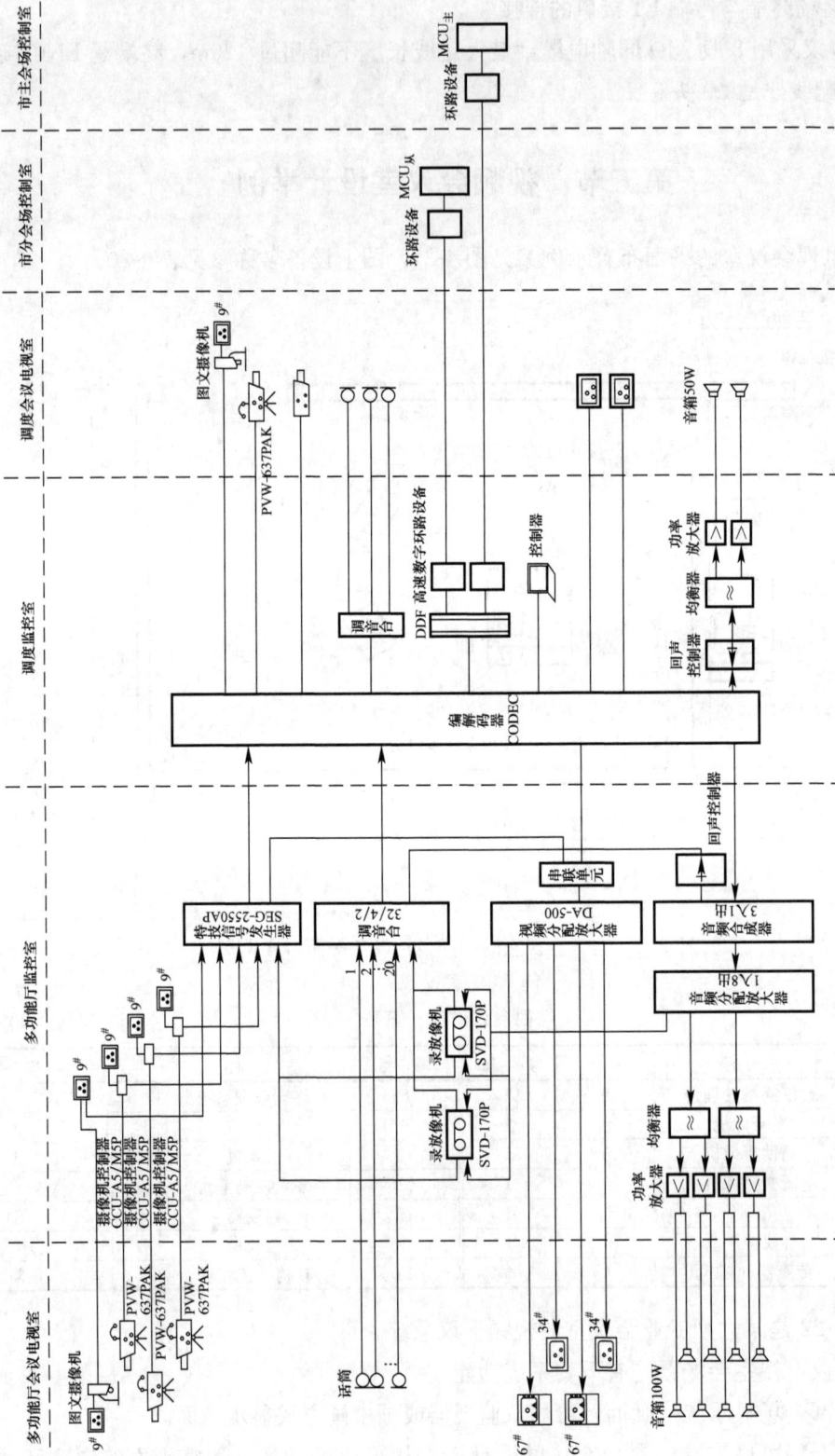

图 4-22 大型专业会议电视系统

（3）主会场能任意选择下列 4 种切换方式：

主席控制方式，在指定时间内可以选择转播任一会场的画面；

导演控制方式，通过 MCU 的 PC 机管理软件（CMMS）选择转播任一会场的画面；

声音控制方式，MCU 根据与会者发言的声音强度和持续时间，选择其中最符合设定条件的发言者，将其画面转播给其他各会场；

演讲人控制方式，适用于教学或作报告，各会场可以看到教师或演讲人，教师或演讲人也可以选择观看任何一个会场的画面。

（4）除主会场与发言会场可以进行对话外，还允许 1～2 个会场进行插话。

（5）任何会场有权请求发言，申请发言的信号应在主会场的特设显示屏上显示，该显示屏放在主席容易观察到的位置。

（6）当某一会场需要长时间发言，主会场能任意切换其他会场的画面进行轮换广播，而不中断发言会场的声音。

为了保证电视会议准备阶段能高效率地进行工作，使会议电视系统的联调、检测和试运行顺利进行，必须设置专门的调度电话系统。

3. 图 4-23 是一种电视会议室的配置与布置方式。图中前方采用背投式投影显示，另在两旁安装两台大屏幕监视器。

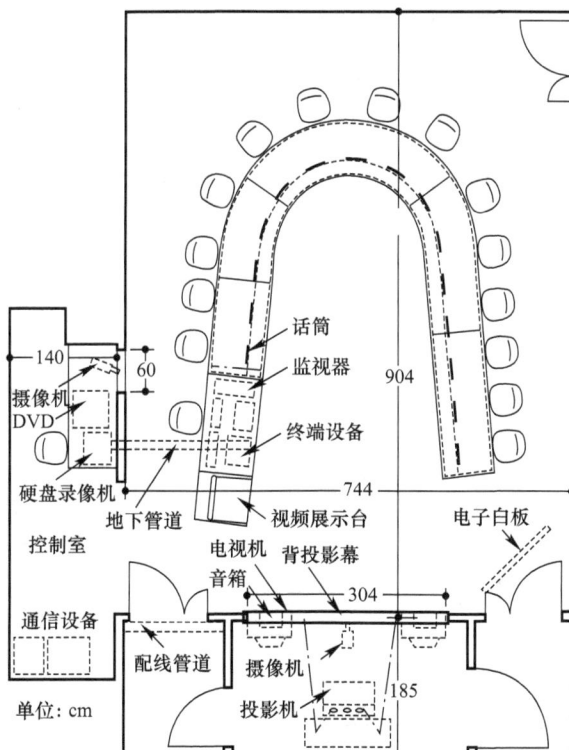

图 4-23　视频会议室的一种布置方式

图 4-24 是又一种电视会议室的配置及布置方式，供参考。

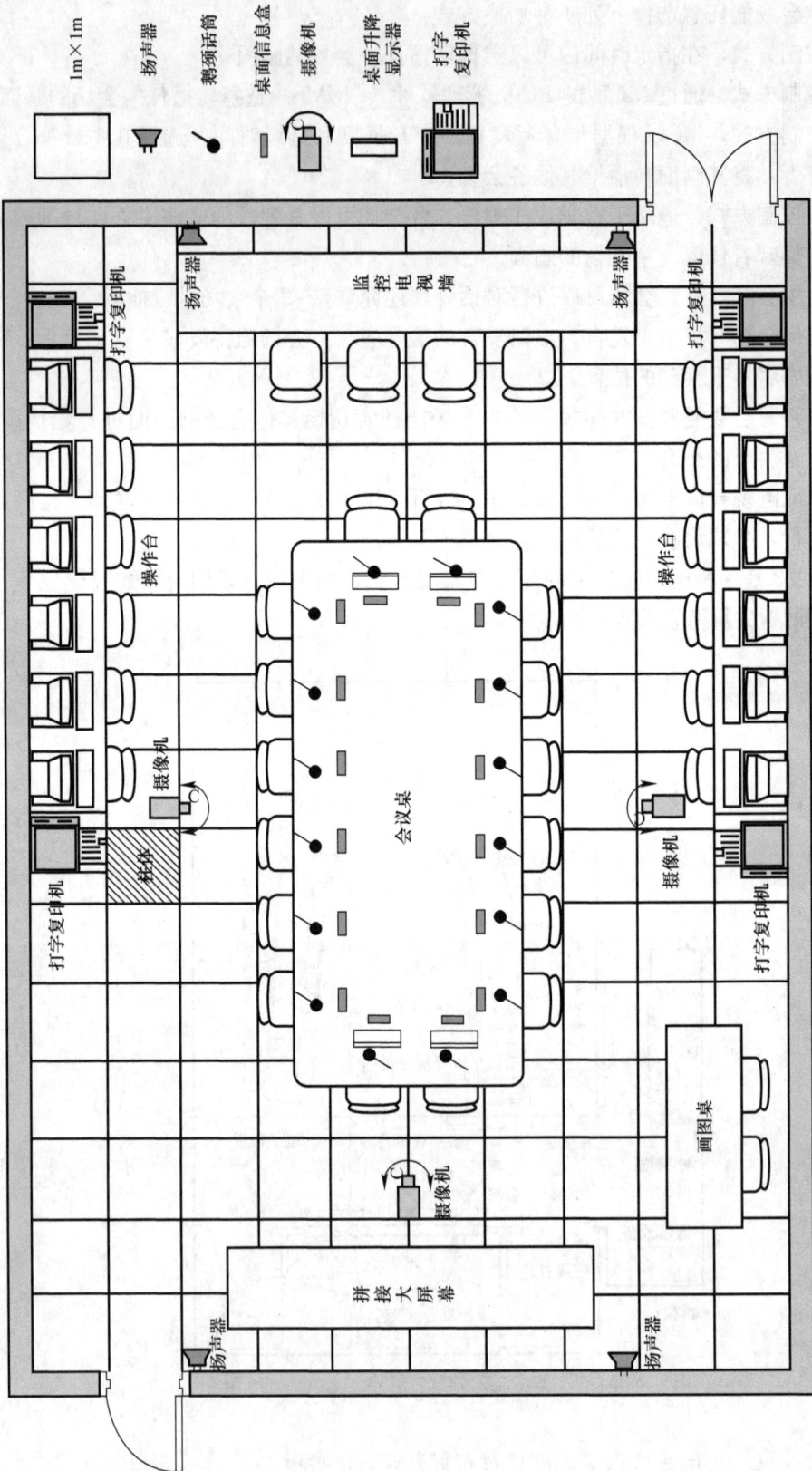

图 4-24　视频会议室另一种布置方式

4. 图 4-25 是一种桌面计算机的视频会议系统。它采用圆桌式会议方式。其中液晶显示器采用电动升降方式，平时液晶显示器藏于桌面下面，开会时，可通过电动升至桌面。这种升降显示屏的安装结构图如图 4-26 所示。液晶显示屏有 13.3 英寸、15 英寸等几种规格。例如，某机型（SHJ-15B）额定电压为 AC220V，保险丝管电流为 1A，液晶显示屏尺寸为 15 英寸，分辨率为 1024×768，外型尺寸为 440mm×180mm×560mm。该系统可广泛用于视频会议系统、指挥调度系统、生产分析系统、金融分析系统、大型会议系统等。

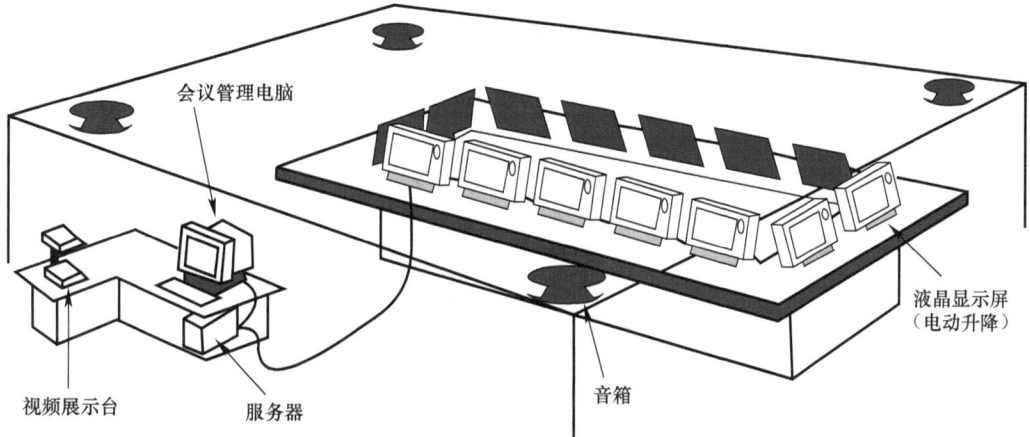

图 4-25 采用液晶升降屏的音视频会议系统

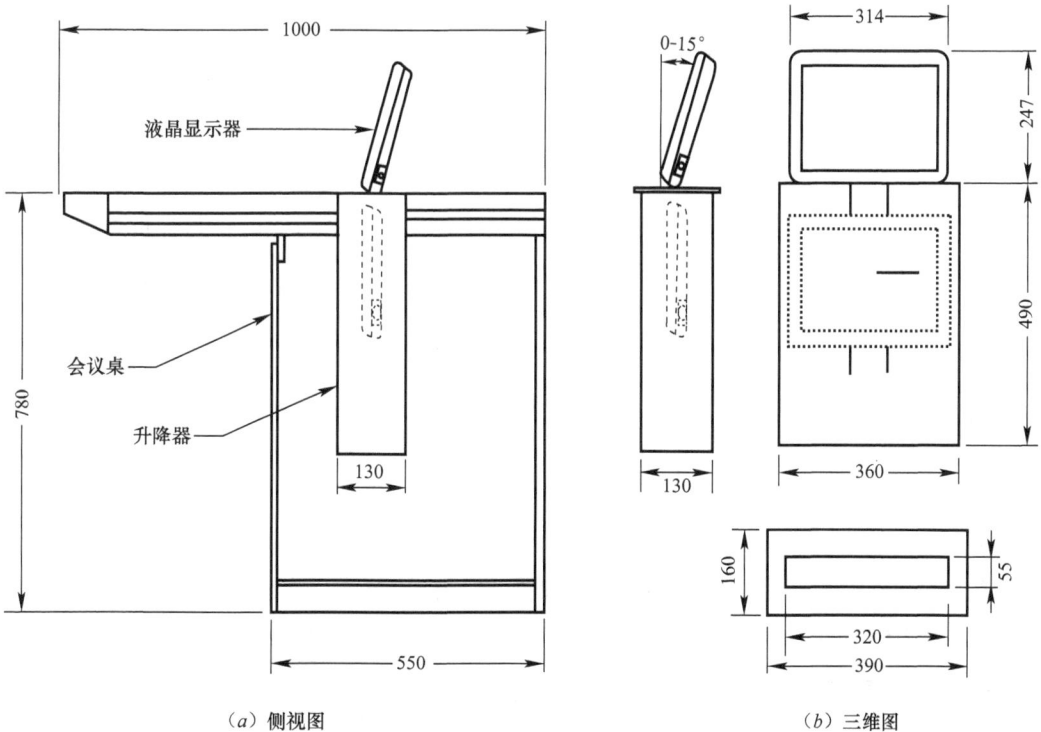

（a）侧视图   （b）三维图

图 4-26 液晶显示屏升降结构图

第六节 网 真

作为高端视频应用技术的网真（TP，TelePresence），又称远真，目前尚未统一译名。它可以解释成用"网"来表达"Tele"的含义，即依赖于网络超越遥远的时空；"真"来反映"Presence"的含义，即呈现完美真实的体验。"网真"成为网络传递真实体验的术语名称。

网真是近几年出现的一种新技术，它是将视频通信和沟通体验融为一体的远程会议技术，通过网络实现了具有真人大小、高清晰图像（1080p）、低时延，具有立体感的音频和特殊设计的环境，为人们在各个场所、工作生活各个方面的交互创造了一种独特的真实面对面沟通体验的会议场所，其情景可参见后述的图 4-32 至图 4-35 所示。网真可以应用于行政会议、协同办公、远程医疗、远程教学、远程展示等领域，提高工作效率。

一、网真系统技术要求

（1）高清晰。专门设计的超高分辨率的摄像头群和超高分辨率的真人尺寸大小的显示屏，国际上现行的高清视频的标准分辨率是 720p 和 1080i，网真的超高分辨率比现行国际标准的高清分辨率还高一倍的 1080p 技术，是普通电视机分辨率的 10 倍，像素高达数百兆。

（2）高压缩。网真采用基于 H.264 视频编码标准，应具有超高品质的实时双向编解码，进行超高清音频与视频处理、压缩和编码。通过技术处理，在保证超高品质和超低时延的情况下，达到压缩比 500 倍以上。

（3）高保真。网真的音响系统采用专门设计的超保真麦克风，最先进的低延迟、宽频带的高级音频编码 AAC-CD 技术，实现多通道回声消除，GSM 静态消除和干扰过滤器。

（4）高带宽。网真音频流与视频流特性要求需要高带宽的保障，通常音频与视频传输需要占用 2～12.5Mbps，另外还需要附加 2～4 层的 20％开销带宽。

（5）高可靠。由于网真采用高压缩比技术，需要高可靠网络性能作为保证，通常时延要求低于 150～200ms，时延抖动在 50ms 以内，误码率低于 0.05％。

二、网真系统组成

网真系统就视频系统本身而言，与传统视频系统没有实质性差异，主要区别在于网络承载、终端接入。网真业务的网络承载主要指高宽带、高可靠、低时延无丢包的传输系统，如 WDM/CWDM、IP、移动、卫星通信网络。

终端接入是提供各类场景用户的网真终端接入，实现网真终端视频采集和显示。终端分为管理终端、网真终端、编解码设备。管理终端是指基于通用终端，通过相应管理软件，实现对系统的维护管理。网真终端应具有视频采集、编码、传输、解码、还原等功能，此外包括摄像头、支持 720p/1080p 高清显示设备、传声器、发起呼叫的话机和音响等。编解码设备应基于 H.264 视频编码标准，完成超高品质的实时双向编解码，进行超高清音频与视频处理、压缩和编码。

三、网真组网方式与要求

网真系统应用形式多样，在组网过程中，主要包括服务端、传输网络和接入终端三大环节。其传输网络与传统视频系统没有太大差异，只是服务质量要求较高。下面重点从网真服务端和网真终端，说明如何实现网真终端之间、网真终端与传统视频会议终端互通。

（1）通过 IP 网络部署多点网真系统。当网真系统终端数量和规模有限时，建议采用集中式部署方式，通过有服务质量保证的 IP 网络传输，实现多点网真系统互通，如图 4-27 所示。当系统终端数量增多时，建议采用分布式部署方式，这与以往各类系统部署方式类似，此不赘述。图 4-28 是一种通过 IP 网络实现的多点网真系统。

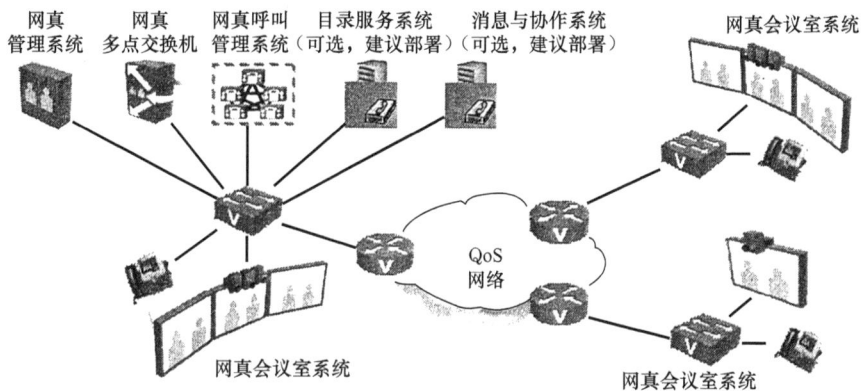

图 4-27　通过 IP 网络部署多点网真系统

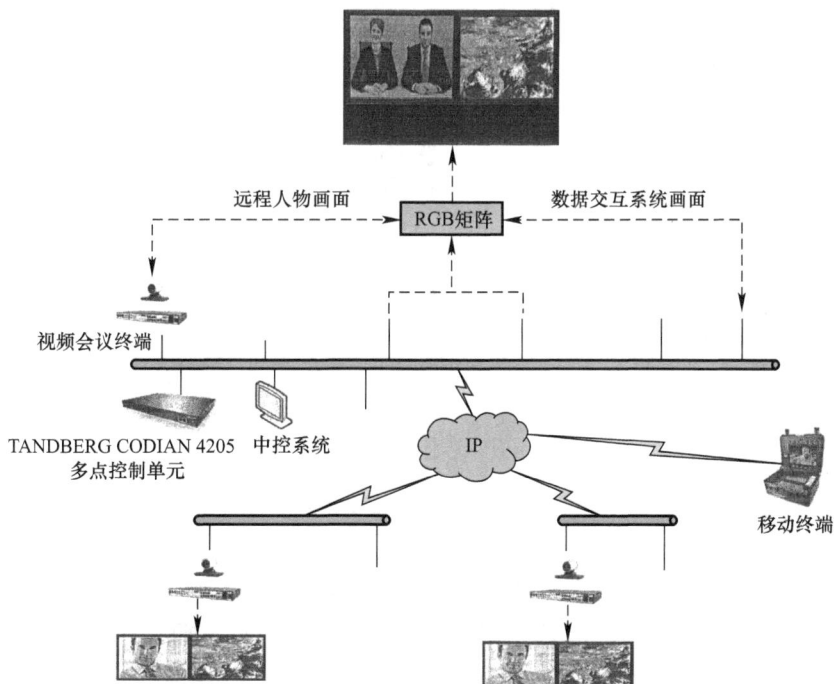

图 4-28　通过 IP 网络实现的多点网真系统

（2）网真与其他视频会议系统混合组网。通过网真多点交换单元连接视频会议多点控制单元（MCU），实现与其他会议系统的集成，如图 4-29 所示。会议视频编码为 H.264 标准，音频编码为 G.711 标准。

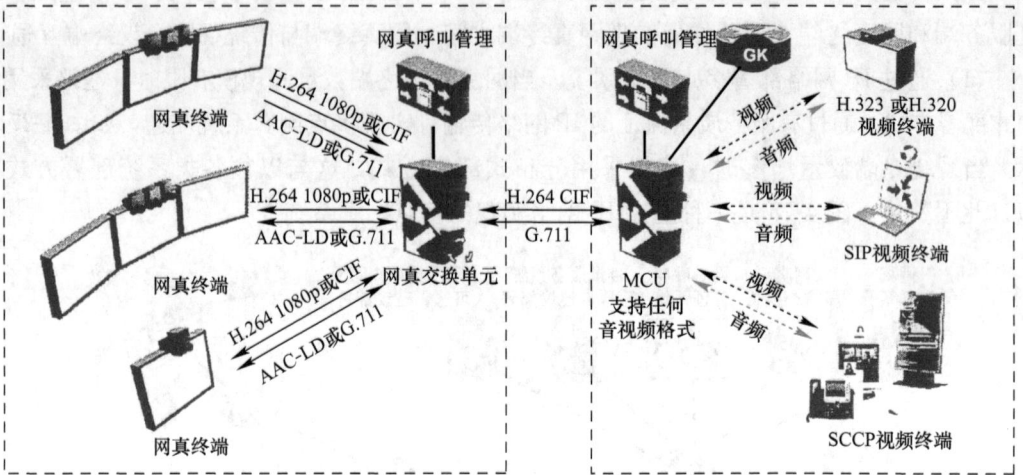

图 4-29　网真与其他视频会议系统混合组网示意图

如图 4-30 所示为网真与其他视频会议系统混合组网示音图。

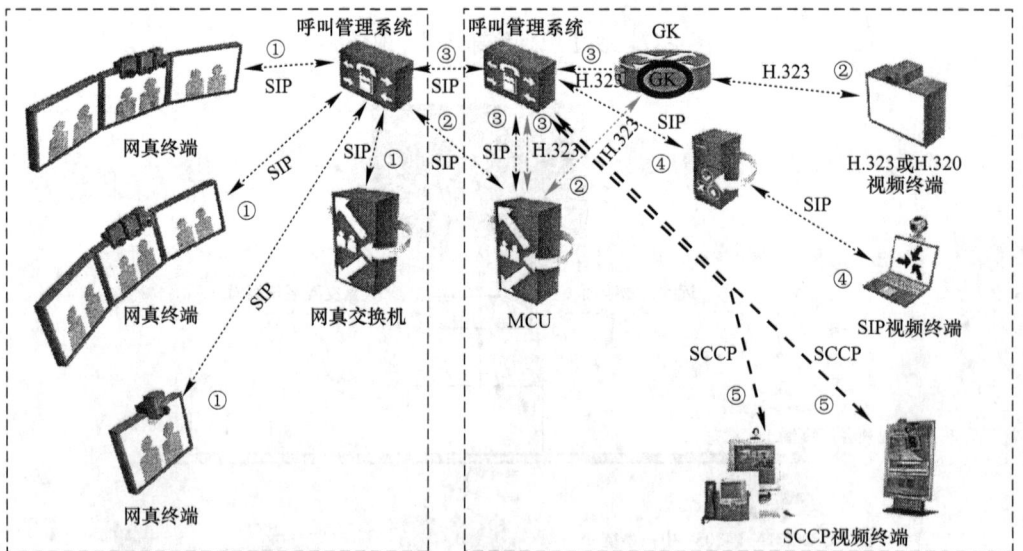

图 4-30　网真终端与其他视频会议系统终端视频通信

为保障网真服务质量，首先来分析一下网真流量特性和服务质量要求。

（1）流量特性。根据表 4-21 可以看出，网真流量所需带宽通常在 2～12.5Mbps，另外还要根据呈现需求附加 2～4 层的 20％开销带宽。因此，网真信息传输需要优质高带宽保障。

网真流量特性　　　　　　　　　　表 4-21

项　目		1080p			720p		
		最好	较好	一般	最好	较好	一般
单屏图像（Kbps）		4000	3500	3000	2250	1500	1000
单麦克话音（Kbps）		64	64	64	64	64	64
自动协作（5帧/秒）视频通道（Kbps）		500	500	500	500	500	500
自动协作音频通道（Kbps）		64	64	64	64	64	64
单屏音视频（Kbps）	发送	4628	4128	3628	2878	2128	1628
	接收	4756	4256	3756	3006	2256	1756
附加 2～4 层 20％开销的单屏音视频（Kbps）	发送	5554	4954	4354	3454	2554	1954
	接收	5707	5107	4507	3607	2707	2107
三屏音视频（Kbps）		12756	11256	9756	7506	5256	3756
附加 2～4 层 20％开销的三屏音视频（Kbps）		15307	13507	11707	9007	6307	4507

（2）服务质量要求。由于网真采用高压缩比技术，需要高可靠网络性能作为保证，通常时延要求低于 150～200ms，时延抖动在 50ms 以内，误码率低于 0.05％。它与传统视频会议系统在服务质量要求和实现上有很大区别，详见表 4-22。

网真与传统视频会议服务质量要求对比表　　　　　　表 4-22

指　标	视频会议	网　真	说　明
带宽	384Kbps 或 768Kbps	2～12.5Mbps	需要附加 2～4 层 20％开销带宽
帧率	可变帧长 10～30fps	固定帧长 30fps	视频会议通过降低帧率来实现运动补偿；网真无论何时何地都将保持 30fps 帧率
延时	400～450ms	150～200ms	视频会议不关注延时；网真认为延时是用户真实感受重要参数
延时抖动	30～50ms	50ms	视频会议通过部署大量的延时抖动缓存，来控制延时抖动，但随之带来延时；网真寻求一种在保持抖动缓存尽可能少的情况下，控制延时抖动的同时减少时延的办法
丢包率	1％	0.05％	网真比视频会议具有更高的压缩，这就意味着应具有更低丢包率

对于传统数据应用，网络端到端丢包率可以在 1％～2％范围内；对于 VoIP 应用，网络端到端丢包率应控制在 0.5％～1％；对媒体应用，特别是支持高分辨率媒体应用，网络端到端丢包率应控制在 0～0.05％。

四、网真会议室设计示例

Polycom（宝利通）公司也为极致远真（即网真）推出 Polycom RPX HD 系统，并提供了所需的环境要求与集成技术。其功能为：

（1）真人太小、专为真正的 RealPresence Experience 配置的 $8'\times42''$ 或 $16'\times42''$ 高清视频墙；

（2）内置 Polycom HDX 9004 极致高清视频会议解决方案；

（3）Polycom Soundstation VTX1000 宽频会议电话，为与会者提供音频服务；

（4）2-4 个微型 3-CCD 高清视频摄像机被嵌入到视频墙后面（隐藏处理），使自然的目光接触式交流得以实现；

（5）立体声扬声器被安装在视频墙的上方（隐藏处理），可以提供带宽达 22kHz 音频系统立体声；

（6）触摸控制屏将协助会议室管理员控制音频和视频拨号以及音量控制并直接相联管理服务帮助台；

（7）吸顶安装式数字传声器可避免干扰，实现全方位的 360 度拾音；

（8）通过 VGA 接入直接连接笔记本，可共享会议内容；

（9）每个座位都有网络接入和电源连接，与员工的笔记本电脑相匹配；

（10）演播室质量级照明，采取吸顶安装，45 度设计确保为所有与会者提供有利的照明条件；

（11）会议室安装吸声装置确保消除环境中的各种噪声，让会议顺利进行；

（12）集成式 15 英寸高清显示器伸手可及，这样就使每个人都可以参加到会议当中；

（13）当系统没有作为视频交流使用时，多功能会议桌可以用做普通会议室；

（14）需要做出重大决策时，扩展式座位设计可支持规模更大的会议。

Polycom 还推荐几种网真视频会议室的座位布置方案，如图 4-31 所示。

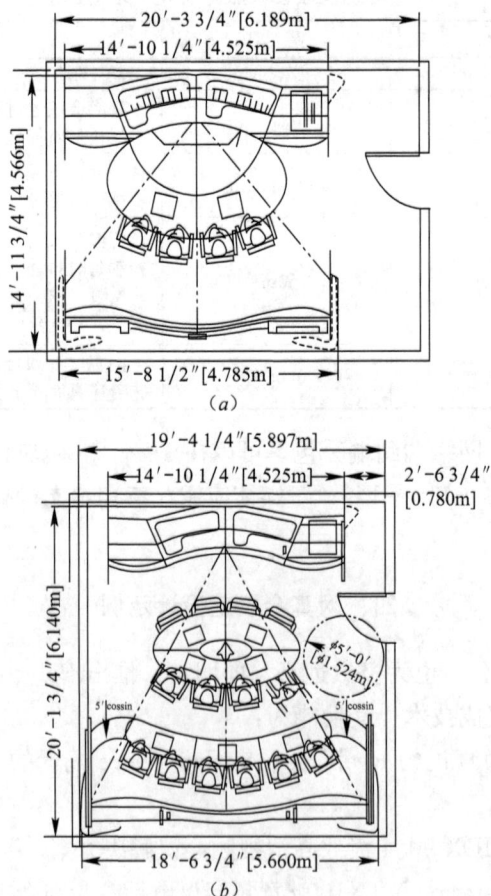

(a)

(b)

图 4-31　几种网真（远真）会议室布置方案（一）

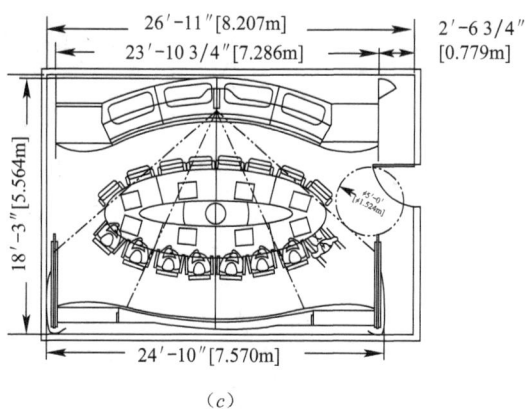

（c）

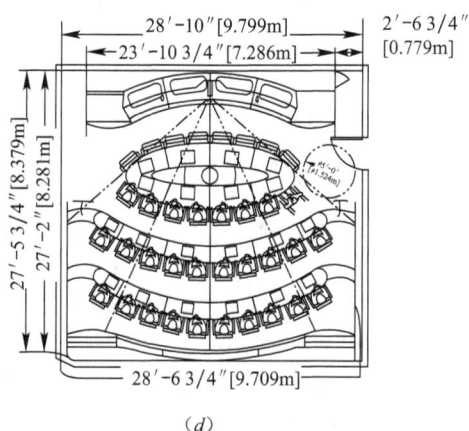

（d）

图 4-31　几种网真（远真）会议室布置方案（二）

表 4-23 列出 Polycom RPX HD 网真系统系列各种型号的配置，以满足不同规格和大小的需求。

Polycom RPX HD 网真（远真）系统系列　　　　　　　　　　表 4-23

型　　号	连续视频显示器数量	个人内容显示器	面朝前的座位数量	额外座位
Polycom RPX HF 204	2	2	4	0
Polycom RPX HD 204M	2	4	4	4
Polycom RPX HD 208M	2	6	8	4
Polycom RPX HD 210M	2	7	10	4
Polycom RPX HD 210M+	2	7	10	4
Polycom RPX HD 218M	2	11	18	4
Polycom RPX HF 408M	4	8	8	8
Polycom RPX HD 418M	4	14	18	8
Polycom RPX HD 428M	4	20	28	8

图 4-32～图 4-35 是网真会议室的实际案例。图 4-32 是 CISCO（思科）的单显示屏小型网真会议室，显示屏上方中方装有三摄像头，主机和音箱装在显示屏后面下方。图 4-33 是 CISCO 三屏的中型网真会议室，摄像头和立体音箱位置类似，在中间显示屏下方还装有液晶或图文摄像机演示。

图 4-32 CISCO 小型网真会议室例

图 4-33　CISCO 中型网真会议室例

图 4-34　Polycom 小型网真（远真）会议室例

图 4-35　Polycom 中型网真（远真）会议室例

图 4-34 是 Polycom（宝利通）的小型网真（亦称远真）会议室，三只摄像头分开布置，图 4-35 是 Polycom 的中型网真会议室，其两只音箱布置在图中前墙上部左右两侧。如果人数再多，可在后面增加一排座位，如图 4-31（d）所示，必要时可在中央显示屏上方增加一个平板显示器，供后排观看。

第七节　视频会议系统设计举例

【例 1】某局单位，原有一套视频会议系统，现提出利用成形的办公网络，建设一套省、市、县三级联动的视频会议系统，以满足日常会议需求。该省局下设 13 个市局、60 多个区县局。为此，本设计方案采用 POLYCOM 的全套高清的解决方案，省局配置高清的 RMX1000 媒体会议平台、高清的录播服务器 RSS2000，在省局会场配置高清的 HDX8000 终端，在省局领导办公室配置桌面型终端 V700；13 个地市局各配置 MCS4200 媒体会议平台、高清的 HDX7000 终端，并为区县局各配置一台 K80。如图 4-36 所示。

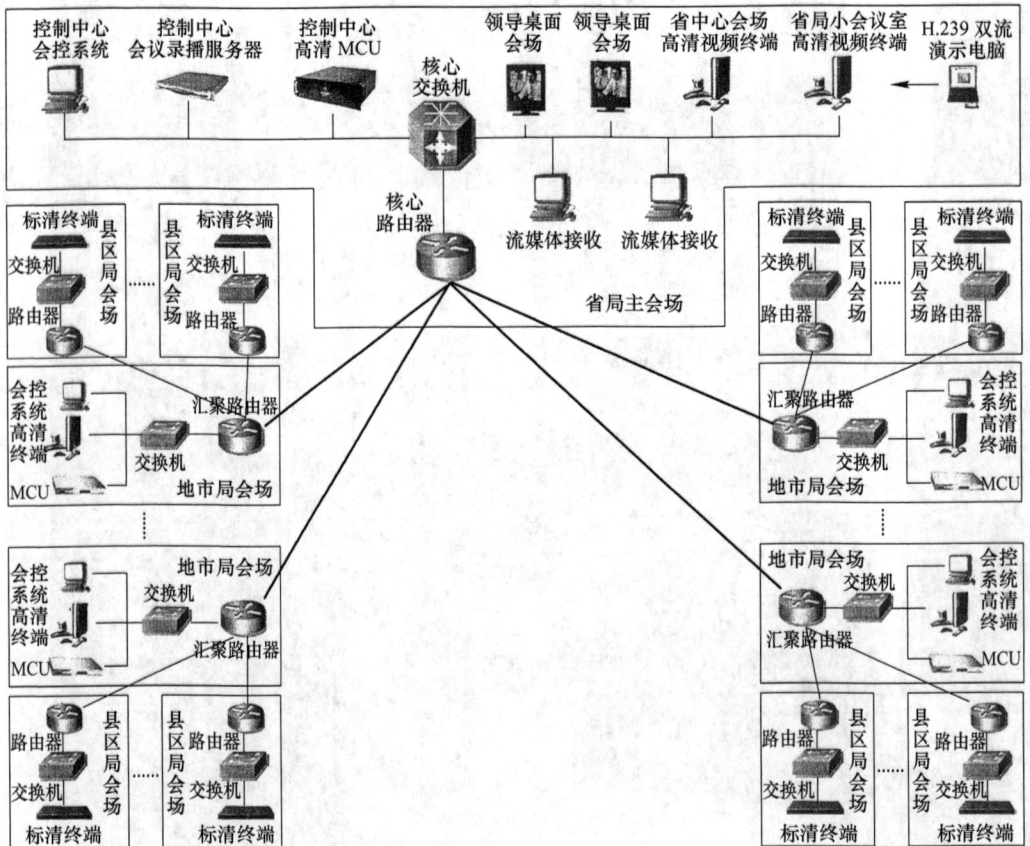

图 4-36　高清视频公议拓扑图

省局 RMX1000 媒体会议平台将所有地市的 MCS4200 媒体会议平台连通，市局 MCS4200 媒体会议平台将所有地市及区县的 HDX7000、K80 连通召开全体会议，由

RSS2000 实现会议中的会议录制、直播、点播功能。

会议方式有多种：

（1）工作汇报方式：由会议管理员管理视频的切换，可以把主会场或某一个会场设为发言会场，使其他所有的会场都观看发言会场的画面，发言会场可以任意选看其他会场的图像；还可以使两个会场之间互相观看。

（2）会议讨论方式：RMX1000、MCS4200 检测各会场的声音大小，挑选其中最大的一个，由 RMX1000、MCS4200 自动将其切换为会议的广播者，方便开展自由的多方讨论。

（3）多方观看方式：通过 RMX1000、MCS4200 的 IVR、DTMF 功能，提供终端和 RMX1000、MCS4200 的交互控制，允许各会场根据需要，自行选择观看某个会场的图像。

（4）分组的高清会议

将 80 多个会场分成若干不同会议组，分别进行分组讨论。

（5）点对点会议

日常工作中，各会场直接拨叫其他会场的终端设备，与任一会场连通，开展工作交流和讨论。

由于例举案例中很多用到 Polycom（宝利通）HDX 8000 型号产品，故对其技术性能作介绍如下。

1. 主要特点

Polycom HDX 8000 型视频会议产品是 Polycom 常用产品，它适用各种会议室教室和会议场所的高清可视产品，其主要特点如下：

（1）高清视频-帧率为 30 或 60fps 时，可支持 1920×1080（1080p）或 1280×720（720p）的视频分辨率，在所有数据速率下都能确保优良的图像清晰度。

（2）高清音频-Polycom Siren™ 22 和 Polycom StereoSurround™ 环绕立体声技术可提供高保真立体声音频输出。

（3）高清内容共享-高清分辨率确保清晰简便的多媒体内容共享，从视频到幻灯片演示均可获得满意的效果。

（4）灵活、集成的解决方案-可选的集成解决方案包含了卓越的高清显示器、强大的音频输出和时尚的设计

2. 技术指标

本型号还包括 Eaglye 1080 摄像头、话筒、遥控器等配件，产品的技术指标如下：

（1）视频标准和协议

- H.264
- H.263++
- H.261
- H.239/People+Content
- H.263 &H.264 视频差错消隐

（2）视频分辨率

- 1080p/30fps@≥1M

- 720p/60fps@≥832Kbps
- 720p/30fpts@≥512Kbps
- 4SIF/4CIF，30fpts@≥128Kbps
- 4SIF/4CIF，60fpts@≥512Kbps
- SIF（352×240），CIF（352×288）
- QSIF（176×120），QCIF（176×144）

（3）内容分辨率

- 输入：WSXGA＋（1680×1050），SXGA（1280×1024），HD（1280×720），XGA（1024×768），SVGA（800×600），VGA（640×480）
- 输出：720p（1280×720），1080P（1920×1080），XGA（1024×768），SVGA（800×600）
- 内容帧速率：30fpts
- 内容共享
  - People＋Content
  - People＋Content IP
  - People On Content

（4）摄像头

- Polycom EagleEye 摄像头
  - 1280×720p CCD 成像器
  - 12 倍光学变焦
  - 72 度视觉
  - ＋－100 度水平旋转范围
  - ＋20/－30 度倾斜角度

输出格式：
  - SMPTE 296M 1280×720p，50/60 FPS
- Polycom EagleEye 1080 摄像头
  - 1920×1080 CMOS 成像器
  - 10 倍光学变焦
  - 70 度视觉

（5）输出格式：
  - SMPTE 274M 1920×1080p 30/25 FPS
  - SMPTE 296M 1280×720p
    60/50/30/25 FPS
- 接口
  - 2 端口 10/100 自适应交换机，RJ45 接头
- H.323，速率可达 6Mbps（8006 或可选）、4Mbps（8004，在 8002 上可选）或 2Mbps（8002）

（6）音频标准和协议

- Polycom 环绕立体声 StereoSurround™
- G. 711
- G. 728
- G. 729A
- G. 719
- G. 722、G. 722. 1
- G722. 1 Amnex C
- Polycom Siren 14
- Polycom Siren 22
- 自动增益控制
- 自动噪声抑制
- 快速自适应回音消除
- 音频差错消隐

（7）ITU 支持的其他标准

- H. 221 通信
- H. 224/H. 281 远端摄像机控制
- H. 323 Annex Q 远端摄像机控制
- H. 225，H. 245，H. 241，H. 331
- H. 239 双流
- H. 231 多点呼叫
- H. 243 主席控制
- H. 460 NAT/防火墙穿越
- BONDING，Mode 1

（8）网络

- 接口
  - 2 端口 10/100 自适应网络交换机，RJ45 接口
  - RJ11 模拟电话接头
- H. 323，速率可达 6Mbps（8006 或可选）、
  4Mbps（8004，在 8002 上可选）或 2Mbps（8002）
- 丢包恢复
  - 丢包恢复（LPR™）QoS 支持
  - 可重新配置的 MTU 值（仅限 IP）
- SIP 高达 4 Mbps
- SIP/H. 323 双协议
- 支持 IPV6
- SIP/H. 323 双协议

- H. 320（可选）
  - ISDN Quad BRI
  - ISDN PRI T1 或 E1
  - 高达 2 Mbps 的串行接口（RS449，V. 35，RS 530）
- RS232
  - 摄像机控制
  - API 控制
  - 数据直通
  - 音频混音器控制
- iPriority™QoS 支持
- 丢包恢复（LPR™）
- 动态带宽分配（DBA）
- 可重新配置 MTU 值
- 自动 SPID 检测和线路编号配置
- CMA 增强
  - H. 350
  - XMPP Presence
  - HTTP 上的 XML 设置

（9）用户界面

- 通讯录服务
- 系统管理
  - 基于 Web
  - SNMP
  - Polycom 融合管理应用™
- RSS2000 集成 HDX 遥控
- CDR
- API 支持
- 国际语言（17 种）

（10）安全性

- Web 安全登录
- Telnet 安全登录
- 安全模式
- 内置 AES FIPS 197、H. 235V3 和 H. 233/234
- 安全密码认证
- FIPS-140

（11）选件

- 最多 4 个站点的 MPPlus 软件

- 网络接口模块
- 4Mbps 的线速（仅 Polycom HDX 8002）
- 额外的视频输入和输出（仅 Polycom HDX 8002）
- IP 7000 扬声器集成
- HDX Media Center 打包解决方案

（12）电气特性

- 自适应电源
- 典型工作电压/功率：

189VA @ 115V @ 60Hz @. 67PF

192VA @ 230V @ 60Hz @.66PF

196VA @ 230V @ 50Hz @.65PF

（13）环境参数

- 工作温度：0—40℃
- 工作湿度：10%—80%
- 存储温度：—40%—70%
- 存储湿度：（无凝露）：10%—90%
- 最大海拔高度：10000 英尺

（14）物理特性

- Polycom 8000 系统基本单元（带可拆卸式底座）13.87″(H)×5.08″(W)×11″(D)

【例2】某电台下设 37 个记者站和办事处，要求建设一套高清视频会议系统，系统的网络拓扑图如图 4-37 所示，可实现如下功能：

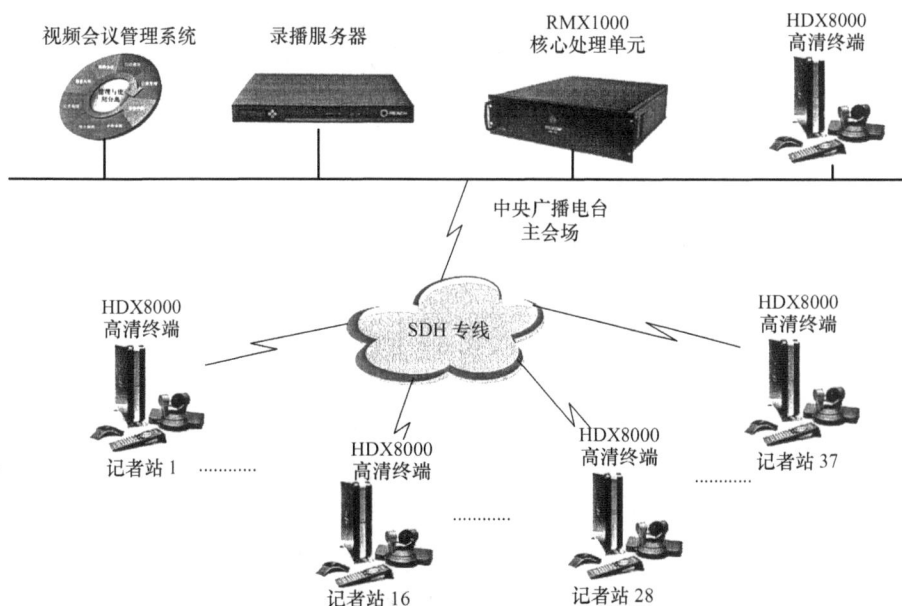

图 4-37 某电台的高清视频会议系统

- 系统设备（MCU、终端、摄像机、录播）实现 1080P 分辨率视频会议。
- 核心设备 MCU 实现电源板和中央核心处理板块热备份功能。
- 召开高清 1280×720P 分辨率 25 帧/秒、1280×720P 分辨率 50 帧/秒、1920×1080P 分辨率 25 帧/秒的会议。
- 系统实现在 1.7M 速率下召开 1920×1080P 25 帧/秒的会议，召开 1.5M 速率下 1280×720P 50 帧/秒的会议。
- 系统实现 QoS 质量保证功能，具备容错机制功能，在 5%—8% 的网络丢包环境下会议质量不会受到影响。
- 系统提供领导和前台值班人员进行操作的系统（睿致视频会议管理系统），提供便捷的人机界面。

每个记者站的会议室，均采用 RGVHV 矩阵与视频会议终端 HDX8000 相连，各输入、输出设备与矩阵的接法如图 4-38 所示。大屏幕投影显示采用两台投影机通过边缘融合技术实现。系统的应用情况如下：

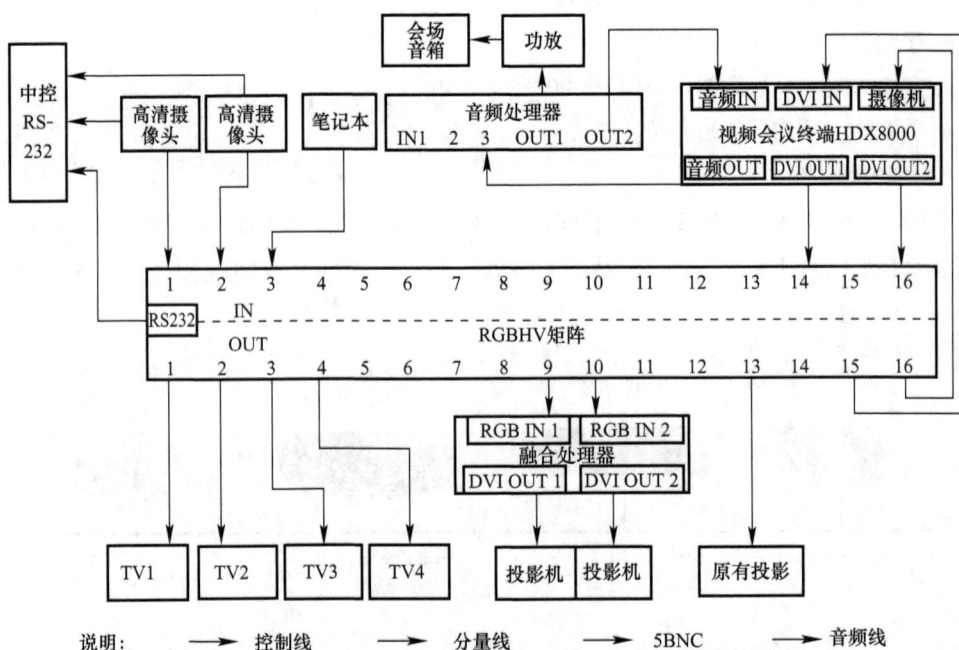

图 4-38　视频会议终端与各周边设备的系统连接图

- 该电台各记者站人员需要平时向总台汇报工作以及实时新闻，所以经常需要传送动态图像到主会场，要求图像具有较高分辨率。电台各地为 2M IP 链路，宝利通可以实现 1080P 高清图像效果，能够提供最佳的图像分辨率，并且无需占用较大带宽。
- 电台对于声音要求较高，在日常办公会议中，音频的效果也极为重要，经过现场测试，电台对于宝利通 G. 719 宽带音频效果非常满意。
- 该电台充分考虑视频通信与应急指挥相结合的实际需求，需要实现应急指挥调度管理相关功能，提出供领导和前台值班人员进行操作的系统。通过睿致视频会议管理系统，可以实现供领导和前台值班人员进行的操作，睿致视频会议管理系统操作简便，符合应急指挥调度需求功能。

【例3】某保险公司视频会议系统

该保险股份有限公司是一家国际化大型股份制专业寿险公司，总部设在上海浦东，在全国拥有21家分公司，50余家地市级中心支公司，250家左右营销服务部，随着生命人寿规模的不断扩大和内外交流的增加，公司领导希望借助视频会议的高效、快捷等特点，提高管理效率、统一管理、降低企业的管理运作成本、减少公司的巨额通讯费用和差旅费用。亦即，它们的需求可以归纳为：

由于营业网点地域分布较广，绝大多数的网点都分散在上海之外的各个城市中，相互之间的沟通交流受到多方面的制约，利用视频会议系统实现各部门之间方便、及时的通讯。

保险股份有限公司由于经常要在公司内部进行培训，并且培训一般都需要持续一段时间，需要参与培训的人员也较多，充分利用视频会议系统实现大范围的面对面教学、培训。

保险行业有大量的信息需要进行及时的汇总和更新，需要针对各类信息进行及时的讨论、协商，利用视频会议系统的数据共享功能实现远程数据协作。

设计方案如图4-39所示。

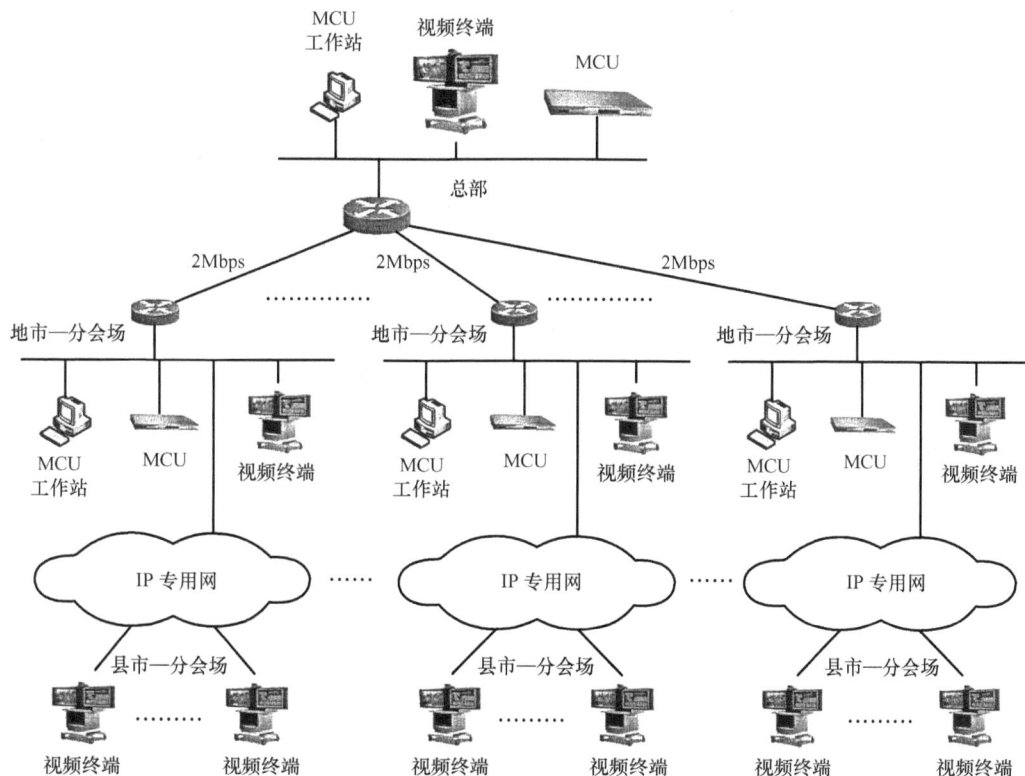

图4-39　某保险公司的视频会议系统

多点控制器设在上海总部，采用 POLYCOM 公司 MCS4200 系列多点控制单元，在下面各分公司根据各自下属中支机构数量的不同分别配置总计 17 台 MCS4200 系列 MCU，组成一个分层级联的全国性视频会议网络。

公司的上海总部除使用了 POLYCOM MCU，及 POLYCOM RSS 2000 录播服务器，为生命人寿的一些重要会议提供会议录制功能。此外录播服务就有强大的会议广播能力，可以满足通过 PC 机实时浏览会议的功能，这样大大扩大了会议的覆盖面，使更多的人能够参与会议。

总部主会场采用 POLYCOM VSX 7000e 终端，VSX 7000e 是一款高档分体式的会议室型终端，它保持了 POLYCOM 卓越的品质和完备的功能，既集成了 POLYCOM 的技术优势，同时又满足了用户经济实用的需求。

公司具有 12 个分公司和 7 个独立的三级机构。各分公司和独立三级机构采用 POLY-COM VSX 6000 视频会议终端，VSX 6000 是结构紧凑、功能强大、使用便捷的视频会议终端设备，具有集成的高质量摄像头，具备丰富的功能，可以轻松实现团体视频会议系统和现有数据网络的一体化集成，支持 H. 264 视频编码标准和 POLYCOM Siren 14 宽带 CD 音频协议，内置集成的中频扬声器，具有优异的音质，是出色的一款顶置系统。

公司具有 59 个中支三级机构，各中支三级机构采用 POLYCOM VSX 5000 视频会议终端，VSX 5000 综合了当今最先进的视频、音频处理技术，是小巧灵活，技术先进，系统稳定，操作简便，性价比最优的中小型会议室的一款紧凑型和经济型的视频会议终端产品。

所设计的视频会议系统具有如下特点：

① 系统稳定性、可靠性高。整个系统支持在线诊断、升级、更换，不易受病毒侵扰。

② 性能优良。系统支持 Qos，同时支持 H. 323/H. 320/SIP 等多种标准，在 384K 的情况下可以达到 CIF 25 帧/秒的动态图像效果，完全可以满足会议的要求。

③ 易管理、易操作。系统支持友好中文界面。可以方便的召开与管理会议，可以在线管理整个系统。

④ 扩展性强。系统支持多级级联可以将会议规模扩展到几千个会场。

⑤ 安全保密性强。系统支持 AES 加密算法，提供最安全的会议保障。

⑥ 会议功能丰富。不仅可以用于日常会议的召开、远程培训，更可以将指数走势图、统计图表、比较图表等专业图表进行共享和讨论。

第五章　数字电视与大屏幕显示

第一节　彩色电视原理

一、彩色电视基础

色彩是光的一种属性。在光的照射下，人们通过眼睛感觉到各种物体的色彩，使人们生活在一个五彩缤纷的彩色世界中。一切物体都以它特有的色彩给人留下印象，对物体色彩的主观感觉是人们认识客观世界的一个重要方面。所以，一切色彩都是人眼视觉特性与物体客观特性的综合效果。彩色电视技术就是根据上述的特性来分解、合成彩色，以便传送彩色图像并重现在电视屏幕上。因此，要了解彩色电视，应从了解人眼的彩色视觉特性和关于彩色的分解、合成等方面入手。

由物理学的光学理论知道，任何一种光都是以电磁辐射（电磁波）形式存在的物质。太阳光是太阳上的热核反应所发出的多种波长范围的电磁辐射的一部分。这些电磁波混合在一起，同时作用于人眼，人便获得了白色光的感觉。但是，并不是一切波长的电磁波都能引起人眼的视觉，其中只有波长为380～780nm的电磁波能被人眼所感觉。如果将这个范围内的任何一种波长（或频率）的电磁波单独送入人眼，就会引起彩色的感觉，形成人们所说的颜色。因此，如果用色散的办法将由许多种波长组成的太阳光沿不同路径分别传播，使之到达人眼视网膜的不同点，于是人们就会感觉到太阳光是许多种颜色的彩色光。实验表明，利用三棱镜可以把太阳光分解成红、橙、黄、绿、青、蓝、紫七个范围的连续光谱。

1. 彩色三要素

人眼能区分100多种不同颜色的光，这些不同颜色的光统称彩色光。任何一束彩色光对人眼引起的视觉作用，都可用色调、色饱和度和亮度这三个要素来描述。

（1）色调

色调是指光的颜色和种类，是彩色最重要的属性。我们所说的太阳光可以分解成红、橙、黄、绿、青、蓝和紫七种颜色，实际上就是指七种不同色调。从波长的意义上讲，不同波长所呈现的不同颜色，就是指色调的不同。也就是说，色调与光的波长（或说频率）有关，改变光的频谱成分，就会使光的色调发生变化。

（2）色饱和度

色饱和度表示彩色的浓淡程度或深浅程度。颜色越深，饱和度越高。同一色调的彩色光，可给人深浅不同的感觉，如深红、粉红就是饱和度不同的两种红色。深红色的饱和度高，而粉红色的饱和度则较低。饱和度最高的称为纯色或饱和色，其饱和度为 100％。如果在纯色光（单色光）中掺入白光，其饱和度将降低；掺入的白光越多，其饱和度越低，所以色饱和度又反映了某色光被白光冲淡的程度。

（3）亮度

亮度是指彩色光所引起的人眼明暗视觉的程度。能量相同的光，其色调或色饱和度不同，亮度也不同。对于色调和色饱和度相同的光，其能量越大，亮度也越大。

在彩色电视技术中，常把色调和色饱和度合称为色度。在色度学中，彩色光的亮度和色度这两种基本参量都可用数值表示。在彩色电视技术中采用不同的电信号来代表它们。传输彩色图像，实质上就是要传送图像的亮度和色度这两个表征彩色特征的基本参量。

2. 三基色原理

三基色原理可以说是实现彩色电视的理论基础，彩色电视图像的传输和重现，都是以三基色原理为依据的。不仅如此，它还为人工调节彩色提供理论依据，从而使电视图像的彩色得到适当加工，达到更好的艺术效果。

三基色原理认为，自然界中所能观察到的各种颜色，几乎都能分解为三种基色，又都能由三种基色以不同比例混合而配得。

所谓"三种基色"，是指三种相互独立的颜色，即其中任一颜色都不能由其他两种颜色混合而产生。三基色的选择是任意的，由于人眼视网膜的三种锥状细胞对红、绿、蓝三基色反应最灵敏，且它们混合能配出的颜色范围广泛，故彩色电视中采用红、绿、蓝作为三基色，分别用英文字母 R、G、B 表示。

在彩色电视中，就是根据三基色原理，用红、绿、蓝三种基色光按不同的比例相加混色，即可获得各种不同的彩色，如图 5-1 所示。等量的红、绿、蓝三基色光相加混色的规律如下：

红色＋绿色＝黄色

绿色＋蓝色＝青色

红色＋蓝色＝紫色

红色＋绿色＋蓝色＝白色

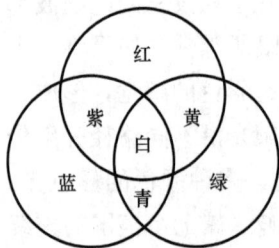

图 5-1 相加混色

红、绿、蓝称为基色，青、紫、黄分别称为它们的补色。

补色与基色以适当的比例相加便得到白色，即

红色＋青色＝白色

绿色＋紫色＝白色

蓝色＋黄色＝白色

实际上，如果同时将三种基色光分别投射到同一表面的三个相邻点上，只要这三个点相距足够近，人眼就产生三种基色光混合的彩色感觉，现在彩色电视显像管就是用这种相加混色方法来获得彩色图像的。

3. 彩色电视广播

彩色电视广播是按图 5-2 所示方式进行的。在发送端，摄像机首先将要传送的彩色图像分解为红、绿、蓝三基色图像，并用光/电转换系统（摄像管等）把三基色图像转换成

相应的三基色电信号 E_R、E_G、E_B，再经过编码后得到代表图像亮度的亮度信号 E_Y（即黑白电视信号）和代表图像颜色的两个色差信号：E_R-E_Y 和 E_B-E_Y。两个色差正交平衡调制到频率（f_{SC}）为 4.43MHz 的副载波上，形成色度信号 E_C。E_Y+E_C 上再叠加色同步信号，便成为彩色电视信号，如图 5-2 所示。

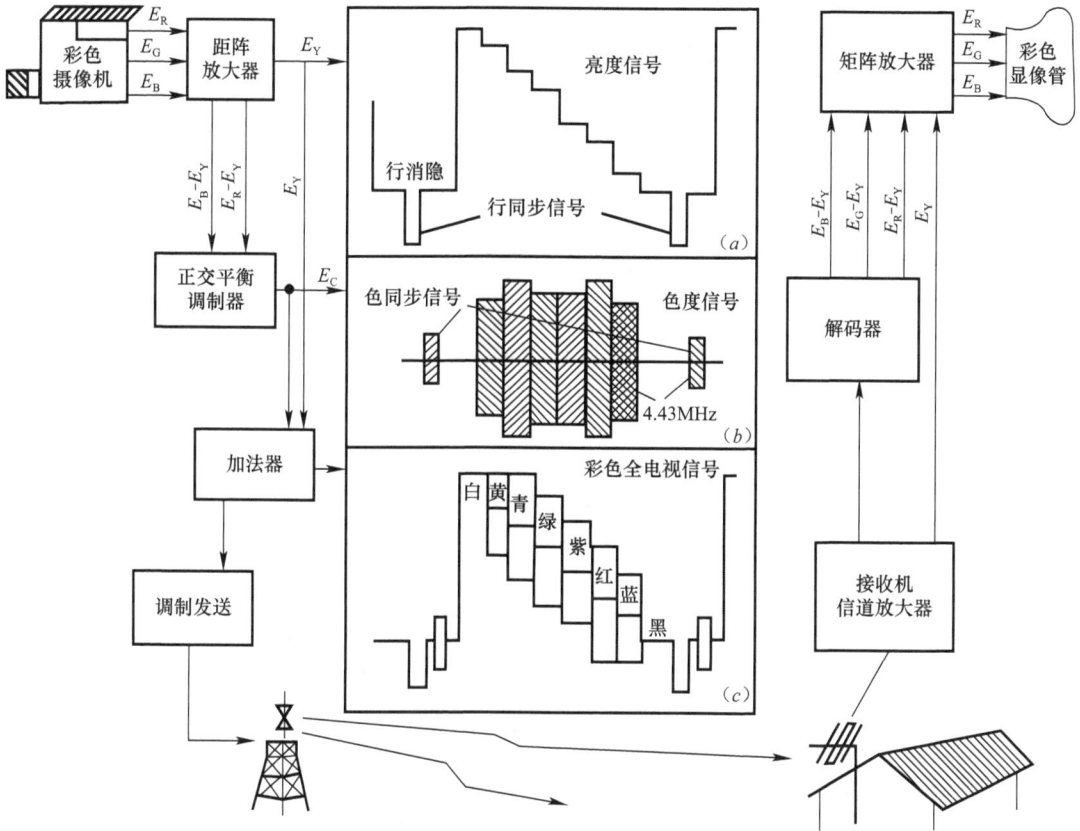

图 5-2　彩色电视信号的形成和发送

以彩色信号为例，图 5-2（a）为亮度信号波形。图 5-2（b）为色同步信号和色度信号的波形。图 5-2（c）是由图 5-2（a）和图 5-2（b）叠加后形成的彩色全电视信号波形。此信号经调制变频和射频放大后，送给电视天线发射出去。

彩色电视接收机从天线接收到这种信号后，经电视机内的高频头（调谐器）、中放、检波器，得到一定幅度的彩色全电视信号，再经过解码器解调出红色差信号和蓝色差信号，并与亮度信号一起进入矩阵电路，还原得到红、绿、蓝三基色视频信号，加到彩色显像管阴极上显示图像。

顺便指出，在发送端编码中，把三基色电信号编成一个彩色全电视信号可以有各种不同的方式，这就形成了不同的彩色电视制式。现在，世界上广泛应用的有 NTSC、PAL、SECAM 三种彩色电视制式，我国采用 PAL 制。

不论哪一种制式的彩色电视信号，为实现兼容，都是将三基色信号编码成一个亮度信号和两个色差信号：红色差信号（E_R-E_Y）和蓝色差信号（E_B-E_Y）。这里在色差信号中，不选用绿色差信号（$E_G - E_Y$）的原因在于，三个色差信号中绿色差信号的幅度最小，在传输过程中容易受到杂波的干扰。从原理上说，三个色差信号中传送任意两个都可以，而第三个不必再传送，因为从所传送的两个色差信号和一个亮度信号中，可以复合出那个未传送的色差信号。这里应当注意，彩色电视中的亮度是三个基色的亮度叠加的效果，理论研究证明，彩色图像的总亮度信号 E_Y 是三个基色电信号 E_R、E_G、E_B 的线性组合，可用以下数学表达式近似表示：

$$E_Y = 0.30E_R + 0.59E_G + 0.11E_B \tag{5-1}$$

二、彩色电视接收机

以显像管（阴极射线管，CRT）彩色电视机为例，彩色电视接收机一般由公共通道、伴音通道、扫描电路、解码电路、电源电路和彩色显像管六大部分组成，如图 5-3 所示。含有伴音信号、亮度信号、色同步信号、色度信号和复合同步信号的电视信号被电视机接收天线接收后，经过调谐器、中频放大器（简称中放）和检波器的公共通道，然后分别加到各个电路中去。

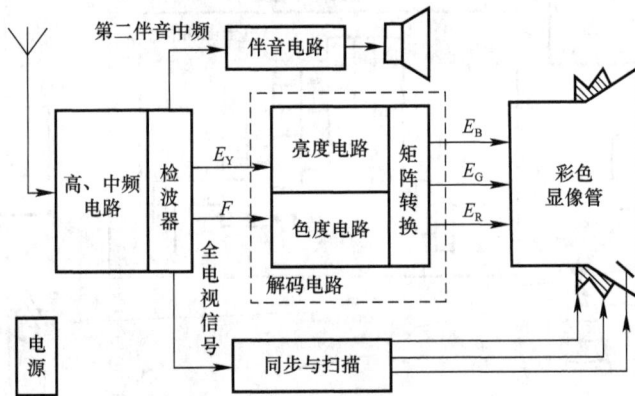

图 5-3　CRT 彩色电视机框图

1. 公共通道

公共通道由高频调谐器（俗称高频头）、中频放大器、视频检波与放大等电路组成。全频道高频头由 VHF 高频头和 UHF 高频头组成，它的作用是选择频道，并将该频道的高频电视信号加以放大和变频，输出图像中频信号和第一伴音中频信号。一般彩色电视机都装有频道预选器，有的还采用数字存储选台和红外线遥控。

中放主要用于放大高频头输出的图像中频信号。视频检波与放大器的作用：一是从图像中频信号中检出彩色全电视信号；二是将图像中频信号与第一伴音中频信号混频，产生 6.5MHz 的第二伴音中频信号，并把它们放大，分别送往同步分离电路、解码电路和伴音电路。

2. 伴音通道

伴音通道由伴音中放、鉴频器和低频放大器组成，它的作用是把 6.5MHz 的第二伴音中频信号进行限幅放大，并由鉴频器解调出音频信号，再经低频放大器放大，使得有足够的功率去推动扬声器发声。

3. 扫描电路

扫描电路由同步分离电路、行/场扫描电路和高/中压整流电路等组成。同步分离电路的作用是从彩色全电视信号中分离出复合同步信号，提供给行、场扫描电路以实现同步。行、场扫描电路的作用是为行、场偏转线圈提供线性良好、幅度足够的锯齿波电流，使显像管进行正常光栅扫描工作。高、中压整流电路利用行输出变压器上的脉冲电压，经整流滤波后获得中压、高压以满足显像管和其他电路的需要。

4. 解码电路

解码电路的作用就是从彩色全电视信号中还原三基色信号，它由亮度通道、色度通道和三基色矩阵电路三大部分组成。色度通道的作用是从彩色全电视信号中选出色度信号进行放大。

三、制　　式

各国生产的彩色电视机对色度信息的处理方法有所不同，目前世界上现存三种具有代表性的色度信息处理方法，又称为三种彩色电视制式，它们是 NTSC 制、PAL 制和 SE-CAM 制。这三种都是传送亮度信号和色度信号，传送色度信号就是传送两个色差信号，将色差信号调制副载波后插入到亮度频带高频端，但三者对色差信号的具体处理方法明显不同，因此它们之间互不兼容。

1. NTSC 制

NTSC 是 National Television Systems Committee（美国电视制式委员会）的英文缩写词，于 1953 年由美国研究成功。NTSC 制式的特点是：两个色差信号（R-Y）和（B-Y）对彩色副载波进行正交平衡调幅，形成一个色度信号 C。所谓"正交"，是指两个色差信号的载波频率相同，相位相差 90°。所谓"平衡"，是指调幅后再抑制掉副载波，从而减少了副载波对信号的干扰。所以按色度信号处理特点，这种制式应称为正交平衡调幅制。目前美国、日本、加拿大、中国台湾和韩国等许多国家和地区采用这种制式。

在 NTSC 制中，彩色副载波的频率却有两种不同的情况。对应于每帧 525 行、每秒 60 场，视频信号的带宽为 4.5MHz 的黑白电视制式，其彩色副载波的频率为 3.5795406MHz（一般记为 3.58MHz），所以这种 NTSC 制称为 NTSC/3.58 或 NTSC/M。NTSC/3.58 制式用得较多，美国、日本等就用这种 NTSC 制。

对应于每帧 625 行、每秒 50 场、视频信号带宽为 6MHz 的黑白电视制式，其彩色副载波的频率为 4.429675MHz（一般记为 4.43MHz），所以这种 NTSC 制可称为 NTSC/4.43。NTSC/4.43 制式我们很少接触到。

2. PAL 制

PAL 是 Phase Alternation Line（逐行倒相）的缩写词，于 1962 年由德国首先研制出这种制式。按色度信号处理特点，它又称为逐行倒相的正交平衡调幅制。

PAL 制的特点是将两个色差信号 U 和 Y，其中 U＝0.493(B-Y)、Y＝0.877(R-Y)，对彩色副载波进行正交平衡调幅后形成色度信号 C，从这一点看它与 NTSC 制基本相同，但是为了克服 NTSC 制相位敏感性的缺点，在 PAL 制中将色度信号中的 Y 分量进行逐行倒相，从而改善了彩色电视机的图像质量，但其编码和解码较为复杂。目前，中国内地、德国、英国、意大利、荷兰、朝鲜、中国香港等国家和地区采用这种制式。

3. SECAM 制

SECAM 制是"轮流传送彩色与存储"的法文缩写词，它是在 1966 年由法国首先使用的。按照色差信号处理特点，它又称为"行轮换调频制"。

SECAM 制与上述两种制式的主要区别是色差信号的传送方式不同。在 SECAM 制中，亮度信号是每一行都传送的，但是两个色差信号（R-Y）和（B-Y）却是逐行轮换传送的。此外，在 SECAM 制中，色差信号对彩色副载波的调制方式不是采用调幅制，而是采用调频制。目前，法国、俄罗斯和东欧等国以及新加坡、蒙古等国采用这种制式。

应当指出，不仅各国的彩色电视机有制式之分，各国的黑白电视机也有各自的标准（体制），如行频、场频（帧频）、扫描线数、伴音载频位置、调制方式和基带宽度等多种参数标准。例如，各国电视机的场扫描频率有 50Hz、60Hz，扫描行数有 625 行、525 行，图像信号频带宽度有 4MHz、5MHz、5.5MHz、6MHz 等。图像信号都以调幅制传输，但有正、负两种调制极性，伴音也有调频和调幅两种调制方式等。将以上各种差别分类，就形成了国际上使用的黑白电视机标准，有 A、B/G、C、D/K、E、F、H、I、K_1、L、M、N 等 10 多种类型。我国黑白电视机制式属于 D 型，该制式取场频 50Hz，扫描行数 625 行，图像信号带宽 6MHz，伴音与图像载频间距为 6.5MHz 等。

一种制式彩色电视机只能与其中一种黑白电视机相兼容。为了表示彩色电视机与哪类黑白电视机相兼容，通常在彩色电视机制式字母后加上后缀字母，例如美国和日本为 NTSC-M 制，德国为 PAL-B/G 制等。我国为 PAL-D 制，它表示彩色电视机制式是 PAL 制，它能兼容 D 制式的黑白电视机。表 5-1 表示几种常见电视机制式的主要技术指标。要想收看两种以上的彩色电视机制式的节目，就必须采用多制式的彩色电视机，否则需另购制式转换器。

世界主要国家和地区的彩色电视机制式　　　　　　　　　　　表 5-1

项　目	NTSC-M	PAL-M	PAL-N	PAL-B/G	PAL-H	PAL-I	PAL-D	SECAM-B	SECAM-D	SECAM-L
扫描行数	525	525	625	625	625	625	625	625	625	625
场频（Hz）	59.94	59.94	50	50	50	50	50	50	50	50
行频（Hz）	15734.265	15734.265	15625	15625	15625	15625	15625	15625	15625	15625
图像带宽（MHz）	4.2	4.2	4.2	5	5	5.5	6	5	6	6
频道带宽（MHz）	6	6	6	B：7G：8	8	8	8	7	8	8
伴音频率（MHz）	4.5	4.5	4.5	5.5	5.5	6	6.5	5.5	6.5	6.6
残留边带带宽（MHz）	0.75	0.75	0.75	0.75	1.25	1.25	0.75	0.75	0.75	1.25
调制极性	负	负	负	负	负	负	负	负	负	正
伴声调制方式	FM	FM	FM	FM	FM	FM	FM	FM	FM	AM

续表

项　目	NTSC-M	PAL-M	PAL-N	PAL-B/G	PAL-H	PAL-I	PAL-D	SECAM-B	SECAM-D	SECAM-L
采用国 （地区）	美国 日本 (中国台湾) 韩国 加拿大 墨西哥 古巴	巴西	阿根廷	德国 新加坡 瑞典 丹麦 西班牙 芬兰 印度尼西亚 马来西亚 澳大利亚 意大利	比利时	英国 爱尔兰 (中国香港) 南非	中国 朝鲜	埃及 伊拉克 伊朗 利比亚	俄罗斯 捷克 匈牙利 德国 保加利亚 波兰	法国 卢森堡

不仅收看彩色电视节目要注意制式问题，实际上凡是涉及彩色电视图像的节目和设备都应注意制式问题。一般说来，从节目源（如电视广播节目、录像带和影碟片）、播放装置（如放像机和影碟机）到接收设备（如彩色电视机和录像机）的三个环节，都要求它们的制式是一样的，否则将出现诸如无法重现彩色、图像压幅、滚道、伴音不清甚至无法收看等的严重问题。例如，PAL 制的录像带必须在 PAL 制的录像机上播放（不能在 NTSC 制录像机上播放），然后再通过 PAL 制的彩色电视机收看。现在有许多录像机和电视机都设计成多制式或全制式，这时可根据节目源的制式将它们各自设置成相应的制式，当然也可以采用专用的制式转换器进行制式转换使用。

第二节　数字电视机与高清晰度电视机

一、数字电视与高清电视

数字电视（Digital Television）有时也称为数码电视。狭义的数字电视泛指把模拟电视信号转换成数字信号，或采用数字摄像机直接获得数字视频信号，并以数字形式进行处理、传输、存储或显示。广义的数字电视泛指同电视广播有关的全部数字技术，即从拍摄、编辑、制作到演播室发射、传输、接收过程中的所有环节都使用数字编解码设备。

数字电视按图像清晰度分类，有数字普通清晰度电视（LDTV，Low Definition Television，简称普通电视）、数字标准清晰度电视（SDTV，Standard Definition Television，简称标清电视）、数字高清电视 3 种，三者区别主要在于图像质量和信道传输所占带宽的不同，具体见表 5-2。

数字电视清晰度标准　　　　　　　　　　　　　　　　　　　表 5-2

数字电视 （DTV）	每行含 有效像素	每帧图像含 有效行数	等效像素 数（万）	图像水平清晰度 （电视线，TVL）	屏幕宽高比	图像质量
普清电视 （LDTV）	340	255	8.7	200～300	4：3	相当于 VCD 的分辨率
标清电视 （SDTV）	720	NTSC：480 PAL：576	NTSC：34.6 PAL：41.5	500～600	4：3	相当于 DVD 的分辨率
高清电视 （HDTV）	1280	720	92	>800	16：9	和演播室画质相当水平
	1920	1080	207		16：9	可达到或接近 35mm 宽 银幕电影画质

目前广泛使用的是标清电视，图像质量相当于 DVD 的分辨率，而 1920×1080 分辨率的高清电视信息量是标清的 5～6 倍，可达到或接近 35mm 宽银幕电影的水平，再加上杜比 5.1 环绕立体声等效果，可以使观众具有身临其境之感、获得崭新的视觉和听觉享受。

我国于 2006 年 3 月 29 日发布的《数字电视接收设备术语》（SJ/T 11324—2006）中定义高清晰度电视为"图像清晰度在水平和垂直两个方向近似为模拟电视系统图像清晰度的 2 倍，图像格式为 1920×1080，图像宽高比为 16∶9，并能传送数字声音的电视系统"。

可见高清晰度电视具有以下鲜明的特点：

（1）图像清晰度在水平和垂直方向上均是常规电视的 2 倍以上。

（2）扩大了彩色重显范围，使色彩更加逼真，还原效果好。

（3）具有大屏幕显示器，画面幅型比（宽高比）从常规电视的 4∶3 变为 16∶9，符合人眼的视觉特性。

（4）配有高保真、多声道环绕立体声。

高清电视接收机与普通电视接收机的屏幕尺寸及观看距离比较如图 5-4 所示。

目前的高清电视主要有以下三种图像显示格式：720p（1280×720，逐行）；1080i（1920×1080，隔行）；1080p（1920×1080，逐行）。其中 p 代表英文单词 Progressive（逐行），而 i 则是 Interlaced（隔行）的意思。

常见的两种显示模式是 720p 和 1080i。1080i 是目前大多数国家普遍采用的一种模式（我国采用该模式）。它的分辨率为 1920×1080，拥有 207.36 万像素，我国规定 1080i 采用的是 50Hz 场频，与以前 PAL（逐行倒相）制式的场频相同。

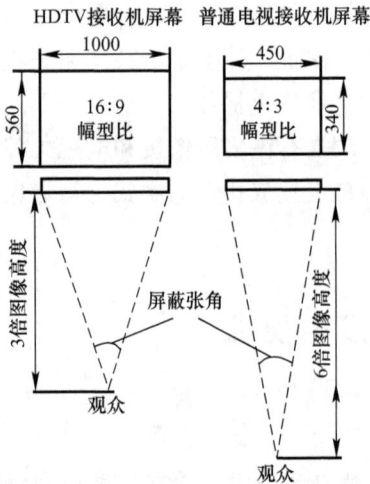

图 5-4　高清电视接收机与普通电视接收机的屏幕尺寸及观看距离比较

数字电视采用的电视制式见表 5-3。

数字电视采用的电视制式　　　　　　　　　　　　　　　　表 5-3

电视制式 主要参数	普通清晰度电视		标准清晰度电视	高清晰度电视	
	480i	480p	720p	1080i	1080p
宽高比	4∶3/16∶9	16∶9	16∶9	16∶9	16∶9
扫描行数（行）	525	525	750	1125	1125
有效像素数（垂直）	480	480	720	1080	1080
有效像素数（水平）	720	720	1280	1920	1920
场频/Hz	59.94	59.94	59.94	59.94	59.94
扫描格式	隔行扫描	逐行扫描	逐行扫描	隔行扫描	逐行扫描
帧频/Hz	29.97	59.94	59.94	59.94	59.94

注：表中 720p 和 1080p 方式是必须由接收机性能决定的方式。

1. 数字电视和高清电视

大家往往把数字电视和高清电视的概念相混淆，认为数字电视就是高清电视，高清电视就是数字电视，这是错误的。在本章第 1 节就指出高清电视（HDTV）是数字电视（DTV）中最高级的一种，是高清晰度的数字电视，简称"高清电视"，或者也称"数字高清电视"或"高清数字电视"，是目前数字电视发展的最高级别。

除了高清电视外，数字电视还有标清电视（SDTV），在未来还将有超高清电视（UHDTV）。

2. 高清电视和高清电视机

人们常常会很自然地把高清电视和高清电视机画上等号，实际上高清电视是一个完整的技术概念，它包括从拍摄、制作、存储、播出或发行、显示的完整流程，高清电视机只是其中的一个环节即显示环节，只有这个完整的环节才能让我们享受到真正的高清电视效果。

真正意义上的高清电视，必须具备高清电视节目内容（节目源）、高清节目传输系统（传输途径）、高清机顶盒（接收终端）和高清电视机（显示终端）这 4 个条件。高品质的节目内容需要通过精密的高清技术传播系统传送到用户，并最终通过符合技术标准的高端接收设备——高清电视机和机顶盒，才能让观众真正领略到高清电视的魅力。所以，光有高清电视机是不够的，必须要电视台制作高清节目，无线发射站、有线网络公司传输数字高清信号，用户购买高清机顶盒和高清电视机，才能真正享受高清电视。

2006 年 3 月 31 日，信息产业部对外正式发布了《数字电视接收设备—显示器标准》行业推荐标准，并于 2007 年 1 月 1 日起正式实施，其中对高清电视机清晰度标准如表 5-4 所示。

我国高清电视机清晰度标准　　　　　　表 5-4

清晰度 电视机	水平清晰度（电视线）		垂直清晰度（电视线）	
	中心	边角	中心	边角
CRT 电视机	620	450	620	450
CRT 背投电视机	720	500	720	500
液晶投影机	720	500	720	500
液晶电视机	720		720	
等离子电视机	720		720	
液晶背投电视机	720		720	

该标准对高清电视机认定门槛是：等离子电视机、液晶电视机、液晶投影机、液晶背投电视机、CRT 背投电视机必须满足水平和垂直方向的清晰度同时达到 720 电视线以上，CRT 电视机必须达到 620 电视线以上。此外还必须能接收地面接收标准的射频信号；显示 1920×1080i/50Hz 或更高图像格式的视频信号；图像显示的宽高比为 16∶9；能输入、处理和显示其他的图像格式，如 720×576；要能解码、输出数字电视声音。

二、高清电视机性能参数

衡量一台高清电视机性能有很多技术参数，但最为重要的是静态清晰度、动态清晰度、通透感、功耗和使用寿命这几个性能参数。

1. 清晰度

静态清晰度（简称清晰度）是指人眼宏观看到的图像的清晰程度，是由系统和设备的客观性能的综合结果造成的人们对最终图像的主观感觉。虽然是主观感觉，但可以用黑白相间线条的粗细来衡量，衡量清晰度的测量单位是电视线（TVL）。为了在同一系统中用相同的度量方法表示不同方向上的清晰度，在电视技术中把画面宽高比与水平方向上显示线条数的乘积称为"电视线"。比如一台16：9宽高比的平板电视机，物理分辨率为1920×1080，理论上水平方向能够显示1920线，其电视线的数值为1920÷16/9＝1080（TVL）。而1024×1084，宽高比16：9的等离子电视机，其垂直清晰度为1024电视线，水平清晰度为1024÷16/9≈576电视线，由于水平清晰度未到达720电视线，因此不属于高清电视机。

这里要说明一下清晰度与分辨率的区别。任何一种显示器件的清晰度是指观者对显示屏幕重显图像细节能力的评价，它强调的是观看者的主观感觉。定义为在显示屏幕上能显示图像细节的能力，单位是电视线（TVL）。清晰度有两个基本特征：第一，清晰度是电视机接收系统及信号源质量的整体反映，不是单独由显示器的质量决定；第二，清晰度与观看者眼睛的分辨率有关，因此有可能通过对人眼极其敏感的视觉因素（如图像的行间闪烁与大面积闪烁）的改善而大大提高图像清晰度。

分辨率则是指显示屏幕上能够分辨出图像明暗差异和图像细节的能力。也就是说，分辨率就是显示器件将显示图像内容再现为像素的能力，它强调客观事物本身。其定义为在显示画面上，沿水平和垂直方向人眼所能分辨的最大电视线数。对于给定的电视系统，分辨率大小是客观存在的，与观者的评价无关。显示器件的分辨率越高，再现的图像像素就越多，人眼感觉画面也越清晰。因此人眼对图像清晰度的主观感觉与显示器件的客观分辨率有关，但是超过人眼分辨率极限值的过高分辨率实际上是不必要的。

虽然清晰度和分辨率的概念不尽相同，但两者之间又有一定联系。国际无线电通信咨询委员会（CCIR）将电视的水平清晰度定义为在图像水平方向上的图像尺寸范围内可分辨的像素数。电视图像的清晰度是由信号通道带宽，行扫描频率和显示器件决定的。也就是说，图像的水平方向清晰度与系统视频信号带宽，有效行时间，显示器件分辨率和图像的宽高比等因素有关，而垂直方向清晰度与有效扫描行数有关。每种显示器都有自己能显示的最大分辨率。一旦给定了显示器，它的最大分辨率就确定了，与外界电源和信号源的性能无关。

目前根据数字显示格式规定的分辨率标准见表5-5。

分辨率标准 表5-5

分辨率标准	像素数（H×V）	宽高比	像素总数（M）
NTSC（视频标准）	～650×485	4：3	～0.3
PAL（视频标准）	～750×575	4：3	～0.4
VGA	640×480	4：3	0.3
SVGA	800×600	4：3	0.5
XGA	1024×768	4：3	0.8
HDTV（720p）	1280×720	16：9	0.9

续表

分辨率标准	像素数（$H×V$）	宽高比	像素总数（M）
SXGA	1280×1024	5∶4	1.3
UXGA	1600×1200	4∶3	1.9
HDTV（1080i）	1920×1080	16∶9	2.1
QXGA	2048×1536	4∶3	3.1
QSXGA	2560×2048	5∶4	5.2
Photo CD（低）	3072×2048	3∶2	6.3
Photo CD（高）	6411×4096	3∶2	26.2

我国的数字电视广播标准可能采用的格式为标准清晰度电视（SDTV）广播为720×576i 或720×576p 格式，高清晰度电视（HDTV）广播为 1920×1080i 或 1280×720p 格式。目前基本上定为 1920×1080i 的隔行扫描传输格式。因为这也是目前全球应用前景最广阔的高清晰度格式。这种图像格式实际上是由电影和电视工程师协会（SMPTE）标准定义的。根据该标准，每帧图像的总扫描行数为 1125 行，有效行数为 1080 行。因此每行扫描周期为 $1s/(1125×60/2)=29.63\mu s$，有效行周期为 $25.86\mu s$。由于该 HDTV 的视频信号带宽为 30MHz，5 倍于模拟电视带宽。因此其清晰度为：

$$水平清晰度（HDTV）=25.86×2×30/(16/9)=873（线）；$$

$$垂直清晰度（HDTV）=0.75×1080=810（线）。$$

必须说明的是，要重现 1920×1080i 的 HDTV 图像，就需要在电视屏幕的水平方向至少有 1920 个完整像素点。实际上 1920×1080 只是对数字化图像信号的采样频率，并不是显示器的实际分辨率。对 1920×1080 的高清晰度图像而言，实际水平清晰度只有 873 线。这是由未来的高清晰度电视传输制式所决定的。对数字电视而言，能还原节目源的清晰度已经是最理想的结果了。经过压缩再解码后的图像质量都不可能超过图像源的图像质量。

2. 动态清晰度

上面所说的清晰度，是针对动态画面中的一帧图像的清晰度，即静态图像的"静态清晰度"，它不能完全客观地反映人眼看到平板电视机视频活动画面的清晰程度，因为平板电视存在响应速度问题，为此，近年来在平板电视机中引入了"动态清晰度"的概念。

动态图像清晰度是指以一定速度显示动态图像时，人眼能察觉到的电视图像细节清晰程度。动态图像清晰度与显示器的物理分辨率、亮度、对比度、灰度层次、色彩表现、响应时间等诸多性能都有关，可以说是一个综合性的性能指标。不同显示器的响应时间差异很大，因此分辨率高并不意味着动态清晰度就一定也高。液晶和等离子两者的发光原理不同从根本上决定了它们在动态清晰度上存在着相当大的差异。等离子电视机是由荧光粉发光，属于自发光型，其响应时间达到 $2\sim3\mu s$，与传统 CRT 的 $1\sim3\mu s$ 基本持平，瞬时响应。而液晶电视机是由背光源发光，属于渗透发光型，响应时间一般在 4～12ms 之间，两者在响应速度上相差几千倍，所以液晶电视机存在一定的拖尾现象。

认识动态清晰度，可以为我们选择电视机作参考，如果经常看球赛之类的节目，应该选动态清晰度高的等离子电视机。目前的等离子电视机的动态清晰度普遍在 900 线以上，如松下的 NeoPDP 甚至达到 1080 线的水平，而液晶电视普遍在 800 线以下，有的只有 600 线甚至更低。

3. 通透感

通透感是用户在观看电视时，对画面色彩、对比度、画面层次、立体感综合起来的一个主观感受。如果显示屏的对比度高，画面就会有层次感；层次感强，景物的纵深感就强，就有立体感；立体感强，画面的通透感就强。

对于通透感来讲，CRT 最好，等离子次之，液晶最差。液晶电视机由于本身并不会发光，是采用背光源，无论画面的暗场还是亮场，背光源始终是发光的，因此对比度不高，这样就影响了画面的通透感，为此，一般商场展示液晶电视机时，基本都是在播放很优雅的风景或色彩很艳丽的图片，利用色彩艳丽的图片来遮掩了对比度不高的缺点。

4. 功耗

从平板电视机的铭牌功率标识来看，等离子电视机的耗电量明显大于液晶电视机的耗电量，如同为 42 英寸的一台等离子电视机与液晶电视机，等离子电视机额定功率为300W，而液晶电视机则为 220W。但实际使用时两者功耗相差并不大，因为等离子电视机采用主动发光显示方式，每一个像素点都相当于一个"小灯泡"，耗电量主要取决于有多少个"小灯泡"在发光，当显示暗场景时，大部分"小灯泡"是不亮的，这时耗电量大大降低。也就是说等离子电视机的功耗是动态的，因此实际使用中的平均功耗明显小于所标注的额定功率，这个额定功率实际上是峰值功率，即最大使用功率。而液晶电视机是依靠背光灯管发光，无论是明亮场景还是黑暗场景，背光灯管始终处于开启状态，画面的明暗只是通过光阀的控制来实现的，因此平均功耗和额定功耗相差不大。

通过测试统计发现，对相同尺寸、相同分辨率的等离子电视机和液晶电视机来说，等离子电视机的平均功耗一般要比液晶电视机大 15%左右。

5. 使用寿命

当平板电视机显示屏的亮度降低到标称值的一半时，即为使用寿命已到期。目前液晶与等离子电视机的使用寿命基本相同，都能够达到 60000 小时，理论上每天看 10 小时的话，可以看到 16 年。但液晶电视机是以背光灯的亮度减半来计算使用寿命的，等离子电视机是以屏幕的亮度减半计算的，两者亮度评判标准是不一致的。据相关测试，在相同的屏幕峰值亮度下，在观看一般的电视节目时，等离子电视机的寿命是目前液晶电视机的 3 倍以上，不过目前采用新型的 LED 背光源的液晶电视机相较传统的 CCFL 背光源，在使用寿命上有了很大的提升。

下面再说明两个重要概念：

1. 视频系统的技术参数

衡量视频系统的重要技术参数主要包括帧率、数据量、视频图像质量和视频图像分辨率。

（1）帧率。视频利用快速变换帧内容达到运动效果。根据制式不同有 30 帧/秒（NTSC）、25 帧/秒（PAL）等帧率。为了减少数据量，会采取减慢降低帧率，可以达到满意程度，但效果略差。

（2）数据量。原始视频图像数据量＝帧率×每幅图像的数据量，但经过压缩后可以大大降低，主要取决于压缩技术的压缩比。尽管如此，视频的数据量仍然很大，以至于计算机显示技术跟不上视频速度，导致图像失真。只有在减少数据量上下工夫，降低帧率、缩小画面尺寸，从而大大降低数据量。

（3）视频图像质量。视频图像质量与原始图像信息质量、视频压缩技术的压缩比有关，压缩比小对画面质量不会有太大影响，超过一定压缩比后，将导致画面质量明显下降。数据量与图像质量是一对矛盾，需要综合考虑，选择适当的平衡点。

（4）视频图像分辨率。主流的视频图像分辨率格式和像素大小分为：CIF（352 像素×288 像素）、4CIF（704 像素×576 像素）、720p（1280 像素×720 像素，逐行扫描）、1080i（1920 像素×1080 像素，隔行扫描）、1080p（1920 像素×1080 像素，逐行扫描），如图 5-5 所示。

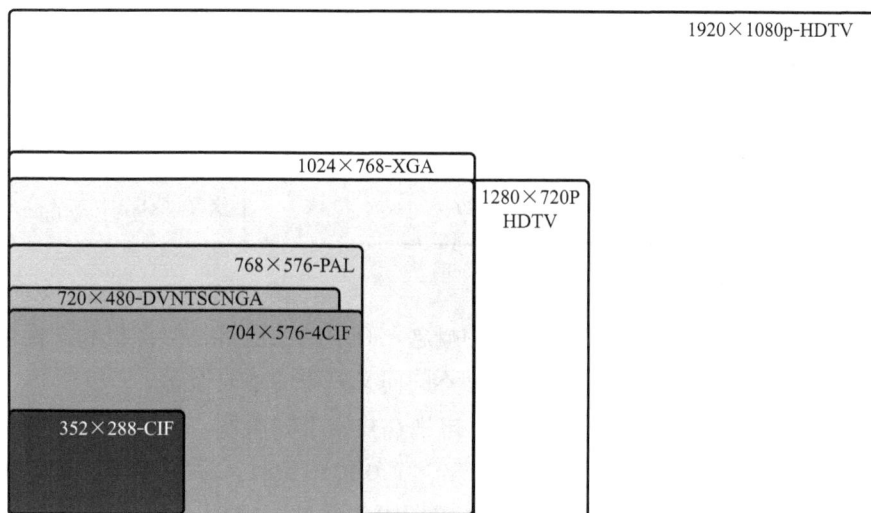

图 5-5　视频图像分辨率格式和像素大小比例示意

表 5-6 表示显示及显示组件有代表性的像素数与画面宽高比的关系。

显示及显示组件有代表性的像素数与画面宽高比　　　　　　　　　　表 5-6

名称/方式		有效像素数		宽高比	备　注
		水平×垂直	总像素数		
计算机系	VGA	640×480	307200	4：3	作为液晶投影仪已商品化
	SVGA	800×600	480000		
	XGA	1024×768	786432		
	SXGA	1280×1024	1310720	5：4	
	SXGA+	1400×1050	1470000	4：3	
	UXGA	1600×1200	1920000		
	QXGA	2048×1536	3145728		也用作电子影院，开发中
	QSXGA	2560×2048	5242880	5：4	投影仪用的元件尚未开发
	QUXGA	3200×2400	7680000	4：3	

续表

名称/方式		有效像素数		宽高比	备　注
		水平×垂直	总像素数		
电视机系	宽 VGA	852×480	408960	约 16：9	数字电视：与 480 方式对应
	宽 XGA	1280～1366 ×768	983040～ 1049088		数字电视：与 720 方式对应
	宽 UXGA	1920×1200 1920×1024	2304000 1966080		数字电视：与 1080 方式对应
	480i	750×480	360000	4：3/16：9	数字电视放像格式
	480p				
	720p	1280×720	921600	16：9	
	1080i 1080p	1920×1080	2073600		
电子影院系	SXGA	1280×1024	1310720	5：4	用变形透镜变换纵横比，用在 DLP 影院
	QXGA	2048×1536	3145728	4：3	用变形透镜变换纵横比，使用 LCoS
	2K/24p (Q-HD)	3840×2048	7864320	15：8	使用 LCoS 器件等

2. 关于 720P、1080i 和 1080P

对于高清系统 720P、1080i 和 1080P 的概念，必须从电视机、摄像机和图像格式三方面认识，电视机、摄像机和图像格式本身是不同而又关联的不同概念。

① 从电视机方面讲，考虑到当时 CRT 电视在技术上的限制，同时为了照顾计算机行业显示器为逐行扫描系统，CRT 在显示 1280×720 的图像时，采用逐行扫描系统，简称为 720P。而在显示 1920×1080 的图像时，采用隔行系统，简称为 1080i。按照当时的技术，还不可能生产 1080P 的 CRT 电视机，1080P 的 CRT 电视机是 21 世纪才出现的。这就是 720P、1080i 和 1080P 概念的来历。

目前 CRT 电视已基本被淘汰，平板电视取而代之。对于液晶和等离子电视而言，属于固定像素显示设备，显示图像时不需要扫描，而且各个像素点可以认为是同时发光，如果非要和隔行逐行的概念联系在一起，可以认为液晶和大多数等离子电视都是逐行扫描的。那么是不是说 720P、1080i 和 1080P 可以取消了呢？答案是否定的，因为还有一个摄像机的格式。

② 从摄像机角度讲，高清摄像机虽然是数字的，但是扫描方式是从模拟摄像机沿用过来的，传统的模拟摄像机，全部为隔行的，而高清摄像机，在保留隔行扫描格式的同时，还增加了逐行扫描格式。

高清摄像机不仅保留了隔行、逐行之分，而且还保留了 PAL 制 50Hz 频率和 NTSC 60Hz 频率的区别，虽然高清已没有 PAL 和 NTSC 的分别，但是在美国、日本、韩国这些传统的 NTSC 地区，仍然保留了 60Hz 频率系统，而中国、澳大利亚、欧洲仍保留 50Hz 系统。高清节目都是数字信号，因此只要以分辨率表示就可以了。HDTV 在拍摄的时候就分为隔行扫描和逐行扫描两种形式，而且帧频或场频也不相同。

三、高清数字电视机与高清机顶盒的区别

高清数字电视接收机（或称高清数字电视一体机）的作用是将来自卫星广播、有线广播、地面开路广播三种传输方式送来的高清晰度图像与高质量伴音信号经高速解调、信道解码、信源解码后，还原为与演播室质量相当的高清晰度的电视图像以及高品质的环绕立体声。

2006 年 3 月信息产业部对外正式发布了《数字电视接收设备——机顶盒标准》与《数字电视接收设备——显示器标准》等 25 项行业标准。其中《数字电视接收设备——显示器标准》告诉人们什么样的电视才是数字高清电视。该标准显示，等离子电视、液晶电视、液晶背投电视、CRT 背投电视等要想被认定为高清数字电视，至少必须满足清晰度达到 720 线（即人们常说的 720p），阴极射线管（Cathode Ray Tube，CRT）数字电视被认定为高清电视清晰度必须达到 620 线以上。该标准的出台将结束我国彩电市场没有高清标准的历史。

目前市场上出现高清电视机（全高清电视机）、高清数字电视一体机与高清数字电视机顶盒等高清数字电视终端，它们是收看高清电视节目的重要设备。下面介绍它们之间的区别：

（1）高清电视机。高清电视机或有些在商品上标称为高清数字电视机是指电视机的显示器符合高清晰度电视显示器标准，即等离子电视、液晶电视、液晶背投电视、CRT 背投电视的显示器的清晰度达到 720 线（即人们常说的 720p），CRT 显示器的清晰度必须达到 620 线以上。由于目前市场上的高清电视机（包括等离子电视、液晶电视、液晶背投电视、CRT 背投电视）只能接收模拟电视节目，还不能直接接收高清数字电视节目，很多人认为买到"高清电视机"就可以看到高清晰度的电视节目了，其实不然，没有高清信号的接入，高清电视机也不能发挥出应有的功效。由于目前的"高清电视机"只是在图像清晰度上符合标准要求，并不具备数字高清信号的接收与处理能力，依然属于模拟电视机，需要通过"高清数字电视机顶盒"转换成高清模拟信号（分量信号 Y/Pb/Pr）或高清数字信号（HDMI），输入到高清电视机上，才能收看数字高清电视节目。因此严格地讲高清电视机还不能称高清数字电视机，只能称为高清数字电视显示器。

大屏幕平板电视机（包括 LCD、PDP 平板电视机）如 102cm（40in）以上，都认为是高清晰度电视机，这种认识不完全正确。平板高清晰度电视机重要的参数之一就是静态图像的清晰度在水平方向和垂直方向都大于 720 电视线，屏幕的幅型比为 16：9。因此要求电视机的显示屏的固有分辨力为 1366×768 或 1920×1080，同时电视机的电路系统要好，才能保证显示图像的水平和垂直清晰度大于 720 电视线；相反，尽管电视机的显示屏的物理分辨力为 1366×768 或 1920×1080 或 852×480 或 1280×720，幅型比为 16：9，由于多种因素的影响，显示图像的水平和垂直清晰度小于 720 电视线，仍不能称为高清晰度电视机。因此，屏幕的幅型比为 16：9 的大屏幕平板电视机，不完全等同于高清晰度电视机。

（2）高清数字电视机顶盒。由于我国大多数电视机用户使用的电视机都是模拟电视

机，所以要收看数字电视节目就需要数字电视机顶盒，将数字电视信号解码后，还原成模拟电视信号送到模拟电视机上，供用户收看数字电视节目。数字电视分为高清数字电视和标清数字电视，同样数字电视机顶盒也分为高清数字电视机顶盒和标清数字电视机顶盒。

高清数字电视机顶盒是将卫星、有线或地面传输的高清数字电视信号，经过信道解调、信源解码，将传送的高清电视节目的数字码流转换到压缩前的形式，再经 D/A 转换和视频编码后送到高清电视接收机，供用户收看高清数字电视节目。

如果用户将高清数字电视机顶盒输出的信号送到标清电视机上，用户则不能收看到高清数字电视节目的高清晰度画面，而只能显示标清数字电视节目画面。另外如果用户将标清数字电视机顶盒输出的信号送到高清电视机上，此时用户在高清电视机上也不能收看到高清晰度画面，而只能显示标清数字电视节目画面。可见高清数字电视机顶盒与高清电视机是收看高清数字高清电视节目不可缺少的两种设备，用户要想收看高清电视节目必须同时具备高清电视机、高清电视频道（高清电视信号）和高清数字电视机顶盒。

第三节 显示器的分类与性能

一、显示器件分类

近年来，显示技术获得迅速的发展，当前显示技术主要为两大类型，如图 5-6 所示。第一类是直视式的屏幕显示技术；第二类是投影式的显示技术。目前，作为大屏幕电视机大量应用的主要是直视式的 CRT（阴极射线管）、PDP（等离子体显示器）、LCD（液晶显示器）、LED（发光二极管）等，投影式的有 CRT 投影、液晶（LCD、LCoS）投影、DLP（数字微镜）投影等。

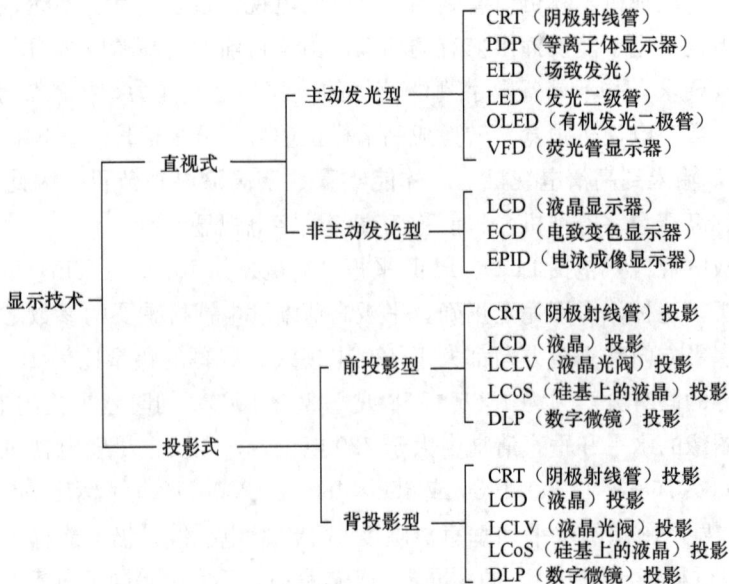

图 5-6 显示技术分类

表 5-7 列出了各种显示器的特性比较。表 5-8 列出了主要几种显示器的优缺点。

各种显示器特性比较　　表 5-7

性　能	CRT	LCD	PDP	VFD	OLED	LED
画面尺寸	中	中	大	小	中	很大
显示容量	很好	很好	好	差	好	好
清晰度	好	很好	普通	差	普通	差
亮度	很好	好	好	很好	好	很好
对比度	好	很好	普通	普通	普通	普通
灰度	好	好	好	差	普通	普通
显示色数	好	好	好	差	色不纯	好
响应速度	快	慢	较快	较快	较快	较快
视角	好	较好	好	好	好	好
功耗	普通	小	较大	大	小	较大
体积/质量	差	好	好	好	最好	—
寿命	长	长	长	长	较短	很长
性价比	好	较好	可接受	很好	差	很好

各种直视式显示器的特点　　表 5-8

名　称	主要优点	主要缺点
CRT 型直显式显示器	① 历史悠久，技术成熟，为电真空器件，可靠性高，一致性好，温度稳定性能优良； ② 发光强度较高，平均 $100\sim120\mathrm{cd/m^2}$； ③ 对比度、灰度等级、发光效率高或甚高； ④ 清晰度高，目前只有它能以较高的性价比满足 HDTV 显示格式要求； ⑤ 可视角度大，可达 160°； ⑥ 惰性小，响应速度快，显示运动图像无拖尾； ⑦ 图像调制、寻址方式简单，故其性价比目前为最好； ⑧ 寿命长，一般大于 2 万 h； ⑨ 综合性能好	① 为电真空器件，体积大，质量重，由于是玻璃封装，有爆碎可能； ② 屏幕尺寸在 91cm（36in）以下，再大有难度； ③ 由于是电子束偏转，作行场扫描，故光栅有几何失真及扫描的非线性失真； ④ 全屏光栅亮度不够均匀； ⑤ 屏幕边缘色纯裕度小，清晰度差，分辨率低； ⑥ 光栅受地磁场影响大； ⑦ 高压阳极的电压高，有 X 射线辐射； ⑧ 显像管有非线性，需 γ 校正； ⑨ 功耗较大
LCD 型直显式液晶显示器	① 由于是数字化寻址重显图像，故可实现逐行寻址和高场频显示，可消除行间闪烁和图像的大面积闪烁； ② 基本数字化寻址显示，故光栅的几何失真和非线性失真最小，且屏幕边沿的图像亮度、清晰度与屏幕中心相同； ③ 清晰度高，如铁电液晶显示器（FLCD）的画面可达 1280×1312 像素； ④ 质量轻，厚度薄，体积小，可作壁挂式屏幕； ⑤ 屏幕可做大，可达 102cm（40in）以上； ⑥ 光栅位置、倾斜度不受地磁场影响； ⑦ 供电电压低，无 X 射线辐射，防爆、防碎性能也好； ⑧ 功耗小（不考虑背光源时）； ⑨ 电光转换近于线性，无需非线性 γ 校正； ⑩ FLCD 显示器具有记忆功能，可自动保存最后显示的图像作为壁挂画； ■ 综合性能良好，可成为发展方向； ■ 寿命长，可达 5～6 万 h	① 生产成本较高，价格稍贵； ② 清晰度目前不很高，仍以 4∶3、720×576 像素标准清晰度电视（SDTV）显示格式和 16∶9、1280×720 像素准高清晰度显示格式为主，但很快会达到 200 万像素的高清晰度电视（HDTV）格式； ③ 惰性大，响应时间长（18～20ms），显示快速运动图像时有拖尾现象存在； ④ 不能主动发光，需要背光源； ⑤ 屏幕亮度低于 CRT 直显式显示器； ⑥ 可视角度略小，水平在 120°～170°范围

续表

名　　称	主要优点	主要缺点
PDP 型等离子体显示器	① 这是自主发光平面显示器件，不需背光源； ② 屏幕尺寸大，均在 102cm（40in）以上，可达 203cm（80in）； ③ 采用电子寻址方式显像，属固定分辨率器件，全屏亮度、清晰度、色纯等均一致，没有会聚、聚焦问题、图像失真小； ④ 采用子帧驱动方式，消除了行间闪烁和图像大面积闪烁； ⑤ 响应时间短，重显高速运动图像时无拖尾； ⑥ 清晰度目前已达 1280×720p 的准高清晰度显示格式； ⑦ 亮度、对比度、视场角均优于 LCD、CRT 等背投显示方式； ⑧ 屏幕薄，有记忆功能，可作壁挂显示屏； ⑨ 电压低（几百伏），无 X 射线辐射	① 难以作小屏幕显示，一般均在 102cm（40in）以上； ② PDP 显示屏表面为玻璃体，机械强度不高，易碎，不能承受太大的压力； ③ 发光效率低，功耗大，以 207cm（42in）显示屏为例，功耗在 300W 以上； ④ 价格稍高
有机电致发光显示器（OLED）	① 最有发展前途的显示器件； ② 自主发光、全彩色，超轻超薄； ③ 亮度高，可达 300cd/m² 以上； ④ 视角宽，上下左右均可超过 170°； ⑤ 数字寻址方式显像，亮度、清晰度、色纯等全屏一致，无聚焦、会聚问题，图像几何失真、非线性失真小，图像质量高； ⑥ 分辨率高，可达 30 线/mm 以上； ⑦ 响应速度快，为 μs 级，比 LCD 快 1000 倍； ⑧ 全固态集成器件，工作稳定，高温特性好，寿命长； ⑨ 工作电压低，通常为几伏至十几伏，功耗低； ⑩ 发光材料资源丰富，制造工艺简单，生产成本低	① 尚未大批量生产，产品性能有待进一步验证； ② 成品率低，价格高； ③ 材料发光老化问题有待进一步解决； ④ 彩色重显有待改进

各种直视式显示器的特点：

目前常见的直视式显示器主要为 CRT、LCD、PDP、OLED，它们的优缺点如表 5-8 所示。

二、显示器的主要性能

显示功能方面可分为：静态图像、动态图像及立体图像。

显示器性能的主要指标包括：画面尺寸、显示容量（分辨率）、亮度、对比度、灰度、显示色数、响应速度、视角、功耗、体积/质量等。

1. 画面尺寸

画面尺寸一般用画面对角线的长度表示，单位用英寸或厘米。常用对角线的英寸数作为型号表示，如图 5-7 所示。

2. 显示容量

显示容量表示总像素数。在彩色显示时，一般将 RGB 3 点加起来表示一个像素。有时，总像素数也以分辨率表示。分辨率可以用每 1mm 的像素数表示，也常用像素节距（pitch）表示。但在显示器领域，分辨率一词的用法并不完全统一。显示格式与对应的像素数和宽高比见表 5-9。

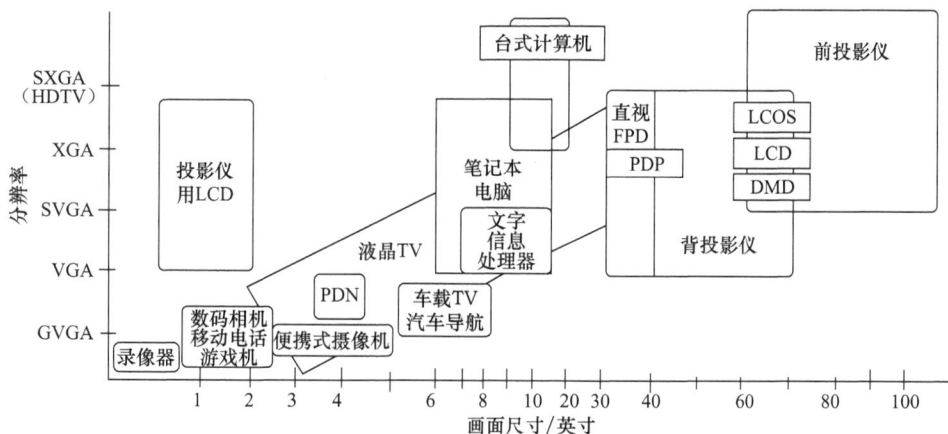

图 5-7　画面尺寸

显示格式与对应的像素数和宽高比　　　　　　　　　　　表 5-9

显示格式的名称		像素数		宽高比（宽：高）
		宽	高	
QVGA	Quarter VGA	320	240	4：3
VGA	Video Graphic Array	640	480	4：3
SVGA	Super VGA	800	600	4：3
XGA	Extended Graphic Array	1024	768	4：3
WXGA	Wide XGA	1366	768	16：9
SXGA	Super XGA	1280	1024	5：4
SXGA	Super XGA	1366	1024	4：3
SXGA＋	SXGA plus	1400	1050	4：3
UXGA	Ultra XGA	1600	1200	4：3
QXGA	Quad XGA	2048	1536	4：3
数字电视	DTV（720p）	1280	720	16：9
	DTV（1080i）	1920	1080	16：9

　　分辨率是影响图像质量的一项重要指标。通常有屏分辨率与图像分辨率之分，两者不可混淆。屏分辨率是指屏幕上所能呈现的图像像素的密度，以水平和垂直像素的多少来表示。显示器上的像素总数量是固定的。分辨率与画面尺寸及像素间距（或点距）有关。

　　图像分辨率是指数字化图像的大小，是对信号和图像视频格式而言，也是以水平和垂直像素的多少来表示。两者之间的区别在于，屏分辨率是由显示器屏的结构、类型、像素组成方式，即由产品本身所确定的一个不变的量。而图像分辨率是说明图像系统（根据人眼对图像细节的分辨率而制定的）的分解像素的能力（数目），是由扫描行数、信号带宽等所确定的。例如，PAL 制图像分辨率为 720×576 扫描格式，NTSC 制为 720×480。

　　中国信息产业部公布的 SJ/T 11343—2006 "数字电视液晶显示器通用规范" 中规定：

　　• HDTV 水平、垂直方向的清晰度（即分辨率）≥720 电视线；

- SDTV 水平、垂直方向的清晰度（即分辨率）≥450 电视线。

摄像机、数字相机普遍采用静态分辨率和动态分辨率的概念。它们都属于图像分辨率范畴。静态分辨率是指拍摄静止图像时所采用的扫描格式，大多数高档产品都支持 XGA。动态分辨率，顾名思义就是记录动态视频图像所采用的格式，目前一般不会超过 VGA，通常为 QVGA 或更低。动态分辨率的确定与帧频和存储卡容量有关。

3. 亮度

亮度表示显示器的发光强度。用 cd/m^2（又称尼特）或 ft·L（英尺朗伯）表示，目前常用前者。对画面亮度的要求与环境光强有关，室内要求显示器画面亮度可以小些，室外应该大些。

在非发光型液晶显示器中，内装背光源的，被视为表观发光型的，在亮度的评价中将采用这种亮度单位。对于不装背光源而利用周围光反射的液晶显示器，则常用与标准白板的反射光量的比较表示其亮度。

在测量电视机（或显示器）的亮度时，因对电视机调整状态不同，表征屏亮度的参数指标也不同，主要有 4 种，即有用峰值亮度、有用平均亮度、最大峰值亮度及最大平均亮度。

液晶显示屏本身不发光，要外加光源。用寻址方式开关像素、显示图像。所以通常情况下，有用平均亮度和有用峰值亮度是一样的；最大平均亮度和最大峰值亮度是一样的。对于主动发光的显示器（例如 CRT、PDP）平均亮度与峰值亮度是不一样的。对于正常观看电视图像节目而言，只有有用平均亮度才有实际意义。因此，在标准《数字电视液晶显示器通用规范》（SJ/T 11343—2006）中只规定它的有用平均亮度值≥$350cd/m^2$。这个数值要比 PDP、CRT 大得多。

- CRT 电视机有用平均亮度标准规定值≥$60cd/m^2$。
- PDP 电视机有用平均亮度标准规定值≥$60cd/m^2$。

现在产品标称的亮度数值都远高于这个数值。不过亮度过高并不好，容易造成眼睛疲劳。我国新公布的标准中还规定了亮度均匀性标准：

- LCD 亮度均匀性≥75%；
- PDP 亮度均匀性≥80%；
- CRT 亮度均匀性≥50%。

4. 对比度

对比度是用最大亮度和最小亮度之比来表示，分暗场对比度和亮场对比度。暗场对比度是在全黑环境下测得的，亮场对比度是在有一定环境光的条件下测得的。对比度值与测试方法有很大关系。

电视机或显示器的对比度是在对比度和亮度控制正常位置，在同一幅图像中，显示图像最亮部分的亮度和最暗部分的亮度之比。对比度越高，图像的层次越多，清晰度越高。

采用不同的测量方法和不同的测试信号得到的对比度值是不同的。在《数字电视液晶显示器通用规范》（SJ/T 11343—2006）中，规定 HDTV 采用如图 3.5 所示的黑白窗口信号（16∶9）进行测量。该标准规定：

- LCD TV 对比度值≥150∶1；
- PDP、CRT 的对比度值≥150∶1。

在通常情况下，好的图像显示要求显示器的对比度至少要大于 30∶1。

5. 灰度

灰度通常是指图像的黑白亮度之间的一系列过渡层次。灰度与图像的对比度的对数成正比，并受图像最大对比度的限制。日常生活中，一般图像的对比度不超过 100。

为了精确表示灰度，人们在黑白亮度之间划分若干灰度等级。而在彩色显示时，灰度等级表示各基色的等级。在现代显示技术中，通常用 2 的整数次幂来划分灰度级。例如，人们将灰度分为 256 级（用 0～255 表示），它正好占据了 8 个 bit 的计算机空间。所以，256 级灰度又称 8bit 灰度级。在彩色显示时，就是 1670 万色全色。

电视图像要小于 1/30s 响应时间，一般主动发光的显示器响应时间都可小于 0.1ms，而非主动发光的 LCD 的响应时间为 10～500ms。

6. 视角

一般用面向画面的上下左右的有效视场角度来表示。在国际电工委员会公布的文件中对视角作了规定，即在屏中心的亮度减小到最大亮度的 1/3 时（也可以是 1/2 或 1/10 时）的水平和垂直方向的视角。也就是说，首先测量屏中心点的亮度为 L_0，然后水平移动测量仪器的位置，分别在中心点的左右水平方向测得亮度为 $L_0/3$ 时，得到的左视角和右视角的和，即为水平视角；同样的方法，在垂直方向测得上、下视角的和，即为垂直视角。

在《数字电视液晶显示器通用规范》（SJ/T 11343—2006）中规定：

- 水平可视角≥120°；
- 垂直可视角≥80°。

7. 功耗

功耗分只测定显示器件的情况和测定包括驱动电路等在内的模块的情况。一般用户往往用后者，因为它比较实用。

反射式 LCD 的功耗很低，属 $\mu W/cm^2$ 量级。但是透射式 LCD 的功耗基本上由背光源的功耗所决定，也就不低了。

第四节　CRT 高清电视机

一、彩色显像管（CRT）

目前数字电视机有三种显示方式，即阴极射线管（CRT）显示、液晶显示和等离子显示。2006 年 3 月我国信息产业部对外正式发布了《数字电视接收设备—显示器标准》，该标准规定高清晰度等离子电视、液晶电视、液晶背投电视、CRT 背投电视的清晰度要达到 720 电视线（即人们常说的 720p），CRT 高清数字电视机的清晰度必须达到 620 电视线以上。由于目前市面上销售的高清电视机一般都不能直接接收数字电视节目，就不能称为真正的高清数字电视机，为此本书只称为 CRT 高清电视机。

目前彩色电视机中广泛采用的是三色彩色显像管。它的基本原理是把红、绿、蓝三种基色图像同时显示在同一只显像管的屏幕上，并利用人眼对彼此挨得很近的三基色发光点不能分辨（称为混色效应）的特点来显现彩色图像。红、绿、蓝三种基色用字母 R（红）、G（绿）和 B（蓝）表示。彩色显像管的外型和黑白显像管差不多，但其内部却要复杂得多。它除了要在同一只管子内完成差不多相当于三个单色显像管的功能外，还要求具有好的"色纯度"和"汇聚"等功能。色纯度是指彩色显像管的每个基色光栅颜色的纯净程度。在结构上要求产生三种颜色的三个电子束的每一个电子束准确地轰击在与它相对应的颜色的荧光点上。否则，就会发生颜色的偏差，影响色纯度，形成彩色失真。为了保证每个电子束能对准自己相应的荧光点，必须使红、绿、蓝三个电子束在荫罩板（或荫条板）上会合在一起，并同时通过荫罩板上的某个孔打到荧光屏上所对应的荧光点上。为了保证整个屏幕的色纯度，不仅屏幕中心部分要重合（称为静汇聚），同时还要在电子束偏转扫描各点（即全荧光屏上）都重合。图 5-8（a）所示为彩色显像管结构图，图 5-8（b）所示为彩色显像管原理图。图 5-9 为普通模拟式彩色电视机方框图。

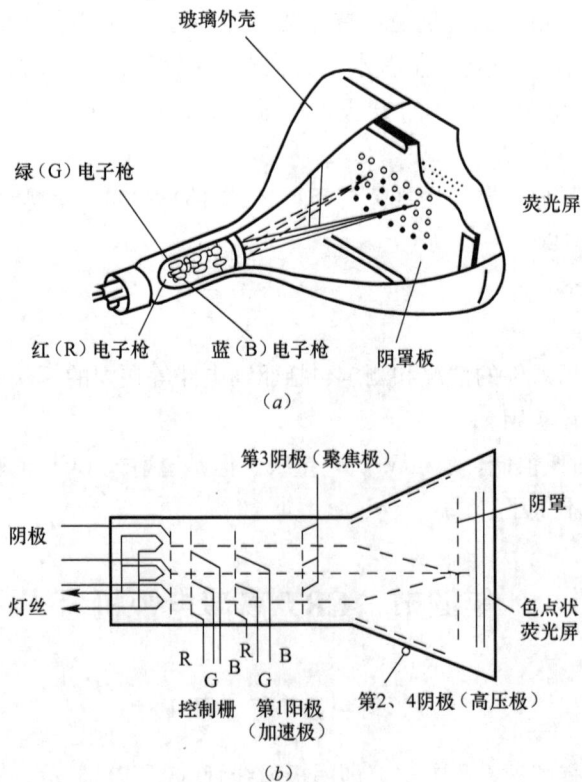

图 5-8　彩色显像管结构图与原理图
(a) 结构图；(b) 原理图

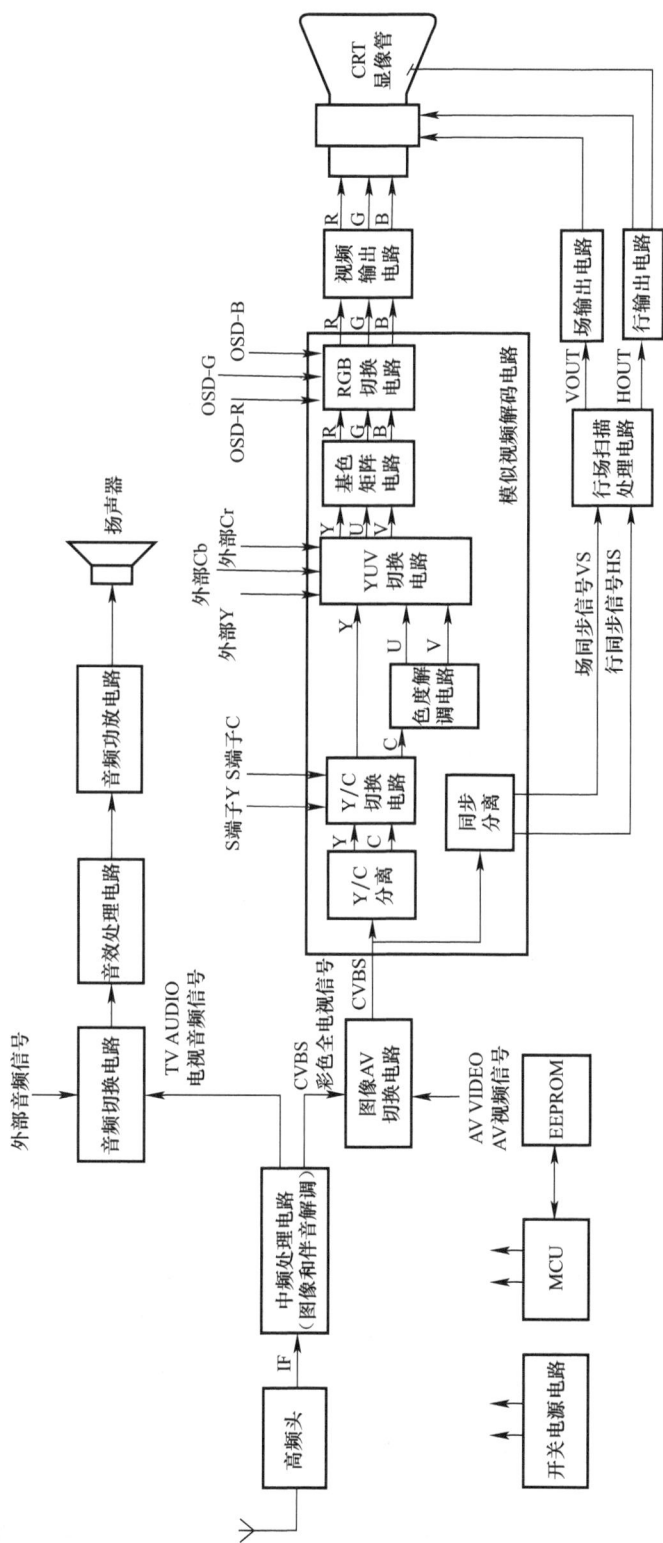

图 5-9 普通模拟彩电的详细框图

表 5-10 是我国对数字电视 CRT（阴极射线管）的性能要求。

数字电视阴极射线管的常温性能要求　　　　　　　　　　表 5-10

序　号	项目			单位	性能要求	
					SDTV	HDTV
1	几何失真	几何非线性失真	水平	%	≤8	
			垂直		≤6	
		轮廓失真			≤2	
2	重显率	水平		%	≥95	
		垂直			≥95	
3	同心度	水平		%	≤2	
		垂直			≤2	
4	亮度	有用峰值		cd/m²	≥80	
		有用平均			≥60	
		最大峰值			≥450	
		最大平均			≥80	
5	对比度			倍	≥150∶1	
6	亮度均匀性	均匀性		%	≥50	
		边角的平均值		%	≥50	
7	白色色度不均匀性（$\Delta u'v'$）				≤0.015	
8	色域覆盖率			%	≥32	
9	会聚误差	测试点 5、6、7、8		%	≤0.60	≤0.50
		其他测试点			≤0.40	≤0.35
10	相关色温			K	9300	$u'=0.189\pm0.015$
						$v'=0.447\pm0.015$
					6500	$u'=0.198\pm0.015$
						$v'=0.468\pm0.015$
11	白平衡误差	$\Delta u'$			不劣于±0.020	
		$\Delta v'$			不劣于±0.020	
12	清晰度	RF 模拟信号输入	水平 中心	电视线	≥350	
			水平 边角		≥300	
			垂直 中心		≥400	
			垂直 边角		≥350	
		水平	中心		≥450	≥620
			边角		≥400	≥450
		垂直	中心		≥450	≥620
			边角		≥400	≥450
13	矩阵误差	R		%	≤3	
		G			≤3	
		B			≤3	

续表

序　号	项　目		单　位	性能要求	
				SDTV	HDTV
14	亮度通道线性波形响应	2T 脉冲/条幅比	％	≤2	
		场频方波响应		≤2	
15	黑电平的稳定性		％	≤5	
16	左、右声道的串音		dB	≤-46	
17	左、右声道的增益差		dB	≤3	
18	声频率响应范围（当声频率响应不均匀性为 16dB 时的上、下频率区间）		Hz	125～10000	
19	最小源电动势输出声压级		dB	≥87	
20	额定输入时声压总谐波失真		％	≤8	
21	音频输出功率（电压总谐波失真为 7％时）		W	由产品规范规定	
22	声音通道噪声声级		dB（A）	≤36	
23	遥控接收距离		m	≥8	
24	受控角	上	（°）	≥15	
		下		≥15	
		左		≥45	
		右		≥45	
25	抗环境光干扰在各种环境光 ≥2000lx 时遥控距离		m	5	
26	抗外界电器干扰			不受外界电器使用时的干扰	
27	待机消耗功率		W	≤5	
28	整机消耗功率		W	由产品规范规定	

注：1. RF 模拟信号输入时的清晰度不分 SDTV 和 HDTV；

2. 16～22 项参数指标只对有声音输出的 CRT 型显示器的要求；

3. 声音通道噪声声级在音频输入端加入信号进行测量。

二、CRT 高清晰度彩色电视机

CRT 高清彩色电视机的组成方框图如图 5-10 所示，数字高清彩电的电路组成与普通模拟彩电并无本质区别，只是增加或改进了某些电路。对比图 5-9 和图 5-10 可以看出，数字高清彩电与普通模拟彩电的电路组成十分相似，主要由高中频处理电路（高频头、中频处理电路），伴音处理电路（音频处理电路、音频功放电路），视频处理电路（数字或模拟视频解码电路、扫描格式变换电路、帧存储器、视频输出电路），行场扫描电路（行场扫描处理电路、场输出电路、行输出电路、行输出电源电路），微控制器电路（MCU、EEP-ROM 存储器）和开关电源电路六部分组成。

（1）高中频处理电路

数字高清彩电中，常使用中放一体化高频头，其内部集成有高频头和中频处理两部分电路。它能直接输出视频全电视信号 CVBS 和第二伴音中频信号 SIF，或者直接输出视频全电视信号 CVBS 和音频信号 AUDIO。这种设计，不但简化了电路，提高了电视机的性能，而且便于生产和维修。

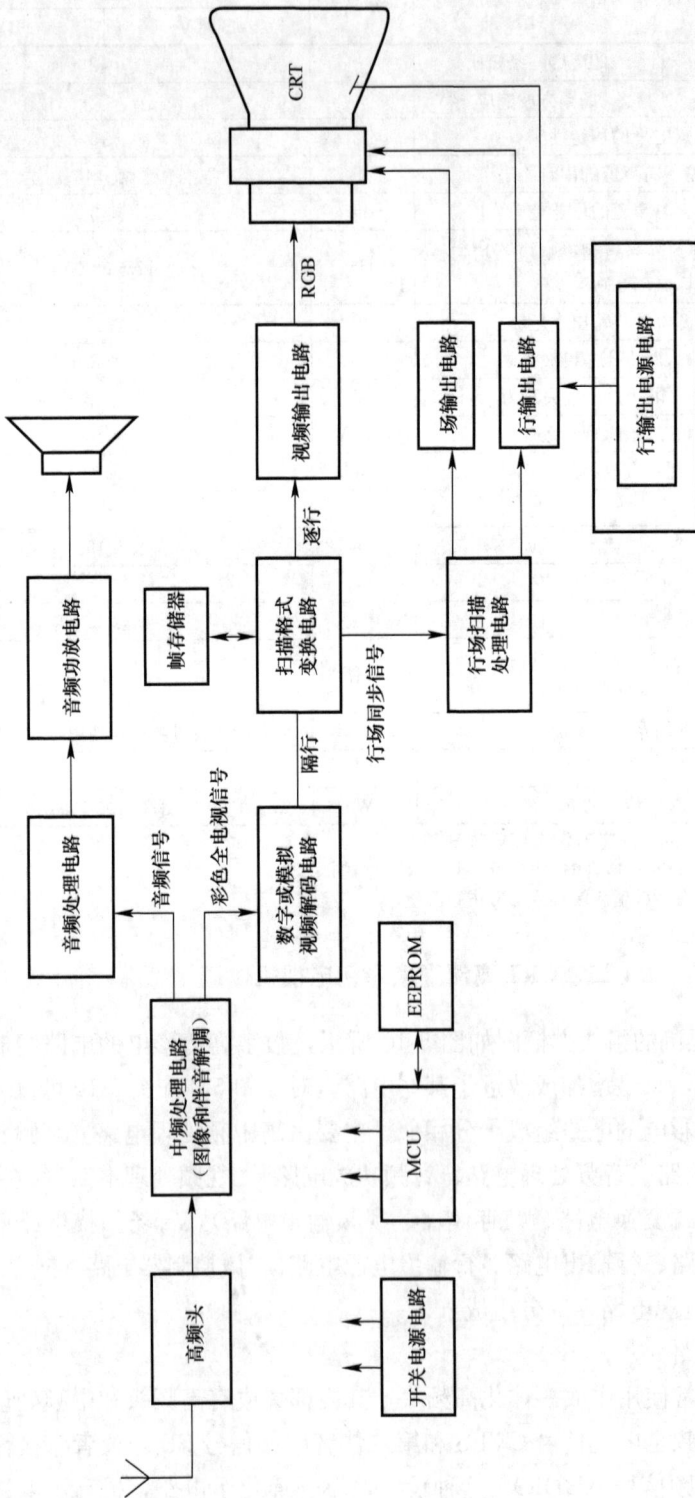

图 5-10 数字高清彩电基本组成框图

（2）伴音处理电路

数字高清彩电的伴音处理电路与普通模拟彩电基本相同，主要由音频处理与功放部分组成。

（3）视频处理电路

视频处理电路主要由数字或模拟视频解码电路、扫描格式变换电路（也称数字变频电路）、帧存储器、视频输出电路等组成。

少数数字高清彩电采用模拟解码芯片进行解码；大多数数字高清彩电采用数字解码芯片进行解码处理。扫描格式电路和帧存储器配合，主要任务是进行隔行-逐行变换和图像缩放处理，将输入的 50Hz 隔行扫描信号变换为 60Hz/75Hz 逐行扫描信号。有的还可完成倍频功能，即可将 50Hz 隔行扫描信号变换为 100Hz/120Hz 隔行扫描信号。

数字高清彩电的视频输出电路一般采用共射-共基电路或宽带视频放大电路，以保证有较宽的视频带宽。

（4）行场扫描电路

行场扫描电路主要由行场扫描处理电路、场输出电路、行输出电路、行输出电源电路等组成。

（5）微控制器电路

微控制器电路主要包括 MCU（微控制器）、EEPROM 存储器等，是整机的指挥中心。其中，MCU 用来对接收按键信号、遥控信号，然后再对相关电路进行控制，以完成指定的功能操作；存储器用于存储彩电的设备数据和运行中所需的数据。

（6）开关电源电路

开关电源电路用于将交流 220V/50Hz 市电转换成整机所需的直流电压，一般输出多组直流电压，分别为不同的电路供电。

三、数字高清彩电与普通模拟彩电的差异

1. 外部接口的差异

由于 CRT 高清电视机要想收看高清晰度电视节目，必须要与高清数字电视机顶盒配合使用。因此 CRT 高清电视机输入信号的种类要比普通彩电多，它既有 50Hz 隔行扫描的模拟射频全电视信号、AV 音视频信号或 S 端子输入亮/色（Y/C）分离信号，又有隔行扫描的色差分量信号（Y/Cb/Cr）或逐行扫描的色差分量信号（Y/Pb/Pr），还有由 VGA 接口输入的模拟 R、G、B 信号，所以 CRT 高清电视机与普通彩电相比，在外观上多出了许多输入接口，如普通彩电仅有 AV 输入/输出和 S 端子输入插孔，而 CRT 高清电视机除具有上述插孔外，还有 Y/Cb/Cr（隔行色差分量信号输入）、Y/Pb/Pr（逐行色差分量信号输入）、VGA 及 DVD 数码流输入等接口。高清电视机各类输入信号流程如图 5-11 所示。

2. 电路上的差异

由于 CRT 高清电视机输入的信号种类较多，既有 50Hz 隔行扫描的 TV 全电视信号、AV 视频信号或 Y/Cb/Cr 信号，又有逐行扫描的 Y/Pb/Pr 信号，还有由 VGA 接口输入

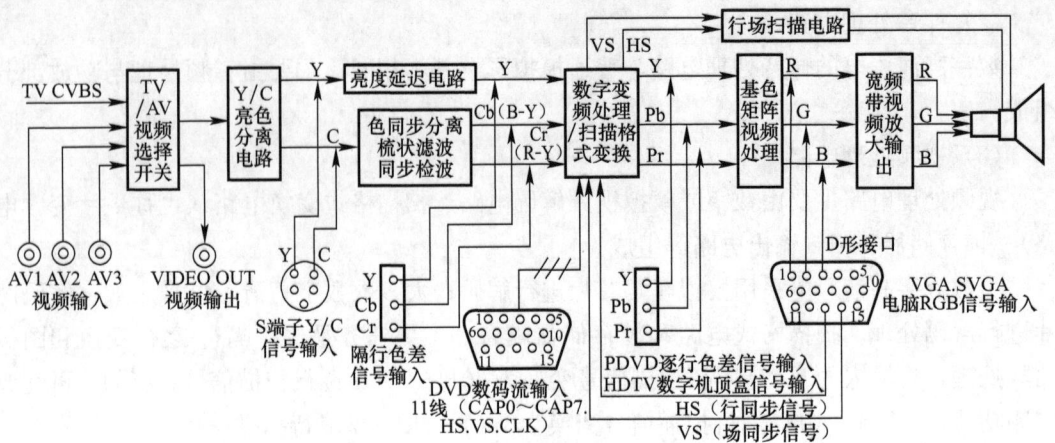

图 5-11   CRT 高清电视机各类输入信号流程

的模拟 R、G、B 信号，所以 CRT 高清电视机应设有相应电路分别针对各类信号的特点进行变换处理，既保证最终信号格式的统一，又保证行、场扫描同步进行。

　　在电路上，CRT 高清电视机由于采用了先进的数字变频技术，将 50Hz 的隔行扫描信号变换为 100～120Hz 隔行扫描信号或 60Hz、75Hz 的逐行扫描信号，行频也由 15625Hz 变换为 33～52kHz，大大提高了图像清晰度。由于采用了变频技术，使得 CRT 高清电视机的电源电路和行输出电路变得复杂。同时 CRT 高清电视机末级视频放大电路的带宽高于普通彩电。如普通彩电使用的 TDA6107 视频带宽为 4.4～5.5MHz，TDA6108 视频带宽也仅为 8～9MHz。而 CRT 高清电视机上使用的 TDA6120VT 的视频带宽可达 30MHz。

　　3. 工作方式的不同

　　CRT 高清电视机与普通彩电在工作方式上也有不同，主要不同点如表 5-11 所示。

CRT 高清电视机与普通彩电在工作方式上的异同　　　　　　　　　　　表 5-11

工作方式	CRT 高清电视机	普通彩电
接收信号	除了可接收地面无线电视台传输的模拟或数字电视信号，还可接收计算机的 R、G、B 基色信号和行、场同步信号和高清电视机顶盒的逐行（隔行）扫描分量信号	仅接收地面无线电视台传输的模拟电视信号或 AV 端子、S 端子输入的机外信号
扫描方式	根据分辨率的不同可工作在逐行扫描方式，也可工作在隔行扫描方式	多工作在隔行扫描方式
行频	大多数可在 22～31.5kHz 行频范围内工作，部分高清彩电可在 38kHz 甚至 48kHz 以上的行频工作	单一行频（15625Hz 或 15750Hz）
场频	场频自同步范围多为 50～100Hz	通常为单一场频（50Hz 或 60Hz）
显像管	采用细点距显像管，比普通彩电的显像管的清晰度更高。配合对电路的改进，保证清晰度达到 620 电视线以上	采用单枪三束自会聚显像管或三枪三束自会聚显像管
供电方式	电路所需的各种工作电压，都尽可能地由主开关电源提供，而不是由行输出变压器提供	场扫描、伴音功放供电以及 12V、9V 等电源由行输出变压器提供

续表

工作方式	CRT 高清电视机	普通彩电
显像管灯丝供电	显像管灯丝供电是由主开关电源提供，而不是由行输出变压器提供	显像管灯丝供电是由行输出变压器提供
处理图像方式	图像信号要经过一系列的数字化处理，再经过数字变频板进行隔行，逐行的转换，最后，通过高带宽的视频放大器末级放大后，驱动显像管显示图像	视频信号送到图像处理电路处理后，经视放电路进行电压放大后驱动显像管显示图像

第五节　LCD 显示器和电视机

一、LCD（液晶）显示器

1. 液晶显示器的工作原理

液晶是一种介于固体与液体之间（当加热时液态，冷却时就结晶为固态）、具有规则性分子排列的有机化合物，本身不发光。

液体分子的排列虽然不具有任何规律性，但是如果这些分子是长形的（或扇形的），它们的分子指向就可能有规律性。于是，就可以将液态又细分为许多形态。分子方向没有规律性的液体可直接称为液体，而分子具有方向性的液体则称之为液态晶体（Liquid Crystal），又称液晶。

液晶显示器的工作原理就是利用液晶的物理特性（即液晶分子的排列在电场作用下发生变化，通电时排列变得有秩序，使光线容易通过；不通电时排列混乱，阻止光线通过），将液晶置于两片导电玻璃基板之间，靠两个透明电极间电场的驱动引起液晶分子扭曲向列的电场效应，在电源接通断开控制下影响其液晶单元的透光率或反射率，从而控制光源透射或遮蔽功能，依此原理控制每个像素，产生具有不同灰度层次及颜色的图像。

液晶电视屏幕由超过二百万个红、绿、蓝三色液晶显示单元组成，液晶显示单元在极低的电压驱动下被激活，此时位于液晶屏后的背光灯发出的光束从液晶屏通过，产生 1024×768 点阵（点距为 0.297mm）、分辨率极高的图像。同时，先进的电子控制技术使液晶显示单元产生 1677 万种颜色变化（红 256×绿 256×蓝 256），还原真实的亮度、色彩度，再现自然纯真的画面。液晶成像从根本上改变了传统彩电以"行"为基础的模拟扫描方式，实现了以"点"为基础的数字显示技术。

2. 实际的彩色液晶显示单元结构

彩色液晶显示单元的结构如图 5-12 所示，它背部设有光源照亮屏幕，中间有以下一些零件。

（1）偏光板：它控制光的进入和离去。

（2）玻璃基片：它终止电极的电场。

（3）透明电极：这些电极驱动 LCD。为了不干扰图像的完整性，要用高度透明的材料。

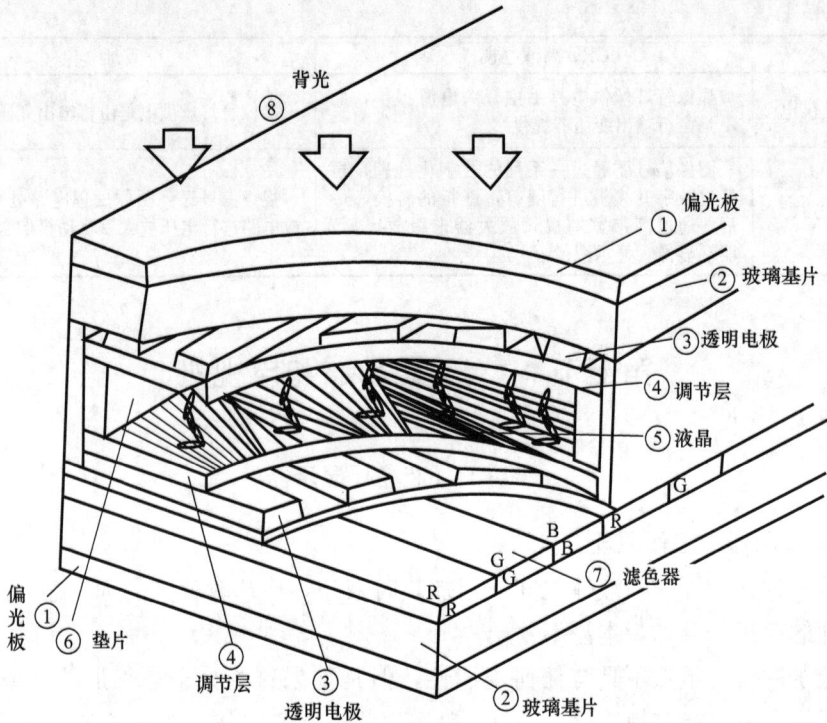

图 5-12 彩色液晶显示单元的结构

（4）调节层：用膜片将分子调节到一个固定的方向。

（5）液晶。

（6）垫片：使玻璃板之间有均匀的空间。

（7）滤色器：彩色是通过 R、G、B 滤色器显示出来的。滤色器的作用是吸收某些波长的光，让某些波长的光通过。

图中 R、G、B 三色的色滤波器集中放在玻璃基板上，依次排好。每个像素由三种颜色的单元（或叫次像素成分）组成。当光通过放在前面的玻璃基板上的一个彩色滤色系统时就可获得彩色。靠给每个单元供给能量来改变其强度，就可以控制传送到彩色滤色系统和观看者的光强。用这种方法可得到全色，每种颜色都是由三个不同的点混合而成的。这意味着分辨率为 1280×1024 的 LCD 屏，准确地说有 3840×1024 个像素成分存在。

3. 数字电视 LCD 显示器的性能要求（表 5-12）

数字电视液晶显示器的常温性能要求   表 5-12

序　号	项　目		单　位	性能要求
1	有用平均亮度		cd/m²	≥350
2	对比度		倍	≥150∶1
3	亮度均匀性		%	≥75
4	重显率	水平	%	≥95
		垂直		≥95

续表

序　号	项　　目			单　位	性能要求	
5	相关色温			K	9300	$u'=0.189\pm0.015$
						$v'=0.447\pm0.015$
					6500	$u'=0.198\pm0.015$
						$v'=0.468\pm0.015$
6	色域覆盖率			%	$\geqslant32$	
7	白色色度不均匀性 $\Delta u'v'$				$\leqslant0.015$	
8	白平衡误差		$\Delta u'$		不劣于±0.020	
			$\Delta v'$		不劣于±0.020	
9	清晰度	RF模拟信号输入	水平	电视线	$\geqslant350$	
			垂直		$\geqslant400$	
		SDTV	水平		$\geqslant450$	
			垂直		$\geqslant450$	
		HDTV	水平		$\geqslant720$	
			垂直		$\geqslant720$	
10	可视角（$L_0/3$）		水平	(°)	$\geqslant120$	
			垂直		$\geqslant80$	
11	亮度均匀性与视角的关系			%	$\geqslant50$	
12	色度与视角的关系		$\Delta u'$		不劣于±0.020	
			$\Delta v'$		不劣于±0.020	
13	固有分辨力			像素数	由产品规范规定	
14	像素缺陷	不发光点缺陷	A区	个	$\leqslant2$	
			A+B区		$\leqslant8$（在1/9屏高×1/9屏宽的面积内不能出现2个绿或白不发光点）	
		不熄灭点缺陷	A区		0（白发光点或绿发光点）$\leqslant1$（红、蓝或其他色发光点）	
			A+B区		$\leqslant2$（在1/9屏高×1/9屏宽的面积内不能出现2个绿或白发光点）	
15	运动图像拖尾时间			ms	$\leqslant20$	
16	漏光			cd/m²	$\leqslant4$	
17	待机消耗功率			W	$\leqslant5$	
18	整机消耗功率			W	由产品规范规定	
19	遥控接收距离			m	$\geqslant8$	
20	受控角		上	(°)	$\geqslant15$	
			下		$\geqslant15$	
			左	(°)	$\geqslant30$	
			右		$\geqslant30$	
21	抗环境光干扰在各种环境光$\geqslant2000$lx时遥控距离			m	5	
22	抗外界电器干扰				不受外界电器使用时的干扰	

相关色温：9300K与6500K任选一种

图 5-13 是液晶电视机显示屏的结构示意图。

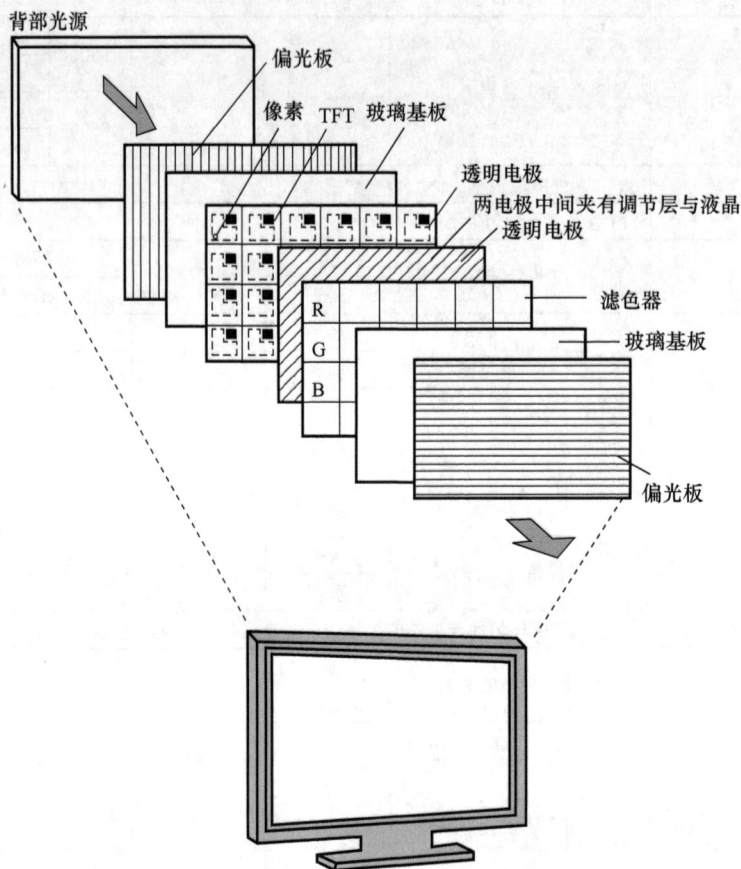

图 5-13　液晶电视机显示屏的结构示意图

二、液晶电视机

1. 液晶电视机的组成

液晶电视机的组成框图见图 5-14 所示。由图可见，液晶电视机与普通 CRT 电视机（见图 5-3）的区别仅在于图像显示部分是采用液晶显示器件及其驱动电路，其他部分与普通电视机相同，液晶显示器件的结构、工作原理和驱动方式已在前面作了介绍。目前液晶电视机采用的液晶显示驱动方式有两种，即简单矩阵显示和有源矩阵显示，其中简单矩阵显示的优点是制造工艺简单，价格便宜；缺点是图像质量较差。

为了加快响应速度，液晶电视机多采用有源矩阵驱动方式中的行顺序扫描和点顺序扫描。

在这种方式中，信号电极上的信号脉冲的幅度被图像信号调制来实现灰度显示。为了实现彩色液晶显示，目前多采用滤色方式。在液晶显示屏上覆盖三种基色滤色器，该滤色器进行基色显示，液晶层作为光阀来控制透过基色滤色器的光强，再通过加法混色可实现全彩色显示。

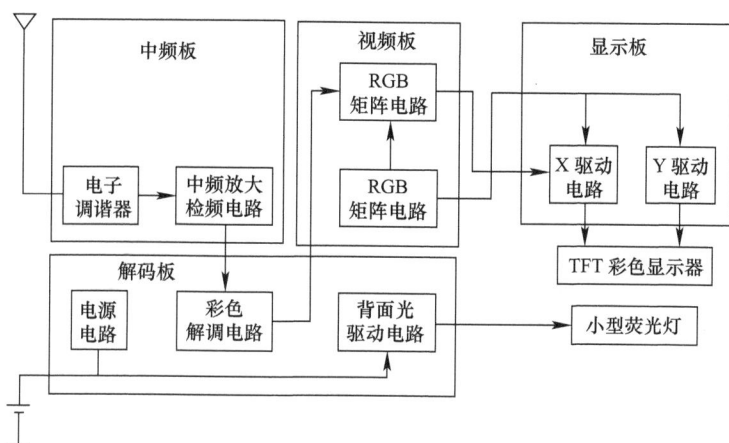

图 5-14　液晶电视机的组成框图

这种方式的优点是构造简单，色重现好；缺点是因滤色器的光透射率低，光利用率差，需要亮的背面光源。这是因为液晶显示是非发光型的被动显示，为了能在周围照明不良的条件下显示，特别是彩色显示，必须在液晶显示屏的背面设置光源，称为背面光源。可作为背面光源的有场致发光灯、LED、热阴极或冷阴极的荧光灯等。但用于全色彩显示，为获得良好的色重现，多采用三波长发光型荧光灯作背面光源。目前有的 TFT-LCD（薄膜场效应晶体管-液晶显示器）采用场序列全彩色技术取代彩色滤色膜，使液晶的亮度、分辨率、对比度都达到新的水平。

2. 液晶电视机与 CRT 电视机的比较

液晶电视机的构成与传统的 CRT 电视机的主要区别有以下几个方面。

① 液晶电视机含有特殊电路，如液晶显示屏、扫描驱动器和信号驱动器、同步控制电路、图像信号处理电路、公共电极极性翻转电路、背光源灯管及其驱动电路。

② 液晶电视机的高频头体积小、功耗低、电源电压低，高频头的驱动电路既要保证功耗不能过大，还要保证具有一定的放大倍数，以提高信噪比。

③ 液晶电视机的同步信号发生器为驱动液晶显示屏提供所需的寻址信号，有水平方向和垂直方向的时钟脉冲和启动脉冲。为获得稳定的时钟频率，确保电视图像的稳定，还设有锁相环电路。

④ 液晶电视机含有独特的图像信号处理电路，它能使视频信号转换成适合于驱动液晶显示屏的信号。液晶显示屏的结构不同，其图像处理电路的结构便不同。

表 5-13 列出液晶与 CRT 显示技术性能的详细对比。

3. 液晶电视机的优点

液晶平板电视机与传统 CRT 电视机相比有如下优点：

（1）整机的厚度薄、体积小、重量轻

由于液晶平板电视机采用了液晶屏做图像显示，这样整机的厚度就可以设计制造得很薄，体积也很小，重量很轻。一般整机机身厚度不超过 10cm，薄得可以贴在墙上，这样能节省存放空间。

液晶与 CRT 显示技术性能比较 表 5-13

项　目	液　晶	CRT
	清晰无失真	有失真
图像质量	① TFT-LCD 的每一个像素电压来自电容器，这个电压每次充一行，即使扫描脉冲在物理上没有加到像素上，但它仍然保持一个均匀的、不中断的驱动电压，这样像素没有时间衰落 ② 液晶中，三个单元中的每一个各自合上或断开，不存在彩色会聚问题。光阀和彩色滤色器的结合，产生每个次像素的清晰边缘，使图像轮廓清晰 ③ 平板显示不会产生边缘和四周的失真 ④ 液晶是数字的，如果用数字接口，信息是编码成一串数字，这些数值送到每个像素，将像素设定为特定的颜色值，这可使屏幕稳定 ⑤ 液晶的亮度和对比度也优于 CRT ⑥ 液晶分子不受外界磁场的影响	① CRT 中电子束冲击荧光粉后，只有几微秒便要返回到同样的点，并要在亮度衰落前加以刷新，如果刷新频率是 72Hz，通常还可以，60Hz 就开始变差了 ② CRT 的会聚差错在 0.0079～0.0118 英寸之间 ③ CRT 不是平板显示，因而在屏幕的边缘和四周引入失真 ④ 用模拟接口传输数据，会受到不稳定时间信息的影响，引起帧和帧之间对不齐 ⑤ CRT 的光束易受外界磁场的影响，图像受到偏转磁场轻微波动后，引起彩色失真
可视图像	LCD 有大的可视图像，一个标称尺寸的平板显示，它的可看图像就是标称尺寸，无周边图像损失	CRT 的周边是不能显示图像的
节距	一个 15 英寸的 TFT-LCD 的节距为 0.30mm，一个 18 英寸的 TFT-LCD 的节距为 0.28mm	节距是指屏幕上两组 RGB 荧光粉的空间距离，可以用相邻红荧光粉的间距来表示。节距越小，可显示的图像清晰度越高，36 英寸的 CRT 节距为 0.82mm
闪烁性	TFT-LCD 因为不用电子束来扫描，所以就无闪烁，又由于 LCD 平板显示使刺激的光转向，读者看文字就容易了	CRT 的刷新率不够就会引起闪烁，如果刷新率高于 80Hz 就无闪烁
X 射线辐射	液晶在低电压下工作，自然没有辐射	CRT 由于需 10000V 电压，电子束加速会产生一定量的 X 射线辐射
功耗	液晶只需 25～40W	CRT 所消耗的功率为 60～150W，是平板显示器功率消耗的 5 倍
视角	液晶显示在视角方面有很大短处； 视角（对比度）为 110°～170° 视角（彩色）为 40°～120°	CRT 的视角： 视角（对比度）超过 150° 视角（彩色）超过 120°
视角差	液晶的视角差劣于 CRT，液晶不发射光，而是一个背光源接收光，光通过偏振并使光沿着分子轴通过，它就有一定的方向特性，这样光的大部分垂直发出去，这就使对比度受视觉影响，如果观看者在一个斜的角度看，会看到黑色或失真的颜色	CRT 的视角差优于液晶，因为在 CRT 中，荧光粉发光是以发散方式，所以图像从各个角度看是一样的
对比度（指图像中最亮部分与最暗部分亮度的比值）	液晶的对比度在 200：1～500：1 的范围，它的对比度指标劣于 CRT，这是因为液晶的背光管的亮度很难改变，而且器件工作时它总是合上的。为了显示一幅黑图像，液晶必须完全阻塞背光源的光，这是很难的，总会有些光漏出来	CRT 的对比度范围可以做到大于 500：1，明显优于液晶
亮度（显示器发光面的明亮程度）	液晶亮度优于 CRT，这是因为液晶的最大亮度主要由用作背光的荧光管决定，亮度值为 200～300cd/m²	CRT 显示的亮度劣于液晶，最大只能达到 100～120cd/m²。这是因为 CRT 的电子枪要有很大的加速电压，这会受到最大的阳极电压和荧光粉寿命的限制

续表

项　目	液　晶	CRT
像素响应速度	TFT-LCD 用于活动图像不是很好，因为液晶的响应时间在 20~30ms 之间，这样对快速运动的图像会出现模糊现象，目前已突破 20ms 大关	CRT 的显示采用电子束扫描，对快速运动的图像不会引起注意
亮度均匀性	亮度均匀性对多屏拼接尤为重要，液晶在边缘更亮些	CRT 显示在屏幕中心更亮一些
体积、质量	体积小，平面设计，质量小，容易携带	占空间大，质量大
γ 电路	液晶显示器件的电光特性不同于 CRT 的电光特性，因此，在液晶电视机中应设置有 γ 校正电路	CRT 显示器中不设置 γ 校正电路

（2）省电

液晶平板电视机的主要耗电部位在液晶屏、伴音功放、数字板，而上述元器件的耗电量和其他电器相比又不是很大，因此液晶平板电视机的耗电量在同样尺寸下略有优势。如 48cm（19in）以下液晶平板电视机的最大耗电量为 35W，比传统显像管电视机节能 70%。

（3）画面稳定

由于液晶平板电视机所采用的液晶屏是由背光灯发亮来映出图像的，并去掉了场、行扫描方式，所以，液晶平板电视机避免了因扫描带来的画面闪烁和不稳定。

（4）无 X 射线辐射

由于液晶平板电视机没有显像管等阴极射线显示管，不采用电子束扫描显示方式，没有高压电路，所以液晶平板电视机完全没有 X 射线等辐射，被称为绿色环保电视机。

（5）图像逼真

由于液晶平板电视机采用数字点阵显示模式，将画面的几何失真率降为零。采用高亮度、高对比度、防反光的液晶屏，大大增加了电视画面的透亮度和对比。减少光线的反射和散射，可看到更明亮、清晰、细腻的画面。

（6）清晰度高

目前液晶平板电视机的固有分辨力已经达到 HDTV 的级别，即固有分辨力为 1920×1080，所以，液晶平板电视机的静止图像清晰度很高。大多数液晶平板电视机都达到了 1366×768，在相同尺寸下，液晶平板电视机比普通的显像管电视机和等离子电视机更能体现图像的像素和清晰度。

（7）显示尺寸大

液晶显示屏的可视面积跟它的屏对角线尺寸相同，而普通的显像管屏幕四周有 2.54cm（1in）左右的边框不能用于显示，因此，对于相同尺寸的显示屏幕来说，液晶显示屏的可视面积要更大一些，液晶平板电视机的可视面积跟它的对角线尺寸完全相同。

（8）延长寿命

由于液晶面板的透光率极低，要使液晶电视的亮度达到还原画面的水平，背光灯的亮度至少到达 6000cd/m²。背光灯的寿命就是液晶电视的寿命，一般液晶电视的背光灯寿命基本在 5 万 h 以上。也就是说，如果你平均每天使用液晶电视 5h，那可以使用 27 年。

三、液晶电视机的性能参数

液晶平板电视机的主要性能参数有：分辨力、亮度、对比度、响应速度与可视角度。

1. 分辨力

分辨力对于液晶电视机来说，是首要的、本质性的参数。它是指屏幕上究竟有多少个像素点，这代表着液晶屏显示图像清晰度的能力。分辨力越高，显示的图像效果越好。因此分辨力是液晶电视机最重要的指标。一般在66cm（26in）以下的液晶平板电视机显示屏的固有分辨力大部分为640×480、720×576、1024×768，只能显示SDTV级别的图像，即在水平和垂直清晰度都可达到450电视线以上；81cm（32in）以上液晶平板电视机的固有分辨力基本是1366×768、1920×1080，在电路设计好的基础上，输入1920×1080的电视信号，能显示HDTV级别的图像，即水平和垂直清晰度都可达到720电视线以上。

2. 亮度

亮度是指在正常显示图像质量的条件下，重显大面积明亮图像的能力。单位是cd/m^2（坎德拉/平方米）或称nit（尼特）。如果屏幕亮度不够，将不利于画面细节的表现，亮度过低不利于清晰地表现出视频画面，对于一些昏暗的场景就更无能为力了。而亮度太高，长时间观看，使眼睛感到疲劳、头晕，尤其是儿童和青少年，会使视力下降，影响发育等。

一般液晶电视机的亮度是$400\sim1000cd/m^2$。按国家对液晶平板电视机的标准规定，有用平均亮度为$350cd/m^2$。

3. 对比度

对比度是指在正常显示图像质量的条件下，在同一幅图像显示明暗画面的能力，即最亮和最暗的比，通常称为图像的黑白反差。

对比度是电视机的一个重要参数，它是显示图像彩色层次丰富程度的性能，也就是常说的灰阶。因此，如果图像亮部的亮度越高，而暗部的亮度越低，对比度数值就越大，所能显示的图像和色彩的层次就越丰富。液晶电视的对比度一般为450～1000：1，按国家对液晶平板电视机的标准规定，对比度为150：1，可以满足正常观看电视图像的需要。

4. 响应速度

响应速度又称响应时间，是指像素由暗转亮或由亮转暗所需要的时间。液晶平板电视机的响应时间是指液晶屏幕的像素由暗转亮，再由亮转暗所需的时间，它反映了液晶电视机的显示屏各像素点对输入信号的反应速度，对消费者观看图像而言，它正好反映观察到图像切换过程的快慢，当然此值越小越好。

数据表明：响应时间30ms表示每秒钟显示器可显示33帧画面（1/0.03＝33），已满足DVD播放的需要；响应时间为25ms表示每秒钟显示器能够显示40帧画面，完全满足DVD播放以及绝大部分电影或者游戏的需要。而适宜观看快速运动图像的响应时间一般要小于16ms。

5. 可视角度

可视角度实际上是指用户可以从不同的方向清晰地观察屏幕上显示内容的角度。对液晶平板电视机，在不同的位置、不同的角度所看到图像的亮度、对比度、彩色、清晰度都有所变化，图像失真较大，甚至看不到图像。因此对液晶平板电视机有一个观看图像的最佳角度，把这个最佳角度称为液晶平板电视机的可视角度，该角度越大越好。

而目前销售的绝大多数液晶电视都应用了广视角技术，这也从根本上解决了液晶电视固有的视角缺陷。目前市面上主流液晶电视的可视角度是176°。选购时，可以在侧面观察、感觉一下。两种显示器 LCD 与 PDP 的性能对比如表 5-14 所示。

平板显示屏的性能对比表　　　　　　　　　　　表 5-14

性能指标	液晶显示屏	等离子显示屏	性能对比
亮度（nit）	≥300	≥350	等离子屏优于液晶屏
对比度	1000：1～1600：1	3000：1，甚至更高	等离子屏优于液晶屏
分辨率	1080P	1080P	均满足高清电视要求
功耗（以 42in 为例）	200W	500W	液晶耗能更低
色彩饱和度（%）	75～92	90～93	等离子屏优于液晶屏
静态图像	不会灼伤	画面灼伤严重	液晶屏优于等离子屏
动态图像	有轻微拖尾现象	拖尾现象不明显	等离子屏优于液晶屏
视角（°）	120～160	160 以上	等离子屏优于液晶屏
屏幕拼接缝	小	大	液晶屏优于等离子屏
表面发热	低	高	液晶屏优于等离子屏
使用寿命（h）	30000 以上	20000 以上	液晶屏优于等离子屏

四、平板高清电视机选购

作为一名消费者，如何面对众多的液晶、等离子平板电视机挑选出符合自己所需的机型，也是有一番学问的。

1. 机型的选择

液晶和等离子电视机各具特色，两者是完全相对，液晶电视机的优点正是等离子电视机的缺点，而等离子电视机的优点正是液晶电视机的缺点，是选择液晶电视机好，还是等离子电视机好呢？应该根据自身的消费取向来选择。如果消费者买液晶或者等离子电视机主要用来看普通电视和 DVD 影碟之类的，其收看效果和图像质量都不会比 CRT 电视机好，因为 480I/P 这个标清级别的影像是 CRT 电视机的天下。如果收看高清电视节目，一般来讲，看静态或慢速画面时液晶电视机色彩鲜艳一些，优于等离子电视机；而看动态画面譬如球赛之类的节目，等离子电视机层次分明，有立体感，不拖尾，其动态清晰度和通透感是液晶电视机无法比拟的，比液晶电视机要好很多。

对于液晶电视机，生产厂家众多，所有电视机生产商都生产液晶电视机，机型功能丰富，价格档次相差也较大。对于等离子电视机，目前的生产厂家只有松下、日立、三星、LG 和国内的长虹，早期的先锋已退出。其中松下的技术最为强大，产品性能和功能的更新非常快。

2. 尺寸的选择

国际电信联盟的无线电委员会（ITU-R）给高清电视机感官描述为，当观看距离为屏幕高度的3倍时,高清电视系统的显示效果应该等于或接近于一名正常视力者在观看原视景物或演示时的临场感觉。

根据测试,当观众收看电视机水平视角在20°～30°之间,就开始产生"身临其境"的临场感觉,当然,如果电视屏幕小,距电视机距离近一些,也能获得这样的视角,但观看距离过近时,眼球需要不停地转动,会引起眼肌疲劳。因此临场感除了和收看视角有关系,也和画面尺寸关系密切,画面具有足够大的绝对尺寸,临场感也就越强。

一般认为,观看距离在离屏幕2m以上较为合适。观看静止高清画面最合适的相对距离(L)为画面高度(H)的2～3倍,即2～3H;而观看动作剧烈的高清画面时,如果距离屏幕过近会感到头晕,所以比较合适的观看距离是4H。综合起来看,高清电视的最佳观看距离应该在3H左右。由此可以推算画面的高度H为收看距离的1/3L。

假如观看距离为2.4m,则屏幕高度为80cm,即选用65英寸的高清电视机。当然,以上只是针对1080级别的高清电视节目而言的,如果是720级别的节目,选择40英寸的高清电视机亦可,对于采用高清电视机的观看距离,国外给出了一个计算公式:

$$最佳观赏距离(m)=画面高度÷垂直分辨率×34$$

其中垂直分辨率是指信号源的垂直分辨率。

例如,我们采用某款47英寸液晶电视机收看CCTV高清频道,测量屏幕高度为58.5cm,高清节目采用1920×1080格式,垂直分辨率为1080,则最佳观赏距离为58.5÷1080×34=1.8(m)。

同样也可以根据收看距离运用公式推算出所需的屏幕尺寸,为了便于直接查询,我们将常用尺寸的平板电视机最佳观赏距离归纳如表5-15所示。

平板电视机最佳观赏距离查询表   表5-15

平板电视机		480级(m)	720级(m)	1080级(m)	3H(m)	4H(m)	5H(m)
尺寸(in)	画面高度(cm)						
32	39.8	2.8	1.9	1.3	1.2	1.6	2.0
37	46.1	3.3	2.2	1.5	1.4	1.8	2.3
40	49.8	3.5	2.4	1.6	1.5	2.0	2.5
42	52.3	3.7	2.5	1.7	1.6	2.1	2.6
46	57.3	4.1	2.7	1.8	1.7	2.3	2.9
47	58.5	4.1	2.8	1.8	1.8	2.3	2.9
50	62.3	4.4	2.9	1.9	1.9	2.5	3.1
52	64.7	4.6	3.1	2.0	1.9	2.6	3.2
55	68.5	4.8	3.2	2.2	2.1	2.7	3.4
56	69.7	4.9	3.3	2.2	2.1	2.8	3.5
57	71.0	5.0	3.4	2.2	2.1	2.8	3.6
60	74.7	5.3	3.5	2.4	2.2	3.0	3.7
65	80.9	5.7	3.8	2.6	2.4	3.2	4.0
70	87.2	6.2	4.1	2.7	2.6	3.5	4.4
80	99.6	7.1	4.7	3.1	3.0	4.0	5.0
100	124.5	8.8	5.9	3.9	3.7	5.0	6.2

平板电视机		480级（m）	720级（m）	1080级（m）	3H（m）	4H（m）	5H（m）
尺寸（in）	画面高度（cm）						
103	128.2	9.1	6.1	4.0	3.9	5.1	6.4
110	137.0	9.7	6.5	4.3	4.1	5.5	6.9
120	149.4	10.1	7.1	4.7	4.5	6.0	7.5
130	161.9	11.5	7.6	5.1	4.9	6.5	8.1
150	186.8	13.3	8.8	5.9	5.6	7.5	9.3
200	249.0	17.6	11.8	7.8	7.5	10.0	12.5

3. 比较响应时间和运动图像拖尾时间

具有较长的响应时间和运动图像拖尾时间是 LCD 电视机的主要缺陷之一，也是消费者在选购 LCD 电视机时应注意的问题。LCD 电视机的响应时间是指 LCD 的像素由暗转亮，再由亮转暗所需的时间，它反映了液晶电视机的显示屏各像素点对输入信号的反应速度，对消费者观看图像而言，它正好反映观察到图像切换过程的快慢，当然此值越小越好。

LCD 电视机的拖尾时间是用来描述显示快速运动图像时显示对驱动信号反应快慢的一个参数。相对于静止背景有一物体运动时，运动物体在背景图像上留下残影的现象称为拖尾。拖尾长度除与显示器的特性有关外，还与运动物体的速度有关。也就是说，当物体运动速度越快时，看到的物体运动拖尾越明显。例如：快速踢出的足球，在足球飞过的后边，留下一个长尾巴，令人讨厌。运动图像拖尾现象主要是响应时间过长造成的，但运动图像拖尾时间不完全等于响应时间，还有电路和其他因素的影响。

4. 检查液晶屏幕的坏点

液晶屏幕的坏点也是消费者在选购液晶电视时着重挑选的项目之一。

所谓坏点是指在液晶面板上不能正常显示的像素点，一般分为亮点和暗点。亮点又称为不熄灭点，是指屏幕无论在黑色背景下，还是在白色背景下，显示出的白亮点、闪亮点或带颜色的亮点，例如绿亮点、黄亮点等。尤其是白亮点、闪亮点、绿亮点、黄亮点在黑色或灰色背景下，人眼比较敏感，令人讨厌。暗点是指不发光的像素点，在白色的背景下显示出的黑色点。

消费者在选购液晶电视机时要挑选没有坏点或坏点尽量少的 LCD 电视机。但由于生产液晶屏时难免会出现个别的坏点，因此对坏点的个数有一个基本的要求，即：对于黑色点，因对人眼的刺激不敏感，可允许在屏幕中心一半的屏幕高度和宽度面积内有 2 个，在其余的面积内最多允许有 8 个；对于亮点、绿亮点、黄亮点等对人眼刺激比较敏感的颜色点，在屏幕中心一半的屏幕高度和宽度面积内不允许出现，对人眼刺激不敏感的灰色点不超过 4 个。

建议消费者在选购液晶电视时，要在不同图像亮度背景情况下，包括亮色图像和暗色图像，在不同位置、不同角度，仔细查看屏幕，挑选没有坏点或坏点尽量少的 LCD 电视机。

5. 检查漏光现象

LCD 电视机的漏光也应是消费者在选购 LCD 电视机时应关注的问题。

漏光是指液晶显示屏显示黑色图像时，在屏幕的四周有较多的光线漏出，使屏幕的四周看起来比中心亮；还有少数液晶电视机的漏光出现在屏幕的其他位置上。

漏光是液晶电视成像原理所带来的固有缺陷，其他成像方式的电视机，如 CRT 型电视、PDP 电视机不会出现漏光现象。由于漏光现象的存在，可能使一些液晶电视机因有漏光，使显示的黑色图像不黑，造成对比度降低，亮度均匀性变差，图像层次感模糊，清晰度下降，图像质量变差。因此消费者在选购 LCD 电视机时，应把电视机调到黑色图像检查是否有漏光现象。在有关标准中规定，漏光的亮度不能超过 $4cd/m^2$。

6. 比较功能和外部接口

LCD 电视机是一种高科技产品，技术水平日新月异，外形不断改进，功能越来越多，消费者要想购买一个一步到位、一劳永逸的产品是不可能的。但在购买时应适当考虑技术的先进性，现在购买的产品至少在两三年内不落后。LCD 电视机绝大多数功能，消费者可以通过遥控器或面板的调谐键调整，在屏幕上显示的菜单中看到，可进行比较挑选；其中很多功能还可以通过电视机前、后、左、右面板上安装的接口了解到，安装的接口越多，则功能越多。现将了解到目前液晶电视的接口和相对应的功能，介绍给消费者，供选购时参考。

① RF 输入接口（天线输入接口，又称射频输入接口）：输入接收电视台广播 RF 电视信号或输入有线传输的 RF 电视信号。

② 复合视频（CVBS）输入接口：输入由机顶盒、VCD、DVD、数码相机、数码摄像机或频道增补器等设备输出的复合视频信号。

③ AV 输入接口：输入由机顶盒、VCD、DVD、数码相机、数码摄像机或频道增补器等设备输出的音视频信号；有的具有 AV1、AV2 表示有两路音频、视频输入，一路可接 DVD，另一路可接机顶盒，可进行切换。

④ Y/C 输入接口（有的称为 S 端输入接口）：输入 VCD、DVD 或机顶盒输出的 Y（亮度）信号和 C（色度）信号。

⑤ R、G、B 基色信号输入接口：输入由 DVD、机顶盒等设备输出的 R、G、B 基色信号。

⑥ D-Sub15 针输入接口（VGA 输入接口）：输入由 DVD、机顶盒，前投影机、摄像机、电脑等设备输出的信号。

⑦ Y、P_R、P_B 信号输入接口：输入由 DVD、机顶盒，前投影机、摄像机、计算机等设备输出的信号，是高清晰度电视信号输入的必备输入接口。

⑧ USB 接口：可以和数码相机、数码摄像机、U 盘等 USB 大容量存储器连接。

⑨ 数字视频接口（DVI）：可以直接输入数字视频信号，与机顶盒等数字电视设备相连接不会造成信息的丢失。目前 DVI 又分两种：DVI-D（纯数字输入接口）和 DVI-I（纯数字并兼容模拟信号输入接口），见本书第 171 问。

⑩ 高清晰度多媒体接口（HDMI）：可以直接输入数字音视频信号，与机顶盒等数字

电视设备相连接，比 DVI 具有更大的优越性，见本书第 172 问。

▌ 音频输入/输出接口：主要和 VCD、DVD 或机顶盒等设备相连接，音频输出接口和外接功率放大器、音箱相连接。

随着技术的发展，LCD 电视机的功能和接口将会越来越多，但消费者在选购液晶电视时，可以根据自己的需要进行选择。如果购买 32 英寸以上，屏幕幅型比为 16∶9 的液晶电视，准备收看数字电视、高清晰度电视节目，接口功能要多些，要带有数字音视频接口和 D-Sub15 针接口（VGA 输入接口），如果购买 20 英寸以下的液晶电视，接口功能可以适当少些，保证能正常收看和与 DVD、音响设备、数码相机等音、视频设备相连的接口就可以了，因为接口功能越多，相对价格也越高。

五、液晶电视机的使用及注意事项

液晶电视机在使用时应注意以下几点：

（1）液晶电视机在正常使用时有一定的温度，所以在使用中的液晶电视机的整机及屏表面有一定的温升是正常的。

（2）液晶电视机屏幕是一真空器件，易碎和易破裂，在使用中要注意对它的保护，要防止液晶平板电视机跌落、翻倒等。任何时候，都禁止任何物体直接撞击液晶电视机的屏幕。

（3）当液晶电视机表面有脏污物时，必须用很柔软的、不掉毛的高级面巾纸（或专门的平板电视机擦布），沾上纯净水轻轻地擦，等脏污物被擦掉后，再用干的、很柔软的、不掉毛的高级面巾纸（或专门的平板电视机擦布）把液晶屏表面的水珠擦掉，除此外，不应使用任何东西和液体对液晶屏表面进行擦洗。在进行上述操作时，液晶电视机必须断电，并且在擦好 10min 后方可通电试机。

（4）有的时候轻轻地碰到液晶电视机的屏幕时，屏幕会出现黑斑或其他彩斑，这是正常的，等碰触过后就会恢复正常。但如果碰触过度，导致液晶屏里的液晶格严重变形，并无法复原，则液晶电视机的屏幕将永远存在黑斑或其他彩斑，如果要复原到正常状态，只有更换液晶屏。

第六节 PDP 显示器和电视机

一、等离子显示器（PDP）

等离子显示器（Plasma Display Panel，PDP）是一种利用惰性气体放电的显示装置，如图 5-15 所示。它采用等离子管作为发光元件，将大量的等离子管整齐地排列在一起而构成屏幕。等离子管的发光原理与普通荧光灯类似，即在每一个密封的等离子管小室内都充有氖、氙等混合惰性气体，并在等离子管的电极间加上高压，以使气体放电而产生等离子体，而这些等离子体会发出人眼看不见的紫外光，照射到涂敷于管壁上的荧光材料上，从而激励平板显示器上的红、绿、蓝三基色荧光粉发出可见光。每个等离子管作为一个像素，数百个三基色像素进行明暗和颜色变化的组合，即可产生各种灰度和色彩的图像。PDP 的显示方式与传统的 CRT 显示方式不同，传统的显示设备是通过扫描屏幕而产生图像的，而 PDP 中的所有像素点都是在同一时刻被"点"亮的。一个发光点只有发光和不发光两个状态，给定像素的亮度取决于在图像的一个帧周期中，相应的发光点多长时间处于"发光"状态，彩色显示则通过空间混色实现。例如一个 42in 的等离子显示屏，显示平板厚为 6～7mm，每个荧光管尺寸为 0.3mm×1.0mm。荧光管的数目大约是 123 万个（所有的 R、G、B 荧光管）。

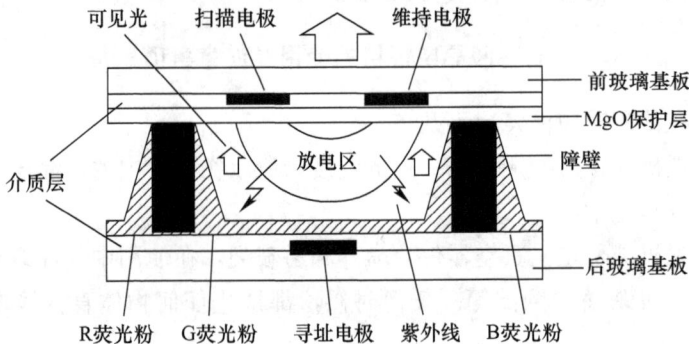

图 5-15 等离子显示器的结构图

1. 等离子体显示器的主要特点

（1）可实现高亮度大屏幕平面显示。显示屏幕一般大于 40in（通常为 40～80in 或更大），其屏幕亮度通常为 400～600cd/m²，甚至达 1000cd/m²，而传统的 CRT 显示器的亮度只有 100～120cd/m²。

（2）对比度大且范围宽。显示屏的对比度大致在 600∶1～4000∶1，均优于 CRT 显示屏和 LCD 显示屏。

（3）清晰度高。等离子体显示屏的分辨率已达 1366×768 像素，画面达 100～150 万像素已不成问题。

（4）色彩丰富，色彩还原性好。PDP 显示屏已能成功还原出 16.777×10⁶ 种不同彩色，彩色饱和度也高。

（5）质轻，体薄。这两项指标与 LCD 平板显示器大致相同，其厚度在 2.5～10cm，可制成壁挂式装置，嵌于墙壁之中。

（6）视场角大，可达 170°。

（7）响应速度快，其值大大优于 LCD 显示屏。

（8）供电电压不高，一般为几十伏至数百伏，故无 X 射线辐射，屏幕也无闪烁感。

（9）寿命较长，一般可达 2～4 万 h。

（10）主要缺点是，画面略有颗粒感，不适合精细显示，耗电偏大。

2. 数字电视对 PDP 显示器的性能要求（表 5-16）

数字电视等离子显示器的常温性能要求　　　　　表 5-16

序　号	项　目		单　位	性能要求	
				SDTV	HDTV
1	重显率	水平	%	≥95	
		垂直		≥95	
2	有用平均亮度	≤127cm	cd/m²	≥60	
		>127cm		≥40	
3	对比度		倍	≥150：1	
4	亮度均匀性		%	≥75	
5	相关色温		K	9300	$u'=0.189\pm0.015$
					$v'=0.447\pm0.015$
				6500	$u'=0.198\pm0.015$
					$v'=0.468\pm0.015$
6	色域覆盖率		%	≥32	
7	白色色度不均匀性 $\Delta u'v'$			≤0.015	
8	白平衡误差	$\Delta u'$		不劣于±0.020	
		$\Delta v'$		不劣于±0.020	
9	清晰度	RF 模拟信号输入 水平	电视线	≥350	
		垂直		≥400	
		水平		≥450	≥720
		垂直		≥450	≥720
10	可视角（$L_0/3$）	水平	(°)	≥160	
		垂直		≥80	
11	亮度均匀性与视角的关系		%	≥50	
12	色度与视角的关系	$\Delta u'$		不劣于±0.020	
		$\Delta v'$		不劣于±0.020	
13	运动图像拖尾时间		ms	≤20	
14	残留影像		%	待定	
15	像素缺陷	不发光点缺陷 A 区	个	≤2	在 1/9 屏高×1/9 屏宽的面积内不能出现 2 个不发光点
		A 区+B 区		≤8	
		不熄灭点缺陷 A 区	个	0（白发光点或绿发光点） ≤2（红、蓝或其他色发光点）	
		A 区+B 区		≤4（在 1/9 屏高×1/9 屏宽的面积内不能出现 2 个绿或白发光点）	
16	待机消耗功率		W	≤5	
17	整机消耗功率		W	由产品规范规定	
18	电源频率适用范围		Hz	50×（1±2%）	
19	遥控接收距离		m	≥8	
20	受控角	上	(°)	≥15	
		下		≥15	
		左		≥30	
		右		≥30	
21	抗环境光干扰在各种环境光≥2000lx 时的遥控距离		m	5	
22	抗外界电器干扰			不受外界电器使用时的干扰	

3. PDP 与 CRT、LCD 的比较

与 CRT 和液晶显示器相比，PDP 的优点表现在以下方面：

（1）与直视型 CRT 显示器相比

① PDP 电视机最突出的特点是可做到超薄，并可轻易做到 40 英寸以上的完全平面大屏幕，而厚度不到 100mm。

② PDP 的体积更小，质量更轻，而且无 X 射线辐射。

③ 由于 PDP 各个发光单元的结构完全相同，因此不会出现 CRT 显示器常见的图像几何变形。

④ PDP 屏幕亮度非常均匀，没有亮区和暗区；而传统 CRT 显示器的屏幕中心总是比四周亮度要高一些。

⑤ PDP 不会受磁场的影响，具有更好的环境适应能力。

⑥ PDP 屏幕不存在聚焦的问题，因此，CRT 显示器某些区域因聚焦不良或使用时间长后已开始散焦的问题得以解决，不会产生 CRT 显示器的色彩漂移现象。

⑦ 表面平直使大屏幕边角处的失真和色纯度变化得到彻底改善。高亮度、大视角、全彩色和高对比度，使 PDP 图像更加清晰，色彩更加鲜艳，效果更加理想，令传统电视机叹为观止。

（2）与液晶显示器相比

① PDP 显示亮度高，屏幕照度高达 150lx，因此可以在明亮的环境之下欣赏大画面的影视节目。

② 色彩还原性好，灰色丰富，能提供格外亮丽、均匀平滑的画面。

③ PDP 视野开阔，PDP 的视角高达 160°。普通电视机在大于 160°的地方观看时画面已严重失真，而液晶显示屏视角只有 50°左右，更是无法与 PDP 的效果比拟。

④ 对迅速变化的画面响应速度快。此外，PDP 平而薄的外形也使其优势更加明显，且安装方便，可以壁挂，无处不显其高档豪华气派。

但是 PDP 也有不足，显示屏上的玻璃极薄，不能承受过大或过小的气压，更不能承受重压。PDP 的每一颗像素都是独立地自行发光，功耗大，在 PDP 背板必须装有多组风扇用于散热。此外，PDP 驱动电压高，画面略有颗粒感，不适合精细显示，价格也较高。

二、PDP 高清电视机

图 5-16 是高清晰度彩色 PDP 电视显示系统的电路方框图。显示屏的扫描行数为1035，每行的像素达 1920，可实现高清晰的图像显示。视频信号经解码处理后将亮度信号 Y 和色差信号 Pb、Pr（或是用 R、G、B 信号）送到 PDP 的信号处理电路中，首先进行 A/D 转换和串/并转换（S/P 转换），然后进行扫描方式的变换，将隔行扫描的信号变成逐行扫描的信号，再进行 γ 校正。校正后的信号存入帧存储器中，然后一帧一帧地输出送到显示驱动电路中。

来自视频信号处理电路的复合同步信号，送到信号处理电路的时序信号发生器，以此作为同步基准信号，为信号处理电路和扫描信号产生电路提供同步信号。

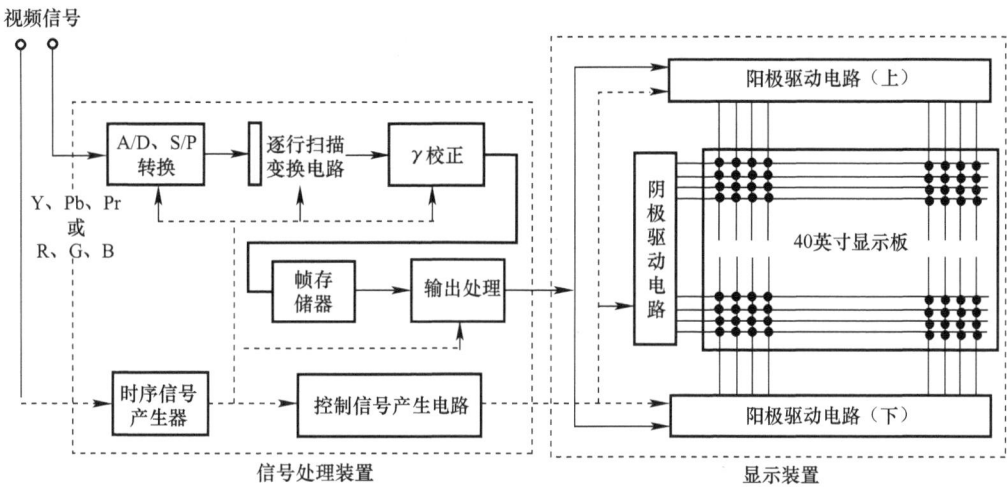

图 5-16 高清晰度彩色 PDP 电视显示系统电路方框图

三、PDP、LCD、CRT 三种数字电视机的比较

三类电视机的主要性能指标的大致对比如表 5-17 与表 5-18 所示。表中所示数据只是一个参考值或大致范围，它与电视机的屏幕尺寸和产品出厂年限有很大关系。另外，由于电视工业的迅速发展，新型电视的性能指标还在提高。

PDP-TV、LCD-TV、CRT-TV 的主要性能指标的比较　　表 5-17

性能指标	PDP-TV	LCD-TV	CRT-TV
亮度/cd·m^{-2}	400～600（>1000）	400～600	100～120
对比度	600：1～4000：1	300：1～600：1	>500：1
图像分辨率/像素	852×480；1024×768 1366×768；1600×1200 （总像素为 40～200 万）	SVGA 800×600 XGA 1024×768 SXGA 1280×1024 （总像素为 50～200 万）	（总像素为 40～100 万）
屏幕尺寸/in	>40	<40 （技术水平已达 60in）	<38
可视图像	与 PDP 的标准尺寸相等	与 LCD 的标准尺寸相等	小于 CRT 的标准尺寸，有延伸性失真
视角/（°）	>170	150～170	>150
供电电压	几十伏至几百伏	几伏至十几伏	高至数万伏（阳极）
X 射线辐射，闪烁	无 X 射线辐射，无闪烁	无 X 射线辐射，无闪烁	有 X 射线辐射，有闪烁
厚度/cm	2.5～10	约 10	60～80
响应速度	快	较慢，为 18～30ms	快
耗电/W	400～500	100～300	60～150
寿命/h	约 4 万	5 万～6 万	2 万～3 万
γ 校正	TV 电路需设置	TV 电路需设置	不需要设置
质量	较重	较轻	重
接口	数字式接口	数字式接口	非数字式接口

续表

性能指标	PDP-TV	LCD-TV	CRT-TV
外磁场影响	无影响	无影响	有影响，需加消磁电路
综合评价	优点： ① 亮度高，全屏亮度均匀； ② 对比度高，清晰度高，彩色丰富，画质好； ③ 供电电压较低，无X射线辐射，无闪烁感； ④ 屏大、体薄，可视角度大； ⑤ 屏幕自身发光，不需辅助光源； ⑥ 不受外界磁场影响，不需消磁电路	优点： ① 亮度较高，无延伸性失真； ② 清晰度高，彩色丰富，彩色稳定，画质高； ③ 供电电压很低，无X射线辐射，无闪烁感； ④ 质轻、体薄，可视角度大； ⑤ 不受外界磁场影响，不需消磁电路； ⑥ 耗电稍小，质量稍轻	优点： ① 技术成熟，价格低廉； ② 对比度好，清晰度较高； ③ TV电路无须γ校正； ④ 稳定可靠，便于修理
	缺点： ① 耗电偏大，需有良好散热环境； ② 有烙印现象； ③ 近处观看略有颗粒感，不适合精细显示； ④ 画质随时间递减	缺点： ① 反应速度较慢，有残影； ② 黑色不纯，色饱和度稍差； ③ 衰退率较高； ④ 屏幕尺寸大时，价格高	缺点： ① 体大、质重，寿命稍短； ② 屏幕尺寸难以加大； ③ 屏幕亮度不够均匀，屏幕尺寸利用不充分； ④ 阳极电压高，有X射线辐射，画面有闪烁感； ⑤ 易受外磁场影响，需加消磁电路

CRT、PDP、LCD 电视机和背投电视机的主要性能比较　　　　表 5-18

	CRT	PDP	LCD	背投电视
静止图像清晰度	中	良	优	良
亮度	良	中	优	优
亮场景图像层次	良	良	中	优
暗场景图像层次	优	优	中	优
可视角	优	优	中	中
运动图像拖尾	优	优	中	良
静止图像的残像	优	差	中	优
色域覆盖率	优	优	中	中
功耗	较大	较大	一般	较小
重量	较重	较轻	较轻	一般
厚度	厚	薄	薄	较薄
性价比	优	中	中	中
主要应用尺寸范围	14～34 英寸	32 英寸以上	10～50 英寸	50～100 英寸

　　注：1. 表中的主要应用尺寸范围仅表示该显示器件在这个尺寸范围内有较高的性价比，并不表示该显示器件的尺寸不能超出这个尺寸范围。
　　　　2. 由于各种不同类型的显示器件都是正在发展、成长的产品，各项性能都在不断地改进、提高，优、缺点也在互相转化，因此表中的比较结果仅供参考。

四、PDP 电视机的选购

　　等离子体电视机（又称为 PDP 电视机）在 2000 年前后出现在我国家电市场上，从2004 年开始，不同规格、不同型号、不同尺寸的等离子体电视机陆续上市，以它的轻、薄、平、图像无闪烁、高对比度、细腻的画质、逼真的彩色图像受到用户的青睐。PDP 电视机和 LCD 电视机一起，构成我国的平板电视市场，它们之间相互竞争，下面就 PDP 电视机和 LCD 电视机的亮度、对比度、彩色、清晰度等主要性能进行比较，结合使用场合与面积等方面提出一些选购注意事项，供参考。

选购 PDP 电视机和 LCD 电视机基本上相类似，但也有以下不同点。

① PDP 显示屏的尺寸不像 LCD 显示屏品种那么多，目前在我国市场上 PDP 显示屏的尺寸最小为 32 英寸，大一些有 42 英寸、50 英寸、55 英寸等，最大为 105 英寸，甚至更大。

② PDP 电视机的有用平均亮度一般在 $60\sim100\mathrm{cd/m^2}$，比 LCD 电视机低，但符合标准要求，并满足正常使用，尤其是暗场对比度比 LCD 电视机高，显示暗场图像层次丰富，清晰度较高。在显示暗场图像时，没有漏光现象，亮度均匀性较好。

③ 可视角比 LCD 电视机大，一般水平可视角大于 160°，垂直可视角大于 100°。

④ 目前在我国市场上 32 英寸 PDP 电视机、42 英寸 PDP 电视机的固有分辨力为 852×480、1280×720，只能显示 SDTV 的清晰度，另外还有采用 ALIS 技术的 1024×1024 显示屏，垂直清晰度可达到 HDTV 的清晰度，但水平清晰度达不到 HDTV 的清晰度的要求。从 2006 年下半年，出现了 42 英寸、50 英寸、55 英寸的 PDP 电视机的固有分辨力为 1366×768，重显图像的水平清晰度和垂直清晰度可达到 720 电视线；2007 年下半年 42 英寸、50 英寸以上的 Full HD PDP 电视机开始投放市场。消费者可根据自己的住房环境、住房面积、经济条件选购 PDP 电视机。

⑤ PDP 电视机的响应时间比 LCD 电视机要小得多，虽有运动图像拖尾时间，但比 LCD 电视机小，在选购等离子体电视机时可以不予考虑。

⑥ 因 PDP 电视机和 CRT 型电视机一样，采用荧光粉自发光，彩色还原特性好，显示人的肤色真实，色域覆盖率较高，一般在 32% 以上。

⑦ 在近距离观看 PDP 电视机的图像时，存在像素效应，即可分辨出像素结构，在显示图像细腻程度上比 LCD 电视机差；长期显示固定的静止图像会造成残留影像，严重的可能永久损伤屏幕（或称为屏幕灼伤）；显示垂直高速运动图像容易造成假轮廓效应等缺陷。这些缺陷也是消费者在选购 PDP 电视机时应认真考虑和对待的。

⑧ 等离子体屏幕和液晶屏幕一样，也可能存在坏点。在我国的有关标准中，两种电视机对坏点的数目要求都相同。用户在选购 PDP 电视机时，应仔细挑选。

⑨ 在功能和外部接口及声音方面等离子体电视机和液晶电视机一样。

第七节 OLED 显示器

一、OLED 工作原理

OLED（Organic Light-Emitting Diode）显示器是由 OLED（有机发光二极管）和相应的电子电路组成的直显型视频显示设备，是近年来在中、小型视频显示设备中一个发展迅速的新品种。

OLED 的原理是用 ITO 透明电极和金属电极分别作为器件的阳极和阴极,在一定电压驱动下,电子和空穴分别从阴极和阳极注入到电子和空穴传输层,电子和空穴分别经过电子和空穴传输层迁移到发光层,并在发光层中相遇,形成激子并使发光分子激发,后者经过辐射弛豫而发出可见光。辐射光可从 ITO 一侧观察到,金属电极膜同时也起到了反射层的作用。根据这种发光原理而制成的显示器被称为有机发光显示器,也叫 OLED 显示器。

OLED 可分为被动矩阵显示和主动矩阵显示两种方式。OLED 显示器的工作原理如图 5-17 所示。

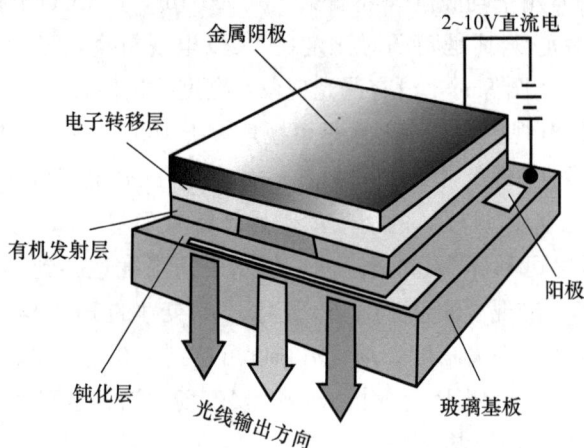

图 5-17 OLED 显示器的工作原理示意图

在被动矩阵显示 OLED(简称 PM-OLED)中,ITO 玻璃和金属电极都是平行的电极条,二者相互正交,在交叉处形成发光二极管(LED),LED 逐行点亮,形成一帧可视图像。由于每一行的显示时间都非常短,要达到正常的图像亮度,每一行的 LED 亮度都要足够高。例如一个 100 行的器件,每一行的 LED 亮度必须比平均亮度高 100 倍,这就需要很高的电流和电压,从而引起功耗增加,显示效率急剧下降,应用受到限制。

在主动矩阵显示 OLED(简称 AM-OLED)中,采用的是薄膜晶体管阵列(即 TFT 阵列),它先在玻璃衬底上制作 CMOS 多晶硅(TFT),发光层制作在 TFT 之上。驱动电路完成两个任务:一是提供受控电流以驱动 OLED,二是在寻址之后继续提供电流,以保证各像素继续发光。与 PM-OLED 不同的是,AM-OLED 的各个像素是同时发光的,这样一来单个像素发光强度的要求就降低了,电压也得以下降,这就意味着 AM-OLED 的功耗比 PM-OLED 要低得多,适合于大面积图像显示,是今后 OLED 发展的方向。

二、OLED 平板显示器的特点

这是一种利用有机荧光材料的薄膜在外加电压后能自发光而制成的平板显示器件,其主要特点有下列几点。

(1)具有与液晶显示器(LCD)类似的精细像素颗粒,又不需要背光源灯照,也不一定使用光学滤波薄膜，其显示系统所需的元件数量比 LCD 少，其响应速度、视场角、屏幕厚度等指标也优于 LCD。

（2）具有等离子体（PDP）显示器的自发光能力，又不需要密封的等离子体高压（数百伏）放电室，所需激励电压较低，故对显示屏的结构、材料等要求也低，功耗也大大减少。

（3）可利用喷墨技术制造工艺，可制成厚度很薄（1mm）、幅面很大、可折叠、可携带、环保型的显示平面。

（4）亮度高（发光效率高）。一般的 OLED 屏幕亮度＞$100cd/m^2$，个别特殊材料的发光亮度可高达 $1000cd/m^2$，比液晶显示屏的亮度高得多。而且视角大，水平与垂直视角均可达 $160°$左右。

（5）彩色丰富。目前已证实，很多有机物 OLED 都可发出红（R）、绿（G）、蓝（B）3 种基色光，与无机材料相比，其色彩更加齐全。

（6）响应速度快。其相应时间为几微秒（μs），比 LCD 高出千倍以上。

（7）质轻、体薄，其厚度可＜1mm，为 LCD 屏的 $1/3 \sim 1/5$。OLED 为全固态结构，无真空、无液态物质，抗震性能好，可制成可卷曲的柔性屏幕，便于携带和壁挂。

（8）制造工艺简单，工序少，成本在逐步降低。

（9）主要缺点是寿命稍短。目前在数千小时（$3000 \sim 5000h$）量级，数年后可达 1 万 ～ 1.5 万 h。此外，目前成品率还不高。

OLED 显示器与 LCD 显示器主要性能参数的对比，如表 5-19 所示。

OLED 显示器与 LCD 显示器主要性能参数的比较　　　　表 5-19

性能指标	OLED 显示器	LCD 显示器
发光方式	自发光，利用有机荧光材料的电光特性	被动发光，需有背光源照射
彩色表面方式	用 R，G，B 三色荧光材料或滤色薄膜	用滤色薄膜
响应时间	几微秒，很短，响应速度快	几毫秒至 20ms，较长，响应速度慢
可视角度	水平可达 $160° \sim 170°$	水平可达 $120° \sim 170°$
屏幕尺寸	可做得很大	十几英寸至几十英寸，屏幕大，价格贵
屏幕厚度	1mm，很薄，抗震性能好	$3 \sim 5mm$，较薄
屏幕质量	很轻，比 LCD 轻，可折叠，亮度高	较轻，如手机屏约为 10g，不可折叠
制造工艺	可用喷墨技术，环保，经济	较复杂，成本较高
寿命	数千小时，未来几年可达 $1 \sim 1.5$ 万 h	$4 \sim 6$ 万 h
耗电	较少	用背光源时较大

表 5-20 列出了 OLED 显示器与其他平板和 CRT 显示器的技术指标，供参考。

OLED 显示器与其他平板、CRT 显示器的技术指标　　　　表 5-20

技术指标 ＼ 类型	CRT	PDP	TFT-LCD	OLED	DLP	LCoS
视角	佳	佳	一般	佳	差	差
亮度（cd/m^2）	约 350	约 350	约 250	约 200	约 250	约 250

续表

技术指标＼类型	CRT	PDP	TFT-LCD	OLED	DLP	LCoS
对比度	佳	佳	最佳	佳	一般	一般
分辨率	一般	一般	佳	佳	佳	佳
色饱和度	最佳	佳	一般	一般	一般	一般
响应时间	$1\mu s$	$1\sim20\mu s$	25ms	$\leqslant10\mu s$	佳	一般
驱动电压	$1\sim30kV$	AC $120\sim300V$	DC $3\sim15V$	DC $3\sim9V$	$\leqslant12V$	$\leqslant12V$
电力消耗	一般	较大	较大	较小	一般	一般
面板厚度	很大	约10mm	约8mm	约2mm	较大	较大
重量	最大	一般	较小	最小	一般	一般

第六章　LED 大屏幕显示技术

第一节　LED 显示屏的分类与特点

一、概　　述

LED 是发光二极管英文 Light Emitting Diode 的简称，是一种发展迅速并具有广阔前景的新型光源。LED 类似普通晶体二极管，它的结构如图 6-1 所示，它由芯片、阳极引脚、阴极引脚和环氧树脂封装外壳组成。其核心部分为具有注入复合发光功能的 PN 结，即芯片。在高掺杂的 PN 结芯片上，当外加一直流偏压时，电子和空穴将克服在 PN 结处的势垒，分别流向 P 区和 N 区。在 PN 结处，电子与空穴相遇，并复合而产生光。环氧树脂封装除具有保护芯片的作用之外，还具有透光、聚光的能力，以增强显示效果。

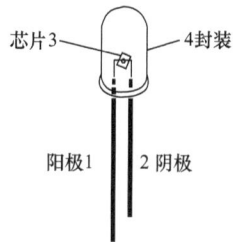

图 6-1　LED 发光二极管

LED 的发光颜色和发光效率与制作 LED 的材料和工艺有关，目前有红、绿、蓝三种基本颜色。只有红色组成的显示屏叫单红色显示屏；把红色和绿色的 LED 放在一起作为一个像素制作的显示屏叫双色屏或彩色屏；把红、绿、蓝三种 LED 管放在一起作为一个像素的显示屏叫三色屏或全彩屏。

制作室内 LED 屏的二极管尺寸有 φ3.7 和 φ5 矩阵块两种，3.7 和 5 都是二极管的直径，（单位：毫米）另外常常采用把几种不同基色的 LED 管芯封装成一体。室外 LED 屏的像素尺寸多为 12～32mm，每个像素由若干个各种单色 LED 组成，常见的成品称像素筒，双色像素筒有 2 红 3 绿、2 红 4 绿、4 红 8 绿、6 红 15 绿等组成，三色像素筒用 2 红 1 绿 1 蓝、4 红 2 绿 1 蓝等组成。

显示屏屏体矩阵部分由许多的发光二极管组成的。首先将发光管集成像素，像素再集成模块，模块再组装成大屏。发光管采用无色透明的大椭圆形硅胶封装，管内安装曲面反光碗，使亮度和对比度大大提高，色彩更加艳丽！

无论用 LED 制作双色或三色屏，欲显示图像，需要构成像素的每个 LED 的发光亮度都必须能调节，其调节的精细程度就是显示屏的灰度等级。灰度等级越高，显示的图像就越细腻，色彩也越丰富，相应的显示控制系统也越复杂。一般 256 级灰度的图像，颜色过渡已十分柔和，所以，多色及全彩 LED 屏当前都要求做成 256 级灰度，如多色屏则可显示 65536 种颜色，全色屏则可显示 16.8 兆种颜色。单色屏不存在灰度问题。

LED 拼接屏目前主要有以下几个种类：

　　室内双色 LED 显示屏：双色显示屏广泛用于金融、邮电、电信、电力、医院、部队、公安、商场、财政、税务等部门和场所。

　　室外双色 LED 显示屏：室外双色显示屏广泛应用于广场、商业中心、公路等人口密集的户外场所。具有亮度高、可全天候显示、显示内容和方式修改灵活方便、显示功能强大、功耗小寿命长等特点。

　　室内全彩 LED 显示屏：全彩色也称为三基色：即由红、绿、蓝三原色组成最小的显示单位。与计算机显示器的工作原理一致。能真实的还原色彩红、绿、蓝、各 256 级灰度构成 16.7M（百万）种颜色，能实时显示色彩丰富的动态图像。

　　室外全彩 LED 显示屏：全彩色也称为三基色：即由红、绿、蓝三原色组成最小的显示单位。与计算机显示器的工作原理一致。能真实的还原色彩红、绿、蓝、各 256 级灰度构成 16.7M（百万）种颜色，能实时显示色彩丰富的动态图像。

　　多年来，LED 显示屏依靠其独特的低价、低耗、高亮度、长寿命等优越性一直在平板显示领域扮演着重要的角色，并且在今后相当长的一段时期内还有相当大的发展空间。LED 显示屏具有高亮度、可拼接使用、方便灵活、高效低耗等优点，使得它在大面积显示，特别是在体育、广告、金融、展览、交通等领域的应用相当广泛。LED 显示屏从单色至全彩的广跨度品种提供，为其适应广泛的应用提供了基础，并且由于其高亮度、高可靠性、超强抗环境光的能力，使得 LED 显示屏在诸多户外以及特殊应用场合有着不可替代的地位。

二、LED 显示屏的分类

　　1. 按显示屏的基色划分

　　① 单色显示屏。采用标准 8×8 单色 LED 矩阵模块标准组件，一般为红色，可显示各种文字、数据、两维图形。室内单色显示屏经济实用，只是色彩有些单调。

　　② 双基色显示屏。顾名思义，LED 双基色显示屏就是可同时显示两种颜色的显示屏。常用的有室外双基色大型 LED 屏和室内 LED 双色单面显示屏两大类。

　　③ 三基色显示屏（全彩）。采用标准 8×8 双基 LED 矩阵模块，每一像素点有红、黄、绿三种颜色，每种基色有 16×16 级灰度＝256 或 256×256 级灰度≈64000 种颜色，甚至更多。

　　一般来说，显示文字信息宜选用单色或双色 LED 屏。显示图形、图像信息宜选用双色或全彩色（三基色）显示屏。

　　2. 按点阵密度划分

　　按点阵密度分主要有普通密度和高密度显示屏。

　　显示屏的密度与像素直径相关，像素直径越小，显示屏的密度就越高。对于具体选型来说，观看距离越近，显示屏的密度就应越高；观看距离越远，显示屏的密度就可越低。室内 LED 显示屏按采用的 LED 单点直径可分为 ϕ3mm、ϕ3.75mm、ϕ5mm、ϕ8mm、ϕ10mm 等显示屏，以 ϕ5mm 和 ϕ3.7mm 最为常见。室外 LED 显示屏按采用的像素直径可分为 ϕ19mm、ϕ22mm 和 ϕ26mm 等显示屏。表 6-1 表示 LED 显示屏的技术参数对比表。

LED电子显示屏技术参数对比参考一览表 表 6-1

规 格	密度（点/m²）	显示颜色	灰度等级	显示颜色
PH20mm	2500	双基色	无	红、绿、黄
			64 级	4096 色
			256 级	65536 色
		全彩色	256 级	16777216 色
PH16mm	3906	双基色	无	红、绿、黄
			64 级	4096 色
			256 级	65536 色
		全彩色	256 级	16777216 色
PH10mm	10000	单色	无	红色或绿色
		双基色	无	红、绿、黄
			64 级	4096 色
			256 级	65536 色
		全彩色	256 级	16777216 色
PH8mm	15625	单色	无	红色或绿色
	15625	全彩色	256 级	16777216 色
φ3.0mm	60591	单色	无	红色或绿色
		双基色	64 级	4096 色
			256 级	65536 色
φ3.7mm	43743	单色	无	红色或绿色
		双基色	64 级	4096 色
			256 级	65536 色
φ5.0mm	17341	单色	无	红色或绿色
		双基色	64 级	4096 色
			256 级	65536 色
	17220	全彩色	256 级	16777216 色

3. 按工作方式划分

按工作方式来分主要有两大类，一类称全功能型显示屏，另一类称智能型显示屏。两者均采用国际标准 8×8 LED 矩阵模块拼装而成，屏体表面完全相同，基本显示功能相同。智能型显示屏平时无须连接上位机，显示屏有内置 CPU，能掉电保存多幅画面，可脱离上位机独立运行。需要修改显示内容时，通过 RS-232 连接微机修改。全功能型显示屏则必须连接一台微机才能工作。但智能型显示屏的显示方式通常较少，全功能型显示屏则显示方式多样。此外，智能型显示屏的操作简单，全功能型显示屏则需有专人操作、维护，如果要制作动画节目，还需专业知识。

4. 按使用环境划分

LED 显示屏按使用环境可分为室内 LED 显示屏和室外 LED 显示屏。室内显示屏：发光点较小，一般 φ3~φ8mm，显示面积一般几平方米至十几平方米；室外显示屏：面积一般几十平方米至几百平方米，亮度高，可在阳光下工作，具有防风、防雨、防水功能。

表 6-2 给出 LED 显示屏的不同分类方法。

表 6-2

LED 显示屏的分类

分类标准	种　类
按显示颜色分	单基色显示屏（红色或绿色，含伪彩色 LED 显示屏）、双基色显示屏（红色、绿色）和全彩色显示屏（三基色，即红色、绿色、蓝色）
按显示性能分	文本 LED 显示屏、图文 LED 显示屏、计算机视频 LED 显示屏、电视视频 LED 显示屏和行情 LED 显示屏等。其中，行情 LED 显示屏一般包括证券、利率、期货等用途的 LED 显示屏
按发光材料、发光点直径或点间距分	（1）模块（用于室内屏）：按采用的 LED 单点直径可分为 ϕ3.0mm，ϕ3.75mm，ϕ4.8mm，ϕ5.0mm，ϕ8mm 和 ϕ10mm 等 （2）模块及像素管（用于室外屏）：按采用的像素直径（点间距）可分为 PH8mm，PH10mm，PH16mm，PH20mm 等 （3）数码管（用于行情显示屏）：按采用的数码管尺寸（点间距）可分为 2.0cm（0.8in）、2.5cm（1.0in）、3.0cm（1.2in）、4.6cm（1.8in）、5.8cm（2.3in）、7.6cm（3in）等 　　一般来讲，观看距离近，显示面积小，选用的中心距也小，密度就高，单位面积显示屏的造价也高；观看距离远，屏体面积大，则选用的中心距也大，密度相比而言较低，单位面积显示屏的造价也相对就低
按使用环境分	室内屏、室外屏和半户外屏
按灰度级别分	分为 16 级、32 级、64 级、128 级、256 级等
根据制作时的 LED 封装形式分	（1）表贴 LED 屏：把 LED 芯片封装成 LED 灯→做成单元板→把单元板拼装成箱体→把箱体拼接成电子屏。表贴 LED 屏幕只能使用于户内环境 　　表贴 LED 屏又分为表贴三合一屏和分离式表贴屏，其主要区别是表贴三合一屏是把三个 LED 芯片封装在一个 LED 灯里，而分离式表贴 LED 屏的每一个 LED 灯里只有一个芯片 （2）亚表贴 LED 屏：也称直插式 LED 屏，其发光器件的形状为圆形、椭圆形。由于其聚光性好，亮度好，故适用于户外环境 （3）点阵 LED 屏：这种方法是不使用 LED 灯，先直接把 LED 芯片制作成 8×8 的 LED 点阵模块，再把点阵制作成单元板，最后把单元板拼接成显示屏。由于点阵 LED 屏的角度大、亮度低，故可使用于室内环境
根据 LED 屏幕外观分	（1）LED 喷绘屏：白天是喷绘效果，晚上可让 LED 广告牌显示不同的效果，目前在市场上非常流行 （2）网格 LED 屏：主要应用于舞台表演等场合，制作方法多种多样，屏体轻便、制作简单、模块化设计，非常有利于 LED 屏幕的安装拼接、拆卸移动，是目前 LED 舞台背景屏幕的最佳选择 （3）弧形 LED 屏：由于安装地点、环境、要求的显示效果等特殊的要求，需要把显示屏做成弧形。由于在户外环境中一般弧度不大，所以也可把箱体做成弧形的，模块仍然使用普通的 LED 模块；如果弧度过大，则可使用特制的单元板与模块来制作 LED 标示牌 （4）LED 条屏：这是目前市场上使用最广泛的显示屏，主要用做简单的 LED 招牌，显示单色或者双色字体；全彩的条屏在市场上不多见
根据播放要求分	（1）同步 LED 屏：显示屏屏体显示的内容与播放设备（计算机、录像机、DVD、卫星电视等）显示的内容同步显示，由于同步 LED 大屏幕显示系统成本比较高，故一般 LED 同步屏幕主要是在屏体比较大的情况下使用 （2）异步 LED 屏：外接设备起着修改、发送显示内容的作用，只要把需要显示的内容传输到屏体接收设备上即可，即使把发送系统关掉也不影响 LED 电子大屏幕的显示。异步 LED 屏又分为异步弧度系统与不带灰度的系统，异步灰度系统可以接收视频、图片等需要带灰度显示的内容，不带灰度的适用于播放表格、文字性的内容

三、LED 显示屏的特点

LED 显示屏的优点如下。

① 亮度高，屏幕视角大。LED 属于自发光器件，亮度高，可在室外阳光下显现出清晰的图像，这是 LED 显示屏的最大优势。室外屏亮度大于 8000mcd/m²，室内屏大于 2000mcd/m²。LED 室内屏视角大于 160°，室外屏视角达 110°，视角大小取决于 LED 的形状。

② 薄型，轻量，高像素密度。LED显示屏具有轻量、薄型、可显示弯曲面和安装成本低等优点，而且可在建筑物墙面完工后再安装，适合安装的场所较多。LED显示屏能够实现高像素密度。室外使用的直径不到4mm的炮弹型LED，像素间距为8mm，近年发展到6mm和3mm的间距，清晰度大大提高，但价格也相对提高。室内使用的LED显示屏是将三种颜色的边长0.3mm的四方形半导体芯片封装在一起（称为表面贴装器件，Surface Mount Device，SMD）构成的，像素间距为3mm。显示屏的点间距越小，则显示的画面越细腻、越清晰；而点间距越大，单位面积的发光点越小，单位面积价格越低，而显示效果则越差。

③ 寿命长。LED显示屏结构牢固，耐冲击，寿命长，维护成本低。它采用低电压（DC 5V）驱动，安全性和可靠性高。LED显示系统不需要日常维护，由于LED显示屏是模块化结构，个别LED损坏时更换起来非常简便。LED显示屏的寿命长达10万小时，使用时不要让LED显示屏过热。显示屏的通风和冷却装置可以保证其内部元件和LED的长期连续安全运行。

④ 发光效率，对比度高，耗电少。

⑤ 色彩表现能力强，绿色、红色的色度好，色再现范围广，理论上它可显示16384级灰度和1万亿种色彩。

⑥ 动态响应速度快（ns级），能实现视频级的显示刷新速度，全屏刷新速度72帧/秒以上。

目前，LED显示屏还存在如下缺点。

① 分辨率较低。

② 可能存在亮斑和色斑。由于LED器件亮度的分散性较大，整个屏幕可能出现不均匀的亮斑。另外由于用于室外的LED显示屏的配光视角较狭窄而且光轴的分散大，加上绿、蓝与红的配向特性不同，所以从偏离正面的位置看可能出现不均匀的色斑。

③ 局部更换后，亮度不均。LED显示屏是模块化的，几乎可以做成任意大小。但是，一旦某模块出故障后，就要更换，新的模块比较高（因为LED是新的），换上去之后很突出。

④ 价格较贵。

室内LED全彩显示屏方案有点阵模块方案、单灯方案、贴片方案和亚表贴方案，这四种显示屏方案的优缺点的比较如表6-3所示。

室内LED全彩显示屏方案优缺点的比较　　　　　　　　　表6-3

显示屏方案	优　点	缺　点	说　明
点阵模块方案	原材料成本最有优势，且生产加工工艺简单，质量稳定	色彩一致性差，马赛克现象较严重，显示效果较差	最早的设计方案，由室内伪彩点阵屏发展而来
单灯方案	色彩一致性比点阵模块方式的好	混色效果不佳，视角不大，水平方向左右观看有色差。加工较复杂，抗静电要求高。实际像素分辨率做到10000点以上较难	为解决点阵屏色彩问题，借鉴了户外显示屏技术的一种方案，同时将户外的像素复用技术（又叫像素共享技术，虚拟像素技术）移植到了室内显示屏中

续表

显示屏方案	优　点	缺　点	说　明
亚表贴方案	显示色彩一致性、视角等技术指标有所提高，成本较低，显示效果较好，分辨率理论上可以做到 17200 以上	加工较复杂，抗静电要求高	实际上是单灯方案的一种改进，现在还在完善之中
贴片方案	色彩一致性、视角等技术指标是现有方案中最好的一种，特别是三合一表贴显示屏，其混色效果非常好	加工工艺麻烦，成本太高	采用贴片 LED 为显示元件的方案

第二节　LED 显示系统的组成与性能指标

一、LED 显示屏系统组成

　　LED 显示屏系统一般由显示屏本体、显示屏控制系统、外围设备等组成。其中，显示屏本体包括 LED 发光显示单元和电源，显示屏控制系统包括主控器、分配卡、HUB卡、专用显卡、编辑卡、播放软件等，外围设备包括计算机、功放、音响、摄像机、打印机、防雷器和其他相关软件。LED 显示屏系统如图 6-2 所示。具体说来，它一般由以下几个部分组成。

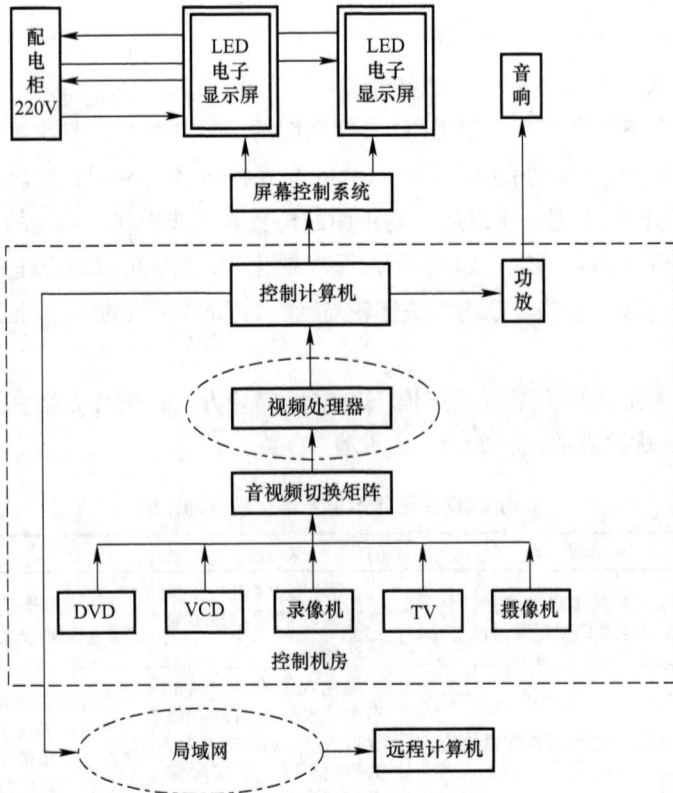

图 6-2　LED 显示屏系统原理图

（1）金属结构框架。室内屏一般由铝合金（角铝或铝方管）构成内框架，搭载显示板等各种面板以及开关电源，外边框采用茶色铝合金方管，或铝合金包不锈钢，或钣金一体化制成。室外屏框架根据屏体大小及承重能力一般由角钢或工字钢构成，外框可采用铝塑板进行装饰。

（2）显示单元。由发光材料及驱动电路构成。室内屏就是各种规格的单元显示板，室外屏就是单元箱体。显示单元一般由带有灰度级控制功能的移位寄存器、锁存器构成，只是视频 LED 显示屏的规模往往更大，通常使用超大规模的集成电路。

显示单元是 LED 显示屏的主体部分，应用于显示屏的 LED 发光材料有以下三种形式：

① LED 发光灯（或称单灯）。一般由单个 LED 晶片、反光碗、金属阳极、金属阴极构成，外包具有透光、聚光能力的环氧树脂外壳。可用一个或多个（不同颜色的）单灯构成一个基本像素，由于亮度高，多用于室外显示屏。

② LED 点阵模块。由若干晶片构成发光矩阵，用环氧树脂封装于塑料壳内。它适合行、列扫描驱动，容易构成高密度的显示屏，多用于室内显示屏。

③ 贴片式 LED 发光灯（或称 SMD LED）。就是 LED 发光灯的贴焊形式的封装，可用于室内全彩色显示屏，可实现单点维护，有效克服马赛克现象。

（3）扫描板。扫描板所起的作用正所谓承上启下，一方面它接收主控制器的视频信号，另一方面把属于本级的数据传送给自己的各个显示控制单元，同时还要把不属于本级的数据向下一个级联的扫描板传输。

（4）开关电源。将 220V 交流电变为各种直流电提供给各种电路。

（5）双绞线传输电缆。主控制仪产生的显示数据及各种控制信号由双绞线电缆传输至屏体。

（6）屏幕控制器。从计算机显示配卡获取一屏各像素的各色亮度数据，然后分配给若干块扫描板，每块扫描板负责控制 LED 显示屏上的若干行（列），而每一行（列）上的 LED 显示信号则用串行方式通过本行的各个显示控制单元级联传输，每个显示控制单元直接面向 LED 显示屏体。屏幕控制器所做的工作，是把计算机显示配卡的信号转换成 LED 显示屏所需要的数据和控制信号格式。

（7）专用显示卡及多媒体卡。除具有计算机显示配卡的基本功能外，还同时输出数字 RGB 信号及行、场、消隐等信号给屏幕控制器。多媒体除以上功能外，还可将输入的模拟视频信号变为数字 RGB 信号（即视频采集）。

（8）计算机及其外围设备。如电视机、DVD/VCD 机、摄/录像机及切换矩阵等。

二、LED 显示屏主要技术指标

1. 像素和像素失控率

LED 显示屏中的每一个可被单独控制的发光单元称为像素。

像素直径 ϕ 是指每一个 LED 发光像素点的直径，单位为毫米。对于室内屏，较常见的有 $\phi3$、$\phi3.7$、$\phi5$、$\phi8$、$\phi10$ 等，其中又以 $\phi5$ 最多。对于室外屏，有 $\phi10$、$\phi12$、$\phi16$、

$\phi18$，$\phi21$，$\phi26$，$\phi48$ 等（单位均为 mm）。通常室外屏的一像素内有多个 LED。

相邻像素中心之间的距离，称为像素中心距，也称点间距，单位为 mm。

像素失控率是指显示屏的最小成像单元（像素）工作不正常（失控）所占的比例。像素失控有两种模式：一是盲点，也就是瞎点，即在需要亮的时候它不亮；二是常亮点，即在需要不亮的时候它反而一直在亮着。一般地，像素的组成有 2R1G1B（2 个红灯、1 个绿灯和 1 个蓝灯，下述同理）、1R1G1B、2R1G、3R6G 等。失控一般不会是同一个像素里的红、绿、蓝灯同时全部失控，但只要其中一个灯失控，即认为此像素失控。为简单起见，按 LED 显示屏的各基色（即红、绿、蓝）分别进行失控像素的统计和计算，取其中的最大值作为显示屏的像素失控率。

失控的像素数占全屏像素总数的比例叫做整屏像素失控率。另外，为避免失控像素集中于某一个区域，提出了区域像素失控率的概念，即在 100×100 像素区域内，失控的像素数与区域像素总数（即 10000）之比。此指标对《LED 显示屏通用规范》SJ/T11141—2003 中"失控的像素是呈离散分布"要求进行了量化，方便直观。

一般来说，LED 显示屏用于视频播放，将其控制在 1/104 之内是可以接受，也是可以达到的；若用于简单的字符信息发布，将其控制在 12/104 之内是合理的。

2. 密度

单位面积上像素点的数量（单位：点/m^2）就叫密度。像素点数同点间距存在一定计算关系，其计算公式为

$$密度＝（1000÷像素中心距）$$

LED 显示屏的密度越高，图像越清晰，最佳观看距离就越小，如图 6-3 所示。LED 显示屏的最佳视距如表 6-4 所示。

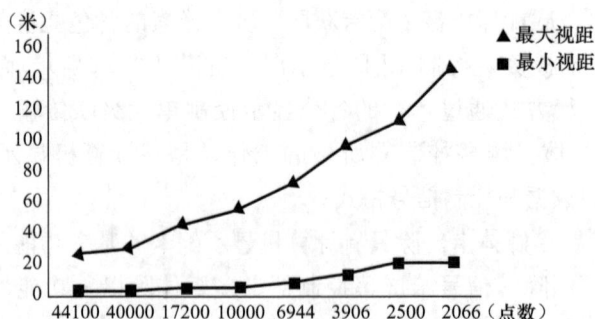

图 6-3　点数与观看距离的关系

LED 显示屏的最佳视距　　表 6-4

密度（点/m^2）	点间距（mm）	最佳视距（m）	
		最　近	最　远
44100	4.75	2	26
40000	5	3	28

续表

密度（点/m²）	点间距（mm）	最佳视距（m）	
		最　近	最　远
17200	7.625	4	42
10000	10	5	55
6944	12	8	66
3906	16	15	88
2500	20	20	110
2066	22	20	140

3. 平整度

平整度指发光二极管、像素、显示模块、显示模组在组成 LED 显示屏平面时的凹凸偏差。LED 显示屏的平整度（如图 8-2 所示）不好易导致观看时屏体颜色不均匀。

4. 分辨率

分辨率也称解释度，是指显示器所能显示的像素的多少。由于屏幕上的点、线和面都是由像素组成的，故显示器可显示的像素越多，画面就越精细，同样的屏幕区域内能显示的信息也越多。

5. 灰度等级和灰度非线性变换

灰度也称色阶或灰阶，是指亮度的明暗程度。灰度是显示色彩数的决定因素。一般而言，灰度越高，显示的色彩越丰富，画面也越细腻，更易表现丰富的细节。

灰度等级主要取决于系统的 A/D 转换位数。当然系统的视频处理芯片、存储器及传输系统都要提供相应位数的支持才行。灰度等级一般分为无灰度、8 级、16 级、32 级、64 级、128 级、256 级等。LED 显示屏的灰度等级越高，颜色越丰富，色彩越艳丽；反之，显示颜色单一，则变化简单。

目前国内 LED 显示屏主要采用 8 位处理系统，即 256（2^8）级灰度。其简单理解就是从黑到白共有 256 种亮度变化。采用 RGB 三原色即可构成 $256×256×256=16777216$ 种颜色。即通常所说的 16 兆色。国际品牌显示屏主要采用 10 位处理系统，即 1024 级灰度，利用 RGB 三原色可构成 10.7 亿色。

灰度非线性变换是指将灰度数据按照经验数据或某种算术非线性关系进行变换后再提供给显示屏显示。由于 LED 是线性器件，故其与传统显示器的非线性显示特性不同。为了让 LED 显示效果既符合传统数据源同时又不损失灰度等级，一般在 LED 显示系统后级会做灰度数据的非线性变换，变换后的数据位数会增加（保证不丢失灰度数据）。现在国内一些控制系统供应商所谓的 4096 级灰度或 16384，级灰度或更高都是指经过非线性变换后的灰度空间大小。如同灰度一样，这个参数也不是越大越好，一般 12 位就可以做足够的变换了。

6. 换帧频率

换帧频率指 LED 显示屏画面信息更新的频率，一般为 25Hz，30Hz，50Hz，60Hz 等。换帧频率越高，变化的图像连续性越好。

7. 刷新频率

刷新频率指 LED 显示屏显示数据时每秒钟被重复显示的次数，通常为 60Hz、120Hz、240Hz 等。刷新频率越高，图像显示越稳定。

8. 亮度和亮度鉴别等级

亮度指 LED 显示屏在法线方向的平均亮度，单位为 cd/m^2。在同等点密度下，LED 显示屏的亮度取决于所采用的 LED 晶片的材质、封装形式和尺寸大小。晶片越大，亮度越高；反之，亮度越低。

亮度鉴别等级是指人眼能够分辨的图像从最黑到最白之间的亮度等级。前面提到了有的显示屏的灰度等级很高，可以达到 256 级甚至 1024 级。但是由于人眼对亮度的敏感性有限，并不能完全识别这些灰度等级，所以很多相邻等级的灰度从人眼看上去是一样的。而且每个人的眼睛分辨能力各不相同。对于显示屏，人眼识别的等级自然是越多越好，因为显示的图像毕竟是给人看的。人眼能分辨的亮度等级越多，意味着显示屏的显色范围越大，显示丰富色彩的潜力也就越大。亮度鉴别等级可以用专用的软件来测试，一般显示屏若能够达到 20 级以上就算是比较好的等级。

9. 视角

当水平和垂直两个方向的亮度分别为 LED 显示屏法线方向亮度的一半时，该观察方向与 LED 显示屏法线的夹角分别称为水平视角和垂直视角，一般用"±"表示左右和上下各多少度，如图 6-4 所示。

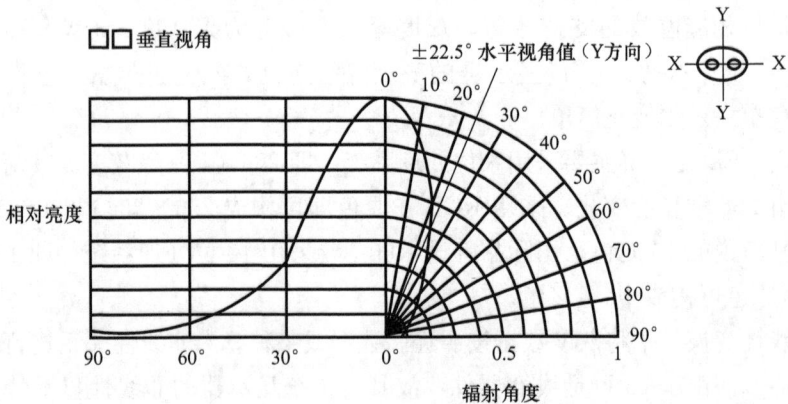

图 6-4　视角的表示法

如果一块显示屏的水平视角为 120°，垂直视角为 45°，在此观看范围内能使所有观众享受到最佳的观看效果。超出此范围，观众将收看到低于正常亮度 50% 的视觉效果。LED 显示屏的视角越大，其受众群体越多，覆盖面积越广，反之越小。

LED 晶片的封装方式决定了 LED 显示屏视角的大小，其中，表贴 LED 灯的视角较好，椭圆形 LED 单灯的水平视角较好，如表 6-5 所示。视角与亮度成反比。

LED封装方式与视角大小的关系　　　　　　　表 6-5

LED芯片封装方式	水平视角	垂直视角
表贴 LED 灯	160°	160°
椭圆形 LED 灯	120°	45°
圆形 LED 灯	60°	60°

10. 显示屏寿命

LED 是一种半导体器件，其理论寿命为 10 万小时。LED 显示屏的寿命取决于其所采用的 LED 灯的寿命和电子元器件的寿命。一般其平均无故障时间不低于 1 万小时。

三、LED 显示系统的性能分级

LED 视频显示系统按性能分级可分为甲、乙、丙三级。各级 LED 视频显示系统的性能和指标应符合表 6-6 的规定。

各级 LED 视频显示系统的性能和指标　　　　　表 6-6

项　　目		甲　级	乙　级	丙　级
系统可靠性	基本要求	系统中主要设备应符合工业级标准，不间断运行时间 7d×24h		系统中主要设备符合商业级标准，不间断运行时间 3d×24h
	平均无故障时间 (MTBF)	MTBF>10000h	10000h≥MTBF>5000h	5000h≥MTBF>3000h
	像素失控率 P_Z　室内屏	$P_Z≤1×10^{-4}$	$P_Z≤2×10^{-4}$	$P_Z≤3×10^{-4}$
	像素失控率 P_Z　室外屏	$P_Z≤1×10^{-4}$	$P_Z≤4×10^{-4}$	$P_Z≤2×10^{-4}$
光电性能	换帧频率 (F_H)	$F_H≥50Hz$	$F_H≥25Hz$	$F_H<25Hz$
	刷新频率 (F_C)	$F_C≥300Hz$	$300>F_C≥200Hz$	$200>F_C≥100Hz$
	亮度均匀性 (B)	$B≥95\%$	$B≥75\%$	$B≥50\%$
机械性能	像素中心距相对偏差 (J)	$J≤5\%$	$J≤7.5\%$	$J≤10\%$
	平整度 (P)	$P≤0.5mm$	$P≤1.5mm$	$P≤2.5mm$
图像质量		>4 级		4 级
接口、数据处理能力		1. 输入信号：兼容各种系统需要的视频和 PC 接口；2. 模拟信号：达到 10bit 精度的 A/D 转换；3. 数字信号：能够接收和处理每种颜色 10bit 信号	1. 输入信号：兼容各种系统需要的视频和 PC 接口；2. 模拟信号：达到 8bit 精度的 A/D 转换；3. 数字信号：能够接收和处理每种颜色 8bit 信号	输入信号：兼容各种系统需要的视频和 PC 接口

第三节　LED 显示屏系统的设计

一、LED 显示屏系统的设计特点

LED 显示屏是由发光二极管排列组成的一个显示器件。它采用低电压扫描驱动，具有如下特点：

（1）模块化设计：电路设计按功能分成不同的模块，提高了系统的稳定性、可靠性，安装、维护方便。

（2）分布式扫描技术：显示部分采用扫描控制技术，显示部分被分成不同的单元，独立进行扫描。每个单元之间的信号传递采用信号锁存技术进行同步控制。显示的稳定性大大增加。

（3）通信接口技术：通信距离可达 1000 米。可以抗击 ±15kV 的静电放电冲击。RS-422 专用设计接口，极大地提高了系统通信的可靠性。

（4）软件设计、方式灵活：通用显示屏软件具有良好的用户界面，清晰的菜单窗口，用户可以根据需要，任意编排节目，既能重放录像，也能重放动画文字、插播消息等。

（5）可视性好：产品采用 LED 晶片，构成的显示屏具有高亮度、色彩鲜艳、视角大、寿命长（100000 小时）、稳定性高及响应速度快等特点，但近距离视觉效果差。

（6）易于安装：采用显示单元板或显示单元箱体，根据用户要求和应用场所的要求任意组装成所需要的显示屏尺寸，并且便于维护。

（7）多媒体应用技术：可以对标准视频信号、音频信号、网络其他设备进行直接接入，兼容性强。可显示文字、图表、图像、动画、视频信息。画面稳定，无杂点，图像效果清晰，动画效果生动、多样。

（8）信息量大：显示的信息不受限制。

二、显示屏体大小与安装设计

1. 显示屏体大小的选择

在设计屏体大小时，有 3 个重要因素需要考虑：

① 显示内容的需要。

② 场地的空间条件。根据场地的空间条件，设计屏体大小时主要应该考虑以下 5 点：

- 有效视距与实际场地尺寸的关系；
- 像素尺寸与分辨率；
- 单元为基数的面积估计；
- 屏体机械安装及维护操作空间；
- 屏体倾角对距离的影响。

③ 显示屏单元模板尺寸（室内屏）或像素大小（户外屏）。

室内屏的设计参考尺寸：ϕ3.0mm 的点间距是 4.00mm，屏体最大尺寸约为 2.0m（高）×3m；ϕ3.75mm 的点间距是 4.75mm，屏体的最大尺寸约为 2.5m（高）×4m；ϕ5.0mm 的点间距是 7.62mm，屏体的最大尺寸约为 3.7m（高）×6m。

在设计室内显示屏的几何尺寸时，应以显示屏单元模板的尺寸为基础。一块单元模板的分辨率一般为 32×64，即共有 2048 个像素。其几何尺寸为：ϕ3.75mm 单元模板的尺寸为 152mm（高）×304mm（宽），ϕ5mm 单元模板的尺寸为 244mm（高）×487mm（宽）。

室内显示屏屏体外边框的尺寸可按要求确定，一般应与屏体大小成比例。外边框的尺寸通常为 5~10cm（每边）。

对于户外屏而言，首先要确定像素尺寸。像素尺寸的选定除了应考虑前面提到的显示内容的需要和场地空间因素外，还应考虑安装位置和视距。若安装位置与主体视距越远，则像素尺寸应越大，因为像素尺寸越大，像素内的发光管就越多，亮度就越高，而有效视距也就越远。但是，像素尺寸越大，单位面积的像素分辨率就越低，显示的内容也就越少。

总之，室内 LED 显示屏以采用单点直径为 $\Phi10$（10mm）以下或点间距 P10 以下为宜。

室外 LED 显示屏以采用单点直径为 $\Phi5$（5mm）以上或点间距 P6 以上的 LED 显示屏为宜。

2. LED 视频显示屏系统的安装现场设计应符合下列规定：

（1）显示屏发光面应避开强光直射。

（2）显示屏图像分辨力应大于等于 320×240。

（3）视距和像素中心距应按下式计算：

$$H=k \cdot P$$

式中　H——视距（m）；

$\quad\quad k$——视距系数，最大视距宜取 5520，最小视距宜取 1380；

$\quad\quad P$——像素中心距（mm）。

理想视距为最大视距的一半，或最小视距的 2 倍。

3. 模组规格和单管亮度的计算

（1）间距计算方法。每个像素点到另外一个像素点之间的距离，每个像素点可以是 1 只 LED 灯，如 PH10（1R）；2 只 LED 灯，如 PH16（2R）；3 只 LED 灯，如 PH16（2R1G）；4 只 LED 灯，如 PH16（2R1G1B）；8 只灯、12 只灯等。

（2）长度和高度计算方法。长度、高度的计算公式如下：

$$点间距×点数=长/高$$

【例 1】PH16 长度＝16 点×1.6cm＝25.6（cm），高度＝8 点×1.6cm＝12.8（cm）；PH10 长度＝32 点×1.0cm＝32cm，高度＝16 点×1.0cm＝16（cm）。

（3）屏体使用模组数。

屏体使用模组数的计算公式如下：

$$总面积÷模组长度÷模组高度=使用模组数$$

【例 2】$10m^2$ 的 PH16 室外单色 LED 显示屏使用模组数为：

$$10m^2÷0.256m÷0.128m=305.17578≈305（个）$$

更加精确的计算方法为：

$$长度使用模组数×高度使用模组数=使用模组总数$$

【例 3】长 5m、高 2m 的 PH16 单色 LED 显示屏使用模组数为：

$\quad\quad\quad\quad$长度使用模组数：5m÷0.256m＝19.53125≈20（个）

$\quad\quad\quad\quad$高度使用模组数：2m÷0.128m＝15.625≈16（个）

$\quad\quad\quad\quad$使用模组总数目：20 个×16 个＝320（个）

（4）单管亮度的计算。以两红、一绿、一蓝为例，其计算方法如下：

红色 LED 灯亮度：亮度（cd/m²）÷点数/m²×0.3÷2

绿色 LED 灯亮度：亮度（cd/m²）÷点数/m²×0.6

蓝色 LED 灯亮度：亮度（cd/m²）÷点数/m²×0.1

例如：每平方米 2500 点密度，2R1G1B，每平方米亮度要求为 5000cd/m²，则

红色 LED 灯亮度：5000÷2500×0.3÷2＝0.3（cd/m²）

绿色 LED 灯亮度：5000÷2500×0.6＝1.2（cd/m²）

蓝色 LED 灯亮度：5000÷2500×0.1＝0.2（cd/m²）

因此，每像素点的亮度为：0.3×2＋1.2＋0.2＝2.0（cd/m²）

三、LED 显示屏的设计

1. LED 视频显示屏系统的设计应符合下列规定：

（1）像素中心距应根据合理或最佳视距计算。

（2）显示屏的水平左右视角分别不宜小于±50°，垂直上视角不宜小于 10°，垂直下视角不宜小于 20°。

（3）显示屏亮度应符合表 6-7 的规定，在重要的公共场所亮度应可调节。

视频显示屏的亮度（cd/m²） 表 6-7

场　　所	种　　类		
	三基色（全彩色）	双色	单色
室外	≥5000	≥4000	≥2000
室内	≥800	≥100	≥60

（4）背景照度小于 20lx 时，全彩色室外 LED 显示屏最高对比度不应小于 800∶1，室内不应小于 200∶1。

（5）显示屏的白场色坐标，在色温 5000～9500K 应可调，允许误差应为 $|\Delta x| \leqslant 0.030$，$|\Delta y| \leqslant 0.030$。

（6）显示屏的色度不均匀性不应大于 0.14（或大于 85%）。

（7）显示屏的每种基色应具有 256 级（8bit）的灰度处理能力。

2. LED 视频显示屏系统的安全性设计应符合下列规定：

（1）安全性设计应符合国家现行标准《LED 显示屏通用规范》SJ/T 11141 的有关规定。

（2）显示屏应有完整的接地系统。

（3）室外 LED 视频显示屏应有防雷系统。

（4）显示屏的外壳防护等级应符合现行国家标准《外壳防护等级（IP 代码）》GB 4208 的有关规定。室内 LED 显示屏屏体不应低于 IP20，室外 LED 显示屏屏体外露部分不应低于 IP65。

（5）处于游泳馆、沿海地区等腐蚀性环境的 LED 视频显示屏应采取防腐蚀措施。

3. 器件的选择

(1) 发光管的选择

目前中、高档发光管管芯的生产厂家主要有日本的日亚公司、丰田公司、美国的科瑞公司、惠普公司、德国的西门子公司、中国台湾的国联公司、鼎元公司和光磊公司等,其中,日本、美国及欧洲的公司主要以生产纯蓝/纯绿发光管芯为主,而中国台湾的公司则以生产红绿管管芯为主。

从目前的实际应用及红绿色彩搭配看,一红四绿的显示屏,红管采用的是四元素的红,绿管采用的是三元素的绿。在管芯的使用上,一般采用中国台湾国联公司的712SOL红管管芯,采用中国台湾鼎元公司的113YGU绿管管芯,这种管芯的搭配是目前双基色室内显示屏配置较高的一种。另外,还有2红加1纯绿的配置方式(室外双色)。

(2) 光电驱动器件的选择

光电驱动电路用于接收来自计算机传至分配卡中的数字信号,驱动发光管亮与暗,从而形成需要的文字或者图形,其质量是否可靠稳定直接决定了发光管能否正常工作。

从目前室外屏的运行来看,故障率出现最高的地方就在光电驱动部分,因为所选用的集成IC器件的质量直接决定了光电驱动部分的质量。目前,室外显示屏采用的通用芯片是配对的4953和HC595。档次高一点的,则采用了专用驱动芯片和美国德州生产的6B系列的595芯片。

(3) 耗电要求与电源选择

显示屏的耗电量分为平均耗电量和最大耗电量。平均耗电量又称工作耗电量,它是显示屏平时的实际耗电量。最大耗电量是在启动或全亮等极端情况下的耗电量,最大耗电量是交流电供电(线径、开关等)必须考虑的要素。平均耗电量一般为最大耗电量的1/3左右。如ϕ5mm显示屏的平均耗电量为200W/m²,最大耗电量为450W/m²。

LED显示屏电源的常用规格有30A和40A。一般来说,单色显示屏是8块单元板选用1个40A的电源,双色显示屏是6块单元板选用1个电源;对于全彩的单元板,则应根据全亮时的最大功率来计算。

(4) 编辑系统和播放系统软件的选择

系统软件的总体要求是能提供简单和交互的节目制作/播放环境,可采用层次化、模块化的设计方法,使其具有良好的可靠性和可扩充性。

(5) 网络功能。配有网络接口,可以与计算机联网,同时播出网络信息,实现网络控制;根据客户要求,针对不同地点多块显示屏通过网络集中控制,可采用"VPM+宽带"进行远程控制。

在选择屏体大小时,要结合显示内容的需求、场地空间条件的限制以及投资等诸多因素。例如:要看显示屏是用在室内还是室外;主要用途是主要显示文字,或主要显示简单的图片及文字,或主要播放各种视频信号、动画、图像及文字等情况;另外,显示屏观看距离、准备采取哪种控制方式(同步控制或异步控制或无线控制等)也是非常重要的因素。

设计室内屏的参考尺寸:ϕ3.0mm的点间距是4.00mm,屏体最大尺寸约为2.0m

（高)×3m；ϕ3.75mm的点间距是4.75mm，屏体最大尺寸约为2.5m（高)×4m；ϕ5.0mm的点间距是7.62mm，屏体最大尺寸约为3.7m（高)×6m。

在设计室内显示屏的几何尺寸时，应以显示屏单元模板的尺寸为基础。一块单元模板分辨率一般为32行×64列，即共有2048个像素，其几何尺寸为：ϕ3.75mm单元板尺寸为152mm（高)×304mm（宽)；ϕ5mm单元模板尺寸为244mm（高)×487mm（宽)。

室内显示屏体外边框的尺寸可按要求确定，一般应与屏体大小成比例。外边框的尺寸通常为5～10cm（每边)。

四、LED信息显示系统的设计

1. 单色、双色LED文字显示系统

（1）基本组成和功能

单色、双色显示系统主要由计算机、通讯卡、控制装置及显示装置等部分组成，使用系统的控制软件，计算机将编辑好的图文和控制命令传送至通讯卡，通讯卡对这些信息进行处理后，传送给控制装置，控制装置再对信息进行处理、分配至相应的显示装置，显示装置根据前两个环节所编辑的内容循环显示信息。

① 单色、双色LED显示系统组成见图6-5。

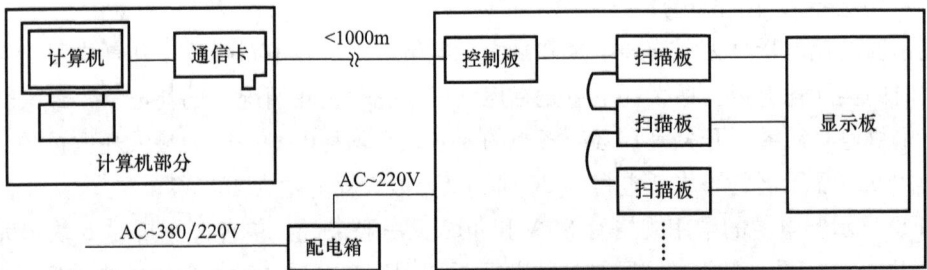

图6-5 单色、双色LED显示系统组成框图

② 单色、双色LED显示系统各部分的功能见图6-6。

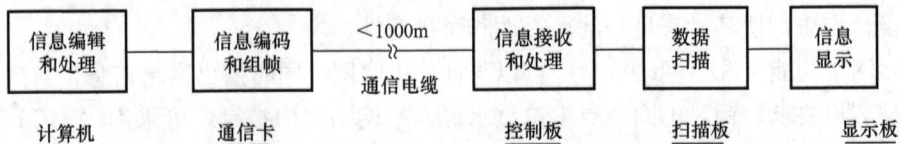

图6-6 单色、双色LED显示系统功能框图

在单色、双色LED显示系统中，计算机部分与控制显示部分的通信距离，不得大于1000m。

（2）联网显示系统

单色、双色显示系统可以联网方式工作，只需一台计算机和一个通讯卡。最多可连接128块显示屏，每台联网的显示屏可以显示相同或不同的内容，见图6-7。

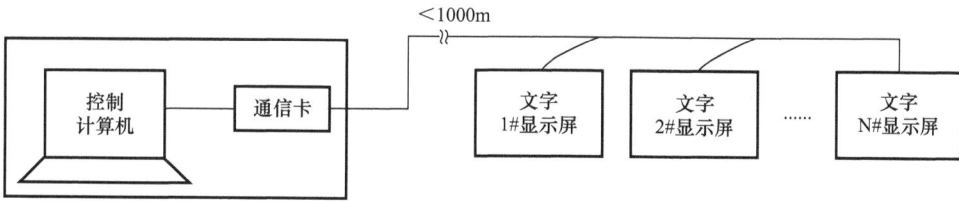

图 6-7　单色、双色 LED 显示系统联网工作示意图

2. 视频显示系统

视频显示系统是通过计算机控制，实时显示计算机监视器上的图像和文字，并兼容于计算机上的任何软件。通过使用系统控制软件，播放各种电脑动画和文字图形、编排节目和插播消息等。在配接多媒体卡后，还可以在显示屏上播放视频节目。

视频显示系统分为计算机视频系统和电视视频系统两种，都由计算机、控制装置和显示装置组成。

在视频显示系统中，计算机控制部分与显示部分的传输距离不得大于 300m。

（1）计算机视频显示系统

① 计算机视频显示系统结构见图 6-8。

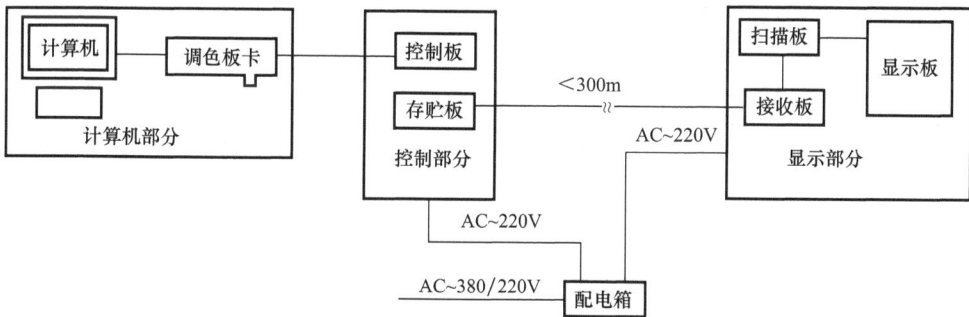

图 6-8　计算机视频显示系统结构组成框图

② 计算机视频显示系统内部结构功能见图 6-9。

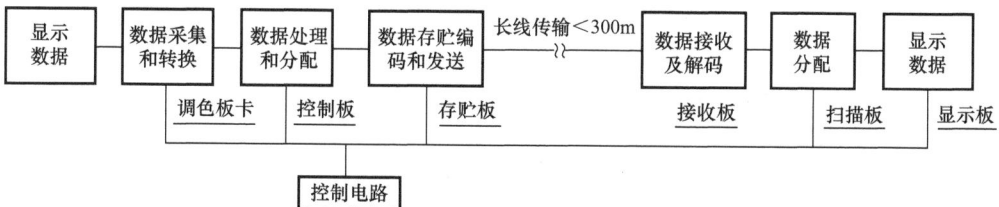

图 6-9　计算机视频显示系统内部结构功能图

③ 计算机视频显示系统的功能：

a. 直接播放电视节目、影碟及其他视频信号画面；

b. 电脑图文的多种形式显示；

c. 播出节目的预编排及各种显示方式的自动切换；

d. 电脑三维动画的显示；

e. 视频信号的动态压缩回放；

f. 视觉效果的自动修正和亮度的自动调整。

（2）电视视频显示系统

① 电视视频显示系统结构见图 6-10。

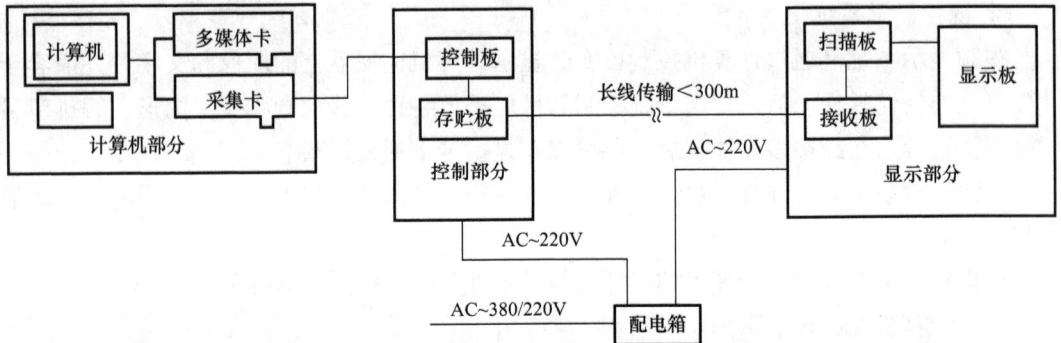

图 6-10　电视视频显示系统结构组成框图

② 电视视频显示系统功能见图 6-11。

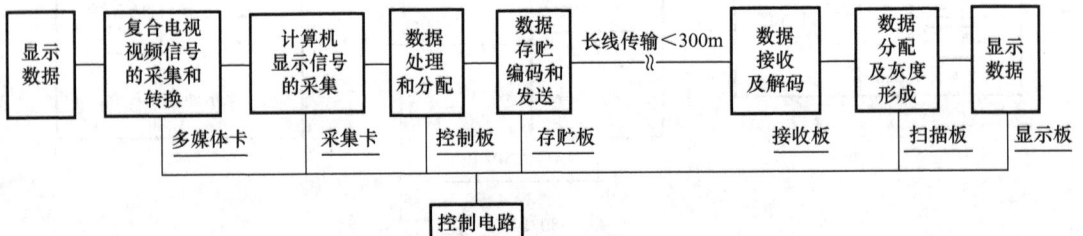

图 6-11　电视视频显示系统功能图

③ 电视视频显示系统的功能

电视视频显示系统的计算机是由多媒体卡负责采集复合电视视频信号，并将它转换成适合计算机显示的信号，采集卡完成这些信号和计算机上的显示信号的采集；电视视频显示系统除具有播放电视视频信号的功能外，还具有计算机显示系统的所有功能。

表 6-8 至表 6-12 列出 LED 显示屏的各种技术参数，供参考。

LED 显示屏主要技术参数　　　　　　　　　　　表 6-8

像素间距（mm）	点数（点/m²）	像素组成	颜　色	系统分类	显示屏类型	备　注
7.625	17200	1R/1R1G	单色/双基色	图文系统	室内屏	模块类
10	10000	1R/1R1C	单色/双基色	图文系统	室内屏	—
16	3906	1R/1R1G	单色/双基色	图文系统	室内屏	—
7.625	17200	表贴三合一	全彩色	视频系统	室内屏	—
10	10000	表贴三合一	全彩色	视频系统	室内屏	—

续表

像素间距（mm）	点数（点/m²）	像素组成	颜　色	系统分类	显示屏类型	备　注
12	6944	表贴三合一	全彩色	视频系统	室内屏	可像素共享
14	5102	1R1G/2R1G1B	双基色/全彩色	视频系统	室内屏、室外屏	可像素共享
16	3906	2R1G/2R1G1B	双基色/全彩色	视频系统	室外屏	可像素共享
18	3086	2R1G/2R1G1B	双基色/全彩色	视频系统	室外屏	可像素共享
20	2500	2R1G/2R1G1B	双基色/全彩色	视频系统	室外屏	可像素共享
22	2056	2R1G/2R1G1B	双基色/全彩色	视频系统	室外屏	可像素共享
25	1600	2R1G/2R1G1B	双基色/全彩色	视频系统	室外屏	可像素共享

室内 LED 显示屏功耗及重量　　表 6-9

发光器件	密　度	颜　色	功　能	功耗（W/m²）	重量（kg/m²）
ϕ3mm	6.25 万点/m²	单色	图文、动画	500（最大）	30
		三色		750（最大）	30
		256 色	图文、动画、视频	750（最大）	30
ϕ3.7mm ϕ4.8mm	4.41～4.5 万点/m² 2.78 万点/m²	单色	图文、动画	1000（最大）500（平均）	32
		三色		2000（最大）720（平均）	32
		256 色	图文、动画、视频	2000（最大）900（平均）	32
ϕ5mm	1.72 万点/m²	单色	图文、动画	450（最大）200（平均）	20
		三色		900（最大）290～350（平均）	20
		256 色	图文、动画、视频	950（最大）350（平均）	30
ϕ8mm	1 万点/m²	全彩色	图文、动画、视频	1300（最大）	
ϕ10mm	4300 点/m²	单色	图文、动画	130（最大）120（平均）	20～30
		三色		260（最大）180（平均）	20～30
		256 色	图文、动画、视频	260（最大）240（平均）	20～30
□12mm×12mm	4290 点/m²	全彩色	图文、动画、视频	670（最大）340（平均）	50（含承重框架）

室外 LED 显示屏功耗及重量　　表 6-10

发光器件	密　度	颜　色	功　能	功耗（W/m²）	重量（kg/m²）
ϕ15mm	2500 点/m²	256 色	图文、动画、视频	550（平均）	32
		4096 色		620（平均）	32
		全彩色		800（平均）	32
ϕ19mm	2050 点/m²	256 色	图文、动画、视频	900（最大）600（平均）	55
		4096 色		680（平均）	55
		全彩色		820（平均）	55
□21mm×21mm	1600 点/m² （1479 点/m²）	256 色	图文、动画、视频	600（平均）	52
		4096 色		650（平均）	52
		全彩色		800（平均）	52
□16mm×16mm	2066 点/m²	全彩色	图文、动画、视频	860（最大）410（平均）	54～57
□28mm×28mm	976 点/m²	全彩色	图文、动画、视频	390～1400（最大）	53
□38mm×38mm	370 点/m²	全彩色	图文、动画、视频	370～630（最大）	46

续表

发光器件	密度	颜色	功能	功耗（W/m²）	重量（kg/m²）
φ21mm	1400 点/m²	全彩色	图文、动画、视频	900（平均）	45
φ26mm	1024 点/m²	256 色	图文、动画、视频	900（最大）520（平均）	45
		4096 色		600（平均）	45
		全彩色		700（平均）	53
φ32mm	772 点/m²	256 色	图文、动画、视频	400（平均）	—
		4096 色		470（平均）	—
		全颜色		600（平均）	50

室内 LED 显示屏技术参数　　　　　　　　　　表 6-11

规　格	像素组成	单元点数（H×W）	点间距（mm）	像素密度（点/m²）	单元板尺寸（m）	单元面积（m²）	亮度（cd/m²）	峰值功耗（W/m²）
D-R-F3.75	1R	32×64	4.75	44100	0.153×0.306	0.0468	100	500
D-RYG-F3.75	1R1YG	32×64	4.75	44100	0.153×0.306	0.0468	190	700
S-W-P4	1W	16×80	4	62500	0.064×0.320	0.02	500	650
IS-F-P4	3IN1	16×80	4	62500	0.064×0.320	0.02	600	1600
IS-F-P5	3IN1	24×24	5	40000	0.120×0.120	0.0144	550	1500
D-SR-F5	1R	32×64	7.625	17200	0.245×0.490	0.1201	900	200
D-SRYG-F5	1R1YG	32×64	7.625	17200	0.245×0.490	0.1201	1100	270
D-RYG-P7.625	1R1YG	32×64	7.625	17200	0.245×0.490	0.1201	500	360
S-F-P7.625	3IN1	32×32	7.625	17200	0.244×0.244	0.0595	1200	2200
S-RG-P10	1R1PC	16×32	10	10000	0.160×0.320	0.0512	1100	800
LS-F-P10	1R1G1B	16×32	10	10000	0.160×0.320	0.0512	1200	1200
SS-F-P10	1R1G1B	16×32	10	10000	0.160×0.320	0.0512	1200	1200
IS-F-P10	3IN1	16×32	10	10000	0.160×0.320	0.0512	1200	1200
S-RG-P12	1R1PG	16×32	12	6944	0.192×0.384	0.0737	900	600
LS-F-P12	1R1G1B	16×32	12	6944	0.192×0.384	0.0737	1000	1000
SS-F-P12	1R1G1B	16×32	12	6944	0.192×0.384	0.0737	1000	1000
IS-F-P12	3IN1	16×32	12	6944	0.192×0.384	0.0737	1000	1000

注：1. 第一段字母：D-室内模块显示屏；S-室内表贴显示屏；LS-直插灯亚表贴显示屏；SS-分立表贴显示屏；IS-三合一表贴显示屏。

　　2. 第二段字母：S-超高亮；R-红色；G-绿色；YG-黄绿色；W-白色；F-全彩色。

　　3. 第三段字母：F-像素直径；P-点间距；数字-点间距数值，单位为 mm。

室外 LED 显示屏技术参数　　　　　　　　　　表 6-12

规　格	像素组成	单元点数（H×W）	点间距（mm）	像素密度（点/m²）	单元板尺寸（m）	单元面积（m²）	亮度（cd/m²）	峰值功耗（W/m²）
L-R-P16	2R	48×32	16	3906	0.768×0.512	0.3932	2500	600
L-RG-P16	2R1G	48×32	16	3906	0.768×0.512	0.3932	5000	1100
L-F-P16	2R1G1B	48×32	16	3906	0.768×0.512	0.3932	6000	1200
L-R-P20	2R	48×32	20	2500	0.960×0.640	0.6144	2200	550
L-RG-P20	2R1G	48×32	20	2500	0.960×0.640	0.6144	4500	850

续表

规　格	像素组成	单元点数 （H×W）	点间距 （mm）	像素密度 （点/m²）	单元板尺寸 （m）	单元面积 （m²）	亮度 （cd/m²）	峰值功耗 （W/m²）
L-F-P20	2R1G1B	48×32	20	2500	0.960×0.640	0.6144	5500	900
L-R-P22	2R	48×32	22	2066	1.056×0.704	0.7434	2000	500
L-RG-P22	2R1G	48×32	22	2066	1.056×0.704	0.7434	4000	700
L-F-P22	2R1G1B	48×32	22	2066	1.056×0.704	0.7434	5000	800
L-F-P25	2R1G1B	48×32	25	1600	1.2×0.8	0.96	5000	700
T-Y-P31.25	4Y	48×32	31.25	1024	1.5×1	1.5	8000	550
T-RG-P31.25	4R2G	48×32	31.25	1024	1.5×1	1.5	10000	800

注：1. 第一段字母：L-室外常规显示屏；T-室外交通屏。

　　2. 第二段字母：R-红色；G-绿色；F-全彩色；Y-琥珀（黄）色。

　　3. 第三段字母：P-点间距；数字-点间距数值，单位为 mm。

五、信息显示系统主要设备配置

信息显示系统主要设备配置见表6-13。

显示系统主要设备配置　　　　　　　　　　　　　　　　**表 6-13**

产品种类	单色、双色显示屏	视频显示屏
计算机	IBM、PC 及兼容机 586 以上	IBM、PC 及兼容机 586 以上
显示卡	TVGA 卡	TVGA 卡
扫描仪	单色、彩色	彩色
视放设备	—	录像机、VCD机、LD机、摄像机、控制箱、电视机等
专用卡	通信卡	多媒体卡、调色板卡
音响设备	—	功放、音箱
通信线、信号线	8 芯五类、双绞线	8 芯五类、双绞线
屏体	模块、单元箱体、单元板	模块、单元箱体、单元板
控制软件	根据系统功能用途配置	根据系统功能用途配置
备注	根据系统功能、用途进行设备产品配置	

六、LED 显示系统的安装工艺与供电

1. 电子显示屏机房面积不应小于 18m²。机房内应有采暖和空调，防静电架空地板，架空地板高度 150～200mm。

屏幕应尽量靠近机房安装，因室内单色屏或三色屏最远通信距离不应超过 1000m。视频屏和室外屏最远通信距离不应超过 300m。

2. LED 显示屏在安装时土建应预留足够的视觉条件，即：室内屏不管何种安装方式，可视距离应满足 5m≤有效视距≥50m，可视角度最大不得超过±60°。室外屏可视距离＞300m，可视角度±30°。

3. LED 显示屏的电源在有条件时，电源应由专设隔离变压器供给。一般情况下应由变电室专供。

在机房内应设有屏幕电源柜、维修和照明用配电箱。

4. LED显示屏的负荷等级应按一级负荷设计，计算机应配置UPS电源。

5. 显示屏的用电可根据如下条件预留电量：单色、三色屏按 $0.3kW\sim0.5kW/m^2$；二基色、三基色按 $1.5kW/m^2$；室外屏按 $2.5kW/m^2$。

6. 由机房至每块屏应预留两根金属管暗敷设在楼板内或吊顶内或墙内。其中一根管穿电源线，管径按容量预留；另一根管穿信号线，管径按RC25预留。

电源线应采用BV-500V铜线并带PE线，信号线应采用四芯屏蔽通信电缆。

7. 在机房应设工作接地端子，接地引出线应采用绝缘铜线，并将其引至室外打接地极。当采用公共接地体时，其工作接地线亦应引至室外，再与公共接地体连接。接地电阻应≤1Ω。

8. 计算机及其软件宜符合下列要求：

（1）软件功能：通信屏应显示文字、图形、数字、表格等信息，时间和速度应可调。

（2）视频屏：应是计算机与显示屏点对点同步显示，应能播放动画、录像、影碟、电视节目等。

（3）计算机的配置：应配微机的运算速率应在 2.0Gbps 以上，并有R232接口。

（4）重要场所的屏幕如：体育场馆的电子计分屏、证券交易厅的证券屏，所配的计算机，应按双机运行的容错计算机或小型机来配置。

（5）还应选配如下设备：电视监视器、录像机、摄像机、影碟机、扫描仪等。

（6）软件应支持WINDOWS和微机网络以及各种汉字操作系统。

应支持三维动画类、证券行情类、数据库类，以及多媒体视频操作软件。

（7）线缆的配备：单色和三色屏应采用四芯屏蔽通信电缆；256色视频屏和全彩色屏应采用视频通信缆。

（8）室外屏应采用屏蔽五类双绞线作为通信线。

① 当室外屏贴墙安装时，机房应在屏后面并与屏之间留有通道，为检修用。大屏内应预留检修用照明和维修电源插座，其电源由照明箱供给。

② 当室外屏在地面用支架安装时，机房距离屏幕不宜过远，电源线应穿管埋地敷设。在其支架旁的地面上应设手孔井或在支架的基座内预留暗装接线箱，箱门应有防雨措施并加锁。

七、应用示例

作为示例，LED显示系统的组成如图6-12所示。来自各种视频设备（广播电视、录像机、DCD、DVD等）的视频信号经LED专用多媒体卡转换后送入控制计算机，也可利用计算机常规外设（扫描仪、书写板等）和计算机网络将要显示的各种内容输入控制计算机，在控制计算机中选择后送至LED视频控制仪转换成大屏幕控制电路可接受的数字信号。LED显示大屏幕由LED发光二极管模块及其控制、驱动电路组成，LED模块有各种规格，如8×8，32×32等；显示屏中的控制电路负责接收来自控制计算机的显示信号，再由驱动电路驱动LED发光形成画面。因此大屏幕系统可任意播放图片、文字、广播电视、录像、DCD及各种三维动画。大屏幕还可与计算机的VGA显示屏实现同步输出显示，还可连接互联网实时播发各种媒体的信息。系统能对屏幕的白平衡、对比度、色调、亮度进行调节。LED大屏幕还应画面清晰、色彩均匀、立体层次感强。

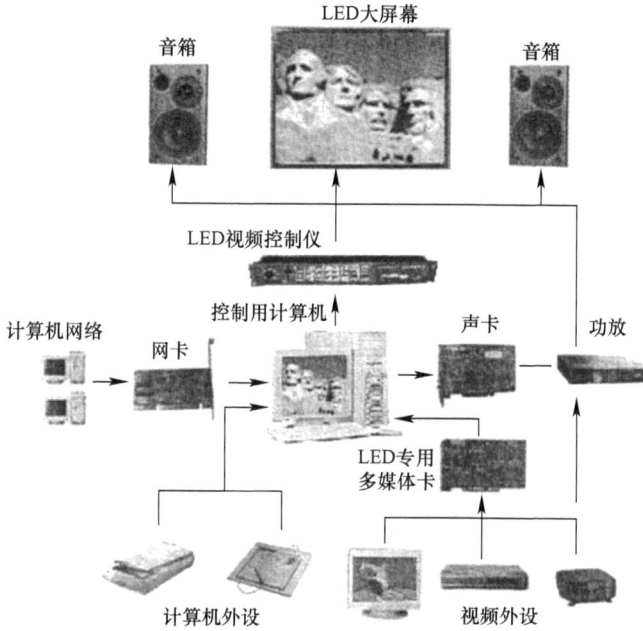

图 6-12　LED显示屏工作原理图

一种实际 LED 室外全彩色 LED 显示屏的技术规格如表 6-14 所示，其功能如下：

室外全彩色 LED 显示屏的技术规格　　　　　　表 6-14

序 号	项 目	规 格	
1	像素点组成	1红1绿1蓝	
2	像素点间距	10mm	
3	像素密度	10000 点/m²	
4	屏幕净面积	3.04m（长）×2.24m（高）＝6.81m²	
5	管芯参数	波长	亮度
	红管	625nm	≥600mcd
	绿管	525nm	≥1500mcd
	蓝管	470nm	≥350mcd
6	亮度	最大白平衡亮度≥6000cd/m²	
7	可视角度	水平≥160°　垂直≥150°	
8	像素均匀度	采用逐点校正技术，均匀度≤5%	
9	灰度级别	红、绿、蓝各 4096 级，具有 γ校正	
10	灰度失控率	交付时无坏点。运行后坏点呈离散分布，像素失控率小于万分之一	
11	换帧频率	≥60Hz	
12	刷新频率	≥480Hz	
13	驱动方式	恒流驱动，静态扫描	
14	控制方式	同步控制、与计算机点点对应、实时显示	

续表

序 号	项 目	规 格
15	工作环境	温度：−20℃～+60℃，10%～95%
16	亮度调节	手动/自动
17	平整度	箱体结构整屏小于1mm；箱体间拼缝小于0.5mm
18	视频信号	Video、S-Video、RGB、YUV、TV、DVl
19	屏体寿命	>100000 小时
20	连续工作时间	≥72 小时
21	平均无故障时间	≥10000 小时
22	防护等级	IP65 或以上等级，具有检测机构出具的检测报告及相关证明
23	供电要求	380V 50Hz（三相五线制）
24	软件	A. 专业 LED 控制软件，可控制图像均衡、色调、饱和度、亮度、动态稳定、黑色平衡 B. 一旦出现情况，可记录日志、发出警告信息 C. 配备视频编辑软件及亮度调节软件等

该 LED 全彩色显示屏系统的功能如下：

• 可实时显示各种视频源的真彩色视频图像，包括录像机、影碟机、摄像机、广播电视及卫星电视，并可实现现场转播；

• 支持 VGA 显示，可显示各种计算机信息、图形、图像和各种2、3维动画；

• 可以 4∶3 到 16∶9 范围内调整纵横比，且图像大小位置可调，可通过软件精确定位；

• 播出方式有单行左移、多行上移、左右拉、旋转、缩小、放大、反白、翻页、移动、旋转、飘雪、滚屏、闪烁等几十多种方式；

• 可播放不同格式的图形、图像文件，可显示各种计算机信息。如：BMP、JPG、JPEG、GIF、FLASH、FLC、TXT 等；

• 支持各种输入方式；

• 具备方便的控制方式和开放的接口协议，配有标准网络接口，可与计算机联网，同时播放网络信息；

• 采集播出各种数据库实时数据，实现远程网络控制；

• 重要通告可即时发布，随时播放广告信息；

• 有多种字体和字型可供选择；

• 可实现各种视频信号间的自由切换，支持各种声卡、视频卡、CD-ROM、DVD-ROM 等多媒体设备，可播放 WAV、MID 等各种格式音乐，并可实现音像同步；

• 音视频接收电路、存储电路、高速读写电路、显示屏控制扫描电路等关键点进行抗干扰处理，保证信号不受干扰；

• 采用光纤通讯，可通过控制中心对显示屏系统进行远程遥控和监视，实现远程播放、开关屏等操作；

• 配电系统具有全面保护功能，对过压、欠压、过流、缺相、短路等异常情况监测、记录、自动保护功能；

• 大屏幕具有防雨、防潮、防晒、防风雪、防高温、防盐雾、防腐蚀、防霉变、防风、防尘、防工业干扰、抗震、阻燃、防电磁干扰、防静电、防雷击、防老鼠等防护功能。

第四节　LED 显示屏的选择与使用

一、显示屏选择的一般考虑

选择 LED 显示屏要结合自身的需求、场地的限制以及投资等诸多因素来进行。例如：显示屏是用在室内还是室外；显示屏的主要用途是显示文字、显示简单的图片及文字还是播放各种视频信号、动画、图像及文字等；显示屏的观看距离和准备采取哪种控制方式（同步控制、异步控制或无线控制等）等，都是非常重要的因素。

一般来说，如果图像要求高和可视距离近，则选择点密度高的双基色或全彩色显示屏；如果文字播放量大，则选择点密度低的规格。此外，还应该根据投资情况选择全彩色、双基色或单色显示屏，根据装修情况选择不同的外框材料，根据使用特点选择不同的控制方式。

具体来说，选用 LED 显示屏时应注意下面几点：

① 尽量选用新型广视角管。它的视角宽阔，色彩纯正、协调一致，寿命超过 10 万小时。

② 显示屏外封装的选择。目前最流行的外封装是带遮沿的方形筒体，硅胶密封，无金属化装配。其外形精致美观，坚固耐用，具有防阳光直射、防尘、防水、防高温、防电路短路的"五防"特点。

应该根据不同 LED 显示屏的特点，结合用户的实际需求，选择合适的显示屏。

（1）对于车站、码头、大的市场的出入口、电梯口的门口处的客流引导，可使用 $\phi 5.0$ 单色显示屏。它具有字体清晰、价格低廉、机群控制的优点。

（2）对于银行、商场等场合展示企业形象、广告等应用场合，因为要求价格低廉，所以可使用 $\phi 3.75$ 双基色显示屏。如果要求显示效果好，可使用 $\phi 5$ 全彩色显示屏。

（3）对于大厅等面积大的场合，可使用 $\phi 5$ 双基色显示屏。如果要求显示效果，可使用 $\phi 10$ 全彩色显示屏。

（4）对于银行、邮政、电力等营业大厅服务窗口的功能定义，可使用 $\phi 3$ 或 $\phi 5$ 的显示屏显示。它可随时更换窗口的服务功能。

LED 大屏幕显示屏按使用场合有室内、室外之分，按色彩分有单色、双色、三基色之分。室外使用的显示屏要有较高的亮度，在太阳光下也要有较好的视觉效果，由于室外的视距较大，LED 的直径相对也大一些，还要能全天候使用，有防风、防雷、防雨、防霉等保护。室内屏相对 LED 的直径小些，一般只有 3～5mm。单色屏为红色或绿色，通常只用于文字显示，双色屏为红、绿两色，可以有 65536 种颜色和 256 级灰度，三色屏可达至 16M 真彩，256 级灰度。像素密度可高达每平方米数万点，单色屏的密度相对较高，三色屏就比较低，因每一像素需要三种颜色。显示屏的质量因素还有：视角、亮度、均匀性、刷新速度、非线性校正等。根据屏幕的亮度和色彩的不同，耗电功率相差也很大，从每平方米一百多瓦到每平方米一千多瓦。

室内全彩色LED显示屏应具备如下功能：

① 视频播出功能　播放摄像机，清晰、无闪烁的显示视频图像，实现各种节目的现场直播；播放录像机、影碟机（VCD、DVD）等视频节目，满足文体活动的基本需求；可以播放 AVI、MOV、MPG、DAT、VOB 等多种格式的文件；亮度、对比度、饱和度、色度可以通过软件调节，调节范围为 256 级；具有重叠（VGA＋VIDE）、影像（Video）、VGA 三种显示模式；具有 Video 影像压缩控制功能；具有显示同步功能；采用 Line-Double 功能将交错画面转换为非交错画面，进行移动补偿；有一路音频信号提供给功放使用，留有至少 2 路摄像视频输入接口。

② 信息发布功能　可以显示各种计算机信息、图形、图画及二、三维动画等，具有丰富的播放方式，显示滚动信息、通知、标语口号等，存储数据信息容量大；有多种中文字体和字型可供选择，还可以输入英文、法文、德文、希腊文、俄文及日文等诸多的外文；播出系统具有多媒体软件，可灵活输入及播出多种信息；可播放文本信息，播放形式可滚点、滚行、引入引出模式，可上移、左移，消息可循环播出；字体、字号可任意选择，可设置播放速度，另外多条消息可同时播出或与动画、图像同时播出；可进行日期、时间显示或字符串、表达式显示；用于国家政策、法规及服务承诺的宣布；天气预报的播放；其他公众信息的发布。

③ 网络功能　配有网络接口可以与计算机联网，同时播出网络信息，实现网络控制；根据客户要求，针对不同地点多块显示屏通过网络集中控制，可采用"VPM＋宽带"进行远程控制。

对于室外屏而言，首先要确定像素尺寸。像素尺寸的选定除了应考虑之前提到的显示内容的需要和场地空间因素外，还应考虑安装位置和视距。安装位置与主体视距越远，则像素尺寸应越大，因为像素尺寸越大，像素内的 LED 就越多，亮度就越高，而有效视距也就越远。但是，像素尺寸越大，单位面积的像素分辨率就越低，显示的内容也就越少。

一般来说，如果图像要求高和可视距离近，则选择点密度高的双基色或全彩色的显示屏；如果文字播放量大，则选择点密度低的产品。此外，还应该根据资金选择全色、双基色或单色显示屏，根据装修情况选择不同的外框用材，根据使用特点选择不同的控制方式。

二、室内 LED 显示屏的选用

要结合自身的需求、场地的限制及投资等诸多因素来决定如何选择户内 LED 显示屏。例如，显示屏的主要用途是显示简单的图片及文字，或播放各种视频信号、动画、图像及文字等。显示屏的观看距离和准备采取哪种控制方式（同步控制或异步控制或无线控制等）也是非常重要的因素。

一般来说，如果图像要求高和可视距离近，则应选择点密度高的规格双基色或全彩色的显示屏；如果文字播放量大，则应选择点密度低的规格。此外，还应该根据投资资金情况选择全色、双基色或单色显示屏，根据装修情况选择不同的外框用材，根据使用特点选择不同的控制方式。

具体来说，选用户内 LED 显示屏时应注意以下几点：

（1）尽量选用新型广视角管。它的视角宽阔，色彩纯正，寿命超过 10 万小时。

（2）显示屏的外封装的选择。目前最流行的外封装是带遮沿方形筒体，硅胶密封，无金属化装配。其外形精致美观，坚固耐用。

表 6-15 所示为室内全彩色（三基色）LED 显示屏的技术参数，供参考。

室内全彩色（三基色）LED 显示屏技术参数　　表 6-15

	规　格	$\phi5mm$	$\phi8mm$	$\phi10mm$	$\phi12mm$
模块组成	单点直径（mm）	5	8	10	12
	单点间距（mm）	7.62	10	12.5	14
	LED组成	红、绿、蓝			
	结构	单元板			
	尺寸（mm）	横 24.5，竖 24.5	横 32，竖 16	横 38.4，竖 19.2	横 44.8，竖 22.4
	点数（点）	横 32，竖 32	横 32，竖 16	横 32，竖 16	横 32，竖 16
技术指标	显示颜色	全彩色、红、绿、蓝各 256 级灰色，16777216 种色阶变化			
	视频输入	VGA、NTSC、PAL、RGB、YC、YVN			
	显示能力	支持 VGA 标准模式（1024×768）			
	像素密度（点/m²）	17200	10000	6400	5120
	可视角度（°）	水平：±60；上：10～15；下：40～50			
	工作温度（℃）	－20～＋60			
	工作电压（V）	220±10%			
	峰值功耗（W/m²）	800	1000	1000	1000
	平均功耗（W/m²）	350～400	500～700	450～600	400～600
	视频纠偏功能	每色逐点实现非线性视频纠偏功能			
	显示方式	硬件直接实现与控制机监视器的点点对应			
	数据传输方式	全数字式串行数据传输			
	通信距离（m）	200			
	显示接口	VGA 特征卡直接连接			
	寿命（h）	100000			

三、室外显示屏的选用

户外显示屏因为使用环境恶劣，所以对其质量有更高的要求，选用时应主要考虑以下因素。

（1）显示屏安装在户外，经常会遭受日晒雨林，风吹尘盖，工作环境恶劣。而且电子设备被淋湿或严重受潮后会引起短路甚至起火，会造成损失。

（2）显示屏可能会受到雷电引起的强电强磁袭击。

（3）环境温度变化极大。显示屏工作时本身就要产生一定的热量，如果环境温度过高而散热又不良，集成电路可能工作不正常，甚至被烧毁，从而使显示系统无法正常工作。

（4）受众面宽，视距要求远、视野要求广；环境光变化大，特别是可能会受到阳光的直射。

（5）从使用角度看，全彩色屏是当前的主流。因其亮度高、色彩全、可全天候工作，但其价格偏高。

（6）从应用的角度看，满足用户需求的产品就有存在的理由。双基色显示屏在显示文字、色彩要求不高，没有蓝色的场合，以其价格低廉、成熟稳定占领着很大市场。

（7）室外屏的朝向、距离对价格起着决定性的作用。距离越远，像素越大、亮度越高。另外，朝向东北的要比朝向西南的便宜得多。

（8）屏体及屏体与建筑的结合部位必须严格防水防漏。屏体要有良好的排水措施，一旦发生积水要能顺利排放。

针对以上特殊要求，室外显示屏必须采取以下措施：

（1）屏体及屏体与建筑的结合部必须严格防水防漏；屏体要有良好的排水措施，一旦发生积水能顺利排放。

（2）在显示屏及建筑物上安装避雷装置。显示屏主体和外壳保持良好接地，接地电阻小于3Ω，使雷电引起的大电流及时泄放。

（3）安装通风设备降温，使屏体内部温度在－10～40℃之间。屏体背后上方安装轴流风机，排出热量。

（4）选用工作温度在－40～80℃之间的工业级集成电路芯片，防止冬季温度过低使显示屏不能启动。

（5）为了保证在环境光强烈的情况下远距离可视，必须选用超高亮度发光二极管。

从使用角度看，全彩色屏是目前的主流。因其亮度高、色彩全，可全天候工作，但价格偏高。从应用的角度看，双基色显示屏价格低廉、技术成熟稳定，可满足于显示文字、色彩要求不高，没有蓝色的场合。室外屏的朝向、距离对价格起着决定性的作用。距离越远，像素越大、亮度越高。朝向东北的显示屏要比朝向西南的显示屏便宜得多。

室外显示屏应具有的功能与室内屏基本相同。

四、使用显示屏的注意事项

1. 开关显示屏时的注意事项如下：

（1）开关机顺序：开屏时，先开机，后开屏；关屏时，先关屏，后关机。若先关计算机而不关显示屏，会造成屏体出现高亮点，烧毁行管，后果严重。

（2）开、关屏时，间隔时间要大于5min。

（3）计算机进入工程控制软件后，方可开屏通电。

（4）避免在全黄状态下开屏，因为此时系统的冲击电流最大。

（5）避免在以下3种失控状态下开屏，因为此时系统的冲击电流最大。

- 计算机没有进入工程控制软件等程序。
- 计算机未通电。
- 控制部分电源未打开。

（6）计算机系统外壳带电，不能开屏。

（7）环境温度过高或散热条件不好时，应注意不要长时间开屏。

（8）显示屏体一部分出现一行非常亮时，应注意及时关屏，在此状态下不宜长时间开屏。

（9）经常出现显示屏的电源开关跳闸确认时，应及时检查屏体或更换电源开关。

（10）定期检查屏体挂接处的牢固情况。如有松动现象，应注意及时调整，必要时可重新加固或更换吊件。

（11）观察显示屏体、控制部分所处环境情况，应避免屏体被虫咬。必要时应放置防鼠药。

2. LED 显示屏软件操作的注意事项

（1）对应用程序、软件安装程序、数据库等软件应进行备份。

（2）熟练掌握安装方法、原始数据的恢复、备份级。

（3）掌握控制参数的设置、基础数据预置的修改。

（4）熟练使用、操作与编辑程序。

（5）定期检查病毒，删除无关的数据。

（6）LED 显示屏应落实专职人员管理；非专职人员不能操作软件系统。

五、LED 显示屏故障与解决方法

各个厂家生产的 LED 显示屏所出现的常见故障基本上大同小异，表 6-16 是艾比森 LED 全彩显示屏的常见故障及解决方法，供维护时参考。

LED 全彩显示屏常见故障及解决方法　　　　　　　表 6-16

系　统	故障现象	故障原因及分析	解决方法
控制系统	整屏不亮或出现方格	① 控制主机是否开启； ② 通信线是否插好； ③ 发送卡是否已插好； ④ 多媒体卡与采集卡、发送卡之间的数据线是否连好； ⑤ 接收卡 JP1 或 JP2 开关位置不对	① 打开主机； ② 把通信线插好； ③ 把发送卡重插； ④ 连好多媒体卡与采集卡、发送卡之间的数据线； ⑤ 调整好 JP1 或 JP2 开关位置
	每次启动 LED 演播室时提示找不到控制系统	COM 口至数据发送卡之间的信号采集线没有连接或计算机本身 COM 口已坏	连接好该数据线或更换计算机
	整屏隔 16 行数据闪或常亮	检查 LED 演播室的设置是否异常	打开 LED 演播室，打开调试→硬件设置（密码 168）→系统设置，把行顺序设置为+0 或+1
	整屏画面晃动或重影	① 检查计算机与大屏之间的通信线； ② 检查多媒体卡与发送卡的 DVI 线； ③ 发送卡坏	① 把通信线重插或更换； ② 把 DVI 线重插或加固； ③ 更换发送卡

系 统	故障现象	故障原因及分析	解决方法
驱动部分	一单元板不亮	① 检查+5V 电源异常； ② +5V 与 GND 短路； ③ 138 的⑤脚的 OE 信号是否有； ④ 245 相连的 OE 信号是否正常（断路或短路）	① 检修+5V 供电电路； ② 将短路处断开； ③ 把 OE 信号供上； ④ 把断路处连接好，把短路处断开
	一单元板上半部分或下半部分不亮或显示不正常	① 138 的⑤脚 OE 信号是否有； ② 74HC595 的 ▋、▋脚的信号是否正常（SCLK、RCK）； ③ OE 信号通路是否正常（断路或短路）； ④ 双排插针与 245 相连的 SCLK、RCK 信号是否正常（断路或短路）	① 把 OE 信号连接上； ② 把 SCLK、RCK 信号连接好； ③ 把断路处连接好，把短路处断开； ④ 把断路处连接好，把短路处断开
	一单元板上一行或相应一个模块的行不亮或不正常显示	① 查看其所对应模块的行信号的引脚是否虚焊或漏焊； ② 查看其行信号与 TIP127 或 4953 所对应的引脚是否断开或与其他信号短路； ③ 查看其行信号的上、下拉电阻是否没焊或漏焊； ④ 74HC138 输出的行信号与相对应的 TIP127 或 4953 之间是否断开或与其他信号短路	① 把虚焊、漏焊处重新焊接好； ② 把断路处连接好，把短路处断开； ③ 把没焊处补焊，把漏焊处焊好； ④ 把断路处连接好，把短路处断开
	一单元板有两行同时亮（显示文字时其中一行正常、一行常亮）	① 查看模块所对应的两行信号是否短路； ② 查看 138 的输出脚、上/下拉电阻和模块引脚及 TIP127 的输出脚是否短路	① 把短路处断开； ② 把短路处断开
	上半部分或下半部分红色或绿色不亮或不正常显示	① 查看输入排针脚是否正常，或与 CND、+5V 短路； ② 查看输入排针脚到 245 之间的信号是否正常（短路或断路）； ③ IC245 坏	① 把断路处连接好； ② 把短路处断开； ③ 更换 IC245

第七章　投影电视与拼接显示技术

第一节　投影显示的分类与性能指标

根据显示器件的显示原理，可以把显示器件分为两大类：直视型显示器件和投影型显示器件。前面一些章节所讲述的 LCD、PDP、LED、OLED 等显示器件都属于直视型显示器件。而微显示（MD）的 LCD、LCOS、DLP 显示器件则属于投影显示器件，CRT 投影管也是投影显示器件；而 CRT 彩色显像管则属于直视型显示器件。

直视型显示器件的特点是：直视型显示器件所显示的图像是呈现在显示器件上，人们是在显示器件上来观看图像，显示器件的几何尺寸大小与所显示的图像尺寸大小基本一致，例如对角线尺寸是 54cm 的彩色显像管，所显示的图像对角线尺寸也是 54cm，32 英寸的 LCD 显示器件所显示的彩色图像尺寸也是 32 英寸，42 英寸的 PDP 显示器件所显示的彩色图像尺寸是 42 英寸等。因此，对于直视型显示器件来说，若想显示大尺寸的图像就必须把显示器件本身的尺寸做大。

投影型显示器件的特点是：投影型显示是显示图像呈现在显示器件上后又被光学系统（通常称为光引擎或光机）放大，最终在投影屏幕上显示出被放大了的图像，因此，投影显示器件本身的尺寸大小与所能显示的图像尺寸大小是不一致的，例如，0.7 英寸或 1.3 英寸的投影型显示器件可以显示 50 英寸的图像，其所能显示的图像尺寸大小只受所要显示的图像的亮度、对比度等指标的限制。例如一个对角线尺寸为 0.7 英寸的 LCD 微显示器件可以投影显示出 70 英寸的大尺寸的图像，若要使显示的图像尺寸再大，如显示成 100 英寸的图像也可以，但是图像的亮度、对比度、彩色饱和度等会变得较差，图像看起来会暗淡、模糊。图 7-1 所示为投影显示系统的组成。由图看出投影显示系统由电路系统、光学系统、成像器件、投影镜头和投影屏幕组成，成像器件可为：CRT 投影管、LCD 面板（Panel）、LCOS 面板（Panel）和 DMD 器件等。投影镜头和投影屏幕前投影机和背投影机是两种不同的器件，其性能要求和结构形式都不一样。

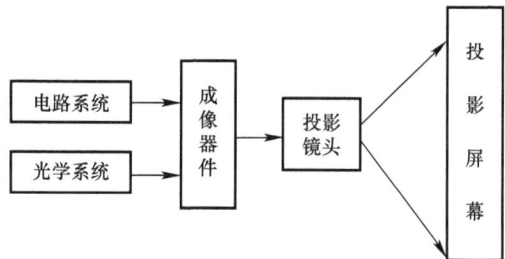

图 7-1　投影显示系统的组成

一、投影显示的分类

投影显示按投影方式的不同可分为前投影显示和背投影显示，习惯上把前投影显示称为前投影机或投影机，把背投影显示称为背投影机。

前投影机是图像投射在光学反射屏幕的观众一侧，或者说图像投影方向与观众的观看方向一致。前投影机的优点是体积和质量小，便于携带；缺点是投射的图像质量受环境光的影响较大，太亮的环境中投射的图像质量下降，另外，用于便携时还需带着投影屏幕。前投影机近些年发展很快，技术不断改进，各种规格、型号的前投影机大批量生产和销售，应用于商务活动、办公室、会议室、教学、科研等各种领域。

背投影显示是图像投射方向与观众的观看方向相对，或者说图像投射到光学透射屏幕上，图像光透过屏幕后到达观众的眼中。背投影机的特点是投影机和屏幕做成一个整体，使用起来很方便。背投影机的优点是图像质量受环境光的影响小，缺点是体积较大。背投影机一般都包含有高中频电路，而且它的音频放大电路和音频功放电路做得都很考究，扬声器的尺寸可以较大，声音的音质好，是一台完整的电视机，所以习惯上把背投影机叫背投电视机。

投影显示按所用投影显示器件分类可分为 CRT（阴极射线管）投影显示和微显示器件投影显示。微显示器件投影显示包括：①LCD 液晶微显示器件；②LCOS 硅基液晶微显示器件；③DLP 数字光处理微显示器件，用于投影显示的这些微显示器件的尺寸都很小，而且随着技术和制造工艺的进步，微显示器件的几何尺寸在向小型化发展，同时成本也不断降低，现在微显示器件的尺寸大小一般在 0.5~2.0 英寸之间。

投影显示不论是前投影显示还是背投影显示，其系统组成及关键技术基本相同。系统的关键技术有成像器件的构成及工作原理，光机（光引擎），投影光源及光源控制系统，成像器件（LCD 面板、LCOS 面板、DMD）的驱动电路，投影屏幕，显示系统的散热技术。光机中的关键元器件有聚焦器件和匀光器件，透镜系统、分色系统、合色系统、偏振光分光器、反射镜、投影镜头等。

二、投影电视机的主要技术指标

技术指标是衡量投影电视机性能优劣、级别高低的一个重要参数，下面要对投影电视接收机的主要技术指标作一简介。

1. 投影尺寸（屏幕对角线尺寸）及宽高比

目前家用三管式背投电视机的投影画面尺寸一般为 40~120in，可按用户需要进行大范围的调整。屏幕的宽高比正由传统的 4∶3 逐步向 16∶9 的方向转型。

2. 亮度或光输出

亮度这一指标，在传统电视机中并非十分重要，但对投影电视机而言却十分关键。亮度（brightness）是指屏幕表面受到光照射发出的光能量与屏幕面积之比；而光输出是指投影电视机输出的光能量，单位为流明（lm）。很显然，亮度这一指标会受到屏幕反射率、投影画面尺寸（画面尺寸可调）等的影响，故它不能真实反映投影机的亮度水平，而投影机的总光输出（光通量）基本是固定的，它不受外界因素影响，故能真实反映投影机的亮度指标。

国外，投影机亮度的单位一般采用 ANSI 流明（ANSI 为美国国家标准化学会之英文缩写），它也是光通量的单位。通常，100ANSI 流明是入门级亮度（光输出），适用于小型歌舞厅、影视厅；300ANSI 流明是家庭影院的基本亮度（光输出）；电教、办公室或大型娱乐场需用 800ANSI 流明作基本亮度（光输出）。目前，中档投影机的亮度为 1000～1600ANSI 流明，特别亮度的投影机可达 6000ANSI 流明，已完全满足各种应用环境的需求。

当用照度［单位为勒克斯（lx）来标识投影机的光输出时，应当附带说明测量时的屏幕尺寸。例如，若屏幕尺寸为 40in 的投影电视机，其照度为 450lx，则标注合理；若仅标明多少 lx 而不标明屏幕尺寸，就无法与光输出量（亮度）作比较了。

3. 分辨率

对电视图像而言，分辨率是一个重要指标。分辨率高则图像清晰，分解率低则图像模糊。其表述方法通常有下述两种形式。

（1）以"行×列"画面像素总量表述。这一分辨率也称 RGB 分辨率，如某投影电视机的 RGB 分辨率为 1024（水平列）×768（垂直行）＝78.6432 万像素；有些机型已达到 1280×1024＝131.0720 万像素。

（2）以电视的扫描线多少表述。常以画面的水平扫描行数代表之，也称水平分辨率。例如，PAL 制电视广播中，画面垂直方向上有 625 行，考虑到场消隐时占去的 50 行及电子束的扫描误差，垂直分辨率应由下式计算，即

$$625×0.65＝406 线$$

式中，系数 0.65 称为凯尔（kell）系数。由 406 线的垂直分辨率，再根据宽×高＝4∶3 的幅面比，在保证垂直分辨率与水平分辨率相当的前提下，可求得 625 行制图像水平分辨率，即

$$406 线×\frac{4}{3}＝541 线$$

还应指出，图像的清晰度（分辨率）会因图像的噪声存在而变差，因投影管的聚焦不良使扫描线变粗、导致清晰度下降。

另外，分辨率还与图像信号输入方式有关，即以 R、G、B 三基色输入方式清晰度最佳；以 S-VHS 输入方式（简称 S 方式）次之；以视频（video）输入方式时最差。原因是视频信号在传输过程中经过编码与解码等一系列变换，会导致清晰度下降。例如，某电视接收机，R、G、B 输入方式时，水平分辨率为 1200 线；以 S-VHS 输入方式时，水平分辨率为 1000 线；以视频（video）输入方式时，水平分辨率为 700 线。

还有，分辨率与画面亮度有关。在同一系列的投影机中，亮度较低的画面分辨率较高，亮度较高的画面分辨率较低。例如，某机型的照度为 450lx 时，分辨率为 560 线；照度为 800lx 时，分辨率降至 400 线。近年来已有照度＞2500lx、分辨率高于 1000 线的投影电视机问世，但价格昂贵。

LCD 液晶投影电视机最高水平扫描线可达 700 线以上。

4. 对比度

对比度是在全黑的环境下投影图像的最黑（暗）部位与最白（亮）部位照度（亮度）的比值。比值越大表明，由黑至白的渐变层次越多，色彩也越丰富。CRT 显像管电视机的对比度一般为 500：1，DLP 投影机的对比度为 500：1 至 1000：1，液晶投影机常为 200：1 至 400：1。一些用特殊材料、特殊工艺制成的液晶投影机，其对比度可达 500：1 至 800：1。人眼的主观感受在对比度为 100：1 时，就可获得较好的观看效果，在 250：1 时即能达到满意效果。

5. 扫描频率

投影电视机的扫描频率有水平扫描频率和垂直扫描频率之分，前者也称行扫描频率，后者也称场扫描频率。水平扫描频率的高低是区分投影电视机档次的重要指标，通常：

1) 普通三管投影电视机的水平扫描频率为 15.625kHz（PAL 制）或 15.750kHz（NTSC 制）；

2) 数据级三管投影电视机的水平扫描频率通常为 31.25kHz 或 31.5kHz（2 倍行频）；

3) 少数高级投影电视机的水平扫描频率可在 62.5kHz 或 63kHz 以上，可使用 4 倍行频处理器。

水平扫描频率的升高可使画面的清晰度和亮度指标得到提高，画质更好。行频超过 60kHz 的投影电视机通常称为图形投影电视机。

水平扫描频率（行频 f_H）与垂直扫描频率（场频 f_V）的关系可用下式表明，即

$$f_H = 1.2 \times f_V \times 垂直分辨率$$

若场频 $f_V = 50Hz$，垂直分辨率为 768 线，则水平扫描频率为 40.08kHz。为了保证图像质量及视觉效果，场频应高于 50Hz，故行频也需相应增高。

6. 视频信号带宽

视频信号带宽应与图像的水平分辨率、垂直分辨率直接有关，或者说与行（水平）扫描频率及场（垂直）扫描频率直接有关，其关系式为

$$视频信号带宽 = \frac{1}{2} \times 水平分辨率 \times 垂直分辨率 \times 垂直扫描频率$$

$$= \frac{1}{2} \times 总像素/幅 \times 垂直扫描频率（场频或幅频）$$

例如，若某幅图像的水平分辨率为 1024 线，垂直分辨率为 768 线，垂直扫描频率（场频或幅频）为 50Hz，则

$$视频信号带宽 = \left(\frac{1}{2} \times 1024 \times 768 \times 50 \right) Hz \approx 19.66MHz$$

又如，若已知某图像的像素为 100 万个（即 10^6 个），若每秒要传送 50 幅此类图像（即垂直扫描频率为 50Hz），则

$$视频信号带宽 = \left(\frac{1}{2} \times 10^6 \times 50 \right) Hz = 25MHz$$

对于传统的 PAL 制电视而言，按垂直分辨率为 406 行，水平分辨率为 541 行，垂直扫描频率（场频）为 50Hz 计算，则

$$视频信号带宽 = \left(\frac{1}{2} \times 541 \times 406 \times 50\right) Hz \approx 5.49 MHz$$

上述各例中的视频信号带宽值实际上就是图像信号（视频信号）的最高频率值。

三、投影显示系统的分级与性能指标

我国对投影型显示系统分为甲、乙、丙三级，各级投影显示系统的性能和指标如表 7-1 所示。

各级投影型视频显示系统性能和指标　　　　　　　表 7-1

项　目		甲　级	乙　级	丙　级
系统可靠性	基本要求	系统中主要设备应符合工业级标准，不间断运行时间 7d×24h		系统中主要设备符合商业级标准，不间断运行时间 3d×24h
	平均无故障时间（MTBF）	MTBF>40000h	MTBF>30000h	MTBF>20000h
显示性能	拼接要求	各个独立视频显示屏单元应在逻辑上拼接成一个完整的显示屏，所有显示信号均应能随机实现任意缩放、任意移动、漫游、叠加覆盖等功能	各个独立视频显示屏单元可在逻辑上拼接成一个完整的显示屏，所有显示信号均应能随机实现任意缩放、任意移动、漫游、叠加覆盖等功能	—
	信号显示要求	任何一路信号应能实现整屏显示、区域显示及单屏显示	任何一路信号宜实现整屏显示、区域显示及单屏显示	—
	同时实时信号显示数量	≥M(层)×N(列)×2	≥M(层)×N(列)×1.5	≥M(层)×N(列)×1
	计算机信号刷新频率	>25f/s		≥15f/s
	视频信号刷新频率	≥24f/s		
	任一视频显示屏单元同时显示信号数量	≥8 路信号	≥6 路信号	—
	任一显示模式间的显示切换时间	≤2s	≤5s	≤10s
	亮度与色彩控制功能要求	宜分别具有亮度与色彩锁定功能，保证显示亮度、色彩的稳定性	宜分别具有亮度与色彩锁定功能，保证显示亮度、色彩的稳定性	—
机械性能	拼缝宽度	≤1 倍的像素中心距或1mm	≤1.5 倍的像素中心距	≤2 倍的像素中心距
	关键易耗品结构要求	应采用冗余设计与现场拆卸式模块结构	宜采用冗余设计与现场拆卸式模块结构	—
	图像质量	>4 级		4 级
支持输入信号系统类型		数字系统	数字系统	

第二节　CRT、LCD、LCOS、DLP 四种投影机

一、CRT 投影机

CRT 是英文 Cathode Ray Tube 的缩写，一般译为阴极射线管。CRT 式彩色投影机如图 7-2 所示，它是在三个 CRT 的荧光屏上分别产生红（R）、绿（G）、蓝（B）三基色电

视图像，然后通过光学系统放大投影到屏幕上而合成大屏幕彩色电视图像。CRT技术是应用最早、最广的一种投影成像技术，它作为最成熟的投影技术，具有显示色彩丰富、色彩还原好、分辨率高、几何失真调解能力强等特点。但同时，该技术导致分辨率与亮度相互制约，所有CRT投影机的亮度普遍较低，到目前为止，其亮度始终在2300ANSI 1m左右。另外，CRT投影机还具调整复杂比较麻烦（这可从图7-2下部看出，要使R、G、B三个光栅重合或失真最小是比较难的）；长时间显示静止画面CRT易受灼伤、体积庞大、价格昂贵等缺点，目前很少应用，故不详述。

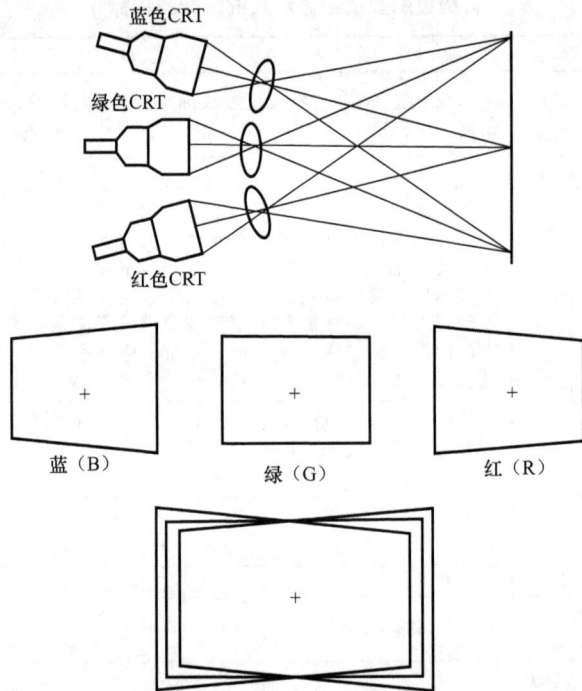

图7-2 CRT式彩色投影机

CRT背投影机的常温性能参数要求见表7-2。

CRT背投影机的常温性能参数要求 表7-2

序 号	项 目		单 位	性能要求	
				SDTV	HDTV
1	有用平均亮度	屏幕对角线尺寸≤127cm	cd/m²	≥180	
		屏幕对角线尺寸＞127cm		≥150	
2	有用峰值亮度	屏幕对角线尺寸≤127cm	cd/m²	≥450	
		屏幕对角线尺寸＞127cm		≥300	
3	对比度		倍	≥150：1	
4	亮度均匀性	≤127cm	%	≥30	
		＞127cm		≥25	
5	相关色温		K	9300	$u'=0.189\pm0.015$
					$v'=0.447\pm0.015$
				6500	$u'=0.198\pm0.015$
					$v'=0.468\pm0.015$

续表

序　号	项　目			单　位	性能要求	
					SDTV	HDTV
6	色域覆盖率			%	≥32	
7	色度不均匀性（Δu'v'）				≤0.015	
8	白平衡误差	Δu'			不劣于±0.020	
		Δv'			不劣于±0.020	
9	几何失真	非线性失真	水平	%	≤8	
			垂直		≤6	
		轮廓失真			≤2	
10	重合误差	A区		%	≤0.2	
		B区			≤0.4	
11	重显率	水平		%	≥95	
		垂直			≥95	
12	同心度			%	≤2	
13	清晰度	RF模拟信号输入	水平 中心	电视线	≥350	
			水平 边角		≥300	
			垂直 中心		≥400	
			垂直 边角		≥350	
		水平	中心		≥450	≥720
			边角		≥400	≥500
		垂直	中心		≥450	≥720
			边角		≥400	≥500
14	可视角（$L_0/3$）	水平		(°)	≥90	
		垂直			≥30	
15	亮度均匀性与视角的关系（$L_0/3$）			%	≥30	
16	色度与视角的关系（$L_0/3$）	Δu'		%	不劣于±0.020	
		Δv'			不劣于±0.020	
17	屏幕缺陷（异物、黑斑、亮斑、色斑）	≥2mm²		个	全屏：0	
		0.3～2mm²			A区：≤1　B区：≤6	
		≤0.3mm²			由产品规范规定	
18	亮度通道线性波形响应	2T脉冲/条幅比		%	≤2	
		场频方波响应			≤2	
19	黑电平的稳平性			%	≤5	
20	矩阵误差	R		%	≤3	
		G			≤3	
		B			≤3	
21	左、右声道的窜音			dB	≤−46	
22	左、右声道的增益差			dB	≤3	
23	声频率响应范围（当声频率响应不均匀性为16dB时的上、下频率区间）			Hz	125～10000Hz	100～12500Hz
24	最小源电动势输出声压级			dB	≥87	

二、LCD 液晶投影机

1. 液晶投影显示原理

液晶显示屏的基本工作原理已在第五章第二节述及。它是利用液晶的电-光效应而制成的一种显示器件，即改变外加电场可使液晶分子排列改变，而产生对外来光的调制，达到电信号转为光信号的目的。液晶式投影电视的显示即是利用具有这种特性的无数个液晶片（点）作为光透射开关（阀门）的组合，此类开关也称为液晶光阀。由于液晶片在外加电信号的作用下可改变其透光性，故在液晶片上会出现与驱动信号（如视频信号）相应的图案。当光源发出的光通过液晶片（受视频信号控制）和镜头后投射到屏幕时，屏幕上即会显示出所需画面。

图 7-3 所示为液晶光阀式投影机的组成原理图。液晶光阀式投影机的光学系统因为只用一个投影透镜，所以可用变焦距透镜，画面大小调节和投影调整都很方便，没有 CRT 式投影机那样的麻烦。液晶光阀式投影机种类很多，按照所用液晶片数量分为单片式和三片式两类；按光源的光束是否透过液晶光阀，又分为透射式和反射式。通常三片式的亮度比单片式要高，但价格也较贵，同样反射式的亮度也高于透射式。

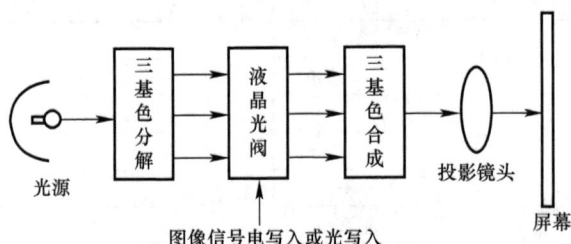

图 7-3   液晶光阀式投影机原理图

按照液晶片的图像信号写入方法来分，液晶光阀式投影机又可分为电写入和光写入两种。

电写入型透射式液晶光阀投影机就是通常所谓的液晶显示投影机，它是用电写入方法在三块液晶片或一块液晶片上分别产生 R、G、B 电视图像，以此作为光的阀门，在相应的三基色强光源照射下，液晶片对光强度进行调制，并通过光学放大投影到屏幕产生大屏幕彩色图像。它与 CRT 式投影机相比，具有体积小、结构简单、质量轻和调整方便等优点。图 7-4 所示是顺序反射镜方式的液晶显示彩色投影机原理图。

由图 7-4 可见，从光源发出的白光经过分色镜分解成红（R）、绿（G）、蓝（B）三基色光。其中 DM1 能反射绿光而通过红光和蓝光，DM2 能反射蓝光而通过红光。M1、M2、M3 均为反光镜。M1 将光源的白光全部反射，UV/IR 滤光镜为紫外线/红外线滤光镜，可滤除不可见光的干扰。经 DM1 反射的绿光再经 M2 反射通过聚光镜和液晶板（G），受液晶板（G）调制的绿光通过 DM3、DM4 和投射镜头将绿色图像投射到屏幕上。DM2 反射的蓝光通过聚光镜和液晶板（B）形成受蓝光液晶板调制的蓝光。经 DM3 反射通过 DM4 和投射镜头将蓝色图像投射到屏幕上。被液晶板（R）调制的红光则由 M3 和 DM4 反射后通过投射镜头将红色图像投射到屏幕上。三基色图像合成后就成为全彩色图像。

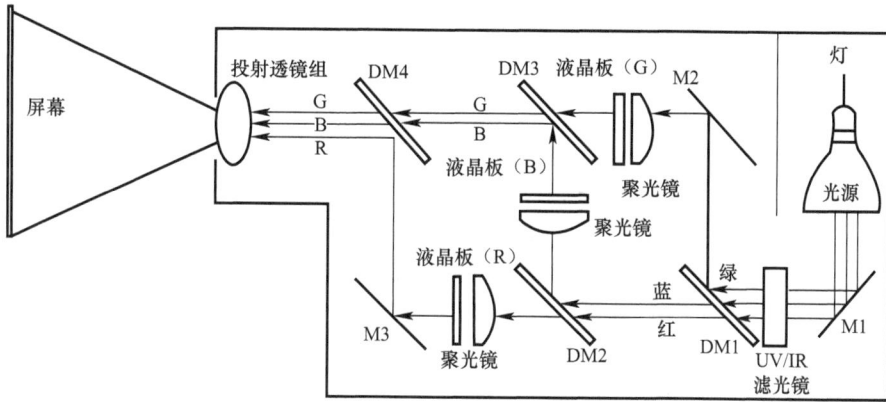

图 7-4 三片式电写入法液晶投影系统光路示意图

另一种 LCD 投影电视机的光学系统组成如图 7-5 所示。系统由 3 只 CRT、3 片液晶光阀、分色镜、偏振光棱镜、投影透镜组、外光源（金属卤灯、UV/IR 滤光片等）及屏幕等几大部分组成。这是一种光写入式液晶光阀式投影机。

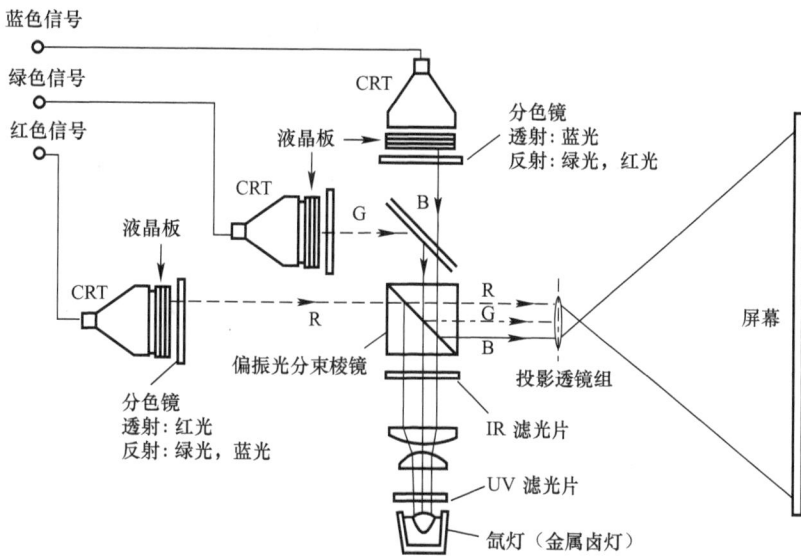

图 7-5 三片式光写入法液晶投影系统光路示意图

由电视机电路送入的红（R）、绿（G）、蓝（B）三色图像信号，分别加至 3 只 CRT 上，各自显示出基色光栅，发出红、绿、蓝三色光信号，经过各自的液晶片后，由偏振光分束棱镜和投影透镜组，对三色光作相加混色处理，再投射到屏幕上成像。图 7-5 表明，每片液晶光阀均用专门的 CRT 投射管驱动，两者间采用光纤实现光学耦合。外光源目前普遍采用金属卤化物气体放电灯（简称金属卤灯）实现，但其高压达 10kV 以上，点亮时应注意散热。

上述图 7-4 和图 7-5 是三片式 LCD 投影机。此外，还有单片式 LCD 投影机，如图 7-6 所示。它是通过色轮转动，将灯泡射出的白光束经色轮上的 RGB 滤色片，滤出 R、G、B

色光，再经透镜，最后在屏幕上形成彩色图像。单片式投影机结构相对简单，成本低，但彩色效果不及三片式投影机。

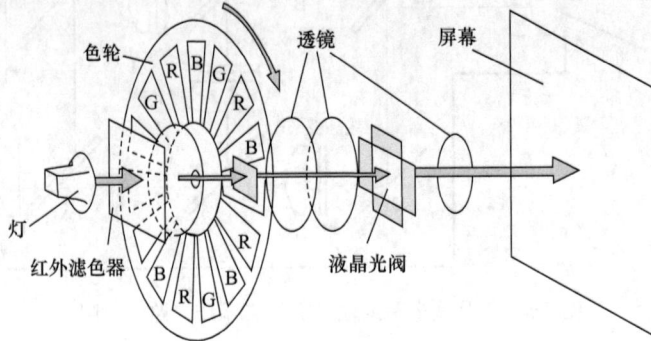

图 7-6 单片式液晶投影机光路

LCD 投影机的前投（正投）与背投方式的性能要求（常温）如表 7-3 和表 7-4 所示。

LCD 前投影机的常温性能要求   表 7-3

序　号	项　　目				单　位	性能要求
1	光输出				lm	由产品规范规定
2	照度均匀性					≥80%
3	对比度					≥150 倍
4	固有分辨力				像素	按产品规范规定的物理像素数考核
5	重显率	水平				≥95
		垂直				≥95
6	清晰度	模拟复合视频信号输入（CVBS）	水平	中心	TV 线	≥350
				边角		≥300
			垂直	中心		≥350
				边角		≥300
		SDTV	水平	中心		≥450
				边角		≥400
			垂直	中心		≥450
				边角		≥400
		HDTV	水平	中心		≥720
				边角		≥500
			垂直	中心		≥720
				边角		≥500
7	调焦距离				m	由产品规范规定
8	最大投影图像尺寸				m	由产品规范规定
9	相关色温			9300	K	$\mu'=0.189\pm0.015$
						$v'=0.447\pm0.015$
				6500		$\mu'=0.198\pm0.015$
						$v'=0.468\pm0.015$

续表

序 号	项 目		单 位	性能要求	
10	白平衡误差	$\Delta\mu'$		不劣于±0.020	
		$\Delta v'$		不劣于±0.020	
11	色度不均匀性	$\Delta\mu'v'$		≤0.015	
12	色域覆盖率			≥32%	
13	重合误差	A 区		≤0.5 倍	
		B 区		≤1 倍	
14	梯形校正能力			≤−5°	
				≥+15°	
15	工作噪声		dB（A）	≤36	
16	像素缺陷	不发光缺陷点 A 区	像素	≤2	（在 1/9 高×1/9 宽的面积内不能出现 2 个不发光点）
		A 区＋B 区		≤8	
		不熄灭缺陷点 A 区		0（白发光点或绿发光点）≤2（红、蓝或其他色发光点）	
		A 区＋B 区		≤4（在 1/9 高×1/9 宽的面积内不能出现 2 个绿或白发光点）	
17	运动图像拖尾时间		ms	≤20	
18	整机消耗功率		W	由产品规范规定	
19	待机消耗功率		W	≤5	
20	电网电源适应范围		V	$220V^{+10\%}_{-20\%}$	
			Hz	48～51	
21	遥控距离		m	≥8	
22	受控角	上		≥30°	
		下		≥15°	
		左		≥45°	
		右		≥45°	
23	抗环境光干扰，在各种环境光大于或等于 2000lx 时的遥控距离		m	5	
24	抗外界电器干扰			不受外界电器使用时的干扰	

LCD 背投影机常温性能 表 7-4

序 号	项 目		单 位		性能要求
1	有用平均亮度		cd/m²		≥180
2	对比度		倍		≥150∶1
3	亮度均匀性		%		≥70
4	相关色温		K	9300	$u'=0.189\pm0.015$
					$v'=0.447\pm0.015$
				6500	$u'=0.198\pm0.015$
					$v'=0.468\pm0.015$
5	白色色度不均匀性（$\Delta u'$，v'）				≤0.015
6	色域覆盖率		%		≥32
7	白平衡误差	$\Delta u'$			不劣于±0.020
		$\Delta v'$			不劣于±0.020
8	梯形失真		%		≤2

续表

序　号	项　目		单　位	性能要求	
9	重显率	水平	%	≥95	
		垂直		≥95	
10	重合误差	A 区	%	≤0.1	
		B 区		≤0.2	
11	清晰度	RF 模拟信号输入 水平	电视线	≥350	
		RF 模拟信号输入 垂直		≥400	
		SDTV 水平		≥450	
		SDTV 垂直		≥450	
		HDTV 水平		≥720	
		HDTV 垂直		≥720	
12	固有分辨力		像素数	按输入显示格式的像素数考核（输入与输出的格式相同）	
13	可视角（$L_0/3$）	水平	(°)	≥90	
		垂直		≥30	
14	亮度均匀性与视角的关系（$L_0/3$）		%	≥30	
15	色度与视角的关系（$L_0/3$）	$\Delta u'$		不劣于±0.020	
		$\Delta v'$		不劣于±0.020	
16	像素缺陷	不发光缺陷点 A 区	个	≤2	在 1/9 屏高×1/9 屏宽的面积内不能出现 2 个不发光点
		不发光缺陷点 A 区＋B 区		≤8	
		不熄灭缺陷点 A 区		0（白发光点或绿发光点）≤2（红、蓝或其他色发光点）	
		不熄灭缺陷点 A 区＋B 区		≤4（在 1/9 屏高×1/9 屏宽的面积内不能出现 2 个绿或白发光点）	
17	左、右声道的串音		dB	≤−46	
18	左、右声道的增益差		dB	≤3	
19	整机消耗功率		W	由产品规范规定	
20	待机消耗功率		W	≤5	
21	最小源电动势输出声压级		dB	≥87	
22	声频率响应范围（当声频率响应不均匀性为 16dB 时的上、下频率区间）	SDTV	Hz	100~10000	
		HDTV		100~12500	
23	额定输入时声压总谐波失真		%	≤5	
24	音频输出功率（电压总谐波失真为 7％时）		W	由产品规范规定	
25	工作噪声声级		dB（A）	≤36	
26	遥控接收距离		m	≥8	
27	受控角	上	(°)	≥15	
		下		≥15	
		左		≥45	
		右		≥45	
28	抗环境光干扰在各种环境光大于或等于 2000lx 时遥控距离		m	5	
29	抗外界电器干扰		—	不受外界电器使用时的干扰	

2. LCD 背投影机的特点

LCD 背投影显示器的主要优点有以下几点：

① 与 CRT 型背投影显示器相比，光栅的几何失真和非线性失真较小；

② 光栅位置、倾斜度不受地磁场影响；

③ 可以实现大屏幕显示；

④ 三片 LCD 投影显示器亮度较高；

⑤ 易于实现逐行寻址和高场频显示，可以消除行间闪烁和图像大面积闪烁；

⑥ 清晰度高，能达到显示高清晰度电视图像格式的要求。

液晶背投影机的主要缺点有以下几点：

① 投影光源（灯泡）寿命较短；

② 响应时间较长，重显快速运动图像时有拖尾现象；

③ 可视角较小。

目前液晶背投影显示器也正朝扩展可视角、降低响应时间、降低价格、提高投影光源（灯泡）寿命等方面发展，并已取得了可喜进展。

三、硅基液晶 LCOS 投影机

1. 概述

LCOS 是英文 liquid crystal on silicon 的缩写，简称硅基液晶，这是一种新型的微显示器件。LCOS 的突出优点是高亮度、高分辨率、优良的显示线性、易作数字化信号处理等，从根本上解决了 CRT 背投电视所存在的问题，将成为 CRT 背投的替代产品。

传统的液晶显示器采用的是透射工作方式，液晶层夹在两块玻璃片之间，光源在后方，故大量光线被阻挡，效率较低，而 LCOS 显示器采用的是反射式结构，其底板就是硅片，它的驱动电路、CMOS 晶体管可以用大规模集成电路的制造工艺生产，开发周期短，生产成本低。像素密度可做得很高，如在不足 1in 对角线的 LCOS 芯层上能制成 1280×1024 SXGA 格式以上的像素点（每个像素约为 $0.01mm^2$），故分辨率很高，而且由于画面尺寸小，密度高，光学结构的尺寸也减小，使 LCOS 显示器的体积、成本进一步降低。

2. LCOS 微显示器的工作原理

图 7-7 是 LCOS 微显示器的结构示意图。LCOS 芯片很薄，其厚度在 $1\mu m$ 左右。主要由玻璃基板（作保护层并透光）、透明电极（外接控制电压）、取向层、液晶层（使输入光线按所加信号扭曲转向）、密封隔离层、反射覆盖层（对入射光作反射）、CMOS 硅片、PCB 安装底座等几大部分组成。

入射光通过偏振镜，使其成为具有特定光轴的偏振光，然后进入液晶介质，其偏振方向将随液晶分子的扭曲方向而发生改变。反射后的光线再穿过一个偏振镜，若光线的偏振轴与偏振镜光轴一致，则光线通过，使投影幕上的对应像素变亮；若光线的偏振轴与偏振镜光轴成 $90°$，则光线就不通过，对应像素呈暗点；若二者既不同向，又不成 $90°$，而成某一夹角，则对应像素就会出现不同的灰度等级，其灰度等级高于 DLP 中的 DMD。

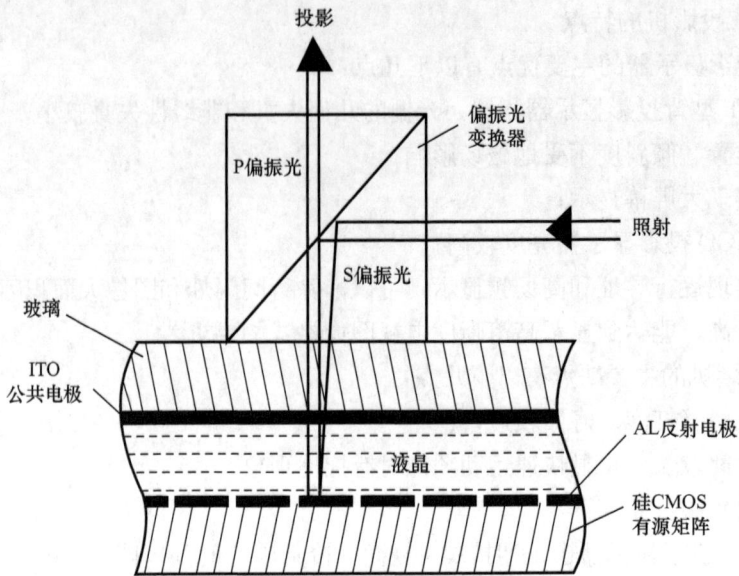

图 7-7　LCOS 像素工作原理

　　液晶分子的排列和扭曲是随其两侧所加信号电压变化而变化的，这就是说投影屏上图像的有无、亮暗是受外加信号控制的，LCOS 的成像原理也就在于此。

　　3. 三片式 LCOS 投影机的工作原理

　　LCOS 投影机也分为单片式 LCOS 投影机和三片式 LCOS 投影机。三片式 LCOS 投影机的光引擎光路图如图 7-8 所示。三片式 LCOS 光引擎系统必须将光源发出的可见光，通过积分棒积聚为光通量较强的光，并将其转化为偏振光。由于在光源转化过程中，有相当一部分光线被偏振光吸收，因此可以允许使用较强的光源系统，通常使用的光源为金属卤

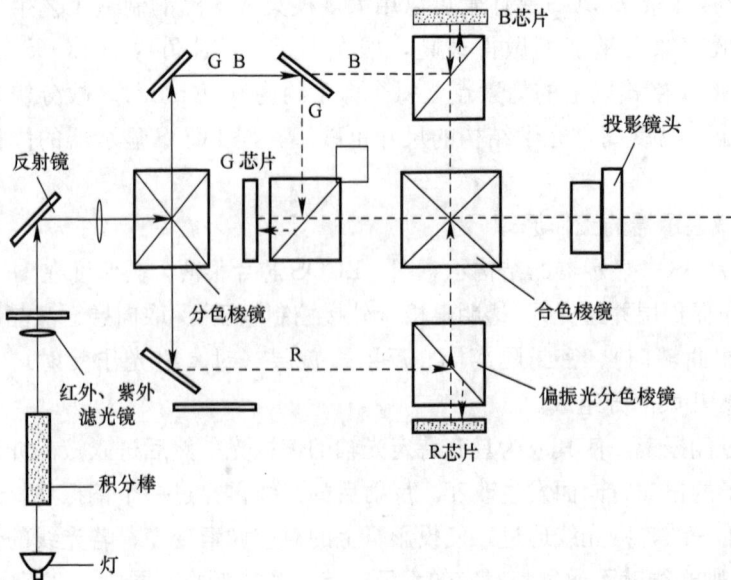

图 7-8　三片式 LCOS 投影机光路图

化物灯（亮度 6000lm 以上）或氙灯（亮度 60000lm）。用抛物面反射镜过滤紫外光和红外光，再用冷反射镜过滤红外光，通过聚焦透镜得到均匀的平行光，然后经分色棱镜分光分成 R、G、B 三色光，此三色光分别通过各自的 PBS 后，会反射 S 偏振光，经玻璃和透明电极到达液晶层。公共电极与像素电极间存在电压，该电压由有源矩阵控制。随着视频信号电压值的改变，液晶材料的光-电特性会随之发生变化，因而使穿过液晶层的 S 偏振光的偏振方向发生改变，改变后的 S 偏振光到达像素电极进行反射，并转换为 P 偏振光，然后通过偏振析光镜使其分离，分离后的 P 偏振光已被硅 CMOS 有源矩阵调制成某基色光图像，再经过光学成像系统投射到显示屏上，利用三基色空间域、时间域混色原理，形成一幅丰富多彩的彩色图像。

4. LCOS 显示器的特点

（1）分辨率高。一般为 XGA（1 024×768 像素）、SXGA（1280×1024 像素），达到 1400×1050 像素或更高像素当无问题。

（2）对比度高。三片式 LCOS 的对比度一般在（400～800）：1。

（3）亮度高。由于 LCOS 的图像充满率（填充因子）在各类显示器中为最高（约 93%），故其亮度很高，一般在 500～1000cd/m²，市售产品的屏幕亮度已超过 800cd/m²，高于目前所有的电视产品。

（4）LCOS 的图像是按帧同时显示的，所以没有扫描线，故不存在图像闪烁问题。

（5）液晶所加电压低，无高压，故无 X 射线辐射，也不受地磁干扰。

（6）图像质量高，图像细腻、艳丽、色彩丰富（16.777216×10⁶ 种色彩）。

（7）整机质量轻，较省电，寿命较长，成本不高，兼容性好。

（8）技术尚未成熟，性能不稳，价格稍高。

表 7-5 给出了 LCOS 芯片的一些典型的性能参数指标。

LCOS 芯片的一些典型性能参数指标　　表 7-5

显示方式	有源矩阵，灰度显示，CMOS 硅基板
分辨率	典型为 1280×1024 像素。最大为 1920×1080 像素
像素尺寸	10～14μm
场频	三片式：60Hz 单片式：>360Hz
液晶模式	扭曲向列液晶，垂直取向液晶，铁电液晶
反射率	>70%（可见光全波段）
对比度	>1200：1
响应速度	三片式：小于 10ms 单片式：约 0.2ms
芯片尺寸	0.35～0.9 英寸
开口率	>91%
工作温度	0～45℃
储藏温度	−20～75℃

四、DLP 投影机

1. DLP 投影显示原理

数字光学处理（DLP，Digital Light Processing）的核心技术称为数字微镜器件（DMD，Digital Micromirror Device），它在一个拇指指甲大小的芯片上集成了大约数百万个微镜，见图 7-9。在电子开关作用下，每个微镜都能在±12°的位置翻动。图像信号被转换成 0、1 数字代码，这些代码用来使微镜在±12°两个位置翻动。当 DMD 芯片和投影灯、色轮（或分色棱镜）、投影镜头同步工作时，这些翻动的镜片就能在屏幕上形成一幅彩色图像。

DLP 投影显示方式采用前述的子帧驱动方式就可能形成图像的亮暗变化，三色发光体形成三基色，利用人眼的视觉惰性和分辨力有限的特点，就能感受到一幅清晰、稳定的图像。

DLP 投影显示器有单片式和三片式两种，单片用于廉价的便携式投影显示器，三片式用于高档投影显示器。单片式 DLP 投影显示器的工作原理与前述图 7-6 相似，在简单的 DMD 投影系统中，用色轮产生彩色图像。色轮是一个具有扇形红、绿、蓝滤光片的系统，它以高速旋转，每秒产生上百个彩色场，DLP 工作在场顺序彩色模式，利用人眼的视觉惰性和空间混色效应，就可以形成一幅完整的彩色图像。

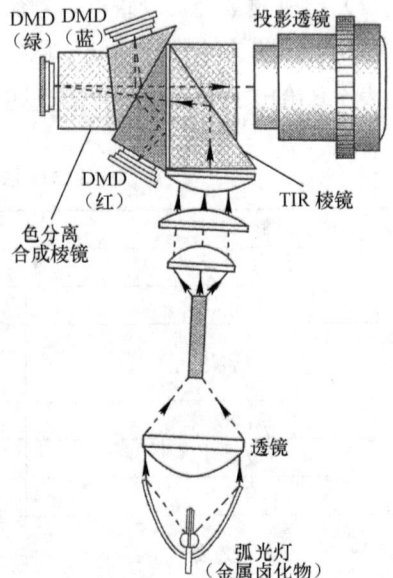

三片式 DLP 投影显示器的结构与工作原理图如图 7-10 所示。DMD 是最简单的反射式光开关阵列，不需要偏光器。金属卤化物或氙灯发出的光由会聚透镜聚光，对于正常的 DMD 光开关，这束光应与 DMD 片的法线成 20°角。在投射透镜和 DMD 色分离/合成棱镜之间加进总内部反射（TIR）棱镜，用以清除照明与投射光学系统之间的机械干扰。

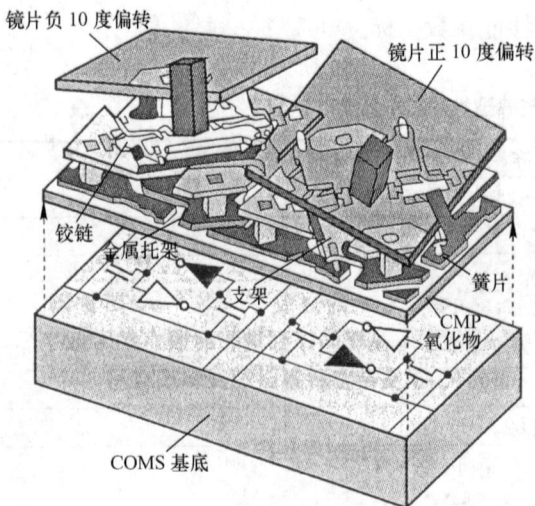

图 7-9　DMD 芯片结构示意图　　　　图 7-10　三片式 DLP 投影显示器结构图

色分离/合成棱镜利用沉淀在其表面的两色干扰滤光器，通过反射分离光，并把 R、G、B 三基色光传输过去。为了保证光以准确的角度射入红色和蓝色 DMD 片，红色和蓝色棱镜需要从总内部反射（TIR）棱镜表面附加一个反射器。从三片 DMD 的"开"状态微镜反射出来的光被导回棱镜，颜色分量重新合成。因为在棱镜的空气间隙里，对所有内部反射光的角度都减小到临界角以下，所以合成光穿过总内部反射（TIR）棱镜并射入投射透镜。

2. DLP 投影机产品示例

表 7-6 是巴可（BARCO）的 DLP XLM HD30 型高亮度投影机技术参数。表 7-7 是巴可 SLM 系列投影机性能表。表 7-8 是科视 Roadster 系列 DLP 投影机技术参数表。

BARCO XLM HD30 高亮度 DLP 投影机参数　　表 7-6

光输出[1]	30000 中心流明
分辨率	2048×1080（自然）
对比度	2000-2800：1（全域）
高对比度模式	利用特效镜头实现
灯泡	6.3kW 氙灯
灯泡质保	750 小时
最高环境温度	35℃（95°F）
功耗	8000W
电压	3×400V＋N 或 3×220V
投影机重量	180kg（400 磅）
尺寸（宽×长×高）	810×1563×631mm（31.9×61.5×24.8 英寸）
特色	
DLP 内核	标配
ScenergiX	标配：横纵向电子边缘融合
网络连接	标配（10/100 base-T；2 个端口，内部集线器）
高级画中画	高达 4 路同步数据源（α 融合、Z 序）
输入	
输入源兼容性[2]	1600×1200（最大）
模块化输入-标配	1×DVI・1×SDI・1×HD-SDI（全部＋环通）・1×RGB 模拟（高达 UXGA）
模块化输入-选配	1×复合视频/S-视频・1×RGB/YUV（两种＋环通）

注：(1) XLD1.45-1.8 同轴测量。
(2) 目前全部视频源，包括复合视频、S-VHS、RBG 或分量视频或串行数字格式。目前全部高清电视和标清电视提案标准（1080i，720p 等…）分辨率高达 1,600×1,200 的计算机和工作站。
大多数 Macintosh 计算机符合目前和未来标准的数字端口。

巴可 SLM 系列 DLP 投影机技术参数表　　表 7-7

技术参数 ＼ 型号	G5 Executive	G8 Executive	G10 Executive	G12 Executive
光输出（ANSI lm）[1]	5000	8000	10000	11500
固有分辨率（像素）	1024×768	1024×768	1024×768	1400×1050
输入兼容性（像素，最大值）	1600×1200	1600×1200	1600×1200	1600×1200
对比度[2]	500：1	500：1	500：1	1000：1
高对比度模式[3]	无	1000：1	1000：1	1500：1

续表

技术参数 \ 型号	G5 Executive	G8 Executive	G10 Executive	G12 Executive
亮度均匀性	90%	90%	90%	85%
灯功率（kW）	1.2	2.0	2.2	2.2
灯寿命（小时，最大值）	1500	1000	1000	1000
噪声水平（dBA）	<43	<54	<56	<60,54 在经济模式
链接 CLO④	标准	标准	标准	标准
垂直镜头偏移⑤	−20%＋118%	−20%＋118%	−20%＋118%	−15%＋110%
水平镜头偏移⑤（L+R）	最大 65%	最大 65%	最大 65%	最大 50%
遮光闸	标准	标准	标准	标准
密封的 DLP 核	可选	无	无	无
无缝切换	标准	标准	标准	标准
切换特效	标准	标准	标准	标准
ScenegiX	标准	标准	标准	标准
网络扩展插槽	有	有	有	有
网络连接	可选	可选	可选	可选
固定输入	5 线（2X）/DVI（2X）	5 线（2X）/DVI（2X）	5 线（2X）/DVI（2X）	5 线（2X）/DVI（2X）
带解码器的视频输入	是	是	是	是
串行数字输入	是	是	是	是
自由数字输入插槽	是	是	是	是
HD-SDI 输入卡	可选	可选	可选	可选
电源（V）	92~240	200~240	200~240	200~240
功耗（W）	1600	2550	2750	2750
重量（kg）	45（99 磅）	45（99 磅）	57（126 磅）	56（124 磅）

注：① 用 TLD1.2∶1 透镜，在 220V 时测量。
② 全屏幕全白/全黑。
③ 高对比度模式设置减少大约 50% 的光输出。
④ CLO：恒定光输出。
⑤ 变焦镜头的值。

科视 Roadster 系列 DLP 投影机技术参数表　　　　表 7-8

技术参数 \ 型号	Roadster S+12K	Roadster S+16K	Roadster S+20K
光输出（ANSI lm）	12000 90%亮度均匀	16000 90%亮度均匀	20000 90%亮度均匀
对比度	1600~2000∶1 全视域	1600~2000∶1 全视域	1600~2000∶1 全视域
灯泡	2.0kW CERMAX 预组合氙灯模块 1000 小时（典型）使用寿命	2.4kW CERMAX 预组合氙灯模块 750 小时（典型）使用寿命	3.0kW CERMAX 预组合氙灯模块 750 小时（典型）使用寿命
电源	功耗：3000W（最大）	功耗：4000W（最大）	功耗：5000W（最大）
大小（不含镜头）	重量：61.4kg 尺寸（长×宽×高）：814.8mm×631.4mm×384mm	重量：61.4kg 尺寸（长×宽×高）：814.8mm×631.4mm×384mm	重量：73kg 尺寸（长×宽×高）：814.8mm×631.4mm×384mm

3. DLP 数字背投电视机的特点

DLP 数字光显背投电视机有许多特点，下面结合 2004 年上市的 HDRTV5508 型产品对其作一简述。

（1）对比度高，图像的灰度等级丰富，低档次机种其对比度可达 450：1，最高的已达 1000：1；而同价位的 LCD 投影机的对比度约为 300：1 量级。

（2）亮度高且亮度均匀。新型的 DMD 显示芯片已将微镜片的转动角度由 $\pm10°$ 提升到 $\pm12°$，且图像的开口率达 80％～90％，同时优化了光路结构，故能实现高达 $1000cd/m^2$ 的屏幕亮度，目前最高可达 30000ANSI 流明。

（3）清晰度高。DMD 芯片本身具有 1280×720 像素的 HDTV 级的分辨率，像素面积仅有 $13\mu m \times 13\mu m$，十分微细。在多维图像处理技术的帮助下，能使普通模拟信号提升到高清精细的图像效果，还能显示从 640×480VGA 直到 1600×1200VXGA 级分辨率的电脑信号，支持最高的 HDTV 格式和 480i、480p、1080i、720p、1080p，支持 1080i、720p，全兼容各类数字和模拟视频接口。

（4）响应速度快。每秒可显示 300 幅图像，有利于高速运动图像的重显。

（5）彩色还原性好，黑色表现力强于 LCD，无颗粒感，彩色收敛性好，彩色真实、锐利、生动、画面流畅，失真很小。

（6）纯数字电路，无须行场扫描，整幅画面一次形成，故无高压、无 X 射线辐射、无闪烁，噪声也小，画面十分稳定、清晰，观众能感到前景和后景的细节，景深也优于 CRT 电视。

（7）使用 DMD 芯片，不存在会聚问题，故屏幕图像无几何失真，调整、维修均十分方便。

（8）视场角大。水平视角可达 166°，垂直视角也在 45° 以上。

（9）使用寿命较长。DMD 芯片的寿命可长达 10 万～20 万 h，其光源 UHP 冷光灯的寿命在 1 万 h 左右。

（10）质量约 32kg，厚度约 40cm，对大屏幕电视机而言，这一质量与厚度已经有竞争力了。

（11）DMD 芯片能以标准化的半导体工艺设备和材料生产，但成品率不高，价格高。

（12）新型 DMD 采用了高速双通道 DDR 内存，再配以双倍速 6 色轮分光系统，有效地解决了早期 DLP 光显电视的"彩虹现象"，即视觉上彩色分离（分开）的感觉。

DLP 投影电视最大的缺点是，DMD 芯片上数字微反射镜的制造工艺仍较复杂，成本有待于进一步降低。另外，DMD 的核心技术为 TI（美国德州仪器）公司所垄断，知识产权是个大问题。

第三节 各种投影机的比较与技术选型

一、各种投影显示系统的比较

各种投影显示系统的技术参数比较如表 7-9 所示，它们的各自优缺点如表 7-10 所示。

各种投影显示技术的参数比较　　　　　　　　　　　　　　　　表 7-9

种　类	D-ILA	DLP	LCD	PDP	LCoS	CRT
对比度	1500∶1	5000∶1	1300∶1	3000∶1	2000∶1	4000＋∶1
最大亮度	7000lm	750＋cd/m²	450/cd/m²	1000cd/m²	750cd/m²	1000cd/m²
寿命/(10³h)	1	8～10（灯）	50～75	25～30	80	80
灼伤	无	无	无	有	无	无
视角	180°	170°	160°	180°	180°	180°
全数字显示	是	是	是	是	是	不是
刷新率	NA	NA	10～12ms	8ms	10～12ms	NA
最高分辨率	2048×1536	1280×720	1280×1024	1366×768	1920×1080	750p×1080i＋
质量/lb (1lb＝0.4536kg)	15～200	15～300	20～100	50～150＋	100～120	60～300
整机深度	NA	7～20	2	4～6	24～30	16～30
屏幕尺寸	NA	43～65	1～57	30～80	42～80	20～40
功耗	高	中等	低	中等	中等	高

各种投影显示器的主要优缺点　　　　　　　　　　　　　　　　表 7-10

名　称	主要优点	主要缺点
CRT 型投影式显示器（含前投方式和背投方式）	① 显示屏是光学原理组成的部件，可实现大屏幕显示，屏幕可达 203cm（80in）以上； ② 技术较成熟，易实现 HDTV 显示，图像的临场感强； ③ 亮度、对比度较高，灰度等级很高或最高； ④ 惰性小，响应时间短，显示高速运动图像无拖尾； ⑤ 图像调制、寻址方式简单； ⑥ 价格较低或最低	① 整机体积大，太笨重； ② 由于是利用 3 只投射管直投或反射后再会聚到屏幕上成像，故光栅的会聚及白平衡电路等的调整较复杂； ③ 光栅的几何失真大，扫描的非线性失真也大； ④ 可视角度小，清晰度受限制； ⑤ 屏幕尺寸大时，光栅亮度低，屏幕边缘图像的清晰度和亮度低于屏幕中心； ⑥ 功耗大，屏幕愈大功耗愈大； ⑦ 投射管的寿命低于 CRT 显像管，工作时温度高，需加冷却液冷却； ⑧ 投射管加有数万伏高压，有 X 射线辐射
LCD 型投影式显示器	与 LCD 直显式显示器的优点大致相同。 ① 可实现大屏幕显示，一般可达 152cm（60in）以上； ② 光栅的几何失真和非线性失真最小； ③ 光栅的位置、倾斜度不受地磁场的影响； ④ 屏幕边缘图像的清晰度、亮度与屏幕中心相同，为全彩色； ⑤ 易于实现逐行寻址和高场频显示，可消除行间闪烁和大面积闪烁； ⑥ 易于与大规模集成电路技术兼容，制造简便； ⑦ 电压低，功耗小，无 X 射线辐射	① 由于显示屏是由光学原理制成的部件，故会聚、聚焦、调整等均较复杂； ② 惰性大，响应时间较长（10～20ms），快速图像显示时有拖尾现象； ③ 图像有颗粒感，不细腻； ④ 屏幕亮度不很高； ⑤ 被动发光，背光源（灯）的寿命低于 LED 显示器，通常为 3000～1 万 h，需经常更换，费用较高； ⑥ 价格略高

续表

名　称	主要优点	主要缺点
LCOS 型晶片上液晶投影屏幕	与 LCD 显示器的优点大致相同。 ① 图像失真小，由于是固定分辨率器件，故全屏的清晰度相同，亮度相同，会聚不受地磁场干扰； ② 易于实现平板显示、逐行寻址和高场频显示，可消除行间闪烁和图像大面积闪烁； ③ 图像失真小、图像质量高； ④ 三片式 LCOS 投影显示器的亮度高，开口率可达 90%	① 采用光学原理构成显示器部件，故会聚、聚焦等的调整较复杂； ② 芯片制造的成品率低，价格高； ③ 投影灯寿命没有 LCD 显示屏长； ④ 惰性大，响应时间长，显示快速运动图像时有拖尾现象； ⑤ 不久可实现高清晰度电视 HDTV 显示格式
DLP 型数字光处理投影显示器	① 利用微镜反射，光效率高，亮度强，分辨率高，灰度等级丰富，开口率可达 80% 以上，图像质量优良； ② 对比度优于 LCD，略低于 CRT，灰度跟踪比 LCD、CRT 好； ③ 电子寻址方式显示图像，属固定分辨率显示器件，色纯、会聚、聚焦不受地磁影响，图像失真小； ④ 采用子帧驱动方式，很好地消除了行间闪烁和大面积图像闪烁，噪声小，彩色真实，图像质量高； ⑤ 屏幕薄，适于大屏幕显示； ⑥ 彩色图像无缝显示、无扫描线或像素粗糙的痕迹； ⑦ 惰性小，响应时间短，每秒可变化 5200 次以上，适于高速运动图像的显示； ⑧ 屏的可靠性高，寿命长； ⑨ 可随意变焦，调整十分方便	① 投影灯寿命有问题； ② 生产有难度； ③ 单片式投影屏幕的彩色有分裂的感觉，分辨率稍低； ④ 成本高，售价高

二、投影机的技术选型

1. 投影机技术选型应遵循下述规定：

（1）本规范第一册"7. 多媒体教学环境视觉设计"相关规定。

（2）投影机物理分辨率不应低于主流显示信号的显示分辨率。显示文字信息的物理分辨率应不小于 800×600；显示图像、图形、文字信息的物理分辨率应不小于 1024×768；显示高清电视信号的分辨率应不小于 1920×1080。

（3）投影机按亮度划分为低亮度、中等亮度、高亮度和超高亮度四个等级，与使用环境空间面积、屏幕尺寸和屏幕最低亮度的对应关系应参照表 7-11 规定执行。

投影机与环境空间面积的对应关系　　　　表 7-11

亮度等级	亮度范围（lm）	应用环境面积（m²）	屏幕尺寸（in）	屏幕最低亮度（cd/m²）
低亮度	2000～3000	40～80	72～100	80～100
中等亮度	3000～5000	90～400	120～250	100～120
高亮度	6000～10000	450～800	280～400	120～150
超高亮度	12000～30000	800～3000	400～600	150～200

注：屏前垂直照度为 80～150lx。

2. 投影距离与投射画面设计应遵循下列规定：

（1）投影尺寸越大，投影距离越远，相应的光路损耗越大。亮度损耗与投影距离的平方成正比。

（2）最小投射距离（m）＝最小焦距（m）×画面尺寸（in）÷液晶片尺寸（in）。

（3）最大投射距离（m）＝最大焦距（m）×画面尺寸（in）÷液晶片尺寸（in）。

（4）最大投射画面（m）＝投射距离（m）×液晶片尺寸（in）÷最小焦距（in）。

（5）最小投射画面（m）＝投射距离（m）×液晶片尺寸（in）÷最大焦距（in）。

3. 投影机的I/O（输入/输出）界面设计应符合下列规定：

（1）应至少具有一路（RCA）音频输入。

（2）复合视频输入接口（RCA）或S视频输入接口（S Video）应不少于一路。

（3）VGA（15针D-sub）或RGB（RGBHV）输入接口应不少于两路。

（4）显示高清电视信号的投影机除具有复合视频输入接口或S-Video视频输入接口、VGA或RGB输入接口外，DP（Display Port）或DVI、HDMI输入接口应不少于两路。

（5）教学环境使用的投影机除具备红外遥控功能外，还必须至少有一路RS-232或RS-422、RS-485串口控制接口。

（6）投影机的电源供电应是标准的AC 220-250V，系统应具备热插拔功能。

（7）投影机的额定灯泡寿命应不低于2000h，有效使用寿命（光通量衰减至额定亮度70％时）不应低于1500h。

4. 投影机按质量性能可分为一级、二级、三级，性能指标应符合表7-12的规定。三级指标为必须满足的最低标准，二级及二级以上指标为推荐标准。

投影机的质量与性能等级划分   表 7-12

性能指标	一 级	二 级	三 级
不间断运行时间（h）	≥10	≥8	≥6
平均无故障时间（h）	≥10000	≥8000	≥5000
亮度均匀度（％）	≥90	≥85	≥80
色彩还原度（％）	≥90	≥85	≥80
PC信号刷新频率（f/s）	≥25	≥25	≥15
视频信号刷新频率（f/s）	≥24	≥24	≥24
输入模式切换时间（s）	≤1	≤2	≤3
红外遥控装置	有	有	有
串口控制界面	有	有	有
图像质量	＞4级	≥4级	≤4级
噪声控制（dB）	≤30	≤35	≤40

三、投影机的使用与维护

投影机使用中的注意事项如下：

① 尽量使用投影机原装电缆、电线。

② 投影机使用时要远离水或潮湿的地方。

③ 注意防尘，可在咨询专业人员后采取防尘措施。目前使用的多晶硅LCD板一般只有

3.3cm（1.3 英寸），有的甚至只有 2.3cm（0.9 英寸），而分辨率已达 1024×768 或 800×600，也就是说每个像素只有 0.02mm，灰尘颗粒足够把它阻挡。由于投影机 LCD 板充分散热，一般都有专门的风扇以每分钟几十升空气的流量对其进行风冷，高速气流经过滤尘网后还有可能夹带微小尘粒，它们相互摩擦产生静电而容易吸附于光学系统中。

④ 投影机使用中需远离热源。

⑤ 注意电源电压的标称值，机器的地线和电源极性不要接错。

⑥ 用户不可自行维修和打开机体；内部电缆、零件更换时尽量使用原配件。

⑦ 投影机不使用时，必须切断电源。

⑧ 投影机使用时，如发现异常情况，应先拔掉电源。

⑨ 注意使用后应先使投影机冷却。

⑩ 机器的移动要轻拿轻放，运输中要注意包装、防震。

■ 要经常清洗进风口处的滤尘网，每月至少清洗一次。

目前的多晶硅 LCD 板还是比较怕高温，因此较新型号机型在 LCD 板附近都装有温度传感器，当进风口及滤尘网被堵塞、气流不畅时，投影机内温度会迅速升高，这时温度传感器会报警并切断灯源电路。所以，保持进风口的畅通，及时清洁过滤网十分必要。吊顶安装的投影机，要保证房间上部空间的通风散热。在开机状态下严禁震动、搬移投影机，以防灯泡炸裂。停止使用后不能马上断开电源，要让机器散热完后自动停机，在机器处于热状态断电造成的损坏是投影机最常见的返修原因之一。另外，减少开机次数对灯泡寿命有益。

■ 严禁带电插拔电缆，信号源与投影机电源最好同时共同接地。投影机在使用时，有些用户要求信号源和投影机之间有较大距离，如吊装的投影机一般都距信号源 15m 以上，这时相应的信号电缆必须延长。由此会造成输入投影机的信号发生衰减，投影出的画面会发生模糊拖尾甚至抖动的现象。这不是投影机发生的故障，也不会损坏机器。解决这个问题的最好办法是在信号源后加装一个信号放大器，可以保证信号传输 20m 以上而没问题。另外，如果出现投影机输出图像不稳定、有条纹波动的现象，这可能是投影机电源信号与信号源电源信号不共地。为此可将投影机与信号源设备电源线插头插在同一电源接线板上。

投影机的保养和维护如表 7-13 所示。

投影机的保养与维护　　　　　　　　　　　　　　　　　表 7-13

项　目	说　明
镜头保养	常会在投影机镜头上看到灰尘，其实它并不会影响投影品质，若真的很脏，可用镜头纸擦拭处理
机器使用	大多数的投影机在关机时必须散热，用完不可直接把总电源关掉。若正常开关机，机器可用得更久
散热检查	投影机在使用时一定注意，其进风口与出风口是否保持畅通
滤网清洗	为了让投影机有良好的使用状况，请定时地清洗滤网（滤网通常在进风口处），清洗时间视环境而定，一般办公室环境，约半年清洗一次
连接	投影机所提供的接口很多，所以就有很多的接线，在接信号线时，必须注意是否拿对线、插对孔，以减少故障
遥控器	使用完时，最好把电池取出，避免下次使用时没电

最后列举一些投影机的常见故障及维修方法，如表 7-14 所示，供参考。

常见故障与维护方法　　　　　　　　　　　　　　表 7-14

故障部位或现象	可能的原因及维修方法
灯泡	通常投影机有动作但画面没有投射出来，可能是灯泡出了问题，可将灯泡取出来看看是否损坏或联系厂商的维修部门检查
电源	若主电源没电，可检查电源的保险有无问题，若没有问题，就是电源供应器损坏，请联系厂商的维修部门
投射图像偏色	先检查 VGA 电缆，看有没有插好或接头的针有没有坏掉，若没有，那可能是光学系统有问题，请联系厂商的维修部门
有画面没有信号	先检查连接线，再检查投影机信号选择是否与信号源一致，若还是没画面，再检查计算机是否正常传递了信号
投影机输出图像不稳定，有条纹波动	① 投影机电源与信号源电源不共地； ② 信号输入电路故障，需要找维修部门检修
投影图像重影	① 连接电缆性能不良，传输距离过长； ② 信号接口电路故障，需要找维修部门检修
使用过程中突然自动熄灯，但过一会儿可以重新开灯	机器使用过程中散热不良造成过热保护，自动启动了热保护电路，造成断电
投影屏幕的边缘出现偏色现象	投影机内部的光学镜片位置发生了偏移
投影机投射出的图像出现明显的倾斜现象	屏幕与投影机不垂直，需调整投影机位置和支座，使之与屏幕成 90°垂直即可
投影机所投射的图像一侧较宽，出现偏位现象	屏幕与投影机不垂直，需调整投影机位置和支座，使之与屏幕成 90°垂直即可
画面图像十分模糊	① 镜头、光引擎、LCD 片都很脏； ② 镜头出现机械损坏，手动、自动均无法对焦； ③ 机器由低温进入高温环境，镜头结露
使用 LCD 投影机投射出的画面有所谓"头大尾小"或者"左（右）窄右（左）宽"的梯形现象	投影机内部的光学镜片位置发生了偏移
一台 LCD 投影机所投出的画面中央较亮，而四周却很暗	① 光引擎吸入大量灰尘，须进行整机清洗； ② 光引擎内的多组镜片老化
投影机的灯泡使用了一段时间后没有原来那么亮了	① 光引擎内吸入大量灰尘，须进行整机清洗； ② 灯泡老化，需更换
投影机使用一段时间后，投影画面出现不规则的斑点	投影机使用较长时间后，机内会吸入灰尘，附着在 LCD 板或光机的镜片上，在将焦距调离成像面会观察到许多彩色（青、黄、品红色）斑点，而眼睛对品红色较敏感

第四节　投 影 屏 幕

一、投影屏幕的性能参数

　　屏幕的重要参数是衡量屏幕表面材料质量优劣的重要依据。屏幕常用的重要参数有：增益、半增益角、宽高比、对比度、解析度（分辨率）和均匀度等。在具体选购屏幕前，需要了解屏幕的主要性能和技术指标。

（1）增益

增益是用来测量屏前亮度的相对值和不同屏幕材料的光学特性。

屏幕的增益通常是测量垂直屏幕中心位置反射光线的数量，并没有实际的光量增加。在入射光角度一定、入射光通量不变的情况下，屏幕某一方向上亮度与理想状态下的亮度之比，叫做该方向上的亮度系数，把其中最大值称为屏幕的增益。通常把无光泽白墙的增益定为1，如果屏幕增益小于1，将削弱入射光；如果屏幕增益大于1，将反射或折射更多的入射光。

（2）半增益和半增益角

屏幕的半增益角度将直接影响到屏幕的观看效果。为了确保更多的人可以从不同的角度欣赏亮丽完美的画面，我们就对屏幕的半增益视角提出了严格的要求。半增益是衡量屏幕亮度的一项重要指标，它是指屏幕中心位置垂直屏幕方向观看时的屏幕的最亮点，当观看者偏离屏幕中轴方向观看，屏幕亮度降低为最高亮度一半时的增益。另外，屏幕的增益降为一半时的观察角度——半增益角，也是衡量屏幕技术的一项重要指标。半增益角度越大，我们所能清晰观看到屏幕上面的内容就越多，屏幕内容也就被更多的人从不同的角度清晰而且完美地欣赏到。

所有屏幕都为不同的应用环境设计，具有不同的功能，根据使用环境正确选择屏幕的增益和半增益角度非常重要。

（3）屏幕的宽高比率

投影屏幕的宽高比率直接影响着画面的质量，只有投影屏幕的宽高比率和投影机的自然分辨率、信号源的分辨率（解析度）完全适合的时候，才会使显示画面更加精彩。投影屏幕的宽高比率主要有以下几种：

① 4：3（1.33：1）：主要用于显示视频/PC图像，对角线×0.8＝宽度；

② 16：9（1.78：1）：主要用于显示高清电视图像（HDTV）；

③ 1.85：1：主要用于显示宽银幕电视信号图像；

④ 2.35：1：主要用于宽银幕立体声影像显示。

（4）视角

屏幕在所有方向上的反射是不同的，在水平方向离屏幕中心越远，亮度越低。当亮度降到50％时的观看角度，定义为视角。在视角之内观看图像，亮度令人满意；在视角之外观看图像，亮度显得不够。一般来说屏幕的增益越大，视角越小（金属幕）；增益越小，视角越大（由于照顾学生，教育幕多采用白塑幕）。比较流行采用玻珠幕。

（5）对比度

对比度对于画面的均匀性和解析度非常重要，主要指投影机投在屏幕画面上所反映的高电平和低电平的比率，通俗地讲就是画面亮区和暗区的比。

高对比度的屏幕对于画面的层次显示至关重要。一般而言，对比度跟增益成反比。增益越高的屏幕，对比度就越低；相反要提高对比度，增益就必须做一定的牺牲。对比度越高的屏幕，图像越清晰，越有层次感，色彩也比较均匀。目前，背投屏幕的技术中，要提高增益，可通过增加荧光材料或减浅颜色等途径来实现，但是提高对比度却不是那么容易的一项技术。

（6）屏幕的均匀度

屏幕的均匀度不但表现在画面的质量上，而且和投影机的投影技术息息相关。好的均匀度能够保证屏幕水平方向、垂直方向从 0°～180°观看时，画面亮度和色彩一致。屏幕表面材料的均匀度对投影机的画面均匀性起到了良好的补充作用。

二、投影屏幕的种类与产品示例

当前流行的投影幕有玻珠幕、白塑幕和金属幕三种。

（1）白塑幕（散射型）

白塑幕幕面洁白平整，光线柔和，在周围的光线可调节时，显示出最佳的投影效果，光线均衡地分散投射到每个显示区域，色彩自然逼真，长时间观看不易疲劳。幕面可清洗、防潮、防霉、阻燃、无异味，久用不褪色，不发黄，不变形。采用特殊的感光材料，较好地解决了环境光线的散射问题，可视角度达 55°（如图 7-11 所示），但增益较低，只有 1.5 左右。

如果选择白纸作为投影幕则没有极性扩散，因此，从理论上来说，所有方向的显示屏增益值（GS）都是 1。屏幕增益是指规定视角上的亮度和效率。

（2）玻珠幕（反射型）

玻珠幕在光学特性处理上追求提高反射率，玻珠幕布在 PVC 布基表面粘合有超细玻璃珠，不掉珠，布珠均匀以增强反射效果，增加亮度增益（可达到 2.8），观众看起来亮度高，立体感强。再现生动色彩，创造好的视觉效果。幕布具有防潮、防霉、阻燃、不发黄、不褪色等特性。玻珠幕布视角约 35°（如图 7-12 所示）。

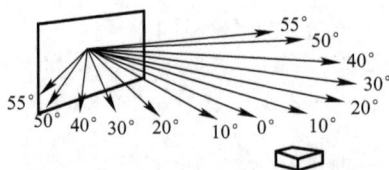

图 7-11　白塑幕的视角特性　　图 7-12　玻珠幕的视角特性

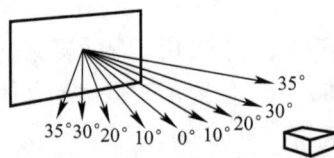

当光线投射在玻璃珠上，光线会自然反射，用投影机增加入射角度，玻珠投影幕将减少返回至观众的视点的有害光线。

（3）金属幕

金属幕较传统的珠光屏幕创造了全新的投影概念，它最大程度地过滤了周围环境的光线，大大提升了画面的质量，使低流明投影设备的放映效果得到飞跃。目前，已广泛应用在车站、机场、展览馆、演示厅、会议室等。

虽说金属屏幕和玻珠幕的反射原理均为漫反射，但两者的反射效果却截然不同。简单地了解其反射原理是有必要的。

金属屏幕的反射原理非常简单，如图 7-13 所示。

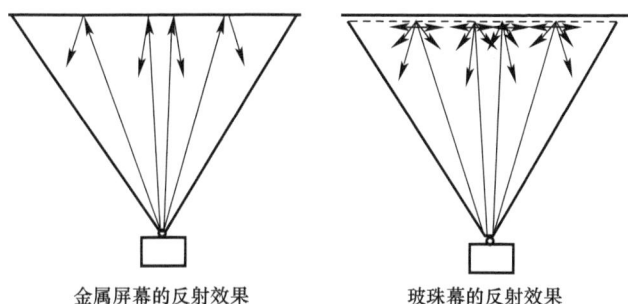

金属屏幕的反射效果　　　　玻珠幕的反射效果

图 7-13　金属幕与玻珠幕的反射效果

实际上，金属屏幕并不能给投影机增色，它只不过是将投影机的品质如实地向观众反映；而玻珠幕则是将灯光、阳光、投影机光混合在一起向观众反映。简单地说，玻珠幕在自然光下无法单一地反映投影机的光线。有效解决玻珠幕雾状白背景的方法就是降低环境的照度。所以玻珠幕只能在相对较暗的环境下观看投影。

金属幕的光增益最高，但因屏幕呈弧形，故可视角小；平面珠光幕的光增益较低，但可视角大；奶白玻璃幕的光增益居中，可视角也较大。背投式屏幕有硬质透射幕和软质透射幕两种，硬质透射幕的光增益较高，观看效果也好。表 7-15 给出常见的投影屏幕性能的对比。其中光学正投屏幕是一种新研制的产品，它是由五层光学材料复合而成。表 7-16 列出一些投影屏幕资料，供参考。

几种常见正投屏幕技术参数对比一览表　　　　　　表 7-15

幕料参数	光学正投银幕	白塑幕	灰幕	玻珠幕	金属幕
抗环境光	抗 AG 层	一般	较好	较差	最差
色彩还原性	最好	一般	较好	较差	最差
抗腐蚀性	最佳	一般	较好	最差	一般
幕布基色	无基色	白色	灰色	亮白色	深灰色或灰色
幕面材料	聚碳酸酯	PVC	灰布/油漆	微粒珠粉	金属涂层
幕底材料	刚性保护层	PVC	PVC	PVC	PVC
增益	6.0	1～1.5	0.8	2.5～3	3～7
视角	160°	55°	45°	35°	45°

投影屏幕资料　　　　　　表 7-16

屏幕材料		屏幕参数		
中文名称	英文名称	视角	亮度增益	面料
白塑幕	Matte White	50°	1.1	防火、防霉，可清洁
VS1.5	Video Spectra1.5	35°	1.5	防火、防霉，可水洗
玻珠幕	Glass Beaded	30°	2.5	防火、防霉
金属幕	Super Wonder-Lite	40°	2.5	防霉，可清洁

续表

屏幕材料		屏幕参数		
中文名称	英文名称	视角	亮度增益	面料
极化幕	Polarized Screen	35°	2.75	防火、防霉
高能幕	High Power	25°	2.8	防火、防霉，可清洁
前/后投影幕	Dual Vision	50°	1.0	防火、防霉，可清洁
背投软幕	Da-Mat	50°	1.1	防火、防霉，可清洁
高级家庭影院幕	Cinema Vision	45°	1.3	防火、防霉，可清洁
高级珍珠型幕	Pearlescent	35°	2.0	防火、防霉，可清洁

　　屏幕按投影方式分，可分为前投式和背投式两种。前投式是指投影机与屏幕分离，投影机从屏幕前方进行投影的方式。前投式的优点是屏幕尺寸大，通常在254cm（100英寸）以上，是常用的方式。背投式有两种：一种是投影机与屏幕分离，它的屏幕可以很大，但要求背后空间较大；另一种背投式是将投影机与屏幕装在一个较大的机箱内，投影管的图像经反射后投向屏幕。这种一体化背投式投影机的缺点是屏幕大小有限，而且屏幕中心容易出现比较显眼的明亮区域（称为"热点"），影响视觉效果。

　　前投式和背投式的投影机各有优、缺点。前投式的优点在于光路可以加长，因此屏幕尺寸能做得很大；缺点是由于屏幕尺寸的增大，图像质量有不同程度的下降。它要求有较好的观看环境，外界杂散光会影响对比度（必须遮光），因此一般适合于娱乐场所和专业场合使用。背投式投影机的优点是可在明亮的环境下观看，常在会堂、舞台两侧使用。其缺点是对背后空间大小有较为严格的要求，如图 7-14 所示，背后空间至少留有 2.1m 的距离。

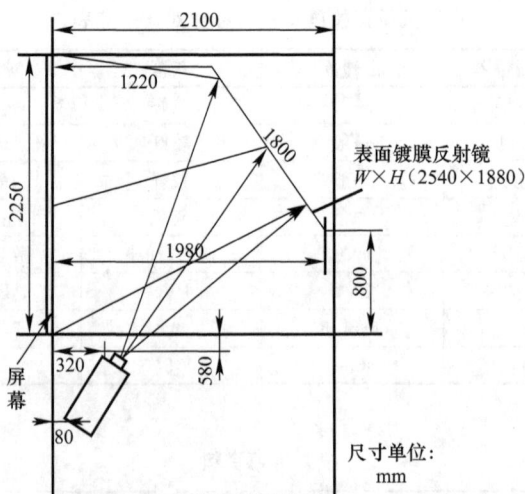

图 7-14　BG6500 投影机分离背投式安装图（使用透镜焦距为 1.27 的镜头）

　　屏幕也是投影机的重要组成部分，它的质量优劣对投影图像质量有很大影响。屏幕是一种复杂的光学部件，它将投影先聚合起来，通过反射或透射的方式传送。屏幕的性能与屏幕增益、材料、尺寸和悬挂方式有关。

不同的投影屏幕有不同的光增益，这种光增益又称屏幕增益，它是指屏幕的材质与同样体积的全漫射纯白样板的亮度比。屏幕增益的大小主要取决于屏幕的材质和形式。目前，前投式屏幕主要有弧形金属幕、平面珠光幕、奶白玻璃等。其中金属幕的光增益最高，但因屏幕呈弧形，故可视有小；平面珠光幕的光增益较低，但可视角大；奶白玻璃幕的光增益居中，可视角也较大。背投式屏幕有硬质透射幕和软质透射幕两种。硬质透射幕的光增益较高，观看效果也好。

屏幕从功能上分为散射型、反射型和透射型三类。散射型和反射型用于正投，透射式用于背投。

（1）正投屏幕

正投幕又分为平面幕、弧型幕。根据安装方式可分为：便携式支架幕、手动挂幕和电动挂幕等类型。平面幕增益较小，视角较大，环境光必须较弱；弧型幕增益较大，视角较小，环境光可以较强，但屏幕反射的入射光在各方向不等。从质地上分为玻珠幕、金属幕、白塑幕等，正投幕适用范围较广。

（2）背投屏幕

背投幕又分为硬质背投幕和软质背投幕，硬质幕的画面效果要优于软质幕。

投影幕根据其尺寸、光学特点和表示方式有不同种类的型号。根据其光学特点，可分为正面投影型（即广义上的反射型）和背面投影型（透明型）。由于背投屏幕多用于背投一体机和大屏幕拼接系统。

表 7-17 列出日本 SHARP（夏普）生产的各种投影屏幕的性能。

SHARP 公司各种投影幕性能　　　　表 7-17

银幕样式		尺寸/in（cm）	型号	体积（W×H×D）	银幕净尺寸（W×H）	增益	重量/kg（lbs）
弹力滚动型投影幕	整洁式	100（254）	XU-HG100C	2276mm×1817mm×84mm（89.7in×71.6in×3.4in）	2032mm×1524mm（80.0in×60.0in）	2.0	9.5（21.2）
		80（203）	XU-HG80C	1873mm×1512mm×80mm（73.8in×59.6in×31.5in）	1626mm×1220mm（64.1in×48.1in）	2.0	6.5（14.5）
	防尘式	100（254）	XU-HG100	2276mm×1791mm×78mm（89.7in×70.6in×3.1in）	2032mm×1524mm（80.0in×60.0in）	2.8	13.5（30.0）
		60（152）	XU-HG60	1466mm×1182mm×78mm（57.8in×46.6in×3.1in）	1220mm×915mm（48.1in×36.1in）	2.8	6.0（13.4）
遥控型显示幕		100（254）	XU-EM100	2394mm×1873mm×105mm（94.3in×73.8in×4.2in）	2032mm×1524mm（80.0in×60.0in）	2.8	18.6（41.4）
遥控型显示幕		80（203）	XU-EM80	1988mm×1861mm×105mm（78.3in×73.3in×4.2in）	1626mm×1220mm（64.1in×48.1in）	2.8	14.9（33.2）
窗口式投影幕		90（228）	XU-MG90R	1870mm×1926mm×48mm（73.7in×75.9in×1.9in）	1830mm×1850mm（72.1in×72.9in）	1.5	3.0（6.7）
墙挂式投影幕		80（203）	XU-SG80	1760mm×1320mm×28mm（69.3in×52.0in×1.2in）	1626mm×1220mm（64.1in×48.1in）	0.88	2.8（6.3）
		60（152）	XU-SG60	1350mm×1015mm×28mm（53.2in×40.0in×1.2in）	1220mm×915mm（48.1in×36.1in）	0.88	2.0（4.5）

续表

银幕样式	尺寸 /in（cm）	型　号	体积（W×H×D）	银幕净尺寸（W×H）	增益	重量 /kg（lbs）
高光型标准幕	100（254）	TKFP100+	2226mm×2342～ 3342mm×700mm （87.7in×92.3in～ 131.6in×27.6in）	1930mm×1448mm （76.0in×57.1in）	13.5	49.0 （108.9）
	100（254）	TKFC100+	1995mm×1810～ 2310mm×550mm （78.6in×71.3in× ～91.0in×21.7in）	1940mm×1450mm （76.4in×57.1in）	13.5	23.0 （51.2）
	80（203）	TKFC80+	1636mm×1678～ 2178mm×550mm （64.5in×66.1in ～85.8in×21.7in）	1580mm×1180mm （62.3in×46.5in）	13.5	21.0 （46.7）
	75（190）	XU-FP75	1574mm×1668～ 2168mm×658mm （62.0in×65.7in ～85.4in×26.7in）	1527mm×1145mm （60.2in×45.1in）	13.0	23.0 （51.2）
	60（152）	XU-FP60	1270mm×1560～ 2060mm×550mm （50.0in×61.5in ～81.2in×21.7in）	1220mm×915mm （48.1in×36.1in）	12.8	15.9 （35.2）
防反射高亮度 金属投影幕	60（152）	XU-PP60S	1270mm×1527～ 2027mm×550mm （50.0in×62.0 ～79.9in×21.7in）	1220mm×885mm （48.1in×34.9in）	8.9	15.7 （34.9）
	40（102）	XU-PP40K	853mm×627mm×16mm （33.6in×24.7in×0.7in）	823mm×597mm （32.5in×23.6in）	6.0	3.0 （6.7）
新型投影幕	90	XU-MG90R	187mm×192mm×4.8mm	183mm×185mm	1.5	3
	100	XU-EM100B	243mm×187mm×11mm	203mm×152mm	2.8	18.3
	150	LSV150	340mm×296mm×14mm	304mm×229mm	2.1	33
	120	LSH120	302mm×217mm×12mm	226mm×150mm	2.8	26
	50	XU-SP50	110mm×85mm×5mm	101mm×76mm	4	4.8

三、投影屏幕的使用

使用投影屏幕时，必须明确如下一些关系：

（1）屏幕增益与视角的关系

一般说来，投影屏幕的增益与视角是一对矛盾，在某些条件不变的情况下，增益越高，视角越小；反之，视角越大，增益越低。所以，在增益不变的情况下增大视角或在视角不变的情况下提高增益是投影屏幕研发人员不断研究和需要解决的问题。

金属软幕的研发专家通过不断调整金属反射涂层的配方和幕基的制作工艺，努力在不降低亮度增益的情况下增大视角。目前有些金属软幕的视角最大已达到110°。但是，人眼的视角毕竟是局限的，当在40°外观看时，图像已开始变形；在80°外观看时，图像已变形得毫无意义。

（2）距离与亮度的关系

距离光源越近就越亮，越远就越暗，这是人人皆知的基本常识。同理，在投影显示领域，相同的投影机及相同的画面打在相同的屏幕上，距离不同，屏幕的亮度就不同。换句话说，相同的投影机及画面要打满不同尺寸的屏幕，因其距离不同，屏幕的亮度也就不同。

（3）屏幕大小与视距及顶棚高度的关系

通常可按下列公式确定：

$$观众最近处视距 L = 1.5 \sim 2W \tag{7-1}$$

$$观众最远处视距 L = 5 \sim 6W \tag{7-2}$$

式中 W——屏幕有效宽度（m）。

根据上述最远视距公式也可推算出观众厅最长距离（最远视距）要求多大的屏幕。

表 7-18 给出屏幕大小与视距及顶棚必要的高度之关系。

屏幕大小与视距及顶棚高度的关系 表 7-18

屏幕大小（英寸）	屏幕（高×宽）(mm)	最近视距（m）	最远视距（m）		顶棚必要高度（m）
			静止图像	动画	
70	1067×1422	2.2	6.4	9.6	2.60
80	1219×1626	2.5	7.3	11.0	2.75
100	1524×2032	3.1	9.1	13.7	3.07
120	1830×2440	3.7	11.0	16.5	3.38
150	2286×3048	4.5	13.7	20.6	3.85
200	3048×4064	6.1	18.3	27.4	4.64
300	4572×6096	9.2	27.4	41.1	6.30

图 7-15 和图 7-16 分别表示投影屏幕适宜观看的水平角度和垂直角度。图 7-15 中也给出最近视距（或座位）和最近视距的公式。在水平角度60°范围为视觉适宜区域。

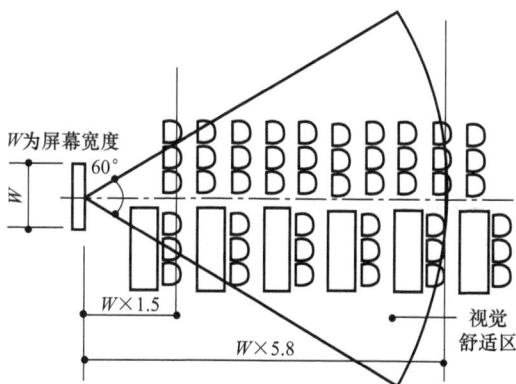

图 7-15 观看水平适宜角度范围

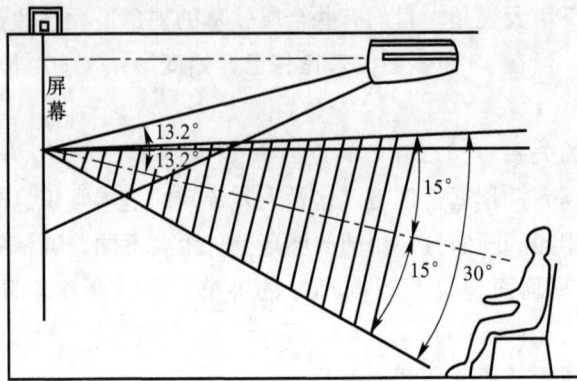

图 7-16 观看的适宜垂直角度

此外，在前投式中，还常见电动投影幕。图 7-17 表示电动幕的几种安装方式。安装时应注意安装在观众最佳视角位置，而且当幕布完全展开时，其底部应高于观众的头部。表 5-13 给出日本夏普公司各精确度屏幕的性能。

←画画	←画画	←画画	←画画
在投影幕两端的托架上有一匙孔形挂环，当需要将投影幕挂在墙壁上时，应先在墙壁相应位置钉上铁钉或安装螺丝，然后将挂上即可。	需安装在顶棚板上时，应先在天花板相应位置安装两只挂钩，然后扣上投影幕两端的"D"型吊环即可。	可配合装修，将投影幕卷轴隐藏于顶棚板或装饰物之内，但必须留有足够的空间隐藏投影幕。	选用 6 号或 11 号托架，可将托架固定于墙上，然后将投影幕悬挂于梁上。
(a)	(b)	(c)	(d)

图 7-17 电动幕的几种安装方式
(a) 挂墙式；(b) 顶棚安装；(c) 隐藏安装；(d) 吊架安装

表 7-19 列出投影屏幕对角线尺寸（英寸）与屏幕宽度（W）及屏幕高度（H）的关系。

4：3 和 16：9 屏幕的对角线尺寸与其宽度高度面积的数据表 表 7-19

屏幕类型	4：3 屏幕			16：9 屏幕		
数据 / 对角线	W（宽度）	H（高度）	S（面积）	W（宽度）	H（高度）	S（面积）
100in	2.03m	1.52m	3.1m²	2.21m	1.24m	2.75m²
120in	2.5m	1.83m	4.5m²	2.65m	1.49m	3.97m²
150in	3.05m	2.29m	7.0m²	3.31m	1.87m	6.2m²
180in	3.66m	2.74m	10m²	3.98m	2.24m	8.93m²
200in	4.06m	3.05m	12.4m²	4.42m	2.49m	11.02m²
250in	5.08m	3.81m	19.4m²	5.53m	3.11m	17.2m²

图 7-18 表示投影机的投影距离与投影大小的关系。

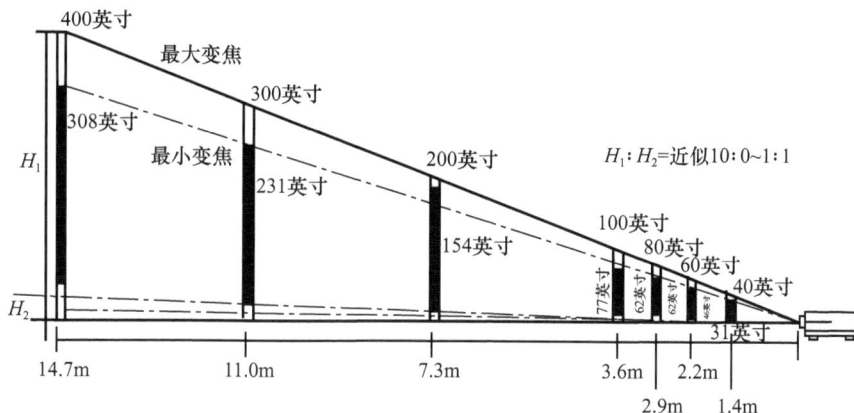

图 7-18　LCD 投影机的投影尺寸与距离的关系（可变焦）

图像尺寸（英寸）		400	300	200	150	120	100	80	60	40
投影距离（m）	最小焦距	—	14.2	9.5	7.1	5.6	4.7	3.7	2.8	1.8
	最大焦距	14.7	11.0	7.3	5.5	4.3	3.6	2.9	2.1	1.4

总之，投影屏幕的技术选型应遵循下列规定。

（1）正投系统应选用白塑幕、玻珠幕或金属幕。

（2）对比度较低的投影机不宜选用白塑幕。

（3）需要较大观看视角的场所，不宜选用玻珠幕或金属幕。

（4）为提高投影屏幕亮度增益，可采用玻珠幕或金属幕。但当投影机吊顶安装时，不宜采用入射角上增益反射（即光学回射型）的玻珠幕。

（5）开放性背投系统宜采用透射幕。

（6）箱体背投系统以采用光学背投屏幕为宜。

（7）高清系统或具有影院功能的环境必须采用 16∶9 或 16∶10 屏幕。

常用的投影屏幕技术规格指标可参考表 7-20 之规定。

常用投影屏幕的技术指标　　　　　　　　　表 7-20

屏幕类型	增益	视角	面料特点
白塑幕	0.8～1.1	45°～75°	防火、防霉、可清洁
玻珠幕	2.0～2.8	28°～42°	防火、防霉
金属幕	2.5～3.5	25°～40°	防火、防霉、可清洁
高级金属幕	4.8～8	高等级的 60°～80°	防火、防霉、可清洁

注：屏幕的增益与视角成反比关系。屏幕的增益越大，视角越小；增益越小，视角越大。

第五节　投影机镜头与光源

一、投影镜头

投影镜头是投影机中的一个重要部件，在微显示投影机中投影镜头与光引擎（俗称光机）做成一个整体，在 CRT 投影机中投影镜头与 CRT 投影管组成一个整体。投影镜头的性能对投影机的图像质量影响很大。投影镜头有前投影镜头和背投影镜头两大类。

1. 前投影镜头

微显示器件 LCD、LCOS、DLP（DMD）的光引擎结构紧密且外形尺寸小，因此投影镜头的外形尺寸也较小。前投影镜头一般多为可变焦距，焦距变化范围为 30～140mm，焦距的数值决定了投影机投射一个设定画面幅度时投影机与屏幕的距离，焦距越短，投影机与投射屏幕的距离就越近，反之就越远。如果要在近的距离要求投射到屏幕上的画面很大，就需要选择短焦距镜头的投影机，反之则选择长焦镜头的投影机。投影镜头的焦距值是表征投影机投射到屏幕上的画面大小与投影距离大小的一个参数，焦距值越大投射到屏幕上的画面尺寸越大，用以下近似公式计算：

$$l = f'(M+2) \tag{7-3}$$

其中，l 为投影距离；f' 为焦距；M 为投影倍率。假如 $f'=50$mm，液晶面板为 0.7 英寸，投射到屏幕上的画面尺寸设定为 70 英寸，则投影倍率 $M=70/0.7=100$，投影距离 l 为 5.1m，即

$$l = 50 \times (100+2) = 5100\text{mm}$$

投影镜头的另一个重要参数为相对孔径，是表征镜头通过光线的能力的重要参数，相对孔径 $=D/f'$，这里 D 是镜头的最大通光直径，f' 为镜头的焦距。相对孔径越大镜头的通光量越大。由相对孔径的表示式中可以看出，镜头的通光量与镜头的通光直径（也就是镜头的直径）成正比，与焦距值的大小成反比。直径相同的镜头，如果焦距不相同，它们的通光量大小也不一样。通常用焦距 f' 与镜头直径的比来表示镜头的通光量，这个比值就是平时所说的 F 数或光圈数，即

$$F = f/D \tag{7-4}$$

F 数的数值标准系列为：

$$F = 1, 1.4, 2, 2.8, 4, 5.6, 8, 11 \cdots$$

投影镜头还有解析度、倍率色差、像差畸变等参数，这些参数是在镜头设计中必须要考虑的，在此就不再叙述。下面给出某液晶投影机采用投影镜头的参数。

镜头：$f=36～57.6$，$F=2.3～3$。

投影距离：1.5～15m。

2. 背投影镜头

背投影镜头与前投影镜头的差别是：背投影镜头是定焦镜头，即焦距值是固定的，只有很小的调整量，而且焦距值小一般在 35mm 以下。这是因为短焦距镜头从镜头投射出的光投射到背投屏幕上的距离小，从而背投影机的机箱厚度可以减小，背投影镜头的参数描述和性能要求与前投影镜头相同，不再赘述。

一个实用的液晶背投影机所用镜头的参数如下：

镜头：$f=18$，$F=2.0$。

投影距离：0.9～1.6m。

二、投影机的光源

微显示投影器件的 LCD、LCOS、DLP 面板都是不发光的，投影机的图像光输出并投射到屏幕上形成光图像，是依靠外光源作用的结果：外光源发生的光经过透镜聚焦后照射到微显示器件面板上，面板的像素阵列受图像信号电压的控制，从面板输出的光（透射式 LCD，反射式 LCOS、DLP）就形成图像光，因此，外光源的好坏直接影响着微显示器件显示图像的质量。外光源由投影灯泡和灯泡点灯器（镇流器）组成，灯泡和点灯器是相匹配的，不同厂家生产的灯泡和点灯器是不可以互换使用的。

1. 投影机对光源的要求

（1）由于微显示器件的面板尺寸越来越小，要求投影机的光源是一个高亮度的点光源，因此，灯泡的放电电极的极间距离要小。

（2）灯泡发出的光，经过光学元件的处理后，投射到微显示器件的面板上的光斑要均匀，光斑的亮度要高，这样才能使屏幕上的投影图像亮度高且亮度均匀性好。

（3）投影光源的光谱应能使红、绿、蓝三基色的光谱能量均衡，才能使投影图像的色还原性好，色彩逼真。

（4）要求光源的使用寿命长，安全可靠、价格低。

2. 几种常用投影灯光源的比较

目前常用的投影灯光源有：超高压汞灯（UHP）、金属卤化物灯和金属陶瓷氙灯 3 种，其性能比较见表 7-21。

3 种投影灯光源的性能比较 表 7-21

	超高压汞灯 UHP	金属卤化物灯	金属陶瓷氙灯
放电弧长/mm	$1 \sim 1.5$	$3 \sim 5$	$0.5 \sim 1$
发光效率/lm·W^{-1}	$55 \sim 65$	<80	$30 \sim 40$
发光原理	放电发光	放电发光	放电发光
平均色温/K	$7500 \sim 8500$	6000	6500
亮度/150W（熙提）	6×10^5	$\sim 10^4$	3×10^5
寿命/小时	$\geqslant 6000$	<3000	<5000
功率/W	$100 \sim 150$	$150 \sim 200$	$300 \sim 450$
点火电压/kV	$15 \sim 20$ 脉冲	$15 \sim 20$ 脉冲	30 脉冲
价格/美元	$100 \sim 200$	$100 \sim 200$	$330 \sim 400$

比较这 3 种灯光源，超高压汞灯（UHP）是比较高档的投影机用的灯光源，它的优点如下：

（1）灯电极的放电弧长短，发光效率高，相同瓦数的情况下它的亮度最大，接近点光源。因此大大提高了光源中心的光强和光收集效率，在相同光输出的条件下，UHP 灯的功率比金属卤化物灯小一倍左右。

（2）灯的工作寿命长，目前 100W 的 UHP 灯的寿命已达到 10000 小时左右。

（3）灯的稳定性好，在寿命期内的光衰小。

但是由表 7-21 可见，UHP 灯的色温高，因此显色指数偏低，发光颜色偏蓝，红光与蓝、绿光的比例偏小，这是因为 UHP 灯内汞蒸气放电发光的光谱中红光的成分少造成的。为此，一方面在 UHP 灯内掺入少量卤化物以增加光谱中的长波的比例，从而增加红光的成分；另一方面，在光机的设计时通过对蓝、绿光的滤光片的调节作用，损失一些蓝、绿光，而红光不损失，这样使得红、绿、蓝光的比例平衡，改善图像的色彩还原性。目前，100W 的 UHP 灯的性能见表 7-22。

100W 的 UHP 灯性能 表 7-22

放电弧长	＜1.4mm	半光束角	2°
寿命	＞6000 小时	光衰特性	＞75％（4000 小时以后）
光通量	6000lm	显色指数	60

此外，在中档投影机中还广泛应用的 UHE 灯，它也是一种冷光源，其优点是价格适中，在使用 3000 小时以前亮度几乎不衰减。

第六节　拼接显示技术

前述的几种视频显示设备，只有一种——LED 显示屏不受显示图像大小的限制，只要将更多的 LED 模块堆砌起来即可得到大型、特大型屏幕的显示效果。因此 LED 显示屏在体育场馆、户外广告和大型演出的背景烘托等方面获得广泛的应用。但 LED 显示屏存在的一些缺点（价格高昂、分辨率偏低、色彩均匀度和色的忠实度稍偏低等）制约了其更广阔的应用范围，特别是对分辨率要求较高的场所——如监控中心、指挥中心以及大量的高档多功能厅和会议厅等场所，LED 显示屏还很少有用武之地。

长期以来人们为了获得更大的画面采用了另一种方法，就是将多台视频显示设备"拼接"成更大的显示屏幕。

视频显示设备的"拼接"基本上包括两种类型的技术。

（1）仍然采用电视墙的传统技术，将若干台视频显示设备（单元）堆叠起来，如图 7-19 所示，但所组成的"单元"已经由 CRT 变成 DLP 背投或 PDP 或 LCD。通常称这种拼接方式为"箱体拼接"或简称为"拼墙"技术。

（2）在一张大屏幕（这张屏幕也可以由若干张较小的屏幕拼接而成）上用若干台投影机同时投射出一个大的图像，或"开窗"成若干个可大可小的图像。这种拼接方式称为"多图像系统"技术，简称为"拼图"技术。近年则以其核心技术命名为"图像融合"技术。本节

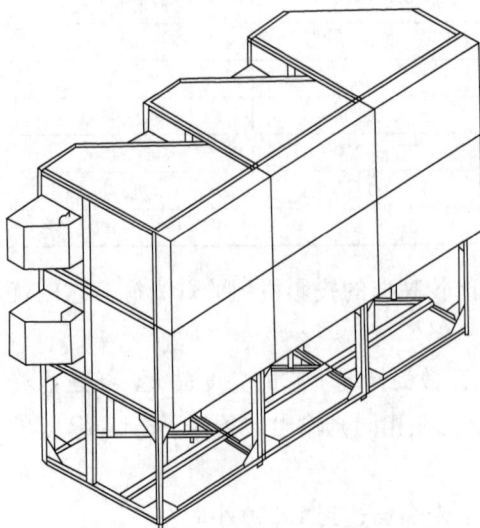

图 7-19　3×2 箱体拼接墙（DLP）

将分别介绍上述两种技术产品的基本结构、原理和应用。

一、拼接墙显示单元

拼接显示墙是利用"无框"结构的背投影显示单元拼装而成的一种大屏幕显示系统。它一般由拼接墙体（拼接显示单元组合）、多屏处理器以及管理控制系统组成。

1. 拼接显示单元

拼接屏显示单元是拼接显示中最为重要的组成部分。拼接显示的特点决定了拼接单元显示器有很多不同于常规背投影显示器的特点。主要体现在以下几部分。

背投影光学引擎的畸变要求很高：因为在拼接单元中，有各个单元之间的像素对准要求，因此背投影拼接单元光学引擎的畸变应该控制在±1 像素之内。这一点比常规的背投影显示系统要高得多。

均匀性要求很高：拼接单元显示器屏幕亮度与色度的均匀性要求很高，如果单元本身的屏幕亮度与色度的均匀性不够好，多单元拼接后将会显著地将这些差异反映出来。

各单元之间的一致性要求高：这种一致性包括亮度一致性、颜色一致性、伽玛参数一致性，甚至各单元衰降速率的一致性。这些都是常规背投影机中所不作要求的。

根据这些要求，我们先从目前用得最多的 DLP 和 LCD 拼接显示技术说起，看看什么技术更适于拼接显示。

（1）DLP 拼接墙显示单元

DLP 数字光处理技术采用了全数字技术处理图像，依靠同分辨率同等数量的 DMD 数字微镜反射光产生完整的图像。前面已经提过，因为处理过程是全数字的，DMD 微镜每秒钟可翻转 5 万次以上（0/1 之间），通过控制翻转次数和每次翻转停留的时间来产生不同灰度等级的图像，实现出更清晰、锐利、层次丰富的画面显示效果，所以 DLP 投影机能产生高亮度、高对比度（1500 以上）、丰富色彩的完美图像。它具备完全的数字式线性灰度显示，一致性好。通过近几年的广泛应用，在拼接墙领域（84 英寸以下显示单元）基本取代了原来 CRT 和 LCD 市场，成为绝大多数厂家和用户采用的技术产品。

DMD 芯片每一个像素长度可小至 $14\mu m$，其中用于显示的有效显示面积为 $13.68\mu m \times 13.68\mu m$，两像素间隔为 $0.32\mu m$，开口率高达 0.9，因此采用 DLP 投影系统的图像非常平滑，而且有类似于电影的效果。

另外非常重要的是其色彩均匀性非常优越。在单片 DLP 投影机中，三种光均有相同的光路，所以能有更好的色彩均匀性，而且随着灯的衰降一致性也较好。色彩均匀性的高低是衡量拼接技术高低的一项重要指标，使用 DLP 技术构建的拼接墙系统避免了"大花脸"现象的产生，能持续保持色彩的一致性。单片 DLP 投影机的三色光有相同的光学路径，不存在会聚问题，所以单片 DLP 投影没有会聚问题，在色彩会聚上总是优于 LCD 投影机。

（2）LCD 液晶投影机

这里的液晶投影机，一般指三片式 TFT-LCD（薄膜晶体管液晶显示）投影机。LCD 技术利用模拟控制方式，通过模拟电压的变化来控制光阀门开启与关闭时间长短，形成不同的灰度，同时需要一个很好的伽玛校正。光效率是 LCD 投影机的强项，由于采用的是穿透式光处理技术，光效率较高。清晰度方面，由于 LCD 像素中存在 TFT，所以有像素开口率问题，像素间的缝隙比较大，导致图像会产生非常明显的像素化效果，因此造成了"黑栅效应"。同时由于三片 LCD 投影机利用三片 LCD 板，每个 LCD 板分别对应红、绿、蓝三色中的一种。灯源所产生的白光被分解为红、绿、蓝三色，每种颜色的光路并不相同，导致了每种颜色的亮度分配一致性容易产生差异，从而产生色彩的不均匀。色彩均匀性的高低是衡量拼接墙技术高低的一项重要指标，使用 LCD 技术构建的拼接墙系统，各单元的亮度虽然相同，但颜色一致性的差异会不可避免地会出现"大花脸"现象，严重影响了拼接墙的视觉效果。另外，在 LCD 投影机中，三色图像需要通过三个 LCD 板的精密对准来实现彩色会聚，本身在彩色会聚时就存在 1 个像素的偏差。这样的偏差，难免会在后继多单元的无缝拼接中表现出来，使拼接的难度加大。

此外，LCD 投影机随着使用时间延续，其投影性能衰减速率的一致性较难控制，这可能造成拼接屏随着使用时间的推移，各单元出现较大差异或差异的不一致，并且难以校正。

正是因为这样的原因，目前较少将 LCD 投影显示系统用于拼接墙的显示，除非在单元较少、每个单元的屏幕较大（如 80 英寸左右）的场合。

图 7-20 是 Christies 公司生产的 DLP 拼接单元的光学引擎。可以看出拼接单元的光学引擎应该具有以下几个特点：

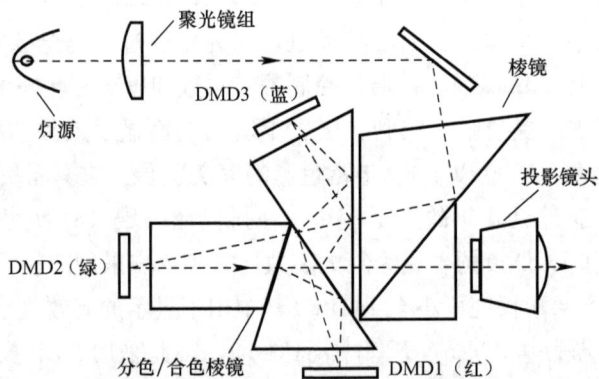

图 7-20　采用 DLP（DMD 芯片）三片式投影机结构原理图

该系统的基本参数为：

(1) 0.7 英寸 DLP 芯片，单灯系统（UHP，120W）。

(2) 对比度：全屏幕 1300：1，ANSI 对比 590：1。

(3) 亮度均匀性：90%（全屏幕）。

(4) 色温：3200K 到 9600K（可选）。

(5) 功能输出：400lm。

(6) 畸变：0.82：1，低畸变镜头。

(7) 镜头无偏心。

（8）适合于 50 英寸到 70 英寸的单元。

（9）基座 6 自由度（可调）。

（10）2 个 RS232 口，1 个 RS422 口。

（11）1 个有线遥控与一个红外遥控。

（12）RGB、YCbCr、YPbPr、S-Video、Video、DVI、5BNC 输入信号源。

（13）与控制器连接的各种接口，网络接口（如以太网接口）。

2. DLP 拼接技术的应用

在大屏幕显示墙领域，DLP 投影技术的应用目前有三个分支，分别是：DLP 拼墙（箱体式拼接）、DLP 硬拼（投影机阵列＋多组光学屏幕）、DLP 软拼（投影机阵列＋边缘融合＋整体软幕）。

DLP 拼墙（箱体式拼接）：

DLP 拼墙由多个背投显示单元拼接而成，背投显示单元一般采用单片 DLP 投影系统，以及 UHP 灯泡。多个显示单元的协同工作需要专门的多屏处理器来完成，用户可以通过专门的软件来实现对 DLP 拼墙显示内容的控制。

背投显示单元从设计之初就保证了良好的散热，因此 DLP 拼墙可以 7×24 小时地全天候工作。DLP 拼墙的分辨率由各显示单元的分辨率叠加而来，所以其往往可以获得超高的分辨率。DLP 拼墙相比其他技术亦有劣势，因为要保证良好的散热，亮度无法做得很高，一般在 600～1300 流明；由于由各显示单元拼接而成，各显示单元之间难免会有屏幕拼缝，不过一般小于 0.5mm。

DLP 拼墙一般适用于需要不间断工作且位于室内环境光较暗的工作环境，目前主要应用于电力、电信、能源、金融、交通等监控系统；军事、人防、政府等指挥中心；会议室、展览、演出等市场。

在 DLP 拼墙市场，除国外的科视、三菱电机、SIM2 外，国内的威创、GQY、赛丽都有不俗实力。

DLP 硬拼（投影机阵列＋多组光学屏幕）：

DLP 硬拼的屏幕由多块光学屏幕拼接而成，光学屏幕的拼接数量不受限制，通过特制的铝制框架可将多个光学屏幕组合在一起。同 DLP 拼墙一样，DLP 硬拼亦存在屏幕之间的缝隙，一般小于 1mm（DNP 公司的 Supernova Infinity 已可实现视觉上的无物理接缝）。

DLP 硬拼的投影部分一般由三片式 DLP 正投影机组成，由于采用了氙气灯泡，相较于 DLP 拼墙有更为鲜艳的色彩以及更高的亮度，可达 3000 流明以上。除了以上优点，DLP 硬拼的色彩均匀性也较好。但 DLP 硬拼并不能像 DLP 拼墙那样全天候地工作，连续开机一般不能超过 24 小时。DLP 硬拼也对安装的条件有较高要求，一般要求有超过两米的安装距离，这在一定程度上限制了 DLP 硬拼在更多场合的应用。

DLP 硬拼可满足环境光较亮的情况下近距离使用，可用于会议、指挥、展览等工作环境，但因为不能 7×24 小时地全天候工作，DLP 硬拼并不适宜用于监控中心等场合。

DLP 硬拼所采用的光学屏幕，目前主要的提供商有来自丹麦的 DNP 公司。

DLP 软拼（投影机阵列＋边缘融合＋整体软幕）：

DLP 软拼是真正从物理上消除拼接缝隙的一项技术，该项技术采用一块整体的软幕作为屏幕，投影部分则一般采用三片式 DLP 投影机以及氙气灯泡。

DLP 软拼的亮度高，画面尺寸大，色彩均匀性高，在消除物理缝隙的同时，通过采用边缘融合技术，亦消除了光学缝隙，很适合应用于对图像整体性要求高的场合。同 DLP 硬拼一样，受制于其所采用的投影机，DLP 软拼的连续工作时间不能超过 24 小时。DLP 软拼对安装环境也有较高的要求。

DLP 软拼的特性基本与 DLP 硬拼一致，所以应用场合也基本一致，只是 DLP 软拼消除了物理以及光学缝隙，因此可以更好地满足对图像整体性要求高的场合。

DLP 软拼所采用的软幕，目前主要采用美国 Stewart 公司的产品。

二、DLP、LCD、MPDP 三种拼接显示墙的比较

前面主要谈了 DLP 拼接显示的特点，除了 DLP 之外，还有液晶 LCD 拼接显示和等离子 MPDP 拼接显示。

液晶拼接系统相对 DLP 系统成本低，这也是 LCD 拼接系统应运而生的个中原因。此外，LCD 液晶拼接墙具有低功耗、重量轻、寿命长（一般可正常工作 5 万小时以上）、无辐射、画面亮度均匀等优点，但其软肋之处就是不能做到无缝拼接。由于液晶屏在出厂时就有一条边框，液晶屏拼起来就会出现边框（缝）。其拼缝约为 5.3～7.3mm，看起来还是觉得比较明显。等离子 PDP 拼接显示的拼缝较小，约为 1～4mm，但还是比 DLP 稍大。表 7-23 列这三种拼接显示性能的比较。

DLP、LCD、MPDP 三种拼接显示的比较　　　　　　表 7-23

性　能	背投 DLP 拼接	液晶 LCD 拼接	等离子 MPDP 拼接	结　　论
拼缝	0.5～1mm	5.3～7.3mm	1～4mm	MPDP 与 DLP 的拼缝能满足控制室系统应用，LCD 拼接稍大的拼缝不适用于精细显示
体积	厚，较大	轻薄	轻薄	DLP 背投超大的体积限制了其商业信息显示、安防监控等新兴市场的应用
屏幕尺寸	50 英寸/60 英寸/67 英寸/80 英寸	46 英寸/55 英寸	42 英寸/60 英寸/120 英寸	基本无差异
视角	120～160 度	178 度	179 度	DLP 背投有限的可视角度间接提高了显示成本
亮度	650～800cd/m²	1200～1500cd/m²	3000～5000cd/m²	背投 DLP 技术本身的局限，使得其在光亮环境下使用与高质量画质显示等方面的局限性
对比度	1000～2000∶1	3000～4000∶1	30000～1000000∶1	
色彩饱和度	较低	92％（DID 屏）	93％	色彩饱和度越高，显示出来图像越艳丽。背投 DLP 技术本身的局限，在商业显示方面存在硬伤

续表

性　能	背投 DLP 拼接	液晶 LCD 拼接	等离子 MPDP 拼接	结　　论
分辨率	XGA、SXGA	WXGA、FHD	480P、WXGA	分辨率决定画面的清晰程度，LCD 的分辨率相对较高，画面更细腻
最大功耗	300～500W（50 英寸）	275W（46 英寸）	360W（42 英寸）	液晶的发光效率高，功耗相对较低。背投 DLP 除驱动光泡外，还得驱动光机等一系列设备，功耗最高，为高能耗产品
寿命	8000～10000 小时（灯泡）	50000 小时（背光）	60000～100000 小时（屏幕）	背投 DLP 单元灯泡寿命有限，更换维护成本最高；使用 LED 光源机芯后无需灯泡，但单元采购成本更高
灼伤	基本不会灼伤	不会灼伤	基本不会灼伤	在早期等离子存在灼伤问题，目前业界采用防灼伤技术后，基本杜绝了灼伤问题

三、大屏拼接墙的分类与系统组成

大屏拼接墙系统主要由若干个或几十个子屏幕系统拼接组成，每一个子屏幕系统均为一个独立的显示系统。

1. 大屏拼接墙的类型

根据子屏幕单元的成分，可分为：

（1）CRT 电视墙：以 CRT 显示器为子屏单元的电视墙。

（2）LCD 大屏幕墙：以 LCD 显示器为子屏单元的大屏幕墙。

（3）PDP 大屏幕墙：以等离子显示器为子屏单元的大屏幕墙。

（4）大屏幕背投墙：以多媒体背投（CRT、LCD、DLP、LCOS）一体机为子系统的大屏幕背投墙。

2. 大屏拼接墙的系统组成

在公共信息展示及监控显示等系统中需要大尺寸、高分辨率图像信息显示，而标准的显示设备不能满足这个需求时，在显示系统工程上有了这样的解决方式：把多个显示单元整齐地堆叠拼接起来，构成一个类似墙体的显示结构就产生了大屏幕墙。大屏幕墙的组成结构看似非常复杂，其实系统组成非常简单，图 7-21 为大屏幕拼接墙基本构造。它主要包括三大部分：子屏（单个画面）显示单元、大屏幕墙拼接控制器、信号接入设备（AV 矩阵、RGB/VGA 矩阵）等。拼接控制系统包括多屏处理器和拼接控制器，或者是它们两者组合而成。

（1）多屏处理器

多屏处理器是整个拼接显示系统的核心组件，它是一种基于某一操作系统平台并且具有多屏显示功能的、可用不同方式对各种类型的外部输入信号（包含 RGB 信号、视频信号、网络信号）进行远程显示处理及控制的专用图形处理设备，多屏处理器的所有显示通

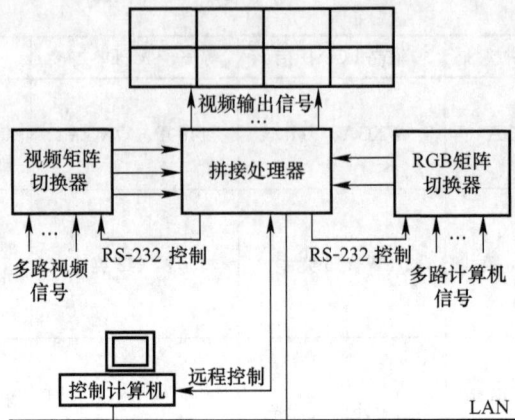

图 7-21　大屏拼接墙系统

道输出组合成一个单一逻辑屏或把一个完整的输入信号（RGB 信号、视频信号、网络信号等），经过图像处理（分割、放大）输出为 $m \times n$ 个标准的显示画面。整屏清晰度目前最高超过 100M 像素。其外部的所有信号（包括计算机信号、视频信号和网络信号），都可以通过它进行相应处理后在拼接显示系统中显示出来，并且这些信号窗口可以在拼接系统中以任意大小、在任意位置相互叠加显示。

（2）大屏幕拼接控制器

大屏幕拼接控制器又称电视拼接墙控制器、大屏幕墙处理器、数码拼接处理器。其实质上是一台图像处理器或视频服务器，主要功能是将一个完整的图像信号划分成 N 块后分配给 N 个视频显示单元（如背投单元），用多个普通视频单元组成一个超大屏幕动态图像显示屏。它可以支持多种视频设备的同时接入，如：DVD、摄像机、卫星接收机、电视或机顶盒和计算机信号。屏幕拼接控制器可以实现多路输出组合成一个分辨率叠加后的超高分辨率显示输出，使屏幕墙构成一个超高分辨率、超高亮度、超大显示尺寸的逻辑显示屏，完成多个信号源（网络信号、RGB 信号和视频信号）在屏幕墙上的开窗、移动、缩放等各种方式的显示功能。大屏幕控制系统是整个大屏幕背投拼接显示系统的控制核心，一个系统的易用性和稳定性，很大一部分取决于控制系统所具有的功能和性能优劣。

目前世界上流行的拼接控制系统主要有三种类型：硬件拼接系统、软件拼接系统、软件与硬件相结合的拼接系统。

硬件拼接系统是较早使用的一种拼接方法。代表性产品可实现的功能有分割显示、分屏显示、开窗口显示——即在多屏组成的底图上，用任意一屏显示一个独立的画面。由于采用硬件拼接，图像处理完全是实时动态显示，安装操作简单。缺点是拼接规模小，不适应数目较多屏的拼接需要，扩展很不方便；而且所开窗口大小限定为一个拼接单元屏幕，不可放大、缩小或移动。

软件拼接系统是用软件来分割图像，如 MSCS 多屏拼接系统。采用软件方法拼接图像，可十分灵活地对图像进行特别控制，如在任意位置开窗口，任意地放大、缩小，利用鼠标即可对所开的窗口任意拖动。有了这种功能，在控制台上控制屏幕墙，就如同控制自己的计算机显示器一样方便。缺点是它目前只能在 Unix 系统上运行，无法与 Windows 上开发的软件兼容；微机产生的图形也无法与其接口。当构成一个由几十台拼接单元组成的大系统时，其相应的硬件部分显得繁杂。

软件与硬件相结合的拼接系统综合以上两种方法的优点，克服了其缺点。这种系统可以实时显示多个红绿蓝模拟信号及 XWindow 的动态图形，是为多通道现场即时显示专门设计的。通过硬件和软件以及控制/传输接口，可实现不同窗口的动态显示。它分辨率高，图像可叠加透明显示，共有 256 级透明度，令动态图像和背景极其清晰生动。它的并联扩展性好，系统采用并联框结构，最多可控制上 4 个投影机同时工作。

拼接处理器是操作者和大屏幕系统进行交互的一个重要平台，在大屏幕系统中显示出来的各种效果，都是由图像拼接处理器来完成的。

大屏幕图像拼接处理器的基本功能：拼接；信号输入；信号处理；受控。因此，拼接处理器必须具备以下条件：

（1）处理器必须具备两个或两个以上的信号输出通道。

（2）处理器必须具备至少一个的信号输入能力。

（3）处理器必须具备信号处理能力，最基本的就是把一个图像切割后交由后面的显示单元来组成一个大的画面。

（4）处理器必须具备受控能力，无论是硬件控制还是软件控制。

大屏幕图像拼接处理器的基本组成：

（1）工作平台。处理器需要一个工作平台，包括硬件工作平台和操作系统。硬件工作平台的内容基本和单片机或 PC 结构相似；操作系统部分基本是 Windows XP/2000 和 Linux 或 Unix。

（2）信号输出单元。基本相当于计算机的显卡，可以调节输出的分辨率和刷新频率。

（3）信号输入单元。可以对常见的信号（复合视频或模拟、数字 RGB）进行采集。

目前绝大部分拼接处理器，都是采用拼接卡＋电脑（PC 或工控机）实现，这种实现方式优点比较多，它除可得到高分辨率的拼接画面外，由于处理器本身就是一台高性能的电脑，因此它可和各种设备进行通信，运行各种应用软件，实现更强大的功能，利用处理器高分辨率输出，就可拼接得到高分辨率的清晰的软件大画面。

处理器有 n 路 VGA 或 DVI 输出，每路输出连接到一台等离子或投影机等显示单元，以显示画面的一部分，所有单元拼在一起就构成了一个大画面。为了使其他电脑的 VGA 信号能在拼墙上以拼接方式显示大画面，还会配备 RGB 采集或网络抓屏软件；通过视频输入实现对 DVD、摄像机等实时视频信号的输入、拼接、实时显示，这些电脑的画面和视频信号以软件窗口的方式在拼墙上显示，窗口可以拉大、缩小、移动。

同时，高档的处理器还会配备有专门的管理软件，实现网络控制、提供中控系统接口、对矩阵和投影机等硬件设备进行网络集中控制等，它能有效地组织多台投影机进行显示。

图 7-22 是典型的大屏幕拼接显示系统图。

3. 拼接光学引擎的双灯系统

作为拼接单元的光学引擎，最好具有双灯系统。因为拼接屏一般都用在指挥、调度等

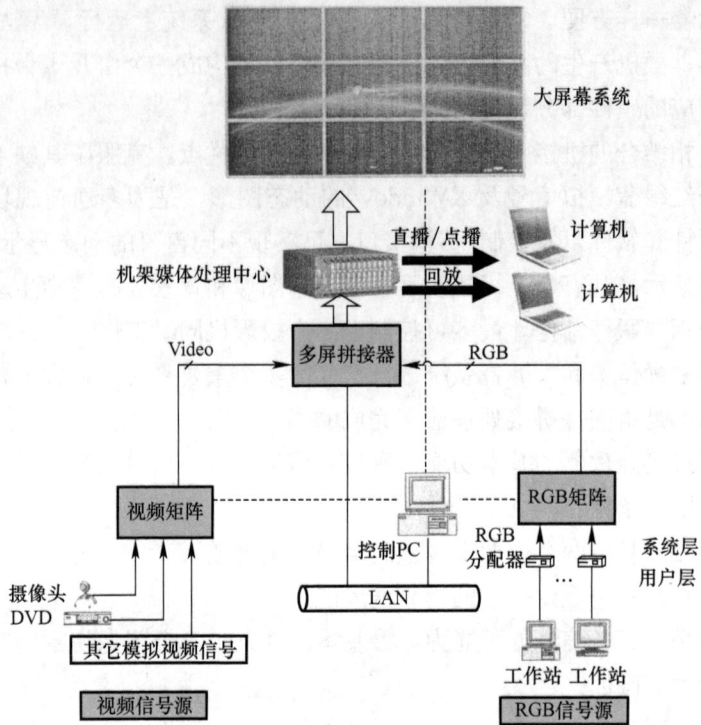

图 7-22 大屏幕拼接显示系统

大型重要的应用场合，这些场合不能随便停机，因此需要各个单元具有一定的冗余功能，双灯就是一种基本的冗余功能，这样可保证系统工作的长期稳定。

市场上的双灯设计有所谓的冷备份与热备份的差别。本文在此对这两种不同应用的优劣做一个客观的分析，好让使用者在选购时可以有最合适的选择。

（1）冷备份设计

冷备份通常使用机械式的换灯机构，可使用直线移动式，也可使用旋转移动式，还可使用反射镜旋转式。冷备份设计同一时间只能有一个灯点亮，不能双灯同亮。

（2）热备份设计

热备份可以同时点亮双灯，没有机械运动，双灯置于相对的两侧，采用分光棱镜反射合成一个灯光，可以只点单灯，也能双灯同亮或轮流使用，同一时间可以一个灯亮，也可以两个灯同时点亮。

（3）双灯冷备份及热备份的比较

① 冷备份的灯泡要求寿命较长，热备份的灯泡要求寿命可比较短。由于灯芯的工作温度高达 1100℃，发光的气体介质是一种金属卤化物，理论上每天 24 小时至少得有 30 分钟的休息时间，让金属卤化物得以冷却还原沉淀。因此两个灯轮流交替使用，让灯有机会休息，这样可以延长灯泡寿命，理论上可以延长到两倍之久。热备份因为采用双灯同亮的设计，产生的热量更多。除非双灯不是 24 小时使用，或者是只点单灯，否则会减短灯泡寿命，也没有所谓的备份效果。

② 冷备份可靠度高，热备份可靠度低。冷备份只点亮单灯，产生的热量是热备份的一半。另外，为了得到较佳的集光效率（双灯耦合的效率通常低于 140%），双灯的位置必须紧密靠近，这会阻碍热流的运动，使得散热设计困难。热空气的流动既混乱又难以掌握，并且进一步影响灯泡的寿命。如果热备份工作在双灯同亮状态下，热备份设计是没有备份功能的。

③ 冷备份峰值亮度低，热备份峰值亮度高。在同样使用 120W 的情形下，冷备份只点亮一只灯，热备份需双灯同亮，此时热备份的峰值亮度为冷备份的 140%，但不是 200%。由于为热备份双灯同时工作的设计必须多出一个光学系统进行合束，由拉赫不变量决定了合束不可能再提高 100% 的能量，所以降低了效率。

④ 冷备份单灯亮度高，热备份单灯亮度低，差距约 30%。由于热备份双灯同时工作的设计必须比单灯设计多一道光学路径，这会影响集光效率，因此降低了输出的亮度，即使最佳设计及精心生产，热备份只能发挥单灯应有亮度的 70%，换句话说，灯光使用效率仅有 70%。在长期使用情况下，为了节省成本，使用者只需单灯操作时，热备份会失去亮度优势。

⑤ 冷备份调整容易、变异少；热备份调整困难、变异多。热备份采用双灯，必须调整两个灯的各自色温，但是因为每一个灯泡的色温是不同的，随时间流逝亮度衰减的速度也不同，双灯组成的色温会让调整与时间变易之间的关系很难掌控，长时间使用时掌握控制尤其困难。冷备份同一时间只有单灯点亮，调整单灯就容易掌控得多。

四、大屏拼接墙的特点

大屏拼接墙的突出特点如下。

（1）显示面积大，采用积木式拼接，可达几十、几百平方米，甚至更大；例如深圳地铁调度中心的拼接墙由 3×27 共 81 个 67 英寸的"箱体"拼接而成。北京奥运交通指挥中心的拼接墙则由 7×14 共 98 个 80 英寸的箱体拼接而成，高度 10m，总宽 28m，面积达 194m²。

（2）分辨率高、清晰度高。理论上讲，分辨率和清晰度可以随着拼接规模增大而不断累加。箱体拼接墙的物理分辨率等于多套一体化投影单元分辨率的总和。例如投影显示单元的分辨率为 1024×768 像素，则 6×4 拼接墙的分辨率为（1024×6）×（768×4）像素，即 6144×3072 像素。在这一点上其他大屏幕显示技术目前尚难与之竞争。

（3）各类信号混合显示

多屏处理器具有处理计算机图形信号、视频信号及红绿蓝信号，以进行跨屏显示和不同类型信号叠加显示，其中任一路信号均可任意缩小、放大、跨屏或全屏显示。

（4）网络信号的显示

通过网络方式连接的计算机工作站数量无限制，可同时在大屏幕上的任意位置以任意比例显示，且具备快速响应速度。

因此拼接屏显示技术被大量应用于大型指挥、控制以及监控调度系统。

由于是多屏拼接，因此存在拼接缝大小的问题。目前多单元拼接的电视墙一般均采用无缝的拼接技术，即拼接单元之间的物理接缝小于 1mm，而各单元的图像拼接精度（水平、竖直方向）要求为 ±1 个像素，换句话，各单元之间的图像拼缝小于 ±1 个像素。这样可以保证拼接屏在显示各种图像，如单屏、局部多屏、交叉多屏、全屏图像时显示信息不会丢失。

五、设 计 举 例

【例1】 某等离子 MPDP 拼接大屏显示系统

这是某集团公司采用 MPDP 等离子屏的拼接大屏幕显示系统。显示单元采用韩国 Orion（欧丽安）42 英寸 MPDP 等离子面板，MPDP 的技术参数如表 7-24 所示。该系统有如下特点：

42 英寸等离子显示单元参数　　　　　　　　　　表 7-24

型　号	MPDP	
单元体屏幕对角线尺寸	42″	
长×高	923.9mm×521.2mm	
屏幕高宽比	16：9	
分辨率	853×480	
峰值亮度	1700cd/m²	
重量	25kg	
对比度（黑暗房间）	30000：1	
厚度	76.5mm	
电视墙结构	MULT I SCREEN（N×N）	
输入信号	端子	
规格	DVI（VGA，SVGA，XGA，SXGA（60Hz））x2	DVI-D
控制信号	RS232	D-sub 9pin（female）

（1）可做到≤1mm 拼接缝隙

它采用欧丽安独有 DZF（Dead-Zone Free）工艺生产，成功去除普通等离子面板四周 3～4cm 宽的玻璃边，即所谓的"显示死区"，屏幕边缘每一个像素点都可清晰显示。拼接后，各显示单元之间缝隙小于 1mm，实现最佳的等离子拼接效果，幕墙画面整幅清晰。

（2）优异的显示性能

欧丽安 M-PDP 无限拼接等离子屏，亮度高达 1700cd/m²，并拥有极高的亮度均匀性；

对比度高达 30000：1，画面清晰亮丽，色彩饱和度及还原度高；

支持 VGA～UXGA、WXGA 区间高分辨率信号；

具有水平、垂直方向均为 160°超宽广视角。

（3）运行稳定、寿命长

欧丽安 M-PDP 显示单元采用先进的供电系统、优良的散热设计，确保长时间稳定运行，故障率低，寿命长（半程使用寿命即超过 40000 小时）；各显示单元间色彩一致性，且长时间工作后图像质量（亮度均匀性、色彩一致性、拼接效果等）不会发生明显变化，无需定期调试。加上没有任何需定期更换的耗材设备，所以维护、维修成本极低。

（4）超薄机身，75mm 厚度

超薄机身设计（42″显示单元厚度仅为 7.5 厘米，幕墙整体安装厚度不超过 30 厘米），使该幕墙占地面积极小，适合壁挂，从而适合在任何面积的场所安装；屏幕采用高质防爆玻璃经多层镀膜处理，防眩光、防反射，热变形小。

本等离子屏大屏幕拼接显示系统的系统框图如图 7-23 所示。它为 3×6 拼接墙，显示面积为 1566mm 高×4625mm 宽，其设备配置清单如表 7-25 所示。

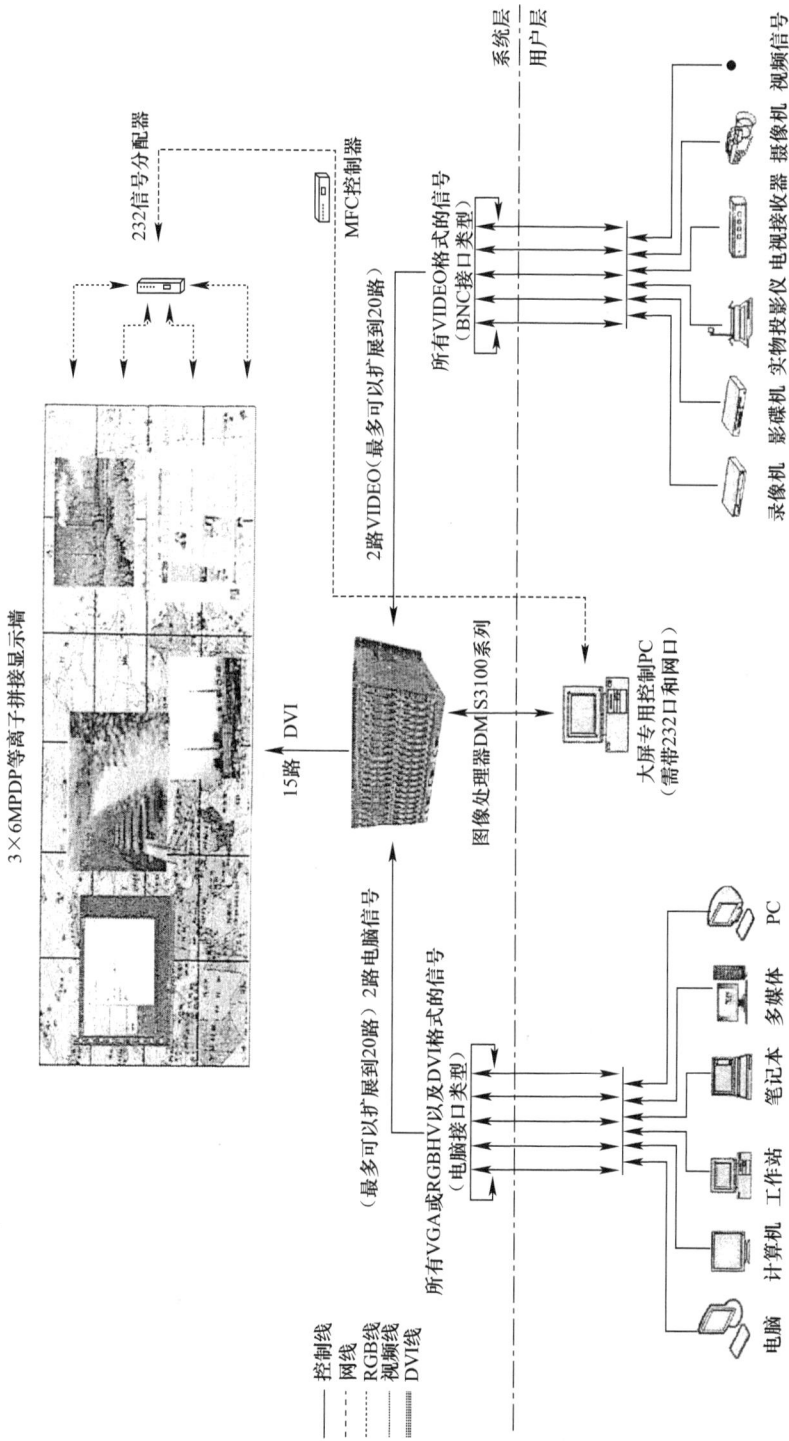

图 7-23 MPDP 大屏幕拼接显示系统

本例设备清单　　　　　　　　　　　表 7-25

序号	设备名称	型号/配置	品　牌	产地	数量/单位	备　注
1	等离子显示器	M-PDP	ORION	韩国	18 台	
2	等离子拼接架	3×6			1 套	
3	显示系统图像处理器	24RGB/2VIDEO 输入＋18 路 DVI 输出	DET		1 台	
4	MPDP MFC 控制盒				1 台	
5	232 信号分配器				1 台	
6	显示墙应用管理系统软件		DET		1 套	
7	视频矩阵				1 台	
8	RGB 矩阵	RGB24×24	DIGIWOKER		1 台	可以不使用，直接进图像拼接处理器
		CROSSPOINT450 PLUS2424HV	EXTRON		1 台	
9	控制主机	主流配置			1 台	客户自备

图 7-23 中的主要设备的性能和功能如下：

（1）刀片式拼接控制器

DET 刀片式拼接控制器，普通视频输入更可单台设备实现 40 路输入。每输出卡为 10GB，输入卡为 5GB 的独立带宽与电信级背板设计，保证了在极限测试条件下同时打开 20 路 1920×1080 的高清信号窗口，无跳帧无延迟无不同步现象。适用于 LCD、PDP、CRT、LCOS、DLP 等大屏幕显示墙系统，可广泛应用在交通、电力、电信、公安、金融、能源、军事等行业。其功能特点如下：

① 24RGB/2VIDEO 输入＋18 路 DVI 输出；

② 每输出卡 10GB，输入卡 5GB 的独立带宽；

③ 输入输出都支持 640×480 到 1920×1080 的分辨率；

④ 单个物理拼接单元可开四个相同信号或不同信号的窗口；

⑤ 支持 DIGIBIRD 全系列输入卡：复合视频、VGA、DVI、HDMI、SD 底图卡等；

⑥ SD 底图卡输入，提供超高分辨率的大底图；

⑦ 双绞线输入，解决远程信号输入的问题；

⑧ 单张监控输入卡含 4 路输入（需特殊定制），实现单个物理拼接单元可开 16 个视频窗口；

⑨ 千兆以太网输入，通过千兆网络将服务器与设备连接，通过超高分辨率的网络底图；

⑩ 视频输入具有倍线和运动补偿功能；

■ 显示内存：每显示通道 512M×48bit GDDR；

■ 多种控制方式：以太网、串口；

■ 多路信号实时并行处理，可叠加，可漫游，任意缩放；

■ 革命性的背板系统交换架构，分布式处理；

■ 纯硬件设计，刀片式结构，启动速度快，意外关机数据不受损失，可经受频繁开关机；

■ 易升级维护，输入输出卡、风扇全可热交换；

■ N+1 冗余电源设计，多个电源工作，一个电源损坏不影响设备工作。

它的技术性能规格如表 7-26 所示。

DET 刀片式拼接控制器的技术规格 表 7-26

每通道输出最大分辨率	1920×1080@60Hz
图形显示	
图形存储	每个显示通道 512M×48bit GDDR
显示墙配置	任何矩形阵列
色彩深度	每像素 24 位
控制种类	
控制协议	串口协议、网络协议
操作方式	标准 RS-232、远程网络控制
控制软件	Multiview controller
工作环境	
温度	0~70℃
湿度	10%~90%无冷凝
海拔	1000 英尺（304.8m）以下
规格	
重量	30kg
尺寸	8U 型　10 个输入刀片槽位　8 个输出刀片槽位 440（L）×380（W）×355（H）mm
工作电压	AC　100~240V，50~60Hz
最大功率	200W
平均故障间隔时间（MTBF）	30000 小时

（2）EXTRON RGBHV 矩阵

在要求严格的高分辨率计算机视频和音频路由系统中，信号源之间的无损切换至关重要，Extron CrossPoint 450 Plus 系列超宽带 RGBHV 矩阵切换器能够达到甚至超过其要求。该系列的每种矩阵切换器都可在一路输入驱动所有输出时提供最低 450MHz（−3dB）的 RGB 视频带宽，满载。为了确保在关键切换应用环境中可靠工作，CrossPoint 450 Plus 系列矩阵切换器使用了 3 项 Extron 的独特技术：ADSP-高级数字同步处理技术、DSVP™-数字同步验证处理以及 IP Link 以太网监视和控制。

EXTRON RGBHV 矩阵的技术性能如下：

① 450MHz（−3dB）RGB 视频带宽，满载；

② 达 130MHz 的极其平坦响应；

③ ADSP™-高级数字同步处理技术；

④ DSVP™-数字同步验证处理；

⑤ 出色的通道与通道隔离；

⑥ 音频输入增益及衰减；

⑦ 音频输出音量调节和静音；

⑧ 输入/输出分组；

⑨ 宏程，全局预设，三色背光按键，机箱为 10U 高度。

【例 2】 某多功能厅 DLP 拼接墙多媒体显示系统

该多功能厅面积 $380m^2$，设置了 DLP 拼接多媒体显示系统。DLP 多屏背投显示系统选用威创（VTRON）设备。显示屏为 3×3，$50''$DLP 显示单元，多屏处理器选用 Digicom 3008plus，设置了 9 路 VGA 输出，安装了大屏幕控制计算机 PC，直接控制矩阵、多屏处理器和显示屏，它们的接口均采用 RS-232。其视频部分的组成如图 7-24 所示。系统通过网络交换机与 LAN 相连，同时可由 PC1～PC6 进行调控；多种视频信号、各路计算机信号，分别由 Video 矩阵和 RGB 矩阵输入。DLP 背投影机的显示受 PC-COM1 通过 RS-232 控制和管理。

六、多投影机单屏拼接显示

与前述的多屏拼接显示不同，这是单个大屏幕由多台投影机进行背投影显示方式。其原理如图 7-25 所示。

多投影机单屏拼接显示的关键是解决好相邻投影机的边缘融合问题。要解决边缘融合，首先是选择合适的投影机。边缘融合的核心就是融合带的处理。投影机有一个叫黑电平的参数，也就是投影机输出全黑图像时有一个基础亮度，这个亮度是无法通过信号处理予以调节的。在融合带，两台投影机的黑电平叠加，产生了一个比其他部分高一倍的黑电平，在图像较暗时会很明显，所以用于边缘融合的投影机，黑电平越低越好，通常 DLP 投影机就比 LCD 更合适。另外，由于不同投影机的色彩有偏差，所以用一致性好的投影机效果会更理想。不过新近设计的硬件边缘融合器具备颜色调整功能，可以较好地弥补这一点。目前新型的三片高端 DLP 投影机已具备黑电平局部调整功能，运用边缘融合系统，将各个部分的黑电平调整到一致，提升了边缘融合的效果。

另一种处理方式是软边化，这是应用设置光学孔阑的方法，强制性地使每台投影机交叠区域的图像亮度降低，保证两台投影机叠加亮度与非交叠区域相近，为后一步的软拼接算法图像处理奠定基础。而采用软拼接算法，即图像处理的方法，就能使得交叠区域的图像完美融合，真正实现无缝拼接。

边缘融合技术具有以下的优势。

（1）可增加图像尺寸和提高画面的完整性

很明显，多台投影机拼接投射出来的画面一定比单台投影机投射出来的画面尺寸更大。问题是大尺寸的画面如何能消除画面拼接的光学缝隙，保证画面的完美性和色彩的一致性。

（2）增加图像亮度

当一台投影机的投射尺寸被放大时，图像亮度就会降低，而用多台同样亮度的投影机拼接投射出相同大小的图像时就可以保持画面原有的亮度。

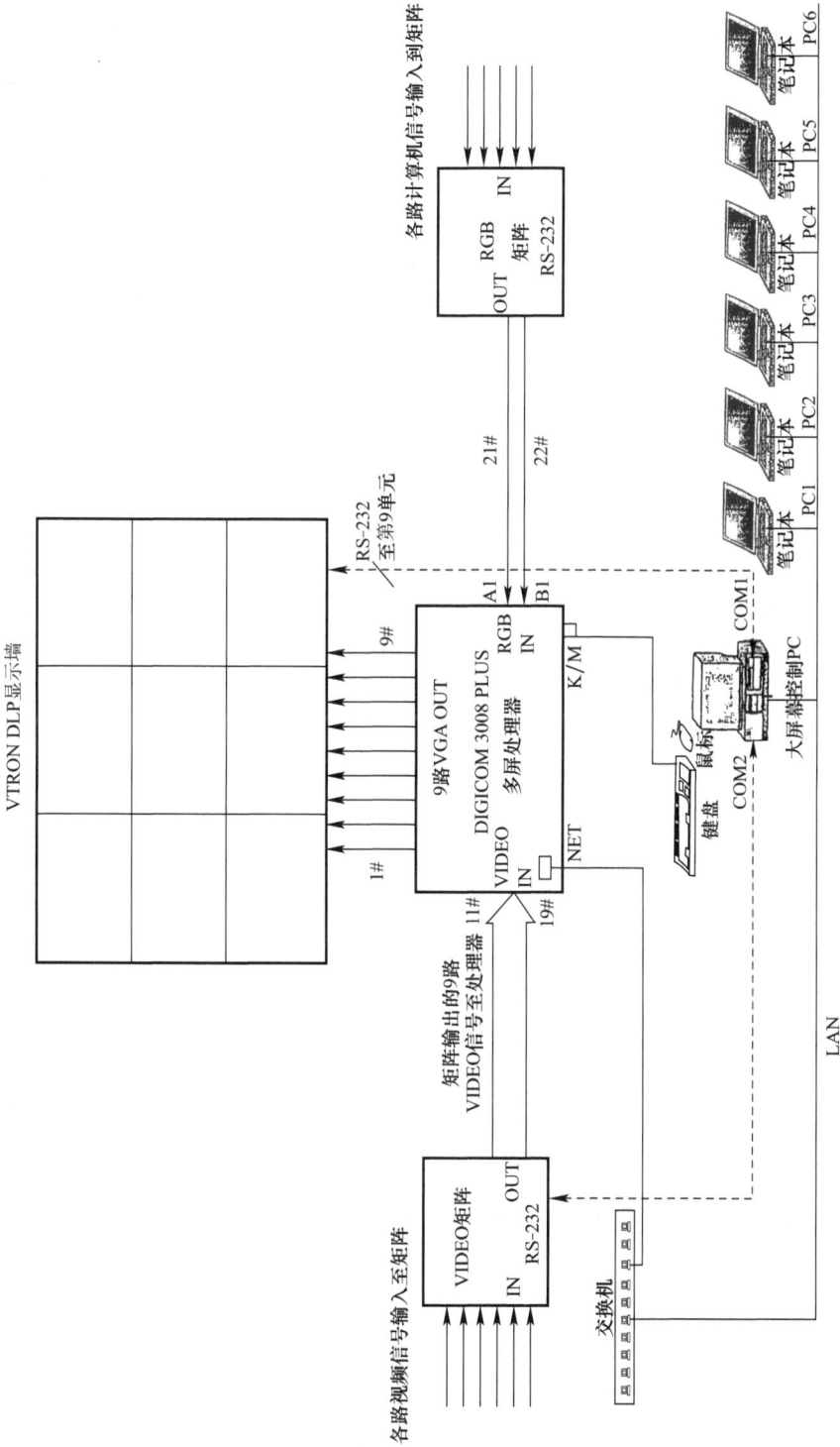

图 7-24 DLP 拼接显示系统实例

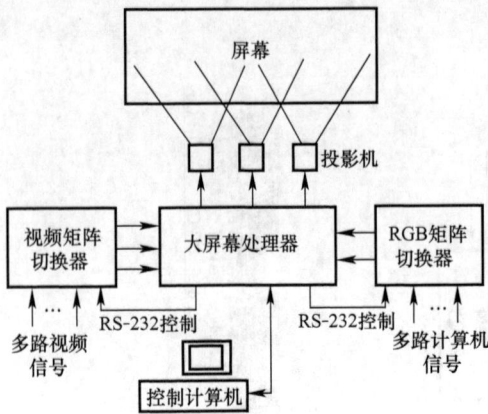

图 7-25　多图像拼接系统框图

（3）提高分辨率

采用边缘融合技术后，每台投影机投射整幅图像的一部分，这样展现出的图像分辨率被提高了。比如，一台投影机的物理分辨率是 $800×600$ 像素，三台投影机融合 25% 后，图像的分辨率就变成了 $2000×600$ 像素。

利用带有多通道高分辨率输出的图像处理器和计算机，可以产生每通道为 $1600×1200$ 像素的三个或更多通道的合成图像。如果融合 25% 的像素，可以通过减去多余的交叠像素，产生 $4000×1200$ 像素的图像。目前市场上还没有可在如此高的分辨率下操作的独立显示器。其解决办法为使用投影机矩阵，每个投影机都以其最大分辨率运行，合成后的分辨率是减去交叠区域像素后的总和。

（4）缩短投影机投射距离

随着无缝拼接技术的出现，投影距离的缩短变成必然。比如，原来 200 英寸（4000mm×3000mm）的屏幕，如果要求没有物理和光学拼缝，将只能采用一台投影机，投影距离=镜头焦距×屏幕宽度，即使采用 1.2:1 的广角镜头，投影距离也要 4.8m，现在采用边缘融合技术后，用四台投影机投射同样大小的画面，投射距离只需要 2.4m。

（5）特殊形状屏幕上的投射成像（如弧形幕/球形幕）

在圆柱或球形的屏幕上投射画面，单台投影机需要较远的投影距离才可以覆盖整个屏幕；而多台投影机的组合因每台投影机投射的画面较小，所以距离也就缩短了很多。

还有一个更重要的功能是，如果只用一台投影机来投射整张弧形幕，则很难聚焦，因为弧弦距太大，很难选出一个合适的基准焦点。多台投影机就可使弧弦距缩短到尽量小，这样就比较容易找出画面的合适焦点。对于弧形或球形屏幕应用，使用边缘融合技术后图像分辨率、明亮度和聚焦效果会得到明显提高。

（6）增加画面层次感

由于采用了边缘融合技术，画面的分辨率、亮度得到增强，同时配合高质量的投影屏幕，就可使整个显示系统的画面层次感和表现力明显增强。

（7）避免由于屏幕缝隙和光学缝隙造成观察误差

在传统的拼接方式中无论是箱体的拼接还是多张屏幕的拼接，都无法消除画面本身存在的物理缝隙。而在新的边缘融合技术中，采用整幅屏幕，所以消除了传统拼接存在的屏幕间的物理缝隙，从而使得屏幕显示的整幅图像保持完整。而采用边缘融合处理技术后，更消除了光学缝隙，从而使显示的图像完全一致，保证了显示图像的完整性和美观性。这在边缘融合显示地图、图纸等图像信息时更为重要，因为在图纸、地图上存在大量的线条或路线等，而屏幕缝隙和光学缝隙会造成图像显示污染，容易使观察人员把显示的图像线条和拼接系统本身的线条误认为是一体，从而导致决策和研究失误。而通过边缘融合处理，就可以避免出现这种情况。

作为示例，图 7-26 中利用四台投影机通过边缘融合技术，实现弧形或环形巨幕显示。

七、网络化的分布式大屏拼接显示系统

分布式大屏拼接控制器是一种基于分布式的系统级硬件系统，它以 IP 网络作为信号传输通道，采用实时影像处理技术，把各种视频信号源（RGB、视频、高清视频、音频等）进行压缩编码，压缩编码后的数据打包成能够在以太网上传输的 IP 码流，显示端接收各种信号码流并实时解码，将影像信号还原成图像进行显示。

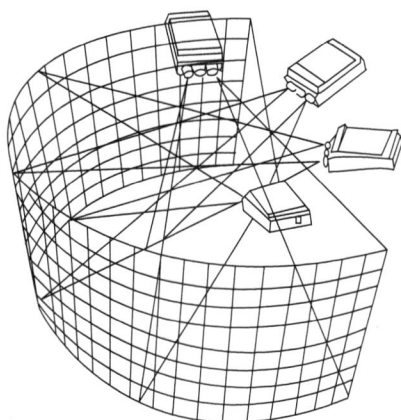

图 7-26 利用边缘融合技术实现巨幕显示

分布式大屏拼接控制器通常由以下几个部分组成：

（1）信号源处理器（输入节点）：将各种不同的视频信号（RGB 信号、视频信号、高清信号、音频信号等）实时编码成能够在以太网上传输的 IP 码流；

（2）显示处理器（输入节点）：接收各种不同的信号源 IP 流，并实时解码供显示器显示；

（3）以太网交换机：根据 IP 地址把信号的 IP 码流转发给显示处理器；

（4）控制管理软件：用户通过控制管理软件实时对各个处理器进行控制和设置；

（5）其中每个输入或者输出节点有两个千兆网口，输入和输出节点通过 CAT6 网线跟交换机相连。

网络化分布式大屏拼接控制系统可根据客户实际信号接入和显示需要，灵活地进行组合，整个系统的信号处理能力是所有显示节点处理能力的叠加，在系统规模不断扩大的同时，信号处理能力相应得到显著增加。这种先进的结构突破了信号处理速度受系统规模大小的制约，完全能够适应视频监控用户日益苛刻的图像应用方式和大批量 IP 视频信号实时显示的速度要求。

网络化、分布式的大屏拼接控制器非常适合应用到有信号传输、现实、管理、大屏幕的驱动、信号源与显示终端距离较长、信号源与显示终端数量多且分散、显示终端种类多、分辨率各不相同等的各种应用领域。它们可能是大规模的 DLP/LCD 拼接显示系统，需要实现海量高性能的影像处理和大规模的信号显示。具体行业包括铁道指挥调度、公安、安防、煤炭、石化、电力、通讯、交通等行业。适合分布式大屏拼接控制器应用的领域通常具有以下特点：

（1）拼接显示屏规模庞大。通常都在 24 面屏以上，有的高达几百面屏。真正的分布式大屏拼接控制器采用分散式架构，每个处理器单独处理自己的信号，无论有多少信号需要显示，相互之间没有任何影响，从而能够支撑超大规模的拼接显示屏系统。传统的集中式控制器则受限于插槽数目、处理能力、总线带宽等因素，难以支撑大规模的拼接显示墙。

（2）需要显示的信号数量多。通常需要显示几十路 RGB 信号，几十路甚至上百路的视频信号。在分布式大屏拼接控制器中，每路信号由一个单独的处理器进行处理，确保信号能够被实时处理。在传统的集中式控制器中，多路信号处理需要抢占 CPU 资源和系统

总线带宽，因此难以应对多路 RGB/视频等信号的同时处理。

（3）高性能与高可靠。这些领域是关系到国计民生的国家重点行业，大屏系统担负着调度指挥、安全防范、事故预警和处理等重要职责，因此需要所有信号能够实时显示，系统安全可靠，能够 7×24 小时连续运行。优秀的分布式大屏拼接控制器采用高性能 DSP 和 FPGA 作为影像处理平台，实现了实时影像处理和显示。嵌入式系统具有高性能、高可靠度、低功耗等优点，非常适合对安全性和可靠性要求高的领域。

目前主流的分布式大屏拼接控制器具有分布式、网络化、数字化、大规模、高性能与高可靠、易维护等几个方面的特点：

（1）分布式架构。无论是前端的信号编码器，还是后端的影像显示处理器，相互独立。一个显示处理器只支持 1 个显示单元的显示。

（2）网络化影像传输。所有的视频信号，包括 RGB 信号，视频信号，高清视频信号，音频信号等，均被编码为统一的码流格式，在以太网上传输，系统具备了良好的兼容能力、扩展能力和联网互通的能力，能满足城域网、广域网传输的要求。数据流端对端的纯数字化传输保证了信号的数字像素精确性，信号在传输过程中没有损耗和丢失，从而产生最佳的视觉显示效果。影像码流通过交换机，实现与显示处理器灵活连接。

（3）采用高性能 DSP/FPGA，实现实时影像处理，具有高性能、高可靠度、低功耗和体积小巧等优点。

（4）采用影像编码算法，实现对各种视频信号的全兼容和超低延迟影像显示。

（5）能够实现更大规模的拼接系统，扩展性强。基于分布式架构，系统规模更容易扩展，可轻松实现上百个显示器设备的拼接显示。

（6）系统可靠性高。平台化、模块化的设计思路，各模块互不干扰，单个模块故障不会影响整个系统，关键部件冗余设计，保证了整个系统的可靠性。系统可真正 7×24 小时连续运转。

（7）易维护。工程布线简单，整个系统仅需要电源线、网线和连接显示单元的 DVI 信号线，省掉切换矩阵和繁杂的各种电缆。整个系统可像企业内部网一样扩展和维护，可随时添加，删除网络中的节点而不影响整个系统；

分布式大屏拼接控制部署方便、灵活、容错性高、扩展性强、画面质量高、管理与操作非常简单。

优势：由于采用模块化、节点化的设计风格，传输又是通过网线，整个系统部署起来非常方便。信号源也不需要放置在离显示终端很近的地方，通过输入节点转为网络信号传输即可。这种部署非常便于那些信号源多、分布范围广、距离显示终端远的项目。整个系统网络是自适应的。不论是输入节点还是输出节点，接入网络后即可被自动识别，任何一个节点出现故障，都不会影响到其他任何节点的运行，所有节点均可热插拔，更换节点只需要一两分钟即可完成，而在此过程中，网络的其他部分是不受任何影响的。自适应、热插拔的特点使得分布式系统可任意扩展：想增加输入信号源，增加一个输入节点就好，想扩大显示墙规模或增加新的显示设备，增加相应数量的输出节点就好了。如果输入信号源是 DVI 计算机或 SDI 视频信号，那么这个网络就可做到端到端的全数字化，展现最好的图像处理性能。

与传统的基于工业计算机的集中式拼接控制器相比，现代分布式大屏控制器与之有着根本的区别和非常明显的优势：

（1）计算平台和架构不同

集中式大屏拼接控制器以 x86 CPU 为计算中心，运行微软的 Windows 操作系统，通过 PCI/PCI-X 等总线连接影像采集卡和显示输出卡。所有的影像采集和显示输出都集中在工业计算机里面，相互抢占总线和 CPU 资源。

现代分布式大屏控制器则采用嵌入式计算平台实现实时影像处理与显示。前端的影像处理器实现信号编码，后端的显示处理器实现码流的解码显示。采用分布式架构，每个处理器专注于自己的信号处理，相互之间不干扰。

（2）影像传输方法不同

在以集中式大屏控制器为核心的大屏显示系统中，所有的视频信号需要用模拟电缆线进行传输。因此，在系统建造的时候需要事先与客户确定好所有的信号源位置，铺设模拟电缆，记录每一条电缆所连接的信号源和控制器的采集卡端口或矩阵端口号。长距离模拟信号传输必然带来信号质量下降和噪声干扰。

分布式大屏显示控制器把信号编码成数字化的 IP 包，利用网络进行传输。因此，长距离信号传输后，信号质量不会下降。由于采用网络进行信号传输，在系统建造的时候只需要铺设网络线即可，通过交换机，信号源能够依据 IP 地址灵活地把码流发送给后端的显示处理器。

（3）性能不同

集中式大屏拼接控制器受限于 CPU 的速度、总线带宽和机箱插槽数目，能够接入的信号源数目有限，能够同时采集和显示的信号源数目也非常有限。随着视频信号源朝高清和超高清方向快速发展，集中式大屏拼接控制器的性能越来越不能满足人们的需要。

主流分布式大屏控制器采用分布式架构，每个影像处理器只处理自己的信号，相互之间不争抢资源，因此无论信号源数目的多少，以及显示规模的大小，都能够实现全实时影像处理和显示。

（4）稳定性不同

首先集中式大屏控制器把信号采集与显示集中在一台工业计算机中，其风险非常高。一旦计算机宕机，大屏幕将全部黑屏。这也是为什么人们长期以来用信号直通的方法作为信号显示备份的原因。其次，Windows 系统经常容易受到病毒攻击，导致系统无法正常运行。集中式大屏拼接控制器通常难以适应 7×24 小时的应用领域。第三，集中式大屏控制器的功率消耗高达几百瓦甚至上千瓦，造成巨大的电力能源浪费。

现代分布式大屏控制器采用嵌入式技术进行影像处理，不需要 Windows/Linux 等操作系统，不受病毒攻击，且功率小于 10 瓦，非常适合需要高可靠度和长时间不间断运行的领域。

（5）对比单模块嵌入式硬件处理产品

单模块嵌入式硬件处理产品是采用自行设计的单个逻辑硬件处理模块和嵌入式技术来

完成多路信号的采集、编码处理和解码显示，该类方案虽然也采用了分布式处理方案突破了传统集中式处理器的总线带宽限制，提升了处理器系统的整体信号处理能力，但由于单逻辑硬件电路设计的局限性，专用单模块嵌入式硬件处理产品无法运行用户指定的第三方软件，更不支持第三方 IP 视频扩展接入。而需求差异大、标准不统一是目前数字监控应用的特色，无法支持非标准应用，无法针对用户具体需求进行二次开发，是无法满足数字监控应用市场需求的。

分布式显示系统主要依托于网络进行交换，对交换机的交换能力要求十分严格，因此需采用厂家经过严格测试筛选出来的型号，才可以满足大容量高吞吐的系统需求，用户不能随意更换交换机，以免造成意外的故障。

分布式现实系统运行的是专用的网络传输协议，虽然使用的是标准的网络交换机，但是不能将其他通用网络设备接入此交换机，这样会干扰现有的传输，造成信号传输延迟等问题，因此不建议用户用分布式现实的交换机接入其他设备使用。

作为示例，网络化的分布式大屏拼接显示系统如图 7-27 所示。

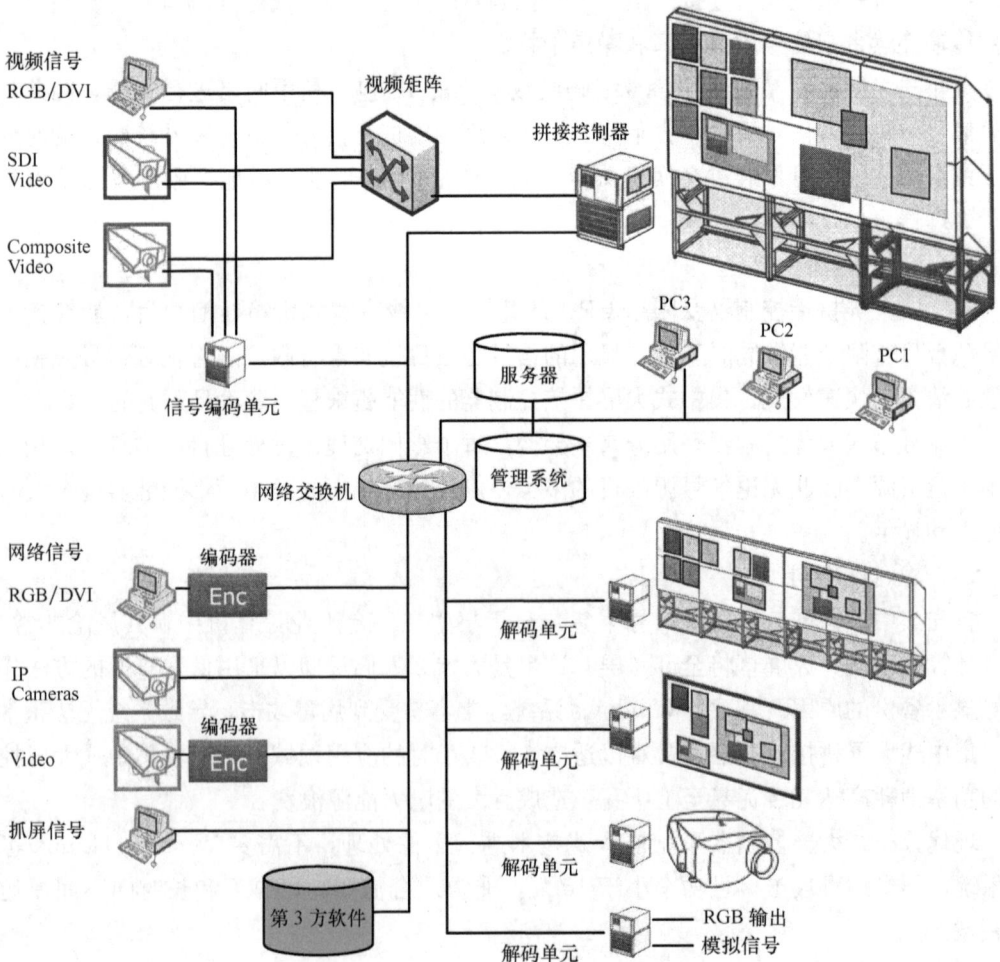

图 7-27 网络化的分布式大屏拼接显示系统

第八章　数字电影与 3D 电影

第一节　数字电影院

一、数字影院系统架构

电影从 1895 年问世已经经历了一百多年，然后经历了一次又一次的技术变革，从无声到有声，从黑白到彩色，从窄屏幕到宽屏幕，从单声道到环绕声。1999 年 11 月，美国首次进行商业性放映数字电影，电影又开始了一次巨大变革的时期，即用数字信号存储和传递媒介的数字电影系统（又称为数字影院）取代胶片电影放映机的数字影院。随着数字放映、数字图像压缩技术的不断成熟，具有庞大信息量的电影图像也可以通过数字化载体进行传递和重放了，于是无胶片的数字影院开始出现了。这是电影一次革命性的变化。

所谓数字影院是指采用数字信号而非胶片形式进行电影发行、放映，并且重现的图像和声音质量与胶片放映相类似的系统。其与传统胶片发行和放映的差别如图 8-1 所示。

中国数字电影从无到有、从逐步探索到逐渐成熟已经经历了十年时间，到 2010 年年底，全国 2K 数字银幕已经达到 4300 块，3D 银幕为 2400 块，平均每天新增 4.2 块荧幕。2010 年中国电影产量超过 500 部，票房达到 101.72 亿元，成为世界电影发展最快的国家之一。

数字电影系统的详细结构如图 8-2 所示，其中在节目制作与发行端，JPEG2000 图像编码、AES128 数据加密、MXF/XML 打包封装等重要功能由数字电影编码器来完成，同样在数字影院端，MXF/XML 解包解封装、AES128 数据解密、JPEG2000 图像解码等重要功能由数字影院服务器来完成。

在数字节目源获取环节，主要包括以下三种方式：

① 直接利用数字摄影机进行数字拍摄；

② 利用高分辨率胶片扫描仪对电影胶片进行胶转数扫描处理；

③ 利用电脑制作与生成数字节目。

其中第二种方式是当前及今后一个时期的主流方式，但是随着 2K/4K 等高分辨率数字摄影机的出现、完善及其商用化，今后第一种方式将占据越来越大的比重。

在数字节目制作环节，首先进行电影节目的后期处理，主要包括非线性剪辑、配光、校色、声画合成、字幕混叠、特效合成等内容，其中使用数字中间片（DI）工艺进行节目

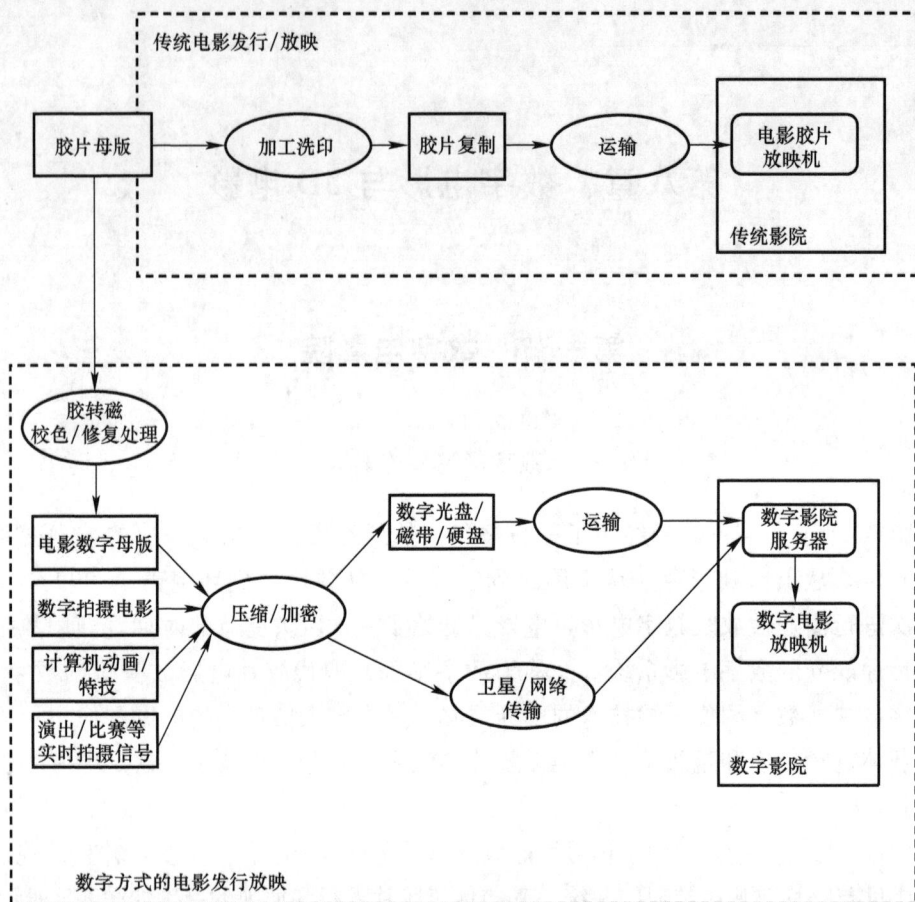

图 8-1　传统影院和数字影院的系统结构比较

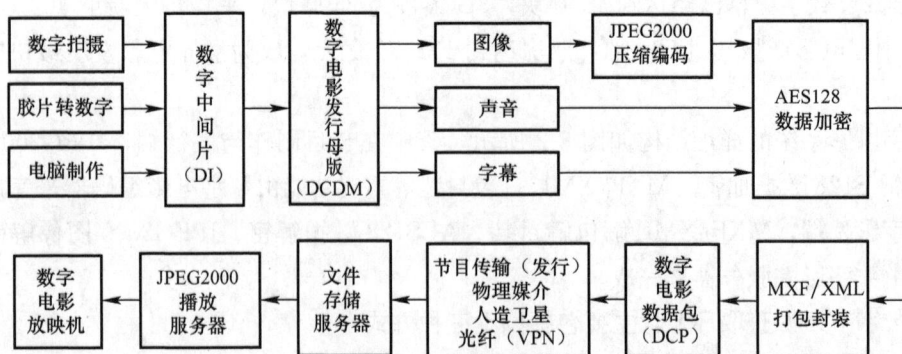

图 8-2　数字电影系统详细结构

后期处理正成为当前及今后的主流方式及发展趋势，然后是依次产生数字源母版（DSM，Digital Source Master）与数字电影发行母版（DCDM，Digital Cinema Distribution Master），之后要对 DCDM 中的图像数据进行 JPEG2000 压缩编码，并同声音与字幕数据进行 AES128（即密钥长度为 128 bit 的高级加密标准算法）数据加密以及 MXF/XML 打包封装，其中 AES（Advanced Encryption Standard）表示高级加密标准，MXF（Material eXchange Format）表示素材交换格式，XML（eXtensible Markup Language）表示可扩展标记语言，最后形成数字电影数据包（DCP，Digital Cinema Package）用于影片发行。

在数字节目传输（发行）环节，主要是指 DCP（数字电影数据包）的安全传输，DCP 由多个经分块处理（类似于胶片电影中的分卷或分本）的 MXF 文件与 XML 文件组成，DCP 通过物理媒介、卫星通信网、高速光纤网三种方式安全传输到数字影院，此外还要考虑 KDM（Key Delivery Message，密钥传送消息）的安全传输。

在影院节目接收与放映环节，DCP 安全传输到数字影院后先由文件存储服务器进行节目存储，再由 JPEG2000 播放服务器根据节目播放列表进行 MXF/XML 解包、AES128 解密以及 JPEG2000 图像解码，最后由数字电影放映机进行色彩空间变换（$X'Y'Z' \rightarrow XYZ \rightarrow RGB$）、电光转换以实现电影节目放映。

以上是数字电影系统的具体处理流程，熟悉这个处理流程对于理解数字电影非常重要，同时也是研究数字电影技术的基础。另外，这里特别需要值得一提的是，由好莱坞七大制片商迪斯尼、福克斯、米高梅、派拉蒙、索尼图像、环球、华纳兄弟联合成立的数字电影倡导组织（DCI，Digital Cinema Initiatives）于 2005 年 7 月 20 日正式颁布了数字电影系统规范 V1.0，后又经过多次勘误与修订，并于 2007 年 4 月 12 日发布了 V1.1，使其更加成熟与完善，从而与电影行业技术标准相符合。

DCI 技术规范全面阐述了构成一个完整的数字电影系统所必需的组成要素、实现功能及技术要求，其中对数字电影系统安全及数字版权保护进行了重点阐述。DCI 技术规范对全球数字电影产业的发展具有重要推动作用，它已成为全球数字电影技术标准制定的重要参考文献及指导性文件。

前面的讨论已说明了，数字电影系统与胶片电影系统相比，不同之处多于相同之处。数字电影的发行不需要胶片拷贝，只需要存储媒介（硬盘、光盘等）或网络传输（有线、无线）。图 8-3 示出了数字电影发行结构和流程。图中，发行方式分为三大类：利用交通

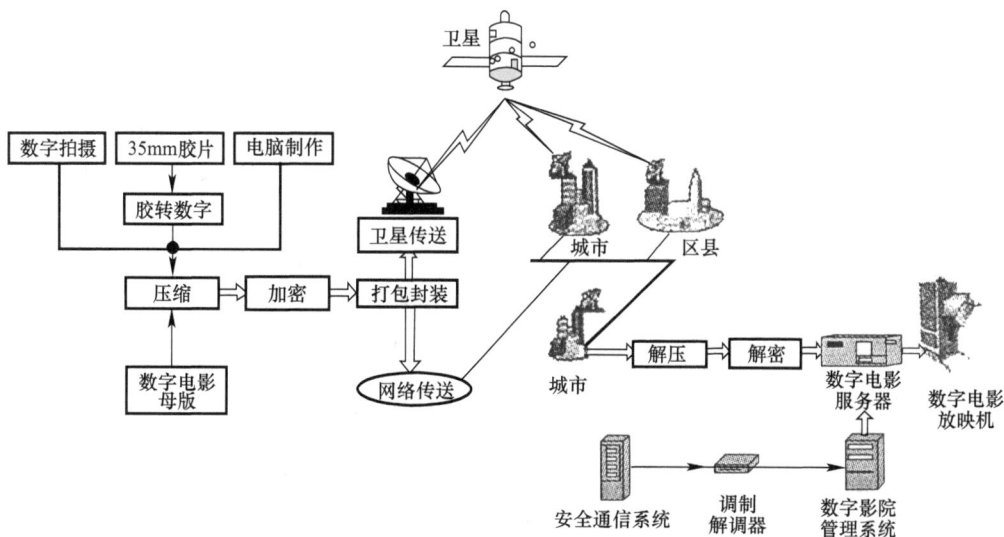

图 8-3 数字电影发行结构和流程

工具运送物理媒介存储的数字电影节目，例如光盘、硬盘等，利用有线网络（电话网、Internet 网、虚拟专用网 VPN）传输，利用卫星传输。我国数字影片的发行主要由国家广电总局电影数字节目中心统一管理，并提供符合数字电影放映质量标准的电影发行母版，由不同的发行机构发行。

与传统胶片电影相比，数字电影的优点如下。

（1）画面清晰、稳定，无磨损，放映场次不受限制，反复放映图像质量不下降（彩色、噪声性能不变化）。数字放映机不需要电机带动胶片的传动机构，放映过程几乎无振动，所以银幕再现图像稳定。虽然胶片电影的拍摄底片分辨率高达 3000 多线，但经过洗印、套底、剪辑、拷贝等工序后大为降低。数字拍摄的分辨率主要取决于光电成像器件的像素数，虽然低于胶片拍摄，但后期制作并不降低。

（2）节目的后期制作方便，且成本低，适合特技处理。传统的影片后期制作包括样本剪辑、底片剪辑、视觉效果制作，混合录音、音乐混录等一系列工艺流程。工艺复杂，耗资巨大，而且降低了图像质量。数字电影的后期制作完全依靠计算机进行处理，这一工作变得简单轻松。数字技术的应用需要对电影的制片过程重新定义。

（3）发行与传输方便。传统电影胶片拷贝需占用大量的空间进行储运，运输费用大，且费时费力。数字电影以数据文件形式存于硬盘、光盘中，还能以数据流的形式通过光纤或卫星传输，方便、快捷。

（4）易于加密，有利于版权保护。数字电影以文件形式存储在服务器内，使用加密技术确保不被非法使用，使用水印技术不被非法复制。即使使用光盘发行，加密技术也能给防止盗版加上一道强有力的安全锁；影片发行场次也可以由片商控制，通过计算机网络管理也使影院无法偷漏瞒报票房收入。

（5）减轻了电影放映人员的劳动强度。传统电影的放映人员的工作环境较差，劳动强度大。数字电影的放映由计算机控制数字影像信息直接进行电光转换成电影图像，没有胶片，没有机械传动装置，放映只需点击鼠标完成放映。

（6）杜绝化学污染，利于环保。传统电影胶片的冲洗，印片造成的化学污染严重，数字电影不采用胶片，完全抛弃了洗印工业，无废液、废气排放。

（7）有利于开展增值业务。数字电影可方便地插入广告或宣传片，可利用卫星、网络使数字放映具有实时服务的功能。可实现多功能、多方位服务，如远程教育、大型会议、现场直播等。

总之，数字电影是电影发展里程中的一次最深刻、最彻底的革命。是传统产业与高新技术相结合的产物。新一代数字技术、网络技术和信息技术正在对包括电影技术在内的各个领域产生深远的影响。数字技术丰富了电影创作手段，颠覆了传统的生产工艺，造就了新的电影时空，加快了影视互动进程，改变了观众的观看习惯。

对数字影院产生巨大影响的技术包括以下几项：

（1）数字放映技术　数字放映技术是数字影院得以诞生的关键技术。数字放映技术必须能够重现胶片放映的清晰度、亮度、色彩、反差和锐度。目前，在这项技术上具有代表性的是 DLP 和 LCOS 技术。

（2）数字高质量压缩技术　基于长期的图像压缩处理研究成果，多种应用于数字影院的高质量数字压缩技术的出现，既保证了数字影院重现胶片的高质量，又有效降低了存储和传输成本，为数字影院真正进入实用化奠定了基础。目前数字影院一般采用 1920×1080/24p/10bit/4∶2∶2 的图像格式。随着设备技术水平的提高和标准的制定，以上制作参数也可能随之提高。

（3）数字加密技术　数字加密技术的引入，对于电影版权保护具有重要的意义。它能够提高影片拥有者对数字影院的信任程度。

（4）低成本的数字大容量存储和传输技术　低成本的数字大容量存储和传输技术为数字影院赢得了其发展的强有力的优势。

二、图像压缩编码技术

1. 图像格式

数字电影采用 2K（2048×1080 像素）与 4K（4096×2160 像素）两种图像格式，通常称之为 2K 图像和 4K 图像。2K 电影图像是数字电影对图像质量的最低要求，它是当前数字电影的主流图像格式；4K 电影图像是高清电影，是数字电影的发展方向。电影的这两种图像格式与电视的两种图像格式（SDTV：720×576；HDTV：1920×1080）对应。2K 图像的帧速率为 24 帧/s、48 帧/s，而 4K 图像的帧速率为 24 帧/s，由此可见，即使 2K 电影图像的清晰度也高于 HDTV 图像。一幅数字电影图像的数据量要远大于数字电视的数据量，它在存储、发行（或传输）、处理中也要进行图像压缩。

2. 图像编码方式的选择

图像编码方式的选择原则是技术上的可用性，产业化的可推广应用前景。由于图像格式上的差别，电影图像的压缩编码算法不能照搬电视图像的压缩算法。相对于 JPEG、MPEG-2、H.264 等标准，JPEG2000 更适合于数字电影图像的压缩编码。DCI 技术规范中规定数字电影图像的压缩编码采用 JPEG2000 标准的第一部分。理由是，①JPEG2000 标准是基于离散小波变换的压缩编码，避免了离散余弦变换编码带来的方块效应。②JPEG2000 编码技术支持 2K/4K 图像分级技术，即 2K/4K 的数字电影发行母版（DC-DM）经压缩、加密、打包封装后可在 2K/4K 的数字影院放映系统中实时解码播放。③JPEG2000 标准的第一部分免收专利费。④JPEG2000 只进行帧内编码，不进行帧间编码。易于对码流进行编辑和随机存取，而电影图像序列中具有频繁的场景切换，由于解码只需在帧内进行，故实时性比 MPEG-2、H.264 更好。⑤MPEG-2 支持的最大图像格式是 HDTV 图像，不支持电影的 2K/4K 图像格式，H.264 对 2K/4K 图像的压缩、解压缩算法复杂且运算量大，H.264 涉及专利费。

3. JPEG2000 标准用于数字电影编码的具体考虑

（1）分片是 JPEG2000 的基本编码单元。每个分片独立编码。分片使图像质量下降，图像分片越小，质量下降越多。为了保证图像质量，数字电影规定必须对整帧图像进行编码，不进行分片处理，同时不支持感兴趣的区域编码。

（2）数字电影规定 2K 图像最多进行 5 级小波分解，4K 图像最少进行 1 级，最多进行

6 级小波分解。而且对压缩率进行了相应的限定，即 2K/4K 压缩后的图像的传输速率不超过 250Mb/s。

（3）数字图像的源图像码率计算。

2K 图像：2048×1080 像素/帧×（12＋12＋12）bit/像素×24 帧/s＝1.911Gb/s

4K 图像：4096×2160 像素/帧×（12＋12＋12）bit/像素×24 帧/s＝7.644Gb/s

压缩比：1.911Gb/s÷0.25Gb/s＝7.644

三、数字电影的数据加密

与胶片电影相比，数字电影在传输、放映过程中更容易被窃取、篡改、播放。因此，在数字电影系统中，保护数字电影节目的版权不受侵害尤为重要。版权保护除制定相应的法律条文外，从技术上还需要采用多重安全机制，以保证信息安全。

数字电影节目中要加密的数据有图像、声音、字幕等，其数据量比数字电视大，要求加密算法简单、速度快。数字电影倡导组织（DCI）规定采用 AES（高级加密技术标准）对称加密技术来加密数字电影节目。为了充分保证加密的可靠性和抗攻击能力，DCI 规定加密密钥长度为 128 位。

对数字电影节目及内容密钥所进行的加密处理如图 8-4 所示。图中，对电影节目的加密方法是，采用密钥长度为 128bit 的 AES 对称加密算法。加密的电影节目以 DCP（数字电影数据包）的形式送到电影院。AES 由美国在 2001 年发布，是一种秘密密钥加密算法，即通过秘密信道将密钥传送给授权用户，加密密钥等于解密密钥，能够彼此推出。

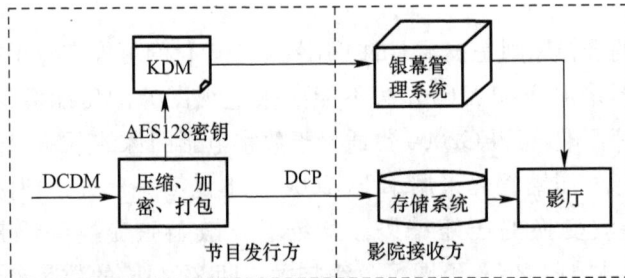

图 8-4　数字电影系统中节目及其密钥的传送

收端（如影院）为了要对加密电影节目解密必须要有解密密钥，即 AES128 密钥。AES128 密钥的传送也要加密，密钥的加密采用了非对称加密技术，发端不需要传送加密密钥。这里的非对称加密技术采用的是 RSA 技术，该技术是由美国麻省理工学院的三位学者在 1978 年提出的。采用公钥加密，私钥解密。AES128 节目密钥用公钥加密后放在密钥消息（KDM）中传送给影院接收方。为了保证只有发行方认可的影院才能解密节目密钥，DCI 规定采用数字证书来保证节目密钥传送的安全性。

数字证书（Digital ID）是用来标识和证明通信双方身份的数字信息文件，可以在互联网上验证身份。它有两个密钥，私钥和公钥。私钥仅为本人所知，公钥由本人公开并为一组用户共享。在传送数字电影节目时，发送方使用公钥对 AES128 密钥加密，公钥（长度为 2048 位）放在数字证书里，任何人都可以从 CA 中心的证书库里查到。与公钥匹配的私钥只有接收方本人才知道，接收方只有使用自己的私钥对 AES128 密钥解密。接收方再用 AES128 解密密钥对收到的加密数字电影节目解密才能播放。

AES128 节目密钥的安全机制是数字电影数据加密的关键环节。具体实现分如下步骤。

（1）数字影院设备（如数字放映机）制造商利用 RSA 非对称密钥技术生成一对唯一匹配的密钥对（公钥和私钥），将私钥置于设备内部，将公钥连同该设备的信息发送给权威认证中心（CA）。

（2）CA 中心验证该设备的真实性后，用 CA 根证书的私钥对该影院设备的公钥及信息进行数字签名，生成设备方的数字证书。数字证书包括发行者（即 CA 中心）信息，该影院设备信息及证书的公钥信息。该设备的制造商卖给影院后，消除了私钥的记录，但设备内部已置入了私钥。设备数字证书存入 CA 中心的证书库里。

（3）发行方也生成 RSA 非对称密钥对，自己保留私钥，将公钥和相关信息发送给 CA 中心进行认证签名，获得发行的数字证书。发行方数字证书也存入 CA 中心的证书库里。

（4）发行方将加密了的数字电影节目发送给影院接收方。

（5）发行方从 CA 中心（或者从接收方）获得接收方的数字证书，从数字证书得到接收设备的 RSA 2048 的公钥，用接收方提供的这个公钥对 AES128 节目进行加密。这个公钥加密的 AES128 节目密钥只有接收方设备才能唯一解密出 AES128 节目密钥，从而只有该设备才能解密要播放的节目。

为了确保信息安全，在数字影院系统中，无论是服务器与数字放映机相分离的还是一体化的数字放映系统，数字电影节目解密后都要在明文中实时嵌入数字水印或数字指纹，用以证明发行版权，作为鉴定、追求侵权者的法律依据。

四、数字电影院系统类型

数字电影院系统分单厅影院和多厅影院两种结构。

单厅影院的结构如图 8-5 所示，主要由卫星接收机、数字影院服务器、数字电影放映机、影院音频系统、影院自动化系统等构成。

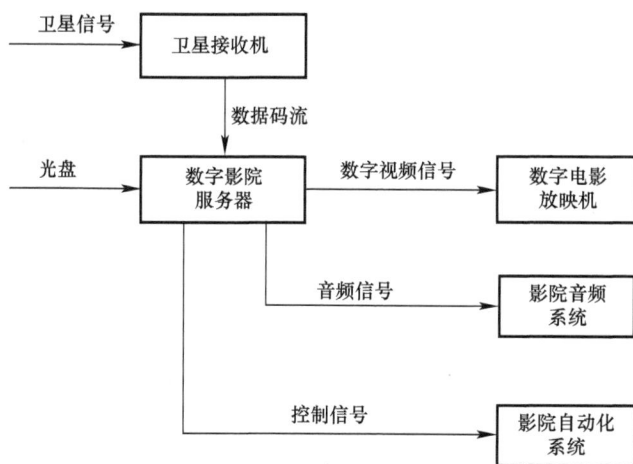

图 8-5　单厅数字影院结构

卫星接收机用于接收卫星传送的信号。如果采用通信网络、数字有线电视网络或计算机广域网络等进行信号传送时，则需要将卫星接收机更换成相对应的网络接收设备。卫星接收机将接收到的信号进行信道解码和纠错后生成数据码流，传送给数字影院服务器，存储成文件供以后播放，或通过服务器直接播放。

如果采用光盘进行节目传送，则通过服务器上的光盘驱动器，在服务器软件的控制下将光盘上的内容读入到服务器中，并将多张光盘的数据拼合成完整的文件。

数字影院服务器内有完整的播放管理软件，播放员可以通过操作界面编排播放时间表。服务器根据播放时间表自动进行播放。对于演出、比赛等实况转播，服务器可以进行实时播放。服务器首先根据该影院系统的权限对码流文件进行解密，然后对视频数据进行解压缩，恢复出非压缩的 HD-SDI 视频信号，再对此 HD-SDI 信号加扰，通过数字接口传送给数字电影放映机。数字放映机将信号输入到 TI 的信号处理模块、解扰之后才转换成光信号投射到屏幕上。

对于音频数据，服务器可以进行解压缩，也可以根据影院原有的音频系统情况将压缩的音频数据直接传送给影院的音频系统进行解压缩。由于音频压缩格式的多样性和音频压缩技术的授权问题，目前一般采用后一种方式。影院音频系统可以采用传统影院原有的环绕声音频系统，但有时需要对音频系统中的解码系统进行更新，这需要根据影院原有音频系统的情况而定。

影院自动化系统提供拉幕、灯光、响铃、送风等的控制功能，数字影院服务器的管理软件可以与该自动化系统相连接，使整个影院各项设施的控制与放映同步自动进行。如果影院原来就有这种自动化系统，可以将其控制接口直接连接到服务器上，并配合上相应的软件，实现整体的控制。

图 8-6 给出了多厅影院的系统结构。多厅影院由中央系统和多个影厅系统构成。中央

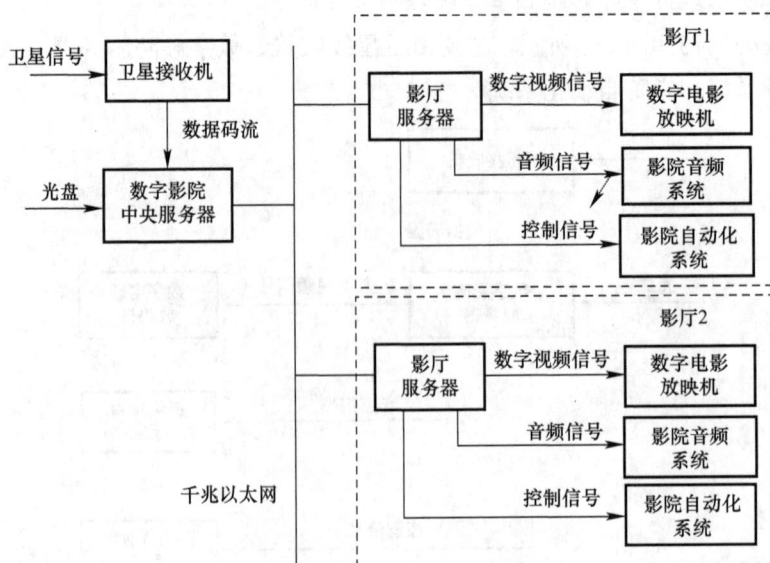

图 8-6   多厅数字影院结构

系统由卫星接收机和中央服务器组成，其功能与单厅影院的类似，但中央服务器的容量较大，并且在软件上具有对多个影厅进行管理的能力。中央服务器根据各个影厅的节目安排对节目数据进行调度，将节目数据通过千兆以太网传送给需要该节目的影厅服务器，并对各影厅的播放进行控制。各影厅的系统结构和功能与单厅影院相类似，不同的是它的节目数据来源于中央服务器，并且受到中央服务器的控制和管理。

第二节　电影院的技术要求

一、电影院的等级分类

电影院有专用和兼用（如影剧院）两种，但要求基本相同。剧场、会堂等除了用来演出、开会之外，往往还要求可以放映电影，这就成了影剧场、多功能厅或多功能剧场。对于多功能剧场、多功能会堂的音响系统，人们往往会想是否将原来设计的演出、开会用的扩声系统与电影声音重放系统合用或部分合用。由于两者音响系统的要求不同，扬声器的布置方式也不同，所以不宜合用。比较适宜的做法是两者分开设计，设计成两套独立的音响系统。

目前，电影主要包括 35mm 的普通银幕电影（画面高度比为 1：1.375）、变形宽银幕电影（画面高度比 1：2.35）、遮幅宽银幕电影（高度比为 1：1.85 或 1：1.66）三种，如表 8-1 所示。随着数字电影的出现，电影院除了放映上述传统的三种电影之外，还应该能兼映数字电影。所谓数字电影，是指用数字技术实现画面和声音的获取、记录、传输和重放的电影。

画幅制式	高宽比	片门尺寸（mm）	镜头焦距
变形宽银幕	1：2.35	21.3×18.1	① 变形镜头的画面扩展系数为 2 ② 国产放映镜头焦距以 10mm 分挡，订购以 5mm 分挡 ③ 进口放映镜头焦距以 5mm 分挡，订购以 2.5mm 分挡 ④ 数字电影使用变焦镜头
遮幅银幕	1：1.85	20.9×11.3	
数字电影	1：1.78	—	
遮幅银幕	1：1.66	20.9×12.6	
普通银幕	1：1.375	20.9×15.2	

银幕画幅制式、高宽比、片门尺寸和镜头焦距　　　　表 8-1

我国对电影院的等级分类规定如下：

（1）电影院的规模按总座位数可划分为特大型、大型、中型和小型四个。不同规模的电影院座位符合下列规定。

① 特大型电影院的总座位数应大于 1800 个，观众厅不宜少于 11 个。

② 大型电影院的总座位数宜为 1201～1800 个，观众厅宜为 8～10 个。

③ 中型电影院的总座位数宜为 701～1200 个，观众厅宜为 5～7 个。

④ 小型电影院的总座位数宜小于等于 700 个，观众厅不宜小于 4 个。

为此，电影院建筑可分为特、甲、乙、丙四个等级，其中特级、甲级和乙级电影院建筑的设计使用年限不应小于 50 年，丙级电影院建筑的设计使用年限不应小于 25 年。各等级电影院建筑的耐火等级不宜低于二级。

（2）观众厅应符合下列规定。

① 观众厅的设计应与银幕的设置空间统一考虑，观众厅的长度不宜大于 30m。观众厅长度与宽度的比例宜为（1.5±0.2）：1

② 楼面均布活动荷载，标准值应取 $3kN/m^2$。

③ 观众厅体形设计，应避免声聚集、回声等声学缺陷。

④ 观众厅净高度不宜小于视点高度、银幕高度与银幕上方的黑框高度（0.5～1.0m）三者的总和。

⑤ 新建电影院的观众厅不宜设置楼座。

⑥ 乙级及以上电影院观众厅每座平均面积不宜小于 $1.0m^2$。

⑦ 丙级电影院观众厅每座平均面积不宜小于 $0.6m^2$。

二、观众厅对混响时间和噪声控制的要求

① 观众厅的声学设计应保证观众厅内达到合适的混响时间、均匀的声场、足够的响度、满足扬声器对观众席的直达辐射声能要求，保持视、听力方向一致，同时避免回声、颤动回声、声聚焦等声学缺陷并控制噪声侵入。

② 观众厅内具有良好立体声效果的坐席范围宜覆盖全部坐席的 2/3 以上。

③ 观众厅的后墙应采用防止回声的全频带强吸声结构。

④ 银幕后墙面应进行吸声处理。银幕后作中、高频吸声材料能有效控制银幕后中、高频反射声，有利于银幕后组主扬声器的声像定位。

⑤ 电影院观众厅混响时间应根据观众厅的实际容积按下列公式计算或从图 8-7 中确定。

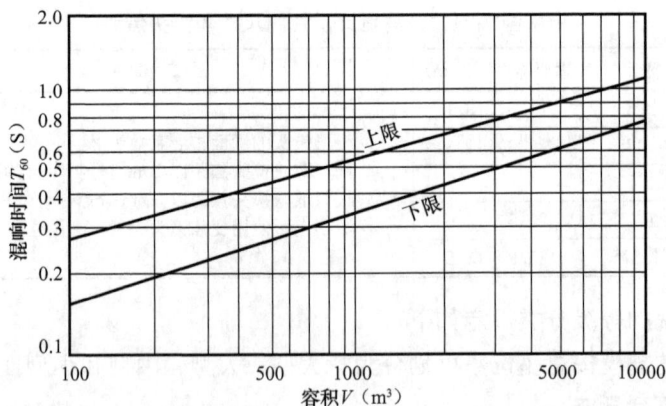

图 8-7　电影院观众厅内要求的混响时间与其容积的关系

500Hz 时的上限公式为：

$$T_{60} \leqslant 0.07653 V^{0.287353} \tag{8-1}$$

500Hz 时的下限公式为：

$$T_{60} \leqslant 0.032808 V^{0.333333} \tag{8-2}$$

式中，T_{60} 为观众厅混响时间（s）；V 为观众厅的实际容积（m^3）。

⑥ 特、甲、乙级电影院观众厅混响时间的频率特性应符合表 8-2 的规定，而丙级电影院观众厅混响时间的频率特性只要求符合表 8-2 中 125Hz、250Hz、500Hz、100Hz、

200Hz、400Hz 的规定。

特、甲、乙级电影院观众厅混响时间的频率特性 表 8-2

$f(Hz)$	63	125	250	500	1000	2000	4000	8000
T_{60}^f/T_{60}^{500}	1.00~1.75	1.00~1.25	1.00~1.25	1.00	0.85~1.00	0.70~1.00	0.55~1.00	0.40~0.90

⑦ 电影院内各类噪声对环境的影响，应按现行国家标准《城市区域环境噪声标准》GB 3096—2008 执行。

⑧ 观众厅宜利用休息厅、门厅、走廊等公共空间作为隔声、降噪措施，观众厅出入口宜设置声闸、隔声门。

⑨ 当放映机及空调系统同时开启时，空场情况下观众席背景噪声不应高于 NR 噪声评价曲线对应的声压级（表 8-3）。

电影院观众席背景噪声的声压级 表 8-3

电影院等级	特级	甲级	乙级	丙级
观众席背景噪声（dB）	NR25	NR30	NR35	NR40

⑩ 观众厅与放映机房之间的隔墙应进行隔声处理，中频（500~100Hz）隔声量不宜小于 45dB；相邻观众厅之间的隔声量为低频不应小于 50dB，中、高频不应小于 60dB；观众厅隔声门的隔声量不应小于 35dB。设有声闸的空间应进行吸声减噪处理。

■ 设有空调系统或通风系统的观众厅，应采取防止厅与厅之间串音的措施。空调机房等设备用房宜远离观众厅。空调或通风系统均应采用消声降噪、隔振措施。

三、数字立体声电影系统的制式与技术要求

（一）制式

目前，数字立体声电影系统主要为 Dolby（杜比）、DTS 与 SDDS 三种制式，如表 8-4和图 8-8 所示。不过其中杜比 SR 属于模拟立体声系统，而且 SDDS 8 声道方式的影片在我国应用较少，因此这里主要针对 Dolby 与 DTS 的 5.1 和 6.1 声道四种方式进行叙述。

数字立体声电影系统的主流制式 表 8-4

参数及特点 \ 类别	杜比 SR	杜比 SR-D	DTS	SDDS
英文全名及缩写	Dolby Spectral Record System（Dolby SR）	Dolby Spectral Recording-Digital（Dolby SR-D）	Digital Theater System（DTS）	Sony Digital Dynamic Sound（SDDS）
中文名	杜比频谱记录系统/杜比 4-2-4 模拟立体声系统	杜比数字频谱记录系统/杜比 SR-D 数字立体声系统	数字影剧院系统	索尼数字动态声
录制方式	模拟矩阵 4-2-4 环绕声制式	数字声频压缩编/解码环绕声制式	数字声频压缩编/解码环绕声制式	数字声频压缩编/解码环绕声制式
储存声道	2 声道	5.1 声道	5.1 声道	7.1 声道
重放声道	4 声道：L、R、C、S	5.1 声道：L、C、R、LS、RS、SW	5.1 声道：L、C、R、LS、RS、SW	7.1 声道：L、LC、C、RC、R、LS、RS 和 SW

续表

参数及特点 \ 类别	杜比 SR	杜比 SR-D	DTS	SDDS
扩展模式		杜比 SR/D-EX/杜比数码 EX6.1 声道环绕声：L、C、R、LS、RS、SW、CS	DTS-ES 6.1 声道数字影剧院扩展系统：L、C、R、LS、RS、SW、CS	
音箱布局	见图 8-8（a）	见图 8-8（b）	同 SR-D，见图 8-8（c）	见图 8-8（d）
解码器	解码器 CP-65	解码器 CP-650D	DTS 数字声音处理器 DTS-6	SDDS 数字立体声处理器 DEP-D3000
特点	录音时把四路环绕声信号通过矩阵电路编码为两路复合信号，记录到胶片的两条声迹上；还音时，通过解码器把两路复合信号还原为左、中、右和环绕四路立体声信号	数字信号压缩编码采用"适应编码"技术，压缩率约为 12：1。数字声迹录在模拟声迹一侧的齿孔之间	采用相干声学编码方式，压缩率为 4：1，数字声迹录在光盘上，由专用的光盘驱动器读取，另外在电影胶片边沿录有时间同步码，用来控制光驱还音与画面的同步	采用自适应变换声学编码方式，数字压缩率约为 5：1。其声迹录在胶片外沿

注：L 表示左，R 表示右，C 表示中置，S 表示环绕，LS 表示左环绕，RS 表示右环绕，CS 表示中环绕，RS 表示后环绕，SW 表示重低音。

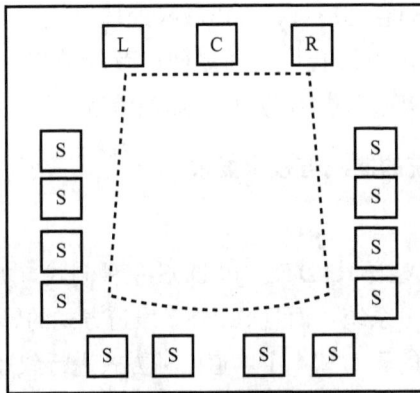

（a）杜比SR音箱布局

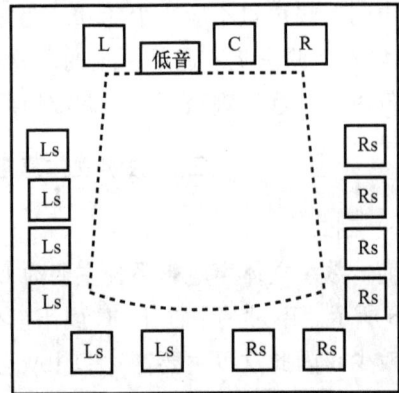

（b）杜比SE-D音箱布局

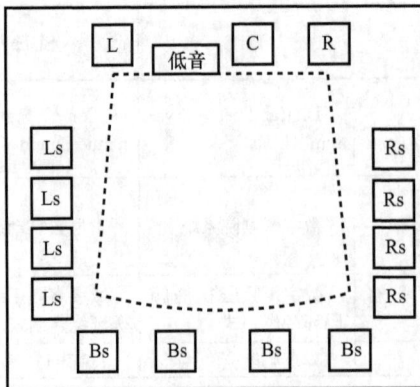

（c）DTS音箱布局

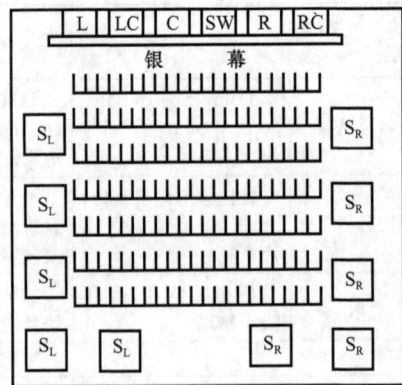

（d）SDDS音箱和布局

图 8-8 专业影院的音箱布局

表 8-5 和表 8-6 分别给出杜比与 DTS 的 5.1 声道和 6.1 声道的技术规格。目前电影院用得最多的还是杜比和 DTS 的 5.1 声道系统。图 8-9 画 5.1 声道扬声器布置方式。顺便也给家庭影院的 5.1 声道布置，如图 8-10 所示。

杜比、DTS5.1 声道和 SDDS7.1 声道系统　　　　　　　　表 8-5

名　　称	Dolby Digital	DTS	SDDS
制定者/组织	杜比实验室	DTS	Sony
压缩算法	DolbyAC-3	APT-X100	ATRAC
录音记录标准	L，C，LS，RS，R：全频带 LFE：$<120\text{Hz}$	L，C，R：全频带 LS，RS：$80\sim2000\text{Hz}$* LFE：$<80\text{Hz}$ * LS&RS 声道中低于 80Hz 的信号在编码过程中混合到 LFE 声道中	L，C，R，LS，RS：全频带 LFE$<120\text{Hz}$（SMPTE 标准）* 在理论上也可采用全频带信号
重放标准（扬声器、功放）	Level：L=C=R LS=RS=-3dB LFE=$+10\text{dB}$ 带内增益	同左	同左
	L，C，R，LS，RS：全频带 LFE：$20\sim120\text{Hz}$	L，C，R：全频带 LS，RS：$80\sim2000\text{Hz}$ LFE：$20\sim80\text{Hz}$	L，C，R：全频带 LFE：$20\sim120\text{HZ}$
注释			通常采用 7.1 声道，在 5.1 声道的基础上增加 LC（位于 L 与 C 之间）和 RC（位于 R 与 C 之间）声道

两种 6.1 声道系统　　　　　　　　表 8-6

名　　称	Dolby Digital Surround EX	DTS-ES 矩阵
制定者/组织	杜比实验室	DTS
矩阵编码	LS，RS：3-2 矩阵编码	LS，RS：3-2 矩阵编码
压缩算法	Dolby AC-3	APT-X100
录音记录标准	L，C，R，LS，RS，BS：全频带 LFE：$<120\text{Hz}$	L，C，R：全频带 LS，RS，BS：$80\sim20000\text{Hz}$* LFE$<80\text{Hz}$ * LS，RS 和 BS 声道低于 80Hz 的音频信号在编码过程中混合到 LFE 声道
重放标准（扬声器、功放）	Level：L=C=R LS=RS=BS=-3dB LFE=$+10\text{dB}$ 带内增益	同左
	L，C，R，LS，RS，BS：全频带 LFE：$20\sim120\text{Hz}$	L，C，R：全频带 LS，RS，BS：$80\sim20000\text{Hz}$ LFE：$20\sim80\text{Hz}$

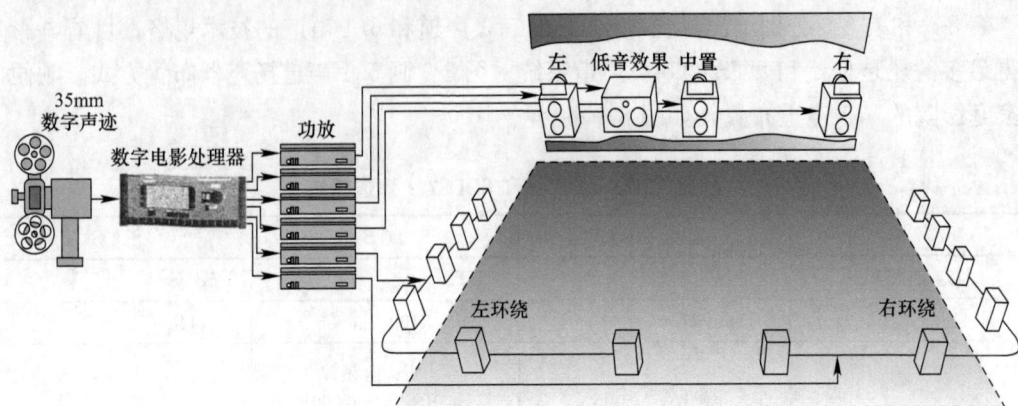

图 8-9　5.1 声道扬声器在影院中的设置

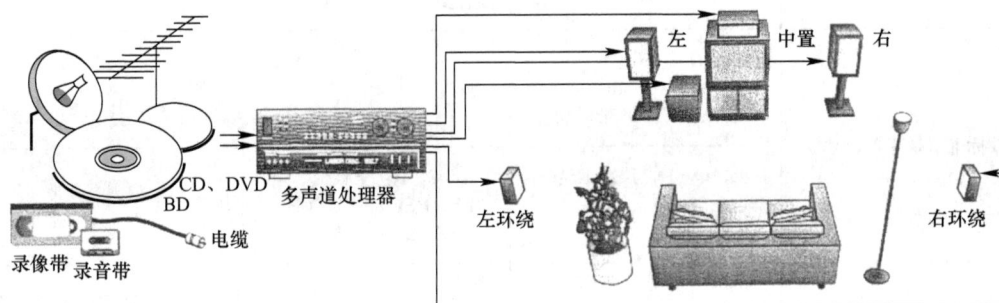

图 8-10　家庭影院的 5.1 声道系统

（二）数字立体声电影技术要求

2002 年中国电影科学研究所起草了《数字电影技术要求（暂行）标准》，其内容如下：

1. 范围

本技术要求规定了用数字技术和设备摄制、制作、存储、传输、发行、放映的数字电影的基本技术内容。

本技术要求适用于数字电影的节目后期制作部门、发行部门和使用数字电影放映设备的影院（厅）。

2. 规范性引用文件

下列文件中的条款通过本技术要求的引用而成为本技术要求的条款。凡是注日期的引用文件，其随后所有的修改单（不包括勘误的内容）或修订版均不适用于本技术要求，然而鼓励根据本技术要求达成协议的各方研究是否可使用这些文件的最新版本。凡是不注日期的引用文件，其最新版本适用于本技术要求。

GB/T 3557—94《电影院视听环境技术要求》

GB/T 4645—94《室内影院和鉴定放映室的银幕亮度》

GY/T 183—2002 行业标准《数字立体声电影院的技术标准》

GY/T 155—2000《高清晰度电视节目制作及交换用视频参数值》

GY/T 147—2000《卫星数字电视接收站通用技术要求》

GB 8898—2001《音频、视频及类似电子设备安全要求》

GB 9254—1998《信息技术设备的无线电骚扰限值和测量方法》

3. 定义

数字电影是指以数字技术和设备摄制、制作、存储的故事片、纪录片、美术片、专题片以及体育、文艺节目和广告等，通过卫星、光纤、磁盘、光盘等物理媒体传送，将符合本技术要求的数字信号还原成影像与声音，放映在银幕上的影视作品。

4. 数字电影节目制作技术要求

（1）图像

① 扫描格式应为 1920×1080，24p；24sf；50i。

② 视频量化比特数应为 8-12bit。

③ 制作数字电影母版时，视频信号的取样格式应达到 R.G.B.4：4：4，Y：Cr：Cb4：2：2。

④ 制作数字电影母版时，对放映到银幕上的图像进行主观评价，图像的色彩饱和度、清晰度、亮度、反差等应接近或达到 35mm 胶片原底拷贝图像技术质量。

（2）声音

① 取样量化比特数选用 16bit-24bit 线性量化。

② 取样频率应为 48kHz 或 44.1kHz。

③ 声音的通道数应为 5 个全频和 1 个次低频声道。

（3）数字电影院实时转播节目的技术要求

① 量化比特数应不低于 8bit。

② 图像格式应为 1920×1080，50i，16：9。

③ 视频信号的取样格式应为 Y：Cr：Cb 4：2：2。

④ 传输比特率应为 36：50Mb/s。

5. 数字影院发行技术要求

（1）可采用光盘、数字磁带、卫星或网络等传送方式。

（2）在传输、存储、发行过程中，数字电影节目应有防盗版措施。

6. 数字影院放映设备技术要求

（1）数字放映系统

① 在银幕宽度不小于 15m 的条件下，银幕中心亮度应不低于 40cd/m^2。

② 像素数应不低于 130 万/格。

③ 色彩还原深度比特数应不低于 42bit。

④ 服务器和放映机之间传输时应有防盗版措施。

⑤ 应支持 SMPTE292M（HD-SDI）输入。

⑥ 对比度应不低于 1000：1。

⑦ 放映频率应为 24 格/秒。

⑧ 对银幕宽度不小于 15m 的银幕影像进行主观评价，图像的色彩饱和度、清晰度、

亮度、反差等应接近 35mm 胶片翻底拷贝图像技术质量。

（2）数字影院节目存储系统

① 视频信号的取样格式应为 Y：Cr：Cb 4：2：2。

② 可以支持 1920×1080，24p；1920×1080，50i 格式的图像。

③ 应支持 SMPTE292M 输入输出。

④ 存储的节目应有防盗版措施。

⑤ 视频量化比特数应为 8-12bit。

7. 数字影院放映室环境要求

（1）放映机灯箱出风口风速应为 10-15m/s（视氙灯功率而定）。

（2）设备工作环境温度应为 0-30 摄氏度。相对湿度＜60%。

（3）电源应为三相 380V±10%。提供良好接地条件。

应该指出，2004 年国家又发布新的《电影数字放映暂行技术要求》，详见书末附录。

（三）数字立体声电影系统的性能指标

专业电影院还音系统的调试与检测，分为 A 环和 B 环两大部分。影院还音系统 A 环，包括电影胶片上的声迹、从声迹拾取信号的声头以及接收声头信号并加以放大和进行必要修正的前置放大器等。A 环调试和检测的目的是，确保音响系统能准确地从影片中读取声音信号并正确地传送给解码器。A 环特性的检测点在前置放大器的输出端，检测的是电信号。A 环的调试和检测通常由电影器材供应商或电影公司的技术人员负责操作。

专业影院还音系统的 B 环，包括各条声道的频率均衡器、音量控制器、功率放大器、扬声器，直至场地的声学环境等。B 环调试和检测的目的是，保证各声道的音量适中且相互平衡、频率特性良好。由于还音系统 B 环的各项技术指标是和影院的扩声系统指标以及建筑声学指标直接"挂钩"，可以说是一一对应，因此从事现代专业电影院（或兼容放映电影的多功能影剧院、多功能礼堂等）的"电声"和"建声"设计、调试和检测工作的声学工作者应当对 B 环绕的特性和指标要求有较深入的了解。

2002 年国家广播电影电视总局发布了有关数字立体声电影院的技术标准 GY/T 183—2002《数字立体声电影院的技术标准》。该标准中有关电声技术特性的 B 环主要指标如下：

1. 主声道

主声道的频率特性要求如表 8-7 所示。

主声道的频率特性　　　　　　　　　　　　　　　　　　表 8-7

倍频程中心频率 f(Hz)	频率特性要求	公　差
50 以下	−6dB/oct	±3dB
50～2k	平直	
2k～10k	−3dB/oct	
10k～16k	−6dB/oct	

主声道的峰值声压级为 103dBC（不少于 3dB 的功率裕量）。

主声道的调试基准声压级为 85dBC。

2. 环绕声道

环绕声道的频率特性应符合表 8-8 的规定。

环绕声道的频率特性

表 8-8

倍频程中心频率 f(Hz)	频率特性要求	公　差
100 以下	-4dB/oct	± 3dB
100～4k	平直	
4k～8k	-4dB/oct	
8k 以上	-9dB/oct	

左右两边环绕声道的峰值声压级均为 100dBC（不少于 3dB 的功率裕量）。

应根据观众厅容积的大小及对声场均匀性和峰值功率电平的要求，配置环绕扬声器的数量。

每边环绕声道的调试基准声压级为 82dBC。

3. 次低频声道

次低频声道为独立声道，其频率范围为 20～120Hz，峰值声压级为 113dBC（留有相应的功率裕量）。

次低频声道的调试基准声压级为 91dBC。

四、数字立体声影院的扬声器布置

图 8-11 表示典型的电影立体声扬声器在观众厅内的布置方式。数字立体声电影系统的左、中、右扬声器通常安装于银幕背后，可装在移动的小车上，或吊于吊杆上随银幕一同升降。左、右扬声器尽可能靠银幕两侧，使声像定位更明显。

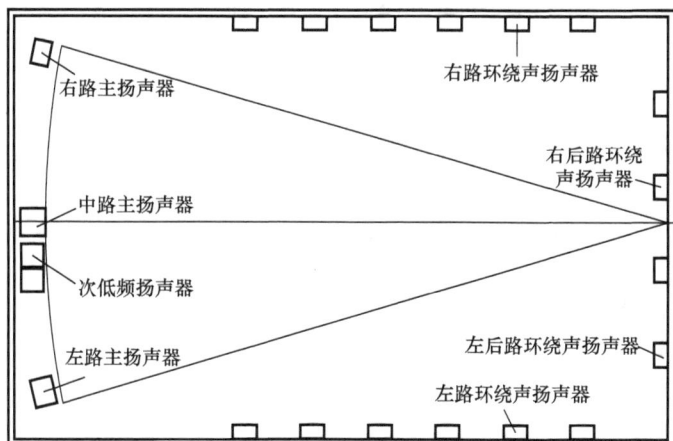

图 8-11　观众厅内电影立体声扬声器布置方式

（1）银幕后电影还音扬声器应采用高、低分频的扬声器系统。系统中、高频扬声器应为恒定指向性号筒扬声器，其水平指向性不宜小于 90°，垂直指向性不宜小于 40°。

（2）扬声器的安装高度与倾斜角应以其高频扬声器的声辐射中心与声辐射轴线定位，声辐射中心宜置于银幕下沿高度的 1/2～2/3 处，声辐射轴线宜指向最后一排观众席距地面 1.10～1.15m 处，如图 8-12 所示。

（3）扬声器及其支架应安装牢固，避免产生共振噪声。

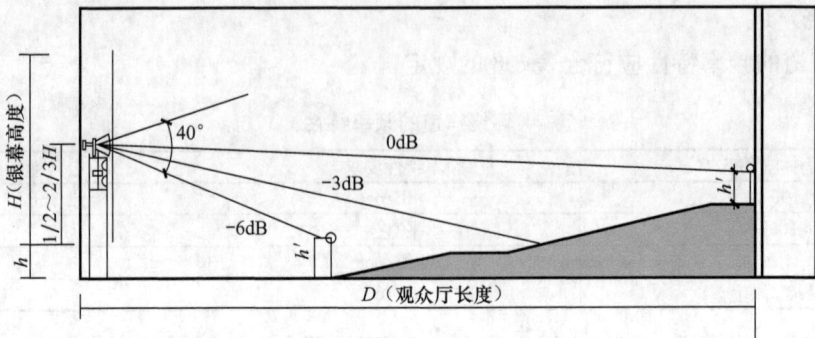

图 8-12 银幕后扬声器安装高度与倾斜角

（4）立体声主声道扬声器的布置应符合下列规定。

① 银幕后宜设置三组或五组扬声器，扬声器的声辐射中心高度应一致。

② 扬声器间距相等，且有足够大的距离，两侧扬声器的边距不宜超过银幕边框。

（5）立体环绕声扬声器的布置应符合下列规定。

① 扬声器应设置在观众厅的侧墙与后墙，可按两路（左、右）或四路（左、右、左后、右后）布置，配置数量宜根据扬声器的放声距离、功率要求与指向性来确定，配置后的扬声器应能进行合理的阻抗串、并联分配。

② 观众厅前区第一台扬声器的水平位置不宜超过第一排坐席。考虑到声音的哈斯效应，前区与扬声器与后区扬声器间的最大距离不应大于17m。扬声器间距应一致，并应配合声学装修设计。

③ 扬声器的安装高度可以扬声器声辐射中心距地面高度为基准，根据观众厅的宽度，由下式计算：

$$H = (W\sqrt{W^2 - 16} + 90)/6W \qquad (8\text{-}3)$$

式中，H 为扬声器声辐射中心距地面高度（m）；W 为观众厅的宽度（m）。

④ 侧墙扬声器的声辐射轴线宜垂直指向其对面侧边坐席 1.10～1.15m 处，后墙扬声器的声辐射轴线宜垂直指向观众席前排距地面 1.10～1.15m 处，如图 8-13 示。

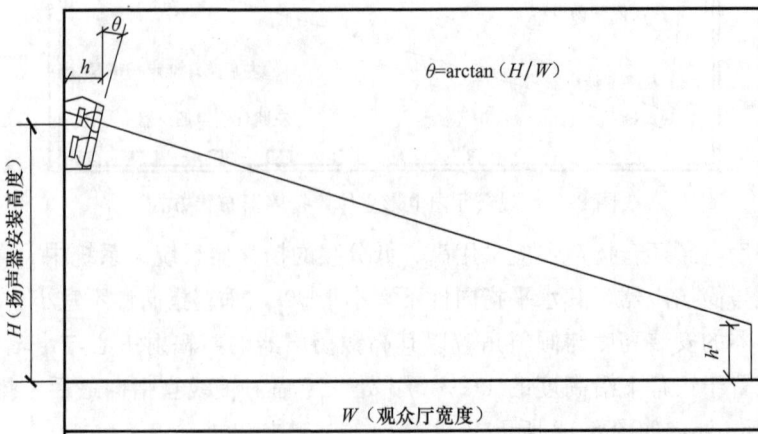

图 8-13 环绕声扬声器安装高度与倾斜角

⑤ 侧墙和后墙的环绕声扬声器之间的距离宜取 2.4～3m。

（6）次低频声道扬声器的布置宜符合下列规定。

① 宜设置在银幕后中路主声道扬声器任意一侧地面，并作减振处理。

② 配置数量可根据扬声器的放声距离、功率要求来确定。

③ 多台扬声器宜集中放置在一处，充分利用扬声器的互耦效应。

（7）观众厅的声压级最大值与最小值之差不应小于 6dB，最大值与平均值之差不应大于 3dB。

五、电影还音系统设计与示例

电影院有两类：一类是专用电影院，前面所述主要针对这类电影院；还在一类是影剧院、多功能会堂、礼堂等，既要有开会、文艺演出的功能，又要有放映电影的功能，这时就有建声和电声系统的兼容设计问题。

在建声方面，由于会议、文艺演出和放映电影对厅堂的建声（特别是混响时间）要求不同，文艺演出要求的混响时间较长，会议和放映电影要求混响时间较短，这时往往要作折中考虑。

在电声方面，比较理想的做法是设置两套互相独立的扩声系统：其中一套是会议、演出用的单声道或双声道扩声系统，音箱采用固定安装形式；而放映电影则另配一套扩声系统，按左、中、右、环绕和超低音等多声道系统设计，放电影用的左、中、右三套音箱分别装在 3 台小车上做成移动式，放电影时摆放在银幕背后，举行会议或演出时藏起不用。这种方案的放声效果好，但造价高。

另一种是演出与电影共用一套功放和音箱或者部分设备（如超低音音箱和功放）共用的方案，这时可用继电器或跳线盘或综合数字处理器，将功放输入端由电影解码器切换到演出状态的调音与输出端。这种方法虽节约开支，但效果要差一些。

图 8-14 所示是第一种方案的电影专用的多制式还音系统实例。图中杜比 CP650D SR-D 数字解码器放映制式扩展性较强，向下可兼容杜比 SR 和 Pro Logic 模拟解码方式，向上还可通过添加插卡升级到杜比 EX 数字解码方式。同时，它还可外接 DTS-6D DTS 解码器，使电影系统不但能播放杜比解码制式电影，还能播放 DTS 解码制式电影。

DTS-6D DTS 还音处理器选用 5.1 声道播放数字声迹，并可读取 DTS 时间码。它配备三个 CD-ROM 光盘驱动器，放音时间最多可达到 5h，第三个驱动器可用于预告片光盘或放映时间特长的影片。

为了保证观众席能满足数码电影院标准，系统中所有选用的设备均符合电影 THX 标准。电影主扬声器选用 JBL 三只 4000 系列的 4678C-4LF 二分频专业电影扬声器。主扬声器 JBL4675C-4LF 的分频通过 JBL5235 分频器和 JBL53-5333 分颇卡实现。

电影次低频音箱选用两只功率达 1200W 的 JBL 4642 超低音音箱，延展系统的频响，保证放映时低频部分的厚度、力度及动态需求。系统选用 12 只 JBL 8340A 大功率环绕扬声器，其中左、右环绕扬声器各 4 只，后墙扬声器 4 只。LSR25P 有源扬声器作为监听扬

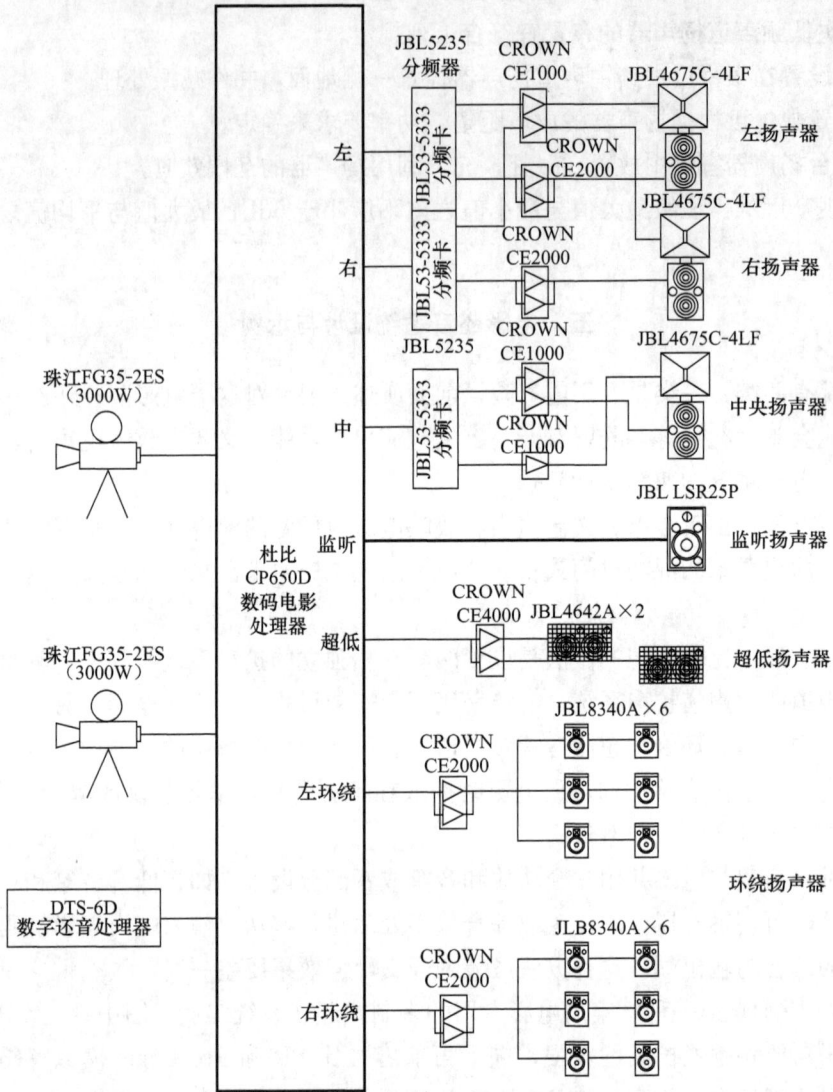

图 8-14   电影还音系统实例

声器，提供给机房内的工作人员监听电影放映现场的音频信号。功放全部采用著名品牌CROWN（皇冠）CE 系列。

电影采用两台珠江 FG35-2ES 放映机，放映传统胶片影片。应该指出，现代数字电影目前主要是运用 DLP 数字投影机和视频压缩编码等技术，实现无胶片放映的电影。

图 8-15 是某影剧院的扬声器系统的布置图。该影剧院的功能既有开会与文艺演出，又放映 5.1 声道立体声电影。为此，它采用两套音响系统，一套三声道扩声系统，L、C、R 主声道音箱布置舞台口上方声桥内（图 8-15）用于开会与演出。另一套是电影用的 5.1 声道系统，图 8-16 为一层，舞台上银幕后方为电影的 L、C、R 三路主声道，另四周有两路环绕声音箱。采用两套音响系统是合理的。

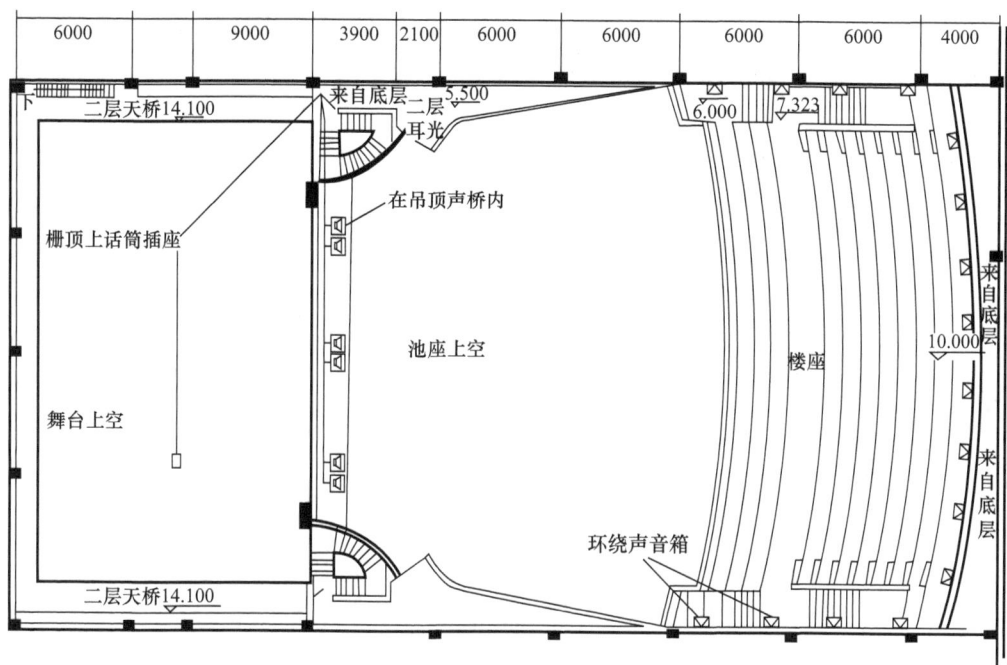

图 8-15 某影剧院扬声器布置（一）

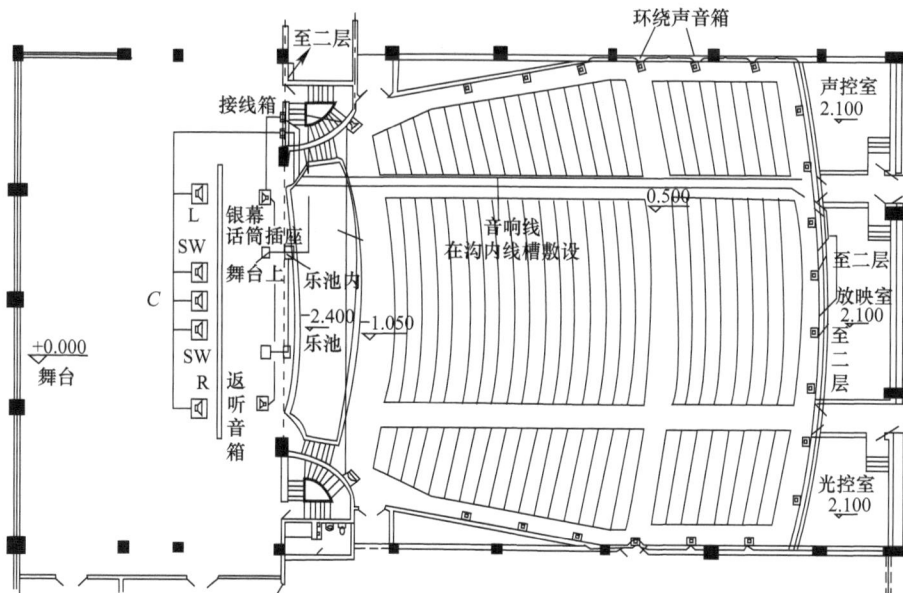

底层电声平面布置图（银幕后扬声器和环绕音箱供电影用）

图 8-16 某影剧院扬声器布置（二）

六、电影多声道环绕声系统的发展

在 5.1 环绕声格式基础之上，人们为了获得更稳定的声像定位和覆盖范围更大的听音区域，而采用了更多声道的环绕声格式。

　　为了能够进一步增强后方声像定位的连续性和包围感，在 5.1 环绕声格式基础之上推出了 6.1 环绕声格式，即增加了一路中环绕声道。而 7.1 声道的环绕声格式主要由 Sony 公司的 SDDS 影院系统所采用，在 5.1 声道的基础之上增加了左中（LC）和右中（RC）声道，使前方声像定位更加细致和准确。10.2 声道环绕声格式是由汤姆林森·霍尔曼（Tomlinson Holman）提出的用于伴随图像的环绕声系统（简称 TMH 系统），但是没有在市场上推广开。该系统是在 5.1 环绕声格式基础之上，增加了两个侧向扬声器来重现侧向声像和一个后中置扬声器来增强后方声像的稳定性，此外还将声场扩展到垂直方向上，在听音者的前上方增设了两个扬声器。而低音效果扬声器也增加到两个，分别放置在听音者的左右两侧，增强低音的空间感。伴随着高清时代的到来，更多声道的环绕声格式相应问世，以 13.1 声道为主。虽然目前还没有明确规定各个声道的分配情况，但是主要扩展方向是对声场高度的还原。

　　目前数字电影（Digital Cinema，D-Cinema）逐渐走入人们的视线。从传统的胶片电影发展到数字电影，已经成为电影的发展趋势。就电影的声音而言，由于数字电影可以容纳的声频信息量远远高于传统的 35mm 规格的电影胶片，自然也就可以容纳更多的声轨了。由 SMPTE 成立的 DC28 数字电影技术委员会给未来数字电影制定了可容纳声道数量与扬声器的配置方式（SMPTE 428.3M 协议），如图 8-17 所示。该配置方式描述了 20 个声道的设定，其中 7 个声道是 Dolby EX 的配置。其余 13 个新声道中，有 4 声道用于扩展

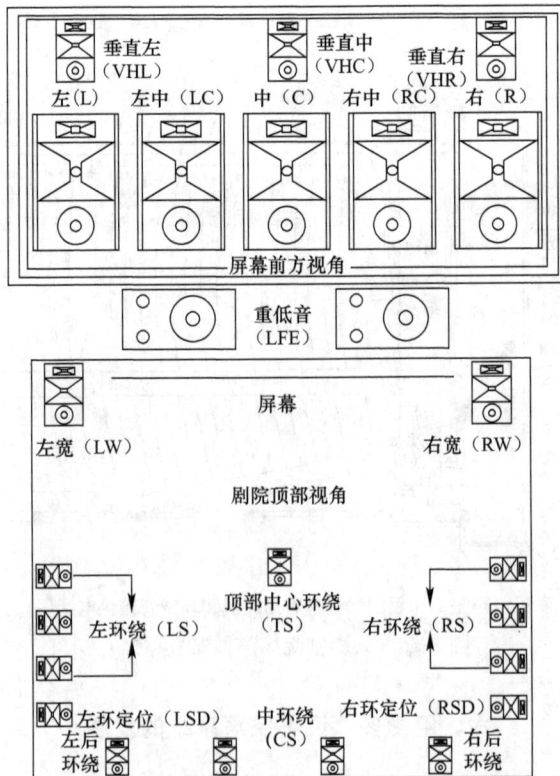

图 8-17　SMPTE 428M 的扬声器配置及分布

现有的环绕声道阵列，加强在后方和两侧的方向感；另有两声道位于中央声道的两侧，与 SDDS 格式相同；剩余的 7 声道用于新的扬声器配置，两声道分别位于左前偏左和右前偏右，有 4 个声道当作垂直阵列，用于增强高度层次感，以及新增的第二个低音效果声道。由此可以看出为了满足未来电影的声道配置，新一代环绕声格式的发展也势在必行。

多声道环绕声系统最大的优点是对于声音空间信息的重放能力远高于传统的双声道立体声系统。具体说来可体现在以下几点：

（1）对声源方向的安排更加灵活。多声道环绕声的这一优点主要体现在电影和电视节目上。由于多声道环绕声前方使用了多个声道，这样可以比较方便的安排声源的方向。比如，单声道的人物对自由人物所处位置的扬声器进行重放，而立体声的音乐由左右扬声器进行重放，效果声则由后方扬声器重放，三者不会相互干扰。

（2）对声源方向的拓展。双声道立体声系统能够通过听觉错觉法在两个声道之间产生声源的幻像（即声像），从而比较准确的重现声源的方位。但是，由于两只扬声器摆放在听众前方，对于侧方和后方的声源，双声道立体声是完全无法表现的。而多声道环绕声由于添加了侧后方扬声器，就可以在一定程度上实现对后方声源的重放。这一点在电影和电视节目中出现移动声源的时候表现得最为明显。比如，电视画面中有一架飞机从观众的左前方移动到右后方，如果使用双声道立体声进行声音重放，只能得到从左到右的声音。而使用多声道环绕声重放，就可以让声源方向和画面的形象基本一致，从而极大的提高视听冲击力。

（3）对听众聆听区域的扩大。相比于双声道立体声，多声道环绕声极大地拓展了听众聆听区域的扩大。对于纯音乐的重放而言，双声道立体声左右扬声器间的幻像声源是通过人耳特性产生的，这要求听者必须位于距两扬声器等距离的某一点，即所谓"皇帝位"，才能获得比较满意的声像感。也就是说，即使只有两三个朋友坐在一起欣赏，也会由于坐的位置不同而产生不同的声像感。而实验证明，多声道环绕声对于听者位置的要求要低得多，处于环绕声系统最佳听音位置附近的两个听众对声像的感受不会产生很大差异，这样就非常利于多个人一起欣赏。

（4）对声场特征的表现。多声道环绕声的这一优点主要体现在纯音乐节目的播放上。与电影和电视节目不同，纯音乐节目要求能够还原音乐演出场所的声学特点，即空间感、包围感、温暖感等。双声道立体声能够在一定程度上反映上述特点，但却无法与多声道环绕声相比。很多人都说，听多声道环绕声的音乐制品，就好像在真实的音乐厅中聆听现场演奏一般。现在，一年一度的维也纳新年音乐会都进行环绕声格式的现场直播，其目的也就是要将维也纳金色大厅的美妙声音带给坐在家里的每一位听众。

正因为多声道环绕声具有上述优点，使得它已经代替双声道立体声成为下一代声音系统的标准。目前，所有的影院中已经全部使用多声道环绕声系统，包括 DTV、HDTV、DAB、DVD 在内的广播、电视、家庭影院系统也将它们的声音或伴音系统确定为环绕声，而代替 CD 的 DVD-Audio 或 SACD 也都能够直接支持多声道环绕声。而且，随着数字电影以及超高清晰度电视（UHDTV）的发展，出现更多声道的环绕声系统与技术，表 8-9

列出几种多声道环绕声系统及其比较。由此可见，多声道环绕声的时代已经到来。表 8-10
列出 UHDTV-S 其他视频系统的参数比较。

UHDTV 与标清电视、高清电视和数字电影参数比较见表 8-10。

几种多声道环绕声系统的比较　　　　　　　　　　　　　　表 8-9

图中●扬声器　■超低音音箱

多声道环绕声系统	扬声器布置方式			应用·提案者
	下层	中层	上层	
5.1　声道				DAB（数字声音广播）DVB（欧洲数字电视）ATSC（美国数字电视）ISDB（日本数字电视）
6.1　声道				IMAX
10.2　声道				TMH
22.2　声道				NHK

数字影视技术的参数比较　　　　　　　　　　　　　　表 8-10

种　类	标清电视（SDTV）		高清电视（HDTV）		数字电影（D-Cinema）		超高清电视（UHDTV）
型号	NTSC	PAL	高清	全高清	2K	4K	4000 线
分辨率（像素）	720×480	720×576	1280×720	1920×1080	2048×1080	4096×2160	7680×4320
总像素	34.56 万	41.47 万	92.16 万	207.36 万	22.12 万	884.74 万	3317.76 万
帧率（帧/s）	30		25		24/25/30	30	60
宽高比	4∶3（1.33∶1）		16∶9（1.78∶1）		256∶135≈17∶9（1.90∶1）		16∶9（1.78∶1）
最佳观赏距离	5 倍屏高		3 倍屏高		2 倍屏高		1 倍屏高
水平视角	10°		30°		60°		100°
声道数	1 或 2		5.1		5.1/6.1/7.1		22.2

SMPTE 组织提出的 SMPTE 428.3M 协议中描述了 20 个声道的环绕声系统配置，
为未来数字电影规定了声音重放格式。而 NHK 公司提出的 22.2 环绕声重放系统，如

图 8-18 所示，明确将重放扬声器分为高、中、低三层扬声器群，为高度信息的再现提供了更为有效的保障。

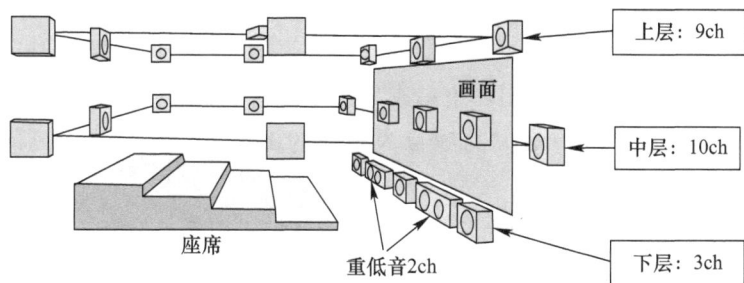

图 8-18　22.2 声道环绕声系统

第三节　IMAX 巨幕电影

一、概　述

IMAX 源自英文"Image Maxium"（影像最大化），是由加拿大的 IMAX 公司研发的一种巨型银幕电影。与传统的 35mm 电影相比，它有更大的银幕、更清晰的图像、更真切的临场感、功能更强的放映设备以及更为震撼动人的视听效果。

传统的 35mm 影片为 4 个齿孔一个画面，如图 8-19 所示。IMAX 电影使用 70 毫米 15 尺孔的电影胶片，有效画面面积是普通的 35 毫米胶片的十倍，是一般的 70 毫米宽银幕胶片的三倍。电影画格越大，所容纳的内容就越多，图像也就越清晰，加之精密度极高的 IMAX 放映设备，这就是 IMAX 电影获得无与伦比的真切感和最高清晰度的奥秘所在。IMAX 体验中的一个重要因素是它的音响，IMAX 6.1 声道超级音响系统包含有超低音频道。专门为 IMAX 影院设计的 Sonics 声源均衡喇叭系统保证了影厅内所有观影区域内音量和音质的完全相同，为了使声音传播畅通无阻，银幕上还有成千上万个细微的小孔来保证音质的无损传送，同时，大坡度的座位设计更使得每个观众的视野毫无阻碍。这些独特的电影放映设计无疑让 IMAX 成为观众观影的首选。

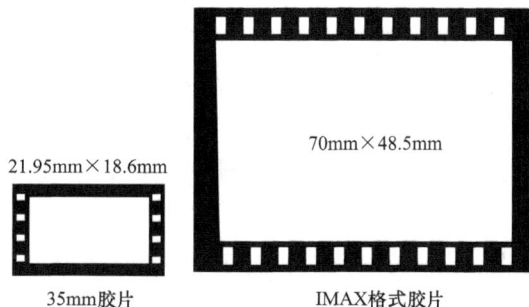

图 8-19　35mm 胶片与 IMAX 胶片的对比

二、IMAX 电影厅类型

IMAX 影厅标准和传统的 35mm 的影厅还是有很大的区别，发展至今 IMAX 影厅可分为四类：IMAX GT 影厅；IMAX SR 影厅；IMAX MPX 影厅；IMAX digital 影厅。

IMAX GT 影厅于 1970 年推出，也是成为之后其他 IMAX 影厅的标准，一般为 400～1000 座，银幕为 30m×24m，最大的项目为悉尼的 LG IMAX 影院，银幕为 35.73m×29.42m。

IMAX SR 影厅是 IMAX 公司为降低土建和设备投入以及节省运营成本，并满足多元化客户的需求而设计的一种影厅标准，一般限定座位为 350 座，银幕小于 21m×17m，它实际上是 GT 影厅的缩小版，以满足更多的区域市场的需求。

IMAX MPX 影厅是 IMAX 公司为放映 IMAX DMR 影片而推出的紧凑型放映系统设计而成的影厅标准，再次大幅度降低了土建、设备投入和运营成本，使得可以兼容更多的片源，为 IMAX 在全球以及中国市场的大范围覆盖提供了技术的可能。该标准主要提供给多影厅的商业影城使用，IMAX MPX 同时也是最新研发的二合一放映系统，可以将最经济的胶片放映系统升级为数字放映系统，为国内的大多数影城的数字化改造提供了更好的解决方案。IMAX MPX 影厅的标准版更是 IMAX 公司的重要的专利技术，银幕小于 23m×14.5m，对应的座位数为 350 个，为国内的大多数影城在改扩建过程中整合 IMAX 影厅提供了较为方便的准入条件。

IMAX digital 影厅和其他三类 IMAX 影厅相比，其银幕尺寸偏小，影像质量没有达到 IMAX 胶片的效果，影厅的平面布局也不能达到现场观影的临场感，所以是 IMAX 走向数字化的初步探索。

纵观 IMAX 的四种类型的影厅标准，不难发现其 IMAX MPX 影厅标准是最符合中国市场发展前景的一种，其片源转换与宽覆盖面，影厅的空间尺度要求接近国内现有影厅的规划标准，以及较为经济的放映设备与运营成本都为 IMAX 进入更广阔的中国市场提供了良好的前提条件。

三、IMAX 影厅的建设标准与技术要求

1. 厅内平面布局与空间尺度。

IMAX MPX 影厅的平面布局要求长宽比尽可能接近 1：1，而原有 35mm 影厅的长宽比约为 1.5：1，因此在空间的改建过程中只需要缩短长度即可。现有国内的许多院线在影城厅配上都规划有最少一个 350 座以上的大厅，其宽度完全满足 IMAX MPX 影厅所需要的 21.3m×13.3m 标准巨幕的要求，使得在现有影城中增设 IMAX MPX 影厅成为可能。

IMAX MPX 影厅要求看台坡度（前后排高度差与排距比值）应为 18°，以满足观众在座位区域和上下通道时不遮挡放映光束的要求。该项标准只是在现有的影厅 13°～15° 的起坡度上利用钢架与混凝土浇筑相结合的工艺增加其坡度就可以完全达到要求。

2. 座位弧度与银幕弧度

IMAX MPX 影厅的座位弧度与银幕弧度较之 35mm 影厅有较大的差别,其首排座椅设置的曲率半径约等于放映距离,其后各排以此为同心圆排列。银幕在水平方向上设计为高比为 8.3:1 的弧面,并且向前倾斜 15°,以最大限度地满足影厅内大多数观众视野能够集中在 IMAX 主视野区,使得观众无需转动眼球就能够注视到,观众只需要余光就可以满足次要视野区域的视觉需求。这些特殊的要求并不需要对原有的影厅进行大规模的建筑结构改造,因此增设 IMAX MPX 影厅的技术难度被大大降低。

3. IMAX MPX 影厅建声设计要求

由于 IMAX MPX 影厅的空间巨大,因此在建声设计与建造工艺方面都提出了更高的要求,要求厅内为中性声学环境,没有离散和孤立的回声。常见的影厅隔墙为四面抹灰的双砌块空腔墙体,内外填充与覆盖密度不同的离心玻璃棉吸声材料,表面再安装防火阻燃吸声板(或者软包结构),起到较高的隔声与吸声效果。同时为防止空调低频振动,顶部天花多为弹性阻尼多层复合隔声吊顶,所有管道均要求采用弹性材料支撑或阻尼弹性吊钩吊装。对于 IMAX MPX 影厅的这些严格的建声设计要求,国内较大规模的院线(例如万达电影院线)在其原有 35mm 影厅的建设标准中都能达到或者较为接近,所以其改扩建 IMAX MPX 影厅的条件较为成熟。

4. IMAX 放映室的特殊要求

与传统 35mm 影厅放映室相比较,IMAX MPX 影厅的放映要求有独立的封闭放映机房,其放映室温度要求 20~24 度恒温(全年控温),放映室湿度 45~55 度恒湿(全年控湿),放映室的空气循环系统中设立空气滤净机,使空气滤净率达 95% 以上。这些特殊的要求是与其特殊的 MPX 放映机相匹配的,其 15/70mm 底片的面积是普通的 35mm 胶片的 10.3 倍,银幕的面积放大倍率接近 21 万倍,所以胶片的任何变形与污染都会大大降低播放的品质。放映工作空间要使用良好的隔音及避震材料,足以吸收设备运转时所产生的噪声。其放映投影窗玻璃采用双面光学玻璃,中间抽取真空,以完全阻绝放映机组运转噪音对影厅内之传递。基于上述对放映空间严格的条件要求,在影厅的改扩建过程中,可以在缩短的影厅长度所余留的空间中加以新建 IMAX 放映室,不存在破坏原有影城放映区域的结构状态和管线布局,为增加 IMAX MPX 影厅奠定了最关键的基础。

最后应该指出,IMAX 公司除了一般的 IMAX 影片之外,还开发出 IMAX-3D 和 IMAX-DMR 两种新技术,有关 IMAX 立体电影请参阅下一节。

四、IMAX6.1 声道音响系统

IMAX 为了获得震撼的声音效果、逼真的现场感受,采用 6.1 声道音响系统。它是在通常的 5.1 声道的基础上,在中央声道的上层增加一个上层中置声道音箱,构成 6.1 声道音响系统。

北京东方佳联公司推出的美国 QSC 影院音响系统,可以为 IMAX 影院提供包括扬声器、功放和处理器等的完整数字影院还音系统解决方案。其中的数字影院处理器 DCP300

是 QSC 针对数字电影并结合 QSC 传统音频产品的特点研发的一款功能全面、划时代的数字影院音频处理器。它把 24 位，16 通道的数字音频信号做 DSP 处理。并把数字分频、远程遥控、功放和扬声器的网络监控等功能集成在一台设备中，使其成为数字影院音频系统的核心。该产品是目前市场上唯一满足 DCI 数字影院标准的处理器产品，同时还创造性地融入了 CobraNet 网络音频传输技术，可以通过网络双向传输高达 64 路的高品质、低延时的网络音频信号，满足未来影院网络化运营和管理的需要。

在扬声器系统方面，QSC 公司为需要悬挂式安装、能为屏幕提供音响或环绕声设备的大型影院（如 IMAX 影院）发布了 DCS SC-424-8F 可悬挂、四分频、三功放扬声器系统。中/高和低频部分都采用了通用尺寸，便于安装在垂直或水平阵列中。此外，安装在音箱上的 16 个 M10 附件提供了安全、便利的悬挂安装。

系统的同轴 HF/VHF 振膜轻于传统设计，改善了动态范围，扩展了高频响应并降低了失真。MHV-1090F 中-高频/超高频系统使用了高输出、号筒加载的 10 英寸中频锥体单元和同轴钕高频压缩单元。MHV-1090F 包括一个单元保护网络和一个用于三功放运行的无源分频器。高功率 10 英寸锥体单元在 250Hz～1.8kHz 频率范围内运行，确保了绝大多数对话能通过独立的单元再现，实现了最佳语言可懂度。

双 15 英寸 LF-4215-8F 音箱较为沉重，但已将重量控制到了最低。MHV-1090F 和 LF-4215-8F 组件采用预先组合，减少了现场装配时间，两个音箱尺寸相同，因此可以进行堆叠或组成阵列。每个音箱都配备 16 个 M10 悬挂点，可以通过安装人员提供的安装硬件来进行安全的悬挂安装。同时还提供了配套的 DCS SC-424-8 系统，在标准的非悬挂式版本中提供相同的声学性能。例如 QSC DCP 300、DCM 30D 或 Basis 等周边数字处理，被要求能在低、中高/超高频单元间提供有源分频器。低、中、高以及超高频通道使用独立的放大器，QSC 的 DCA 1644 四通道功放是应用于 SC-424-8F 的最佳选择。桥接模式中通道 1&2 为低频单元提供 800W 功率，而通道 3&4 为中、高频号筒各提供 250W 功率。

五、数字影院的音响系统及产品示例

数字影院的音响系统以及扬声器布置方式，其实已在前面第二节及第三节有所说明。这里主要针对一些实际系统与产品进行阐述。

图 8-20 是数字影院音响系统的构成系统图。它为 7.1 声道系统，也可构成 5.1 声道或 6.1 声道。其中影院处理器、扬声器、功放等均采用美国 QSC 公司产品，影院处理器为 DCP300，左、中、右三路主音箱为 SC-424，是四分频扬声器系统；超低音音箱为 SB-7218，两只，为双 18 英寸扬声器单元；环绕声音箱为 SR-26，18 只；以上音箱均获 THX 认证。功放采用 3×DCA1644，1×DCA1824，1×DCA3422，1×DCA1222。此外，还有监听音箱、时序电源，DVD 播放机等。QSC 的影院处理器、扬声器系统以及功放的技术参数如表 8-11、表 8-12 及表 8-13 所示。图 8-21 表示数字影院音响系统的频率响应特性曲线。

图 8-22 是多影厅数字影院音响系统图。图中仅画出其中影厅 5 的音响系统配置，各影厅音响系统是通过以太网交换机以及计算机进行连接和管理的。

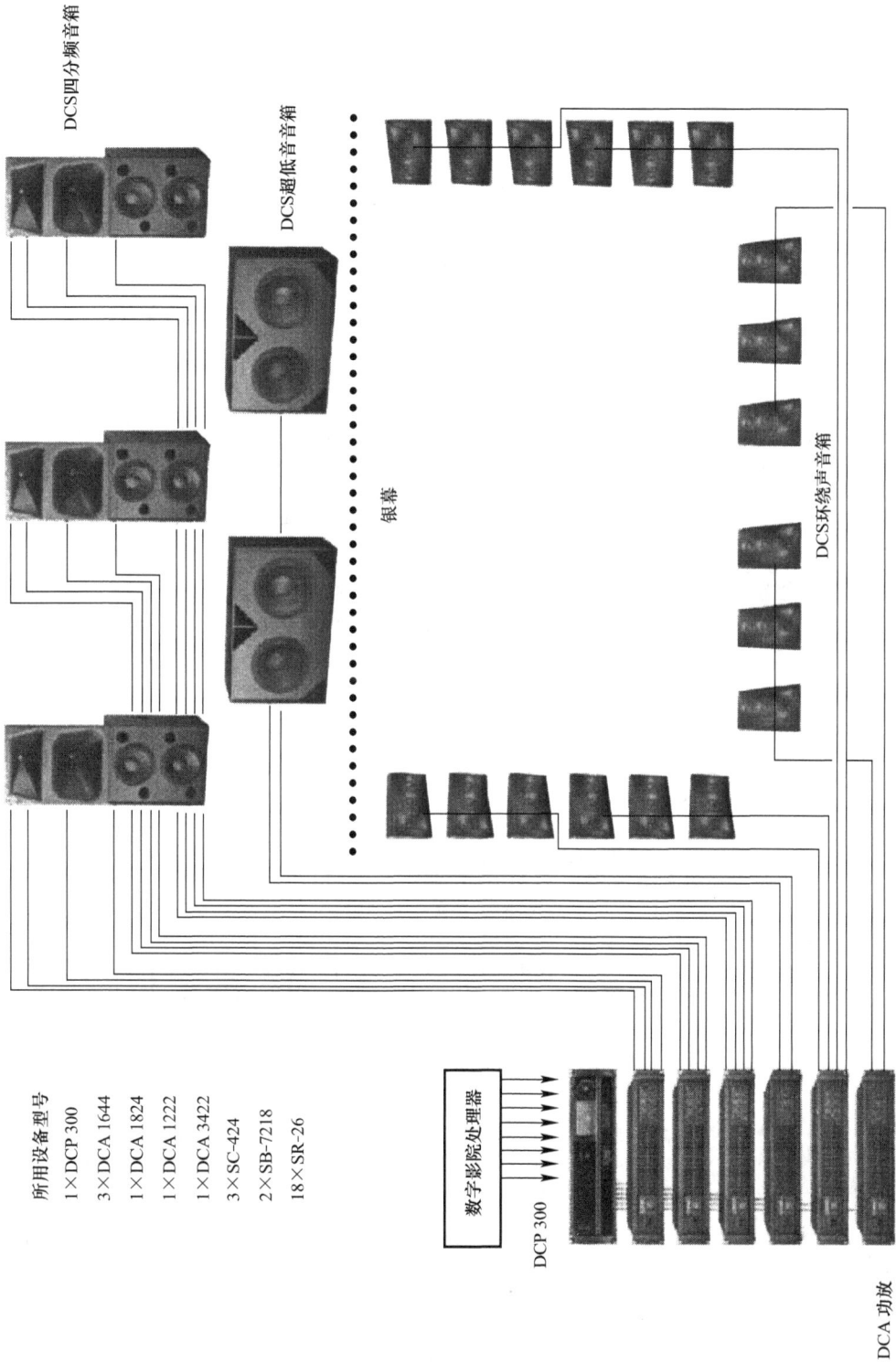

图 8-20 QSC 数字影院 7.1 声道系统

所用设备型号

1×DCP 300
3×DCA 1644
1×DCA 1824
1×DCA 1222
1×DCA 3422
3×SC-424
2×SB-7218
18×SR-26

DCS四分频音箱

DCS超低音音箱

银幕

DCS环绕声音箱

数字影院处理器
DCP 300

DCA 功放

QSC 影院数字处理器的技术参数　　　　　　　　　　　　　　　　　　表 8-11

型　号	技术参数
DCP300	数字影院输入编组 1：DB-25AES3/EBU1-8 通道；数字影院输入编组 2：DB-25　AES3/EBU9-16 通道/模拟输入：DB-25 模拟音频通道 1-8/S/PDIF 输入：RCA 立体声数字输入左右声道/RCA：立体声左声道输入/通用 Mic/Line 输入/专业数据输出口 15 针：14 个。支持 CobraNet 网络音频传输/音频网络数据速率：100Mbps（快速以太网）/协议：CobraNet 第 2 版本协议/支持银幕主声道数量：3 或 5/支持影院主声道扬声器内置分频、2 分频、3 分频、4 分频处理/听力和视觉障碍辅助输出/外接影厅监听输出，线路电平/2 个用户编程逻辑输出/2 个用户编程继电器输出/6 对自动控制输入
DCP200	数字影院输入编组 1：DB-25　AES3/EBU1-8 通道；数字影院输入编组 2：DB-25　AES3/EBU9-16 通道/模拟输入：DB-25 模拟音频通道 1-8/S/PDIF 输入：RCA 立体声数字输入左右声道/RCA：立体声左右声道输入/通用 Mic/Line 输入/专业数据口 15 针：6 个。支持 CobraNet 网络音频传输/音频网络数据速率：100Mbps（快速以太网）/协议：CobraNet 第 2 版本协议/支持银幕主声道数量：通过 BASIS/支持影院主声道扬声器通过 BASIS 分频/听力和视觉障碍辅助输出/外接影厅监听输出，线路电平/2 个用户编程逻辑输出/2 个用户编程继电器输出/6 对自动控制输入
DCP100	音频格式：5.1，5.1EX，7.1DX/数字影院输入编组：DB-25　AES3/EBU1-8 通道/模拟输入：DB-25 模拟音频通道 1-8/S/PDIF 输入：RCA 立体声数字输入左右声道/RCA：立体声左右声道输入/专业数据输出口 15 针：8 个/音频网络数据速率：100Mbps（快速以太网）/支持银幕主声道数量：3/支持影院主声道内置分频、2 分频/听力和视觉障碍辅助输出/外接影厅监听输出，线路电平/2 个用户编程逻辑输出/2 个用户编程继电器输出/6 对自动控制输入
DCM30D	支持银幕主声道数量：3 或 5/支持影院主声道 2 分频、3 分频、4 分频
DCM10D	支持银幕主声道数量：3/支持影院主声道内置分频、2 分频

QSC 影院音箱技术参数（均获 THX 认证）　　　　　　　　　　　　　　表 8-12

型　号	技术参数
主扩声音箱 SC-414	四分频主扬声器，三分频或四分频驱动/1×15 寸低音/标称覆盖角：90 度水平方向 x 垂直方向 +20 至 -30 度/频率响应（-6dB）：33Hz-20kHz/分频点频率：250Hz，1700Hz 和 6000Hz；24dB 每倍频程/阻抗：低频 4Ω，中频 8Ω，高频 8Ω，超高频：8Ω/最大输入功率（6dB 峰值因数，8 小时 IEC268 噪音频谱）：低频 400WRMS；三分频：中频 275WRMS，高频/超高频：230WRMS；四分频：中频 275WRMS，高频 150WRMS，超高频：80WRMS/获得 THX 认证
主扩声音箱 SC-424	四分频主扬声器，三分频或四分频驱动/2×15 寸低音/标称覆盖角：90 度水平方向 x 垂直方向 +20 至 -30 度/频率响应（-6dB）：33Hz-20kHz/分频点频率：250Hz，1700Hz 和 6000Hz；24dB 每倍频程/阻抗：低频 4Ω，中频 8Ω，高频 8Ω，超高频：8Ω/最大输入功率（6dB 峰值因数，8 小时 IEC268 噪音频谱）：低频 800WRMS；三分频：中频 275WRMS，高频/超高频：230WRMS；四分频：中频 275WRMS，高频 150WRMS，超高频：80WRMS/获得 THX 认证
主扩声音箱 SC-424-8F	四分频主扬声器，三路驱动/2×15 寸低音，10 英寸高性能中频单元，同轴高频、超高频钕磁铁驱动单元，3.5 英寸高频音圈和 1.75 英寸超高频音圈/标称覆盖角：90 度水平方向 x 垂直方向 +20 至 -30 度/分频点频率：300Hz，1700Hz，24dB 每倍频程/阻抗：低频 8Ω，中频 8Ω，高频、超高频 8Ω/最大输入功率（6dB 峰值因数，8 小时 IEC268 噪音频谱）低频：800WRMS，中频：185WRMS，高频/超高频：155WRMS/灵敏度：低频 99.5 分贝，中频 105 分贝，高频、超高频 107.5 分贝
主扩声音箱 SC-434	四分频主扬声器，三分频或四分频驱动/3×15 寸低音/标称覆盖角：90 度水平方向 x 垂直方向 +20 至 -30 度/分频点频率：250Hz，1700Hz 和 6000Hz，24dB 每倍频程/阻抗：5.5Ω，中频 8Ω，高频 8Ω，超高频：8Ω/最大输入功率（6dB 峰值因数，8 小时 IEC268 噪音频谱）低频 1200WRMS，中频：275WRMS，高频/超高频：230WRMS/获得 THX 认证

续表

型　号	技术参数
主扩声音箱 SC-323B	三分频主扬声器，两路或三路驱动/2×15 英寸（381 毫米）高效低频单元，3 英寸音圈/10 英寸高性能中频单元，1.5 英寸（38 毫米）出口，3 英寸（75 毫米）钛膜压缩单元/标称覆盖角：90 度水平方向 x 垂直方向＋20 至－30 度/频率响应（－6dB）：32Hz－16kHz/阻抗：低频 4Ω，高频 8Ω（两路驱动）/最大输入功率：低频 800WRMS，两路驱动高频 350W；三路驱动中频 275W，高频 75W RMS/灵敏度：低频：98.5 分贝，两路驱动高频：105 分贝；三路驱动中频 105 分贝，高频 107.5 分贝/分频点：250、1700 赫兹/获得 THX 认证
主扩声音箱 SC-2150	三分频主扬声器，内置分频或两分频驱动/2×15 寸低音/标称覆盖角：90 度水平方向 x40 度垂直方向/频率响应（－6dB）：38Hz-20kHz/分频点频率：内置分频：500Hz 和 2200Hz，两分频：低音与中高音分频点 500Hz，24dB 每倍频程，中高音内置分频点 2200Hz/阻抗：低频 4Ω，中频高频：8Ω/最大输入功率（AES2-1984，40Hz-400Hz，2 小时）：低频 500WRMS/中高频（6dB 峰值因数，2 小时粉红噪声，50-20kHz）中高频：80WRMS
主扩声音箱 SC-423B	三分频主扬声器，两路或三路驱动/2×15 英寸（381 毫米）高效低频单元，4 英寸音圈/10 英寸高性能中频单元，1.5 英寸（38 毫米）出口，3 英寸（75 毫米）钛膜压缩单元/标称覆盖角：90 度水平方向 x 垂直方向＋20 至－30/度/频率响应（－6dB）：32Hz-16kHz/阻抗：低频 4Ω，高频 8Ω（两路驱动）/最大输入功率：低频 800WRMS，两路驱动高频 350W；三路驱动中频 275W，高频 75W RMS/灵敏度：低频：99.5 分贝，两路驱动高频：105 分贝；三路驱动中频 105 分贝，高频 107.5 分贝/分频点：250、1700 赫兹/获得 THX 认证
主扩声音箱 SC-423B-8	三分频主扬声器，两路或三路驱动/2×15 英寸（381 毫米）高效低频单元，4 英寸音圈/10 英寸高性能中频单元，1.5 英寸（38 毫米）出口，3 英寸（75 毫米）钛膜压缩单元/标称覆盖角：90 度水平方向 x 垂直方向＋20 至－30 度/频率响应（－6dB）：32Hz-16kHz/阻抗：低频 8Ω，高频 8Ω（两路驱动）/最大输入功率：低频 1000WRMS，两路驱动高频 350W；三路驱动中频 275W，高频 75W RMS/灵敏度：低频：99.5 分贝，两路驱动高频：105 分贝；三路驱动中频 105 分贝，高频 107.5 分贝/分频点：250、1700 赫兹/获得 THX 认证
次低频音箱 SB-5218	2×18 寸低音/频率范围（－6dB，半开放空间）：24-100Hz（－10dB，半开放空间）：19-250Hz/最大输出：峰值功率 135dB，连续输出 129dB/阻抗 4 欧姆标称/最大输入功率（6dB 峰值因数条件下 100 小时 IEC268 噪音频谱）：800W RMS，（6dB 峰值因数条件下 2 小时粉红噪音 50-20kHz，AES 方式）：1000WRMS/获得 THX 认证
次低频音箱 SB-7218	2×18 寸低音/频率范围（－6dB，半开放空间）：22-100Hz（－10dB，半开放空间）：19-250Hz/最大输出：峰值功率 137dB，连续输出 130dB/阻抗 4 欧姆标称/最大输入功率（6dB 峰值因数条件下 100 小时 IEC268 噪音频谱）：1200 瓦 RMS，（6dB 峰值因数条件下 2 小时粉红噪音 50-20kHz，AES 方式）：1500WRMS/获得 THX 认证
环绕声音箱 SR-110B	频率范围：－6dB，半开放空间，50-20000Hz；－10dB，半开放空间，42-20000Hz/标称覆盖角：95 度水平方向×85 度垂直方向/最大输出：峰值功率 123dB，连续功率 117dB/阻抗 8 欧姆标称/最大输入功率（6dB 峰值因数，100 小时 IEC268 噪音频谱）：150WRMS/（6dB 峰值因数，2 小时粉红噪声，50-20kHz，AES 方式）：200W/获得 THX 认证
环绕声音箱 SR-26	频率范围：－6dB，半开放空间，48-20000Hz；－10dB，半开放空间，35-20000Hz/标称覆盖角：90 度水平方向×50 度垂直方向/最大输出：峰值功率 121dB，连续功率 115dB/阻抗 8 欧姆标称/最大输入功率（6dB 峰值因数，100 小时 IEC268 噪音频谱）：100WRMS/（6dB 峰值因数，2 小时粉红噪声，50-20kHz，AES 方式）：150W/获得 THX 认证
环绕声音箱 SR-46	频率范围：－6dB，半开放空间，50-20000Hz；－10dB，半开放空间，42-20000Hz/标称覆盖角：90 度水平方向×50 度垂直方向/最大输出：峰值功率 125dB，连续功率 119dB/阻抗 8 欧姆标称/最大输入功率（6dB 峰值因数，100 小时 IEC268 噪音频谱）：250WRMS/（6dB 峰值因数，2 小时粉红噪声，50-20kHz，AES 方式）：300W/获得 THX 认证

QSC 影院功率放大器技术参数 表 8-13

型　号	技术参数
DCA1222	立体声模式：8Ω 215W；4Ω 375W；2Ω 600W（EIA：1kHz，1％ THD）/桥接单声道模式：8Ω 700W（20-20kHz，0.1％ THD）4Ω 1200W（1％ THD，1kHz）/噪声电平（20 赫兹-20 千赫兹）小于－106dB/输出电路：AB 类/输入阻抗：非平衡 10 千欧姆，平衡 20 千欧姆/阻尼系数（1 千赫兹及以下）大于 500/功放保护：具有短路、开路、过热、超音频和射频保护装置/能平衡地和电抗性负载或不匹配负载相接/具有削波限幅、高通滤波器、桥接/单声道/并联输入等使用模式
DCA2422	立体声模式：8Ω 475W；4Ω 825W；2Ω 1200W（EIA：1kHz，1％ THD）/桥接单声道模式：8Ω 1500W（20-20kHz，0.1％ THD）4Ω 2400W（1％ THD，1kHz）/噪声电平（20 赫兹-20 千赫兹）小于－108dB/输出电路：二级 H 类/输入阻抗：非平衡 10 千欧姆，平衡 20 千欧姆/阻尼系数（1 千赫兹及以下）大于 500/功放保护：具有短路、开路、过热、超音频和射频保护装置/能平衡地和电抗性负载或不匹配负载相接/具有削波限幅、高通滤波器、桥接/单声道/并联输入等使用模式
DCA3422	立体声模式：8Ω 800W；4Ω 1250W；2Ω 1700W（EIA：1kHz，1％ THD）/桥接单声道模式：8Ω 2200W（20-20kHz，0.1％ THD）4Ω 3400W（1％ THD，1kHz）/噪声电平（20 赫兹-20 千赫兹）小于－107dB/输出电路：二级 H 类/输入阻抗：非平衡 10 千欧姆，平衡 20 千欧姆/阻尼系数（1 千赫兹及以下）大于 500/功放保护：具有短路、开路、过热、超音频和射频保护装置/能平衡地和电抗性负载或不匹配负载相接/具有削波限幅、高通滤波器、桥接/单声道/并联输入等使用模式
DCA1644	四声道模式：8Ω 250W（FTC20-20kHz，0.05％ THD）；4Ω 450W（EIA 1kHz，1％ THD）/桥接单声道模式：16Ω 500W；8Ω 800W（FTC20-20kHz，0.1％ THD）/噪声电平（20 赫兹-20 千赫兹）小于－105dB/输出电路：AB＋B 类/输入阻抗：非平衡 10 千欧姆，平衡 20 千欧姆/阻尼系数（1 千赫兹及以下）大于 500/功放保护：具有短路、开路、过热、超音频和射频保护装置/能平衡地和电抗性负载或不匹配负载相接/具有削波限幅、高通滤波器、桥接/单声道/并联输入等使用模式
DCA1824	四声道模式：8Ω 170W（FTC20-20kHz，0.05％ THD）；4Ω 250W（FTC20-20kHz，0.1％ THD）；2Ω 450W（EIA 1kHz，1％ THD）/桥接单声道模式：16Ω 340W；8Ω 500W（FTC20-20kHz，0.1％ THD）；4Ω 900W（EIA 1kHz，1％ THD）/噪声电平（20 赫兹-20 千赫兹）小于－105dB/输出电路：AB＋B 类/输入阻抗：非平衡 10 千欧姆，平衡 20 千欧姆/阻尼系数（1 千赫兹及以下）大于 500/功放保护：具有短路、开路、过热、超音频和射频保护装置/能平衡地和电抗性负载或不匹配负载相接/具有削波限幅、高通滤波器、桥接/单声道/并联输入等使用模式

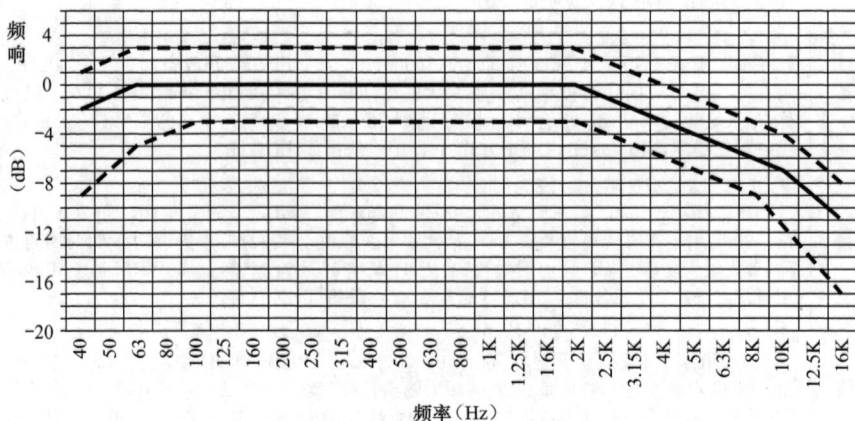

图 8-21　数字影院扩声系统的频响特性曲线

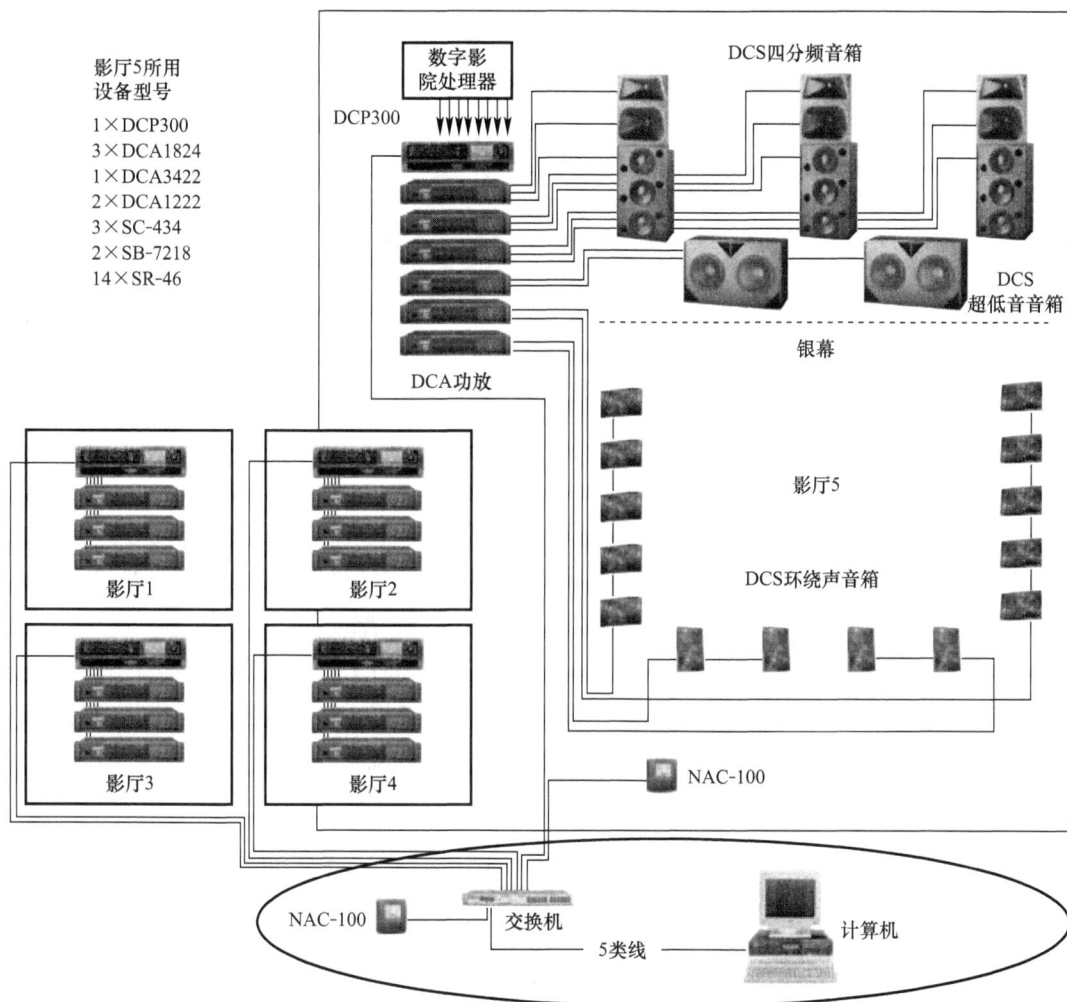

影厅5所用
设备型号

$1\times$DCP300
$3\times$DCA1824
$1\times$DCA3422
$2\times$DCA1222
$3\times$SC-434
$2\times$SB-7218
$14\times$SR-46

数字影院处理器

DCP300

DCS四分频音箱

DCA功放

DCS超低音音箱

银幕

影厅5

DCS环绕声音箱

影厅1　影厅2　影厅3　影厅4

NAC-100

NAC-100　交换机　5类线　计算机

图 8-22　QSC 多厅数字影院音响系统

第四节　数字影院的视频放映系统

一、数字影院的系统配置

数字影院系统的配置如图 8-23 所示

数字电影院的设备主要有数字电影服务器、数字电影放映机和音频处理设备。其中，数字电影服务器和数字电影放映机都配备了网络通信接口和串行通信接口，可以用于本地通信和远程通信。数字电影服务器是一台专用计算机，远程通信是通过它的网口（或串行通信接口）与 Internet 连接，与之配套的网络设备有本地局域网、调制解调器、路由器与交换机等，数字电影节目由数字节目管理中心下传到终端服务器或下载到硬盘，无论是哪种影片存储、传输方式，系统都具有版权保护功能。播放服务器只有在装入解码卡才能在数字放映机上播放。播放服务器一般可存储 15～20 部数字电影影片。数字电影服务器

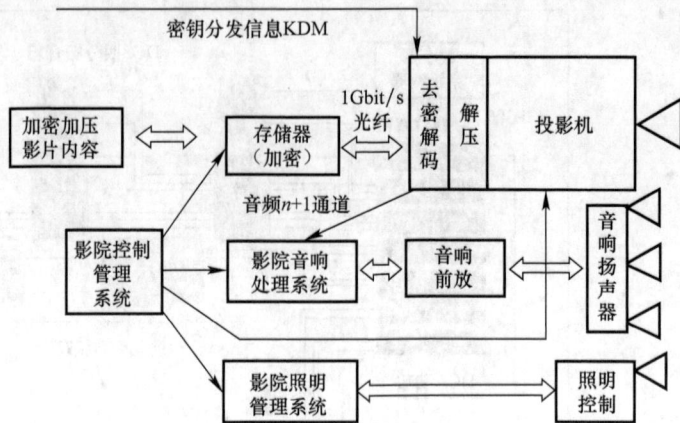

图 8-23　数字影院的系统配置

除了播放和存储外，配合专用软件，还能实现远程控制、票务管理、系统维护等。

在图 8-23 中，数字放映机除了 DLP 投影系统外，还有信号处理。从服务器输出的视频信号，要经过视频多格式转换器进行格式转换，即改变视频数据大小以适应 DMD 像素阵列的需要。具体实现方法是针对不同的信号源在行和帧有方向上进行数字再取样。由于数字放映机的 DMD 芯片的宽高比与银幕的宽高比不一定相适应，解决的方法是电信号处理与光信号处理相结合。电信号处理采用数字再取样技术调整宽度比，还应在投影镜头前加变形镜头才能满足放映要求，以提高放映质量。

数字电影放映系统具有良好的兼容性，只要格式转换器选配相应的板卡，数字放映机就能接受现在的各种视频信号：数字高清、标清信号、分量信号（R、G、B/Y、U、V）、复合视频信号等。

在数字影院中，取代传统胶片放映机的是数字影院服务器和数字电影放映机（投影机）。与一般的视频投影机不同，数字电影放映机首先符合 DCI 的技术规范，可以播放好莱坞的电影，并具有高亮度、高对比度和优质的彩色还原能力，在黑暗环境下能够重现电影胶片的图像质量。数字影院投影机的投影质量超过一般投影机，主要表现在亮度高、色彩好（色域范围宽，色彩深度高，处理位数高，真彩还原技术好）、对比度高、分辨率高。此外还要求功能齐全、安装灵活、运用范围广。当然，全系列的光学镜头及灵活的安装及调试方式也是数字影院投影机的重要条件。数字影院投影机光照度一般在 5000lm 以上，色彩处理能力强，而且具有 2000∶1 以上的对比度。具体来看，数字影院投影机及投影质量具有如下特点或要求。

① 投影机的光照度至少在 5000lm 以上，屏前亮度应不小于 100FL 或者 350nt；投影机亮度（灯工作功率）可根据实际应用环境调节。

② 全屏对比度在 2000∶1 以上，最好可调节。

③ 画面及色彩处理能力强，每种颜色的灰阶在 10bit 及以上。

④ 拥有全系列的光学镜头（例如从最小的短焦 0.8∶1 到长焦 8.0∶1 的序列）。

⑤ 灵活的安装及调试方式（例如镜头及画面具有上、下、左、右移动功能以及梯形

校正功能等）。

数字影院投影机一般采用大功率的短弧氙灯作为投影显示的光源，氙灯的功率一般随数字影院投影机的放映能力的不同而不同，一般在 1000W 以上。为了提高光能输出，投影机一般采用大面积的空间光调制器（图像发生器），以提高系统的光学扩展量，使得氙灯的能量得到充分利用。数字影院投影机的微显芯片主要采用大尺寸、高分辨率的 DMD 芯片或高分辨率的 LCoS 芯片（一般均采用 1.2 英寸的 DMD 或 LCoS 芯片），均采用三片式芯片彩色合成系统结构，以提高系统的色彩还原性与色彩保真能力，同时减少大面积投影显示对于图像闪烁的苛刻要求。大面积投影的数字影院投影机一般不采用 LCD 投影系统，因为 LCD 的占空比低，图像经放大投影后，LCD 的黑栅格较明显，显示图像与 DLP 和 LCoS 相比，质量差距较大。

二、数字电影放映机及其产品举例

数字电影放映机本质上是一种投影机，但它又高于绝大多数投影机，是专业用于数字电影放映的高性能投影机，目前，已上市的大约有 26 款数字电影投影机，其中巴可 13 款、科视 8 款、NEC4 款、索尼 1 款。其基本性能综合分析如下：

分辨率：从目前已上市的巴可、科视、NEC、索尼产品来看，75％产品分辨率集中在 2048×1080 像素，剩下 25％产品采用了 4096×2160 像素更高的分辨率。其中巴可、科视、NEC 数字电影放映机采用 DLP 芯片，而索尼的数字电影放映机则采用 LCOS SXRD "4K" 成像芯片。

光输出：主要集中 5400～33000 流明，其中 10000～30000 流明产品居多。

对比度：70％产品对比度集中在 2000∶1，剩下的有 2100∶1、2200∶1、2500∶1，其中索尼的 SRX-T420 大型数字放映机和巴可产品主要集中在 2000∶1 对比度，只有 DP2K-P 一款产品达到 2500∶1，而 NEC 对比度一半是 2200∶1，另一半是 2000∶1。

灯泡：普遍采用氙气灯，功率在 1kW～7kW 不等。

芯片：巴可、科视、NEC 均使用 Texas Instruments 仪器公司的 0.98-1.38 英寸 DLPCinema 芯片。索尼数字电影放映机则采用 LCOS SXRD "4K" 成像芯片

屏幕尺寸：7.5～35m

数字视频输入：普遍采用 2×SMPTE 292M 输入，2×DVI 输入，都可选作单链接和双链接。

周围温度：集中在 35℃最大

工作电压一般 220V；

投影机底部需要至少 5cm 进气口间距；

重量一船在 100kg 左右

（1）巴可数字电影投影机

除了 DP4K-32B、DP4K-23B 自然分辨率达到 4096×2160，即 4K 像素以外，其他产品均是 2048×1080 像素，即 2K。机架均采用密封 DMD 和光学组件；灯泡功率在 1.2kW～7kW 之间；光输出在 5400 流明到 33000 流明不等。对比度方面，除了 DP2K-P

达到 2500∶1，其他产品都采用 2000∶1 的对比度。

数字视频输入均采用 2×SMPTE 292M 输入、2×DVI 输入，都可选作单链接和双链接。功率要求普遍在 220V。

从重量来看，巴可的产品普遍超过 90kg，其中 DP4K-32B 到达 141 公斤，而两款比较轻型产品 DP-1500 和 DP-2000 正好在 90kg。投影仪底部需要至少 5cm 进气口间距。巴可数字投影机对周围的温度要求最大为 35℃。

（2）科视数字电影投影机

数字微镜装置采用 3 片 DMD DLPCinema，除一款 4K 外，其余都是 2K，像素都在 2048×1080 像素。其中二款 2K 产品可升级到 4K。

对比度一部分在 2000∶1，另一部分在 2100∶1。

色彩处理（位深）均采用 45 位（3×15 位分辨率），色彩数一半在 35 万亿，另一半在 35.2 万亿。

数字视频输出有 2 个 SMPTE292M；2 个或 1 个。

反射镜采用 F/1.5 高性能合成玻璃反射镜，其中 CP2000-ZX、CP2000-M 还带有集成冷反射镜。

防火门均采用电子防火门。对周围温度要求最高为 35 度。

（3）日本 NEC 数字电影放映机

NEC 数字电影投影机普遍采用 3 片 DMD 反射式，内部液冷系统，电动镜头，镜头位移记忆，光闸，BIST 故障自检系统。自然分辨率大部分在 2048×1080 像素，其中 NC3240S-A＋分辨率达到超高的 4096x2160 像素。灯泡采用 NEC 认证的数字氙灯。

输入端子为 HD-SDI（BNC）×4 数字 DVI（DVI-digital）×2。

噪声水平最高在 66dB，外部控制为 LAN（RJ-45）×1、USB（A）×1、RS-232C（D-Sub9）×1、通用 I/O（D-Sub37）×1、通用 3DI/O（D-Sub37）。

可投影最大屏幕尺寸在 14～32m 之间。

投影机诊断均采用 BIST 内置系统故障自动检测系统。投影机重量（不含镜头及灯泡）普遍在 90 多千克。工作环境要求湿度在 10％～85％（不结露），储藏温度在 −10～50℃，工作温度在 −10～35℃。冷却方式均采用内部液冷系统，带防尘静电过滤器的空气冷却系统，顶部安装放映机排风口。

（4）索尼数字电影投影机

SRX-R320 放映机装有三个硅晶反射成像系统（SXRD），可提供 4K 的 4096×2160 像素分辨率，对比度高达 2000∶1。

LMT-300 数字服务器装有一个容量高达 1.7TB、采用可靠的冗余磁盘阵列（RAID）系统的硬盘驱动器，能够播放 DCI DCP（数字电影包）文件，使 SRX-R320 放映机能够放映数字电影节目。LMT-300 还具有独特的屏幕管理系统功能，标准配置即可提供各种屏幕管理操作，如放映顺序、与其他影院控制系统（如灯光和幕布）进行通讯、放映机的设置和维护等。选购的 STM-100 影院管理系统软件，影院工作人员可在一台与影院局域网连接的计算机上，对多个观众席进行控制。

表 8-14 列出上述四家公司的数字电影投影机的性能指标。

各公司数字电影投影机产品性能指标　　　　表 8-14

厂家	巴可	巴可	巴可	巴可	巴可	巴可	科视
型号/规格	DP4K-32B	DP4K-23B	DP2K-20C	DP2K-19B	DP2K-23B	DP2K-32B	CP2210
自然分辨率（像素）	4096×2160		2048×1080				
光输出（流明）	33000	24500	18500	18500	24500	33000	
对比度	2000：1						＞2000：1全场开/关
灯泡	1.5～7kW	1.5～4kW	1.2～4kW			1.5～7kW	1.4kW\1.8kW\2.0kW
芯片	1.38″DLP Cinema		0.98″DLP Cinema	1.2″DLP Cinema			0.98″2K 三片式
屏幕尺寸	最大 32m	最大 23m	最大 20m（屏幕增益 1：8@14ft1）		最大 23m	最大 32m	10-12 米（2D且银幕增益 1.4）
数字视频输入	2xSMPTE 292M 输入槽口或 4K 综合媒体座；2×DVI 输入都可选作单链接和双链接		2×SMPTE 292M 输入 2×DVI 输入都可选作单链接和双链接				
投影机诊断	通过电脑触摸屏、通讯控制软件、SNMP 代理						
功率要求	230/400V 16A 或 208V 27A 50～60Hz	200～240V 30A50～60Hz	220V			3×400V+N 或 3×220V	1kW-2.1kW 低波纹开关模式灯泡电源
外部尺寸（宽×高×厚 mm）	604×754×1129		558×694×1034		604×754×1129		687×665×395
工作温度	35℃最大						

厂家	科视	科视	科视	科视	科视	科视	科视
型号/规格	CP2220	CP2230	CP4230	CP2000-SB	OP200-XB	CP2000-ZX	CP2000-M
自然分辨率（像素）	2048×1080，可升级至 1.38″4K		4096×2160	2048×1080			
光输出（流明）	—22000	—32000			高于 30000	3.0kW 灯泡可提供 17000	12000
对比度	＞2100：1全场开/关			2100：1	2100：1（全场）450：1（ANSI）	2000：1 全域开/关	2000：1 全场开/关
灯泡	CDXL-20、CDXL-30、CDXL-30SD	CDXL-20、DXL-30、CDXL-45、DXL-60		氙灯类型：CDXL2.0kW-6.0kW\CDXL-60SD	可调节的灯泡功率 1000～6500W	3.0kW 氙灯，支持 2.0 和 3.0kW 标准氙灯	2.0kW 灯泡
芯片	1.2″2K 三片式		1.4″增强 4K3 片				
屏幕尺寸	12～14 米（2D 且银幕增益 1.4）	15～19m（2D 且银幕增益 1.4）	大于 55 英尺	30.48m	25～100 英尺	最大 55 英尺	最大 35 英尺
功率要求				208VAC/60Hz，3 相 400VAC/50Hz，3 相	放映头处 200-240V 单相电压（低于 10 安培）	单相 200-230VAC（标称）	单相 200-240VAC（标称）电源，可与 UPS 系统一同使用
外部尺寸（宽×高×厚 mm）	投影头和电源：1168×635×483	投影机头：1194×635×483 灯泡电源：547×414×407			放映头 48×26×20 英寸 镇流器 21×18×21 英寸	投影头和镇流器：42×25×16 英寸	放映头和镇流器：27×26×15 英寸
工作温度				0—35℃		10—35℃	

续表

厂 家	NEC	NEC	NEC	NEC	索 尼
型号/规格	NC3240S（NEC）	NC3200S	NC2000C	NC1200C	SRX-R320 4K 数字电影放映机
自然分辨率（像素）	4096×2160	2048×1080	2048×1080	2048×1080	4096×2160
光输出（流明）	31000—22500		17000	9000	最高可达 21000
对比度	2000：1（全开/全关）（加装虹膜时）		2200：1（全开/全关）		2000：1
灯泡	4.5/6/7kW 灯泡	4.5/6/7kW 灯泡	4kW 灯泡	2kW 灯泡	4.2\3.0\2.0kW 氙灯
芯片	1.38 英寸×3	1.25 英寸×3	0.98 英寸×3		3 片 SXRD 4K 芯片
屏幕尺寸	32～22 米		最大宽度 20 米	最大宽度 14 米	超过 20 米宽
数字视频输入	HD-SDI（BNC）×4 数字 DVI（DVI-digital）×2				DVI-D 接口，可选双链路 HD-SDI，可连接数字电影服务器 LMT-300
投影机诊断	BIST（内置系统故障自动检测系统）				通过计算机软件和遥控器均可方便地控制投影机
功率要求	灯电源 3 相 380～415V@16A＋放映机头单相 200～240V@4.2A		灯电源单相 200～240V@27A＋放映机头 200～240V@2.5A		最高 5.4kW（4.2kW 氙灯）、最高 4.2kW（3.0kW 氙灯）、最高 3.0kW（2.0kW 氙灯）
外部尺寸（宽×高×厚 mm）	放映机头：700×1124×503 不含镜头、镜头盖、排风管和手柄		放映机头：700×990×503 不含镜头、镜头盖、排风管和手柄		大约 700×640×1250 不包括触摸屏和突出部分，如状态灯和顶罩
工作温度	工作温度：10～35℃ 湿度：10%～85%（不结露） 储藏温度：—10～50℃ 湿度：10%～85%（不结露）				操作温度：5～35℃ 操作湿度：35%～85% 无凝结 存放温度：—20～60℃

数字电影放映机本质上是一种高性能、超高性能的投影机，因此，除了用于放映 DCI 认证的数字电影之外，还可用于任何需要高亮度投影机的领域，如大型展览，虚拟仿真等。近年来，国外也会在影院里除了放数字电影，也会放诸如世界杯比赛、演唱会之类的节目，通过卫星在影院直播或直接播放做好的节目。

目前在售的数字电影放映机亮度覆盖 9000 流明至 30000 多流明，2K 数字电影放映机可以对应屏幕宽度为 14m～32m，4K 机也可对应 32m 宽的大屏幕，可以满足各类院线的需求。但是，院线和影城应主要根据环境的大小、屏幕的大小，数字电影放映机安放位置来考虑选择什么档位的数字投影机。

目前国内数字电影市场上比较主流的是 2K 放映机，2048×1080 分辨率。但是，数字电影放映机已经开始从 2K 向 4K 发展。单纯从技术而言，4K 电影的分辨率达到 4096×2160，总像素超过 800 万。4K 放映拥有 2K 时 4 倍的像素数量，垂直和水平两边都实现了分辨率倍增。4K 能呈现更多的细节，更微妙的光影和色彩变换，4K 电影可以让观众看到更多的东西，真实还原导演和制片人的意图，因此目前大部分导演正是使用 4K 的流程来拍摄和制作自己的电影。

数字电影放映机采用了目前市场上所有最新的 3D 技术和方式：单机的快门式 3D、双机的偏光式 3D 以及杜比的光谱式 3D。将来，随着技术革新和普及力度的加快，加频到 480Hz 以上高频快门式 3D 会进一步发力。另一方面，追求绝对舒适度和自然体验的裸眼 3D 也有望在电影院里实现。

第五节 立体电影（3D 电影）

一、立体显示的原理

要了解立体电影的原理，首先要了解人眼观察事物的过程。人眼在观察外界物体时，不仅能看到物体的外形，还能够辨认物体的距离、物体之间前后位置和取向等，这与人眼的三维视觉特性有关。这些立体视觉信息大致可分为单眼信息和双眼信息。它们由许多不同的感知线索组成，其中单眼信息的感知线索就包含有眼球的调节、视网膜上成像的相对大小、透视感、照明状况、单眼运动视差、视野等。在这些线索中，除了眼球的调节是生理活动外，其他线索一般均认为是心理感知。心理感知多是通过人的习惯产生的，比如通过物体的近大远小、近明远暗、前后遮挡以及光线阴影等关系来感知立体影像。很多图片和绘画作品就是利用这一特点让观众在平面作品上产生强烈的立体感。

由于两眼具有约 65mm 的瞳距，因而人们用双眼观察物体时，物体在左右两眼视网膜上的成像是略有差异的，即双眼视差，它是立体视觉的重要线索。另外，当物体成像不在左右两眼视网膜的相应点上时，所看到的便是两重像（复像），需通过眼球的旋转运动（称为辐辏）并经眼外肌的张力调节而使两重像重合（称为融合），这个过程也为立体视觉提供重要信息。一般说来，人们在观看立体图像时，如果辐辏与调节超出平衡范围，就会引起视觉疲劳。单眼信息有时会出现偏差，而双眼信息的感知是比较真实的。立体电影就是利用人的双眼视差来产生立体感的。

人在观察外界物体时，左右眼各看见三维景物的左侧和右侧的细节，在视网膜上形成有水平视差的两个相似的二维像，这两个二维像经过复现，就形成了三维立体图像。立体电影就是模拟人眼三维图像形成的过程，先把左右眼的单眼图像分别记录下来，通过放映机和相应的立体放映设备，让观众左右眼分别看到相应的单眼图像，再通过大脑复现成三维图像。在技术上，就是要实现左右双画面放映并分别映入观众的左右眼。

上述原理早在 19 世纪中期就被人们认识到了，所以在胶片电影发明后不久，有人就在尝试以各种方式和形式拍摄和放映立体电影，早期是利用红蓝（绿）眼镜来看立体电影，后来又发展到用偏振技术放映、观看立体电影。

二、立体电影常用技术

影院放映立体电影时要达到的目的就是要通过各种技术手段，让观众的左右眼接受各自的画面，在大脑中复现三维影像。所以立体电影所研究的主要技术就是如何将同时放映到银幕上的左右眼两个画面，分别送到观众的左右眼。这就需要用不同的技术手段将两个画面的光线区分开。

要达到这一目的，可以通过分光法、分色法和分时法来实现，这三种方式都是需要佩戴眼镜来观看立体电影。

分光法：光是一种极高频率的电磁波，自然光的光矢量是在任意方向上平均分布的。利用光学介质将任意方向的光矢量按一定的规律分成两部分，分别传递左右眼图像信息的方法，称为分光法。线性偏振眼镜和圆偏振眼镜利用的就是分光法。

分色法：可见光是电磁波谱中人眼可以感知的部分，可见光的光谱没有精确的范围；一般人的眼睛可以感知的电磁波的波长大约在 400～700 纳米之间。利用光学介质把一束光按不同的光谱区分开，分别传递左右眼图像信息的方法，称为分色法。以前使用的红蓝（绿）眼镜和现在应用的杜比眼镜利用的就是分色法。

分时法：把立体画面的左右眼图像进行快速交替切换，同时观众佩戴的眼镜也进行相应的同步切换，这种按时间轴交替传递左右眼图像信息的方法，称为分时法。胶片立体电影时期是采用机械方式完成上述功能，而在数字 3D 电影上，则是应用液晶开关眼镜达到同样的目的。

另外，还有一些方法可以实现空间成像，不用戴眼镜（裸眼）就能看到立体影像。它主要应用在立体显示方面，其效果目前还不能满足电影放映的要求。上述这些方法都利用了光的不同传播特性，传递左右眼图像信号。下面介绍目前 3D 电影常用的技术：

（1）圆偏振技术：圆偏振技术是在线偏振基础上发展而来。圆偏振镜由一块线偏振镜和一块 1/4 波片组成。1/4 波片是用一种各向异性介质做成的，它将经过线偏振片的光线转化为圆偏振光。由于圆偏振光的偏振方向是有规律旋转着的，分为左旋偏振光和右旋偏振光，相互间的干扰非常小，因此它的通光特性和阻光特性基本不受旋转角度的影像。这就使在观看效果上比线偏振技术有了质的飞跃。

在看偏振形式的数字 3D 电影时，观众佩戴的偏振眼镜片一个是左旋偏振片，另一个是右旋偏振片，观众的左右眼分别看到的是左旋偏振光和右旋偏振光带来的不同画面，通过人的视觉系统产生立体感。

这种圆偏振技术既可以应用于单机 3D 电影，也可以应用在双机 3D 电影放映。后文将要介绍的美国 Real-D 以及韩国 Masterimage 的 3D 放映辅助系统主要采用的就是这种技术。

（2）滤光技术：滤光技术属于分色法的应用，类似红蓝眼镜，但它的技术水平比红蓝眼镜提高了很多。新的滤光技术不但提高了光效，更重要的是它可以看到艳丽的彩色画面。滤光技术就是利用多层镀膜的滤光方式（即滤光轮）将氙灯光源光谱中的部分 RGB 滤出，以右 R、右 G、右 B 构成右路光，滤出另一部分 RGB 构成左路光（见图 3）。左路、右路光均含有 RGB 基础色，其合成色彩也接近白色，但由于它们取自色谱中不同的区域，也就形成了互不相关的两束光，右路光放映右眼画面，左路光放映左眼画面。与滤光轮原理类似，观众佩戴的眼镜也是多层镀膜镜，它的滤光特性与滤光轮的滤光特性相吻合，也就是说右眼镜片只能透过右路光带来的画面，而阻挡左路光画面，反之亦然。这就保证了观众的左右眼分别看到各自的影像，从而形成立体感。

（3）液晶开关眼镜技术：液晶开关眼镜技术采用的是分时法观看立体影像。液晶是一种介于固体与液体之间、具有规则性分子排列的有机化合物，一般最常用的液晶为向列相液晶，分子现状为细长棒形，在不同电流电场作用下，液晶分子会做规则旋转90°排列，产生透光度的差别，所以外电源接通与断开的情况下，会产生阻光和通光现象。把液晶的这一特性应用在3D眼镜上，就可以制造出液晶开关眼镜。液晶开关眼镜的镜片好像是分别控制开闭的两扇小窗户。在同一台放映机上交替播放左右眼画面时，通过液晶眼镜的同步开闭功能，这样在放映左画面时，左眼镜片打开通光，右眼镜片关闭，观众左眼看到左画面，右眼什么都看不到。同样，在放右画面时，右眼能看到右画面，左眼看不到画面，就这样让左右眼以较快的速度分别看到左右各自的画面，从而产生立体效果。

由于采用此项技术不需要对放映设备进行过多改动，所以目前国际、国内都有厂家生产类似技术的3D产品，将它应用在各类立体影像的再现上。

三、眼镜方式与其他方式

眼镜方式立体显示器的最大优点是画面大且便于多数人观看。它常常出现在电影和博览会上，给人们带来快乐。偏振光眼镜方式是现在的大画面立体显示的主流方式，其完善程度在逐年提高。多功能演播室中，三维终端操作系统软件"terminator2：3D"巧妙地把大画面立体图像、实物与人结合起来，通过驱动椅子振动和浪花飞溅等立体感装置，甚至使人忘掉自己还戴着眼镜而沉浸在极强的现场感中。俗称红蓝眼镜方式的立体照片方式也还会继续存在，这是因为尽管它还有不能显示彩色的缺点，但眼镜制作特别简单，只要有彩色滤光片就行。快门眼镜方式已经成为CRT显示器立体化的主要手段，与偏振光眼镜方式相比，它多用于小型立体显示器的场合。

随着液晶显示技术的发展，其性能在不断提高，民用品的商品化也在进行。普耳弗里奇方式是用普通二维图像获得立体观看效果的方式，虽然图像有限制，但没有其他方式那样的必须使用专用图像的必要，从这点上讲，它是一种趣味性很强的手法。下面对几种主要方式加以介绍。

1. 偏振光眼镜方式（空间切割方式）

当光照射到偏振光滤光片上时，只有特定极化方向的偏振光可以通过。将这种滤光片按照偏振光极化方向互相垂直的原则安装到左右眼镜相框上，就构成了偏振光眼镜。例如，首先设左眼滤光片为水平极化方向，右眼滤光片为垂直极化方向。然后用两台显示器分别显示左右眼图像，如果两台显示器所发出的光分别为水平和垂直极化的偏振光，则左右眼就只能看到不同显示器上的图像。最常用的系统是图8-24所示的由两台液晶投影仪所构成的方式。因屏幕上左右图像重叠，所以不戴眼镜时所看到的图像是重像。由于液晶显示器本来就是由偏振光操作来显示图像，所以对其进行放大和投影仪所投射出的光也是偏振光。因此，如果把这两台投影仪投射出的光预置为正交偏振光，则左右眼就能看到不同投影仪的图像。另外，两台显示器的图像在光学上应该互相重合，在这点上，投影仪是合适的，它能把两个图像按重合要求显示到同一屏幕上。至于偏振光，除了水平极化和垂直极化的偏振光外，还可以使用互为正交的斜极化偏振光和互为相反旋转的圆极化偏振光。

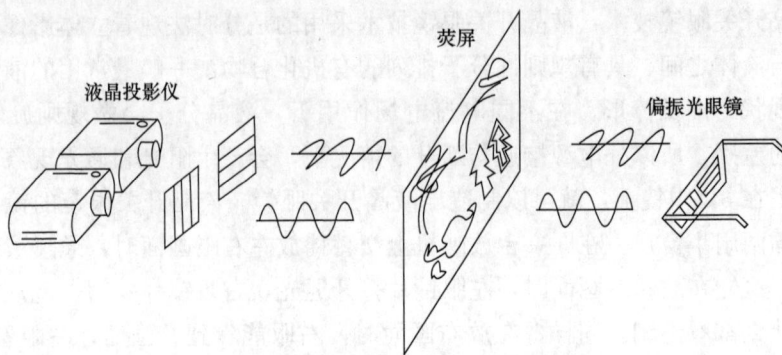

图 8-24　由液晶投影仪构成的偏振光眼镜方式

2. 快门眼镜方式

空间分割方式的做法是左右眼两种图像同时显示而用光学方法加以分离。与此相反，时间分割方式是两种图像按时间交替显示和分离。快门眼镜方式是人们最熟悉的时间切割方式，眼镜框上安装着一种特殊的快门。这种快门的构造原理如图 8-25 所示，是通过液晶的作用来实现开关状态。入射偏振板和出射偏振板的极化方向相互正交，当未加电压时，穿过入射偏振板的光因为受到液晶作用而发生 90°的极化方向旋转，从而能穿过出射偏振板，这就是透过状态。当加上电压时，液晶分子对偏振光的极化作用消失，光就被出射偏振板挡住了，这就是遮光状态。

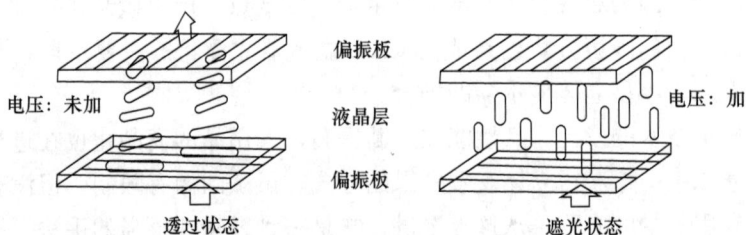

图 8-25　液晶快门的构造

将这种快门安装在眼镜上，并使左右快门能独立控制。图 8-26 所示为左眼快门开、右眼快门关的状态，这一瞬间画面上也正在显示左眼图像。然后是下一个瞬间，图像切换为右眼图像，同时快门的开关状态反向。切换频率一般可以设定为普通电视场频的两倍（如 120Hz），这样对于单眼来说，场频仍然是 60Hz，不会出现闪烁效果。另一方面，由

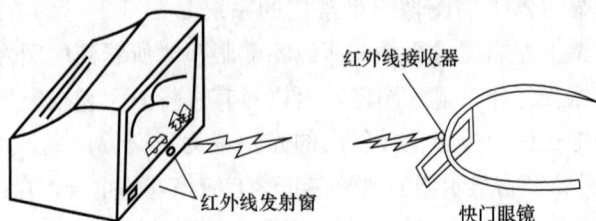

图 8-26　快门眼镜方式

红外线装置把正在显示的图像是左眼图像还是右眼图像的信息传递给快门，使快门与图像准确联动，从而使观看者看到立体图像。

3. 裸眼式 3D 技术

所谓裸眼 3D，就是不需要借助眼镜等辅助设备便能直接观看到立体画面。也就是说，不通过任何工具，裸眼 3D 技术就能让人的左右两只眼睛从显示屏幕上看到两幅具有视差的和有所区别的画面，并同时将它们反射到大脑，产生立体感的物象。

从技术上来看，裸眼式 3D 技术最大的优势便是摆脱了眼镜的束缚，但是分辨率、可视角度和可视距离等方面还存在很多不足。不过，裸眼 3D 显示技术的缺点也非常明显。人们在观看屏幕时，必须位于一定的范围内才能观察到立体画面，若距离屏幕位置太远或观察角度太大时，3D 效果并不明显。若离屏幕距离太近还会有明显的头晕现象，因此该技术暂时还不适合在小尺寸显示器上使用。此外，这种技术在显示效果方面相对较差。这里就不作介绍。

4. 3D 电视显示技术

目前用于电视广播的 3D 技术主要有戴眼镜和不戴眼镜两类。前者又分两种：一种是左视和右视的两幅图像同时覆盖；另一种是交替显现。总之，还是以戴眼镜方式居多。详况可参阅后述的表 8-16 所示。

四、常用眼镜方式的 3D 系统

目前在电影中，常用的眼镜方式有如下几种：

（1）IMAX-3D 系统

IMAX-3D 技术不仅使用世界最大的 IMAX 底片，并且使用双胶片分开录制、播放左眼及右眼的影像，然后通过观众所戴 3D 立体眼镜分别接收左右影像，从而使得影像更立体清晰，色彩也更鲜明。

它是采用具有高分辨率宽视野图像特性的 IMAX-3D 摄像机装有两个相同的镜头，其相隔正好是两眼的距离，这一瞳孔间距有利于每一镜头都能精确看到左或右各自对应的画面，从而使得最终放映在银幕上的 3D 立体影像更逼真。在摄录时，图像被分别同步记录在 65mm 宽，摄像机上运行的时间与速度完全相同的两盘电影胶片底片上。放映时，处于 IMAX-3D 放映机内，采用独特的波状环行（RollingLoop）进片技术的两盘 15/70mm 电影胶片以波浪状沿水平方向同步运行，以确保放映在银色影幕上对应左右眼的两幅图像有稳定的相同再现效果。IMAX-3D 银幕能在使用小格式 3D 系统的情况下不出现图像掐头去尾和观看不舒服的现象。IMAX-3D 系统为了交替在银幕上放映左右视图，放映机内的两套快门装置会以每秒 96 次的频率来回变换。观看 IMAX-3D 立体影片，观众必须佩戴 IMAX-3D 眼镜。为重现逼真的 3D 立体效果，观众所佩戴的偏振光眼镜与放映机两个镜头的偏振滤光片的性能是完全匹配的。当放映机镜头将左右两幅图像放映在大银幕上时，所佩戴的眼镜能使每一眼睛都能看到与其相对应图像，从而确保观众获得栩栩如生的立体图像体验。为匹配优质的三维图像，增强视听效果，IMAX-3D 还提供专门设计、含超低音通道的 6 声道数字环绕声系统以及影院内每个地方的音量和音质完全相同的 Sonics 声源均衡喇叭系统。观众无论坐在哪儿都能享受到相同品质的音响效果和清晰度极佳的音质。

IMAX-3D 是采用线偏振技术放映立体电影的。当观众佩戴线偏振眼镜观看立体电影时，眼镜最好始终处于水平状态，要"正襟危坐"。如果观众的偏振眼镜与银幕水平线之间的角度超过 20°，影片的立体感就会明显减弱，观众感觉不适，时间长了还可能出现头晕、恶心的现象。

（2）RealD 3D 系统

RealD 3D 技术是美国 RealD 公司开发的一项立体成像技术，RealD 公司是目前世界上数字 3D 设备的领军人物，占据 3D 设备市场的很大份额。

Real-D 系统采用圆偏振技术（分光法），它的 3D 辅助系统主要由 3D 同步控制器、Z 屏（是由可交替切换的液晶偏振片等组件构成）和圆偏振眼镜组成观众带上圆偏振眼镜，就可以看到 3D 影像了。

RealD 公司在 2008 年又开始推出 3D 设备的升级系统，被称为 XL 系统。XL 系统在原 Z 屏的基础上，更改了新的光路设计，使数字 3D 放映时的亮度大为提高，它的放映银幕宽度可以达到 18m。

在该系统中，影院放映机镜头前安装了一块圆形的 LCD 偏振滤光片，左右两幅图像的流信号的偏振滤光处理按顺时针和逆时针两个方向交替循环进行，以分别生成左视和右视的两幅图像。生成的两幅图像高速交替投射到银幕上，电影观众只要佩戴合适的随带圆形偏振滤光片的眼镜，其左眼和右眼就能分别先后看到来自银幕反射回来的两幅图像，两幅画面的叠加在头脑里形成了立体影像之感，从而使观众获得栩栩如生的逼真视觉体验，如前述图 8-24 所示。相对于采用线性偏振放映方式来说，RealD 3D 技术的优势是观众的头能在稍微转偏一定角度的情况下依然能欣赏到很自然的 3D 影片，而线性偏振方式需要观众的头保持在一定的倾斜角度内，才能欣赏到不折不扣 3D 节目，否则看到的是有重影或趋暗的图像。RealD 3D 技术应用中，放映机以 144Hz 的频率交替放映左视图像和右视图像。在对这些图像的圆形偏振处理中，提供右眼图像的偏振采用的是顺时针向序，提供左眼图像的偏振采用的是逆时针向序。一个称作 Z-screen 的推拉式光电调节器被安装在放映机镜头的前面，以实施偏振向序的转换。好的银幕的使用能保持偏振光的强度及尽可能多地被反射回来，以对付有可能的偏振损失。通常，一般的偏振 3D 系统的主要问题是银幕亮度的损失，处于放映机前的偏振镜将妨碍一半的输出光输出，以致银幕上得到的亮度明显减弱。然而在 RealD 3D 系统，它所采用的银幕能在不改变原偏振状态的情况下完好地反射放映机投射出来的光，以致到达观众眼镜上的每一幅图像的亮度几乎没有什么减弱，不管是左视图还是右视图。可是，影院环境光的非偏振反射光的一半将被观众所戴眼镜的偏振镜阻挡，换句话说，这意味着观众感知的亮度还是受到影响，大约是放映机固有亮度的一半，但银幕与影院环境之间的对比度没有损失。实际上，观众在任一瞬间只是一只眼睛先看到图像的事实并未让观众感受到影片亮度的变化，因为此时，观众的大脑尚未接收到由两眼提供的图像信息，还没有做出亮度状况的判断。在 RealD Cinema 中，其 3 倍刷新率生成系统能使每一帧图像画面被放映 3 次，以减弱扰人的闪烁感。

（3）XPAND 系统

XPAND 系统是目前国内应用得最多的系统。主要由同步转换器、信号发射器和液晶开关眼镜组成。在介绍的几种方式中，这套系统的安装是最简单的。将 XPAND 系统由3D 放映状态转换为普通 2D 放映状态的操作就是关闭同步控制器电源，非常简便。2009年年初，XPAND 公司推出了新型的 3D 眼镜。新型眼镜有两个突出的特点：一是眼镜佩戴更加舒适、不易损坏，二是眼镜的电池可以更换了。

XpanD 3D 是美国 XpanD 公司开发推出的三维立体成像技术，在该有源 3D 技术中，需要采用快门式有源偏振 3D 眼镜来观看立体影片，称作 Pi-cell/OCB（OpticallyCompen-satedBend，光学弯曲补偿，一种能提供快速响应时间、状态介于弯曲与垂直之间的液晶操作模式）的液晶单元，作为快门来控制左右两眼镜片的交替打开与关闭。有潜在优势的Pi-cell 技术能确保立体影像应有的视频质量、快速的变换、拓展的宽视野、深度的逼真、颇高的消失比、最佳的光效能。XpanD 3D 技术所提供的每一幅无闪烁 3D 图像的立体感是左视和右视两幅不同的图像画面交替显示在观众头脑里叠加形成的，一旦画面出现错误，观众所戴眼镜的同步 LCD 快门会阻止进入观众的视野。XpanD 3D 是一个灵活方便的数字影院应用方案，它兼容多类 2D 平面与 3D 与立体节目内容。除具有逼真的视觉图像外，该技术还提供多通道声音输出。XpanD 采用 1.5K、2K 和符合 DCl 标准分辨率的 3D数字放映机，采用宽为 18m（最宽至 24m）的白色 Matte 银幕。为适应更大银幕或圆形银幕，系统允许使用 8K 分辨率的数字放映机，以给观众更强的立体感体验。按 XpanD 3D技术开发的系统能在数分钟之内，将影片信号传送到放映室。另外，该系统的使用非常灵活，很适合旅行和移动展览时使用。为确保 3D 影片的放映质量，影院需进行质量控制的相关检测，包括 2D 与 3D 放映方式的转换时间（1s）、重影与拖影、立体感精度与色彩等。基于 XpanD 3D 技术所开发的有些系统还提供多种效果体验的选择功能，包括空中爆炸的喷气感、瘙痒的逗乐感、打雷闪电感等，所有这些体验均与影片具体情节同步。正对每一娱乐内容的具体需要，先进的灯光照明控制以及雨、风、雾等自然天象的感受可以通过效果编程来实现，以增添更强的身历其境之感。

该系统推荐使用高增益的数字白幕，光效比较高。3D 设备移、装方便。不需要在放映机上加装设备，对节目和服务器没有特殊的要求。目前配置的信号发射器可用于 400 座以内的影院。有源眼镜内置电池供电，电池使用寿命为 600 小时。新款眼镜可更换电池，电池寿命为 300 小时。眼镜比较贵，可进行消毒、清洁处理和重复使用。

（4）杜比 3D 系统

杜比 3D 系统包括滤光轮装置、同步控制器和滤光眼镜其中滤光轮装置是要安装在放映机内部的，安装时需要放映机厂家来配合。这套系统要求使用杜比服务器，如果使用其他厂家的服务器，需要向杜比公司购置色彩管理软件。将杜比 3D 系统转换为普通 2D 放映状态的操作就是按下同步控制器的按键让滤光轮退出光路。

杜比 3D 数字影院（Dolby 3D Digital Cinema）是杜比实验室开发推出的一项三维立体成像技术，它是 Dolby Digital Cinema 的延伸与扩展，是一项灵活可靠的先进技术。该技术能确保观众获得真正的立体效果体验，而且有助于影片图像的清晰锐利和画面颜色的逼真亮丽。为观赏3D影片，用于放映机的旋转式3D滤色轮被插入在投影灯与成像单元之间，它能在图像成像前对光通道进行过滤，使图像本身未被调制，从而保持了输入图像的颜色与品质。观看2D影片时，可将该滤色轮取下。一个杜比滤色控制器会在3D影片放映时自动同步滤色轮的运行。放映时，放映机内的滤光片高速旋转，交替显示左视图和右视图的RGB红绿蓝三原色，观众要带上相应的携带干扰滤波器的滤色眼镜进行观看。在该技术中，红绿蓝三原色信号被分离成两束不同波长的信号，一束用于左视图像，另一束用于右视图像。在杜比3D数字影院系统中，为保持最大的灵活性，使用的是标准的白色银幕而不是昂贵的银色银幕。该技术二维（2D）平面放映方式完全兼容，借助一个简单的数字放映机滤光器附件，可以与现有的设备兼容，而且很容易在2D与3D间转换，因此无需重新建造专用3D放映室。杜比3D数字影院系统的优点之一是可以简化3D影片制作与分发的程序，因为它在影片后期制作阶段无需添加色彩校正或其他补偿处理。优点之二是系统中应用了Cinetal公司开发的杜比3D颜色处理器（Dolby 3D Color Processor），该处理器能使左右视图颜色的保真度明显提高。Dolby 3D Digital Cinema技术还提供了一个使用最大银幕的方案，放映时，其图像清晰程度与颜色的锐利精致度与普通银幕一样。该技术方案已被国际数据广播公司的直播设备采纳使用。

该系统推荐使用高增益的数字白幕，需要在放映机内安装滤色轮装置。安装在放映机内的滤色轮可方便地移出光路，便于从3D到2D放映的转换，需要一套专门用于色彩调试的软件。目前只能使用杜比服务器播放3D节目，使用其他服务器需要安装由杜比公司提供的色彩管理系统软件。眼镜较贵，为重复使用，可进行清洗和消毒处理。

下面将常用的四种戴眼镜方式的3D电影系统及其优缺点归纳于表8-15。

常用眼镜方式立体电影的比较　　　　　　　表8-15

3D电影放映方式	IMAX-3D	Real-D	XpanD	Dolby-3D
3D显示方式	偏振光（线偏振）方式（又称分光法）	偏振光（圆偏振）方式（又称分光法）	时分割方式（又称分时法）	波长分割方式（又称分色法）
所用眼镜	无源眼镜（线偏振滤光）	无源眼镜（圆偏振滤光）	有源眼镜（液晶开关）	无源眼镜（波长分割滤光）
投影方法	三片式DLP投影2K，2台（或用70mm胶片放映机2台）	三片式DLP投影，1台	三片式DLP投影，1台	三片式DLP投影，1台
优点	立体感特强，画面明亮	立体感平均。眼镜轻便，可一次性使用，也可清洁后重复使用。是北美用得最多方式	立体感平均。是目前国内用得最多的方式	立体感平均。眼镜轻便，色彩丰富
缺点	观看时人要坐正，头不能倾斜，倾斜超过20°，感觉倒像重影，立体感明显减弱	有时会感觉画面较暗、闪烁或重影（鬼影），对3D节目要预先作消鬼影处理	因眼镜带电池而较重，眼镜可清洁重复使用，但画面会感到暗些	有时会感觉立体感不强。眼镜较贵也可清洁后使用

表8-16列出在电视机上的各种3D电视显示技术，供参考，此不赘述。

3D 电视几种显示技术比较　　　　　　　　　　　　　　表 8-16

观者	方　法	技　术	功　能
佩戴眼镜	无源类（偏振滤光器）	Xpol	• 3D 滤光器被安装在显示器表面，观众需佩戴偏振光眼镜 • 无闪烁 • 全色显示 • 无需特殊的必要电路 • 偏振光眼镜便宜 • 无需改变信号源设备或广播制式
		Anaglyph（Red/Blue）	• 具有特性优良的逼真色彩监视器 • 佩戴的眼镜便宜
		ColorCode 3-D（Amber/Blue）	• 具有特性优良的逼真色彩监视器 • 佩戴的眼镜便宜
	有源类（电子快门）	Checkerboard	• 1920/60i 格式的流信号 • 为了整合左右图像，记录画面呈现由左视图像素和右视图像素构成的棋盘图案 • 无需更改信号源设备、传输等标准
		Full HD×2 Channels Frame Sequential	• 1920/60i 格式的流信号 • 传输的左右视图均是 1080/`60p 格式的图像 • 高质量图像 • 单边图像的使用产生了普通的二维（2D）平面影像效果
裸眼		Parallax Barrier	• 用于图像显示的 LCD 结合了能生成垂直屏障（狭长切口）的第二处 LCD
		Lenticular Lens	• 穿过 LCD 屏板的光可以按传播方向进行控制，这样就生成了左视与右视两幅不同的图像

附录 电影数字放映暂行技术要求

这是国家广播电影电视总局在 2004 年九月八日发布的《电影数字放映暂行技术要求》。为此，2002 年发布的《数字电影技术要求（暂行）》即行废止。

本技术要求是为了适应当前世界上数字电影放映技术的发展和我国电影数字放映与影院建设的需求而制定的。电影数字放映的制作、发行、放映单位及相关设备生产厂家应遵循本技术要求。

电影数字放映暂行技术要求

1 范围

本技术要求规定了电影数字放映所涉及的各个环节的技术指标及要求，包括：电影数字发行母版制作、发行、放映 、设备和管理系统和电影数字放映系统的亮度、对比度和单色 CIE 色度坐标值的测量方法。

本技术要求适用于电影数字放映各个相关技术环节，包括：电影数字发行母版制作、发行、放映 、设备和数字影院的管理及对电影数字放映系统的亮度、对比度和单色 CIE 色度坐标值的测量。本技术要求不包括流动放映。

2 规范性引用文件（从略）

3 术语和定义（从略）

4 电影数字放映系统框架

电影数字放映各个环节关系的结构框架如附图 1 所示

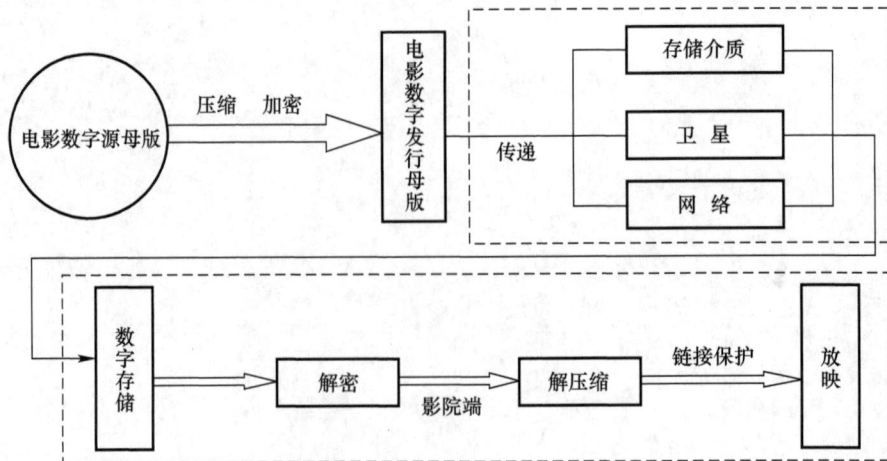

附图 1 电影数字放映相关环节结构框架

电影数字源母版经压缩和加密，形成电影数字发行母版。电影数字发行母版再经数据打包和传递，以不同的形态存储。存储的数据经解密和解压缩，及本地链接保护，提供放映。

5 对电影数字源母版的技术要求

5.1 对图像的技术要求

5.1.1 对图像结构的要求

电影数字源母版的图像编码结构格式应符合下列三表要求之一。

4K 分辨率   附表 1

水平像素数	垂直像素数	像素形状	格速率
4096	2160	正方形	24.000 格每秒

2K 分辨率   附表 2

水平像素数	垂直像素数	像素形状	格速率
2048	1080	正方形	24.000 格每秒

高清分辨率   附表 3

水平像素数	垂直像素数	像素形状	格速率
1920	1080	正方形	24.000 格每秒

5.1.2 对图像编码取样 bit 数的要求

图像编码取样 bit 数应不低于 10bit。

5.1.3 对格速率的要求

电影数字源母版的格速率应为 24.000 格每秒。

5.1.4 对图像抽样格式的要求

电影数字源母版可采用 RGB 编码和 YC_RC_B 编码，YC_RC_B 编码应不低于 4：2：2 的图像抽样格式。

5.1.5 对色彩的要求

电影数字发行母版应在本要求 7.2 所规定的条件下进行颜色校正。

5.2 对声音的技术要求

5.2.1 对声道数量的要求

电影数字源母版应至少支持 6 声道。

5.2.2 对抽样频率的要求

电影数字源母版的抽样频率应为 48 kHz 或 44.1 kHz。

5.2.3 对声音量化 bit 数的要求

电影数字源母版的量化 bit 数应不低于 16bit。

5.2.4 对声音文件格式的要求

电影数字源母版的声音文件格式应采用无压缩文件格式。

5.2.5   对声道排列顺序的要求

　　1. 左声道；2. 右声道；3. 中间声道；4. 次低音声道；5. 左环绕声道；6. 右环绕声道。

6   对电影数字发行母版的技术要求

6.1   对图像的技术要求

6.1.1   对图像结构的要求

　　电影数字发行母版的图像编码结构格式同 5.1.1 中所要求的相一致。

6.1.2   对图像编码取样 bit 数的要求

　　图像编码取样 bit 数应不低于 8bit。

6.1.3   对格速率的要求

　　电影数字发行母版的格速率应为 24.000 格每秒。

6.1.4   对图像抽样格式的要求

　　电影数字发行母版不低于 4：2：0 的图像抽样格式。

6.1.5   对图像压缩格式的要求

　　应采用国际通用的标准压缩格式进行压缩，例如：Mpeg-2、Jpeg2000，且压缩后的数字图像应满足下述要求：

　　——在标准影院观看条件下视觉无损；

　　——压缩后的图像文件支持画面、声音、字幕、标题及源数据流的同步。

6.2   对电影数字发行母版声音的技术要求

6.2.1   对声道数量的要求

　　电影数字发行母版应至少支持 5.1 声道。

6.2.2   对抽样频率的要求

　　电影数字发行母版的抽样频率应为 48kHz 或 44.1kHz。

6.2.3   对声音量化 bit 数的要求

　　电影数字发行母版的量化 bit 数应不低于 16bit。

6.2.4   对数字参考电平的要求

　　电影数字发行母版的参考电平为—20dBfs@1000Hz。

6.2.5   对声音文件格式的要求

　　电影数字发行母版的声音文件格式应采用无压缩文件格式。

6.2.6   对声道排列顺序的要求

　　1. 左声道；2. 右声道；3. 中间声道；4. 次低音声道；5. 左环绕声道；6. 右环绕声道。

6.3   对节目内容的加密的要求

　　电影数字节目内容的加密应采用 128bit 密钥的 AES 加密算法。

6.4   对打包文件格式的要求

　　文件打包格式应采用 MXF 文件格式。

6.5   对节目内容存储介质的要求

　　在离线发行方式时，影片内容可存储在移动硬盘等传送介质上，并应保证存储介质的安全和严格控制记录存储介质的提取和存放。

7　对 8m 以上银幕宽度的数字影院放映系统的要求

7.1　对存储、播放系统的要求

7.1.1　对存储容量的要求

存储系统应具有数据冗余保护技术存储容量应达到最少能够存储 5 小时的影片。

7.1.2　对解码的要求

解码系统应至少满足下述要求：

——支持对电影数字发行母版文件的实时解码；

——解码器（卡）的输出接口应采用连接保护；

——具有在预选处开始播放节目的功能。

7.1.3　对接口的要求

7.1.3.1　对视频输出接口的要求

视频输出接口应为无压缩图像接口（带本地链接保护），并应保证电影数字发行母版的无压缩图像实时传输。

7.1.3.2　对音频输出接口的要求

音频输出接口应支持 AES/EBU 数字格式，模拟输出应不低于 6 声道，可拓展到 16 声道。

7.1.3.3　对控制接口的要求

控制接口应为 RS422 串口、232 串口或 100 base-T 以太网口。

7.1.4　对加密链接的要求

播放设备应该具有本地链接保护功能，即从播放设备视频输出口到放映机接收口传递的信息具有安全保护措施。如果具有足够安全的物理连接保护，则可以不使用链路加密功能。

7.1.5　对系统可靠性的要求

系统可靠性应至少满足下述要求：

——播放系统出厂前应经过严格的可靠性测试，并应提供可靠性测试数据；

——播放系统应保证在 10℃～35℃ 的环境中能够长时间正常稳定运行；

——系统应具有至少 5 分钟以上的电源储备保护措施，以确保在突发断电情况下服务器能够继续保持正常工作。

7.1.6　对字幕输出功能的要求

整个播放系统应具有字幕存储输出功能。

7.1.7　对系统扩展性的要求

播放系统应具备可持续的扩展性，能满足第三方管理系统提出的接口要求。

7.2　对放映系统的要求

7.2.1　对中心亮度的要求

中心亮度应不低于 $41cd/m^2$。

7.2.2　对物理像素数的要求

放映机物理像素数不低于 1280×1024。

7.2.3 对比度的要求

放映机顺序对比度不低于 1300∶1。

7.2.4 对色彩处理深度的要求

放映机色彩处理深度不低于 45bit（3×15bit）。

7.2.5 对图像调整功能的要求

应具有完善的梯形校正功能及光学校正功能，能够播放 1.85∶1、2.35∶1、1.78∶1 画幅比的图像。

7.2.6 对节目格式的要求

应至少支持 1920×1080，24p；1920×1080，50i 两种格式。

7.2.7 对接口的要求

7.2.7.1 对视频输入接口的要求

应至少支持 HD-SDI 和 DVI 数字接口，如采用链接加密应能够对加密信息实时解码。

7.2.7.2 对控制接口的要求

控制接口应为 RS422 串口、232 串口或 100 base-T 以太网口。

7.2.8 对系统光源的要求

必须是氙灯光源。

7.2.9 对系统色彩还原的要求

放映机的色度经校正调整后，系统单色 CIE 色度坐标值应满足附表 4 所列数值要求，误差值不得超过±0.01。

对放映机单色 CIE 色度坐标值的要求   附表 4

色　别	x	y
白	0.3140	0.3510
红	0.6800	0.3200
绿	0.2650	0.6900
蓝	0.1500	0.0600

7.3 对数字还音系统的要求

数字还音系统应能还原无压缩数字声。

8 对 8m 以下（含 8m）银幕宽度的数字电影放映系统的要求

8.1 对存储、播放系统的要求

8.1.1 对存储容量的要求

同 7.1.1。

8.1.2 对解码的要求

同 7.1.2。

8.1.3 对接口的要求

8.1.3.1 对视频输出接口的要求

同 7.1.3.1。

8.1.3.2 对音频输出接口的要求

同 7.1.3.2。

8.1.3.3　对控制接口的要求

同 7.1.3.3。

8.1.4　对加密链接的要求

同 7.1.4。

8.1.5　对系统可靠性的要求

同 7.1.5。

8.1.6　对字幕输出功能的要求

同 7.1.6。

8.1.7　对系统扩展性的要求

同 7.1.7。

8.2　对放映系统的要求

8.2.1　对中心亮度的要求

同 7.2.1。

8.2.2　对物理像素数的要求

同 7.2.2。

8.2.3　对比度的要求

放映机顺序对比度不低于 1000：1。

8.2.4　对色彩处理深度的要求

放映色彩处理深度不低于 30bit（3×10bit）。

8.2.5　对图像调整功能的要求

同 7.2.5。

8.2.6　对节目格式的要求

同 7.2.6。

8.2.7　对接口的要求

8.2.7.1　对视频输入接口的要求

应至少支持 DVI 数字接口或 HD-SDI 接口之一，如采用链接加密应能够对加密信息实时解码。

8.2.7.2　对控制接口的要求

同 7.2.7.2。

8.2.8　对系统色彩还原的要求

放映机的色度经校正调整后，单色 CIE 色度坐标值应满足表 2 所列数值要求，误差值不得超过±0.05。

8.3　对数字还音系统的要求

同 7.3。

9　对设备应具备的发行管理功能的要求

9.1　对管理方式的要求

系统管理应以远程的方式进行。

9.2　对影院授权功能的要求

9.2.1　对一般授权的要求

任何一部电影数字版在任何一家数字影院放映均应得到数字电影管理系统的授权。

9.2.2　对特殊授权的要求

对于特殊情况可以进行临时特殊授权，并能够及时、迅速传输授权。

9.2.3　对授权文件的传送要求

授权文件应以电子文件的形式进行传送，并保证文件经过加密。

9.2.4　对放映日志内容的要求

放映日志数据应包括所放电影的片目、场次、时间、地点、票房，故障记录、人员及操作记录。

9.2.5　对放映目志的记录和保存要求

发行放映管理系统应对整个电影数字放映过程中的操作进行记录和保存。

9.2.6　对放映日志数据备份修复的要求

系统应对放映日志数据等进行备份，以保证管理系统出现故障后，历史数据依然能够恢复。

9.2.7　对放映日志的获取方式的要求

放映日志数据应通过网络在线方式随时获取。

9.2.8　对设备系统认证功能的要求

9.2.8.1　对播放设备的认证要求

对播放设备应进行检测认证，只允许合法身份的播放设备播放电影节目。

9.2.8.2　对放映人员身份的认证要求

对数字电影管理和操作系统中的各环节操作人员应进行身份认证，并给予不同的权限。

9.2.8.3　对节目内容认证的要求

对播放的节目内容应进行认证检测，只能播放国家电影管理部门认证通过的电影。

10　对数字放映系统的亮度、对比度和单色 CIE 色度坐标值测量的要求

10.1　对设备测试环境的要求：

10.1.1　对测试场地的要求：

测试场地应为符合 JGJ58-88《电影建筑设计规范》的电影放映厅。

10.1.2　对测试银幕的要求：

测试银幕为宽度不小于 8m、增益系数 1±0.12 的电影放映专用漫反射银幕。

10.1.3　对测试环境光的要求：

关闭或遮蔽所有光源，银幕上的杂散光光亮度不超过 $0.002\mathrm{cd/m^2}$。

10.1.4　对测试环境温度的要求：

测试在 20℃±5℃ 的温度条件下进行。

10.1.5　对测试环境湿度的要求：

测试在 25％～85％的湿度条件下进行。

10.1.6　对测试放映窗口的要求：

使用没有玻璃或使用为光学玻璃的放映窗口。

10.1.7　对测试电源电压及频率的要求：

测试在电源电压为 220 伏特±10 伏特或 380 伏特±20 伏特，电源频率为 50Hz 的供电条件下进行。

10.2　对测试设备的要求：

10.2.1　亮度计：符合 CIES002 定义的、带有光谱响应的亮度计。

10.2.1.1　对亮度计测量受光角度的要求：

亮度计测量受光角度小于 2°。

10.2.1.2　对亮度变更响应频率的要求：

亮度变更响应频率不小于 24Hz。

10.2.1.3　对亮度计测量精度的要求：

亮度计测量精度不小于 $0.001cd/m^2$。

10.2.2　对分光色度计的要求：

10.2.2.1　对分光色度计测量受光角度的要求：

分光色度计测量受光角度小于 2°（推荐值 1.5°）

10.2.2.2　对分光色度计测量误差的要求：

分光色度计的测量误差值不超过±0.002。

10.3　对测试点的要求：

测量时应将亮度计放置于观众厅座席中心区域，且在与银幕距离为 1.5 至 3.5 倍幕高的长度范围内、在观众厅纵向中心线上离地面高度为 1.1m。

10.4　对被测试设备的要求：

10.4.1　对被测试设备位置的要求：

被测试设备应安装在放映机房，放映光轴的水平偏角不大于 8°；放映光轴的垂直偏角不大于 10°。

10.4.2　测试设备在测试前应进行精确调整，在测试过程中不得再对被测设备进行任何调整。

10.5　测试步骤：

10.5.1　将被测设备按照 3.4.1 要求安装、调试、放映技输出画面宽度为 8 米。

10.5.2　在满足 3.1 的环境条件下，将亮度计放置于满足 3.3 要求的位置上，且亮度计测试镜头垂直于银幕。

10.5.3　打开被测设备和所有测试仪器，预热时间不少于 20 分钟。

10.5.4　遮蔽所有光源，测量银幕上的环境干扰光。

10.5.5　分别测量被测设备输出的全功率的白、黑图像的亮度，在测试过程中不得改变亮度计的位置和角度。

10.5.5.1　实际亮度值按照公式（1）计算：

$$L_{wf} = L_{wm}/\beta \tag{1}$$

式中　L_{wf}——实际亮度

　　　L_{wm}——实测全白亮度

　　　β——银幕增益系数

10.5.5.2　对比度值按照公式（2）计算：

$$C = (L_{wm} - L_c)/(L_{bm} - L_c) \tag{2}$$

式中　L_{bm}——实测全黑亮度

　　　L_{wm}——实测全白亮度

　　　L_c——环境光亮度

　　　C——对比度

10.5.6　使用满足 3.2.2 要求的分光色度计贴近银幕，分别测量被测设备输出的全功率红、绿、蓝图像的 CIE 坐标值。

参 考 文 献

[1] 梁华等编著. 智能建筑弱电工程设计与安装. 北京：中国建筑工业出版社，2011.

[2] 梁华编著. 舞台音响灯光设计与调控技术. 北京：人民邮电出版社，2010.

[3] 梁华编著. 智能建筑弱电工程施工手册. 北京：中国建筑工业出版社，2006.

[4] 谈新权主编. 数字视频技术基础. 武汉：华中科技大学出版社，2009.

[5] 钟晓流等编著. 多媒体视听技术与应用环境. 北京：清华大学出版社，2007.

[6] 刘旭等著. 现代投影显示技术. 杭州：浙江大学出版社，2009.

[7] 彭妙颜等编著. 信息化音视频设备与系统工程. 北京：人民邮电出版社，2008.

[8] 苏洵等编著. 网络视频技术与应用实践. 北京：电子工业出版社，2011.

[9] 梁华等编著. 简明建筑智能化工程设计手册. 北京：机械工业出版社，2005.

[10] 高鸿锦等主编. 液晶与平板显示技术. 北京：北京邮电大学出版社，2007.

[11] 孙景琪等编著. 数字视频技术及应用. 北京：北京工业大学出版社，2006.

[12] 于军胜主编. 显示器件技术. 北京：国防工业出版社，2010.

[13] 万平英等编著. 现代视频工程. 北京：国防工业出版社，2009.

[14] 沈鑫剡等编著. 多媒体传输网络与 VoIP 系统设计. 北京：人民邮电出版社，2005.

[15] 有关的国家标准与行业标准.